TRAITÉ
ÉLÉMENTAIRE
DE
CALCUL DIFFÉRENTIEL
ET
DE CALCUL INTÉGRAL;

PAR S. F. LACROIX.

TROISIÈME ÉDITION,

REVUE, CORRIGÉE ET AUGMENTÉE.

PARIS,
Mme Ve COURCIER, LIBRAIRE POUR LES SCIENCES,
RUE DU JARDINET-SAINT-ANDRÉ-DES-ARCS.
1820.

AVIS DU LIBRAIRE.

La première édition de ce Traité était précédée de Réflexions sur la manière d'enseigner les Mathématiques, et d'apprécier, dans les examens, le savoir de ceux qui les ont étudiées; *on ne trouvera point ici ces Réflexions, parce qu'ayant reçu de nouveaux développemens, elles font partie de l'ouvrage que l'Auteur a publié sous le titre d'*Essais sur l'enseignement en général, et sur celui des Mathématiques en particulier.

TABLE DES MATIÈRES.

PREMIÈRE PARTIE.

Calcul différentiel.

SECONDE PARTIE.

Calcul intégral.

De l'intégration des équations différentielles à deux variables.

De l'intégration des équations différentielles contenant trois ou un plus grand nombre de variables.

De la méthode des variations.

APPENDICE AU TRAITÉ ÉLÉMENTAIRE

DE CALCUL DIFFÉRENTIEL ET INTÉGRAL.

Des différences et des séries.

Application du Calcul intégral à la théorie des suites, Pag. 603

Fin de la Table des Matières.

TRAITÉ ÉLÉMENTAIRE
DE
CALCUL DIFFÉRENTIEL
ET DE CALCUL INTÉGRAL.

PREMIÈRE PARTIE.

CALCUL DIFFÉRENTIEL.

Notions préliminaires et principes de la différentiation des fonctions d'une seule variable.

1. DANS cette partie de l'Analyse, on prend pour sujet le passage d'une ou de plusieurs quantités par différens états de grandeur, et les changemens qui en résultent dans d'autres quantités dont la valeur dépend de celle des premières.

2. Pour exprimer qu'une quantité dépend d'une ou de plusieurs autres, soit par des opérations quelconques, soit même par des relations impossibles à assigner algébriquement, mais dont l'existence est déterminée par des conditions certaines, on dit que la première est *fonction* des autres. L'usage de ce mot en éclaircira la signification.

On emploie souvent une lettre comme signe ou *caractéristique* du mot fonction; ainsi les symboles

$$u = \mathrm{f}(x), \quad v = \mathrm{F}(x), \quad z = \varphi(x),$$

expriment que u, v et z sont diverses fonctions de x.

3. La quantité considérée comme changeant de grandeur, ou pouvant en changer, est appelée *variable*; et l'on donne le nom de *constante* à celle que l'on considère comme conservant toujours la même valeur dans le cours du calcul. On voit d'après cela que c'est la nature de la question qu'on se propose, qui détermine quelles sont les quantités qu'on doit regarder comme variables ou comme constantes.

4. Pour éclaircir ceci, je vais donner quelques exemples. Soit $u = ax$, a étant regardé comme une constante; u est une fonction de x, de l'ordre le plus simple, puisque c'est une quantité proportionnelle à cette variable. Si l'on suppose que x devienne $x + h$, et qu'on représente par u' la nouvelle valeur de u, on aura... $u' = ax + ah$, d'où $u' - u = ah$; et en divisant les deux membres par h, il viendra $\frac{u' - u}{h} = a$, c'est-à-dire, que le rapport de l'accroissement de la fonction à celui de la variable, est indépendant de leur valeur particulière.

Je passe à la fonction un peu plus compliquée $u = ax^2$; en y mettant $x + h$ au lieu de x, il vient $u' = a(x^2 + 2xh + h^2)$, et en retranchant la première équation de la seconde, $u' - u = 2axh + ah^2$; divisant les deux membres par h, on aura $\frac{u' - u}{h} = 2ax + ah$. Ici le rapport des accroissemens de la fonction et de la variable est composé de deux parties; l'une ne dépend point de la valeur particulière des accroissemens, et l'autre est affectée de h. Si l'on conçoit que cette quantité aille en diminuant, le résultat s'approchera sans cesse de $2ax$, et n'y atteindra qu'en supposant $h=0$; en sorte que $2ax$ est la *limite* du rapport $\frac{u'-u}{h}$, c'est-à-dire, *la valeur vers laquelle ce rapport tend à mesure que la quantité* h *diminue, et dont il peut approcher autant qu'on le voudra.*

Il est aisé de voir que la différence $u'-u$ s'anéantit toujours en même temps que h, puisque c'est l'existence seule de cette dernière quantité qui donne lieu à la première; cependant leur rapport ne s'anéantit pas : il est de l'espèce de quantités indiquée dans le n° 70, des *Elémens d'Algèbre.*

Faisant encore $u=ax^3$, on aura, par la substitution de $x+h$ au lieu de x,

$$u'=a(x+h)^3=ax^3+3ax^2h+3axh^2+ah^3;$$

en retranchant la première équation de la seconde, on trouvera $u'-u=3ax^2h+3axh^2+ah^3$, et prenant le rapport des accroissemens, $\frac{u'-u}{h}=3ax^2+3axh+ah^2$. On voit encore ici un terme indépendant de toute valeur particulière des accroissemens, et vers lequel leur rapport tend sans cesse, lorsque h diminue, en sorte que ce rapport a aussi une limite.

Ce premier terme, ou cette limite, n'est pas particulier aux fonctions que je viens d'examiner; l'exposition des procédés par lesquels on l'obtient pour toutes les fonctions employées dans les élémens de Mathématiques, et ensuite la considération des courbes (58,59) montreront évidemment qu'il se rencontre dans toute fonction en général. *Ainsi, lorsque les accroissemens respectifs d'une fonction et de sa variable s'évanouissent, leur rapport ne s'évanouit pas; mais il atteint une limite dont il s'est approché par degrés; et il existe entre cette limite et la fonction dont elle dérive, une dépendance mutuelle qui détermine l'une par l'autre, et réciproquement.*

5. Je ferai d'abord connaître les signes par lesquels on exprime les nouvelles relations que les notions précédentes établissent entre les grandeurs. Pour en montrer la convenance, je reprends la fonction $u = ax^3$, déjà considérée dans le n° 4.

En y mettant $x + h$, au lieu de x, et retranchant la quantité ax^3 du résultat, on a obtenu, dans l'expression

$$u' - u = 3ax^2h + 3axh^2 + ah^3,$$

le développement de la *différence* des deux états de la fonction u, ordonné suivant les puissances de l'accroissement h, qu'on suppose à la variable x; et la limite $3ax^2$ du rapport des accroissemens $u' - u$ et h, ne dépend que de la considération du premier terme $3ax^2h$ de cette différence (4). Ce premier terme, qui n'est qu'une portion de la différence, s'appelle *différentielle*; et on le désigne par du, en se servant de la lettre d comme d'une caractéristique : on aura donc, dans l'exemple proposé, $\mathrm{d}u = 3ax^2h$.

Pour passer de là à $3ax^2$, qui est la limite cherchée, il faudra diviser par h, et l'on obtiendra $\frac{\mathrm{d}u}{h} = 3ax^2$; mais quand il s'agit d'une variable simple, comme la quantité x, qui se change en $x' = x + h$, on a $x' - x = h$; la différence et la différentielle ne sont alors qu'une même chose : on remplace en conséquence la quantité h par le signe dx, afin de mettre de l'uniformité dans les calculs, et il vient

$$\mathrm{d}u = 3ax^2\mathrm{d}x, \quad \frac{\mathrm{d}u}{\mathrm{d}x} = 3ax^2.$$

La première expression sera la différentielle de u ou de ax^3, et la seconde, qui appartient à la limite du rapport des changemens simultanés de la fonction et de la variable, prendra le nom de *coefficient différentiel*, parce que la quantité qu'elle représente n'est autre chose que le multiplicateur de la différentielle dx, dans l'expression de la différentielle du. Il suit de là que *la limite du rapport des accroissemens, ou le coefficient différentiel, s'obtiendra en divisant la différentielle de la fonction par celle de la variable;* et réciproquement, *on obtiendra la différentielle en multipliant la limite du rapport des accroissemens, ou le coefficient différentiel, par la différentielle de la variable.*

Cette remarque est importante, parce qu'il y a des fonctions dont le coefficient différentiel se trouve plus facilement que la différentielle. En effet, pour parvenir immédiatement à cette dernière, *il faut écrire* $x + dx$ *au lieu de* x, *dans la fonction proposée, développer le résultat suivant les puissances de* dx, *en s'arrêtant au terme affecté de la première puissance, et retrancher du résultat l'expression primitive.* On voit que cette méthode suppose qu'on sache développer la fonction proposée, ce qui peut demander des secours étrangers, dont la considération des limites dispense le plus souvent.

D'après ces notions, on peut dire que *le Calcul différentiel est la recherche de la limite du rapport des accroissemens simultanés d'une fonction et de la variable dont elle dépend.*

6. Il faut bien se garder de confondre la différentielle avec la différence $u' - u$. En effet, dans l'exemple du n° 4, l'une est $3ax^2h$, et l'autre

$$3ax^2h + 3axh^2 + ah^3;$$

mais on voit que lorsque la quantité h est très petite, la différentielle $3ax^2h$ forme la partie la plus considérable de la différence $u'-u$, et que la différentielle s'approche de plus en plus de la différence, à mesure que h diminue. En général, *il y a d'autant moins d'erreur à prendre la différentielle pour la différence, que l'on suppose plus petite la valeur de l'accroissement de la variable.*

La même conséquence se tire aussi de la considération des limites; car si le rapport des accroissemens simultanés $u'-u$ et h a pour limite une fonction p, et que, pour une valeur quelconque de h, on ait

$$\frac{u'-u}{h}=P, \text{ ce qui revient à } \frac{u'-u}{h}=p+(P-p),$$

il faudra que la quantité $P-p$ diminue en même temps que h, et s'évanouisse quand $h=0$: l'équation.... $\frac{u'-u}{h}=p$ sera donc d'autant plus exacte, que l'accroissement h sera plus petit; et, dans cette hypothèse, $u'-u=ph$ (*).

De là résulte la forme des premiers termes du développement du second état u'. En effet, la quantité $P-p$ s'évanouissant avec h, doit nécessairement avoir cet accroissement au nombre de ses facteurs; et ce qu'on peut faire de plus général, est de supposer que $P-p=Qh^n$ l'exposant n étant positif, mais quelconque d'ailleurs, et Q ne devenant pas infini lorsque $h=0$: alors l'équation

$$\frac{u'-u}{h}=p+Qh^n \quad \text{donne} \quad u'=u+ph+Qh^{n+1}.$$

(*) C'est sur ce principe que Leibnitz a fondé le Calcul différentiel, en regardant les différentielles comme des différences infiniment petites.

7. Il est aisé de voir que deux fonctions égales ont des différentielles égales ; car, lorsque deux fonctions sont égales entre elles, quelle que soit la valeur de la variable dont elles dépendent, il faut que les changemens respectifs qu'elles reçoivent en conséquence de celui qu'on attribue à cette variable, soient toujours égaux. Si, par exemple, u et v désignent des fonctions de x telles que $u=v$, quel que soit x, et que quand x devient $x+\mathrm{d}x$, u se change en u' et v en v', on aura encore $u'=v'$: retranchant de cette équation la précédente, il en résultera

$$u'-u=v'-v;$$

puis divisant par $\mathrm{d}x$, on obtiendra

$$\frac{u'-u}{\mathrm{d}x}=\frac{v'-v}{\mathrm{d}x},$$

quels que soient x et $\mathrm{d}x$. Si donc p et q désignent les limites respectives des rapports ci-dessus, on aura l'équation

$$p+\alpha=q+\beta \quad \text{ou} \quad p-q=\beta-\alpha,$$

dans laquelle p et q ne dépendent pas de $\mathrm{d}x$, tandis que α et β décroissent et s'évanouissent en même temps que $\mathrm{d}x$. Il suit de là que $p=q$; car si l'on supposait $p-q=D$, il en résulterait que la quantité $\beta-\alpha$ ne pourrait pas tomber au-dessous de D, tandis qu'elle s'évanouit : il faut donc que $D=0$ (*) ; donc $p\mathrm{d}x=q\mathrm{d}x$ et $\mathrm{d}u=\mathrm{d}v$, en observant que, d'après le n° 5, $p\mathrm{d}x$ et $q\mathrm{d}x$ sont les différentielles des fonctions u et v.

L'inverse de cette proposition n'est pas généralement

(*) Ceci prouve que *lorsque deux quantités sont la limite d'une même quantité variable, elles sont égales entre elles.*

vraie, et l'on aurait tort d'affirmer que deux différentielles égales appartiennent à des fonctions égales. En effet, si l'on avait $a+bx$, en substituant $x+dx$ à x, on obtiendrait $a+bx+bdx$, et en retranchant $a+bx$, on trouverait bdx, résultat dans lequel il ne reste aucune trace de la constante a. La différentielle bdx appartient donc également à $a+bx$ ou à bx, et elle convient en général aux différens cas que présente la fonction $a+bx$, lorsqu'on donne à a toutes les valeurs possibles. On voit aisément par là, que dans la différentiation d'une fonction quelconque, toutes les constantes combinées seulement par voie d'addition ou de soustraction, disparaissent : à l'égard de celles qui le sont par la multiplication ou par la division, elles restent toujours comme coefficiens ou comme diviseurs.

8. Avant de passer à la recherche des différentielles par les limites, il faut remarquer,

1°. Que *la limite du produit de deux quantités variables en même temps, est le produit de leurs limites correspondantes;* 2°. que *la limite des quotiens des mêmes quantités, est aussi le quotient de leurs limites.*

En effet, soient P et Q les deux quantités proposées, p et q leurs limites correspondantes ; les premières considérées dans leur état général, peuvent être représentées par $p+\alpha$, $q+\beta$, en désignant par α et β des quantités susceptibles de s'évanouir en même temps, après avoir passé par tous les degrés de petitesse (4) : on aura donc en général,

$$PQ=(p+\alpha)(q+\beta)=pq+p\beta+q\alpha+\alpha\beta.$$

Le second membre de cette équation se réduit à pq, lorsque, pour prendre les limites, on fait $\alpha=0$, $\beta=0$. On voit d'ailleurs qu'en donnant aux quantités α et β

des valeurs convenables, on peut rendre aussi petite qu'on voudra la différence

$$PQ - pq = p\beta + q\alpha + \alpha\beta.$$

Le quotient $$\frac{P}{Q} = \frac{p+\alpha}{q+\beta}$$

étant mis sous la forme

$$\frac{P}{Q} = \frac{p}{q} + \frac{p+\alpha}{q+\beta} - \frac{p}{q}$$

devient, par la réduction des deux dernières fractions au même dénominateur,

$$\frac{P}{Q} = \frac{p}{q} + \frac{q\alpha - p\beta}{q(q+\beta)}.$$

Le numérateur de la dernière fraction de ce résultat s'évanouit, lorsque α et β sont zéro, et passe auparavant par tous les degrés de petitesse, tandis que le dénominateur approche sans cesse de q^2; ainsi la limite de $\frac{P}{Q}$ se réduit à $\frac{p}{q}$, et la différence

$$\frac{P}{Q} - \frac{p}{q} = \frac{q\alpha - p\beta}{q(q+\beta)}$$

peut être rendue aussi petite qu'on voudra.

9. Au moyen des remarques précédentes on obtient le coefficient différentiel d'une fonction rapportée à une variable dont elle ne dépend pas immédiatement. Soient, en effet, trois quantités v, u, x, telles que la première soit une fonction de la seconde, et celle-ci une fonction de la troisième, c'est-à-dire, qu'on ait

$$v = \mathrm{f}(u), \quad u = F(x);$$

il semble d'abord qu'il faudrait, par l'élimination de u, obtenir l'expression immédiate de v en x; mais on va voir qu'il n'en est pas besoin. En effet, si ces quantités passent simultanément à un nouvel état de grandeur, représenté par v', u', x', ou prennent les accroissemens respectifs

$$v'-v,\quad u'-u,\quad x'-x,$$

les rapports de ces accroissemens étant

$$\frac{v'-v}{u'-u},\quad \frac{u'-u}{x'-x},$$

et leurs limites

$$\frac{dv}{du},\quad \frac{du}{dx},$$

on conclura de la première des remarques précédentes, que la limite de

$$\frac{v'-v}{u'-u}\times\frac{u'-u}{x'-x}\quad \text{ou de}\quad \frac{v'-v}{x'-x},$$

est

$$\frac{dv}{dx}=\frac{dv}{du}\times\frac{du}{dx}.$$

Pour bien montrer le sens de cette expression, je vais l'appliquer à un exemple, en faisant

$$v=bu^3,\qquad u=ax^2.$$

On trouve d'abord, par les n°s 4 et 5,

$$\frac{dv}{du}=3bu^2,\quad \frac{du}{dx}=2ax,$$

et la formule ci-dessus donne ensuite $\frac{dv}{dx}=6abu^2x$, résultat où l'on peut remplacer u^2 par sa valeur a^2x^4, et qui devient alors $6a^3bx^5$. Ainsi l'on a, dans ce calcul, transposé l'élimination de u après la différentiation.

En indiquant cette élimination avec les symboles généraux employés au commencement de cet article, on aura

$$v = \mathrm{f}[F(x)],$$

ce qui veut dire que v est une fonction d'une autre fonction de x; et, d'après ce qui précède, *le coefficient différentiel d'une fonction de fonction, s'obtiendra en multipliant l'un par l'autre les coefficiens différentiels de ces fonctions, rapportées chacune à sa variable immédiate.*

Lorsque deux quantités u et x sont liées par une dépendance mutuelle, on peut dire également que u est fonction de x, ou bien que x est fonction de u, selon que l'on veut regarder u comme déterminé par x, ou x comme déterminé par u; le coefficient différentiel peut aussi se présenter sous chacun de ces points de vue; et comme

$$\frac{x'-x}{u'-u} = \frac{1}{\dfrac{u'-u}{x'-x}},$$

il suit de la seconde remarque du n° précédent, que si dans le premier cas $\dfrac{\mathrm{d}u}{\mathrm{d}x} = p$, dans le second $\dfrac{\mathrm{d}x}{\mathrm{d}u} = \dfrac{1}{p}$, puisque 1 étant une quantité constante, est lui-même sa limite.

Soit, par exemple, $u = x^3$, d'où $x = \sqrt[3]{u} = u^{\frac{1}{3}}$, on aura

$$\frac{\mathrm{d}u}{\mathrm{d}x} = 3x^2, \text{ et } \frac{\mathrm{d}x}{\mathrm{d}u} = \frac{1}{3x^2},$$

valeur qui revient à $\dfrac{1}{3u^{\frac{2}{3}}} = \dfrac{1}{3\sqrt[3]{u^2}}$.

10. Je vais appliquer maintenant ce qui précède à la recherche des différentielles des fonctions qui se pré-

sentent dans les Elémens d'Algèbre, c'est-à-dire des sommes, des différences, des produits, des quotiens, des puissances et des racines. Premièrement, lorsque plusieurs quantités dépendantes de x, et dont on sait trouver la différentielle, sont jointes ensemble par addition et soustraction comme dans cet exemple $u+v-w$, si la substitution de $x+\mathrm{d}x$, au lieu de x, doit changer

$$u \text{ en } u+\alpha, \quad v \text{ en } v+\beta, \quad w \text{ en } w+\gamma,$$

l'expression $u+v-w$ deviendra

$$u+v-w+\alpha+\beta-\gamma.$$

Son changement, formé des termes $\alpha+\beta-\gamma$, et comparé à l'accroissement $\mathrm{d}x$ de la variable x, donnera

$$\frac{\alpha}{\mathrm{d}x}+\frac{\beta}{\mathrm{d}x}-\frac{\gamma}{\mathrm{d}x},$$

quantité dont la limite sera

$$p+q-r,$$

en désignant par p, q, r, les limites respectives des rapports particuliers $\frac{\alpha}{\mathrm{d}x}$, $\frac{\beta}{\mathrm{d}x}$, $\frac{\gamma}{\mathrm{d}x}$; et en multipliant par $\mathrm{d}x$ la quantité $p+q-r$, le résultat $p\mathrm{d}x+q\mathrm{d}x-r\mathrm{d}x$ sera la différentielle de la fonction proposée; mais $p\mathrm{d}x$, $q\mathrm{d}x$, $r\mathrm{d}x$, sont les différentielles propres de chacune des fonctions u, v et w, ou représentent $\mathrm{d}u$, $\mathrm{d}v$, $\mathrm{d}w$: on aura donc

$$\mathrm{d}(u+v-w)=\mathrm{d}u+\mathrm{d}v-\mathrm{d}w;$$

c'est-à-dire, que *la différentielle d'une fonction de* x, *composée de plusieurs termes, s'obtiendra en prenant la différentielle de chaque terme avec le signe dont ce terme est affecté.*

11. Secondement, si dans le produit des deux fonctions, u et v, u se change en $u+\alpha$, v en $v+\beta$, ce

produit devient

$$uv + u\beta + v\alpha + \alpha\beta;$$

et son accroissement

$$u\beta + v\alpha + \alpha\beta,$$

comparé à dx, donne l'expression

$$u\frac{\beta}{dx} + v\frac{\alpha}{dx} + \frac{\alpha}{dx}\beta.$$

En désignant comme ci-dessus, par p et q, les limites respectives des rapports $\frac{\alpha}{dx}$, $\frac{\beta}{dx}$, puis faisant attention que l'accroissement β s'évanouit en même temps que dx, dont les quantités u et v sont d'ailleurs indépendantes, on reconnaît que la limite du terme $\frac{\alpha}{dx}\beta$ est zéro (8), et que celle des deux autres est

$$uq + vp.$$

On conclut de là (5) que la différentielle de uv est

$$uq dx + vp dx;$$

mais qdx et pdx sont équivalens à dv et à du : donc d.$uv = u$d$v + v$du (*).

La formule d.$uv = u$d$v + v$du, nous apprend que *pour avoir la différentielle du produit de deux fonctions, il faut multiplier chacune par la différentielle de l'autre, et ajouter ensemble les deux résultats.*

Si l'on divise les deux membres de l'équation

$$d.uv = udv + vdu,$$

(*) Lorsque l'on trouve un point après la caractéristique d, cela veut dire qu'elle porte sur tout ce qui la suit immédiatement; ainsi d.uv est la même chose que d(uv), et d.x^n la même chose que d(x^n).

par la fonction primitive uv, on trouvera

$$\frac{\mathrm{d}.uv}{uv}=\frac{\mathrm{d}u}{u}+\frac{\mathrm{d}v}{v};$$

ce qui conduira facilement à l'expression de la différentielle d'un produit composé d'autant de facteurs qu'on voudra. Pour cela l'on supposera que $v=ts$; il viendra

$$\frac{\mathrm{d}v}{v}=\frac{\mathrm{d}.ts}{ts}=\frac{\mathrm{d}t}{t}+\frac{\mathrm{d}s}{s},$$

et par conséquent

$$\frac{\mathrm{d}.uts}{uts}=\frac{\mathrm{d}u}{u}+\frac{\mathrm{d}t}{t}+\frac{\mathrm{d}s}{s};$$

on trouvera de la même manière que

$$\frac{\mathrm{d}.utsr\ldots\text{etc.}}{utsr\ldots\text{etc.}}=\frac{\mathrm{d}u}{u}+\frac{\mathrm{d}t}{t}+\frac{\mathrm{d}s}{s}+\frac{\mathrm{d}r}{r}+\text{etc.}$$

Si l'on fait évanouir les dénominateurs dans l'équation

$$\frac{\mathrm{d}.uts}{uts}=\frac{\mathrm{d}u}{u}+\frac{\mathrm{d}t}{t}+\frac{\mathrm{d}s}{s},$$

on trouvera $\mathrm{d}.uts=ts\mathrm{d}u+us\mathrm{d}t+ut\mathrm{d}s$; et l'on verra aisément que, *quel que soit le nombre des facteurs, la différentielle de leur produit sera égale à la somme des produits de la différentielle de chacun, multipliée par tous les autres.*

12. On obtient la différentielle de $\frac{u}{v}$ en faisant $\frac{u}{v}=t$; car il vient alors $u=vt$, et d'après ce qui précède, $\mathrm{d}u=v\mathrm{d}t+t\mathrm{d}v$; prenant la valeur de $\mathrm{d}t$, et substituant au lieu de t la fraction $\frac{u}{v}$, on aura $\mathrm{d}t=\frac{\mathrm{d}u}{v}-\frac{u\mathrm{d}v}{v^2}$, ou,

en réduisant au même dénominateur,

$$dt = \frac{vdu - udv}{v^2},$$

d'où il résulte que *pour trouver la différentielle d'une fraction, il faut multiplier le dénominateur par la différentielle du numérateur, retrancher de ce produit celui du numérateur par la différentielle du dénominateur, et diviser le tout par le quarré du dénominateur.*

Quand le numérateur de la fraction proposée est constant, u, ne dépendant point de x, n'a point de différentielle, c'est-à-dire, que $du = 0$, et il vient seulement

$$dt = -\frac{udv}{v^2}.$$

13. La fonction u^n désignant, lorsque n est un nombre entier positif, le produit d'un nombre n de facteurs égaux à u, on déduira du n° 11,

$$\frac{d.u^n}{u^n} = \frac{d.uuuu\ldots}{uuuu\ldots}$$
$$= \frac{du}{u} + \frac{du}{u} + \frac{du}{u} + \frac{du}{u} + \ldots$$

Le nombre des facteurs du premier membre étant n, le second sera composé d'un pareil nombre de termes égaux à $\frac{du}{u}$; on aura donc

$$\frac{d.u^n}{u^n} = \frac{ndu}{u},$$

d'où l'on conclura $d.u^n = nu^{n-1}du$.

Si le nombre n est fractionnaire, en le représentant par $\frac{r}{s}$, on fera $u^{\frac{r}{s}} = v$, d'où $u^r = v^s$; et comme les nombres r et s sont supposés entiers, on aura, d'après ce qui précède,

$$ru^{r-1}du = sv^{s-1}dv;$$

d'où l'on tirera

$$dv = \frac{ru^{r-1}}{sv^{s-1}}du = \frac{ru^{r-1}}{su^{\frac{r}{s}(s-1)}}du.$$

En réduisant, on trouve

$$dv = \frac{r}{s}u^{\frac{r}{s}-1}du,$$

ce qui revient encore à $d.u^n = nu^{n-1}du$, n étant égal à $\frac{r}{s}$.

Enfin le nombre n étant négatif, on a $u^{-n} = \frac{1}{u^n}$, d'où l'on tire, par la formule du n° 12,

$$d.u^{-n} = d.\frac{1}{u^n} = \frac{-d.u^n}{u^{2n}};$$

et comme, d'après ce qui précède, $d.u^n = nu^{n-1}du$, dans tous les cas où n est positif, on a donc

$$d.u^{-n} = \frac{-nu^{n-1}du}{u^{2n}} = -nu^{-n-1}du.$$

De cette énumération, on conclut que *pour différentier une puissance quelconque d'une fonction, il faut la multiplier par son exposant, diminuer ensuite cet exposant d'une unité, et multiplier le résultat par la différentielle de la fonction* (*).

(*) J'aurais pu déduire immédiatement du développement du binome $(x + dx)^n$, la différentielle de x^n, puisque ce développement

14. Les règles énoncées dans les n°s 10, 11, 12, 13, suffisent pour différentier toutes les fonctions où la variable n'est engagée que par addition, soustraction, multiplication, division, élévation aux puissances entières ou fractionnaires, positives ou négatives, fonctions qui, résultant des opérations algébriques, se nomment par cette raison *fonctions algébriques*. On n'a besoin que de se rappeler que la différentielle de la simple variable x est dx (5).

D'abord, pour la fonction monome $u = ax^n$, la règle des produits (11) donne d$u = a$d$.x^n$, à cause que a étant constant, d$a = 0$; et la règle des puissances (13) conduit à d$u = nax^{n-1}$dx.

Passons maintenant aux fonctions complexes ; soit 1°. $u = a + b\sqrt{x} - \frac{c}{x}$: en prenant séparément la différentielle de chaque terme de cette fonction, le premier disparaît parce qu'il est constant (7), le second mis sous la forme $bx^{\frac{1}{2}}$ donne, par l'application de la règle du n° 13, $\frac{1}{2}bx^{\frac{1}{2}-1}$ dx, ou $\frac{b\mathrm{d}x}{2\sqrt{x}}$; le troisième $-\frac{c}{x}$ conduit à $+\frac{c\mathrm{d}x}{x^2}$ (12) ; réunissant les résultats partiels, on trouvera

$$\mathrm{d}u = \left(\frac{b}{2\sqrt{x}} + \frac{c}{x^2}\right)\mathrm{d}x \quad \text{et} \quad \frac{\mathrm{d}u}{\mathrm{d}x} = \frac{b}{2\sqrt{x}} + \frac{c}{x^2}.$$

2°. $u = a + \frac{b}{\sqrt[3]{x^2}} - \frac{c}{x\sqrt[3]{x}} + \frac{e}{x^2}$: en écrivant cette

étant $x^n + nx^{n-1}\mathrm{d}x +$ etc., si l'on en retranche x^n, le premier terme de la différence sera $nx^{n-1}\,\mathrm{d}x$; mais je n'ai pas voulu supposer la démonstration de la formule du binome, parce que le Calcul différentiel en fournit une très générale et très simple.

fonction comme il suit,

$$u=a+bx^{-\frac{2}{3}}-cx^{-1-\frac{1}{3}}+ex^{-2},$$

l'application de la règle du n° 13 donnera

$$du=-\frac{2}{3}\frac{bdx}{x^{\frac{5}{3}}}+\frac{4}{3}\frac{cdx}{x^{\frac{7}{3}}}-\frac{2edx}{x^3},$$

ce qui revient à $du=-\dfrac{2bdx}{3x\sqrt[3]{x^2}}+\dfrac{4cdx}{3x^2\sqrt[3]{x}}-\dfrac{2edx}{x^3}$.

3°. $u=(a+bx^m)^n$: cette fonction ne peut être décomposée en monomes, sans un développement préalable, mais qui n'est pas nécessaire pour sa différentiation, parce qu'en faisant $a+bx^m=z$, elle prend la forme monome $u=z^n$, et en y appliquant la règle des puissances (13), on trouve

$$du=nz^{n-1}dz=n(a+bx^m)^{n-1}d(a+bx^m)$$
$$=n(a+bx^m)^{n-1}\times mbx^{m-1}dx=mnbx^{m-1}dx(a+bx^m)^{n-1}.$$

15. Comme on a souvent besoin de différentier des radicaux du second degré, on a formé, pour ces fonctions, une règle à part qui résulte du calcul suivant.

Soit $v=\sqrt{u}$, d'où $v=u^{\frac{1}{2}}$;
il vient

$$dv=\tfrac{1}{2}u^{\frac{1}{2}-1}du=\tfrac{1}{2}u^{-\frac{1}{2}}du=\frac{du}{2\sqrt{u}},$$

et par conséquent *la différentielle d'un radical du second degré, s'obtient en divisant celle de la quantité qui se trouve sous le signe, par le double du radical.*

16. La règle donnée (11) pour différentier les produits, étant appliquée à la fonction

$u = x(a^2+x^2)\sqrt{a^2-x^2}$, conduit à

$$du = dx(a^2+x^2)\sqrt{a^2-x^2} + x\sqrt{a^2-x^2}.d(a^2+x^2) \\ + x(a^2+x^2)d\sqrt{a^2-x^2}.$$

Les deux derniers termes de cette expression renferment des opérations qui ne sont qu'indiquées, mais qui s'effectuent successivement, en observant que

$$d(a^2+x^2) = d.x^2 = 2xdx,$$
$$d\sqrt{a^2-x^2} = \frac{d(-x^2)}{2\sqrt{a^2-x^2}} = \frac{-xdx}{\sqrt{a^2-x^2}};$$

et l'on trouve ensuite

$$du = \left\{(a^2+x^2)\sqrt{a^2-x^2} + 2x^2\sqrt{a^2-x^2} \\ - \frac{x^2(a^2+x^2)}{\sqrt{a^2-x^2}}\right\}dx:$$

réduisant tous les termes au même dénominateur, on a enfin

$$du = \frac{(a^4+a^2x^2-4x^4)dx}{\sqrt{a^2-x^2}}.$$

La règle concernant la différentiation des fractions, appliquée à la fonction $u = \frac{a^2-x^2}{a^4+a^2x^2+x^4}$, donne immédiatement

$$du = \frac{(a^4+a^2x^2+x^4)d(a^2-x^2) - (a^2-x^2)d(a^4+a^2x^2+x^4)}{(a^4+a^2x^2+x^4)^2},$$

d'où l'on tire

$$du = \frac{-2x(2a^4+2a^2x^2-x^4)dx}{(a^4+a^2x^2+x^4)^2}.$$

Je terminerai ces exemples par la fonction

$$u = \sqrt[4]{\left(a - \frac{b}{\sqrt{x}} + \sqrt[3]{(c^2-x^2)^2}\right)^3},$$

qui renferme plusieurs opérations algébriques à effectuer successivement. Pour en faciliter la différentiation, on peut faire

$$\frac{b}{\sqrt{x}}=y, \quad \sqrt[3]{(c^2-x^2)^2}=z,$$

et l'on aura

$$u=\sqrt[4]{(a-y+z)^3}=(a-y+z)^{\frac{3}{4}};$$

la règle du n° 13 donnera

$$\begin{aligned} du &= \tfrac{3}{4}(a-y+z)^{\frac{3}{4}-1}\,d(a-y+z) \\ &= \tfrac{3}{4}(a-y+z)^{-\frac{1}{4}}(-dy+dz) \\ &= \frac{-3dy+3dz}{4\sqrt[4]{a-y+z}}; \end{aligned}$$

on trouvera ensuite

$$dy = d.\frac{b}{\sqrt{x}} = -b\,\frac{d\sqrt{x}}{x} = \frac{-bdx}{2x\sqrt{x}},$$

$$\begin{aligned} dz &= d.(c^2-x^2)^{\frac{2}{3}} = \tfrac{2}{3}(c^2-x^2)^{\frac{2}{3}-1}d(c^2-x^2) \\ &= \tfrac{2}{3}(c^2-x^2)^{-\frac{1}{3}}\times -2xdx = \frac{-4xdx}{3\sqrt[3]{c^2-x^2}}; \end{aligned}$$

et substituant ces valeurs et celles de y et de z dans l'expression de du, il viendra

$$du=\left\{\frac{\dfrac{3b}{2x\sqrt{x}}-\dfrac{4x}{\sqrt[3]{c^2-x^2}}}{4\sqrt[4]{a-\dfrac{b}{\sqrt{x}}+\sqrt[3]{(c^2-x^2)^2}}}\right\}dx.$$

Des différentiations successives.

17. Le coefficient différentiel étant une nouvelle fonction de x, peut être soumis à la différentiation, et donner, par la limite du rapport de son accroissement à celui de la variable x, son propre coefficient diffé-

rentiel qui sera aussi une fonction de x. En faisant ainsi succéder des différentiations les unes aux autres, on déduit de la fonction proposée une suite de limites ou de coefficiens différentiels, que l'on distingue en ordres, d'après le nombre de différentiations qu'il a fallu effectuer pour les obtenir.

Si l'on fait $\frac{du}{dx} = p$, $\frac{dp}{dx} = q$, $\frac{dq}{dx} = r$, etc.,

p représentera le coefficient différentiel du premier ordre de la fonction proposée, q celui de la fonction p, ou le coefficient du second ordre de la fonction proposée, r celui de la fonction q, ou le coefficient du troisième ordre de la fonction proposée, etc.

Il faut observer d'abord que les coefficiens q, r, etc., se tirent des différentielles successives de du, prises en y regardant l'accroissement dx comme une constante. En effet, les équations

$$\frac{du}{dx} = p, \quad \frac{dp}{dx} = q, \quad \frac{dq}{dx} = r, \text{ etc.,}$$

donneront

$$du = pdx, \quad dp = qdx, \quad dq = rdx, \text{ etc.;}$$

mais si l'on différentie pdx sans y faire varier dx, on aura $dpdx$, expression qui devient qdx^2 (*), lorsqu'on y met pour dp sa valeur qdx, et qu'il suffit de diviser par dx^2 pour en tirer celle de q. Soient donc

$$d(du) = ddu = d^2u, \quad d(d^2u) = d^3u, \text{ etc.,}$$

les symboles des différentielles successives de du, prises en y regardant dx comme constant; et rappelons-nous toujours que l'exposant qui affecte la caractéristique d, indique une opération répétée, et non pas une puissance de la lettre d, qui n'est jamais considérée comme une

(*) Il faut bien prendre garde que les expressions dx^2, dx^3.... sont équivalentes à $(dx)^2$, $(dx)^3$..... et non pas à $d.x^2$, $d.x^3$..... (*voyez* la note, page 13).

quantité, mais seulement comme un signe ; nous aurons alors, au moyen des valeurs précédentes de dp, dq, etc., les équations

$$du = pdx, \quad d^2u = dpdx = qdx^2,$$
$$d^3u = dqdx^2 = rdx^3, \text{ etc.},$$

desquelles nous tirerons

$$p = \frac{du}{dx}, \quad q = \frac{d^2u}{dx^2}, \quad r = \frac{d^3u}{dx^3}, \text{ etc.}$$

18. Si la fonction proposée était, par exemple, ax^n, on trouverait $d.ax^n = nax^{n-1}dx$ (14) ; les facteurs na et dx étant regardés comme constans dans la différentielle première $nax^{n-1}dx$, il suffit, pour obtenir la différentielle seconde, de différentier x^{n-1} et de multiplier le résultat par $nadx$; mais $d.x^{n-1} = (n-1)x^{n-2}dx$: on aura donc $d^2.ax^n = n(n-1)\,ax^{n-2}dx^2$.

On trouvera d'une manière semblable,

$$d^3.ax^n = n(n-1)(n-2)ax^{n-3}dx^3,$$
$$d^4.ax^n = n(n-1)(n-2)(n-3)\,ax^{n-4}dx^4,$$
etc.,

et les coefficiens différentiels auront les valeurs suivantes :

$$\frac{d.ax^n}{dx} = nax^{n-1},$$
$$\frac{d^2.ax^n}{dx^2} = n(n-1)ax^{n-2},$$
$$\frac{d^3.ax^n}{dx^3} = n(n-1)(n-2)ax^{n-3},$$
$$\frac{d^4.ax^n}{dx^4} = n(n-1)(n-2)(n-3)ax^{n-4},$$
etc.

On remarquera sans peine que dans le cas où l'exposant n est un nombre entier positif, la fonction ax^n n'a qu'un nombre limité de différentielles dont la plus élevée est $d^n.ax^n = n(n-1)(n-2)\ldots 2.1.adx^n$;

expression qui n'est plus susceptible de différentiation, puisqu'elle ne contient plus de variables : on aura donc alors pour le dernier coefficient différentiel,

$$\frac{d^n . ax^n}{dx^n} = n(n-1)(n-2)\ldots.1.a,$$

c'est-à-dire, une quantité constante.

19. Les différentiations manifestent dans les fonctions des propriétés qui en facilitent beaucoup le développement. Rien n'est plus aisé que de déduire de ce qui précède le développement de l'expression $(x+y)^n$; mais au lieu de nous arrêter à ce cas particulier, nous allons nous occuper d'une fonction quelconque du même binome $x+y$. Nous ferons d'abord remarquer qu'*une fonction quelconque du binome* x + y *donne le même coefficient différentiel, quelle que soit celle des deux quantités* x, y *qu'on prenne pour variable.* Si par exemple cette fonction est $(x+y)^n$, on trouve, dans l'un et l'autre cas, $n(x+y)^{n-1}$. En général, si l'on fait $x+y=x'$, dans une fonction quelconque $f(x+y)$, elle devient $f(x')$, et l'on a $df(x')=p'dx'$, le coefficient différentiel p' étant une fonction de x', dans laquelle dx' n'entre pas, et qui demeure par conséquent la même, soit qu'on prenne $dx'=dx$, en faisant varier x, ou $dx'=dy$, en faisant varier y.

20. Cela posé, si l'on fait

$$f(x+y) = L + My^\alpha + Ny^\beta + Py^\gamma + \text{etc.},$$

L, M, N, P, etc., étant des fonctions inconnues de x, sans y, et α, β, γ, etc., des exposans indéterminés, il est d'abord évident qu'aucun de ces exposans ne peut être négatif, car un terme de la forme $My^{-\alpha}$ ou $\frac{M}{y^\alpha}$, par exemple, devenant infini lorsque $y=0$, rendrait infini le second membre de l'équation ci-dessus, tandis que le premier se réduirait à $f(x)$. Mais si les exposans sont tous positifs, on aura alors $L = f(x)$; formant ensuite le coefficient différentiel du développement de $f(x+y)$, en prenant d'abord x pour variable, on trouvera

$$\frac{dL}{dx} + \frac{dM}{dx}y^{\alpha} + \frac{dN}{dx}y^{\beta} + \frac{dP}{dx}y^{\gamma} + \text{etc.},$$

puis prenant y pour variable, au lieu de x, on obtiendra le résultat

$$\alpha M y^{\alpha-1} + \beta N y^{\beta-1} + \gamma P y^{\gamma-1} + \text{etc.},$$

qui devra être identique avec le précédent, quel que soit y, ce qui ne peut arriver sans que les exposans des puissances de y et leurs coefficiens ne soient les mêmes dans l'un et dans l'autre. Or, si les exposans sont rangés par ordre de grandeur dans le premier, ils le seront aussi dans le second : il faudra donc qu'on ait

$$\alpha - 1 = 0, \quad \beta - 1 = \alpha, \quad \gamma - 1 = \beta, \text{ etc.},$$

d'où

$$\alpha = 1, \quad \beta = 2, \quad \gamma = 3, \text{ etc.};$$

et la comparaison des coefficiens donnera les équations

$$M = \frac{dL}{dx}, \quad N = \frac{1}{2}\frac{dM}{dx}, \quad P = \frac{1}{3}\frac{dN}{dx}, \text{ etc.},$$

desquelles, en faisant

$$f(x) = u, \quad \text{et} \quad f(x+y) = u',$$

on tirera

$$L = u, \quad M = \frac{1}{1}\frac{du}{dx}, \quad N = \frac{1}{1.2}\frac{d^2u}{dx^2}, \quad P = \frac{1}{1.2.3}\frac{d^3u}{dx^3}, \text{ etc.},$$

$$u' = u + \frac{du}{dx}\frac{y}{1} + \frac{d^2u}{dx^2}\frac{y^2}{1.2} + \frac{d^3u}{dx^3}\frac{y^3}{1.2.3} + \text{etc.}$$

Telle est la formule appelée *théorème de Taylor*, du nom du géomètre anglais qui l'a découverte (*).

21. Ce théorème donne tout de suite le développement de $(x+y)^n$; car, dans ce cas,

$$u = x^n, \quad \frac{\mathrm{d}u}{\mathrm{d}x} = nx^{n-1}, \quad \frac{\mathrm{d}^2u}{\mathrm{d}x^2} = n(n-1)x^{n-2}, \text{ etc.},$$

d'où l'on conclut

$$(x+y)^n = x^n + \frac{n}{1}x^{n-1}y + \frac{n(n-1)}{1.2}x^{n-2}y^2$$
$$+ \frac{n(n-1)(n-2)}{1.2.3}x^{n-3}y^3 + \text{etc.}$$

Les principes de la différentiation ayant été donnés ci-dessus, sans supposer le développement de la puissance n du binome, on doit le regarder maintenant comme prouvé pour tous les cas où l'exposant n est entier ou fractionnaire, positif ou négatif.

En mettant, par exemple, les expressions

$$\left.\begin{array}{l} \sqrt{a^2+x^2} \\ \\ \sqrt[3]{(a^2-x^2)^2} \\ \\ \dfrac{1}{a+x} \\ \\ \dfrac{1}{\sqrt[4]{a^4+x^4}} \end{array}\right\} \text{ sous la forme } \left\{\begin{array}{l} a\left(1+\dfrac{x^2}{a^2}\right)^{\frac{1}{2}} \\ \\ a^{\frac{4}{3}}\left(1-\dfrac{x^2}{a^2}\right)^{\frac{2}{3}} \\ \\ a^{-1}\left(1+\dfrac{x}{a}\right)^{-1} \\ \\ a^{-1}\left(1+\dfrac{x^4}{a^4}\right)^{-\frac{1}{4}} \end{array}\right.$$

(*) La démonstration ci-dessus revient pour le fond à celle que Lagrange à donnée dans les *Mémoires de l'Académie de Berlin*, année 1772, page 187, et depuis, dans la *Théorie des Fonc-*

on en obtient le développement, suivant le procédé indiqué dans le n° 144 des Elémens d'Algèbre, mais alors la formule ne se terminant plus, on tombe sur une *série infinie*, comme celle qu'on a fait remarquer dans le n° 236 de l'Ouvrage cité.

22. Si l'on fait $x=0$, et qu'on désigne par U, U', U'', U''', etc., les valeurs particulières que prennent

$$u,\ \frac{du}{dx},\ \frac{d^2u}{dx^2},\ \frac{d^3u}{dx^3},\ \text{etc.},$$

par cette supposition qui change $f(x+y)$ en $f(y)$, il viendra

$$f(y)=U+U'\frac{y}{1}+U''\frac{y^2}{1.2}+U'''\frac{y^3}{1.2.3}+\text{etc.};$$

mais cette équation ayant lieu quel que soit y, on pourra écrire x au lieu de y, ce qui ne changera rien aux quantités U, U', U'', U''', etc., qui ne contiennent point cette lettre, et l'on aura alors la formule

$$f(x) \text{ ou } u=U+U'\frac{x}{1}+U''\frac{x^2}{1.2}+U'''\frac{x^3}{1.2.3}+\text{etc.},$$

qui exprimera le développement de $f(x)$ suivant les puissances *ascendantes* de x, et qu'on nomme le *théorème de Maclaurin*, géomètre anglais, auquel elle est due.

En faisant $u=(a+x)^n$, d'où il résulte d'abord

$$\frac{du}{dx}=n(a+x)^{n-1},\quad \frac{d^2u}{dx^2}=n(n-1)(a+x)^{n-2},\text{etc.},$$

---

tions analytiques : mais l'emploi des signes différentiels l'abrège et la simplifie beaucoup.

Le théorème de Taylor, étant devenu la base des applications du Calcul différentiel, on en a donné beaucoup de démonstrations ; j'en ai rapporté plusieurs dans mon *Traité du Calcul différentiel et du Calcul intégral*, in-4° ; *voyez* la 2e édition, tome I, pages 160 et 277 ; tome III, pages 60, 396 et 399 note.

valeurs que $x=0$ change en

$$U=a^n,\quad U'=na^{n-1},\quad U''=n(n-1)a^{n-2},\ \text{etc.},$$

on obtient encore

$$(a+x)^n=a^n+\frac{n}{1}a^{n-1}x+\frac{n(n-1)}{1.2}a^{n-2}x^2+\text{etc. (*)}.$$

23. Le théorème de Taylor donne aussi le développement du second état d'une fonction quelconque $u=\mathrm{f}(x)$, lorsque x devient $x+h$, puisqu'en changeant y en h, il vient

$$u'=u+\frac{\mathrm{d}u}{\mathrm{d}x}\frac{h}{1}+\frac{\mathrm{d}^2u}{\mathrm{d}x^2}\frac{h^2}{1.2}+\frac{\mathrm{d}^3u}{\mathrm{d}x^3}\frac{h^3}{1.2.3}+\text{etc.}$$

Il suit de là que les divers coefficiens différentiels ont encore la propriété remarquable de former, lorsqu'on les divise respectivement par les produits

1, 1.2, 1.2.3, etc.,

les multiplicateurs des puissances de l'accroissement h,

(*) On trouve directement le théorème de Maclaurin, en posant

$$u=A+Bx+Cx^2+Dx^3+Ex^4+\text{etc.}$$

A, B, C, D, E, etc. étant des coefficiens constans et indéterminés; car si l'on passe aux coefficiens différentiels

$$\frac{\mathrm{d}u}{\mathrm{d}x}=B+2Cx+3Dx^2+4Ex^3+\text{etc.},$$

$$\frac{\mathrm{d}^2u}{\mathrm{d}x^2}=1.2C+2.3Dx+3.4Ex^2+\text{etc.},$$

$$\frac{\mathrm{d}^3u}{\mathrm{d}x^3}=1.2.3D+2.3.4Ex+\text{etc.},$$

etc.,

et qu'on y fasse $x=0$, ainsi que dans u, en désignant par U, U', U'', U''', etc. les valeurs que prennent alors cette fonction et ses coefficiens différentiels, sous leur forme non developpée, on aura

$$A=U,\ B=\frac{1}{1}U',\ C=\frac{1}{1.2}U'',\ D=\frac{1}{1.2.3}U''',\ \text{etc.},$$

et par conséquent

$$u=U+U'\frac{x}{1}+U''\frac{x^2}{1.2}+U'''\frac{x^3}{1.2.3}+\text{etc.}$$

dans le développement complet de la différence

$$u'-u=\frac{du}{dx}\frac{h}{1}+\frac{d^2u}{dx^2}\frac{h^2}{1.2}+\frac{d^3u}{dx^3}\frac{h^3}{1.2.3}+\text{etc.}$$

Ce développement, lorsqu'on y change h en dx, devient (17)

$$u'-u=\frac{du}{1}+\frac{d^2u}{1.2}+\frac{d^3u}{1.2.3}+\text{etc.},$$

forme très simple, où l'on voit comment la différence de u, correspondante à l'accroissement quelconque dx, se compose avec les différentielles des divers ordres, relatives au même accroissement.

De la différentiation des fonctions transcendantes.

24. Les fonctions qui ne sont pas comprises dans l'énumération faite au n° 14, se nomment *transcendantes*. La fonction exponentielle $u=a^x$ est la plus simple de ce genre. Lorsqu'on y substitue $x+dx$ au lieu de x, la différence devient

$$a^{x+dx}-a^x=a^x(a^{dx}-1);$$

pour la développer suivant les puissances de dx, on fait $a=1+b$, et il vient

$$a^{dx}=(1+b)^{dx}=1+\frac{dx}{1}b+\frac{dx(dx-1)}{1.2}b^2$$
$$+\frac{dx(dx-1)(dx-2)}{1.2.3}b^3+\text{etc.},$$

puis

$$a^{dx}-1=\left\{\frac{dx}{1}b+\frac{dx(dx-1)}{1.2}b^2\right.$$
$$\left.+\frac{dx(dx-1)(dx-2)}{1.2.3}b^3+\text{etc.}\right\}=$$
$$dx\left\{\frac{b}{1}+\frac{dx-1}{1}\frac{b^2}{2}+\frac{(dx-1)(dx-2)}{1.2}\frac{b^3}{3}+\text{etc.}\right\},$$

où le coefficient de la première puissance de dx sera

$$\left(\frac{b}{1}-\frac{b^2}{2}+\frac{b^3}{3}-\text{etc.}\right);$$

remettant pour b sa valeur $a-1$, il en résultera (5)

$$\mathrm{d}.a^x=a^x\mathrm{d}x\left(\frac{a-1}{1}-\frac{(a-1)^2}{2}+\frac{(a-1)^3}{3}-\text{etc.}\right);$$

ainsi prenant

$$k=\frac{a-1}{1}-\frac{(a-1)^2}{2}+\frac{(a-1)^3}{3}-\text{etc.},$$

on aura $\mathrm{d}.a^x=ka^x\mathrm{d}x$. Telle est la forme de la différentielle de la fonction proposée, et l'on trouvera bientôt une nouvelle expression du nombre constant k.

25. Il est visible que

$$\begin{aligned}\mathrm{d}^2.a^x=k\mathrm{d}x\mathrm{d}.a^x&=k^2a^x\mathrm{d}x^2,\\ \mathrm{d}^3.a^x&=k^3a^x\mathrm{d}x^3,\\ \ldots\ldots\ldots\ldots&\ldots\ldots\\ \mathrm{d}^n.a^x&=k^na^x\mathrm{d}x^n;\end{aligned}$$

et il suit de là que

$$\frac{\mathrm{d}u}{\mathrm{d}x}=ka^x,\quad \frac{\mathrm{d}^2u}{\mathrm{d}x^2}=k^2a^x,\quad \frac{\mathrm{d}^3u}{\mathrm{d}x^3}=k^3a^x,\ \text{etc.}$$

Lorsque $x=0$, la fonction u et ses coefficiens différentiels deviennent

$$U=1,\quad U'=k,\quad U''=k^2,\quad U'''=k^3,\ \text{etc.};$$

on obtiendra donc (22)

$$a^x=1+\frac{kx}{1}+\frac{k^2x^2}{1.2}+\frac{k^3x^3}{1.2.3}+\text{etc.}$$

26. Le développement de la fonction a^x, trouvé ci-dessus, servira pour reconnaître de quelle quantité la série représentée par k tire son origine.

Si l'on suppose $x=\frac{1}{k}$, il viendra

$$a^{\frac{1}{k}}=1+\frac{1}{1}+\frac{1}{1.2}+\frac{1}{1.2.3}+\text{etc.};$$

et en désignant par e la valeur du second membre, dont les douze premiers termes convertis en décimales donnent

$$e=2,7182818,$$

on aura l'équation

$$a^{\frac{1}{k}}=e,\quad \text{d'où l'on tirera}\quad a=e^k;$$

prenant alors le logarithme de chaque membre, on obtiendra

$$k\mathrm{l}e=\mathrm{l}a,\quad \text{ou}\quad k=\frac{\mathrm{l}a}{\mathrm{l}e}:$$

on aura donc par là

$$\mathrm{d}.a^x=ka^x\mathrm{d}x=\frac{\mathrm{l}a}{\mathrm{l}e}a^x\mathrm{d}x.$$

27. Le nombre e se présente souvent dans les recherches analytiques; on le prend pour base d'un système logarithmique, que j'ai appelé *Népérien*, du nom de Néper, inventeur des logarithmes, et que je représente par la caractéristique l' (*) : on a alors $\mathrm{l}'e=1$, et il vient

$$\mathrm{d}.a^x=a^x\mathrm{d}x.\mathrm{l}'a,$$

$$a^x=1+\frac{x(\mathrm{l}'a)}{1}+\frac{x^2(\mathrm{l}'a)^2}{1.2}+\frac{x^3(\mathrm{l}'a)^3}{1.2.3}+\text{etc.},\quad (25).$$

Si l'on faisait $a=e$, il viendrait seulement

(*) Ces logarithmes étaient connus sous les noms fort impropres de *logarithmes naturels* ou *hyperboliques*.

$$e^x = 1 + \frac{x}{1} + \frac{x^2}{1.2} + \frac{x^3}{1.2.3} + \text{etc.},$$

expression où il n'entre plus de logarithmes.

Si l'on prend a pour base d'un système de logarithmes, on aura alors $\mathrm{l}a = 1$, $x = \mathrm{l}u$, et par conséquent

$$u = 1 + \frac{1}{1}\frac{\mathrm{l}u}{\mathrm{l}e} + \frac{1}{1.2}\left(\frac{\mathrm{l}u}{\mathrm{l}e}\right)^2 + \frac{1}{1.2.3}\left(\frac{\mathrm{l}u}{\mathrm{l}e}\right)^3 + \text{etc.},$$

série qui fait connaître le nombre u par son logarithme, et qui finit toujours par être convergente.

En effet, si l'on pose pour abréger $\frac{\mathrm{l}u}{\mathrm{l}e} = M$, deux termes consécutifs, pris dans un rang quelconque, étant représentés par

$$\frac{M^n}{1.2.3\ldots n} + \frac{M^{n+1}}{1.2.3\ldots n(n+1)},$$

seront dans le rapport de 1 à $\frac{M}{n+1}$; mais le nombre n augmentant avec celui des termes de la série, finira toujours par l'emporter sur M, qui ne change point de valeur : ainsi les termes de la série deviendront enfin décroissans.

28. On peut obtenir maintenant la différentielle de la fonction logarithmique, au moyen du théorème qui termine le numéro 9; car ayant trouvé $\frac{\mathrm{d}u}{\mathrm{d}x}$ ou.... $p = \frac{\mathrm{l}a}{\mathrm{l}e}a^x$, lorsqu'on regarde u comme fonction de x, dans l'équation $u = a^x$, il s'ensuit que $\frac{\mathrm{d}x}{\mathrm{d}u} = \frac{1}{p} = \frac{\mathrm{l}e}{\mathrm{l}a}.\frac{1}{a^x}$, lorsqu'on regarde x comme fonction de u, ce qui ré-

pond à l'équation $x=\frac{\mathrm{l}u}{\mathrm{l}a}$; mais alors a étant la base du système, $\mathrm{l}a=1$, et l'on a seulement

$$\frac{\mathrm{d}x}{\mathrm{d}u}=\frac{\mathrm{le}}{a^x}=\frac{\mathrm{le}}{u},$$

d'où il résulte

$$\frac{\mathrm{dl}u}{\mathrm{d}u}=\frac{\mathrm{le}}{u} \quad \text{et} \quad \mathrm{dl}u=\mathrm{le}\frac{\mathrm{d}u}{u}.$$

Pour passer du système dont la base serait e à celui dont la base serait a (*Algèbre*, 250), en désignant ces systèmes par les caractéristiques l et l', on aurait

$$\mathrm{l}u=\mathrm{le}.\mathrm{l}'u;$$

et comme l'on compare tous les systèmes de logarithmes au système Népérien, on appelle *module* le nombre le, par lequel il faut multiplier l'u, pour obtenir le logarithme correspondant dans un autre système : on dit en conséquence que *la différentielle du logarithme*, ou *la différentielle logarithmique, est égale au produit du module, par la différentielle du nombre, divisée par le nombre même.*

29. Si l'on voulait passer de là au développement de x en u, ou du logarithme suivant les puissances du nombre, on trouverait que les quantités

$$x,\ \frac{\mathrm{d}x}{\mathrm{d}u},\ \frac{\mathrm{d}^2x}{\mathrm{d}u^2},\ \text{etc.},$$

deviennent infinies par la supposition de $u=0$, et l'on en conclurait que le logarithme ne saurait se développer dans la forme

$$x=A+Bu+Cu^2+Du^3+\text{etc.}$$

C'est aussi ce qu'il est facile de reconnaître *à priori*, en observant que la fonction x devient infinie lorsque $u=0$ (*Alg.* 251); ce qui ne résulte pas de la série ci-dessus, qui se réduit alors à $x=A$.

Il n'en serait pas de même si l'on changeait u en $1+u$; car on aurait

$$x=\mathrm{l}(1+u),\ \frac{dx}{du}=\frac{\mathrm{l}e}{1+u}=\mathrm{l}e(1+u)^{-1},$$

$$\frac{d^2x}{du^2}=-\mathrm{l}e(1+u)^{-2},\ \frac{d^3x}{du^3}=2\mathrm{l}e(1+u)^{-3}, \text{ etc.};$$

faisant alors $u=0$ et $\mathrm{l}e=M$, on obtiendrait

$$\mathrm{l}(1+u)=M\left\{u-\frac{u^2}{2}+\frac{u^3}{3}-\frac{u^4}{4}+\frac{u^5}{5}-\text{etc.}\right\}\ (*).$$

30. La série du second membre n'est assez convergente (*Alg.* 236) pour être employée au Calcul des logarithmes, que lorsque u est une fraction; mais on a trouvé des moyens de la transformer en d'autres qui s'appliquent aux différens cas avec plus ou moins d'avantage. On a observé d'abord qu'en changeant $+u$ en $-u$,

(*) On aura remarqué sans doute que l'équation $k=\frac{\mathrm{l}a}{\mathrm{l}e}$, du nº 26, jointe à l'expression du nº 24,

$$k=\frac{(a-1)}{1}-\frac{(a-1)^2}{2}+\frac{(a-1)^3}{3}-\frac{(a-1)^4}{4}+\text{etc.}$$

conduit à

$$\mathrm{l}a=\mathrm{l}e\left\{\frac{(a-1)}{1}-\frac{(a-1)^2}{2}+\frac{(a-1)^3}{3}-\text{etc.}\right\};$$

et en faisant $a=1+u$, on retrouvera le développement obtenu ci-dessus.

Lagrange a montré qu'on pouvait rendre cette série convergente, en observant que $\mathrm{l}a=m\mathrm{l}\sqrt[m]{a}$, d'où

$$\mathrm{l}a=m\mathrm{l}e\left\{\frac{\sqrt[m]{a}-1}{1}-\frac{(\sqrt[m]{a}-1)^2}{2}+\frac{(\sqrt[m]{a}-1)^3}{3}-\text{etc.}\right\};$$

parce que $\sqrt[m]{a}-1$ décroît plus rapidement que m n'augmente. Il suit de là qu'en prenant m très grand, on aura, de plus en plus exactement,

$$\mathrm{l}a=m\mathrm{l}e\,(\sqrt[m]{a}-1).$$

il venait

$$l(1-u)=M\left\{-u-\frac{u^2}{2}-\frac{u^3}{3}-\frac{u^4}{4}-\frac{u^5}{5}-\text{etc.}\right\},$$

et retranchant cette équation de la précédente, on a trouvé

$$l(1+u)-l(1-u)=l\left(\frac{1+u}{1-u}\right)=2M\left\{\frac{u}{1}+\frac{u^3}{3}+\frac{u^5}{5}+\text{ etc.}\right\};$$

faisant ensuite $\frac{1+u}{1-u}=1+\frac{z}{n}$, ce qui donne $u=\frac{z}{2n+z}$,

et observant que $l\left(1+\frac{z}{n}\right)=l\left(\frac{n+z}{n}\right)=l(n+z)-ln$,

il en est résulté

$$l(n+z)-ln=2M\left\{\frac{z}{2n+z}+\frac{1}{3}\left(\frac{z}{2n+z}\right)^3+\frac{1}{5}\left(\frac{z}{2n+z}\right)^5+\text{ etc.}\right\};$$

d'où l'on a conclu

$$l(n+z)=ln+2M\left\{\frac{z}{2n+z}+\frac{1}{3}\left(\frac{z}{2n+z}\right)^3+\frac{1}{5}\left(\frac{z}{2n+z}\right)^5+\text{etc.}\right\}.$$

Cette série, qui fait connaître le logarithme de $n+z$, lorsqu'on a celui de n, donne, en y supposant $n=1$, et $z=1$,

$$l2=2M\left\{\frac{1}{3}+\frac{1}{3.3^3}+\frac{1}{5.3^5}+\text{ etc.}\right\},$$

puisque $l1=0$. Elle est déjà très convergente et le devient encore plus pour un nombre plus grand. Si l'on prend $M=1$, on trouve $l'2=0{,}69314718$o.

Le module M s'obtient en calculant le logarithme d'un même nombre dans le système qu'on veut adopter, et dans le système népérien, et en prenant le rapport des deux résultats (28). On arrive assez promptement au module des logarithmes ordinaires, en calculant d'abord le logarithme népérien de 5 par celui de 4, qu'on déduit de celui de 2, puisque $l4=2l2$; puis connaissant l'5 et l'2, on a l'10=l'5+l'2. On trouve ainsi

$$l'10 = 2,302585093;$$

et divisant par ce dernier logarithme, l'unité qui est le logarithme ordinaire de 10, on obtient le module cherché : on trouve

$$M = 0,434294482.$$

Tel est le nombre par lequel il faut multiplier les logarithmes népériens pour obtenir les logarithmes ordinaires (ou de Briggs).

Réciproquement, pour revenir aux logarithmes népériens, il faut diviser les logarithmes ordinaires par ce nombre, ou les multiplier par

$$\frac{1}{0,434294482} = 2,302585093.$$

31. Je vais donner quelques exemples de l'application des règles de la différentiation des fonctions logarithmiques ; mais pour plus de simplicité, je supposerai dorénavant que les logarithmes sont népériens, à moins que je n'avertisse spécialement du contraire.

Soit 1°. $u = \mathrm{l}\left(\frac{x}{\sqrt{a^2+x^2}}\right)$, en faisant $\frac{x}{\sqrt{a^2+x^2}} = z$, on aura (9) $\frac{du}{dx} = \frac{du}{dz}\,\frac{dz}{dx}$, d'où $du = \frac{dz}{z}$; mais

$$dz = \frac{dx\sqrt{a^2+x^2} - \frac{x^2dx}{\sqrt{a^2+x^2}}}{a^2+x^2} = \frac{a^2dx}{(a^2+x^2)^{\frac{3}{2}}}:$$

donc $du = \frac{a^2dx}{x(a^2+x^2)}$.

2°. $u = \mathrm{l}\left\{\frac{\sqrt{1+x}+\sqrt{1-x}}{\sqrt{1+x}-\sqrt{1-x}}\right\}$; on fera

$$\sqrt{1+x}+\sqrt{1-x} = y,\quad \sqrt{1+x}-\sqrt{1-x} = z,$$

ce qui donnera

$$u = \mathrm{l}\left(\frac{y}{z}\right) = \mathrm{l}y - \mathrm{l}z, \qquad du = \frac{dy}{y} - \frac{dz}{z};$$

mais on a

$$dy = \frac{dx}{2\sqrt{1+x}} - \frac{dx}{2\sqrt{1-x}} = \frac{-dx}{2\sqrt{1-x^2}}\{\sqrt{1+x} - \sqrt{1-x}\}$$
$$= -\frac{z dx}{2\sqrt{1-x^2}},$$
$$dz = \frac{dx}{2\sqrt{1+x}} + \frac{dx}{2\sqrt{1-x}} = \frac{dx}{2\sqrt{1-x^2}}\{\sqrt{1+x} + \sqrt{1-x}\}$$
$$= \frac{y dx}{2\sqrt{1-x^2}},$$

d'où l'on tire

$$\frac{dy}{y} - \frac{dz}{z} = -\frac{z dx}{2y\sqrt{1-x^2}} - \frac{y dx}{2z\sqrt{1-x^2}}$$
$$= \frac{-(y^2+z^2)dx}{2yz\sqrt{1-x^2}};$$

et en observant que $y^2 + z^2 = 4, \quad yz = 2x,$

on trouvera enfin $du = -\dfrac{dx}{x\sqrt{1-x^2}}$.

Cet exemple est remarquable par les réductions qu'éprouve la différentielle, et par sa simplicité, eu égard à la fonction dont elle dérive ; il sera facile maintenant d'effectuer le calcul des exemples suivans, dont je ne rapporterai que les résultats.

3°. $u = \mathrm{l}\{x + \sqrt{1+x^2}\}, \qquad du = \dfrac{dx}{\sqrt{1+x^2}};$

4°. $u = \dfrac{1}{\sqrt{-1}}\mathrm{l}\{x\sqrt{-1} + \sqrt{1-x^2}\}, \quad du = \dfrac{dx}{\sqrt{1-x^2}};$

5°. $u = \mathrm{l}\left\{\dfrac{\sqrt{1+x^2}+x}{\sqrt{1+x^2}-x}\right\}^{\frac{1}{2}}, \qquad du = \dfrac{dx}{\sqrt{1+x^2}}.$

6°. Si l'on avait $u=(\mathrm{l}x)^n$, en faisant $\mathrm{l}x=z$, on trouverait

$$u=z^n, \qquad \mathrm{d}u=nz^{n-1}\mathrm{d}z;$$

et remettant au lieu de z et de $\mathrm{d}z$, leurs valeurs, il viendrait

$$\mathrm{d}.(\mathrm{l}x)^n=n(\mathrm{l}x)^{n-1}\frac{\mathrm{d}x}{x}.$$

7°. Soit enfin $u=\mathrm{l}.\mathrm{l}x$, c'est-à-dire, le logarithme du logarithme de x; posant, comme ci-dessus, $\mathrm{l}x=z$, on aura d'abord

$$u=\mathrm{l}z, \qquad \mathrm{d}u=\frac{\mathrm{d}z}{z}, \qquad \mathrm{d}z=\mathrm{d}.\mathrm{l}x=\frac{\mathrm{d}x}{x},$$

d'où l'on déduira ensuite $\mathrm{d}u=\dfrac{\mathrm{d}x}{x\mathrm{l}x}$.

32. La considération des logarithmes facilite beaucoup la différentiation des formules exponentielles, lorsqu'elles sont compliquées.

1°. Soit, par exemple, $u=z^y$, z et y étant deux fonctions quelconques de x; en prenant le logarithme de chaque membre, on aura $\mathrm{l}u=y\mathrm{l}z$, et différentiant ensuite, on obtiendra

$$\frac{\mathrm{d}u}{u}=\mathrm{d}y\mathrm{l}z+y\mathrm{d}.\mathrm{l}z \text{ (11, 28), ou}$$

$$=\mathrm{d}y\mathrm{l}z+y\frac{\mathrm{d}z}{z},$$

et de là

$$\mathrm{d}u=u\left(\mathrm{d}y\mathrm{l}z+y\frac{\mathrm{d}z}{z}\right), \qquad \mathrm{d}.z^y=z^y\left(\mathrm{d}y\mathrm{l}z+y\frac{\mathrm{d}z}{z}\right).$$

2°. Soit $u=a^{b^x}$; on fera $b^x=y$, et l'on aura

$$u=a^y, \qquad \mathrm{d}u=a^y\mathrm{d}y\mathrm{l}a \text{ (27)};$$

mais $\mathrm{d}y=\mathrm{d}.b^x=b^x\mathrm{d}x\mathrm{l}b$: donc

$$\mathrm{d}u=a^{b^x}b^x\mathrm{d}x\mathrm{l}a\mathrm{l}b.$$

3°. Soit $u=z^{t^s}$, z, t et s, étant des fonctions de x; on fera $t^s=y$; il viendra

$$u=z^y,\qquad \mathrm{d}u=z^y\left(\mathrm{d}y\,\mathrm{l}z+\frac{y\mathrm{d}z}{z}\right),$$

$$\mathrm{d}y=t^s\left(\mathrm{d}s\,\mathrm{l}t+\frac{s\mathrm{d}t}{t}\right),$$

et par conséquent

$$\mathrm{d}u=z^{t^s}t^s\left(\mathrm{d}s\,\mathrm{l}t\,\mathrm{l}z+\frac{s\mathrm{d}t\,\mathrm{l}z}{t}+\frac{\mathrm{d}z}{z}\right).$$

Au moyen de ces formules, on trouvera facilement la différentielle d'une fonction exponentielle quelconque.

33. Les sinus, les cosinus, les tangentes et les autres lignes trigonométriques, considérées par rapport à l'arc de cercle dont elles dépendent, sont aussi des fonctions transcendantes; on les nomme assez ordinairement *fonctions circulaires*.

Cherchons d'abord la différentielle de $\sin x$; pour cela considérons les équations

$$\sin(a+b)=\frac{\sin a\cos b+\sin b\cos a}{R},$$

$$\sin(a-b)=\frac{\sin a\cos b-\sin b\cos a}{R}\ (\textit{Trig.}\ 11),$$

et retranchons la seconde de la première, pour obtenir

$$\sin(a+b)-\sin(a-b)=\frac{2\sin b\cos a}{R},$$

au moyen de quoi nous trouverons

$$\sin(x+\mathrm{d}x)-\sin x=\frac{2\sin\frac{1}{2}\mathrm{d}x\cos\left(x+\frac{1}{2}\mathrm{d}x\right)}{R},$$

en faisant

$$a+b=x+\mathrm{d}x\qquad\text{et}\qquad a-b=x.$$

Prenant ensuite le rapport des accroissemens de x et de $\sin x$, nous aurons

$$\frac{\sin(x+dx)-\sin x}{dx}=\frac{2\sin\frac{1}{2}dx\cos(x+\frac{1}{2}dx)}{Rdx}$$
$$=\frac{\sin\frac{1}{2}dx}{\frac{1}{2}dx}\;\frac{\cos(x+\frac{1}{2}dx)}{R},$$

en divisant par 2 le numérateur et le dénominateur du second membre. Pour passer à la limite, il faut chercher ce que deviennent les deux facteurs lorsque l'accroissement dx s'évanouit (8), circonstance qui réduit d'abord le second facteur à $\frac{\cos x}{R}$.

Quant au premier, $\frac{\sin\frac{1}{2}dx}{\frac{1}{2}dx}$, sa limite est l'unité; car de $\tang a=\frac{R\sin a}{\cos a}$, on déduit $\frac{\sin a}{\tang a}=\frac{\cos a}{R}$; et puisque $\cos a=R$, lorsque $a=0$, le rapport entre le sinus et la tangente a donc l'unité pour limite, quand l'arc s'évanouit : or, l'arc étant moindre que la tangente, et plus grand que le sinus, le rapport $\frac{\sin a}{a}$ sera toujours compris entre $\frac{\sin a}{\tang a}$ et 1, et aura par conséquent aussi 1 pour limite.

On aura donc, en vertu de ces remarques,

$$\frac{d.\sin x}{dx}=\frac{\cos x}{R},\quad \text{ou } d.\sin x=\frac{dx\cos x}{R}.$$

34. Cette différentielle obtenue, les autres s'en déduisent sans peine; car l'on a

1°. $\cos x=\sin(1^q-x)$, $\quad d.\cos x=d.\sin(1^q-x)$;
mais, par ce qui précède,

$$d.\sin(1^q-x)=\frac{1}{R}d(1^q-x)\cos(1^q-x)$$
$$=-\frac{1}{R}dx\cos(1^q-x),$$

et $\cos(1^q - x) = \sin x$: donc

$$d.\cos x = -\frac{dx \sin x}{R}.$$

2°. Puisque sin. verse $x = R - \cos x$, on aura

$$d.\sin.\text{verse}\, x = -d.\cos x = \frac{dx \sin x}{R}.$$

3°. $\text{tang}\, x = \frac{R \sin x}{\cos x}$,

$$d.\text{tang}\, x = \frac{R \cos x d.\sin x - R \sin x d.\cos x}{\cos x^2} \quad (12)$$

$$= \frac{(\cos x^2 + \sin x^2) dx}{\cos x^2};$$

mais $\cos x^2 + \sin x^2 = R^2$: donc

$$d.\text{tang}\, x = \frac{R^2 dx}{\cos x^2}.$$

4°. $\cot x = \frac{R^2}{\text{tang}\, x}$,

$$d.\cot x = -\frac{R^2 d.\text{tang} x}{\text{tang} x^2} = -\frac{R^4 dx}{\text{tang} x^2 \cos x^2} = -\frac{R^2 dx}{\sin x^2},$$

en mettant pour tang x sa valeur.

5°. $\text{séc} x = \frac{R^2}{\cos x}$,

$$d.\text{séc}\, x = -\frac{R^2 d.\cos x}{\cos x^2} = \frac{R dx \sin x}{\cos x^2} = \frac{dx \,\text{tang}\, x \,\text{séc}\, x}{R^2},$$

puisque $\frac{R \sin x}{\cos x} = \text{tang}\, x$ et $\frac{R^2}{\cos x} = \text{séc}\, x$.

6°. $\text{coséc}\, x = \frac{R^2}{\sin x}$,

$$d.\text{coséc} x = -\frac{R^2 d.\sin x}{\sin x^2} = -\frac{R dx \cos x}{\sin x^2} = -\frac{dx \cot x \,\text{coséc} x}{R^2}.$$

Dans l'usage ordinaire on fait le rayon $R = 1$, ce qui simplifie les formules ci-dessus, et donne

$$\text{d}.\sin x = \text{d}x\cos x,\quad \text{d}.\cos x = -\text{d}x\sin x,$$

$$\text{d}.\text{tang}\, x = \frac{\text{d}x}{\cos x^2},\quad \text{d}.\cot x = -\frac{\text{d}x}{\sin x^2}.$$

35. Avec ces formules, on peut trouver la différentielle de toute expression renfermant des sinus, cosinus, tangentes, etc.; il faudra pour cela différentier en regardant ces quantités comme des fonctions particulières, et mettre au lieu de leurs différentielles les résultats ci-dessus : je n'en donnerai qu'un seul exemple, savoir, $u = \cos x^{\sin x}$. On fera

$$\cos x = z,\qquad \sin x = y;$$

on aura $u = z^y$ et

$$\text{d}u = \text{d}.z^y = z^y\left(\text{d}y\text{l}z + \frac{y\text{d}z}{z}\right)\ (32)$$

$$= \text{d}x\cos x^{\sin x}\left(\cos x\text{l}.\cos x - \frac{\sin x^2}{\cos x}\right).$$

36. Après avoir traité les sinus, cosinus, etc., comme des fonctions de l'arc, il convient de regarder l'arc successivement comme une fonction de son sinus, de son cosinus, etc., et d'en déterminer la différentielle sous ces divers points de vue. Pour cela, soit x la fonction proposée, et u la variable dont cette fonction dépend; 1°. à cause de $\sin x = u$ et $\cos x = \sqrt{R^2 - u^2}$, l'équation $\text{d}.\sin x = \frac{\text{d}x\cos x}{R}$, donne $\text{d}u = \frac{\text{d}x\sqrt{R^2-u^2}}{R}$, et par conséquent (9) $\text{d}x = \frac{R\text{d}u}{\sqrt{R^2-u^2}}$: telle est la valeur de la différentielle de l'arc exprimée par le sinus et par sa différentielle.

Si l'on voulait exprimer la différentielle de l'arc par son cosinus, il faudrait partir de l'équation

$$\text{d}.\cos x = -\frac{\text{d}x\sin x}{R},$$

qui donne, en faisant $\cos x = u$,

$$du = -\frac{dx\sqrt{R^2-u^2}}{R} \quad \text{ou} \quad dx = -\frac{Rdu}{\sqrt{R^2-u^2}}.$$

Pour passer de là au sinus verse, on ferait $u = R - y$, puisque $\cos x = R - \text{sin. verse}\, x$; on aurait par conséquent $du = -dy$ et $dx = \frac{Rdy}{\sqrt{2Ry-y^2}}$.

2°. Soit $\text{tang}\, x = u$; l'équation $d.\text{tang}\, x = \frac{R^2dx}{\cos x^2}$ donne $du = \frac{R^2dx}{\cos x^2}$ et $dx = \frac{du \cos x^2}{R^2}$; mais comme.... $\text{séc}\, x = \frac{R^2}{\cos x}$, on a $\cos x^2 = \frac{R^4}{\text{séc}\, x^2}$, et par conséquent

$$dx = \frac{R^2du}{\text{séc}\, x^2}:$$

ainsi *la différentielle de l'arc est égale à celle de la tangente multipliée par le quarré du rayon et divisée par le quarré de la sécante;* et enfin

$$dx = \frac{R^2du}{R^2+u^2}.$$

En faisant $R = 1$, les trois expressions de dx obtenues ci-dessus en du, se réduisent à

$$dx = \frac{du}{\sqrt{1-u^2}}, \quad dx = -\frac{du}{\sqrt{1-u^2}}, \quad dx = \frac{du}{1+u^2}.$$

Je terminerai cet article par l'exemple suivant.

Soit x un arc ayant pour sinus la fonction $2u\sqrt{1-u^2}$; on fera

$$2u\sqrt{1-u^2} = z,$$

et l'on aura

$$dx = \frac{dz}{\sqrt{1-z^2}};$$

mais $$dz = \frac{2du(1-2u^2)}{\sqrt{1-u^2}},$$

et $$\sqrt{1-z^2} = 1 - 2u^2:$$

donc $$dx = \frac{2du}{\sqrt{1-u^2}}.$$

37. On peut, par le moyen des expressions différentielles obtenues précédemment, former les développemens des principales fonctions circulaires.

1°. Pour $\sin x$, on a

$$\frac{du}{dx} = \cos x, \quad \frac{d^2u}{dx^2} = -\sin x, \quad \frac{d^3u}{dx^3} = -\cos x,$$
$$\frac{d^4u}{dx^4} = \sin x, \text{ etc.};$$

faisant $x = 0$, il viendra, par le n° 22, $U = 0$, et

$$U' = 1, \quad U'' = 0, \quad U''' = -1, \quad U'''' = 0, \text{ etc.},$$

d'où l'on conclura

$$\sin x = \frac{x}{1} - \frac{x^3}{1.2.3} + \frac{x^5}{1.2.3.4.5} - \text{etc.}$$

2°. On trouvera pour $\cos x$

$$\frac{du}{dx} = -\sin x, \quad \frac{d^2u}{dx^2} = -\cos x, \quad \frac{d^3u}{dx^3} = \sin x,$$
$$\frac{d^4u}{dx^4} = \cos x, \text{ etc.};$$

faisant $x = 0$, il en résultera $U = 1$, et

$$U' = 0, \quad U'' = -1, \quad U''' = 0, \quad U'''' = 1, \text{ etc},$$

ce qui donnera

$$\cos x = 1 - \frac{x^2}{1.2} + \frac{x^4}{1.2.3.4} - \text{etc.}$$

Ces deux formules, dont la loi est très évidente et très simple, offrent une des méthodes les plus exactes et les plus expéditives pour calculer le sinus et le cosinus, correspondans à un arc donné, sur-tout lorsque cet arc n'est pas très grand. On en trouvera d'analogues pour la tangente et les autres lignes trigonométriques; mais la loi de ces dernières formules n'est pas aussi simple que celles des précédentes, et elles sont beaucoup moins commodes dans l'application que les relations qui donnent la tangente, la sécante, etc., par le moyen du sinus et du cosinus; c'est pourquoi je ne m'y arrêterai pas.

38. On pourrait former de même le développement de l'arc soit par le sinus, soit par la tangente; mais dans ce cas, l'expression des coefficiens différentiels, se compliquant à mesure que leur ordre s'élève, laisserait difficilement apercevoir la loi qu'ils suivent, inconvénient que n'a pas le procédé ci-dessous.

Le coefficient différentiel de l'arc considéré comme fonction du sinus, étant

$$\frac{dx}{du}=\frac{1}{\sqrt{1-u^2}}=(1-u^2)^{-\frac{1}{2}}\ (36),$$

on peut le développer en série par la formule du binome (21); et en ne faisant aucune réduction aux coefficiens numériques, on trouve

$$\frac{dx}{du}=1+\frac{1}{2}u^2+\frac{1.3}{2.4}u^4+\frac{1.3.5}{2.4.6}u^6+\text{etc.}$$

Ce développement, ne contenant que des puissances paires de u, montre que celui de x n'en doit contenir que d'impaires, et qu'il faut poser en conséquence

$$x=Au+Bu^3+Cu^5+Du^7+\text{etc.},$$

sans terme indépendant de u, afin que l'arc x s'évanouisse quand $u=0$: cela fait, en différentiant, on obtient

$$\frac{dx}{du} = A + 3Bu^2 + 5Cu^4 + 7Du^6 + \text{etc.},$$

et comparant à la première série, on trouve

$$A = 1, \quad 3B = \frac{1}{2}, \quad 5C = \frac{1.3}{2.4}, \quad 7D = \frac{1.3.5}{2.4.6}, \text{ etc.},$$

d'où

$$x = \frac{u}{1} + \frac{1}{2}\frac{u^3}{3} + \frac{1.3}{2.4}\frac{u^5}{5} + \frac{1.3.5}{2.4.6}\frac{u^7}{7} + \text{etc.}$$

Pour exprimer l'arc par la tangente, il faut développer d'abord

$$\frac{dx}{du} = \frac{1}{1+u^2} = (1+u^2)^{-1} \ (36),$$

ce qui donne

$$\frac{dx}{du} = 1 - u^2 + u^4 - u^6 + \text{etc.};$$

et posant

$$x = Au + Bu^3 + Cu^5 + Du^7 + \text{etc.},$$

d'où il résulte

$$\frac{dx}{du} = A + 3Bu^2 + 5Cu^4 + 7Du^6 + \text{etc.},$$

il vient

$$x = \frac{u}{1} - \frac{u^3}{3} + \frac{u^5}{5} - \frac{u^7}{7} + \text{etc.}$$

Ce dernier développement donne une expression remarquable de l'arc $0^q,5$, dont la tangente est, comme l'on sait, égale à 1; en effet, si l'on suppose $u = 1$, il vient

$$0^q,5 = 1 - \tfrac{1}{3} + \tfrac{1}{5} - \tfrac{1}{7} + \tfrac{1}{9} - \text{etc.}$$

Cette série est trop peu convergente pour être employée, mais on peut calculer le même arc en plusieurs parties; et la tangente de chacune étant plus petite que l'unité, on aura des séries convergentes. Le géomètre anglais Machin a trouvé que l'arc de $0^g,5$ est égal à quatre fois celui qui a pour tangente $\frac{1}{5}$, moins l'arc dont la tangente est $\frac{1}{239}$, ce dont il est aisé de s'assurer en observant que si $\tang a = \frac{1}{5}$, il en résulte (*Trig.* 27).

$$\tang 2a = \frac{2\tang a}{1 - \tang a^2} = \frac{5}{12},$$

$$\tang 4a = \frac{2\tang 2a}{1 - (\tang 2a)^2} = \frac{120}{119}.$$

Le dernier nombre, un peu plus fort que l'unité, tangente de $0^g,5$, montre que $4a > 0^g,5$: faisant donc

$$4a = A, \qquad 0^g,5 = B,$$

la différence $4a - 0^g,5$ ou $A - B$, a pour tangente

$$\tang(A - B) = \frac{\tang A - \tang B}{1 + \tang A \tang B} = \frac{1}{239};$$

et posant $A - B = b$, il vient $0^g,5 = 4a - b$.

Or, en prenant successivement $u = \frac{1}{5}$, $u = \frac{1}{239}$, on trouve les valeurs de a et de b, et ensuite

$$0^g,5 = \left\{\begin{matrix} 4\left(\frac{1}{5} - \frac{1}{3.5^3} + \frac{1}{5.5^5} - \frac{1}{7.5^7} + \text{etc.}\right) \\ -\left(\frac{1}{239} - \frac{1}{3(239)^3} + \frac{1}{5(239)^5} - \text{etc.}\right) \end{matrix}\right\};$$

d'où l'on déduira promptement, que la demi-circonférence $= 3,141592653$.

De la différentiation des fonctions de deux ou d'un plus grand nombre de variables.

39. Soit $f(x, y)$ une fonction quelconque de x et

de y; en supposant d'abord que la variable x change seule et devienne $x+h$, il faudra regarder y comme une constante, et traiter la fonction proposée de même qu'une fonction de x : on aura donc par le théorème du n° 23, en faisant pour abréger $f(x, y)=u$,

$$f(x+h, y)=u+\frac{du}{dx}\frac{h}{1}+\frac{d^2u}{dx^2}\frac{h^2}{1.2}+\frac{d^3u}{dx^3}\frac{h^3}{1.2.3}+\text{etc.}$$

Pour trouver ce que devient la fonction proposée, lorsque y seul prend un accroissement k, on regarderait x comme une constante, et $f(x, y)$, ou u, comme une fonction de y; par là on aurait

$$f(x, y+k)=u+\frac{du}{dy}\frac{k}{1}+\frac{d^2u}{dy^2}\frac{k^2}{1.2}+\frac{d^3u}{dy^3}\frac{k^3}{1.2.3}+\text{etc.}$$

Dans le cas où les quantités x et y varient en même temps et deviennent $x+h$ et $y+k$, comme on n'a assigné aucune forme particulière à la fonction $f(x, y)$, il n'est pas possible d'y faire à la fois les deux substitutions indiquées; mais il est aisé de voir qu'on parviendra au même résultat en changeant d'abord x en $x+h$, et mettant ensuite $y+k$ pour y, dans le développement qu'on aura obtenu par la première opération.

On a déjà

$$f(x+h, y)=u+\frac{du}{dx}\frac{h}{1}+\frac{d^2u}{dx^2}\frac{h^2}{1.2}+\frac{d^3u}{dx^3}\frac{h^3}{1.2.3}+\text{etc.},$$

u représentant $f(x, y)$. Pour développer les coefficiens des différens termes de cette série, en ayant égard au changement arrivé à y, j'observerai d'abord que dans chacun d'eux, x doit être regardé comme une quantité constante; et qu'on doit les traiter par conséquent comme des fonctions de la seule variable y. D'après cela, $f(x, y)$, ou u, deviendra

$$u+\frac{du}{dy}\frac{k}{1}+\frac{d^2u}{dy^2}\frac{k^2}{1.2}+\frac{d^3u}{dy^3}\frac{k^3}{1.2.3}+\text{etc.}$$

Si, dans ce développement, on écrit $\frac{du}{dx}$, au lieu de u, on aura pour résultat ce que devient la fonction $\frac{du}{dx}$, lorsque y se change en $y+k$; c'est-à-dire,

$$\frac{du}{dx}+\frac{d\left(\frac{du}{dx}\right)}{dy}\frac{k}{1}+\frac{d^2\left(\frac{du}{dx}\right)}{dy^2}\frac{k^2}{1.2}+\frac{d^3\left(\frac{du}{dx}\right)}{dy^3}\frac{k^3}{1.2.3}+\text{etc.}$$

Mais comme, en partant de la fonction u, l'expression $\frac{d\left(\frac{du}{dx}\right)}{dy}$ indique deux différentiations faites successivement, la première en ayant égard à la variabilité de x seul, et la seconde en ne considérant que celle de y, on donne à cette expression une forme plus simple en l'écrivant ainsi qu'il suit : $\frac{d^2u}{dydx}$. On représente de même $\frac{d^2\left(\frac{du}{dx}\right)}{dy^2}$ par $\frac{d^3u}{dy^2dx}$; et en général, il faut entendre par $\frac{d^{n+m}u}{dy^ndx^m}$, le coefficient différentiel de l'ordre n, relatif à la fonction $\frac{d^mu}{dx^m}$, en n'y supposant que y variable, tandis que cette fonction est elle-même le coefficient différentiel de l'ordre m de la fonction proposée, en n'y supposant que x variable.

Cela posé, la substitution de $y+k$ au lieu de y changera

$$\frac{du}{dx}\text{ en }\frac{du}{dx}+\frac{d^2u}{dydx}\frac{k}{1}+\frac{d^3u}{dy^2dx}\frac{k^2}{1.2}+\frac{d^4u}{dy^3dx}\frac{k^3}{1.2.3}+\text{ etc.},$$

$$\frac{d^2u}{dx^2}\text{ en }\frac{d^2u}{dx^2}+\frac{d^3u}{dydx^2}\frac{k}{1}+\frac{d^4u}{dy^2dx^2}\frac{k^2}{1.2}+\frac{d^5u}{dy^3dx^2}\frac{k^3}{1.2.3}+\text{ etc.},$$

$$\frac{d^3u}{dx^3}\text{ en }\frac{d^3u}{dx^3}+\frac{d^4u}{dydx^3}\frac{k}{1}+\frac{d^5u}{dy^2dx^3}\frac{k^2}{1.2}+\frac{d^6u}{dy^3dx^3}\frac{k^3}{1.2.3}+\text{ etc.},$$

etc.

En substituant ces valeurs dans le développement de $f(x+h, y)$, et en ordonnant de manière que tous les termes dans lesquels les exposans de h et de k font une même somme, soient placés dans une même colonne, il viendra

$$f(x+h,y+k)=u+\left\{\begin{array}{l}\frac{du}{dy}\frac{k}{1}+\frac{d^2u}{dy^2}\frac{k^2}{1.2}+\frac{d^3u}{dy^3}\frac{k^3}{1.2.3}+\text{etc.}\\ +\frac{du}{dx}\frac{h}{1}+\frac{d^2u}{dydx}\frac{k}{1}\frac{h}{1}+\frac{d^3u}{dy^2dx}\frac{k^2}{1.2}\frac{h}{1}+\text{etc.}\\ \qquad+\frac{d^2u}{dx^2}\frac{h^2}{1.2}+\frac{d^3u}{dydx^2}\frac{k}{1}\frac{h^2}{1.2}+\text{etc.}\\ \qquad\qquad+\frac{d^3u}{dx^3}\frac{h^3}{1.2.3}+\text{etc.}\\ \qquad\qquad\qquad+\text{etc.}\end{array}\right\}.$$

Pour bien entendre ce que signifie cette formule, il suffit de faire $u=x^my^n$, et d'en déduire le développement de $(x+h)^m(y+k)^n$, qu'il est aisé de former *à priori.*

40. On a obtenu le développement précédent en mettant d'abord $x+h$ au lieu de x, et ensuite $y+k$ au lieu de y, mais on aurait pu procéder dans un ordre inverse, et commencer par la substitution relative à y; alors $f(x, y)$ serait devenue

$$f(x, y+k),$$

ou

$$u+\frac{du}{dy}\frac{k}{1}+\frac{d^2u}{dy^2}\frac{k^2}{1.2}+\frac{d^3u}{dy^3}\frac{k^3}{1.2.3}+\text{etc.}$$

La substitution de $x+h$, au lieu de x, dans cette série, aurait changé u en

$$u+\frac{du}{dx}\frac{h}{1}+\frac{d^2u}{dx^2}\frac{h^2}{1.2}+\frac{d^3u}{dx^3}\frac{h^3}{1.2.3}+\text{etc.}$$

et ensuite

$$\frac{du}{dy} \text{ en } \frac{du}{dy}+\frac{d^2u}{dxdy}\frac{h}{1}+\frac{d^3u}{dx^2dy}\frac{h^2}{1.2}+\frac{d^4u}{dx^3dy}\frac{h^3}{1.2.3}+\text{etc.},$$
$$\frac{d^2u}{dy^2} \text{ en } \frac{d^2u}{dy^2}+\frac{d^3u}{dxdy^2}\frac{h}{1}+\frac{d^4u}{dx^2dy^2}\frac{h^2}{1.2}+\frac{d^5u}{dx^3dy^2}\frac{h^3}{1.2.3}+\text{etc.},$$
$$\frac{d^3u}{dy^3} \text{ en } \frac{d^3u}{dy^3}+\frac{d^4u}{dxdy^3}\frac{h}{1}+\frac{d^5u}{dx^2dy^3}\frac{h^2}{1.2}+\frac{d^6u}{dx^3dy^3}\frac{h^3}{1.2.3}+\text{etc.},$$
etc. ;

on aurait eu par conséquent

$$\mathrm{f}(x+h,y+k)=\left\{\begin{array}{l} u+\frac{du}{dx}\frac{h}{1}+\frac{d^2u}{dx^2}\frac{h^2}{1.2}+\frac{d^3u}{dx^3}\frac{h^3}{1.2.3}+\text{etc.} \\ +\frac{du}{dy}\frac{k}{1}+\frac{d^2u}{dxdy}\frac{h}{1}\frac{k}{1}+\frac{d^3u}{dx^2dy}\frac{h^2}{1.2}\frac{k}{1}+\text{etc.} \\ +\frac{d^2u}{dy^2}\frac{k^2}{1.2}+\frac{d^3u}{dxdy^2}\frac{h}{1}\frac{k^2}{1.2}+\text{etc.} \\ +\frac{d^3u}{dy^3}\frac{k^3}{1.2.3}+\text{etc.} \\ +\text{etc.} \end{array}\right.$$

Il est évident que ce second développement doit être identique avec le premier ; car il est indifférent de changer d'abord x en $x+h$ et ensuite y en $y+k$, ou de faire les mêmes substitutions dans un ordre inverse, puisque d'une manière ou de l'autre on obtient également $\mathrm{f}(x+h, y+k)$.

Si l'on compare, dans ces deux développemens, les termes qui sont affectés des mêmes puissances de h et de k, on trouvera cette suite d'équations,

$$\frac{d^2u}{dydx}=\frac{d^2u}{dxdy},$$
$$\frac{d^3u}{dydx^2}=\frac{d^3u}{dx^2dy},$$

$$\frac{d^3u}{dy^2dx}=\frac{d^3u}{dxdy^2},$$

. . . .

$$\frac{d^{n+m}u}{dy^ndx^m}=\frac{d^{m+n}u}{dx^mdy^n},$$

etc. etc.

Il résulte de la première, que *le coefficient différentiel du second ordre d'une fonction de deux variables, pris en différentiant par rapport à l'une d'elles et ensuite par rapport à l'autre, reste le même, quel que soit l'ordre qu'on ait suivi dans les différentiations.*

Soit, par exemple, $u=x^my^n$; si l'on différentie d'abord en regardant x comme seule variable, on a $\frac{du}{dx}=mx^{m-1}y^n$; différentiant ensuite ce résultat, en ne faisant varier que y, on obtient $\frac{d^2u}{dydx}=mnx^{m-1}y^{n-1}$: en opérant dans un ordre inverse, on trouve

$$\frac{du}{dy}=nx^my^{n-1} \text{ et } \frac{d^2u}{dxdy}=mnx^{m-1}y^{n-1};$$

et l'on voit que le dernier résultat est le même dans les deux cas. Les autres équations rapportées ci-dessus ne sont que des conséquences de la première.

41. En retranchant $f(x,y)$ ou u de $f(x+h,y+k)$, rangeant sur une même ligne les termes compris dans chaque colonne, et les réduisant au même dénominateur, on trouve

$$\left.\begin{aligned}f(x+h,y+k)-f(x,y)=&\frac{1}{1}\left(\frac{du}{dx}h+\frac{du}{dy}k\right)\\&+\frac{1}{1.2}\left(\frac{d^2u}{dx^2}h^2+2\frac{d^2u}{dxdy}hk+\frac{d^2u}{dy^2}k^2\right)\\&+\text{etc.}\end{aligned}\right\}.$$

Si l'on étend aux fonctions de deux variables la définition que j'ai donnée (5) de la différentielle d'une fonction, on verra que celle de $f(x, y)$, ou de u, est comprise dans les deux termes qui forment la première ligne du développement précédent; et en changeant h en dx et k en dy, on aura

$$df(x, y) = du = \frac{du}{dx}dx + \frac{du}{dy}dy.$$

Il suit de là que la *différentielle totale* d'une fonction de deux variables renferme deux parties, savoir : $\frac{du}{dx}dx$, ou la différentielle prise en regardant x comme seule variable, et $\frac{du}{dy}dy$, ou la différentielle prise en regardant y comme seule variable.

On peut donc appliquer aux fonctions de deux variables, les règles données (n° 10 et suiv.) pour la différentiation de celles qui dépendent d'une seule, et pour cela *on différentiera la fonction proposée d'abord par rapport à l'une des variables, et ensuite par rapport à l'autre; la somme des deux résultats sera la différentielle totale cherchée.*

42. Je ne crois pas qu'il soit nécessaire de donner beaucoup d'exemples relatifs à la différentiation des fonctions de deux variables, puisqu'elle rentre dans celle des fonctions qui n'en contiennent qu'une; je me bornerai donc aux suivans.

On voit sur-le-champ, d'après la règle ci-dessus, que

$$\begin{aligned} d(x+y) &= dx + dy, \\ d.xy &= ydx + xdy, \\ d.\frac{x}{y} &= \frac{dx}{y} - \frac{xdy}{y^2} = \frac{ydx - xdy}{y^2}. \end{aligned}$$

Soit encore 1°. $u=x^m y^n$; on a

$$\frac{du}{dx}dx=mx^{m-1}y^n dx,$$

$$\frac{du}{dy}dy=nx^m y^{n-1}dy;$$

donc

$$du=mx^{m-1}y^n dx+nx^m y^{n-1}dy=x^{m-1}y^{n-1}(my dx+nx dy).$$

2°. $u=\frac{ay}{\sqrt{x^2+y^2}}=ay(x^2+y^2)^{-\frac{1}{2}}$; on a

$$\frac{du}{dx}dx=-\frac{ayx dx}{(x^2+y^2)^{\frac{3}{2}}},$$

$$\frac{du}{dy}dy=\frac{a dy}{(x^2+y^2)^{\frac{1}{2}}}-\frac{ay^2 dy}{(x^2+y^2)^{\frac{3}{2}}};$$

donc

$$du=-\frac{ayx dx}{(x^2+y^2)^{\frac{3}{2}}}+\frac{a dy}{(x^2+y^2)^{\frac{1}{2}}}-\frac{ay^2 dy}{(x^2+y^2)^{\frac{3}{2}}},$$

ou en réduisant,

$$=\frac{-axy dx+ax^2 dy}{(x^2+y^2)^{\frac{3}{2}}}.$$

3°. $u=\text{arc}\left(\text{tang}=\frac{x}{y}\right)$, expression qui est celle d'un arc de cercle dont le rayon est 1, et la tangente $\frac{x}{y}$; pour la différentier on fera $\frac{x}{y}=z$, et l'on cherchera, d'après le n° 36, la différentielle de l'arc dont la tangente est exprimée par z; il viendra pour résultat $\frac{dz}{1+z^2}$: on aura donc $du=\frac{dz}{1+z^2}$; et mettant au lieu de z et de dz leur valeur, on trouvera

$$du = \frac{\frac{ydx - xdy}{y^2}}{1 + \frac{x^2}{y^2}} = \frac{ydx - xdy}{y^2 + x^2}.$$

43. La manière dont on écrit les différentielles des fonctions qui dépendent de plusieurs variables, donne lieu à des remarques importantes. Il ne faut pas confondre alors $\frac{du}{dx}dx$ avec du, comme on pourrait le faire si u ne renfermait que la seule variable x, parce que l'expression $\frac{du}{dx}$ a, dans ce cas, un sens particulier; elle désigne le coefficient différentiel pris dans l'hypothèse de x seule variable, ou le quotient du premier terme du développement de la différence prise dans cette hypothèse, divisé par l'accroissement dx : il en est de même de $\frac{du}{dy}$ (41).

Les quantités $\frac{du}{dx}$, $\frac{du}{dy}$, sont appelées souvent *différences partielles* du premier ordre de la fonction u; et en général $\frac{d^{m+n}u}{dx^m dy^n}$ représente une de celles de l'ordre $m+n$, prise en différentiant m fois par rapport à x, et n fois par rapport à y; mais je crois devoir observer qu'ici la dénomination de *différence partielle* n'est pas exacte, car les formules qu'on désigne ainsi n'expriment point la différence entre deux quantités.

Les vraies *différences partielles* de u sont

$$f(x+h, y) - f(x, y),$$
$$f(x, y+k) - f(x, y),$$

la première étant prise en n'ayant égard qu'au changement de x, et la seconde en ne supposant que celui de y. Les expressions

$$\frac{du}{dx}h, \quad \frac{du}{dy}k, \text{ ou } \frac{du}{dx}dx, \quad \frac{du}{dy}dy,$$

qui sont les premiers termes des développemens de ces différences, doivent être nommées *différentielles partielles*, et $\frac{du}{dx}$, $\frac{du}{dy}$, resteront toujours les *coefficiens différentiels* du premier ordre de la fonction proposée; mais il faut remarquer qu'une fonction d'une seule variable n'a dans chaque ordre qu'un coefficient différentiel (17), tandis qu'une fonction de deux variables a deux coefficiens différentiels pour le premier ordre, trois pour le second, quatre pour le troisième, etc.

44. Voici comment on peut trouver ces divers coefficiens, en partant des deux premiers.

On a d'abord

$$du = \frac{du}{dx}dx + \frac{du}{dy}dy;$$

prenant ensuite la différentielle des fonctions $\frac{du}{dx}$ et $\frac{du}{dy}$, qui doivent être traitées comme des fonctions de deux variables, il vient

$$d\frac{du}{dx} = \frac{d^2u}{dx^2}dx + \frac{d^2u}{dydx}dy,$$

$$d\frac{du}{dy} = \frac{d^2u}{dxdy}dx + \frac{d^2u}{dy^2}dy;$$

et parce que la différentielle seconde n'est autre chose que la différentielle de la différentielle première, on aura

$$d^2u = \frac{d^2u}{dx^2}dx^2 + 2\frac{d^2u}{dxdy}dxdy + \frac{d^2u}{dy^2}dy^2,$$

en regardant dx et dy comme des constantes, et en observant que les coefficiens différentiels dont les dénominateurs ne présentent que les différens arrangemens d'un même produit en dx et dy, sont identiques (40).

Si l'on différentie les coefficiens différentiels qui se trouvent dans le résultat précédent, il viendra

$$d\frac{d^2u}{dx^2} = \frac{d^3u}{dx^3}dx + \frac{d^3u}{dydx^2}dy,$$

$$d\frac{d^2u}{dxdy} = \frac{d^3u}{dx^2dy}dx + \frac{d^3u}{dydxdy}dy,$$

$$d\frac{d^2u}{dy^2} = \frac{d^3u}{dxdy^2}dx + \frac{d^3u}{dy^3}dy,$$

et par conséquent,

$$d^3u = \frac{d^3u}{dx^3}dx^3 + 3\frac{d^3u}{dx^2dy}dx^2dy + 3\frac{d^3u}{dxdy^2}dxdy^2 + \frac{d^3u}{dy^3}dy^3.$$

On continuera facilement cette formation, et l'on remarquera sans doute l'analogie de ces résultats avec les puissances du binome.

Il faut remarquer que, d'après la notation précédente, la série du n° 41 rentre dans celle du n° 23, lorsqu'on substitue dx à h, et dy à k; en sorte que si l'on désigne $f(x+dx, y+dy)$ par u', on a encore

$$u' - u = \frac{du}{1} + \frac{d^2u}{1.2} + \frac{d^3u}{1.2.3} + \text{etc.},$$

formule tout aussi générale que celle du n° 41, puisque les accroissemens dx et dy sont également arbitraires.

45. Il est aisé d'étendre ces considérations aux fonctions d'un nombre quelconque de variables, et de s'assurer que si l'on a

$$u = f(t, x, y, z),$$

il en résulte

$$f(t+g, x+h, y+k, z+l)-f(t, x, y, z)$$
$$=\frac{du}{dt}g+\frac{du}{dx}h+\frac{du}{dy}k+\frac{du}{dz}l+\text{etc.},$$

d'où l'on conclura

$$du=\frac{du}{dt}dt+\frac{du}{dx}dx+\frac{du}{dy}dy+\frac{du}{dz}dz,$$

en désignant par

$$\frac{du}{dt}, \quad \frac{du}{dx}, \quad \frac{du}{dy}, \quad \frac{du}{dz},$$

les coefficiens différentiels de la fonction u, pris en y faisant varier seulement t, ou x, ou y, ou z.

Cette notation, due à Fontaine, est la plus simple et la plus expressive de toutes celles qu'on a proposées pour remplir les mêmes indications. Euler, dans la crainte que l'on ne confonde, par exemple, le coefficient différentiel $\frac{du}{dt}$ avec le rapport de la différentielle totale du à la différentielle dt, rapport qui est équivalent à

$$\frac{\frac{du}{dt}dt+\frac{du}{dx}dx+\frac{du}{dy}dy+\frac{du}{dz}dz}{dt},$$

désigne ce rapport par $\frac{du}{dt}$, tandis qu'il exprime le coefficient différentiel par $\left(\frac{du}{dt}\right)$. Le sens du discours rend presque toujours cette distinction superflue ; Fontaine d'ailleurs avait pourvu au cas où elle était absolument nécessaire, en proposant d'écrire le rapport ainsi : $\frac{1}{dt}du$; et comme ce rapport est employé plus rarement que le coefficient différentiel, il avait affecté à ce dernier le signe le plus simple, ce qui est conforme à la théorie de toutes les nomenclatures, et précisément contraire à ce qu'a fait Euler.

46. Les résultats du Calcul différentiel devant toujours être indépendans des accroissemens des variables, le rapport $\frac{1}{dt}du$, ne saurait avoir un sens déterminé, qu'autant que les variables x, y, z, sont, au moins implicitement, des fonctions de t; et alors du exprime la différentielle d'une fonction composée d'un nombre quelconque d'autres fonctions de la même variable. En effet, si l'on suppose que les variables x, y, z dépendent de la variable t, et que l'on substitue aux accroissemens g, h, k, l, des expressions de la forme

$$dt,\ pdt,\ qdt,\ rdt,$$

l'ensemble des termes qui ne contiendront dt qu'à la première puissance, se composera des termes où les accroissemens g, h, k, l, ne passent pas cette puissance, et ne se multiplient pas entre eux : on aura donc encore

$$du = \frac{du}{dt}dt + \frac{du}{dx}pdt + \frac{du}{dy}qdt + \frac{du}{dz}rdt,$$

ce qui revient à

$$du = \frac{du}{dt}dt + \frac{du}{dx}dx + \frac{du}{dy}dy + \frac{du}{dz}dz,$$

en remplaçant pdt, qdt, rdt, par les différentielles dx, dy, dz, que ces quantités représentent.

Ainsi *la différentielle d'une fonction renfermant un nombre quelconque d'autres fonctions d'une seule variable, est la somme des différentielles partielles relatives à chacune de ces fonctions.*

La règle du n° 11 n'est qu'un cas particulier de cet énoncé, car si l'on prend $u = txyz$, il donnera

$$du = xyzdt + tyzdx + txzdy + txydz.$$

De même, quand

$$u = z^y, \text{ on a } du = yz^{y-1}dz + z^y dy lz,$$

puisque

$$\frac{du}{dz}dz = yz^{y-1} \ (13), \quad \frac{du}{dy}dy = z^y dy lz \ (27).$$

47. Je dirai ici très peu de chose sur la manière de réduire en séries les fonctions de deux variables, parce qu'il arrive le plus souvent qu'on ne les développe que par rapport à l'une des variables qu'elles contiennent, en supposant à l'autre une valeur constante, et qu'alors elles doivent être traitées de même que les fonctions d'une seule variable. Il sera peut-être utile néanmoins de faire voir que la formule du n° 39, s'emploie à développer les fonctions de deux variables, comme celle du n° 21 s'applique aux fonctions qui n'en renferment qu'une (22).

Si l'on fait $x=0$, $y=0$ dans la formule du n° 41, c'est-à-dire, dans u et dans chacun de ses coefficiens différentiels, elle donnera le développement de $f(h, k)$ ordonné suivant les puissances des quantités h et k; mais on pourra écrire x au lieu h, et y au lieu de k, et il en résultera

$$\begin{aligned} f(x,y) = u &+ \frac{1}{1}\left\{\frac{du}{dx}x + \frac{du}{dy}y\right\} \\ &+ \frac{1}{1.2}\left\{\frac{d^2u}{dx^2}x^2 + 2\frac{d^2u}{dxdy}xy + \frac{d^2u}{dy^2}y^2\right\} \\ &+ \text{etc.}, \end{aligned}$$

en observant de faire x et y nuls, tant dans u que dans les expressions qu'on obtiendra pour chacun des coefficiens différentiels, ce qui est analogue au théorème de Maclaurin (*).

(*) On pourrait encore arriver au développement de $f(x, y)$ par la différentiation, ainsi qu'on est parvenu à celui de $f(x)$, dans

De la différentiation des équations quelconques à deux variables.

48. Jusqu'ici je n'ai différentié que des *équations séparées*, c'est-à-dire, dans lesquelles la variable se trouvait seule dans un membre, et la fonction dans l'autre ; telles sont les équations de la forme $Y = X$, Y étant une fonction de y, et X une fonction de x ; mais le plus grand nombre des équations que l'on rencontre dans les recherches analytiques ne se présente pas ainsi : la variable et la fonction y sont souvent mêlées ou combinées entre elles.

Lorsqu'on a une équation quelconque $f(x, y) = 0$, entre x et y, son effet est de déterminer x par y, ou y par x, en sorte que l'une de ces quantités est fonction de l'autre ; et si l'on change x en $x + h$, et y en $y + k$, il faut encore que l'on ait

$$f(x + h, y + k) = 0,$$

---

la note de la page 27 ; car si l'on suppose

$$u = A + Bx + Cy + Dx^2 + Exy + Fy^2 + \text{etc.},$$

les lettres A, B, C, etc. désignant des quantités indépendantes de x et de y, et qu'on différentie cette équation par rapport à x et par rapport à y, plusieurs fois de suite, de manière à former les expressions des coefficiens différentiels

$$\frac{du}{dx}, \quad \frac{du}{dy}, \quad \frac{d^2u}{dx^2}, \quad \frac{d^2u}{dxdy}, \quad \frac{d^2u}{dy^2}, \text{ etc.},$$

on aura, en égalant à zéro x et y, après les différentiations,

$$\frac{du}{dx} = B, \qquad \frac{du}{dy} = C,$$

$$\frac{d^2u}{dx^2} = 1.2D, \quad \frac{d^2u}{dxdy} = 1.1.E, \quad \frac{d^2u}{dy^2} = 1.2F, \text{ etc.} :$$

la valeur de A se trouvera en cherchant celle de la fonction u, lorsque x et y sont nuls.

d'où

$$f(x+h\,,y+k)-f(x\,,y)=0,$$

équation qui, par le n° 41, se développe dans la forme

$$\left.\begin{array}{l}\frac{1}{1}\left(\frac{du}{dx}h+\frac{du}{dy}k\right)\\ +\frac{1}{1.2}\left(\frac{d^2u}{dx^2}h^2+2\frac{d^2u}{dxdy}hk+\frac{d^2u}{dy^2}k^2\right)\\ +\text{etc.}\end{array}\right\}=0,$$

u représentant $f(x\,,y)$.

Cela posé, chercher le coefficient différentiel de y, c'est chercher la limite du rapport $\frac{k}{h}$; or, si dans l'équation ci-dessus, on fait $k=\varpi h$, tous ses termes deviennent divisibles par h; et posant ensuite $h=0$, pour passer à la limite demandée, il ne reste plus que

$$\frac{du}{dx}+\frac{du}{dy}\varpi=0,$$

où ϖ doit être remplacé par sa limite $\frac{dy}{dx}$ (5) : on aura donc

$$\frac{du}{dx}+\frac{du}{dy}\frac{dy}{dx}=0,\quad \text{ou}\quad \frac{du}{dx}dx+\frac{du}{dy}dy=0.$$

Le dernier résultat se confondant avec la différentielle première de la fonction u (41), montre que *pour trouver le coefficient différentiel du premier ordre d'une fonction* y, *donnée par une équation* u = 0 *entre deux variables* x *et* y, *il faut différentier le premier membre de cette équation, comme si les variables étaient indépendantes l'une de l'autre, égaler ensuite à zéro le résultat, et prendre la valeur de* $\frac{dy}{dx}$.

Cela fait, si l'on observe que la valeur de $\frac{dy}{dx}$ que je représenterai par p, ne contenant que x et y, est, en vertu de l'équation $u=0$, une fonction de x seul, on en conclura que p doit changer quand on fait varier x, et prendre un accroissement que je désignerai par l; mais alors on peut regarder le premier membre de l'équation

$$\frac{du}{dx}+\frac{du}{dy}p=0,$$

comme une fonction de x, y et p, égalée à zéro, qui doit toujours rester nulle; et si on la représente par u', on aura, par la formule du n° 45,

$$\left.\begin{array}{l}\frac{du'}{dx}h+\frac{du'}{dy}k+\frac{du'}{dp}l\\ +\text{etc.}\end{array}\right\}=0.$$

Or, tous les termes de cette expression deviendront divisibles par h, si l'on y fait $k=\varpi h$, $l=\rho h$; et ceux qui ne sont pas écrits, contenant les quantités h, k et l, à des puissances plus élevées que la première, s'évanouiront lorsqu'on fera $h=0$, pour passer à la limite où l'on doit remplacer

$$\varpi \text{ par } \frac{dy}{dx}, \text{ et } \rho \text{ par } \frac{dp}{dx};$$

il ne restera donc que

$$\frac{du'}{dx}+\frac{du'}{dy}\frac{dy}{dx}+\frac{du'}{dp}\frac{dp}{dx}=0,$$

ce qui revient à

$$\frac{du'}{dx}dx+\frac{du'}{dy}dy+\frac{du'}{dp}dp=0,$$

et se confond avec la différentielle totale de la fonction u' : ainsi, *pour former l'équation qui exprime la relation entre le coefficient différentiel du premier ordre et celui du second, il faut différentier l'équation qui détermine le premier de ces coefficiens, en le regardant lui-même comme une nouvelle variable, puis diviser le résultat par* dx.

Faisant ensuite $\frac{dp}{dx}=q$, l'équation qu'on vient d'obtenir pourra être considérée comme une fonction u'' de x, y, p et q égalée à zéro, et donnera une équation équivalente à $du''=0$, qui déterminera le coefficient différentiel r de la fonction q, c'est-à-dire, le coefficient différentiel du 3e ordre de y, par les précédens.

On voit par là que *les équations qui expriment les relations des coefficiens différentiels d'une fonction donnée par une équation entre deux variables, se déduisent les unes des autres, par des différentiations successives, en traitant chacun des coefficiens comme une nouvelle variable.*

49. L'exemple suivant éclaircira tout ce qui précède. Soit l'équation

$$y^2-2mxy+x^2-a^2=0;$$

la fonction u est ici $y^2-2mxy+x^2-a^2$: si on la différentie, en y faisant varier x et y, et qu'on égale le résultat à zéro; on trouvera

$$2ydy-2mxdy-2mydx+2xdx=0,$$

ou
$$ydy-mxdy-mydx+xdx=0 \qquad (1),$$

en supprimant le facteur commun 2 ; et faisant $dy=pdx$, on aura pour déterminer p, l'équation

$$(y-mx)p-my+x=0,$$

d'où l'on tirera

$$p=\frac{my-x}{y-mx}.$$

Pour obtenir p en x seul, il faudrait substituer dans cette expression la valeur de y, qui, dans l'équation proposée, est

$$y=mx\pm\sqrt{a^2-x^2+m^2x^2};$$

et il viendrait

$$\begin{aligned}p&=\frac{-x+m^2x\pm m\sqrt{a^2-x^2+m^2x^2}}{\pm\sqrt{a^2-x^2+m^2x^2}}\\&=m\pm\frac{-x+m^2x}{\sqrt{a^2-x^2+m^2x^2}},\end{aligned}$$

résultat semblable à celui qu'on déduirait immédiatement de l'équation séparée

$$y=mx\pm\sqrt{a^2-x^2+m^2x^2},$$

correspondante à la proposée.

L'équation

$$(y-mx)p-my+x=0$$

étant différentiée, en y considérant y et p comme des fonctions de x, conduit à l'équation

$$(dy-mdx)p+(y-mx)\,dp-mdy+dx=0;$$

et si l'on fait

$$dy=pdx,\qquad dp=qdx,$$

il vient

$$(p-m)p+(y-mx)\,q-mp+1=0,$$

équation qui donne la relation que le coefficient différentiel du second ordre q, ou $\frac{d^2y}{dx^2}$ (17), doit avoir avec celui du premier ordre p, ou $\frac{dy}{dx}$, et avec les variables x et y.

En continuant de différentier de la même manière, on formerait l'équation de laquelle dépend le coefficient différentiel du troisième ordre, et ainsi de suite.

50. Si l'on fait attention que $q=\frac{d^2y}{dx^2}$, et que...... $d^2y=d(dy)$, on reconnaîtra que l'équation

$$(p-m)p+(y-mx)q-mp+1=0,$$

se déduit immédiatement de l'équation

$$ydy-mxdy-mydx+xdx=0 \qquad (1),$$

lorsqu'on la différentie en y faisant varier dy comme une fonction de x, et divisant ensuite par dx^2. En effet, on a premièrement

$$dy^2+yd^2y-2mdxdy-mxd^2y+dx^2=0 \qquad (2);$$

secondement

$$\frac{dy^2}{dx^2}-2m\frac{dy}{dx}+1+(y-mx)\frac{d^2y}{dx^2}=0,$$

équation qui, lorsqu'on y change $\frac{dy}{dx}$ en p, $\frac{d^2y}{dx^2}$ en q, devient celle que j'ai obtenue plus haut pour déterminer q.

En général, faire varier les quantités p, q, etc., comme des fonctions de x, c'est prendre les différentielles des expressions équivalentes $\frac{dy}{dx}$, $\frac{d^2y}{dx^2}$, différentielles qui sont respectivement représentées par $\frac{d^2y}{dx}$, $\frac{d^3y}{dx^2}$, etc., c'est enfin regarder les quantités dy, d^2y, etc., comme des fonctions de x.

L'équation (1) est *la différentielle première* de la proposée; l'équation (2) en est *la différentielle seconde*, etc.; et, d'après la remarque ci-dessus, *les différentielles d'une équation* PRIMITIVE *proposée, se déduisent les unes des autres par la différentiation, en regardant* y, dy, d²y, *etc., comme des fonctions de* x.

On passe aux équations qui donnent les coefficiens différentiels, en observant que ces coefficiens sont représentés par

$$\frac{dy}{dx},\ \frac{d^2y}{dx^2},\ \text{etc.},$$

ou en faisant

$$dy = p\,dx, \qquad d^2y = q\,dx^2,\ \text{etc.}$$

Par ces dernières substitutions, les différentielles disparaissent, et il ne reste dans les résultats que les fonctions p, q, etc., absolument indépendantes de la valeur de l'accroissement dx.

51. L'équation proposée,

$$y^2 - 2mxy + x^2 - a^2 = 0,$$

étant du second degré, donne pour y deux valeurs, par le moyen desquelles l'équation

$$(y - mx)\,dy - (my - x)\,dx = 0 \qquad (1),$$

d'où l'on tire

$$\frac{dy}{dx} = \frac{my - x}{y - mx},$$

donne aussi pour le coefficient différentiel $\frac{dy}{dx}$, deux valeurs correspondantes à celles de la fonction y.

Si, au lieu de résoudre l'équation proposée pour en tirer la valeur de y, on avait éliminé cette variable, entre cette équation et sa différentielle (1), on aurait eu d'abord, en vertu de la seconde,

$$y = \frac{x\,(m\,dy - dx)}{dy - m\,dx};$$

substituant dans la première, il serait venu, après les réductions,

$$(x^2-a^2-m^2x^2)\,dy^2-(2mx^2-2ma^2-2m^3x^2)\,dx\,dy$$
$$+(x^2-m^2x^2-a^2m^2)\,dx^2=0.$$

Cette dernière étant résolue par rapport à dy, donnerait les mêmes résultats que ceux qu'on obtiendrait en différentiant les valeurs de y; et après l'avoir divisée par dx^2, on en tirerait immédiatement les valeurs du coefficient différentiel. On aurait alors

$$(x^2-a^2-m^2x^2)\frac{dy^2}{dx^2}-(2mx^2-2ma^2-2m^3x^2)\frac{dy}{dx}$$
$$+x^2-m^2x^2-a^2m^2=0;$$

et en dégageant la seconde puissance du coefficient différentiel, exprimée par $\frac{dy^2}{dx^2}$, il viendrait

$$\frac{dy^2}{dx^2}-2m\frac{dy}{dx}+\frac{x^2-m^2x^2-a^2m^2}{x^2-a^2-m^2x^2}=0.$$

52. Il est facile d'appliquer ce qui précède, à des exemples plus compliqués, ou dans lesquels les variables montent à un degré plus élevé. Soit encore l'équation

$$y^3-3axy+x^3=0;$$

la différentiation donnera

$$3y^2dy-3axdy-3aydx+3x^2dx=0,$$

ou, en supprimant le facteur commun 3,

$$y^2dy-axdy-aydx+x^2dx=0 \qquad (1),$$

et par conséquent $\qquad \frac{dy}{dx}=\frac{ay-x^2}{y^2-ax}.$

La fonction y, dans cet exemple, étant donnée par une équation du troisième degré, doit avoir trois valeurs; et en les substituant successivement dans l'expression de $\frac{dy}{dx}$, on obtiendra un pareil nombre de valeurs pour le coefficient différentiel. On voit en général que ce coefficient aura toujours un nombre de valeurs égal à celui dont la fonction y est susceptible dans l'équation proposée : il en sera de même à l'égard de la différentielle.

Si l'on éliminait y entre les deux équations

$$y^3 - 3axy + x^3 = 0,$$
$$y^2 dy - ax dy - ay dx + x^2 dx = 0 \qquad (1),$$

on aurait pour résultat une équation du troisième degré par rapport à dy, qui renfermerait les trois valeurs dont cette différentielle est susceptible.

Ayant trouvé l'expression de dy ou celle de $\frac{dy}{dx}$, on parviendra à celles de d^2y et de $\frac{d^2y}{dx^2}$, en différentiant par rapport à dy, à y et à x, suivant la règle établie n° 50, l'équation (1), différentielle première de la proposée. En opérant ainsi, on aura

$$y^2d^2y - axd^2y + 2ydy^2 - adydx - adxdy + 2xdx^2 = 0;$$

et en réduisant il viendra

$$(y^2 - ax)d^2y + 2ydy^2 - 2adxdy + 2xdx^2 = 0 \quad (2).$$

Voilà la différentielle seconde de l'équation proposée; si on la combine avec la différentielle première, on pourra éliminer dy, et le résultat donnera l'expression de d^2y en x, dx et y. On chassera, si l'on veut, la fonction y, au moyen de l'équation proposée.

En divisant l'équation (2) par dx^2, elle prend la forme

$$(y^2 - ax)\frac{d^2y}{dx^2} + 2y\frac{dy^2}{dx^2} - 2a\frac{dy}{dx} + 2x = 0,$$

et ne renferme plus que les coefficiens différentiels

$\frac{d^2y}{dx^2}$ et $\frac{dy}{dx}$. Mettant au lieu de $\frac{dy}{dx}$ sa valeur $\frac{ay-x^2}{y^2-ax}$, tirée de (1), il viendra

$$(y^2-ax)\frac{d^2y}{dx^2}$$
$$+2y\left(\frac{ay-x^2}{y^2-ax}\right)^2-2a\left(\frac{ay-x^2}{y^2-ax}\right)+2x=0,$$

et en réduisant au même dénominateur,

$$(y^2-ax)^3\frac{d^2y}{dx^2}+2xy^4-6ax^2y^2+2x^4y+2a^3xy=0;$$

mais la quantité

$$2xy^4-6ax^2y^2+2x^4y$$

n'est autre chose que

$$2xy(y^3-3axy+x^3):$$

elle est donc nulle en vertu de l'équation proposée, et par conséquent on a

$$(y^2-ax)^3\frac{d^2y}{dx^2}+2a^3xy=0,$$

ou
$$\frac{d^2y}{dx^2}=-\frac{2a^3xy}{(y^2-ax)^3}.$$

En différentiant l'équation (2) par rapport à d^2y, dy, y et x, on formera la différentielle troisième de l'équation proposée, et l'on en tirera la valeur de d^3y, lorsqu'on aura éliminé d^2y et dy à l'aide des équations (1) et (2) ; divisant le résultat par dx^3, on aura l'expression du coefficient $\frac{d^3y}{dx^3}$. En continuant ainsi l'on parviendra aux différentielles ultérieures.

53. La remarque du n° 7, sur les constantes qui disparaissent par la différentiation des fonctions, s'applique également aux équations. Si l'on avait, par exemple, $y^2=ax+b$, la différentielle $2ydy=adx$,

étant indépendante de b, appartiendrait à chacune des équations particulières qui résultent de la proposée, en donnant à b toutes les valeurs possibles.

Mais l'on peut aussi parvenir, dans le cas actuel, à une équation indépendante de a, quoique la différentiation n'ait point fait disparaître cette constante : il suffit pour cela d'éliminer a entre les deux équations

$$y^2 = ax + b, \qquad 2y\mathrm{d}y = a\mathrm{d}x;$$

et l'on trouvera

$$y^2\mathrm{d}x = 2xy\mathrm{d}y + b\mathrm{d}x.$$

Quoique cette dernière équation ne soit pas la différentielle immédiate de la proposée, elle en dérive cependant de manière qu'étant divisée par $\mathrm{d}x$, elle exprime la relation qui doit exister entre la variable x, la fonction y et le coefficient $\frac{\mathrm{d}y}{\mathrm{d}x}$, quel que soit a.

Si la constante qu'on élimine n'est pas au premier degré dans l'équation proposée, le résultat qu'on obtiendra renfermera des puissances de $\mathrm{d}y$ et de $\mathrm{d}x$ supérieures à la première ; en voici un exemple :

$$y^2 - 2ay + x^2 = a^2.$$

En différentiant on trouvera

$$y\mathrm{d}y - a\mathrm{d}y + x\mathrm{d}x = 0,$$

d'où

$$a = \frac{y\mathrm{d}y + x\mathrm{d}x}{\mathrm{d}y};$$

et substituant dans la proposée, il viendra, après avoir ordonné par rapport à $\mathrm{d}y$ et divisé par $\mathrm{d}x^2$,

$$(x^2 - 2y^2)\frac{\mathrm{d}y^2}{\mathrm{d}x^2} - 4xy\frac{\mathrm{d}y}{\mathrm{d}x} - x^2 = 0:$$

telle est la relation qui doit exister entre la variable x, la fonction y et son coefficient différentiel $\frac{\mathrm{d}y}{\mathrm{d}x}$, indépendamment d'aucune valeur particulière de la constante a.

En résolvant l'équation

$$y^2 - 2ay + x^2 = a^2,$$

par rapport à a, on en aurait tiré

$$a = -y \pm \sqrt{2y^2 + x^2};$$

et a étant alors dégagé des variables x et y, la différentiation seule l'aurait fait disparaître : on aurait trouvé

$$-\mathrm{d}y \pm \frac{2y\mathrm{d}y + x\mathrm{d}x}{\sqrt{2y^2 + x^2}} = 0.$$

En faisant évanouir le radical, on s'assurera que cette équation est la même que celle qui résulte de l'élimination.

54. On peut faire disparaître autant de constantes qu'on voudra, en différentiant un nombre de fois égal à celui de ces constantes. Soit

$$y^2 = m(a^2 - x^2);$$

on aura d'abord

$$y\mathrm{d}y = -mx\mathrm{d}x;$$

différentiant de nouveau, on trouvera

$$y\mathrm{d}^2y + \mathrm{d}y^2 = -m\mathrm{d}x^2;$$

substituant pour m sa valeur $-\frac{y\mathrm{d}y}{x\mathrm{d}x}$, tirée de l'équation précédente, et divisant par $\mathrm{d}x^2$, il viendra

$$y\frac{\mathrm{d}y}{\mathrm{d}x} - x\frac{\mathrm{d}y^2}{\mathrm{d}x^2} - xy\frac{\mathrm{d}^2y}{\mathrm{d}x^2} = 0,$$

résultat indépendant des constantes m et a.

55. La différentiation, combinée avec l'élimination, fournit le moyen de faire disparaître les exposans. Soit

par exemple

$$P^n = Q,$$

P et Q étant des fonctions quelconques de x et de y; en prenant la différentielle de cette équation, il viendra

$$nP^{n-1}\mathrm{d}P = \mathrm{d}Q, \quad \text{ou} \quad nP^n\mathrm{d}P = P\mathrm{d}Q,$$

en multipliant les deux membres par P; et si l'on met pour P^n sa valeur, on obtiendra

$$nQ\mathrm{d}P = P\mathrm{d}Q,$$

équation dans laquelle la quantité P est délivrée de l'exposant n.

On parvient au même résultat, en prenant le logarithme de chaque membre de l'équation proposée; on a successivement

$$n\mathrm{l}P = \mathrm{l}Q, \quad n\frac{\mathrm{d}P}{P} = \frac{\mathrm{d}Q}{Q} \ (28),$$

et par conséquent $nQ\mathrm{d}P = P\mathrm{d}Q$.

Cette remarque sert à développer, suivant les puissances de x, la fonction

$$(a + bx + cx^2 + dx^3 + ex^4 + \text{etc.})^n,$$

quel que soit l'exposant n. Pour cela, soit

$$\begin{aligned}&(a + bx + cx^2 + dx^3 + ex^4 + \text{etc.})^n\\ &= A + Bx + Cx^2 + Dx^3 + Ex^4 + \text{etc.};\end{aligned}$$

en passant aux logarithmes, il vient

$$\begin{aligned}&n\mathrm{l}(a + bx + cx^2 + dx^3 + ex^4 + \text{etc.})\\ &= \mathrm{l}(A + Bx + Cx^2 + Dx^3 + Ex^4 + \text{etc.});\end{aligned}$$

différentiant ensuite, on obtient

$$\begin{aligned}&\frac{n(b + 2cx + 3dx^2 + 4ex^3 + \text{etc.})\,\mathrm{d}x}{a + bx + cx^2 + dx^3 + ex^4 + \text{etc.}}\\ &= \frac{(B + 2Cx + 3Dx^2 + 4Ex^3 + \text{etc.})\,\mathrm{d}x}{A + Bx + Cx^2 + Dx^3 + Ex^4 + \text{etc.}};\end{aligned}$$

supprimant le facteur commun dx, faisant disparaître les dénominateurs, et développant chaque membre, par rapport aux puissances de x, on a

$$\left.\begin{array}{r} nbA + 2ncAx + 3ndAx^2 + 4neAx^3 + \text{etc.} \\ + nbBx + 2ncBx^2 + 3ndBx^3 + \text{etc.} \\ + nbCx^2 + 2ncCx^3 + \text{etc.} \\ + nbDx^3 + \text{etc.} \end{array}\right\} =$$

$$\left.\begin{array}{r} aB + 2aCx + 3aDx^2 + 4aEx^3 + \text{etc.} \\ + bBx + 2bCx^2 + 3bDx^3 + \text{etc.} \\ + cBx^2 + 2cCx^3 + \text{etc.} \\ + dBx^3 + \text{etc.} \end{array}\right\};$$

mais comme x doit rester indéterminé, il faut que les deux membres de cette équation deviennent identiques par les coefficiens mêmes de x, c'est-à-dire, que les coefficiens de la même puissance soient respectivement égaux dans chaque membre. Cette considération, déjà employée dans le nº 193 des *Elémens d'Algèbre*, fournit les équations suivantes :

$$\begin{array}{l} nbA = aB, \\ 2ncA + nbB = 2aC + bB, \\ 3ndA + 2ncB + nbC = 3aD + 2bC + cB, \\ \text{etc.}, \end{array}$$

dont on tirera les valeurs des coefficiens B, C, D, etc.

Le coefficient A semble demeurer indéterminé, mais on en trouve la valeur en faisant $x = 0$ dans l'équation

$$(a + bx + \text{etc.})^n = A + Bx + \text{etc.},$$

qui par cette hypothèse se réduit à

$$a^n = A.$$

Substituant cette expression dans les équations précédentes, on en conclut

$B=\frac{n}{1}a^{n-1}b$,

$C=na^{n-1}c+\frac{n(n-1)}{1.2}a^{n-2}b^2$,

$D=na^{n-1}d+\frac{n(n-1)}{1.1}a^{n-2}bc+\frac{n(n-1)(n-2)}{1.2.3}a^{n-3}b^3$,

etc.,

d'où $(a+bx+cx^2+dx^3+\text{etc.})^n=$

$$a^n+\frac{n}{1}a^{n-1}bx+\left\{na^{n-1}c+\frac{n(n-1)}{1.2}a^{n-2}b^2\right\}x^2$$
$$+\left\{na^{n-1}d+\frac{n(n-1)}{1.2}a^{n-2}bc+\frac{n(n-1)(n-2)}{1.2.3}a^{n-3}b^3\right\}x^3$$
$$+\text{ etc.}$$

56. On peut faire disparaître aussi les transcendantes d'une équation, en la combinant avec ses différentielles. L'une des plus simples de ces fonctions est

$$\mathrm{l}(a+bx+cx^2+dx^3+\text{etc.});$$

si l'on représente son développement par

$$A+Bx+Cx^2+Dx^3+\text{etc.},$$

et qu'on prenne la différentielle de l'équation

$$\mathrm{l}(a+bx+cx^2+dx^3+\text{etc.})=A+Bx+Cx^2+Dx^3+\text{etc.}$$

on trouvera

$$\frac{b+2cx+3dx^2+\text{etc.}}{a+bx+cx^2+dx^3+\text{etc.}}=B+2Cx+3Dx^2+\text{etc.},$$

et l'on déterminera les coefficiens A, B, C, D, etc. comme à l'ordinaire.

Soit encore pour exemple

$$\sin(a+bx+cx^2+dx^3+\text{etc.})$$
$$=A+Bx+Cx^2+Dx^3+Ex^4+\text{etc.};$$

en faisant, pour abréger,

$$a + bx + cx^2 + dx^3 + \text{etc.} = u,$$
$$A + Bx + Cx^2 + Dx^3 + \text{etc.} = y,$$

il en résultera $y = \sin u$; et en différentiant, il viendra $dy = du \cos u$. On pourrait éliminer $\cos u$ au moyen de l'équation $\cos u = \sqrt{1 - \sin u^2}$, qui donne $\cos u = \sqrt{1 - y^2}$, et l'on aurait alors $dy = du\sqrt{1-y^2}$; mais il faudrait encore faire disparaître le radical dans cette équation. Pour éviter cet inconvénient, on différentiera une seconde fois l'équation $dy = du \cos u$, en se rappelant que u est une fonction de x, aussi bien que y; et il viendra $d^2y = d^2u \cos u - du^2 \sin u$: mettant pour $\sin u$ et $\cos u$, leurs valeurs y et $\frac{dy}{du}$, on aura

$$d^2y = \frac{dy}{du} d^2u - y du^2, \text{ ou } du d^2y - dy d^2u + y du^3 = 0.$$

Il ne s'agit plus maintenant que de substituer à y, dy, d^2y, du, d^2u, du^3, leur valeur; or

$$y = A + Bx + Cx^2 + Dx^3 + \text{etc.},$$

donne

$$dy = (B + 2Cx + 3Dx^2 + \text{etc.})\, dx,$$
$$d^2y = \qquad (2C + 2.3Dx + \text{etc.})\, dx^2;$$

et pour ne pas m'engager dans de trop longs calculs, je réduirai la fonction proposée à $\sin(a + bx + cx^2)$, en faisant d, e, etc. $= 0$: dans ce cas particulier,

$$du = (b + 2cx)\, dx,$$
$$d^2u = 2c dx^2,$$
$$du^3 = (b^3 + 6b^2cx + 12bc^2x^2 + 8c^3x^3)\, dx^3.$$

Au moyen de ces valeurs, l'équation

$$du d^2y - dy d^2u + y du^3 = 0,$$

devient divisible par dx^3; et en l'ordonnant par rapport à x, elle prend la forme suivante :

$$\left.\begin{array}{r}2bC+\ 6bDx+\ 12bEx^2+\text{etc.}\\ +\ 4cCx+\ 12cDx^2+\text{etc.}\\ +b^3A+6b^2cAx+12bc^2Ax^2+\text{etc.}\\ +\ b^3Bx+\ 6b^2cBx^2+\text{etc.}\\ +\ b^3Cx^2+\text{etc.}\\ -2cB-\ 4cCx-\ 6cDx^2-\text{etc.}\end{array}\right\}=0.$$

En égalant à zéro les coefficiens de chaque puissance de x, on obtiendra les équations qui déterminent C, D, E, etc.; mais pour A et B, il faut recourir aux équations

$$y=\sin u \quad \text{et} \quad \frac{dy}{du}=\cos u.$$

Lorsque $x=0$, il vient

$$u=a,\quad y=A,\quad du=bdx,\quad dy=Bdx;$$

et il résulte de ces valeurs,

$$A=\sin a,\quad B=b\cos a.$$

57. Le calcul différentiel, dont nous n'avons encore fait usage que pour le développement des fonctions, peut aussi être utile dans la résolution des équations algébriques; mais ici nous nous bornerons à montrer comment la remarque du n° 18 conduit à la détermination des racines égales.

Soit $V=0$, une équation ayant un nombre n de racines égales à a; son premier membre V sera nécessairement de la forme

$$V=X(x-a)^n,$$

le facteur X contenant les facteurs inégaux; et différentiant, on trouvera, si l'on commence par le facteur $x-a$,

$$\frac{dV}{dx}=nX(x-a)^{n-1}+\frac{dX}{dx}(x-a)^n,$$

$$\frac{d^2V}{dx^2}=n(n-1)X(x-a)^{n-2}+2n\frac{dX}{dx}(x-a)^{n-1}+\frac{d^2X}{dx^2}(x-a)^n,$$

etc.,

ce qui suffit pour faire voir que le facteur $x-a$ demeurera commun à tous les termes des coefficiens différentiels de V, tant que l'exposant de leur ordre sera $<n$. Ces coefficiens s'évanouiront donc jusqu'à l'ordre n exclusivement, quand on y fera $x=a$; et les équations

$$V=0,\quad \frac{dV}{dx}=0,\quad \frac{d^2V}{dx^2}=0,\ldots\frac{d^{n-1}V}{dx^{n-1}}=0,$$

auront lieu en même temps, au moyen d'un diviseur commun, qui sera $(x-a)^{n-1}$ entre la première et la seconde.

On reconnaîtra sans peine que les équations $\frac{dV}{dx}=0$, $\frac{d^2V}{dx^2}=0$, etc., sont précisément celles que l'on a désignées par $A=0$, $B=0$, etc., dans le n° 205 des *Elémens d'Algèbre.*

Ces considérations s'appliqueront aisément au cas où la proposée renfermera plusieurs espèces de racines égales, c'est-à-dire, sera de la forme

$$X(x-a)^n(x-b)^p=0;$$

car en différentiant le premier membre, suivant la règle du n° 11, on trouvera

$$\left.\begin{array}{l} nX(x-a)^{n-1}(x-b)^p+pX(x-a)^n(x-b)^{p-1} \\ +\dfrac{dX}{dx}(x-a)^n(x-b)^p \end{array}\right\},$$

quantité qui s'évanouit aussi lorsqu'on fait $x=a$ ou $x=b$, et dont le diviseur commun avec le premier membre de l'équation proposée est évidemment

$$(x-a)^{n-1}(x-b)^{p-1}.$$

On peut opérer de même, quel que soit le nombre des facteurs $(x-a)^n$, $(x-b)^p$, $(x-c)^q$, etc., et l'on trouvera toujours que le *diviseur commun entre les fonc-*

tions $\overline{V}$, $\frac{dV}{dx}$, *doit contenir les facteurs égaux élevés chacun à une puissance moindre d'une unité, que dans l'équation proposée* $V=0$.

Application du Calcul différentiel à la théorie des courbes.

58. Les considérations géométriques prouvent d'une manière bien évidente que le rapport des accroissemens d'une fonction et de sa variable est en général susceptible de limites.

Toute fonction d'une seule variable peut être représentée par l'ordonnée d'une courbe dont cette variable est l'abscisse (*Trig.* 86); et le rapport de l'ordonnée de la courbe avec la soutangente, correspond au coefficient différentiel de la fonction. En effet, si

FIG. 1. dans une courbe quelconque *CD*, *fig.* 1, on mène par deux points *M* et *M'* une sécante *MM'* prolongée jusqu'à ce qu'elle rencontre en *S*, l'axe des abscisses *AB*, qu'on tire les deux ordonnées *PM*, *P'M'*, et la droite *MQ*, parallèle à *AB*, les triangles semblables *M'QM* et *MPS* montreront que les rapports $\frac{M'Q}{MQ}$ et $\frac{PM}{PS}$ sont toujours égaux. Mais si l'on conçoit que le point *M'* se rapproche sans cesse du point *M*, le point *S* se rapprochera aussi du point *T*; la ligne *PS* tendra donc à devenir égale à la soutangente *PT* : le rapport $\frac{PM}{PS}$ s'approchera de même du rapport $\frac{PM}{PT}$ qu'il aura pour limite, et qui sera par conséquent aussi celle du rapport des accroissemens *MQ* et *M'Q*, que reçoivent simultanément l'abscisse *AP* et l'ordonnée *PM*.

Il suit de là, que lorsque l'expression du rapport $\frac{PM}{PT}$

sera connue, elle fournira le coefficient différentiel de la fonction correspondante à l'ordonnée (7), et que, réciproquement, si la fonction qui représente l'ordonnée PM est connue, son coefficient différentiel, exprimant la valeur de ce rapport, déterminera la soutangente PT par l'ordonnée PM, puisqu'en désignant PM par y et son coefficient différentiel par p, on aura $p = \frac{y}{PT}$, d'où $PT = \frac{y}{p}$, valeur au moyen de laquelle on mènera la tangente au point M.

59. On voit donc que, par son principe fondamental, le Calcul différentiel résout immédiatement le *problème des tangentes*, pour les courbes dont on a l'équation; aussi est-ce en cherchant la solution de ce problème, que les Géomètres sont parvenus au Calcul différentiel, qu'on a présenté depuis sous des points de vue très variés; mais quelle que soit l'origine que l'on assigne à ce Calcul, il reposera toujours immédiatement sur un *fait analytique* préexistant à toute hypothèse, comme la chute des corps graves vers la surface de la terre, préexiste à toutes les explications qu'on en a données : et ce fait est précisément la propriété dont jouissent toute les fonctions d'admettre une limite dans le rapport que leurs accroissemens ont avec ceux de la variable dont elles dépendent. Cette limite, différente pour chaque fonction, et toujours indépendante des valeurs absolues des accroissemens, caractérise d'une manière qui lui est propre, la *marche* de cette fonction, dans les divers états par lesquels elle peut passer. En effet, plus les accroissemens de la variable indépendante sont petits, plus les valeurs successives de la fonction sont resserrées, plus enfin cette fonction approche d'être soumise à la loi de continuité dans ses changemens, et plus le rapport de ces changemens à

ceux de la variable indépendante approche d'être égal à la limite assignée par le calcul. Par la loi de continuité, on doit entendre celle qui s'observe dans la description des lignes par le mouvement, et d'après laquelle les points consécutifs d'une même ligne se succèdent sans aucun intervalle. La manière d'envisager les grandeurs dans le calcul, ne paraît pas admettre cette loi, puisqu'on suppose toujours un intervalle entre deux valeurs consécutives de la même quantité; mais plus cet intervalle est petit, plus on se rapproche de la loi de continuité, à laquelle la limite convient parfaitement.

Il me paraît maintenant très évident que la métaphysique précédente renferme l'explication philosophique des propriétés du Calcul différentiel et du Calcul intégral, soit par rapport aux recherches sur les courbes, soit par rapport à celles qui concernent le mouvement. La difficulté des unes et des autres ne vient que de ce qu'il y a continuité dans les changemens des lignes ou dans ceux des vîtesses; et la considération des limites (ou toute autre équivalente), donne le moyen d'établir cette continuité dans le Calcul (*).

60. Lorsque l'on donne à l'abscisse des valeurs successives, les ordonnées qui répondent à ces valeurs, déterminent sur la courbe, des points que l'on peut regarder comme les sommets des angles d'un polygone inscrit à cette courbe.

Si l'on prend, par exemple, sur l'axe des abscisses
FIG. 2. les points P, P', P'', *fig.* 2, distans entre eux d'une même quantité h, on aura

---

(*) Ceux qui désireraient plus de développement, dans ces considérations générales, pourront consulter la note *A*, placée à la fin de l'Ouvrage.

$$AP=x,\quad AP'=x+h,\quad AP''=x+2h,\ \text{etc.},$$

qu'on élève les ordonnées correspondantes PM, $P'M'$, $P''M''$, etc., et que l'on joigne les points M, M', M'', etc., par des cordes, on formera le polygone $MM'M''$ etc., qui différera d'autant moins de la courbe proposée, que les points M, M', M'', etc., se rapprocheront davantage ; mais en même temps le nombre de ses côtés augmentera de plus en plus, puisque la distance PP' sera contenue un nombre de fois de plus en plus grand dans l'abscisse déterminée AB. La courbe CD sera évidemment la limite de tous ces polygones, et par conséquent les propriétés qui conviendront à cette limite, conviendront aussi à la courbe proposée (*).

Cela posé, si l'on mène MQ et $M'Q'$ parallèles à l'axe AB, $M'Q$ sera la différence des deux ordonnées consécutives PM et $P'M'$, $M''Q'$ celle des ordonnées $P'M'$ et $P''M''$. En prolongeant la droite MM' jusqu'en N'', on formera les triangles égaux $MM'Q$, $M'N''Q'$, qui donneront $M'Q=N''Q'$; et il en résultera

$$M''N''=N''Q'-M''Q' \quad \text{ou} \quad M''N''=M''Q'-N''Q';$$

(*) Leibnitz a toujours envisagé le Calcul différentiel sous un point de vue à peu près semblable.

« Sentio autem et hanc et alias (methodos) hactenùs adhibitas » omnes deduci posse ex generali quodam meo dimetiendorum » curvilineorum principio, *quod figura curvilinea censenda sit* » *æquipollere polygono infinitorum laterum*; unde sequitur, » quicquid de tali polygono demonstrari potest, sive ità, ut nullus » habeatur ad numerum laterum respectus, sive ità, ut tantò » magis verificetur, quantò major sumitur laterum numerus, ità, » ut error tandem fiat quovis dato minor; id de curvâ posse pro- » nuntiari. » (*Acta Eruditorum, ann.* 1684, *pag.* 585.)

Il est évident que cette métaphysique est aussi très lumineuse, et ne diffère de celle que j'ai présentée ci-dessus que parce que la *limite* y est désignée comme un polygone d'un nombre infini de côtés infiniment petits.

et par conséquent $M''Q'-M'Q=\mp M''N''$ selon que la courbe est concave ou convexe vers l'axe des abscisses: $M''N''$ sera donc la différence des lignes $M'Q$ et $M''Q'$.

Le calcul différentiel donne l'expression de ces diverses droites; car l'on a successivement (23)

$$\begin{aligned}
PM &= y,\\
P'M' &= y + \frac{dy}{dx}\frac{h}{1} + \frac{d^2y}{dx^2}\frac{h^2}{1.2} + \text{etc.},\\
P''M'' &= y + \frac{dy}{dx}\frac{2h}{1} + \frac{d^2y}{dx^2}\frac{4h^2}{1.2} + \text{etc.},\\
P'M' - PM = M'Q &= \frac{dy}{dx}h + \frac{d^2y}{dx^2}\frac{h^2}{2} + \text{etc.},\\
P''M'' - P'M' = M''Q' &= \frac{dy}{dx}h + \frac{d^2y}{dx^2}\frac{3h^2}{2} + \text{etc.},\\
M''Q' - M'Q = \mp M''N'' &= \frac{d^2y}{dx^2}h^2 + \text{etc.};
\end{aligned}$$

d'où il suit que si l'on change h en dx, la valeur de $M'Q$ approchera de plus en plus de la différentielle première dy, celle de $M''N''$, de la différentielle seconde d^2y. En considérant un quatrième point du polygone, on trouverait de même la ligne correspondante à la différentielle troisième.

61. Les lignes PM, $M'Q$, $M''N''$, ont, par rapport au Calcul des limites, une subordination marquée par l'exposant dont l'accroissement h est affecté dans leur premier terme, exposant qui est le même que celui de l'ordre de la différentielle à laquelle ils correspondent. On voit en effet que le rapport de $M'Q$ à PM diminue sans cesse et finit par s'évanouir, lorsque $h=0$, qu'il en est de même du rapport de $M''N''$ à $M'Q$; mais que si l'on comparait la première de celles-ci au quarré de la

seconde, et qu'on supprimât d'abord le facteur h^2, commun aux deux termes du rapport, ce rapport aurait alors une limite assignable qui serait celui de $\frac{d^2y}{dx^2}$ à $\frac{dy^2}{dx^2}$ (*).

62. On voit en même temps, par ce qui précède, que le coefficient différentiel du premier ordre $\frac{dy}{dx}$, exprimant le rapport $\frac{PM}{PT}$, *fig.* 1, donne la tangente trigonométrique de l'angle MTP, que fait, avec l'axe des abscisses AB, la droite qui touche la courbe au point M, et caractérise la marche de la courbe aux environs du point M; car si AB désigne le côté positif de l'axe des abscisses, l'angle MTP et sa tangente seront positifs, quand les ordonnées iront en croissant comme dans la *fig.* 1, et négatifs dans le cas contraire. FIG. 1.

Cela peut se conclure aussi de l'expression de $M'Q$, différence des ordonnées consécutives PM et $P'M'$, en observant qu'il est toujours possible de prendre l'accroissement h assez petit, pour que le premier terme $\frac{dy}{dx}h$, surpassant la somme de tous les autres, détermine alors le signe du résultat de la série; car une expression de

(*) Ceci fournit une explication bien simple des différens ordres d'infiniment petits que Leibnitz admettait. Il regardait la différentielle première comme infiniment petite à l'égard de l'ordonnée, la différentielle seconde comme infiniment petite à l'égard de la différentielle première, et ainsi de suite. D'après ce principe, il négligeait les unes par rapport aux autres; ce qu'il faut faire en effet lorsque l'on veut passer aux limites; puisqu'il ne peut rester dans l'expression de la limite du rapport des séries ci-dessus, que les termes où h est au degré le plus bas, et que la différentielle d'un ordre quelconque m, est nécessairement de la forme $d^my = tdx^m$ (17), et comparable seulement aux expressions différentielles homogènes, ou du même degré, par rapport à l'accroissement dx.

la forme

$$Ah^{\alpha}+Bh^{\beta}+Ch^{\gamma}+\text{etc.},$$

dans laquelle les exposans α, β, γ, etc., sont tous positifs et vont en croissant, peut être mise sous cette autre,

$$h^{\alpha}(A+Bh^{\beta-\alpha}+Ch^{\gamma-\alpha}+\text{etc.}),$$

par laquelle on voit que la partie $Bh^{\beta-\alpha}+Ch^{\gamma-\alpha}+$ etc., du second facteur, décroissant jusqu'à zéro, lorsque h diminue jusqu'à s'évanouir, doit, avant d'arriver à ce terme, devenir plus petite que la quantité A qui est indépendante de h (*). Dans cet état de choses, c'est le signe de A qui détermine celui de toute l'expression, qui sera donc positive si A est positif, et négative dans le cas contraire.

Il suit de là que la fonction y sera croissante ou décroissante, selon que $\frac{dy}{dx}$ sera positif ou négatif.

De plus, si l'on fait attention que lorsque l'ordonnée FIG. 2. est positive, la différence $M''Q'-M'Q$, *fig.* 2, est négative ou positive selon que la courbe est concave ou convexe vers l'axe des abscisses, et que cette circonstance doit avoir lieu quelque près qu'on suppose les points P, P', P'', ou quelque petite que soit h, on en conclura que le terme $\frac{d^2y}{dx^2}h^2$, qui commence le développement de $M''Q'-M'Q$, et qui peut être rendu le plus considérable, doit avoir le même signe que la différence $M''Q'-M'Q$; or, la quantité h^2 étant essentiellement positive, il suit de ce qui précède que $\frac{d^2y}{dx^2}$ est négatif quand la courbe est concave

(*) On trouvera à la fin de ce Traité, un procédé pour assigner les valeurs de h qui remplissent cette condition dans la série de Taylor.

vers son axe des abscisses, et positif dans le cas contraire.

L'inspection des courbes *cm* placées au-dessous de l'axe des abscisses, montre que les signes de $\frac{d^2y}{dx^2}$ doivent être pris dans un ordre inverse quand l'ordonnée est négative, et que par conséquent *une courbe est concave ou convexe vers l'axe des abscisses, selon que l'ordonnée et son coefficient différentiel du second ordre, sont de signes contraires ou de même signe.*

63. On suppose ordinairement comme une chose évidente, qu'*un petit arc de courbe peut être pris pour sa corde*, c'est-à-dire que *le rapport de l'arc et de sa corde a pour limite l'unité :* cette proposition, très importante, a néanmoins besoin d'être démontrée, et peut l'être comme il suit.

Le triangle rectangle $MM'Q$, *fig.* 3, donne FIG. 3.

$$MM'=\sqrt{\overline{MQ}^2+\overline{M'Q}^2};$$

on a de plus (60),

$$MQ=h,\ M'Q=\frac{dy}{dx}\frac{h}{1}+\frac{d^2y}{dx^2}\frac{h^2}{1.2}+\text{etc.}$$

On peut mettre ce développement sous la forme

$$(p+Ph)h,$$

en faisant

$$\frac{dy}{dx}=p,\ \text{et}\ \frac{d^2y}{dx^2}\frac{h^2}{1.2}+\frac{d^3y}{dx^3}\frac{h^3}{1.2.3}+\text{etc.}=Ph^2;$$

on obtiendra

$$MM'=\sqrt{h^2+(p+Ph)^2h^2}=h\sqrt{1+(p+Ph)^2}.$$

Menant ensuite la tangente MN, on trouvera

$$NQ = MQ \operatorname{tang} NMQ = \frac{dy}{dx} h = ph \ (62),$$
$$MN = \sqrt{h^2 + p^2 h^2} = h\sqrt{1+p^2},$$
$$M'N = NQ - M'Q = -\frac{d^2y}{dx^2}\frac{h^2}{1.2} - \text{etc.} = -Ph^2;$$

et l'on conclura de là

$$\frac{MN+M'N}{MM'} = \frac{h\sqrt{1+p^2} - Ph^2}{h\sqrt{1+(p+Ph)^2}} = \frac{\sqrt{1+p^2} - Ph}{\sqrt{1+(p+Ph)^2}},$$

rapport qui a pour limite,

$$\frac{\sqrt{1+p^2}}{\sqrt{1+p^2}} = 1.$$

Mais l'arc MOM' est toujours compris entre la corde MM' et la ligne brisée $MN + M'N$; donc, à plus forte raison, le rapport $\frac{MOM'}{MM'}$ a pour limite l'unité.

64. Il est évident que l'arc d'une courbe est une fonction de l'abscisse; et pour avoir le coefficient différentiel de cette fonction, il faut chercher la limite du rapport $\frac{MOM'}{PP'}$; or on a

$$\frac{MOM'}{PP'} = \frac{MM'}{PP'} \times \frac{MOM'}{MM'}.$$

Substituant la valeur du premier rapport du second membre, puis faisant $h = 0$ pour passer à la limite, le deuxième rapport deviendra l'unité, et l'on aura (8) $\sqrt{1+p^2}$; si l'on nomme donc z l'arc CM, il viendra

$$\frac{dz}{dx} = \sqrt{1 + \frac{dy^2}{dx^2}} \quad \text{ou} \quad dz = \sqrt{dx^2 + dy^2}.$$

Le cercle dont l'équation est

$$x^2+y^2=a^2,$$

donnant

$$x\mathrm{d}x+y\mathrm{d}y=0, \quad \text{ou} \quad \mathrm{d}y=-\frac{x\mathrm{d}x}{y},$$

il vient

$$\mathrm{d}z=\sqrt{\mathrm{d}x^2+\frac{x^2\mathrm{d}x^2}{y^2}}=\frac{\mathrm{d}x}{y}\sqrt{x^2+y^2}$$
$$=\frac{a\mathrm{d}x}{y}=\frac{a\mathrm{d}x}{\sqrt{a^2-x^2}},$$

résultat qui rentre dans celui du n° 36, lorsqu'on suppose $a=R$.

65. La différentielle de l'aire du *segment* $ACMP$, *fig.* 4, d'une courbe, s'obtient en observant que le rapport des rectangles $PP'QM$ et $PP'M'N$, qui ont même base, est égal à $\frac{P'M'}{PM}$, et que sa limite est par conséquent l'unité. Mais le trapèze curviligne $PP'MM'$, qui représente l'accroissement que reçoit le segment $ACMP$ lorsque l'abscisse augmente de PP', étant toujours compris entre les deux rectangles dont on vient de parler, son rapport avec l'un quelconque de ces rectangles a aussi pour limite l'unité. Cela posé, il est visible que FIG. 4.

$$\frac{PP'M'M}{PP'}=\frac{PP'QM}{PP'}\cdot\frac{PP'M'M}{PP'QM}=PM\cdot\frac{PP'M'M}{PP'QM};$$

et d'après ce qui vient d'être dit, la limite de la dernière expression ci-dessus est $PM\times 1$ ou PM. En nommant donc s la fonction de x, correspondante à l'aire $ACMP$, on aura pour la limite (8)

$$\frac{\mathrm{d}s}{\mathrm{d}x}=y, \quad \text{d'où} \quad \mathrm{d}s=y\mathrm{d}x.$$

Dans le cercle

$$\mathrm{d}s=\mathrm{d}x\sqrt{a^2-x^2};$$

ainsi, quoiqu'on ne puisse pas assigner l'expression algébrique du segment circulaire, on parvient à celle de sa différentielle par la considération des limites ; et l'on en aurait le développement en série, au moyen du théorème de Maclaurin (22), ou par un procédé semblable à celui du n° 38.

66. Connaissant par le coefficient $\frac{dy}{dx}$, l'angle MTP, rien n'est plus aisé que de construire la tangente MT, FIG. 1. *fig.* 1 ; mais l'on se sert plus ordinairement de la *soutangente* PT, qui se calcule en observant que

$$\frac{PM}{PT}=\frac{dy}{dx} \text{ donne } PT=\frac{PM.dx}{dy}=\frac{ydx}{dy}.$$

Le triangle PMT, rectangle en T, donne la *tangente*

$$MT=\sqrt{\overline{PM}^2+\overline{PT}^2}=y\sqrt{1+\frac{dx^2}{dy^2}}.$$

La considération des triangles semblables PMT et PMR (*Trig.* 161), donne la *sounormale*

$$PR=PM\frac{PM}{PT}=\frac{ydy}{dx}.$$

Le triangle PMR, rectangle en P, donne la *normale*

$$MR=\sqrt{\overline{PM}^2+\overline{PR}^2}=y\sqrt{1+\frac{dy^2}{dx^2}}.$$

67. Voici maintenant quelques applications de ces formules.

L'équation générale des lignes du second degré étant

$$y^2=mx+nx^2 \,(\textit{Trig.}\ 157),$$

on a

$$\frac{dy}{dx}=\frac{m+2nx}{2y}=\frac{m+2nx}{2\sqrt{mx+nx^2}};$$

et l'on tire de là

$$PT=\frac{y\mathrm{d}x}{\mathrm{d}y}=\frac{2(mx+nx^2)}{m+2nx},$$

$$MT=y\sqrt{1+\frac{\mathrm{d}x^2}{\mathrm{d}y^2}}=\sqrt{mx+nx^2+4\left(\frac{mx+nx^2}{m+2nx}\right)^2},$$

$$PR=\frac{y\mathrm{d}y}{\mathrm{d}x}=\frac{m+2nx}{2},$$

$$MR=y\sqrt{1+\frac{\mathrm{d}y^2}{\mathrm{d}x^2}}=\sqrt{mx+nx^2+\tfrac{1}{4}(m+2nx)^2}.$$

Dans le cas où $n=0$, la courbe devient une parabole (*Trig.* 160), et alors on a seulement

$$PT=2x,\qquad MT=\sqrt{mx+4x^2},$$

$$PR=\frac{m}{2},\qquad MR=\sqrt{mx+\tfrac{1}{4}m^2}.$$

On déduirait de ces valeurs, les résultats et les constructions indiqués dans l'*Application de l'Algèbre à la Géométrie*, pour les lignes du second degré.

Dans la courbe représentée par l'équation

$$x^3-3axy+y^3=0,$$

on a

$$\frac{\mathrm{d}y}{\mathrm{d}x}=\frac{ay-x^2}{y^2-ax};$$

on trouvera

$$PT=\frac{y^3-axy}{ay-x^2}=\frac{2axy-x^3}{ay-x^2},$$

valeur qui se construira facilement, lorsqu'on aura assigné celle de x et déterminé celle de y (*Trig.* 68).

68. Il est souvent plus commode, et sur-tout plus élégant, de considérer la tangente et la normale par leur équation (*Trig.* 157). Pour obtenir celle de la première, je vais chercher en général les relations qui doivent avoir lieu lorsque deux lignes se touchent. En

considérant d'abord ces lignes comme ayant deux points
FIG. 1. M et M', *fig.* 1, communs, il est évident que leurs équations doivent donner les mêmes valeurs de l'ordonnée PM et de la différence $M'Q$, correspondantes à l'abscisse AP et à son accroissement PP'. Si donc l'on entend par x, y, les coordonnées particulières au point M dans la courbe proposée, et qu'on désigne par x', y', celles des points quelconques de la ligne qui la coupe en M et en M', on aura pour ces deux points

$$y'=y,\quad \frac{dy'}{dx'}h+\text{etc.}=\frac{dy}{dx}h+\text{etc.}\quad (60).$$

La seconde équation est divisible par h, et lorsqu'on passe à la limite, en supposant $h=0$, elle se réduit à

$$\frac{dy'}{dx'}=\frac{dy}{dx};$$

mais dans cette hypothèse, les deux points d'intersection se réunissent en un seul, qui devient un point de contact pour les lignes proposées, puisqu'elles n'ont plus que celui-là de commun. Il suit de là que lorsque deux lignes se touchent, on a, pour le point de contact seulement,

$$y'=y,\quad \frac{dy'}{dx'}=\frac{dy}{dx}.$$

Lorsqu'il s'agit de la ligne droite dont l'équation est de la forme

$$y'=Ax'+B\,(\textit{Trig}.\ 87),\ \text{et donne}\ \frac{dy'}{dx'}=A,$$

on a, pour le contact de cette droite avec la courbe proposée,

$$y=Ax+B,\qquad A=\frac{dy}{dx},$$

d'où l'on conclut

$$B=y-x\frac{dy}{dx}\quad\text{et}\quad y'=\frac{dy}{dx}x'+y-x\frac{dy}{dx},$$

ou $$y'-y=\frac{dy}{dx}(x'-x).$$

D'après cette équation, celle de la normale qui est perpendiculaire à la tangente et qui passe par le point *M*, sera

$$y'-y=-\frac{dx}{dy}(x'-x)\ (Trig.\ 90).$$

69. Pour le cercle donné par l'équation

$$y^2+x^2=a^2,$$

on trouve

$$\frac{dy}{dx}=-\frac{x}{y};$$

l'équation de sa tangente sera par conséquent

$$y'-y=-\frac{x}{y}(x'-x),\quad \text{ou}\quad yy'-y^2=-xx'+x^2,$$

ou enfin $$yy'+xx'=a^2,$$

puisque $$y^2+x^2=a^2.$$

L'équation de la normale devient

$$y'-y=\frac{y}{x}(x'-x),$$

et se réduit à

$$y'=\frac{y}{x}x';$$

ce qui fait voir que les normales du cercle passent par son centre, qui est ici l'origine des coordonnées (*Trig.* 83), et ce qui doit être en effet, puisque les normales d'un cercle ne sont autre chose que ses rayons.

La tangente de la courbe donnée par l'équation

$$x^3-3axy+y^3=0,$$

a pour équation

$$y'-y=\frac{ay-x^2}{y^2-ax}(x'-x),$$

où

$$y^2y' - axy' - y^3 + axy = ayx' - x^2x' - axy + x^3.$$

Si l'on met pour y^3 sa valeur, et qu'on réduise, on obtiendra

$$(y^2 - ax)\,y' + (x^2 - ay)\,x' = axy.$$

70. Si l'on se proposait de mener, par un point donné pris hors d'une courbe, et dont α serait l'abscisse et β l'ordonnée, une tangente à cette courbe, il est évident qu'il faudrait substituer α au lieu de x', et β au lieu de y', dans l'équation de la tangente, qui deviendrait alors,

$$\beta - y = \frac{dy}{dx}(\alpha - x),$$

et servirait, conjointement avec l'équation de la courbe proposée, à déterminer les coordonnées x et y du point de contact.

Je prends le cercle pour premier exemple; l'équation de sa tangente étant

$$yy' + xx' = a^2 \text{ (n° } \textit{précéd.}\text{)},$$

on aura

$$\beta y + \alpha x = a^2.$$

Cette équation combinée avec celle du cercle, déterminera les coordonnées x et y des points de contact, ou, ce qui revient au même, ces points seront à la rencontre du cercle avec la droite exprimée par l'équation

$$\beta y + \alpha x = a^2 \text{ (} \textit{Trig.} \text{ 105).}$$

Dans la courbe correspondante à l'équation

$$x^3 - 3axy + y^3 = 0,$$

le point de contact se trouverait en cherchant l'intersection de cette courbe, avec la ligne du second ordre résultante de l'équation

$$\beta(y^2 - ax) + \alpha(x^2 - ay) = axy.$$

71. Pour mener une droite qui touche une courbe,

donnée, et qui soit en même temps parallèle à une droite donnée de position, ou qui fasse, avec l'axe des abscisses, un angle dont la tangente soit représentée par a, il suffira de poser $\frac{dy}{dx}=a$ (*Trig*. 89); combinant cette équation avec celle de la courbe proposée, on déterminera les valeurs de x et de y, qui conviennent au point de contact demandé.

Dans le cas où la courbe proposée serait la parabole ordinaire, on aurait

$$y^2=mx, \quad \frac{dy}{dx}=\frac{m}{2y}=a,$$

ce qui donnerait

$$y=\frac{m}{2a} \text{ et } x=\frac{m}{4a^2}.$$

72. Dans tout ce qui précède, les coordonnées x et y ont été supposées perpendiculaires entre elles; mais il est aisé de voir que quand même elles feraient un angle quelconque, le rapport de $M'Q$ à MQ, aurait encore pour limite celui de PM à PT; l'équation de la tangente ne changerait pas de forme. A l'égard de MT, de MR et de PR, on trouverait leur expression par le moyen des triangles MPT, MTR et MPR, dans lesquels on connaîtrait toujours ou un angle et deux côtés, ou deux angles et un côté.

73. En cherchant les positions que prend la tangente d'une courbe proposée, lorsque le point de contact s'éloigne de plus en plus de l'origine des coordonnées, on peut reconnaître si cette courbe a, comme l'hyperbole, des lignes droites pour asymptotes (*Trig*. 163), et déterminer leur position.

On voit en effet que dans une courbe MX, *fig*. 5, qui a une asymptote RS, à mesure que le point M s'éloigne de l'origine, la tangente MT s'approche de FIG. 5.

l'asymptote, et les points T et D marchent respectivement vers les points R et E, en sorte que AR et AE sont des limites que les valeurs de AT et de AD ne sauraient franchir, ni même atteindre, mais dont elles peuvent approcher aussi près qu'on voudra. Il suit de là que pour trouver si une courbe a des asymptotes, il faut chercher si les expressions de AT et de AD, relatives à cette courbe, sont susceptibles de limites; et lorsque cela arrivera, ces limites étant construites, donneront les deux points R et E, par lesquels on mènera la droite RS, qui sera l'asymptote demandée.

Les expressions de AT et de AD se tirent de celle de PT; la première, en observant que $AT = AP - PT$; la seconde, par le moyen des triangles semblables ADT et MPT; on les déduit aussi de l'équation de la tangente (68), en faisant successivement $y'=0$ et $x'=0$ (*Trig*. 87). On trouvera

$$AT = x - y\frac{dx}{dy}, \qquad AD = y - x\frac{dy}{dx}.$$

Si l'une des quantités AR ou AE restant finie, l'autre devenait infinie, il est évident que l'asymptote serait parallèle à l'axe sur lequel se trouve cette dernière.

Pour ne manquer aucune des asymptotes que doit avoir la courbe proposée, il faut faire successivement x infini et y infini, et substituer dans les expressions de AT et de AD, chacun des résultats différens que donnent l'une et l'autre hypothèse. Lorsque AT et AD seront infinies en même temps, on en conclura que la courbe proposée n'a pas d'asymptote.

Il pourrait arriver que ces quantités fussent toutes deux nulles; dans ce cas, la courbe aurait pour asymptote une droite menée par l'origine des coordonnées; mais comme l'on n'en connaîtrait alors qu'un point, il faudrait en chercher la direction, et pour cela l'on prendrait la limite de l'expression $\frac{dy}{dx}$, qui représente la tangente de l'angle *MTP* (62), pour un point quelconque de la courbe, et l'on aurait la tangente de l'angle *SRB*.

74. Ce qui précède étant appliqué à l'équation

$$y^2 = mx + nx^2,$$

conduit à

$$AT = x - \frac{2y^2}{m+2nx} = \frac{-mx}{m+2nx},$$

$$AD = y - \frac{mx+2nx^2}{2y} = \frac{mx}{2\sqrt{mx+nx^2}}.$$

Les derniers membres de ces équations pouvant être mis sous les formes,

$$-\frac{m}{\frac{m}{x}+2n}, \quad \frac{m}{2\sqrt{\frac{m}{x}+n}},$$

leurs limites respectives, dans le cas où l'on suppose x infini, sont

$$-\frac{m}{2n} = AR \text{ et } \frac{m}{2\sqrt{n}} = AE.$$

Si n était nulle, les expressions de AT et de AD deviendraient infinies en même temps que x, et la courbe proposée n'aurait point d'asymptotes; elle n'en aura pas non plus, lorsque n sera négative, parce qu'alors son équation n'admettra point pour x une valeur infinie.

Dans la courbe représentée par l'équation

$$x^3 - 3axy + y^3 = 0,$$

on a

$$AT = \frac{axy}{x^2 - ay}, \quad AD = \frac{axy}{y^2 - ax};$$

et pour trouver la limite vers laquelle tendent ces expressions, à mesure que y augmente, il faudrait substituer au lieu de y, la limite vers laquelle il tend, et connaître par conséquent la valeur de y en x; mais l'on peut suppléer à cette valeur, dans l'exemple présent, par un artifice analytique fort simple. Si l'on fait $x=ty$, l'équation proposée devient divisible par y^2; on en tire $y=\frac{3at}{1+t^3}$; et il est facile de voir alors que la supposition de $t=-1$, rendra y infini, et donnera $x=-y$. En changeant x en $-y$ dans les expressions de AT et de AD, puis prenant les limites, on aura

$$AR=-a=AE;$$

FIG. 6. et menant par les points R et E, *fig.* 6, construits avec les valeurs précédentes, la droite RE, elle sera l'asymptote des branches AY et AZ.

Des courbes osculatrices.

75. La tangente d'une courbe étant la limite de toutes les droites qui rencontrent cette courbe en deux points, on peut, par analogie, chercher en général parmi toutes les lignes d'une espèce donnée, la limite de celles qui coupent la courbe proposée en un nombre donné de points. On sait, par exemple, qu'il faut trois points pour déterminer un cercle; on peut supposer que ces trois points soient pris sur la courbe proposée, et chercher à quel cercle en particulier l'on arrivera, si les trois points viennent à coïncider. Ce cercle, qui se nomme le *cercle osculateur*, sera la limite de tous les autres, comme la tangente est celle de toutes les sécantes; mais le caractère que je viens de lui assigner, quoique suffisant pour le déterminer, n'offrant rien de sensible à l'œil, j'y substituerai les considérations suivantes (*).

(*) On peut voir dans le *Traité du Calcul différentiel et*

On a vu, dans les *Elémens de Géométrie*, qu'entre un cercle et sa tangente, il ne pouvait passer aucune autre droite, mais qu'il y passait un infinité de cercles. De même entre une courbe quelconque et sa tangente, on ne peut faire passer aucune autre droite, mais l'on peut y faire passer une infinité de cercles de rayons différens, ayant la même tangente que la courbe, et parmi lesquels il doit s'en trouver un qui, dans les environs du point de contact, s'approche plus de la courbe proposée, que tous les autres.

Pour exprimer ces considérations analytiquement, soient x et y, x' et y', x'' et y'' les coordonnées de trois courbes diverses ayant un point commun, c'est-à-dire, pour lequel on ait

$$x=x'=x'', \quad y=y'=y''.$$

Si l'on prend d'abord la différence des séries

$$y+\frac{dy}{dx}\frac{h}{1}+\frac{d^2y}{dx^2}\frac{h^2}{1.2}+\frac{d^3y}{dx^3}\frac{h^3}{1.2.3}+\text{etc.},$$

$$y'+\frac{dy'}{dx'}\frac{h}{1}+\frac{d^2y'}{dx'^2}\frac{h^2}{1.2}+\frac{d^3y'}{dx'^3}\frac{h^3}{1.2.3}+\text{etc.},$$

qui expriment les ordonnées des points correspondans à l'abscisse $x+h$, dans les deux premières courbes, on trouvera en général

$$\left(\frac{dy}{dx}-\frac{dy'}{dx'}\right)\frac{h}{1}+\left(\frac{d^2y}{dx^2}-\frac{d^2y'}{dx'^2}\right)\frac{h^2}{1.2}$$
$$+\left(\frac{d^3y}{dx^3}-\frac{d^3y'}{dx'^3}\right)\frac{h^3}{1.2.3}+\text{etc.},$$

pour l'expression de la distance $N'N$, *fig.* 7, de ces Fig. 7.

du *Calcul intégral*, in-4°, t. I, n° 229, et t. III, n° 229 *a*, page 638, le calcul fondé sur cette réunion d'intersections, qui mérite d'être observée comme un fait remarquable de la théorie des limites.

courbes dans le sens des ordonnées; et, en remplaçant y' et ses coefficiens différentiels par y'' et ses coefficiens différentiels, on aura l'expression de la distance $N''N$ entre la première courbe et la troisième. Soient δ' et δ'' ces deux distances; leurs expressions seront donc de la forme

$$\delta' = A'\frac{h}{1} + B'\frac{h^2}{1.2} + C'\frac{h^3}{1.2.3} + \text{etc.},$$
$$\delta'' = A''\frac{h}{1} + B''\frac{h^2}{1.2} + C''\frac{h^3}{1.2.3} + \text{etc.}$$

Cela posé, dans la comparaison des séries précédentes, on pourra supprimer le facteur h, commun à tous leurs termes; et pour que $\delta' < \delta''$, c'est-à-dire, que la seconde courbe s'approche plus de la première que la troisième, il faudra que

$$A' + B'\frac{h}{2} + C'\frac{h^2}{2.3} + \text{etc.} < A'' + B''\frac{h}{2} + C''\frac{h^2}{2.3} + \text{etc.}$$

Cette condition, devant avoir lieu quelque petite que soit h, dépendra des valeurs relatives des premiers termes A' et A'' (62); mais si l'on posait $A' = 0$, elle deviendrait

$$B'\frac{h}{2} + C'\frac{h^2}{2.3} + \text{etc.} < A'' + B''\frac{h}{2} + C''\frac{h^2}{2.3} + \text{etc.};$$

et le premier membre de cette inégalité, s'évanouissant lorsque $h = 0$, ce que ne fait pas le second, serait nécessairement plus petit que celui-ci, du moins pour une valeur de h très petite, tant que A'' ne serait pas nul; ainsi la seconde courbe s'approcherait toujours plus de la première que la troisième.

Mais si l'on avait en même temps $A'' = 0$, la condition à remplir, dans la situation respective assignée aux trois courbes, serait

$$B'\frac{h}{2}+C'\frac{h^2}{2.3}+\text{etc.}<B''\frac{h}{2}+C''\frac{h^2}{2.3}+\text{etc.};$$

et en y supprimant le facteur commun $\frac{h}{2}$, elle deviendrait

$$B'+C'\frac{h}{3}+\text{etc.}<B''+C''\frac{h}{3}+\text{etc.},$$

ce qui ne pourrait avoir lieu en général, à moins que $B'=0$.

Cet examen, qu'on peut pousser aussi loin qu'on voudra, fait voir que si l'expression de δ' commence par un terme où l'exposant de h surpasse celui que porte cette lettre dans l'expression de δ'', on aura toujours $\delta'<\delta''$.

Quand la seconde courbe est telle, que l'on ait au point M, les n équations

$$y'=y,\ \frac{dy'}{dx'}=\frac{dy}{dx},\ \frac{d^2y'}{dx'^2}=\frac{d^2y}{dx^2},\ \ldots\ \frac{d^{n-1}y'}{dx'^{n-1}}=\frac{d^{n-1}y}{dx^{n-1}},$$

les $n-1$ premiers termes de l'expression de δ' s'évanouissent, et elle commence alors par le terme affecté de h^n; si donc la troisième courbe n'établissait l'égalité entre y'', y et leurs coefficiens différentiels, que jusqu'à l'ordre $n-2$ inclusivement, l'expression de δ'' commencerait au terme affecté de h^{n-1}; on aurait $\delta'<\delta''$; et par conséquent la seconde courbe s'approcherait plus de la première que la troisième.

76. Supposons maintenant que la seconde courbe soit seulement donnée d'espèce, c'est-à-dire, que les constantes qui entrent dans son équation, soient indéterminées; on pourra, par le moyen de ces constantes, satisfaire à un pareil nombre des conditions indiquées ci-dessus, et la courbe déterminée de cette manière, sera telle, qu'aucune des courbes qui n'en remplissent

pas autant, ne pourrait passer entre elle et la première courbe.

Soit, pour premier exemple, l'équation générale de la ligne droite

$$y'=\alpha x'+\beta, \quad \text{qui donne} \quad \frac{dy'}{dx'}=\alpha;$$

en changeant x' en x, les équations

$$y'=y,\ \frac{dy'}{dx}=\frac{dy}{dx} \quad \text{deviendront} \quad y=\alpha x+\beta,\ \frac{dy}{dx}=\alpha,$$

desquelles l'on tirera les valeurs de α et de β, et l'on aura

$$y'-y=\frac{dy}{dx}(x'-x),$$

pour l'équation de la tangente, comme dans le n° 68.

Si la courbe MN' est le cercle représenté par l'équation

$$(x'-\alpha)^2+(y'-\beta)^2=\gamma^2 \ (Trig.\ 94),$$

en la différentiant deux fois de suite, il en résultera

$$(x'-\alpha)\,dx'+(y'-\beta)\,dy'=0,$$
$$dx'^2+dy'^2+(y'-\beta)\,d^2y'=0,$$

et il faudra qu'en changeant x' en x, dans ces trois équations, elles donnent

$$y'=y, \quad \frac{dy'}{dx}=\frac{dy}{dx}, \quad \frac{d^2y'}{dx^2}=\frac{d^2y}{dx^2},$$

ou, ce qui revient au même, qu'elles soient satisfaites par les valeurs de x, y, dy, d^2y, relatives au point M dans la première courbe; on aura donc

$$(x-\alpha)^2+(y-\beta)^2=\gamma^2,$$
$$(x-\alpha)dx+(y-\beta)\,dy=0,$$
$$dx^2+dy^2+(y-\beta)\,d^2y=0:$$

mais comme les quantités dérivées de la courbe proposée sont déterminées, puisqu'elles appartiennent à un point particulier M, il faudra que les quantités α, β et γ reçoivent des valeurs propres à vérifier les équations ci-dessus.

En déterminant, par les deux dernières équations, les valeurs de $y-\beta$ et de $x-\alpha$, pour les substituer dans la première, on trouvera

$$y-\beta=-\frac{dx^2+dy^2}{d^2y},$$

$$x-\alpha=\frac{dy}{dx}\left(\frac{dx^2+dy^2}{d^2y}\right),$$

$$\gamma=\pm\frac{(dx^2+dy^2)^{\frac{3}{2}}}{dxd^2y}.$$

77. Toutes les courbes qui ont un point commun, et dont les ordonnées ont à ce point le même coefficient différentiel, y ont une tangente commune et se touchent par conséquent; mais elles peuvent se distinguer les unes des autres, comme le cercle qu'on vient de déterminer se distingue de tous ceux qui n'approchent pas aussi près de la courbe proposée. C'est pour cela que les contacts se divisent en ordres, suivant le nombre des coefficiens différentiels consécutifs qui reçoivent la même valeur dans chaque courbe.

Le contact le plus élevé de ceux que puisse avoir en général, avec la courbe proposée, une courbe donnée seulement d'espèce, se nomme *osculation*, son ordre est marqué par le nombre de constantes que renferme l'équation de cette courbe. Ainsi, la tangente, qui ne peut avoir en général, qu'un simple contact du premier ordre, avec une courbe donnée, est une osculatrice du premier ordre. Le cercle, dont l'équation renferme trois constantes, peut avoir, ou un simple contact du premier ordre, ou un contact du second; mais ce dernier, étant le plus élevé, prend le nom d'osculation, et distingue le *cercle osculateur* de tous les cercles simplement tangens.

Une particularité assez remarquable du cercle osculateur $D'MN''$, c'est qu'en général, il coupe la courbe proposée en même temps qu'il la touche. Cela se voit par la forme de l'expression de δ', dont le premier terme étant affecté de h^3, puissance impaire, change de signe avec h, et montre par conséquent que sur les abscisses $x-h$ et $x+h$, le cercle osculateur est placé dans deux sens différens, relativement à la courbe proposée et à l'axe des abscisses, c'est-à-dire, au-dessous de la première d'un côté du point de contact, et de l'autre au-dessus; ce qui n'a pas lieu pour la tangente et les cercles simplement tangens, puisque l'expression de δ'' commence par le terme affecté de h^2.

La même considération fait voir que si le contact de deux courbes est d'un ordre pair, il doit y avoir en même temps intersection.

78. Le nombre des cercles simplement tangens est infini pour chaque point d'une courbe quelconque; car si l'on mène par ce point une normale, tous les cercles qui ont leur centre sur cette normale, et qui passent par le point pris sur la courbe proposée, ont la même tangente que cette courbe, et la touchent par conséquent; mais ce qu'il faut bien remarquer, c'est que les uns la touchent en dedans, les autres en dehors ou l'embrassent, et que le cercle osculateur sépare les premiers des seconds.

En effet, si l'on affecte les coordonnées x'', y'', aux cercles simplement tangens; comme ils ne rempliront que les conditions

$$y''=y,\ \frac{dy''}{dx''}=\frac{dy}{dx},$$

on aura

$$\delta''=B''\frac{h^2}{1.2}+C''\frac{h^3}{1.2.3}+\text{etc.},$$

expression dont le signe dépend de celui de

$$B''=\frac{d^2y}{dx^2}-\frac{d^2y''}{dx''^2},$$

en sorte que le cercle tangent sera au-dessous de la courbe, par rapport à l'axe des x, si $\frac{d^2y''}{dx''^2}<\frac{d^2y}{dx^2}$, et au-dessus dans le cas contraire; mais entre les valeurs de α, β, γ, qui conviennent à l'un ou à l'autre de ces cas, se trouvent celles qui répondent à

$$\frac{d^2y''}{dx''^2}=\frac{d^2y}{dx^2},$$

et qui, d'après ce qu'on a vu (76), donnent le cercle osculateur.

Cette manière de le déterminer, rend pour ainsi dire sensible à l'œil, la relation de sa courbure avec celle de la courbe donnée, puisque la courbure de cette dernière est évidemment moindre que celle des cercles qui la touchent en dedans, et plus grande que celle des cercles qui la touchent en dehors. Aussi prend-on pour mesurer la courbure de la courbe proposée, dans un point quelconque, celle du cercle osculateur à ce point; et son rayon se nomme en conséquence *rayon de courbure.*

Voici maintenant comment on compare les cercles par rapport à leur courbure.

79. On prend, en général, pour la courbure de l'arc AEB, *fig.* 8, d'une courbe quelconque, l'angle DCB FIG. 8.
formé par les deux tangentes menées à l'extrémité de cet arc. Dans le cercle, l'angle DCB est égal à l'angle AOB, formé par les rayons AO et OB menés aux extrémités de l'arc, et le même pour tous les arcs de même longueur, pris dans le même cercle. C'est ainsi qu'il faut entendre que la courbure du cercle est uniforme. Cela posé, si l'on compare deux arcs de même longueur dans des cercles différens, en nommant a cette longueur, r et

r' les rayons des cercles, π le rapport de la circonférence au diamètre, on aura pour le nombre de degrés centésimaux de l'arc, dont la longueur est a sur chacun de ces cercles, les expressions

$$\frac{400^\circ.a}{2\pi r}, \quad \frac{400^\circ.a}{2\pi r'},$$

dont le rapport est celui de $\frac{1}{r}$ à $\frac{1}{r'}$, ou $:: r' : r$, c'est-à-dire, en raison inverse des rayons des cercles dont l'arc proposé fait partie.

Quant aux différens arcs du même cercle, leur courbure est évidemment en raison de leur longueur; et si l'on prenait pour unité de courbure celle de l'arc de même longueur que le rayon, dans le cercle dont le rayon est 1, la courbure de l'arc a, dans le cercle dont le rayon $= r$, serait mesurée par $\frac{a}{r}$.

80. Les coordonnées α et β du centre du cercle osculateur, étant, ainsi que son rayon γ, des fonctions de x et de y, varient à chaque point de la courbe proposée; l'ensemble de toutes les positions de ce centre forme

FIG. 9. une courbe FZ, *fig.* 9, dont les coordonnées sont α et β, et qui jouit de plusieurs propriétés remarquables, qu'on déduit aisément des équations

$$(x-\alpha)^2 + (y-\beta)^2 = \gamma^2 \ldots\ldots\ldots (1),$$
$$(x-\alpha)dx + (y-\beta)dy = 0 \ldots\ldots\ldots (2),$$
$$dx^2 + dy^2 + (y-\beta)d^2y = 0 \ldots\ldots\ldots (3),$$

trouvées dans le n° 76.

1°. La relation entre α et β, ou l'équation de la courbe FZ, s'obtient en éliminant x et y entre l'équation de la courbe proposée et les équations (2) et (3), après qu'on a mis dans celles-ci les valeurs de dy et de d^2y.

2°. La seconde, donnant

$$\beta - y = -\frac{dx}{dy}(\alpha - x),$$

est celle de la normale menée du point dont les coordonnées sont α et β (68), c'est-à-dire, du point O de la courbe FZ, au point M de la courbe proposée DX.

3°. En différentiant les deux premières équations non seulement par rapport à x, y, mais encore par rapport aux quantités α, β et γ, en tant que ces dernières sont fonctions des premières, on aura

$$(x-\alpha)dx+(y-\beta)dy-(x-\alpha)d\alpha-(y-\beta)d\beta=\gamma d\gamma,$$
$$dx^2+dy^2+(y-\beta)d^2y-d\alpha dx-d\beta dy=0.$$

Les équations (2) et (3) réduisent celles-ci à

$$-(x-\alpha)\,d\alpha-(y-\beta)\,d\beta=\gamma d\gamma \ldots\ldots \quad (4),$$
$$-d\alpha dx-d\beta dy=0 \ldots\ldots\ldots\ldots\ldots\ldots \quad (5);$$

la dernière donne $\frac{d\beta}{d\alpha}=-\frac{dx}{dy}$, expression qui change l'équation

$$\beta-y=-\frac{dx}{dy}(\alpha-x),$$

en
$$y-\beta=\frac{d\beta}{d\alpha}(x-\alpha),$$

et qui montre par conséquent que la normale MO, est tangente à la courbe dont les coordonnées sont α et β (68), c'est-à-dire, à la courbe FZ.

4°. Si l'on élimine $x-\alpha$, $y-\beta$, $\frac{dy}{dx}$, entre les équations (1), (2), (4) et (5), on aura

$$d\gamma^2=d\alpha^2+d\beta^2 \text{ ou } \frac{d\gamma}{d\alpha}=\sqrt{1+\frac{d\beta^2}{d\alpha^2}},$$

ce qui donne le coefficient différentiel de γ, par rapport à la variable α; or, cette expression est auss celle du coefficient différentiel de l'arc de la courbe dont les coordonnées sont α et β (68); et il résulte de cette identité, que le rayon du cercle osculateur varie par les mêmes différences que l'arc de la courbe FZ (23), propriété qui mérite la plus grande attention.

En effet, le rayon MO du cercle osculateur du point M étant tangent à la courbe FZ, a nécessairement la même direction que celle que prendrait un fil enveloppé autour de la convexité de cette courbe, lorsqu'en le développant, on serait parvenu au point O. On remarquera qu'en poursuivant le développement de O en O', ce fil s'alongerait d'une quantitié égale à l'arc OO' de la courbe FZ; et comme, par ce qui précède, la différence des rayons OM et $O'M'$ est aussi égale au même arc OO', il s'ensuit que le bout M du fil doit encore se trouver en M' sur la courbe proposée, qu'il n'a pas dû quitter dans le développement effectué depuis l'un de ces points jusqu'à l'autre : on peut donc regarder la courbe DX comme engendrée par le développement de la courbe FZ.

Ce procédé a une grande analogie avec la description du cercle; c'est la courbe FZ qui fait l'office de centre, et le rayon MO, au lieu d'être constant, varie pour chaque point. La courbe FZ s'appelle la *développée*, la courbe DX, sa *développante*, et le rayon du cercle osculateur, rayon de la *développée* (*).

Il est à propos de remarquer aussi que la développée est la *limite* des intersections des normales de la courbe

---

(*) C'est par cette dernière considération, qu'Huygens a déterminé le cercle osculateur, qu'il a remarqué le premier; et elle peut conduire aussi aux formules du n° 76; mais ce point de vue, séparant la recherche du cercle osculateur de la théorie générale des contacts des courbes, dont elle doit faire partie, est trop borné pour l'état actuel de la science.

proposée, prises deux à deux consécutivement, puisque le point K, intersection des deux rayons MO et $M'O'$, qui sont perpendiculaires à la courbe DX, en M et M', s'approche d'autant plus de la courbe FZ, que les points M et M' sont plus voisins l'un de l'autre.

On déduirait de cette dernière considération, toute la théorie précédente.

81. Je ne m'étendrai pas beaucoup sur l'application des formules

$$\gamma = \pm \frac{(dx^2 + dy^2)^{\frac{3}{2}}}{dx d^2y},$$

$$x - \alpha = \frac{dy(dx^2 + dy^2)}{dx d^2y},$$

$$y - \beta = -\frac{dx^2 + dy^2}{d^2y},$$

parce qu'elle n'a aucune difficulté, lorsqu'on possède bien le mécanisme du Calcul différentiel.

La valeur de γ étant susceptible du double signe $\pm$, on peut demander lequel des deux il faut employer; car il est bien visible qu'en général, à chaque point de la courbe, il n'y a qu'un seul rayon de courbure; et ce rayon, n'étant pas dirigé suivant l'ordonnée ou l'abscisse, excepté dans quelques points particuliers, n'a pas, à proprement parler, de signe par rapport à ces lignes. La détermination de celui dont on l'affecte ordinairement, dépend de la convention qu'on a établie sur le sens de la courbure par rapport à la normale. Si l'on veut que le rayon de courbure soit positif pour les courbes dont la concavité est tournée vers l'axe des abscisses, comme la valeur de $\frac{d^2y}{dx^2}$ est alors négative (62), il faut affecter l'expression de γ du signe $-$;

et dans ce cas, le rayon de courbure deviendra négatif si la concavité de la courbe passe du côté opposé, parce qu'il change de signe avec $\frac{d^2y}{dx^2}$. Pour se conformer à cette convention, on pourra supposer dans les applications

$$\gamma = -\frac{(dx^2 + dy^2)^{\frac{3}{2}}}{dx d^2 y}.$$

L'équation générale des lignes du second ordre

$$y^2 = mx + nx^2,$$

conduisant à

$$dy = \frac{(m+2nx)dx}{2y}, \quad dx^2 + dy^2 = \frac{[4y^2 + (m+2nx)^2]dx^2}{4y^2},$$

$$d^2y = \frac{2ny dx^2 - (m+2nx)dx dy}{2y^2} = \frac{[4ny^2 - (m+2nx)^2]dx^2}{4y^3},$$

il en résultera

$$\gamma = -\frac{[4y^2 + (m + 2nx)^2]^{\frac{3}{2}}}{2[4ny^2 - (m+2nx)^2]}.$$

Si l'on substitue la valeur de y^2, dans cette expression, on aura

$$\gamma = \frac{[4(mx + nx^2) + (m + 2nx)^2]^{\frac{3}{2}}}{2m^2}.$$

Telle est l'expression générale du rayon de courbure dans les lignes du second ordre; on la particularisera en donnant à m et à n les valeurs qui conviennent à chaque espèce de ces lignes (*Trig.* 157).

Ce résultat se réduit à $\frac{1}{2}m$, lorsque $x = 0$; la courbure des lignes proposées est donc, à leur sommet, la même que celle du cercle décrit d'un rayon égal au demi-paramètre (*Trig.* 138).

En rapprochant *la* valeur de γ de celle qu'on a trouvée dans le n° 66 pour la normale, on verra que $\gamma = \frac{\overline{MR}^3}{\frac{1}{4}m^2}$, ou que *le rayon de courbure dans les lignes du second ordre, est égal au cube de la normale divisé par le quarré du demi-paramètre.*

Dans la parabole où $n=0$, on a seulement

$$\gamma = \frac{(m^2+4mx)^{\frac{3}{2}}}{2m^2}.$$

On appliquerait de même les expressions générales de $x-\alpha$ et de $y-\beta$, et mettant pour y sa valeur, on aurait deux équations en x, α et β, desquelles, éliminant x, on déduirait l'équation en α et β, appartenante à la développée. Je n'effectuerai ce calcul que pour la parabole. On a dans ce cas

$$\mathrm{d}y = \frac{m\mathrm{d}x}{2y}, \qquad \mathrm{d}^2y = -\frac{m^2\mathrm{d}x^2}{4y^3},$$

et il vient

$$y-\beta = \frac{4y^3}{m^2}\left(\frac{4y^2+m^2}{4y^2}\right) = \frac{4y^3}{m^2}+y,$$

$$x-\alpha = -\frac{m}{2y}\frac{4y^3}{m^2}\left(\frac{4y^2+m^2}{4y^2}\right) = -\frac{4y^2+m^2}{2m};$$

on conclut de là

$$-\beta = \frac{4y^3}{m^2}, \qquad x-\alpha = -\frac{2y^2}{m} - \frac{1}{2}m;$$

mettant, dans chacune de ces équations, pour y sa valeur $m^{\frac{1}{2}}x^{\frac{1}{2}}$, il viendra

$$-\beta=\frac{4x^{\frac{3}{2}}}{m^{\frac{1}{2}}},\qquad x-\alpha=-2x-\frac{1}{2}m;$$

prenant ensuite la valeur de x dans le second résultat, pour la substituer dans le premier, on obtiendra

$$x=\frac{1}{3}\left(\alpha-\frac{1}{2}m\right),\qquad \beta^2=\frac{16}{27m}\left(\alpha-\frac{1}{2}m\right)^3:$$

la dernière de ces équations appartient à la développée de la parabole.

FIG. 10.

Si l'on y change $\alpha-\frac{1}{2}m$ en α', ou qu'on porte l'origine des abscisses en D, *fig.* 10, on aura cette équation très simple, $\beta^2=\frac{16\alpha'^3}{27m}$, qui montre que la courbe DF est une des paraboles du troisième ordre (*), composée de deux branches DF et Df, dont la première engendre, par son développement, la branche AX de la parabole ordinaire XAx, et la seconde produit la branche Ax.

82. Il faut observer que, pour la description de la parabole XAx, par le développement de la courbe FDf, le fil enveloppé autour de l'une ou de l'autre des branches DF et Df, doit avoir au point D, dans le prolongement de la tangente BD, une longueur AD égale au rayon de courbure au point A, c'est-à-dire, à la moitié du paramètre de la parabole; tout autre point, tel que I, pris sur ce fil, produirait une courbe différente. Si le point I tombait sur le point D, le rayon de courbure de la courbe décrite alors, serait nul à son origine, et par conséquent elle aurait à ce point une courbure infinie (78).

(*) L'équation $y^2=mx$ étant généralisée ainsi : $y^q=mx^p$, représente une famille de courbes dont la parabole ordinaire n'est qu'un cas particulier; on les nomme aussi *paraboles*, mais on les distingue par l'exposant de leur degré.

On voit aussi que puisque la longueur de l'arc DF est égale à la différence entre le rayon de courbure correspondant MF, et le rayon de courbure AD qui appartient à l'origine, la courbe FDf est *rectifiable*, c'est-à-dire, qu'on peut assigner une ligne droite qui lui soit égale en longueur.

Cette remarque est générale, car puisqu'on peut toujours parvenir à l'expression du rayon de courbure des courbes algébriques, les développées de ces courbes sont toutes rectifiables.

Recherche des points singuliers des courbes, et examen des valeurs particulières que les coefficiens différentiels prennent dans certains cas.

83. On appelle *points singuliers* d'une courbe, ceux dans lesquels elle offre quelque circonstance remarquable. La plus grande partie de ces circonstances se rencontrant dans la *famille* de courbes, représentée par l'équation très simple

$$y=b+c(x-a)^m,$$

nous allons discuter particulièrement cette équation, en rapprochant toujours les considérations géométriques des considérations analytiques, pour éclaircir les unes par les autres.

La première question qui se présente, est la détermination de la marche des valeurs des ordonnées y, pour savoir si elles croissent ou décroissent indéfiniment, ou bien si leur accroissement s'arrête lorsqu'elles ont atteint un certain degré de grandeur, et se change en décroissement; ou bien enfin, si après avoir atteint un certain degré de petitesse, leur décroissement se change en accroissement. La valeur qui a lieu dans le passage de l'accroissement au décroissement, étant plus grande que celles qui la précèdent et qui la suivent immédiatement, s'appelle un *maximum;* le *minimum* est celle qui répond au point où le décroissement se change en accroissement; celle-ci est par conséquent plus petite que les valeurs qui la précèdent et qui la suivent immédiatement: je dis immédiatement, parce qu'il y a des fonctions pour lesquelles ces alternatives ont lieu plusieurs fois.

On a déjà vu dans le n° 62, que les ordonnées positives d'une courbe sont croissantes tant que $\frac{dy}{dx}$ a une valeur positive, et qu'elles sont décroissantes dans le cas contraire. Il suit donc de là, qu'au *maximum* ainsi qu'au *minimum*, le coefficient différentiel $\frac{dy}{dx}$ change de signe : il va du positif au négatif dans le premier cas, et du négatif au positif dans le second.

L'équation prise pour exemple, donne en général

$$\frac{dy}{dx}=mc(x-a)^{m-1},$$

quantité dont le signe change avec celui de x, ou se conserve le même, suivant la nature de l'exposant m.

1°. Si cet exposant est un nombre pair, $m-1$ sera un nombre impair, et $(x-a)^{m-1}$ sera négatif quand $x<a$, positif quand $x>a$; ainsi il y aura *minimum* lorsque $x=a$, ce qu'on peut vérifier immédiatement sur la fonction y. En y faisant $x=a-h$ et $x=a+h$, on obtiendra dans l'un et l'autre cas, $y=b+ch^m$ valeur $>b$ qui répond à $x=a$.

Cette dernière valeur, donnant $\frac{dy}{dx}=0$ lorsque l'exposant $m-1$ est positif, montre que la tangente est parallèle à la ligne des abscisses, ce que représente la figure 11, au point M dont l'abscisse $AP=a$, et l'ordonnée $PM=b$. FIG. 11.

Si la quantité c est négative, ce qui donne..... $y=b-c(x-a)^m$, tout restant d'ailleurs le même, le point M, *fig.* 12, est un *maximum*, et la tangente demeure toujours parallèle à l'axe des abscisses. FIG. 12.

2°. Il n'y aurait ni *minimum* dans le premier cas, ni *maximum* dans le second, si l'exposant m était impair. Alors $m-1$ étant pair, $(x-a)^{m-1}$ garderait toujours le signe $+$, quel que fût celui de $x-a$; et en effet, si l'on pose successivement $x=a-h$, $x=a+h$, on trouve, c étant positif,

$$y=b-ch^m, \quad y=b+ch^m,$$

valeurs, l'une $<b$, et l'autre $>b$, qui répond à $x=a$; cependant on a encore $\frac{dy}{dx}=0$: ce caractère n'indique donc pas nécessairement un *maximum* ou un *minimum*.

Au point M, *fig.* 13, où $x=a$, la tangente est bien encore parallèle à l'axe des abscisses, mais la courbe y offre une autre circonstance : sa concavité change de sens; ce qu'on voit par le changement de signe du coefficient différentiel du second ordre (62); car on a FIG. 13.

$$\frac{d^2y}{dx^2}=m(m-1)c(x-a)^{m-2},$$

et $m-2$ étant aussi un nombre impair, $(x-a)^{m-2}$ passe du négatif au positif, quand on va de $x<a$ à $x>a$. La figure de la courbe en M, s'appelle alors *inflexion*; la tangente MT y coupe la courbe en même temps qu'elle la touche.

3°. Si m était une fraction de numérateur pair et de dénominateur impair, qu'on eût par exemple $m=\frac{2}{3}$, il s'ensuivrait

$$\frac{dy}{dx}=\frac{2}{3}c\,(x-a)^{\frac{2}{3}-1}=\frac{2c}{3(x-a)^{\frac{1}{3}}},$$

quantité qui change encore de signe avec $x-a$, et il y a en effet *minimum;* car soit qu'on change x en $a-h$ ou en $a+h$, on trouve toujours $y=b+ch^{\frac{2}{3}}$, valeur $>b$, mais alors la valeur $x=a$, au lieu de faire disparaître $\frac{dy}{dx}$, le rend infini. Cela tient à ce que si une quantité entière ne peut changer de signe qu'en passant par zéro, une quantité fractionnaire, lorsqu'elle change de signe par son dénominateur, doit dans l'intervalle devenir infinie. L'expression $\frac{\alpha}{x}$, par exemple, donne successivement

$$\frac{\alpha}{\beta},\quad \frac{\alpha}{0},\quad -\frac{\alpha}{\beta},$$

lorsqu'on y fait $x=\beta$, $x=0$, $x=-\beta$.

FIG. 14. Considéré sur la figure 14, ce *minimum* prend une forme différente de celui de la figure 11; car $\frac{dy}{dx}$ devenant infini, la tangente MT est perpendiculaire à l'axe des abscisses. On voit d'ailleurs par l'expression

$$\frac{d^2y}{dx^2}=-\frac{2}{3}\cdot\frac{1}{3}c\,(x-a)^{\frac{2}{3}-2}=-\frac{2c}{9(x-a)^{\frac{4}{3}}},$$

que ce coefficient différentiel ayant une valeur négative lorsque $x<a$ et $>a$, la courbe tourne toujours sa concavité vers l'axe des abscisses, et prend par conséquent la forme indiquée dans la figure.

Le point M, où la courbe s'arrête brusquement à la réunion des parties DM et EM, se nomme *rebrousse-*

ment, et se distingue assez du point M de la fig. 11; mais cependant il doit être compris dans l'espèce des *minimums*, car si l'on dressait une table des valeurs numériques des ordonnées de la courbe DE, on ne verrait autre chose dans cette table, pour $x=a$, qu'un nombre plus petit que le précédent et le suivant, ce qui est bien un véritable *minimum*.

Il y a un *maximum* analogue; l'équation

$$y=b-c(x-a)^{\frac{2}{3}},$$

en fournit un exemple, *fig.* 15. FIG. 15.

Ainsi, pour donner une règle qui fasse connaître sans exception tous les points où les ordonnées d'une courbe de croissantes deviennent décroissantes, ou *vice versâ*, il faut prescrire d'*égaler à zéro ou à l'infini l'expression de* $\frac{dy}{dx}$: *il y aura* maximum *si la valeur de ce coefficient passe alors du positif au négatif*, minimum *dans le cas contraire*. Il n'y aurait ni *maximum* ni *minimum* s'il n'y avait pas de changement de signe, ce qui arrivera toutes les fois que le facteur qui s'évanouira, soit au numérateur, soit au dénominateur, aura pour exposant un nombre pair, ou une fraction de numérateur pair.

84. Il faut bien remarquer qu'aux points d'inflexion ou de rebroussement, la tangente peut se trouver dans une situation quelconque, relativement à la ligne des abscisses; car, pour rendre cette situation telle qu'on voudra, il suffit de changer la direction des axes des coordonnées, ce qui ne change pas la nature et la forme de la courbe; mais on découvrira toujours ces points en cherchant ceux où le coefficient différentiel du second ordre, change de signe, ce qui ne peut arriver à moins qu'il ne devienne nul ou infini. On déterminera d'abord les valeurs qui le rendent tel; mais

on ne connaîtra l'espèce du point que par la discussion même de la courbe dans les environs.

Ainsi, pendant que l'équation

$$y = b + c(x-a)^{\frac{2}{5}},$$

donne, pour la valeur $x = a$ qui rend $\frac{dy}{dx}$ et $\frac{d^2y}{dx^2}$ infinis, le rebroussement M de la figure 14, l'équation

$$y = b + c(x-a)^{\frac{3}{5}},$$

où l'exposant de $x-a$ est une fraction de numérateur et de dénominateur impair, donne dans la même circonstance une inflexion, parce que

$$\frac{d^2y}{dx^2} = -\frac{3}{5}\cdot\frac{2}{5}c(x-a)^{\frac{3}{5}-2} = -\frac{6c}{25(x-a)^{\frac{7}{5}}},$$

passe du positif au négatif quand on va de $x < a$ à $x > a$.

L'ordonnée y conservant dans l'un et l'autre cas une valeur réelle, fait voir que la courbe s'étend de chaque côté du point où $x = a$, ce qui n'aurait pas lieu pour l'équation

$$y = b + c(x-a)^{\frac{3}{4}},$$

à cause que $(x-a)^{\frac{3}{4}}$ devient imaginaire quand $x < a$, et il en sera de même dans tous les cas où l'exposant de $x-a$ sera une fraction de dénominateur pair; mais il faut faire attention qu'alors $(x-a)^{\frac{3}{4}}$ étant un radical de degré pair, est susceptible du signe $\pm$, ce qui

FIG. 16. montre que le point M, *fig.* 16, est la réunion de deux branches DM et EM.

FIG. 14. Dans le rebroussement indiqué, *fig.* 14, les deux branches se touchent par leur convexité; mais il arrive quelquefois que l'une embrasse l'autre : l'équation

$$(y-x^2)^2=x^5,$$

en offre un exemple. Si on la résout par rapport à y, on trouve

$$y=x^2\pm x^{\frac{5}{2}},$$

et l'on aperçoit aisément qu'au point correspondant à $x=0$, les deux branches de courbe fournies par les valeurs de y se réunissent au point A, *fig.* 17, et qu'elles ne passent point dans la partie des abscisses négatives, puisqu'alors le terme $x^{\frac{5}{2}}$ devient imaginaire; mais les expressions FIG. 17.

$$\frac{dy}{dx}=2x\pm\frac{5}{2}x^{\frac{3}{2}},\quad \frac{d^2y}{dx^2}=2\pm\frac{5}{2}.\frac{3}{2}x^{\frac{1}{2}},$$

font voir qu'en A, les deux branches ont pour tangente commune l'axe des x, et qu'elles tournent toutes deux leur convexité vers cet axe, puisqu'en faisant $x=0$, le coefficient différentiel du premier ordre est nul, et celui du second est positif. Ce point est appelé *rebroussement de la seconde espèce*, pour le distinguer des autres.

Il est à remarquer que le coefficient du troisième ordre

$$\frac{d^3y}{dx^3}=\pm\frac{5}{2}.\frac{3}{2}.\frac{1}{2}x^{-\frac{1}{2}},$$

devient alors infini.

85. Quelquefois les branches des courbes, au lieu de se réunir en se touchant, se coupent, et ont chacune leur tangente particulière : en voici un exemple.

Lorsqu'on fait $x=a$, dans l'expression

$$y=b\pm(x-a)\sqrt{x-c},$$

ses deux valeurs deviennent égales; ce point est donc

la réunion des deux branches de la courbe à laquelle elles appartiennent ; mais quoiqu'il n'y ait plus qu'une seule ordonnée y, l'expression de

$$\frac{dy}{dx}=\pm\sqrt{x-c}\pm\frac{x-a}{2\sqrt{x-c}},$$

en se réduisant à $\pm\sqrt{a-c}$, reste encore double; la valeur positive répond à la branche supérieure, et la valeur négative à la branche inférieure; l'une et l'autre

FIG. 18. seront réelles si $a>c$, et produiront la figure 18.

Les points où plusieurs branches se réunissent et se rencontrent, se nomment *points multiples ;* celui que nous venons d'indiquer est un point double, puisqu'il y passe deux branches.

Si l'on généralise l'expression précédente de y dans la forme

$$y=b+(x-a)\sqrt[m]{x-c},$$

le point correspondant à $x=a$, ne sera double que pour les valeurs paires de l'exposant m, parce qu'alors seulement, le radical sera susceptible du double signe $\pm$. Cette remarque, due à M. Poisson, concourt bien avec ce qu'on a vu dans les articles précédens, pour montrer qu'il n'y a que la discussion ou l'examen de la courbe aux environs du point singulier, qui en puisse faire connaître l'espèce.

Il faut encore remarquer que si l'on faisait passer le facteur $x-a$ sous le radical, dans la première expression de y, on aurait

$$y=b+\sqrt{(x-a)^2(x-c)},$$

$$\frac{dy}{dx}=\frac{2(x-a)(x-c)+(x-a)^2}{2\sqrt{(x-a)^2(x-c)}},$$

et que la supposition de $x=a$, donnerait $\frac{dy}{dx}=\frac{0}{0}$, à cause du facteur $x-a$ qui, maintenant, est commun aux deux termes de la fraction. En le supprimant, on retrouve

$$\frac{dy}{dx}=\frac{2(x-c)+x-a}{2\sqrt{x-c}}=\sqrt{x-c}+\frac{x-a}{2\sqrt{x-c}}.$$

86. Les courbes sont accompagnées quelquefois de points isolés qui ont le caractère des points multiples; mais on les en distingue, parce que les coefficiens différentiels y devenant imaginaires, soit dès le premier ordre, soit plus tard, montrent qu'il n'y a pas de points consécutifs (60).

Soit l'équation

$$ay^2-x^3+bx^2=0,$$

d'où l'on tire

$$y=\sqrt{\frac{x^2(x-b)}{a}},$$

$$\frac{dy}{dx}=\frac{x(3x-2b)}{2\sqrt{ax^2(x-b)}};$$

Ici le coefficient différentiel du premier ordre devient $\frac{0}{0}$ lorsque $x=0$; mais on peut en avoir la vraie valeur en supprimant le facteur x, commun aux deux termes de la fraction, et l'on obtient

$$\frac{dy}{dx}=\frac{3x-2b}{2\sqrt{a(x-b)}};$$

faisant alors $x=0$, il en résulte

$$\frac{dy}{dx}=-\frac{2b}{2\sqrt{-ab}},$$

expression imaginaire.

Dans la même hypothèse, l'équation proposée donne $y=0$; mais cette ordonnée, qui est imaginaire lorsque x est négatif, redevient encore telle jusqu'à ce que $x=b$; ainsi le point A, *fig.* 19, est absolument détaché de la courbe, quoique compris dans son équation. FIG. 19.

Les points de cette espèce se nomment *points conjugués;* ils résultent de ce qu'une portion finie de la courbe proposée s'évanouit par la détermination particulière de quelque constante de son équation. La courbe correspondante à l'équation

$$ay^2 - x^3 + (b-c)x^2 + bcx = 0,$$

qui donne

$$y = \pm\sqrt{\frac{x(x-b)(x+c)}{a}},$$

offre un exemple de ces changemens. Elle a d'abord le
FIG. 20. cours représenté dans la figure 20; la supposition de $c=0$
FIG. 19. réduit la partie AF au seul point A, *fig.* 19, comme
FIG. 21. on l'a vu ci-dessus : elle prend la figure 21 lorsque $b=0$,
FIG. 22. sans que c s'évanouisse, et la figure 22, si l'on fait en même temps $b=0$, $c=0$.

Les courbes ont aussi quelquefois des points singuliers qui ne sont pas visibles : ce sont ceux qui résultent d'un nombre pair d'inflexions qui se réunissent en une seule (*).

87. Toutes ces espèces de points se forment en général de la réunion de plusieurs branches, produite par l'égalité à laquelle parviennent diverses valeurs de y, ainsi que cela a lieu dans l'équation $y = b + c(x-a)^m$, quand l'exposant m est un nombre fractionnaire; mais cette circonstance amène des coefficiens différentiels infinis, puisque dans l'expression

$$\frac{d^n y}{dx^n} = m(m-1)\ldots(m-n+1)c(x-a)^{m-n},$$

l'exposant $m-n$ devient négatif dès que $n>m$, et

(*) *Voyez* pour ces points et pour ceux de *serpentement* dont ils dérivent, le *Traité du Calcul différentiel et du Calcul intégral*.

qu'à partir de ce terme, la supposition de $x=a$, rend infinis tous les coefficiens différentiels.

La même chose a lieu quand la relation entre y et x est donnée par une équation où les variables sont mêlées. En effet, soit $u=0$, une équation quelconque entre x et y; on aura généralement

$$\frac{du}{dx}dx+\frac{du}{dy}dy=0,\ \text{d'où}\ \frac{dy}{dx}=-\frac{\frac{du}{dx}}{\frac{du}{dy}}.$$

Mais quand une valeur particulière $x=a$, rend égales plusieurs des valeurs de y, la fonction u, qui ne contient plus alors que les quantités y et a, prenant la forme $U(y-b)^m$, conduit à

$$\frac{du}{dy}=\frac{dU}{dy}(y-b)^m+mU(y-b)^{m-1},$$

valeur qui, devenant nulle lorsque $y=b$, rend infinie celle de $\frac{dy}{dx}$ si $\frac{du}{dx}$ ne s'évanouit pas, et donne $\frac{0}{0}$ s'il s'évanouit, ce qui arrive quand il a pour facteur $x-a$ ou $y-b$.

Les équations

$$(y-b)^2-(x-a)=0,\quad (y-b)^3-(x-a)^2=0,$$

d'où l'on tire

$$\frac{dy}{dx}=\frac{1}{2(y-b)},\quad \frac{dy}{dx}=\frac{2(x-a)}{3(y-b)^2},$$

fournissent des exemples de ces cas, lorsqu'on y fait $x=a$, d'où il résulte $y=b$; mais en mettant pour y sa valeur dans le second cas, et supprimant les facteurs communs aux deux termes de la fraction, on trouve $\frac{dy}{dx}$ infini, quand $x=a$.

88. Il est évident que lorsque les coefficiens différentiels deviennent infinis, la série de Taylor, formée par ces coefficiens, ne peut plus être employée; mais il n'y a pas ici plus de paradoxe que dans toutes les autres circonstances où il se manifeste des exceptions dans les formules. Lorsqu'on remonte à l'origine de ces formules, on reconnaît que le caractère qui annonce l'exception montre en même temps pourquoi elle a lieu.

En effet, la série de Taylor, exprimant le second état d'une fonction u dont la variable x a rêçu l'accroissement h (23), ne doit en général renfermer que des puissances entières de h (20), tant qu'on y laisse x indéterminé; mais il n'en est pas ainsi pour toutes les valeurs particulières de cette variable. Par exemple, la fonction

$$u = b + c(x-a)^{\frac{p}{q}},$$

lorsque $x=a$, devient

$$u' = b + c(a+h-a)^{\frac{p}{q}} = b + ch^{\frac{p}{q}},$$

et pareille chose aura lieu toutes les fois qu'il disparaîtra une quantité soumise à un radical; car si la substitution de $x+h$, au lieu de x, change en général $\sqrt[m]{P}$ en

$$\sqrt[m]{P+ph+qh^2+\text{etc.}},$$

et qu'une valeur particulière de x, rende $P=0$, l'expression ci-dessus deviendra

$$\sqrt[m]{ph+qh^2+\text{etc.}} = h^{\frac{1}{m}}(p+qh+\text{etc.})^{\frac{1}{m}},$$

dont le développement ne pourra manquer de contenir des puissances fractionnaires de l'accroissement h.

Ce changement de forme est la suite nécessaire de la réduction momentanée que la disparition du radical apporte dans le nombre des valeurs de la fonction proposée. Dans l'état général de la fonction, chaque valeur a son accroissement particulier, qui la perpétue : ainsi pour

$$u = b \pm \sqrt{x - a},$$

le théorème de Taylor donne les deux séries

$$u' - u = \pm \frac{1}{2}(x-a)^{-\frac{1}{2}} h \mp \frac{1}{8}(x-a)^{-\frac{3}{2}} h^2 \pm \text{etc.};$$

le signe supérieur répond à l'une des valeurs de u, et l'inférieur à l'autre. De même, quand la fonction dépend d'une équation où les variables sont mêlées, l'expression des coefficiens différentiels, contenant outre la variable indépendante, la fonction elle-meme, reçoit de celle-ci autant de valeurs qu'elle en comporte (51), et le nombre des accroissemens fournis par la série de Taylor, demeure égal à celui des valeurs de la fonction.

Mais dans les cas particuliers où plusieurs de ces valeurs se réduisent à une seule, il faut qu'à cette valeur unique répondent plusieurs accroissemens divers, pour que la fonction puisse recouvrer toutes celles qu'elle doit avoir en général. Or, c'est ce qui résulte des puissances fractionnaires de h, parce qu'elles sont susceptibles d'un nombre de déterminations marqué par le degré du radical qui les affecte. Ainsi, dans l'exemple ci-dessus, lorsque $x = a$, on a

$$u = b, \quad u' - u = \pm h^{\frac{1}{2}};$$

les deux accroissemens $+h^{\frac{1}{2}}$, $-h^{\frac{1}{2}}$, appliqués à la valeur unique $u = b$, reproduisent les deux valeurs que la fonction u comporte en général.

89. On voit bien ici que le coefficient différentiel de la fonction u, étant exprimé par

$$\frac{u'-u}{h}=\pm\frac{h^{\frac{1}{2}}}{h}=\pm\frac{1}{h^{\frac{1}{2}}},$$

conserve h au dénominateur, et devient infini quand $h=0$.

L'infini ne se montre pas toujours ainsi au premier coefficient différentiel, mais on le trouve, à partir d'un ordre plus ou moins élevé, dès que le développement $u'-u$ doit renfermer des puissances fractionnaires de h.

Soit en général

$$u'=u+Ph\ +Qh^{\beta}\ldots.+Th^{\epsilon}+\text{etc.};$$

u' étant fonction du binome $x+h$, on aura...... $\frac{du'}{dh}=\frac{du'}{dx}$ (19), et comme chaque membre de cette dernière équation est aussi une fonction du binome $x+h$, on aura de même

$$\frac{d^2u'}{dh^2}=\frac{d^2u'}{dxdh}=\frac{d^2u'}{dx^2},\ldots\frac{d^nu'}{dh^n}=\frac{d^nu'}{dx^n},$$

ce qui fait voir que les coefficiens différentiels de u' pris en faisant varier x, et ceux qui résultent de la variation de h, sont identiques ; et l'on passe ensuite aux coefficiens différentiels de u, en faisant $h=0$. Cela posé, un terme quelconque Th^{ϵ}, en produit dans l'expression de $\frac{d^nu'}{dh^n}$, un de cette forme

$$\epsilon(\epsilon-1)(\epsilon-2)\ldots.(\epsilon-n+1)Th^{\epsilon-n};$$

tant que le nombre n sera au-dessous de ϵ, l'exposant $\epsilon-n$ étant positif, la supposition de $h=0$ fera évanouir ce terme, et si le nombre ι est fractionnaire, l'exposant $\iota-n$ passera du positif au négatif sans s'évanouir. Dans ce dernier cas, qui a lieu dès que n surpasse ι, le terme devient infini lorsqu'on y fait $h=0$, et par conséquent aussi la valeur de $\frac{d^ny}{dx^n}$ dont il fait partie.

Il est visible que les termes à exposant fractionnaire peuvent être précédés par des termes où l'exposant est entier, ce dont la fonction très simple

$$u=bx^m+c(x-a)^{\frac{p}{q}},$$

offre un exemple quand $\frac{p}{q}>m$, et qu'on y fait $x=a$; ses coefficiens différentiels demeurent finis jusqu'à l'ordre m.

90. Il faut bien observer que dans ce qui précède, c'est la quantité comprise sous les radicaux qui s'anéantit; car les radicaux pourraient aussi disparaître, s'ils étaient multipliés par un facteur que la valeur particulière de x rendît nul; mais ce cas ne fait point exception à la série de Taylor, parce que les radicaux qui ont disparu dans la valeur de la fonction, reparaissent dans ses coefficiens différentiels.

Si l'on avait par exemple,

$$u=b\pm(x-a)^m\sqrt{x-c},$$

la supposition de $x=a$, qui rendrait égales les deux valeurs de u, ferait disparaître les coefficiens différentiels jusqu'à l'ordre m exclusivement, puisqu'en opérant ici comme dans le n° 57, on trouverait que le facteur $x-a$ n'entre pas dans le premier terme de

$$\frac{d^mu}{dx^m}=\pm m(m-1)\ldots.1.\sqrt{x-c}+\text{etc.};$$

tous les coefficiens différentiels des ordres inférieurs contenant le facteur $x - a$ à chacun de leurs termes, disparaissent quand $x = a$, mais celui de l'ordre m, et ceux qui le suivent, ayant chacun deux valeurs, forment deux séries qui reproduisent les valeurs de la fonction proposée.

91. Les considérations géométriques confirment les re-
FIG. 23. marques précédentes; on voit que la courbe de la figure 23, qui n'a qu'une seule ordonnée au point E correspondant à l'abscisse AC, ne peut en avoir deux sur l'abscisse consécutive Ac, que parce que l'ordonnée CE reçoit deux changemens distincts $ce' - CE$, et $CE - ce$; mais les ordonnées ce' et ce n'éprouveront plus chacune qu'un seul changement quand on passera à une abscisse différente de Ac.

La même chose arrive au point multiple G où deux branches de la courbe se coupent; l'ordonnée particulière FG éprouve aussi pour un seul accroissement d'abcisse Ff, deux changemens $fg' - FG$ et $FG - fg$.

92. Non-seulement la série qui exprime le changement d'une fonction, doit, dans certains cas particuliers, contenir des exposans fractionnaires, mais il peut s'en trouver aussi de négatifs.

Si l'on avait, par exemple,

$$u = \frac{P}{(x-a)^m},$$

P ne renfermant pas le facteur $x - a$, le changement de x en $a + h$ donnerait

$$u' = \frac{P + ph + qh^2 + \text{etc.}}{h^m},$$

expression qui contiendra des puissances négatives de h. C'est ce qui arrive aussi à la fonction lx, lorsque $x = 0$;

et en effet, une fonction qui devient infinie lorsque $x=a$, ne peut rentrer dans les quantités finies lorsque $x=a+h$, que par une différence infinie.

93. Les divers cas singuliers que nous venons d'examiner, ne tenant qu'à des valeurs particulières de la variable indépendante, ne sauraient infirmer les conclusions tirées de l'état général de la fonction; et l'on peut les éviter dans la discussion des courbes, en considérant ce qui se passe avant et après le point dont on veut connaître la nature; en sorte que la recherche des points singuliers se réduit à cette règle aussi générale que sûre, et qui n'exige que l'emploi du Calcul différentiel: *on obtiendra généralement l'indication de l'abscisse à laquelle répond un point singulier, en cherchant dans quel cas les coefficiens différentiels, à partir d'un ordre quelconque, deviennent nuls, ou infinis, ou* $\frac{0}{0}$ *: l'on assignera l'espèce du point, 1°. en examinant combien il passe de branches de la courbe à ce point, et si elles s'étendent ou non en-deçà et au-delà; 2°. en déterminant la position de leur tangente; 3°. le sens dans lequel elles tournent leur concavité ou leur convexité* (*).

Recherche des vraies valeurs des expressions qui deviennent $\frac{0}{0}$.

94. On a vu dans ce qui précède, que les coefficiens différentiels se présentaient quelquefois sous la forme $\frac{0}{0}$ qui paraît indéterminée; cependant ils ont toujours une valeur déterminée qu'il peut être utile de connaître,

(*) En quittant ce sujet, je ferai observer que la marche suivie dans ce qui précède, pour déterminer les points singuliers des courbes, était déjà tracée dans le premier volume du *Traité du Calcul différentiel et du calcul intégral*, 1re édition, et que la règle ci-dessus se trouve dans la première édition de cet abrégé.

et à laquelle on parvient par les principes que je vais exposer.

Lorsque ces coefficiens sont exprimés immédiatement par la variable indépendante, sous une forme fractionnaire, si leur numérateur et leur dénominateur ont un facteur commun, la valeur qui le fera évanouir donnera $\frac{0}{0}$: cependant il est visible que toute expression de la forme

$$\frac{P(x-a)^m}{Q(x-a)^n},$$

qui devient $\frac{0}{0}$ quand $x=a$, a néanmoins une vraie valeur qui est nulle, finie ou infinie, selon que $m>n$, $m=n$, $m<n$, puisqu'en effaçant les facteurs communs à ses deux termes, on obtient

$$\frac{P(x-a)^{m-n}}{Q}, \quad \text{ou} \quad \frac{P}{Q}, \quad \text{ou} \quad \frac{P}{Q(x-a)^{n-m}}.$$

Il serait bien facile d'arriver à ces résultats, si le facteur $x-a$ était en évidence comme dans l'exemple du n° 85; mais on peut toujours l'y mettre par la considération du changement des fonctions, ainsi qu'il suit.

Soit $\frac{X}{X'}$ une fraction dont le numérateur et le dénominateur s'évanouissent tous deux quand $x=a$; en substituant $a+h$, au lieu de x, les fonctions X et X' se développeront suivant des séries de la forme

$$Ah^\alpha+Bh^\beta+\text{etc.}, \qquad A'h^{\alpha'}+B'h^{\beta'}+\text{etc.},$$

et *ascendantes*, c'est-à-dire, dans lesquelles les exposans α, β, etc., iront en croissant et seront positifs, puisque ces séries doivent devenir nulles dans l'hypothèse de $h=0$, qui répond à celle de $x=a$: on aura donc

$$\frac{Ah^\alpha+Bh^\beta+\text{etc.}}{A'h^{\alpha'}+B'h^{\beta'}+\text{etc.}},$$

au lieu de la fraction proposée. Si dans ce résultat on suppose $h=0$, on doit retomber sur la valeur que reçoit la fonction $\frac{X}{X'}$, lorsqu'on change x en a; et quoiqu'il semble d'abord se réduire à $\frac{0}{0}$, on va voir cependant qu'il a toujours une valeur déterminée.

En distinguant les trois cas $\alpha>\alpha'$, $\alpha=\alpha'$ et $\alpha<\alpha'$, on peut, dans les deux premiers, écrire ainsi qu'il suit l'expression précédente :

$$\frac{Ah^{\alpha-\alpha'}+Bh^{\beta-\alpha'}+\text{etc.}}{A'+B'h^{\beta'-\alpha'}+\text{etc.}}.$$

Sous cette forme, il est aisé d'apercevoir que tant que α surpasse α', la supposition de $h=0$ rend la fraction nulle, et qu'elle se réduit à $\frac{A}{A'}$, lorsque $\alpha=\alpha'$. Dans le troisième cas, au contraire, où α est $<\alpha'$, on a

$$\frac{A+Bh^{\beta-\alpha}+\text{etc.}}{A'h^{\alpha'-\alpha}+B'h^{\beta'-\alpha}+\text{etc.}},$$

et ce résultat devient infini par la supposition de $h=0$. Dans tous les cas, la vraie valeur qu'on cherche ne dépend que du premier terme de chaque série.

Ainsi, pour trouver la vraie valeur des fonctions qui se présentent sous la forme indéterminée $\frac{0}{0}$, *cherchez le premier terme de chacune des séries ascendantes qui expriment le développement du numérateur et du dénominateur, lorsque* x = a + h*; réduisez à sa plus simple expression la nouvelle fraction formée de ces premiers termes, et faites ensuite* h = 0 *: le résultat que vous obtiendrez sera la vraie valeur que prend la fraction proposée lorsqu'on fait* x = a.

95. Quand le second état des fonctions X et X',

correspondant à $x=a+h$, peut se développer par le théorème de Taylor, on obtient

$$\frac{X+\frac{dX}{dx}\frac{h}{1}+\frac{d^2X}{dx^2}\frac{h^2}{1.2}+\frac{d^3X}{dx^3}\frac{h^3}{1.2.3}+\text{etc.}}{X'+\frac{dX'}{dx}\frac{h}{1}+\frac{d^2X'}{dx^2}\frac{h^2}{1.2}+\frac{d^3X'}{dx^3}\frac{h^3}{1.2.3}+\text{etc.}};$$

et si la valeur $x=a$ faisait disparaître X et ses coefficiens différentiels jusqu'à l'ordre m, X' et ses coefficiens différentiels jusqu'à l'ordre n, la fraction proposée se réduirait à

$$\frac{\frac{d^mX}{dx^m}\frac{h^m}{1.2.3\ldots m}+\text{etc.}}{\frac{d^nX'}{dx^n}\frac{h^n}{1.2.3\ldots n}+\text{etc.}},$$

quantité qui sera nulle si $m>n$, infinie si $m<n$, et égale à $\frac{d^mX}{d^mX'}$ si $m=n$.

Venons aux applications.

96. 1°. La formule $\frac{x^n-1}{x-1}$ qui exprime la somme des n premiers termes de la progression par quotiens $\div 1:x:x^2:x^3:$ etc., devient $\frac{0}{0}$ quand $x=1$; cependant cette somme dans la progression $\div 1:1:1:1:$ etc., à laquelle on est conduit alors, a une valeur déterminée, et égale à n, que la règle précédente va nous donner aussi. En effet, après avoir différentié le numérateur et le dénominateur de l'expression $\frac{x^n-1}{x-1}$, on trouve $\frac{nx^{n-1}dx}{dx}$, et en écrivant 1 au lieu de x, il vient n.

2°. La vraie valeur de $\frac{ax^2-2acx+ac^2}{bx^2-2bcx+bc^2}$, dans le cas où $x=c$, ne peut s'obtenir qu'après deux différentiations, car la première donne $\frac{ax-ac}{bx-bc}$, résultat qui devient encore $\frac{0}{0}$; mais en le différentiant on trouve $\frac{a}{b}$.

3°. Si l'on recherche la valeur de la fraction

$$\frac{x^3-ax^2-a^2x+a^3}{x^2-a^2},$$

lorsque $x=a$, on trouvera, après avoir différentié une fois le numérateur et le dénominateur, que le premier seul devient encore nul quand on met a au lieu de x; ce qui apprend que la vraie valeur de la fonction proposée est nulle. Le contraire aurait eu lieu pour la fonction

$$\frac{ax-x^2}{a^4-2a^3x+2ax^3-x^4}.$$

4°. La fonction transcendante $\frac{a^x-b^x}{x}$, qui devient $\frac{0}{0}$ lorsque $x=0$, étant traitée de même, donne $a^x\text{l}a-b^x\text{l}b$, qui se réduit à $\text{l}a-\text{l}b$.

Ce résultat s'obtient tout de suite en substituant aux fonctions a^x et b^x leurs développemens (27), car il vient

$$\frac{a^x-b^x}{x}=\text{l}a-\text{l}b+\{(\text{l}a)^2-(\text{l}b)^2\}\frac{x}{1.2}+\text{etc.},$$

et la supposition de $x=0$ réduit le second membre de cette équation à son premier terme. En faisant l'opération, on remarquera qu'il y a un facteur x qui disparaît par la division.

5°. La fonction $\frac{1-\sin x+\cos x}{\sin x+\cos x-1}$ se réduit à $\frac{0}{0}$ lorsque l'arc $x=1^q$; mais en y appliquant la règle, on trouve que sa vraie valeur est alors 1.

6°. Le lecteur pourra s'exercer sur les fonctions

$$\frac{a-x-a\mathrm{l}a+a\mathrm{l}x}{a-\sqrt{2ax-x^2}} \quad \text{et} \quad \frac{x^x-x}{1-x+\mathrm{l}x};$$

la première devient $\frac{0}{0}$ lorsque $x=a$, et la seconde lorsque $x=1$: leurs vraies valeurs sont respectivement -1 et -2.

97. Quand les facteurs qui s'évanouissent dans les deux termes de la fraction proposée, sont élevés à des puissances fractionnaires, les développemens ne pouvant plus s'obtenir par la série de Taylor (88), le procédé du n° 95 ne réussit pas.

Si l'on avait, par exemple, $\frac{(x^2-a^2)^{\frac{3}{2}}}{(x-a)^{\frac{3}{2}}}$, quoique la vraie valeur de cette fraction, lorsque $x=a$, soit $(2a)^{\frac{3}{2}}$, on n'y parviendrait jamais par la différentiation : on trouverait successivement

$$\frac{3x(x^2-a^2)^{\frac{1}{2}}}{\frac{3}{2}(x-a)^{\frac{1}{2}}},$$

$$\frac{3(x^2-a^2)^{\frac{1}{2}}+3x^2(x^2-a^2)^{-\frac{1}{2}}}{\frac{1}{2}\cdot\frac{3}{2}(x-a)^{-\frac{1}{2}}}, \text{ etc.}$$

Le premier de ces résultats devient encore $\frac{0}{0}$, quand on fait $x=a$; et la même supposition rend infinis les numérateurs et les dénominateurs de chacun des suivans. Si l'on fait disparaître les exposans négatifs, en passant au dénominateur ceux qui se trouvent dans le numérateur, *et vice versâ*, les expressions nouvelles qui naîtront de ce changement se réduiront toutes à $\frac{0}{0}$.

Mais si l'on a recours au développement immédiat suivant la forme du n° 94, la fraction $\frac{(x^2-a^2)^{\frac{3}{2}}}{(x-a)^{\frac{3}{2}}}$, devient

$$\frac{(2ah+h^2)^{\frac{3}{2}}}{h^{\frac{3}{2}}}=(2a+h)^{\frac{3}{2}},$$

en changeant x en $a+h$; et faisant $h=0$, on obtient la vraie valeur $(2a)^{\frac{3}{2}}$.

Le même procédé paraîtra quelquefois plus commode que la différentiation, dans le cas où elle peut s'employer. Ce n'est, par exemple, qu'après avoir différentié quatre fois de suite le numérateur et le dénominateur de la fraction

$$\frac{x^3-4ax^2+7a^2x-2a^3-2a^2\sqrt{2ax-a^2}}{x^2-2ax-a^2+2a\sqrt{2ax-x^2}},$$

qu'on parvient à en trouver la vraie valeur, dans le cas où $x=a$.

En écrivant $a+h$ au lieu de x, comme le prescrit la règle, il vient

$$\frac{2a^3+2a^2h-ah^2+h^3-2a^2\sqrt{a^2+2ah}}{-2a^2+h^2+2a\sqrt{a^2-h^2}};$$

réduisant en série les deux quantités radicales, on aura

$$\sqrt{a^2+2ah}=a+h-\frac{h^2}{2a}+\frac{h^3}{2a^2}-\frac{5h^4}{8a^3}+\text{etc.},$$

$$\sqrt{a^2-h^2}=a-\frac{h^2}{2a}-\frac{h^4}{8a^3}-\text{etc.}$$

La substitution de ces deux suites dans la fraction précédente donnera $-5a$ pour la vraie valeur cherchée.

98. Une fonction peut encore se présenter sous plusieurs formes indéterminées, différentes en apparence de $\frac{0}{0}$, mais qui, dans le fond, reviennent au même, et qu'il est bon de connaître.

1°. Le numérateur et le dénominateur de la fraction $\frac{X}{X'}$ peuvent devenir infinis en même temps; mais cette fraction étant écrite ainsi : $\frac{\frac{1}{X'}}{\frac{1}{X}}$, se réduit à $\frac{0}{0}$, lorsque X et X' sont infinis.

2°. Il peut arriver qu'on rencontre un produit composé de deux facteurs, l'un infini et l'autre nul. Soit PQ ce produit; si la supposition de $x=a$ donne $P=0$, $Q=\frac{b}{0}$, on observera que $PQ=\frac{P}{\frac{1}{Q}}$, que $\frac{1}{Q}=0$, et sous cette forme, PQ deviendra $\frac{0}{0}$.

Nous prendrons pour exemple, la fonction

$$(1-x)\operatorname{tang}\tfrac{1}{2}\pi x;$$

π désignant la demi-circonférence. Quand on y fait $x=1$, le premier facteur devient nul et le second infini; mais comme

$$\frac{1}{\operatorname{tang}\frac{1}{2}\pi x}=\cot\tfrac{1}{2}\pi x,$$

on obtient $(1-x)\operatorname{tang}\frac{1}{2}\pi x=\dfrac{1-x}{\cot\frac{1}{2}\pi x}$;

fonction dont la vraie valeur, $\frac{2}{\pi}$, se trouve par le procédé du n° 95.

99. Si l'on demandait la valeur que reçoit la fonction $\frac{\text{l}x}{x^n}$ quand x est infini, ou, ce qui est la même chose, la

limite de cette fonction, on ne pourrait y parvenir par aucun des procédés dont nous avons fait usage jusqu'à présent, à cause de l'impossibilité de réduire lx en série (29), et il faudrait recourir aux considérations particulières à la nature de la fonction proposée lx.

En changeant x en n et a en x dans le développement de a^x (27), on aura

$$x^n = 1 + \frac{nlx}{1} + \frac{n^2(lx)^2}{1.2} + \frac{n^3(lx)^3}{1.2.3} + \text{etc.},$$

d'où l'on conclura

$$\frac{lx}{x^n} = \frac{lx}{1 + \frac{nlx}{1} + \frac{n^2(lx)^2}{1.2} + \frac{n^3(lx)^3}{1.2.3} + \text{etc.}}$$

$$= \frac{1}{\frac{1}{lx} + n + \frac{n^2 lx}{1.2} + \frac{n^3(lx)^2}{1.2.3} + \text{etc.}},$$

quantité qui tend à devenir nulle à mesure que x augmente, au moins tant que n n'est pas d'une petitesse comparable à celle de $\frac{1}{lx}$ (98).

100. La vraie valeur des coefficiens différentiels donnés par une équation où les variables sont mêlées, s'obtient d'une manière analogue, en passant aux équations différentielles des ordres supérieurs au premier. En effet, si $\frac{du}{dx}$ et $\frac{du}{dy}$ s'anéantissaient dans le développement de

$$f(x+h,\ y+k) - f(x,\ y) = 0 \qquad (48),$$

il se réduirait à

$$\left.\begin{matrix} \frac{d^2u}{dx^2}h^2 + 2\frac{d^2u}{dxdy}hk + \frac{d^2u}{dy^2}k^2 \\ + \text{etc.} \end{matrix}\right\} = 0;$$

en y faisant $k=\varpi h$, on aurait pour déterminer la limite de ϖ ou $\frac{dy}{dx}$, l'équation

$$\frac{d^2u}{dx^2}+2\frac{d^2u}{dxdy}\frac{dy}{dx}+\frac{d^2u}{dy^2}\left(\frac{dy}{dx}\right)^2=0,$$

du second degré, par rapport au coefficient différentiel cherché, et donnant par conséquent deux valeurs au lieu d'une seule qu'eût fourni l'équation

$$\frac{du}{dx}+\frac{du}{dy}\frac{dy}{dx}=0,$$

si elle n'était pas devenue illusoire (48).

Il est facile de voir que si les trois fonctions

$$\frac{d^2u}{dx^2},\quad \frac{d^2u}{dxdy},\quad \frac{d^2u}{dy^2},$$

devenaient nulles, on tomberait sur une équation du troisième degré, et ainsi de suite.

Ces équations élevées résultent des différentiations successives de la première, en y regardant dx et dy comme constans : mais il n'est pas nécessaire de s'arrêter à cette considération, parce qu'on retrouve ces mêmes équations dans la suite des différentielles fournies par la proposée $u=0$; car la première

$$\frac{du}{dx}dx+\frac{du}{dy}dy=0,$$

étant représentée pour abréger par

$$Mdx+Ndy=0,$$

sa différentielle prise en y regardant y comme fonction de x, suivant la règle du n° 50, est de la forme

$$Pdx^2+Qdxdy+Rdy^2+Nd^2y=0,$$

et, se réduisant à

$$Pdx^2+Qdxdy+Rdy^2=0,$$

quand $N=0$, devient du premier ordre; elle donne alors deux valeurs de dy, et par conséquent de $\frac{dy}{dx}$, au lieu d'une seule.

Si les coefficiens P, Q, R, s'anéantissaient aussi, il faudrait passer alors à l'équation différentielle du troisième ordre, qui deviendrait du premier. On verra bientôt (108) des applications de cette remarque, c'est pourquoi je n'en donne point ici.

101. La détermination des *maximums* et des *minimums* étant l'une des plus importantes de l'analyse, je crois devoir la reprendre ici d'une manière générale et indépendante de la considération des courbes.

On a déjà vu (83) que *le caractère essentiel du* maximum *consiste en ce qu'il surpasse en même temps les valeurs qui le précèdent et celles qui le suivent immédiatement; le contraire a lieu pour le* minimum : *il est moindre que les valeurs qui le précèdent et qui le suivent immédiatement.*

Considérons sous la forme la plus générale, le développement du second état de $u=f(x)$, lorsqu'on donne à x une valeur particulière a, et qu'on change ensuite a en $a+h$; et posons en conséquence,

$$u'=u+Ph^{\alpha}+Qh^{\beta}+Rh^{\gamma}+\text{etc.},$$

les exposans α, β, γ, etc., étant entiers ou fractionnaires, mais rangés suivant l'ordre de leur grandeur, en commençant par le plus petit. Cela posé, l'état de u, correspondant à $a-h$, se déduira de u', en écrivant $-h$ au lieu de h; et en le désignant par $u_{,}$, on aura

$$u_{,}=u+P(-h)^{\alpha}+Q(-h)^{\beta}+R(-h)^{\gamma}+\text{etc.},$$

d'où il suit que les différences entre l'état primitif u,

et les états précédens et suivans, seront

$$u_{,}-u=P(-h)^{\alpha}+Q(+h)^{\beta}+R(-h)^{\gamma}+\text{etc.},$$
$$u'-u=Ph^{\alpha}\quad+Qh^{\beta}\quad+Rh^{\gamma}\quad+\text{etc.};$$

mais elles doivent être toutes deux négatives quand u est un *maximum*, et positives dans le cas contraire, et cela quelque petit que soit l'accroissement h : il faut donc, dans l'un et l'autre cas, que les premiers termes $P(-h)^{\alpha}$ et Ph^{α} soient de même signe. Or, le coefficient P étant une fonction de a, qui ne change point, il faut pour que la puissance α de h ne change pas de signe, que son exposant soit un nombre pair, ou une fraction qui, réduite à sa plus simple expression, ait un numérateur pair. On aura alors

$$u_{,}-u=Ph^{\alpha}+\text{etc.},$$
$$u'-u=Ph^{\alpha}+\text{etc.};$$

si P a par lui-même le signe $+$, ces deux différences seront positives, et u sera un *minimum;* si P a le signe $-$, ces mêmes différences seront négatives, et u sera un *maximum*.

102. Pour appliquer la remarque précédente à la détermination qui nous occupe, il faut distinguer le cas où les exposans α, β, γ, etc., sont entiers, de celui où il s'en trouve de fractionnaires.

Dans le premier cas, la série $Ph^{\alpha}+$ etc., est celle que fournit le théorème de Taylor, lorsqu'on fait $x=a$, en sorte que

$$P=\frac{1}{1.2\ldots.\alpha}\,\frac{d^{\alpha}u}{dx^{\alpha}};$$

et puisque l'exposant α doit être un nombre pair, quand u est un *maximum* ou un *minimum*, il faut d'abord que la supposition $x=a$, fasse évanouir le coefficient différentiel $\frac{du}{dx}$, qui est d'ordre impair; a est donc une des racines de l'équation $\frac{du}{dx}=0$. Il faut en outre que cette même valeur ne rende pas nul $\frac{d^2u}{dx^2}$, ou que, si cela arrive, elle rende nul aussi $\frac{d^3u}{dx^3}$, mais non pas $\frac{d^4u}{dx^4}$, et en général, que le premier des coefficiens différentiels qu'elle ne fait pas évanouir soit d'ordre pair; elle rendra alors u *maximum*, si ce dernier coefficient est négatif, et *minimum* dans le cas contraire. Voilà pour le cas où les exposans α, β, γ, etc., sont tous entiers.

S'il y en avait de fractionnaires, mais que ce ne fût pas α, et qu'on eût $\alpha=1$, dans ce cas, P étant encore égal à $\frac{du}{dx}$, on aurait d'abord à remplir, comme ci-dessus, la condition $P=0$.

Si $\alpha>1$, la valeur $x=a$, qui donne au développement de u' la forme particulière qu'il prend alors, doit anéantir tous les coefficiens différentiels des ordres dont l'exposant est $<\alpha$ (89); l'équation $\frac{du}{dx}=0$, indiquera donc encore cette valeur $x=a$; mais pour s'assurer si elle donne un *maximum* ou un *minimum*, il pourra être nécessaire de calculer *à priori* les différences $u_{,}-u$ et $u'-u$, dans la supposition de h très petite, afin de savoir si leurs premiers termes sont de même signe et quel il est.

Enfin, quand $\alpha<1$, $\frac{du}{dx}$ devenant infini, c'est alors l'équation

$$\frac{1}{\frac{du}{dx}}=0,$$

qui indique la valeur $x=a$, dont la propriété se discute, comme il vient d'être dit pour le cas où $\alpha>1$. On voit encore par là, comme dans le n° 83, que *pour embrasser les différens cas de la détermination des valeurs de* x, *qui peuvent rendre la fonction* u maximum *ou* minimum, *il faut examiner toutes celles qui rendent* $\frac{du}{dx}$ *nul ou infini*; mais je pense que la manière la plus simple de faire cet examen, sera le plus souvent de chercher si $\frac{du}{dx}$ change de signe ou non (83), aux environs de la valeur trouvée pour x.

L'application des règles précédentes à la fonction $u=b+c(x-a)^m$, qui m'a servi d'exemple dans le n° 83, est trop simple pour s'y arrêter, c'est pourquoi je passerai aux questions suivantes.

103. *Partager une quantité* a *en deux parties, de manière que le produit de la puissance* m *de la première, par la puissance* n *de la seconde, soit le plus grand de tous les produits semblables qu'on pourrait former.*

Soit x une des parties de a, l'autre sera $a-x$, et le produit dont on cherche le *maximum* étant représenté par u, on aura $u=x^m(a-x)^n$, d'où on tirera

$$\begin{aligned}\frac{du}{dx}&=mx^{m-1}(a-x)^n-nx^m(a-x)^{n-1}\\&=[ma-mx-nx]\,x^{m-1}(a-x)^{n-1};\end{aligned}$$

et en égalant à zéro chacun des facteurs de ce résultat, on trouvera

$$x=\frac{ma}{m+n},\ x=0,\ x=a.$$

La première de ces valeurs répond à un *maximum*; car lorsqu'on la substitue dans l'expression générale de

$\frac{d^2u}{dx^2}$, elle donne la quantité négative

$$-\frac{m^{m-1}n^{n-1}a^{m+n-2}}{(m+n)^{m+n-3}}:$$

les deux autres répondront à des *minimums*, lorsque m et n seront pairs, comme on peut s'en assurer par l'examen des coefficiens différentiels, ou plus simplement encore, en faisant $x=\pm h$ et $x=a\pm h$. On trouvera toujours un résultat positif dans l'un et l'autre cas, quel que soit le signe qu'on donne à h; ce qui prouve que la fonction proposée, après avoir décru jusqu'à devenir nulle, ne passe point au négatif, mais qu'elle recommence à croître.

104. Je considérerai encore la fonction que y désigne dans l'équation

$$y^2-2mxy+x^2-a^2=0,$$

dont la différentielle est

$$(y-mx)dy-(my-x)dx=0 \quad (49);$$

il viendra

$$\frac{dy}{dx}=\frac{my-x}{y-mx},$$

d'où l'on tirera

$$my-x=0.$$

Pour obtenir la valeur de x, il faudra combiner cette dernière équation avec la proposée; on aura par ce moyen

$$y=\frac{x}{m}, \quad \frac{x^2}{m^2}-x^2-a^2=0,$$

d'où il résulte

$$x=\frac{ma}{\sqrt{1-m^2}}, \quad y=\frac{a}{\sqrt{1-m^2}}.$$

Il reste à examiner ce que devient le coefficient $\frac{d^2y}{dx^2}$.

La différentielle seconde de l'équation proposée donne la suivante,

$$(y-mx)\frac{d^2y}{dx^2}+\frac{dy^2}{dx^2}-2m\frac{dy}{dx}+1=0,$$

que la supposition de $\frac{dy}{dx}=0$, réduit à

$$(y-mx)\frac{d^2y}{dx^2}+1=0,$$

et d'où l'on tire

$$\frac{d^2y}{dx^2}=\frac{-m}{x(1-m^2)},$$

en mettant pour y sa valeur en x. Il faut encore substituer celle de x; en le faisant on trouve

$$\frac{d^2y}{dx^2}=-\frac{1}{a\sqrt{1-m^2}}:$$

ce résultat étant négatif, montre que la valeur de y, déterminée ci-dessus, est un *maximum*.

Exemple de l'analyse d'une courbe.

105. On divise les lignes en différens ordres d'après le degré de leur équation. La ligne droite forme le premier ordre, parce qu'elle représente l'équation générale du premier degré à deux indéterminées. Les lignes du second ou du troisième ordre sont celles dont les équations montent au second ou au troisième degré, et ainsi des autres. Newton, considérant que le premier ordre ne renfermait que la ligne droite, et que les courbes ne commençaient à se montrer que dans le second, divisa ces dernières en genres, et nomma courbes du premier genre les lignes du second ordre, courbes du deuxième genre celles du troisième ordre, et ainsi de suite.

Les lignes d'un même ordre se subdivisent en espèces par la considération des principales circonstances de leur cours.

S'il était possible de résoudre les équations de tous les degrés, rien ne serait plus facile que de suivre le cours de la courbe qui représente une équation algébrique quelconque. En effet, supposons que cette équation étant résolue par rapport à l'une des indéterminées qu'elle renferme, y, par exemple, fournisse les différentes racines X', X'', X''', etc., qui seront nécessairement des fonctions de x et de constantes; la question se réduira à examiner en particulier le cours de chacune des lignes produites par les équations

$$y=X', \quad y=X'', \quad y=X''', \text{ etc.},$$

lorsqu'on donne à x toutes les valeurs tant positives que négatives, que peuvent admettre les fonctions X', X'', X''', etc., sans cesser d'être réelles. Ces lignes seront autant de branches de la courbe qui représente l'équation proposée.

L'étendue de chaque branche sera déterminée par celle que comprennent les diverses solutions dont est susceptible l'équation qu'elle représente en particulier. Si parmi les quantités X', X'', X''', etc., il s'en trouve qui deviennent infinies, ou dans lesquelles on puisse supposer x infini, il en naîtra des branches dont le cours sera infini, puisqu'elles pourront s'éloigner indéfiniment de l'un des axes ou de tous les deux à la fois.

Dans les courbes algébriques, une branche ne s'arrête que parce que l'expression de son ordonnée devient imaginaire; mais le cours de la courbe proposée n'est pas interrompu pour cela : il arrive seulement alors que deux branches se réunissent et se continuent réciproquement. On s'en convaincra en observant que les valeurs imaginaires de y sont nécessairement en nombre pair, et que celles d'un même couple ont été réelles et égales avant de devenir imaginaires. En effet, l'équation proposée pouvant toujours se décomposer en facteurs réels du premier et du second degré, si l'on représente par $y^2 - 2Py + Q = 0$ un de ces derniers, on verra que ses racines, $P \pm \sqrt{P^2 - Q}$, ne deviennent imaginaires qu'à cause que Q devient plus grand que P^2, de moindre qu'il était d'abord, et qu'il y a par conséquent un point où les fonctions de x que désignent les lettres P et Q, sont telles, que $P^2 = Q$, ce qui anéantit la quantité radicale, et donne pour y deux valeurs égales.

Si plusieurs branches se coupent dans un point, il arrivera aussi qu'un pareil nombre de valeurs de y deviendront égales.

106. Soit, pour exemple, l'équation

$$y^4 - 96a^2y^2 + 100a^2x^2 - x^4 = 0.$$

Cette équation, résoluble à la manière de celles du second degré, soit par rapport à y, soit par rapport à x, donne

$$y = \pm\sqrt{48a^2 \pm \sqrt{2304a^4 - 100a^2x^2 + x^4}};$$

et si, pour abréger, on fait

$$2304a^4 - 100a^2x^2 + x^4 = N,$$

on en tirera les quatre valeurs

$$y = \sqrt{48a^2 + \sqrt{N}}\ (1),\quad y = \sqrt{48a^2 - \sqrt{N}}\ (2),$$

$$y = -\sqrt{48a^2 - \sqrt{N}}\ (3),\quad y = -\sqrt{48a^2 - \sqrt{N}}\ (4),$$

dont il faut, d'après ce qui précède, examiner la marche, pour déterminer le cours des lignes qui les représentent.

On voit d'abord, que les valeurs (3) et (4) ne différant de (1) et (2) que par le signe, doivent donner des branches pareilles à celles qui résultent de ces dernières, mais seulement placées au-dessous de l'axe des x. De plus, comme la fonction N ne renferme que des puissances paires de x, elle reste la même lorsqu'on y change $+x$ en $-x$; ainsi le côté négatif de l'axe des x, doit offrir des parties de la courbe semblables à celles qui sont du côté des x positifs, en sorte que cette courbe est partagée par les axes des coordonnées, en quatre parties égales et semblables : c'est aussi ce que l'on voit par l'équation même, qui ne change point, quelque signe que l'on donne à chacune des variables x et y.

Examinons donc en particulier les valeurs (1) et (2). Elles ne peuvent être réelles, qu'autant que la valeur de N est positive; mais cette fonction, étant rationnelle et entière, ne saurait changer de signe qu'en passant par zéro : les racines de l'équation

$$x^4-100a^2x^2+2304a^4=0,$$

seront donc les limites des valeurs que l'on peut donner à x. On trouvera que le premier membre de cette équation se décompose dans les facteurs

$$x-6a, \quad x+6a, \quad x-8a, \quad x+8a:$$

il sera donc négatif quand $x>6a$ et $<8a$, parce qu'alors un seul de ces facteurs changera de signe; ainsi la courbe ne s'étend point au-dessus de la partie de l'axe des abscisses comprise entre $x=6a$ et $x=8a$; mais depuis $x=8a$, N deviendra positive pour toujours.

On observera ensuite qu'à

$$x=0, \quad x=6a, \quad x=8a,$$

répondent dans l'équation (1), les valeurs

$$y=\sqrt{96a^2}, \quad y=\sqrt{48a^2}, \quad y=\sqrt{48a^2}.$$

FIG. 24. Cette équation fournit donc, 1°. une partie DF, *fig.* 24, qui s'étend du point D, pris dans l'axe AC, au point F dont l'abscisse $AE=6a$; 2°. une autre partie HX, qui, partant du point H dont l'abscisse $AG=8a$, s'étend à l'infini dans l'angle BAC, où les x et les y sont positifs.

L'équation (2) ne donnera, comme l'équation (1), que des valeurs imaginaires entre $x=6a$ et $x=8a$; mais aux valeurs

$$x=0,\quad x=6a,\quad x=8a,$$

répondent

$$y=0,\quad y=\sqrt{48a^2},\quad y=\sqrt{48a^2},$$

qui font voir, 1°. que l'équation (2) donne une partie AF qui va se joindre à la partie DF, au point F où les deux racines (1) et (2) deviennent égales; 2°. que du point H sur la partie HX, fournie par l'équation (1), part une portion HK, résultante de l'équation (2), dans laquelle y décroît jusqu'à zéro, lorsque $48a^2=\sqrt{N}$, ce qui indique le point I situé sur l'axe des x; passé ce point, $\sqrt{N}$ devenant $>48a^2$, la valeur (2) est imaginaire pour toujours, et la portion HI finit à sa jonction avec la portion correspondante, située au-dessous de l'axe des x. L'abscisse AI est évidemment déterminée par l'équation

$$(48a^2)^2=2304a^4-100a^2x^2+x^4,$$

qui revient à

$$x^4-100a^2x^2=0,$$

d'où l'on tire

$$x=0 \quad \text{et} \quad x=\pm 10a.$$

L'abscisse $x=0$, étant celle du point A déjà indiqué, c'est $x=10a$ qui donne le point I, où se termine la partie HI.

Il est à propos de remarquer que les points A, D et I, se détermineraient immédiatement par l'équation proposée, en cherchant ceux où la courbe rencontre les axes des coordonnées, et que la discussion précédente, analogue à celle de l'équation générale du second degré (*Trig.* 111), suffit pour faire connaître l'étendue des diverses parties de la courbe, mais n'en donne pas la forme précise. C'est au contraire ce que fait l'application du Calcul différentiel, qui de plus, abrège beaucoup la recherche des limites des branches, et a l'avantage de montrer comment cette recherche pourrait s'effectuer lors même que l'équation de la courbe proposée serait d'un degré trop élevé, pour qu'on pût obtenir l'expression générale de l'une des variables, par le moyen de l'autre.

107. Je commencerai cette nouvelle discussion, par l'examen des branches infinies de la courbe proposée. L'inspection des valeurs de y (106) nous a déjà fait connaître qu'elle en a une dans chaque angle des coordonnées, pour laquelle les variables x et y sont infinies en même temps; mais sans recourir aux formules citées, si l'on fait $y=tx$, l'équation de cette courbe se divise par x^2, et devient

$$t^4x^2-96a^2t^2+100a^2-x^2=0,$$

d'où l'on tire

$$x^2=\frac{100a^2-96a^2t^2}{1-t^4},$$

résultat qui donne $x=\pm$ infini, lorsque $t=1$, et alors $y=x$.

On aura ensuite (73)

$$x-y\frac{dx}{dy}=\frac{x^4-50a^2x^2-y^4+48a^2y^2}{x^3-50a^2x},$$

$$y-x\frac{dy}{dx}=\frac{y^4-48a^2y^2-x^4+50a^2x^2}{y^3-48a^2y},$$

expressions qui, lorsqu'on y met pour y^4 sa valeur, se réduisent à

$$\frac{50a^2x^2-48a^2y^2}{x^3-50a^2x}, \quad \frac{48a^2y^2-50a^2x^2}{y^3-48a^2y},$$

diminuent sans cesse à mesure que x et y augmentent, et dont la limite, quand x et $y = \pm$ infini, est zéro. On voit par là (73) que la courbe proposée a deux asymptotes, passant par l'origine des coordonnées. Pour achever de les déterminer, il faut prendre dans la même hypothèse, la limite de l'expression de $\frac{dy}{dx}$; et formant toutes les combinaisons des signes $+$ et $-$, on trouvera ± 1, ce qui fait voir que les asymptotes cherchées font avec l'axe des abscisses des angles $\pm 0^q,5$: on ne les a point tirées, afin de ne pas trop compliquer la figure.

108. Venons maintenant aux points singuliers de la courbe que nous discutons. Son équation différentielle première

$$(y^3-48a^2y)\,dy+(50a^2x-x^3)\,dx=0,$$

donne

$$\frac{dy}{dx}=\frac{x^3-50a^2x}{y^3-48a^2y}.$$

En égalant à zéro le numérateur de ce coefficient différentiel, on trouve $x=0$ et $x^2-50a^2=0$. La première valeur de x, substituée dans l'équation proposée, conduit à $y=0$, et $y=\pm\sqrt{96a^2}$; mais comme, en faisant $x=0$ et $y=0$, il vient $\frac{dy}{dx}=\frac{0}{0}$, il faut, suivant le procédé du n° 100, passer à l'équation différentielle seconde, que la supposition ci-dessus réduit à

$$-48a^2dy^2+50a^2dx^2=0,\quad \text{d'où}\quad \frac{dy}{dx}=\pm\sqrt{\frac{50}{48}}.$$

Il suit de ces valeurs, qu'au point A, la courbe est touchée par deux droites, faisant avec l'axe des abscisses des angles dont les tangentes trigonométriques sont

$$\sqrt{\tfrac{50}{48}}=\tfrac{5}{4}\sqrt{\tfrac{2}{3}},\quad -\sqrt{\tfrac{50}{48}}=-\tfrac{5}{4}\sqrt{\tfrac{2}{3}},$$

et que c'est par conséquent un point multiple (85).

Pour achever de connaître la forme de la courbe à ce point, il faut savoir de quel côté les branches tournent leur concavité, et déterminer en conséquence le signe de $\frac{d^2y}{dx^2}$ avant et après, ce qui pourrait entraîner des longueurs, à cause que les deux variables entrent à la fois dans son expression. On arrive plus promptement au but, en cherchant la valeur de ce coefficient donnée, pour le point même, par l'équation différentielle troisième, que la supposition de $x=0$, $y=0$, réduit à $144a^2dyd^2y=0$, et d'où il faut nécessairement conclure $\frac{d^2y}{dx^2}=0$, puisque $\frac{dy}{dx}$ n'est pas nul. Le second coefficient différentiel étant égal à zéro, passons au troisième qui se tire de la différentielle quatrième. Cette dernière, en y faisant x, y et d^2y nuls, se réduit à

$$-4.48a^2dyd^3y+6dy^4-6dx^4=0;$$

l'on en déduit alors

$$-32a^2\frac{dy}{dx}\frac{d^3y}{dx^3}+\frac{dy^4}{dx^4}-1=0,\quad \frac{d^3y}{dx^3}=\frac{\left(\frac{50}{48}\right)^2-1}{\pm32a^2\sqrt{\frac{50}{48}}},$$

en mettant pour $\frac{dy}{dx}$ sa valeur $\pm\sqrt{\frac{50}{48}}$. Par ce moyen l'expression de la distance entre la courbe et sa tangente, pour l'abscisse $x+h$ (76), devient

$$\delta'' = \pm \frac{\left(\frac{50}{18}\right)^2 - 1}{32a\sqrt{\frac{50}{48}}} \frac{h^3}{1.2.3} + \text{etc.},$$

ce qui montre que la branche touchée par la droite AL qui répond à la valeur positive de $\frac{dy}{dx}$, est au-dessus de cette droite du côté des abscisses positives, et au-dessous, du côté des abscisses négatives, et que le contraire a lieu pour la branche touchée par la droite AL'; que par conséquent chacune des branches de la courbe subit au point A, une inflexion.

109. Je reviens aux valeurs $y = \pm\sqrt{96a^2} = \pm 4a\sqrt{6}$. Elles rendent véritablement nulle l'expression de $\frac{dy}{dx}$, puisqu'elle ne font pas évanouir son dénominateur : ainsi, aux points D et D' que ces valeurs indiquent, la tangente est parallèle à l'axe des abscisses.

On s'assurera qu'au point D l'ordonnée est un *maximum* positif, soit en cherchant ce que devient $\frac{d^2y}{dx^2}$ (102), soit en s'assurant que l'ordonnée qui la précède, et celle qui la suit immédiatement, sont toutes deux plus petites. Ces deux moyens sont également faciles ici, d'abord le second, puisqu'on a les valeurs de y (106), et qu'il s'agit de celles où le second radical a le signe $+$. Quant au premier moyen, l'équation différentielle seconde, en y faisant x, y et dy nuls, donne tout de suite la valeur de $\frac{d^2y}{dx^2}$, avec le signe $-$ pour le point D, ce qui indique bien un *maximum*, et avec le signe $+$ pour le point D', qu'il faut considérer comme un *minimum*, puisque toute augmentation dans le sens négatif, revient à un décroissement, par rapport aux quantités positives.

Il reste encore à examiner les racines de l'équation

$$x^2 - 50a^2 = 0, \quad \text{savoir} \quad x = \pm 5a\sqrt{2}.$$

En les substituant dans l'équation proposée, elles rendent imaginaires les expressions de y, et par conséquent n'appartiennent point à la courbe.

110. Cherchons maintenant les valeurs de x et de y, qui peuvent rendre infinie la valeur de $\frac{dy}{dx}$. Egalons pour cela son dénominateur à zéro, ce qui fournira l'équation $y^3 - 48a^2y = 0$, d'où il résulte $y = 0$ et $y = \pm\sqrt{48a^2}$. La première valeur, mise dans l'équation de la courbe, donne $100a^2x^2 - x^4 = 0$, et l'on en conclut $x = 0$, $x = \pm 10a$. La racine $x = 0$, indique encore le point multiple placé à l'origine A; les deux autres répondent aux points I et I', où la courbe rencontre de nouveau l'axe des abscisses, mais de manière que sa tangente est perpendiculaire à cet axe, puisque les valeurs $x = \pm 10a$ ne font point évanouir le numérateur de $\frac{dy}{dx}$.

On voit que ce sont les points à partir desquels les valeurs de y, où le second radical a le signe $-$, deviennent imaginaires pour toujours. On pourrait les considérer comme des *maximums* par rapport à la variable x et à l'axe AC; et on les constaterait par l'examen des valeurs correspondantes de $\frac{d^2x}{dy^2}$, obtenues en considérant, dans les différentiations, x comme fonction de y, au lieu de prendre y pour une fonction de x.

Les deux dernières valeurs $y = \pm\sqrt{48a^2} = \pm 4a\sqrt{3}$, conduisent à $x = \pm 6a$, $x = \pm 8a$; l'un de ces résultats fait connaître le point F et ses analogues, l'autre le point H et ses analogues. Dans tous ces points, la tangente est perpendiculaire à l'axe des abscisses; et la courbe n'ayant point d'ordonnées réelles, depuis $x=6a$ jusqu'à $x=8a$, c'est-à-dire sur l'espace EG, cette circonstance suffit pour faire voir comment elle doit être tournée à l'égard de sa tangente, aux points F et H.

111. Après avoir déterminé la nature de tous les points singuliers, indiqués par le coefficient différentiel du premier ordre, il faut encore chercher si les coefficiens des ordres supérieurs n'en manifesteraient pas d'autres. Pour cela, il faut considérer d'abord le coefficient différentiel du second ordre; son expression générale est

$$\frac{d^2y}{dx^2}=\frac{3x^2-50a^2-(3y^2-48a^2)\frac{dy^2}{dx^2}}{y^3-48a^2y};$$

elle devient $\frac{0}{0}$, lorsque x et y sont nuls; mais nous n'avons point à nous arrêter sur ces valeurs, puisque le point A auquel elles appartiennent est suffisamment discuté (108).

La supposition de $y^2-48a^2=0$, qui fait évanouir le dénominateur, ne doit pas nous arrêter non plus, parce que nous savons qu'elle répond aux points F et H (110); mais le numérateur étant égalé à zéro, donnera une équation qui peut indiquer d'autres valeurs que les précédentes. Cette équation est

$$3x^2-50a^2-(3y^2-48a^2)\frac{dy^2}{dx^2}=0;$$

il faut en chasser $\frac{dy}{dx}$ au moyen de son expression générale, et faire disparaître les dénominateurs : on obtiendra

$$(3x^2-50a^2)(y^3-48a^2y)^2-(3y^2-48a^2)(x^3-50a^2x)^2=0,$$

résultat auquel on peut donner la forme

$$y^2(y^2-48a^2)^2(3x^2-50a^2)-x^2(x^2-50a^2)^2(3y^2-48a^2)=0.$$

Si maintenant on observe que l'équation proposée revient elle-même à

$$(y^2-48a^2)^2-(x^2-50a^2)^2+196a^4=0,$$

et qu'on prenne dans cette équation la valeur de $(y^2-48a^2)^2$, pour la substituer dans la précédente, on trouvera, après les réductions,

$$(x^2-50a^2)^2(25y^2-24x^2)+98a^2y^2(3x^2-50a^2)=0.$$

En tirant de cette dernière la valeur de y^2 pour la substituer dans la proposée, on aura une équation finale qui ne contiendra plus que x, et dont il faudrait discuter les racines, ainsi que je l'ai fait dans les articles précédens; mais comme la marche des branches de la courbe indique suffisamment l'existence des points d'inflexion K, placés entre les points H et I, on pourrait se borner à la résolution de l'équation finale dont nous venons de parler, pour obtenir la valeur précise de l'abscisse des points K; ce qui serait encore fort difficile, à cause du degré auquel s'élève cette équation: ainsi il sera souvent nécessaire de recourir à des moyens particuliers, pour déterminer les points singuliers des courbes. Le développement de l'ordonnée en série, est un de ces moyens; mais il ne saurait entrer dans un traité élémentaire (*).

Des courbes transcendantes.

112. Je n'ai considéré jusqu'ici que des courbes algébriques; je vais maintenant faire connaître quelques-unes des courbes transcendantes les plus remarquables:

(*) On en trouvera les principes dans le Ier vol. du Traité in-4°.

on nomme ainsi celles dont l'équation ne peut s'obtenir en termes algébriques. Je m'occuperai d'abord de la *Logarithmique* ou de la courbe dans laquelle les ordonnées sont les logarithmes des abscisses. La manière la plus simple de la construire par points, afin de s'en former une idée, est de diviser l'axe des abscisses en parties égales, pour représenter les nombres, et de prendre les logarithmes correspondans dans les tables, pour les porter sur les ordonnées.

Suivant ce procédé, son équation est $y=lx$; et quand on prend $x=1$, il vient $y=0$, ce qui fait voir
FIG. 25. qu'elle rencontre l'axe AB au point E, *fig.* 25, où l'abscisse AE est égale à l'unité. La branche EX, qui répond aux abscisses positives plus grandes que l'unité, est infinie, puisque les logarithmes de ces abscisses croissent toujours. Dans la partie AE, où les abscisses sont des fractions, les ordonnées sont négatives et augmentent à mesure que ces fractions diminuent, en sorte que la branche Ex a pour asymptote la partie négative Ac de l'axe des ordonnées : enfin la logarithmique ne s'étend point du côté des abscisses négatives, parce que leurs logarithmes sont imaginaires (*).

En faisant faire un quart de révolution à la figure, les abscisses deviennent les ordonnées, on a $x=ly$; et si a désigne la base du système, il en résulte l'équation $y=a^x$, dans laquelle les logarithmes sont les abscisses.

On peut alors, par des moyennes proportionnelles tirées du cercle, trouver autant de points qu'on voudra de la logarithmique, puisqu'aux abscisses

$$x=\tfrac{1}{2},\quad x=\tfrac{3}{2},\text{ etc.},\quad x=\tfrac{1}{4},\text{ etc.},$$

répondent les ordonnées

(*) *Voyez* le Ier vol. du Traité in-4°.

$$y=\sqrt{a.1}\,,\quad y=\frac{a\sqrt{a.1}}{1},\ \text{etc.},\ y=\sqrt{1.\sqrt{a.1}},\ \text{etc.}$$

Joignant à ces valeurs de y, celles qui se présentent d'elles-mêmes, lorsque x est un nombre entier, on aura un procédé graphique très simple, pour tracer par points une logarithmique, sans le secours des tables.

Il est visible que les logarithmiques ne diffèrent qu'à raison de la base, ou du module du système qu'elles représentent.

113. En différentiant l'équation $y=\mathrm{l}x$, il vient

$$\frac{\mathrm{d}y}{\mathrm{d}x}=\frac{M}{x}\ (28);$$

on voit par là que la tangente de cette courbe est perpendiculaire à la ligne des abscisses lorsque $x=0$, et qu'elle ne lui est parallèle qu'en supposant x infini (83). L'expression générale de la soutangente (66) donne $PT=\frac{xy}{M}$; mais en chassant y, on introduit le logarithme de x, ainsi cette expression est transcendante. Cependant, en prenant la soutangente OD sur l'axe AC, on aura $OD=\frac{x\mathrm{d}y}{\mathrm{d}x}=M$, résultat bien remarquable, puisqu'il prouve que la soutangente OD est constante et égale au module, pour tous les points de la courbe. On trouverait de même que la tangente, la sounormale et la normale, prises par rapport à l'axe AB, sont transcendantes à cause que l'ordonnée y entre dans leur expression, mais qu'elles deviennent algébriques, lorsqu'on les considère à l'égard de l'axe AC.

Je passe à la recherche du rayon de courbure. On a

$$1+\frac{\mathrm{d}y^2}{\mathrm{d}x^2}=\frac{x^2+M^2}{x^2},\quad \frac{\mathrm{d}^2y}{\mathrm{d}x^2}=-\frac{M}{x^2},$$

d'où (81). $\gamma = \frac{(x^2+M^2)^{\frac{3}{2}}}{Mx}$,

$$y-\beta = \frac{x^2+M^2}{M}, \quad x-\alpha = -\frac{x^2+M^2}{x}.$$

Je ne m'arrêterai point à considérer la développée, qui serait nécessairement transcendante; j'observerai seulement qu'on pourrait obtenir immédiatement l'équation différentielle de cette courbe, en éliminant par le moyen des valeurs de $y-\beta$, de $x-\alpha$ et de leurs différentielles, x, dx et dy, de l'équation $dy = M\frac{dx}{x}$.

114. La *cycloïde* ou la courbe décrite par un point pris sur la circonférence d'un cercle, pendant que ce cercle roule sur une ligne droite donnée de position, est encore une courbe transcendante; la relation entre ses ordonnées et ses abscisses, dépend des arcs du cercle générateur : voici comment on peut l'exprimer.

FIG. 26. L'origine du mouvement du cercle étant arbitraire, je la prends au point A, *fig.* 26, où le point *décrivant* M, se trouvait sur la droite AB parcourue par le cercle générateur QMG. Puisque ce cercle, en roulant, applique successivement tous les points de sa circonférence sur la droite AB, il est évident que lorsqu'il est parvenu dans une situation quelconque QMG, la distance AQ est égale à l'arc MQ, compris entre le point M qui touchait la droite AB en A, et le point Q qui la touche dans la position actuelle.

Si l'on élève sur AB, par le point Q, la perpendiculaire QO, qui passera par le centre du cercle générateur, et qu'on mène MN parallèle à AB, MN sera le sinus de l'arc MQ, et NQ en sera le sinus verse (*Trig*. 5).

Soit

$$QO=a, \quad AP=x, \quad PM=QN=y,$$

et on aura

$$MN=\sqrt{2ay-y^2}, \quad x=AQ-PQ=\text{arc } MQ-MN,$$

ou $x=$arc (dont y est le sin. verse) $-\sqrt{2ay-y^2}$: c'est là l'équation primitive de la cycloïde (*).

L'arc MQ peut aussi s'indiquer par son cosinus ON, ou $a-y$: on le fait disparaître par la différentiation, en se servant de la formule du n° 36, dans laquelle on change R en a, u en $a-y$, x en MQ ; il vient

$$\text{d.arc } MQ=\frac{ady}{\sqrt{2ay-y^2}};$$

(*) Si l'on voulait calculer la longueur de l'arc MQ, d'après son sinus, par le moyen des tables trigonométriques, afin de construire la courbe, il faudrait d'abord rapporter au rayon 1 le sinus MN, relatif au rayon a, et l'on aurait $\frac{MN}{a}$, ou $\frac{1}{a}\sqrt{2ay-y^2}$. Désignant par t la longueur de l'arc relatif à ce dernier sinus, celle de l'arc MQ aura nécessairement, avec le *quadrant* du cercle dont il fait partie, le même rapport que l'arc t, avec le *quadrant* des tables ; il en résultera

$$\text{arc} MQ=at,$$

$$x=at-\sqrt{2ay-y^2}=a(t-\sin t),$$

et $t=$ arc dont le sinus $=\frac{1}{a}\sqrt{2ay-y^2}$.

L'expression de x, en y mettant pour t sa valeur, s'écrit ainsi :

$$x=a\left\{\text{arc}\left(\sin=\frac{1}{a}\sqrt{2ay-y^2}\right)-\frac{1}{a}\sqrt{2ay-y^2}\right\};$$

et en différentiant d'après la formule du n° 36, on retombe sur le résultat que j'ai donné ci-dessus.

et on aura ensuite

$$dx = \frac{ady}{\sqrt{2ay-y^2}} - \frac{ady-ydy}{\sqrt{2ay-y^2}},$$

ou

$$dx = \frac{ydy}{\sqrt{2ay-y^2}}:$$

telle est l'équation différentielle de la cycloïde.

Rien n'est plus facile maintenant que d'obtenir les expressions de la soutangente et de la tangente, de la sounormale et de la normale, dans cette courbe. On trouve, par les formules générales du numéro 66,

$$PT = \frac{y^2}{\sqrt{2ay-y^2}}, \quad MT = \frac{y\sqrt{2ay}}{\sqrt{2ay-y^2}},$$

$$PR = \sqrt{2ay-y^2}, \quad MR = \sqrt{2ay}.$$

On peut construire ces valeurs d'une manière très simple; car il est aisé de remarquer que PM ou y étant considéré comme l'abscisse QN dans le cercle générateur QMG, la valeur donnée ci-dessus pour PR est précisément celle de l'ordonnée MN de ce cercle, et que, par conséquent, la normale se confond avec la corde de l'arc MQ, comme on peut le voir aussi par l'expression de MR. Il suit de là que la tangente MT est le prolongement de la corde MG. Si l'on imagine que le cercle QMG glisse sur le point Q pour atteindre une position quelconque qmg, les lignes mq et mg resteront, malgré ce changement, parallèles aux lignes MQ et MG; il suffira donc, pour construire la tangente et la normale dans un point donné M, de rapporter ce point sur le cercle fixe qmg, ce qui se fera en tirant la droite Mm parallèle à AB, et de mener ensuite MT parallèlement à mg et MQ parallèlement à mq.

115. Je passe à la recherche du rayon de courbure. En différentiant l'équation

$$dx = \frac{ydy}{\sqrt{2ay - y^2}},$$

j'obtiens, puisque dx est constant,

$$0 = (yd^2y + dy^2)\sqrt{2ay - y^2} - \frac{ydy(ady - ydy)}{\sqrt{2ay - y^2}};$$

réduisant et divisant par y, il vient

$$0 = (2ay - y^2)\,d^2y + ady^2,$$

d'où je tire

$$d^2y = -\frac{ady^2}{2ay - y^2}:$$

substituant cette valeur et celle de dy dans l'expression du rayon de courbure (81), je trouve, après les réductions nécessaires,

$$\gamma = 2^{\frac{3}{2}}(ay)^{\frac{1}{2}} = 2\sqrt{2ay}.$$

Ce résultat fait voir que le rayon de courbure MM' est double de la normale MQ, et qu'il ne peut par conséquent devenir plus grand que le double du diamètre du cercle générateur, diamètre qui est à la fois l'ordonnée et la normale de la cycloïde au point I, où le contact Q a parcouru la moitié de la circonférence.

Les expressions de $x - \alpha$ et de $y - \beta$ donnent ensuite

$$y - \beta = 2y, \qquad x - \alpha = -2\sqrt{2ay - y^2};$$

on conclut de là

$$y = -\beta, \qquad x = \alpha - 2\sqrt{-2a\beta - \beta^2}.$$

En substituant ces valeurs dans l'équation primitive de la cycloïde, et réduisant on obtient

$$\alpha = \text{arc (dont } -\beta \text{ est le sin. verse)} + \sqrt{-2a\beta - \beta^2},$$

résultat qui a beaucoup d'analogie avec cette équation. Le radical $\sqrt{-2a\beta-\beta^2}$ devient semblable à $\sqrt{2ay-y^2}$ lorsqu'on fait $\beta=-2a+\beta'$, ce qui revient à prendre au lieu de l'ordonnée EM', toujours négative, l'ordonnée $P'M'$ rapportée à un axe $A'B'$ placé au-dessous de AB à une distance $A'I=2a$. Par cette transformation, il vient

$$\alpha=\text{arc (dont } 2a-\beta' \text{ est le sin. verse)}+\sqrt{2a\beta'-\beta'^2};$$

puis, si l'on observe que deux arcs dont les sinus verses réunis composent le diamètre, sont supplémens l'un de l'autre, et qu'on désigne la demi-circonférence par π, on pourra écrire

$$\alpha=\pi-\text{arc (dont } \beta' \text{ est le sin. verse)}+\sqrt{2a\beta'-\beta'^2}:$$

Prenant enfin $\alpha=\pi-\alpha'$, c'est-à-dire, substituant à l'abscisse AE, l'abscisse $A'P'=AI-AE$, il viendra

$$\alpha'=\text{arc (dont } \beta' \text{ est le sin. verse)}-\sqrt{2a\beta'-\beta'^2},$$

équation d'une cycloïde dont l'origine est au point A', et décrite sur l'axe $A'B'$, par le même cercle générateur que la proposée, mais dans le sens $A'B'$ contraire à AB.

La même conséquence peut se tirer immédiatement de la détermination du rayon de courbure. En prolongeant la droite GQ jusqu'à ce qu'elle rencontre $A'B'$ en Q', et menant $Q'M'$, on formera les triangles GMQ et $QM'Q'$ égaux entre eux; l'angle $QM'Q'$ sera donc droit; et si l'on décrit sur QQ', comme diamètre, un cercle, il passera par le point M', et sera égal au cercle générateur. Cela posé, puisque l'arc $M'Q'$ est le supplément de $M'Q$, qui lui-même est égal à MQ, on aura

$$\text{arc } M'Q' = QMG - \text{arc } MQ$$
$$= AI - AQ = QI = A'Q',$$

ce qui montre bien clairement que la développée $A'M'A$, est une cycloïde décrite par le cercle $QM'Q'$, roulant sur $A'B'$, de A' vers B'.

On remarquera sans doute que, d'après ce qui précède, la cycloïde est rectifiable, puisqu'elle est elle-même sa développée, et que l'expression de son rayon de courbure est algébrique; et on en déduira ce résultat curieux, que la longueur de l'arc $A'A$, ou de son égal AK, qui compose la moitié de branche décrite par une révolution entière du cercle générateur, est précisément la même que celle de $A'K$, ou du double du diamètre de ce cercle.

116. La cycloïde n'est pas terminée au point L où le cercle a parcouru, sur la droite AL, sa circonférence entière; car rien ne limite la durée de ce mouvement. On doit bien observer, dans la description des courbes, que les diverses parties résultantes d'une même construction ou d'un même mouvement, appartiennent toutes à la même courbe. Ainsi le cercle QMG, en continuant de rouler sur la droite AB, au-delà du point L, décrit une suite de portions semblables à AKL; et il faut en concevoir autant sur la gauche du point A, puisque le cercle a pu n'arriver à ce point qu'à la suite d'un mouvement commencé depuis un temps infini. L'équation de la courbe conduit à ces remarques, car rien n'empêche d'y supposer l'arc QM, augmenté ou diminué d'autant de circonférences que l'on voudra. On voit d'ailleurs que y ne pourra jamais surpasser $2a$. Il suit de là que la cycloïde, conçue dans toute l'étendue qu'elle doit avoir, peut être coupée par une même ligne droite, dans une infinité de points.

Le coefficient différentiel du second ordre $\frac{d^2y}{dx^2}$ étant égal à $-\frac{a}{y^2}$, est toujours négatif; mais il devient infini ainsi que $\frac{dy}{dx}$, quand $y=0$, ce qui arrive lorsque l'arc MQ est nul ou égal à un multiple quelconque de la circonférence : les points A, L, etc., où se touchent les différentes branches de la cycloïde, sont donc des points de rebroussement de la première espèce, dans lesquels la tangente est perpendiculaire à l'axe des abscisses (83).

117. Les spirales composent encore un ordre de courbes transcendantes, remarquables par leur forme et leurs propriétés. Voici comment s'engendre celle qu'imagina Conon de Syracuse, et dont Archimède découvrit les principales propriétés.

FIG. 27. Pendant que le rayon AO, *fig.* 27, se meut autour du centre A du cercle OGO, un point mobile, parti de ce centre, parcourt uniformément la ligne AO, et avec une vîtesse telle, qu'il arrive au point O, en même temps que cette droite a achevé sa révolution. Il suit de là, que pour un point quelconque M de la spirale $AMOM'X$, le rapport de AM à AN, est le même que celui de l'arc ON à la circonférence OGO; mais comme rien ne s'oppose à ce que le point *décrivant* continue son mouvement au-delà du point O, sur le rayon prolongé, et que ce rayon peut lui-même faire un nombre infini de révolutions, la courbe AMO se prolongera en tournant toujours autour du point A, de manière que le rapport entre la distance de chacun de ses points au point A et le rayon du cercle, soit égal à celui qui se trouve entre l'arc parcouru par le point O, depuis le commencement du mouvement et la circonférence entière. En M', par exemple, où le rayon AN a fait une révolution plus l'arc ON, on aura

$$\frac{AM'}{AN}=\frac{OGO+ON}{OGO}.$$

Si donc on fait

$$ON=t, \quad AM=u,$$

et que, prenant pour unité le rayon AN, on représente par 2π la circonférence OGO, on aura $u=\frac{t}{2\pi}$.

Les variables de cette équation sont ce que les géomètres appellent des *coordonnées polaires*. Le centre A du cercle OGO, se nomme le *pôle;* la ligne AM, assujétie à passer toujours par ce point, est le *rayon vecteur*, et tient lieu de l'ordonnée de la courbe, tandis que l'angle parcouru par AM et mesuré par l'arc ON, remplace l'abscisse.

La spirale que je viens de considérer, et qui porte le nom de *spirale d'Archimède*, n'est qu'un cas particulier des courbes que représente l'équation $u=at^n$, en assignant à n toutes les valeurs possibles.

Tant que n est un nombre positif, les spirales données par l'équation $u=at^n$, prennent leur origine au point A; mais quand n est négatif, u, d'abord infini, lorsque $t=0$, diminue à mesure que cet arc augmente, et à chaque nouvelle révolution, le point décrivant s'approche du point A sans pouvoir jamais y atteindre.

Lorsque $n=-1$, la courbe, dont l'équation est alors $u=at^{-1}$, ou $ut=a$, et qui se nomme *spirale hyperbolique*, a en outre une asymptote droite. En effet, si l'on pose successivement

$$t=1, \quad =\tfrac{1}{2}, \quad =\tfrac{1}{3}, \quad =\tfrac{1}{4}, \text{ etc.},$$

les valeurs correspondantes

$$u=a, \quad =2a, \quad =3a, \quad =4a, \text{ etc.},$$

montrent que la spirale, s'éloignant de plus en plus du point A, s'approche en même temps d'une droite DE,
FIG. 28. *fig.* 28, menée parallèlement à l'axe AO, à une distance $AD=a$; car, PM perpendiculaire sur AB, ayant pour expression

$$u \sin MAP = u \sin t = a\frac{\sin t}{t},$$

quand on y met pour u sa valeur at^{-1}, a pour limite a, lorsque $t=0$: la spirale hyberbolique a donc aussi pour limite la droite DE.

Je n'ai considéré que les valeurs positives de t; en les prenant, comme je l'indique, dans le sens $OGHO$, il faudrait porter les négatives en sens contraire, et prendre celles de u dans la partie opposée du rayon vecteur. On produirait de cette manière une seconde branche de la spirale hyperbolique, placée sur le prolongement AB' du rayon AO, et ayant pour asymptote DE' prolongement de DE. Enfin, si l'on donnait à la constante a le signe —, on répéterait au-dessous de BB' la courbe que je viens d'indiquer au-dessus.

C'est de la même manière qu'il faut avoir égard au changement de signe, dans toutes les courbes à coordonnées polaires.

FIG. 27 Si, au lieu de la distance AM, *fig.* 27, on prenait pour u la partie MN du rayon vecteur, comprise entre le point M et la circonférence du cercle OGO, l'équation $u^2=at$ serait celle de la *spirale parabolique*, ou de la courbe qu'on formerait en roulant l'axe d'une parabole autour du cercle OGO; les ordonnées se trouveraient alors perpendiculaires à la circonférence de ce cercle, et tomberaient sur ses rayons.

118. Lorsqu'on rapporte les courbes à des coordon-

nées polaires, le changement du rayon vecteur AM, *fig.* 29, est la partie QM' retranchée du rayon vecteur suivant, par l'arc de cercle MQ décrit du point A comme centre, avec le rayon AM; et l'accroissement de l'angle MAO se mesure par un arc de cercle NN', décrit d'un rayon AN égal à l'unité. On voit, comme dans le n° 60, que la différentielle première de AM est le premier terme du développement de $M'Q$, suivant les puissances de NN'; et quand on passe aux limites, on regarde le petit arc MQ comme une ligne droite (74), et le triangle MQM' comme rectiligne rectangle, ce qui donne.... FIG. 29.

$MM'=\sqrt{\overline{QM}^2+\overline{QM'}^2}$. Alors QM' étant du, et NN', dt, il vient $QM=udt$, puis $MM'=\sqrt{du^2+u^2dt^2}$, pour la différentielle de l'arc DM.

119. Si l'on mène AT parallèle à la corde du petit arc QM, et qu'on prolonge jusqu'à la rencontre de cette droite le côté MM' du polygone inscrit à la courbe, on aura, par la similitude des triangles $M'QM$ et $M'AT$,

$$\frac{QM'}{QM}=\frac{AM'}{AT}.$$

Lorsqu'on passe aux limites, la corde QM peut être prise pour l'arc, l'angle $M'QM$ pouvant approcher aussi près qu'on voudra, d'un droit, le triangle $M'AT$ approche de même du triangle MAT' rectangle en A, dans lequel AT' est la limite de AT, et qui donne

$$\frac{du}{udt}=\frac{u}{AT'},$$

d'où l'on conclut

$$AT'=\frac{u^2dt}{du}.$$

On construira la tangente, en menant par le point A une perpendiculaire au rayon vecteur AM, et en portant sur cette droite la valeur de AT', donnée par la formule ci-dessus.

Si l'on applique cette formule à l'équation $u = at^n$, on trouvera

$$AT' = \frac{u^2}{nut^{n-1}} = \frac{a}{n}t^{n+1}.$$

Dans la spirale d'Archimède, on a $n = 1$ et $a = \frac{1}{2\pi}$; il en

FIG. 27. résulte $AT' = \frac{t^2}{2\pi}$, *fig.* 27. On voit par cette expression que lorsque $t = 2\pi$, ou après une révolution du point décrivant, la soutangente est égale à la circonférence $OGQO$ rectifiée. Après m révolutions $t = 2m\pi$, ... $AT' = 2m^2\pi$ ou m fois la circonférence, dont le rayon est $m.AO$, et qui embrasse ces m révolutions : c'est ce qu'a trouvé Archimède.

Quand $n = -1$, ce qui est le cas de la spirale hyperbolique, on a $AT' = -a$, c'est-à-dire, que la soutangente de cette courbe est constante.

Je ne m'arrête point à la recherche de la sounormale et de la normale, parce qu'on les obtient facilement lorsque la soutangente est connue.

J'observerai seulement que $\frac{AT'}{AM} = \frac{udt}{du}$, exprime la tangente de l'angle que fait avec le rayon vecteur AM, la droite $T'M$ qui touche la courbe au point M, et qu'on a

$$T'M = \sqrt{\overline{AM}^2 + \overline{AT'}^2} = u\sqrt{1 + \frac{u^2dt^2}{du^2}}.$$

FIG. 29. 120. La différentielle de l'aire ADM, *fig.* 29, prise relativement aux coordonnées polaires, n'est pas un trapèze, comme dans le cas des ordonnées parallèles, mais un secteur AMM'. La limite du rapport de ce secteur avec l'arc NN', sera la même que celle des rapports que les secteurs AMQ, $AM'R$, entre lesquels il se trouve compris et qui tendent vers l'égalité, ont avec le même arc NN' ; on conclura donc de là que l'aire ADM étant représentée par s, son coefficient différentiel doit être

$$\frac{\mathrm{d}s}{\mathrm{d}t}=\frac{AM\times MQ}{2NN'}=\frac{u^2}{2}, \quad \text{ou} \quad \mathrm{d}s=\frac{u^2\mathrm{d}t}{2}.$$

121. La différentielle seconde d^2u, sera le premier terme du développement $M''Q'-M'Q$, suivant les puissances de NN' (60) ; et il faut observer que lorsqu'on suppose l'arc NN' constant, ou qu'on fait toujours varier l'angle t de la même quantité, les arcs QM, $Q'M'$, ne sont pas pour cela égaux entre eux, car ils sont de rayons différens.

On pourrait déduire de là les expressions relatives au centre de courbure et à la développée, mais j'ai préféré d'appliquer aux courbes qui sont rapportées à des coordonnées polaires, les expressions trouvées relativement aux coordonnées rectangles, parce que cette marche fournit l'occasion de transformer les coordonnées du premier système dans celles du second, ou bien de passer de celui-ci à l'autre. Cela sera d'autant plus utile, qu'on rapporte quelquefois les courbes algébriques à des coordonnées polaires ; on le fait surtout à l'égard des courbes du second degré, en prenant leur foyer pour pôle.

122. Je placerai au point A, *fig.* 27, pour plus de simplicité, l'origine des coordonnées rectangles FIG. 27

$$AP=x, \quad PM=y;$$

et pour fixer la position de l'axe AB des abscisses, je désignerai par m l'arc QO compris entre cet axe et le point O, origine de l'arc t. En menant PM perpendiculaire sur AB, et en observant que l'angle MAP est mesuré par l'arc NQ égal à $t-m$, on trouvera

$$\overline{AM}^2 = \overline{AP}^2 + \overline{PM}^2,$$
$$AP = AM\cos NQ,$$
$$PM = AM\sin NQ,$$

ou

$$u = \sqrt{x^2+y^2} \qquad (a),$$
$$x = u\cos(t-m) \qquad (b),$$
$$y = u\sin(t-m) \qquad (c).$$

Au moyen des deux dernières valeurs, on changera toute équation algébrique entre x et y, dans une autre qui ne contiendra plus que le sinus, le cosinus de l'arc t, et le rayon vecteur u. Ces équations donnent aussi

$$\cos(t-m) = \frac{x}{u}, \qquad \sin(t-m) = \frac{y}{u},$$

d'où l'on tirera des valeurs de $\cos t$ et de $\sin t$ en x, y, u, $\sin m$ et $\cos m$, qui, substituées dans une équation quelconque entre u, $\sin t$ et $\cos t$, conduiront à un résultat ne renfermant plus que x et y, puisqu'on pourra remplacer u par $\sqrt{x^2+y^2}$.

Si, pour abréger, on suppose que la ligne AB se confonde avec la ligne AO, on aura seulement

$$\cos t = \frac{x}{u}, \qquad \sin t = \frac{y}{u}.$$

Lorsque l'équation en u et t, qu'on se propose de transformer, contient l'arc t lui-même, il n'est plus possible d'obtenir une relation algébrique entre x et y, puisqu'on n'en a pas de semblable entre l'arc t, son sinus et son cosinus; mais on parvient ainsi qu'on va le voir, à une équation différentielle, qui ne contient plus que x, y, dx et dy.

Les équations (b) et (c) étant jointes à celle de la courbe, établissent entre les quatre variables x, y, u et t, des relations telles, que trois de ces variables sont des fonctions de la quatrième; on peut donc différentier les équations (a), (b) et (c), en y regardant t, u et y comme des fonctions de x (46), et l'on aura ainsi

$$\mathrm{d}u = \mathrm{d}.\sqrt{x^2+y^2},$$
$$\mathrm{d}x = \mathrm{d}u \cos(t-m) - u\mathrm{d}t \sin(t-m),$$
$$\mathrm{d}y = \mathrm{d}u \sin(t-m) + u\mathrm{d}t \cos(t-m).$$

Si l'on élimine du des deux dernières équations, il viendra

$$\mathrm{d}t = \frac{\mathrm{d}y \cos(t-m) - \mathrm{d}x \sin(t-m)}{u};$$

mettant pour $\cos(t-m)$, $\sin(t-m)$ et u, leurs valeurs, on aura

$$\mathrm{d}t = \frac{x\mathrm{d}y - y\mathrm{d}x}{x^2+y^2} \;(*).$$

On pourra donc chasser de l'équation en u et t, et de sa différentielle, les quantités u, $\cos t$, $\sin t$, du et dt; les deux résultats qu'on obtiendra ne contenant plus que t, on le fera disparaître par l'élimination.

Soit pour exemple l'équation $u = at^n$, qui donne

$$u^{\frac{1}{n}} = a^{\frac{1}{n}}t, \qquad \frac{1}{n}\, u^{\frac{1}{n}-1}\,\mathrm{d}u = a^{\frac{1}{n}}\mathrm{d}t;$$

les expressions de u, de du, et de dt, étant indépen-

(*) On rencontre souvent l'expression du secteur ds (120) en coordonnées rectangles, et il est par conséquent utile de la remarquer. Elle s'obtient, en mettant pour dt et pour u^2 leurs valeurs trouvées ci-dessus; il vient alors

$$\mathrm{d}s = \frac{x\mathrm{d}y - y\mathrm{d}x}{2}.$$

dantes de l'angle m, il viendra, en les substituant et en réduisant au même dénominateur,

$$\frac{1}{n}(x^2+y^2)^{\frac{1}{2n}}(x\mathrm{d}x+y\mathrm{d}y)=a^{\frac{1}{n}}(x\mathrm{d}y-y\mathrm{d}x).$$

Avec cette équation on déterminerait les soutangentes, les tangentes, etc., des spirales, en faisant usage des formules du nº 66; mais puisque c'est en u et t que sont exprimées d'abord les équations de ces courbes, il sera plus simple et en même temps plus général, de transformer relativement aux mêmes variables, les formules citées, et c'est ce que je vais faire.

123. Pour obtenir ces formules, on a regardé y comme lié immédiatement à la variable x, par l'équation proposée en x et y; mais maintenant que la courbe est donnée par une équation entre les coordonnées polaires u et t, c'est l'une de ces variables qui est indépendante, et dont l'accroissement doit être supposé constant. Soit donc $u=\mathrm{f}(t)$; sous ce point de vue, x et y seront des fonctions de t, déterminées par les équations

$$x=u\cos(t-m),\quad y=u\sin(t-m)\ (122);$$

mais au moyen de la différentiation des fonctions de fonctions (9), on exprime aisément les coefficiens différentiels de y, relatifs à x, par ceux de u relatifs à t.

Pour cela, commençons par mettre les premiers en évidence, en posant

$$\mathrm{d}y=p\mathrm{d}x,\quad \mathrm{d}^2y=q\mathrm{d}x^2;$$

alors, y et p étant considérés d'abord comme des fonctions de t, et ensuite comme des fonctions de x, on aura

$$\frac{\mathrm{d}y}{\mathrm{d}t}=\frac{\mathrm{d}y}{\mathrm{d}x}\frac{\mathrm{d}x}{\mathrm{d}t},\quad \frac{\mathrm{d}p}{\mathrm{d}t}=\frac{\mathrm{d}p}{\mathrm{d}x}\frac{\mathrm{d}x}{\mathrm{d}t};$$

et de là on tirera

$$p=\frac{dy}{dx}=\frac{\frac{dy}{dt}}{\frac{dx}{dt}},\quad q=\frac{dp}{dx}=\frac{\frac{dp}{dt}}{\frac{dx}{dt}},$$

ce qui revient à

$$p=\frac{dy}{dx},\quad q=\frac{dp}{dx},$$

pourvu qu'on entende à présent, par dx, dy et dp, des différentielles rapportées à la variable t considérée comme indépendante (*).

En effectuant dans cette hypothèse la différentiation de p, on obtient

$$q=\frac{dp}{dx}=\frac{dxd^2y-dyd^2x}{dx^3}.$$

Avec ces formules, on peut maintenant transformer les expressions de la soutangente, de la tangente, etc., et celles qui se rapportent au centre de courbure, pourvu qu'on y ait introduit au lieu de dy et de d^2y, les coefficiens différentiels p et q, pour lesquels on substituera ensuite les valeurs ci-dessus.

124. On voit d'abord par la valeur de p, que l'expression de la soutangente, comme toutes celles où il n'entre que des différentielles du premier ordre, ne doit pas changer, et que

$$PT=\frac{y}{p}\ (66),\quad \text{demeure}\ =\frac{ydx}{dy}.$$

(*) On peut encore parvenir à ce résultat, par la considération immédiate des limites, en observant que

$$\frac{y'-y}{x'-x}=\frac{\frac{y'-y}{t'-t}}{\frac{x'-x}{t'-t}},\quad \text{d'où}\quad p=\frac{\frac{dy}{dt}}{\frac{dx}{dt}}\ (8).$$

En mettant pour y, $\mathrm{d}x$ et $\mathrm{d}y$ leurs valeurs (122), il vient

$$PT = u\sin(t-m)\frac{\mathrm{d}u\cos(t-m)-u\mathrm{d}t\sin(t-m)}{\mathrm{d}u\sin(t-m)+u\mathrm{d}t\cos(t-m)}.$$

On simplifiera beaucoup ce résultat, en observant que la situation de la ligne des abscisses, sur laquelle tombe la distance PT, est arbitraire, et qu'on peut par conséquent prendre toujours m tel que l'arc QN, soit 1^q, auquel cas l'ordonnée PM se confond avec le rayon vecteur AM, $\cos(t-m)=0$, $\sin(t-m)=1$, et PT se change en $AT'=-\frac{u^2\mathrm{d}t}{\mathrm{d}u}$.

125. Si dans la différentielle de l'arc AM, qui est

$$\mathrm{d}z=\sqrt{\mathrm{d}x^2+\mathrm{d}y^2}\ (64),$$

on substitue pour $\mathrm{d}x$ et $\mathrm{d}y$ leurs valeurs en coordonnées polaires, on aura

$$\mathrm{d}z=\sqrt{\mathrm{d}u^2+u^2\mathrm{d}t^2},$$

expression trouvée pour MM', dans le n° 118.

126. Je passe à la recherche du rayon de courbure. La formule

$$\gamma=-\frac{(\mathrm{d}x^2+\mathrm{d}y^2)^{\frac{3}{2}}}{\mathrm{d}x\mathrm{d}^2y}\quad\text{devient}\quad\gamma=-\frac{(1+p^2)^{\frac{3}{2}}}{q},$$

lorsqu'on y remplace par $p\mathrm{d}x$ et $q\mathrm{d}x^2$, les différentielles $\mathrm{d}y$ et d^2y encore relatives à la variable x; mettant ensuite pour p et q leurs valeurs en différentielles relatives à t, on obtient

$$\gamma=-\frac{(\mathrm{d}x^2+\mathrm{d}y^2)^{\frac{3}{2}}}{\mathrm{d}x\mathrm{d}^2y-\mathrm{d}y\mathrm{d}^2x}.$$

Maintenant, si l'on fait varier dx, dy et du, comme des fonctions de t, dans les valeurs de dx et dy (122), elles conduisent à

$$d^2x = d^2u\cos(t-m) - 2du\,dt\sin(t-m) - u\,dt^2\cos(t-m),$$
$$d^2y = d^2u\sin(t-m) + 2du\,dt\cos(t-m) - u\,dt^2\sin(t-m);$$

posant ensuite $t-m=1^q$, comme dans le n° 124, et par la même raison, il viendra

$$dx = -u\,dt, \qquad dy = du,$$
$$d^2x = -2du\,dt, \quad d^2y = d^2u - u\,dt^2,$$

valeurs avec lesquelles on trouvera

$$\gamma = \frac{(du^2 + u^2dt^2)^{\frac{3}{2}}}{u\,dt\,d^2u - u^2dt^3 - 2du^2dt}.$$

127. On a coutume, lorsqu'on fait usage des coordonnées polaires, de déterminer la position du centre du cercle osculateur par celle de la normale et par la distance ME, comprise entre le point M et le pied de la perpendiculaire EF, abaissée du centre F du cercle osculateur sur la droite AM, ce qui donne quelquefois de l'élégance à la construction du rayon de courbure.

La ligne AM étant prise pour l'axe des ordonnées y, la partie AE représente l'ordonnée β de la développée (81); et par conséquent

$$ME = AM - AE = y - \beta = -\frac{dx^2 + dy^2}{d^2y};$$

expression qui devient

$$ME = -\frac{1+p^2}{q},$$

lorsqu'on y remplace par $p\,dx$ et $q\,dx^2$, les différentielles dy et d^2y, encore relatives à la variable x; mettant ensuite pour p et q leurs valeurs en différentielles relatives à t, on aura

$$ME = -\frac{dx(dx^2+dy^2)}{dxd^2y - dyd^2x} = -\frac{u(du^2+u^2dt^2)}{ud^2u - u^2dt - 2du^2},$$

quand on remplace dx, dy, d^2x, d^2y, par les valeurs obtenues dans le n° précédent.

128. Pour faire une application de ces formules, je prends la *spirale logarithmique* dont l'équation est $t = lu$. En différentiant, il vient

$$dt = M\frac{du}{u} \text{ (28)} \quad \text{ou} \quad \frac{udt}{du} = M,$$

ce qui montre (119) que dans tous les points de cette courbe, la tangente fait le même angle avec le rayon vecteur.

Une seconde différentiation, effectuée sur l'équation

$$dt = \frac{Mdu}{u},$$

en y supposant dt constant, donne

$$ud^2u - du^2 = 0, \quad \text{d'où} \quad d^2u = \frac{du^2}{u};$$

et si l'on substitue dans les expressions de γ ou MF et de ME cette valeur de d^2u, puis celle de dt en du, on aura

$$MF = -\frac{u\sqrt{1+M^2}}{M}, \quad ME = u = AM.$$

FIG. 30. Il suit de là que la droite AF, *fig.* 30, menée perpendiculairement au rayon vecteur AM, rencontrera la normale MF au centre du cercle osculateur, ou sur le point correspondant de la développée FZ.

Cette développée sera une spirale semblable à la proposée ; car l'angle AFM étant égal à $T'MA$, sera le même pour tous les points de la courbe FZ, comme pour ceux de la courbe AX.

Du changement de la variable indépendante, ou comment on change la différentielle qu'on a prise pour constante, en une autre qui ne le soit plus.

129. La transformation employée dans les nᵒˢ 123 et 126, pour la détermination du cercle osculateur des courbes à coordonnées polaires, et qui consiste à changer une expression différentielle prise en regardant y comme une fonction de x, en une autre où x et y soient toutes deux envisagées comme des fonctions d'une troisième variable quelconque t, que l'on suppose indépendante, étant souvent utile, il est à propos de la reprendre pour l'étendre à des expressions différentielles quelconques.

Le coefficient $p=\frac{dy}{dx}$ revient alors à

$$p=\frac{\frac{dy}{dt}}{\frac{dx}{dt}}=\frac{dy}{dx}\ (123),$$

où l'on doit regarder aussi dy et dx comme des fonctions de t, et les différentier en conséquence, ce qui donnera

$$dp=d\left(\frac{dy}{dx}\right)=\frac{dxd^2y-dyd^2x}{dx^2}:$$

faisant ensuite $dp=qdx$, on trouvera

$$q=\frac{1}{dx}d\left(\frac{dy}{dx}\right)=\frac{dxd^2y-dy\,d^2x}{dx^3}.$$

En poursuivant de la même manière, on aura

$$dq = d\left[\frac{1}{dx}d\left(\frac{dy}{dx}\right)\right] = d\left(\frac{dxd^2y - dyd^2x}{dx^3}\right)$$
$$= \frac{dx^2d^3y - 3dxd^2xd^2y + 3dyd^2x^2 - dxdyd^3x}{dx^4};$$

et posant $dq = rdx$, on obtiendra

$$r = \frac{dx^2d^3y - 3dxd^2xd^2y + 3dyd^2x^2 - dxdyd^3x}{dx^5}.$$

C'est ainsi que les quantités p, q, r, etc., qui sont implicitement des fonctions de x, s'expriment au moyen de dx, dy, d^2x, etc., regardées comme des fonctions de t; et en substituant ces valeurs dans quelque formule que ce soit, ramenée à ne contenir que les coefficiens différentiels p, q, r, etc., on la transformera sous le point de vue général proposé.

130. Les expressions de q, r, etc., sont indéterminées, tant qu'on n'assigne aucune relation entre les variables x, y et t; mais l'effet de cette relation établit une dépendance entre d^2x et d^2y, puisque t pouvant aussi être envisagé comme une fonction de x et de y, dt en est pareillement une de ces variables et de leurs différentielles, et la supposition de dt constant emporte l'équation $d^2t = 0$.

Il n'est pas même nécessaire, pour obtenir cette dernière, de connaître la relation primitive entre x, y et la variable t qu'on veut regarder comme indépendante; il suffit d'avoir l'expression de dt.

Si l'on prenait, par exemple, pour cette variable l'arc de la courbe proposée, on aurait alors (64)

$$dt = \sqrt{dx^2 + dy^2};$$

et en différentiant dx et dy comme des fonctions de t, il viendrait

$$d^2t = dxd^2x + dyd^2y = 0;$$

chassant, à l'aide de cette équation et de ses différentielles, les différentielles d^2x, d^3x, etc., des expressions de q, r, etc., on aurait les formes que prennent ces coefficiens différentiels lorsqu'on fait varier x et y, en conséquence du changement de l'arc t, ou lorsqu'on regarde cet arc comme la variable indépendante, ou enfin lorsqu'on prend sa différentielle pour constante.

Soit pour exemple, l'expression

$$\gamma = -\frac{(dx^2 + dy^2)^{\frac{3}{2}}}{dxd^2y - dyd^2x} \quad (126);$$

on obtiendra

$$\gamma = -\frac{dx(dx^2 + dy^2)^{\frac{1}{2}}}{d^2y} = -\frac{dxdt}{d^2y},$$

résultat qui ne contiendra plus que les variables y et t, quand on y mettra pour dx sa valeur $\sqrt{dt^2 - dy^2}$.

On peut aussi faire à volonté

$$dt = dx, \quad \text{ou} \quad dt = dy,$$

d'où il résulte

$$d^2x = 0, \quad \text{ou} \quad d^2y = 0;$$

et par le moyen de ces hypothèses, on prend alternativement x ou y pour variable indépendante, c'est-à-dire que l'on regarde y comme fonction de x, ou x comme fonction de y. Dans le premier cas

$$q = \frac{d^2y}{dx^2}, \text{ et dans le second } q = -\frac{dyd^2x}{dx^3}.$$

Si l'on met cette dernière valeur dans l'expression

$$\gamma = -\frac{(1 + p^2)^{\frac{3}{2}}}{q} \quad (126),$$

on la transformera immédiatement en celle qui convient au cas où l'on regarde x comme fonction de y, et qui est

$$\gamma = \frac{(dx^2 + dy^2)^{\frac{3}{2}}}{dyd^2x}.$$

131. On peut aussi ramener à dépendre immédiatement de x, les différentielles d'une fonction y, formées en prenant pour variable indépendante une fonction t, donnée en x et y. Pour cela, il suffit d'observer qu'en regardant celles-ci comme des fonctions de t, ainsi que les coefficiens différentiels p, q, etc., on a encore, par le n° 123, les équations

$$dy = pdx, \quad dp = qdx, \quad dq = rdx, \text{ etc.};$$

et sous ce point de vue,

$$dy = pdx,$$

conduit, par la différentiation, aux équations

$$\begin{aligned} d^2y &= dpdx + pd^2x \\ &= qdx^2 + pd^2x, \\ d^3y &= dqdx^2 + 2qdxd^2x + dpd^2x + pd^3x \\ &= rdx^3 + 3qdxd^2x + pdx^3, \\ &\text{etc.,} \end{aligned}$$

auxquelles joignant

$$dt = 0, \quad d^2t = 0, \text{ etc.},$$

qui donneront les relations des différentielles d^2x, d^3x, etc., avec d^2y, d^3y, etc., on aura tout ce qu'il faut pour chasser les unes et les autres de l'expression différentielle proposée, en sorte qu'il n'y restera plus que les coefficiens différentiels p, q, r, etc., où y est supposé fonction immédiate de x.

Si l'on prend, comme ci-dessus,

$$dt = \sqrt{dx^2 + dy^2}, \quad \text{d'où} \quad dxd^2x + dyd^2y = 0,$$

il viendra

$$d^2x = -\frac{dyd^2y}{dx} = -pd^2y, \quad d^2y = qdx^2 - p^2d^2y,$$

et par conséquent

$$d^2y = \frac{q dx^2}{1+p^2}, \quad d^2x = -\frac{pq dx^2}{1+p^2}.$$

La première de ces valeurs, mise dans

$$\gamma = -\frac{dx dt}{d^2y} = -\frac{dx\sqrt{dx^2+dy^2}}{d^2y} = -\frac{dx^2\sqrt{1+p^2}}{d^2y},$$

redonne l'expression

$$\gamma = -\frac{(1+p^2)^{\frac{3}{2}}}{q},$$

de laquelle on est parti dans le n° 126.

132. Le changement de variable indépendante a aussi une interprétation géométrique. En effet, il est visible que pour particulariser le polygone $MM'M''$ etc., *fig.* 2, qu'on se propose d'inscrire dans une courbe quelconque CM, il faut assigner une loi dans la succession des angles de ce polygone. J'ai d'abord pris les différences d'abscisses PP', $P'P''$, etc., égales entre elles; mais on peut remplacer cette loi par toute autre : supposer, par exemple, que les côtés MM', $M'M''$, etc., soient égaux. FIG. 2.

Ces divers modes cependant ne portent que sur les signes, et ne sont qu'une manière particulière d'écrire les coefficiens différentiels; car que y varie à cause du changement que subit spontanément x, ou à cause de celui que subit une autre variable t, de laquelle x dépend, tout cela revient au même pour les limites qui sont indépendantes des valeurs des accroissemens; aussi lorsqu'on différentie une équation entre x et y, en faisant varier à la fois dx et dy, on peut transformer ensuite les résultats en coefficiens différentiels au moyen des formules du n° 129, parce qu'en mettant les valeurs des différentielles de l'une des variables, toutes celles de l'autre disparaissent d'elles-mêmes : on parvient au même résultat final, que si l'on avait supposé constante une des différentielles premières, et l'on est conduit à des formules plus élégantes, parce que les deux variables y sont traitées symétriquement (*).

133. D'après ce qu'on vient de voir, on pourra toujours différentier le système de deux équations contenant trois variables, système duquel il résulte que deux quelconques de ces variables sont des fonctions déterminées de la troisième. Si $U=0$ et $V=0$ désignent deux équations entre x, y et z, on en prendra les différentielles successives, en faisant varier en même temps celles des deux indéterminées que l'on regarde comme des fonctions de la troisième.

Si l'on avait trois équations $U=0$, $V=0$ et $W=0$, entre quatre variables t, x, y, z, trois de ces variables, nécessairement déterminées par la quatrième, seraient des fonctions de celle-ci, et leurs différentielles devraient varier.

En général, un nombre m d'équations entre $m+1$ variables, déterminant m de ces variables au moyen de celle qui reste, ne doit être regardé que comme contenant des fonctions de cette variable; il faut donc dans les différentiations successives de ces équations faire varier les différentielles des indéterminées qui représentent des fonctions de la variable que l'on considère comme indépendante, et dont on prend la différentielle pour constante.

134. Lorsqu'on a des équations de cette nature, on

(*) On trouvera, sur ce sujet, dans le premier chapitre du *Traité du Calcul différentiel et du Calcul intégral*, des détails assez importans et qui n'avaient encore été donnés par personne, que je sache, avant la publication de cet Ouvrage.

peut toujours en tirer une résultante unique, entre deux quelconques des variables, par un procédé que je vais exposer sur deux équations à trois variables, et qu'il sera facile d'étendre ensuite autant qu'on le voudra.

Soient $U=0$, $V=0$, ces équations, l'une de l'ordre m et l'autre de l'ordre n, entre les variables x, y, t et leurs différentielles, et dont on veuille éliminer t; la première pourra contenir outre la variable t, les différentielles dt, $d^2t, \ldots d^mt$, et la seconde dt, $d^2t, \ldots d^nt$. Comme on n'a point les équations primitives, ni toutes les différentielles des ordres inférieurs à ceux des proposées, il faut nécessairement se procurer de nouvelles équations pour chasser les quantités inconnues dt, d^2t, etc.; et c'est ce qu'on fera en différentiant n fois l'équation $U=0$, et m fois l'équation $V=0$. On obtiendra par ce moyen $n+m$ équations nouvelles; et on en aura en tout un nombre $m+n+2$, en comptant les deux proposées : les inconnues à éliminer, savoir, t, dt, $d^2t, \ldots d^mt, \ldots d^{m+n}t$, étant au nombre de $m+n+1$, il restera donc une équation finale, en x, y et leurs différentielles.

Si dt était constant, il semblerait qu'en différentiant une seule fois l'une des équations proposées, on pourrait éliminer t et dt, puisqu'on aurait alors trois équations; mais on doit observer que les différentielles d^2x, d^2y, contiennent implicitement t, puisqu'alors on a regardé x et y comme des fonctions de cette variable (133); il faut donc prendre pour constante la différentielle de l'une des variables que l'on veut conserver.

De la différentiation des équations contenant plus d'une variable indépendante.

135. Lorsque l'on n'a qu'une seule équation entre trois variables, il faut d'abord fixer arbitrairement les

valeurs de deux quelconques de ces variables pour déterminer la troisième, qui par conséquent est une fonction des deux premières. Si l'on a, par exemple, l'équation

$$x^2+y^2+z^2=a^2,$$

on ne pourra obtenir z, sans avoir préalablement assigné des valeurs à x et à y; mais il convient d'observer que les quantités x et y n'étant liées entre elles par aucune relation, la seconde peut demeurer la même, quoique la première ait changé, et réciproquement.

Il résulte de là que la valeur de z peut varier de plusieurs manières, 1°. en conséquence d'un changement arrivé à x ou à y seul; 2°. par le concours de ces deux circonstances. Dans le premier cas, la quantité y, ou la quantité x, étant regardée comme constante, l'équation proposée revient au fond à une équation à deux variables; ainsi lorsque x change seul, on a

$$x\mathrm{d}x+z\mathrm{d}z=0, \quad \text{ou} \quad x+z\frac{\mathrm{d}z}{\mathrm{d}x}=0,$$

et lorsque c'est y, il vient

$$y\mathrm{d}y+z\mathrm{d}z=0, \quad \text{ou} \quad y+z\frac{\mathrm{d}z}{\mathrm{d}y}=0.$$

On a donc successivement

$$\mathrm{d}z=-\frac{x\mathrm{d}x}{z}, \qquad \mathrm{d}z=-\frac{y\mathrm{d}y}{z};$$

mais il faut observer que la première de ces différentielles est relative à la variabilité particulière de x, et la seconde à celle de y; c'est ce qu'on exprime en disant que l'une est la *différentielle partielle* relative à x, et l'autre la *différentielle partielle* relative à y (43).

Le sens de la question suffit pour empêcher qu'on ne les confonde, et on les distingue d'ailleurs suffisamment en faisant attention à la différentielle de la variable indépendante qui les affecte.

Les coefficiens différentiels analogues sont

$$\frac{dz}{dx} = -\frac{x}{z}, \qquad \frac{dz}{dy} = -\frac{y}{z}.$$

136. En général, soit $u=0$ une équation renfermant x, y et z; si l'on regarde x et y comme les deux variables indépendantes, z sera une fonction de l'une et de l'autre, et lorsque x recevra un accroissement quelconque, y étant supposé constant, z éprouvera un changement subordonné à celui de x. Dans cette hypothèse, l'équation $u=0$ devra être envisagée comme une équation entre deux variables x et z; on aura donc (48)

$$\frac{du}{dx} + \frac{du}{dz}\frac{dz}{dx} = 0,$$

et de là on tirera le coefficient différentiel de z relatif à la variabilité de x. Il faut se rappeler ici, d'après la distinction qui a été faite n° 135, que dans $\frac{dz}{dx}$, dz n'est que la différentielle partielle de z, prise par rapport au changement de x seul.

Il est évident que si l'on eût fait varier y on aurait eu, en différentiant l'équation proposée comme ne contenant que les variables y et z,

$$\frac{du}{dy} + \frac{du}{dz}\frac{dz}{dy} = 0.$$

Si l'on multiplie par dx la première des équations trouvées ci-dessus, et la seconde par dy, et qu'on les ajoute ensuite, il viendra

$$\frac{du}{dx}dx + \frac{du}{dy}dy + \frac{du}{dz}\left(\frac{dz}{dx}dx + \frac{dz}{dy}dy\right) = 0;$$

mais $\frac{dz}{dx}dx+\frac{dz}{dy}dy$, n'est autre chose que la différentielle totale de z (41) : on aura donc

$$\frac{du}{dx}dx+\frac{du}{dy}dy+\frac{du}{dz}dz=0,$$

c'est-à-dire, qu'on pourra égaler à zéro la différentielle première de l'équation $u=0$, prise par rapport aux trois variables x, y et z. Il ne faut cependant pas perdre de vue que cette différentielle doit être regardée comme équivalente à deux équations ; car, lorsqu'on y aura substitué pour dz sa valeur $\frac{dz}{dx}dx+\frac{dz}{dy}dy$, l'indépendance des accroissemens dx et dy, exigera que les deux quantités qui les multiplient soient séparément égales à zéro.

137. On parviendra aux équations qui donnent les coefficiens des ordres supérieurs, en différentiant les équations

$$\frac{du}{dx}+\frac{du}{dz}\frac{dz}{dx}=0 \quad (X),$$
$$\frac{du}{dy}+\frac{du}{dz}\frac{dz}{dy}=0 \quad (Y).$$

En n'ayant d'abord égard qu'au changement de x, non-seulement z variera, mais en même temps le coefficient du premier ordre $\frac{dz}{dx}$, donnera naissance au coefficient du second ordre $\frac{d^2z}{dx^2}$. En différentiant donc l'équation (X) par rapport à x, on aura, comme pour les équations à deux variables,

$$\frac{d^2u}{dx^2}+2\frac{d^2u}{dxdz}\frac{dz}{dx}+\frac{d^2u}{dz^2}\frac{dz^2}{dx^2}+\frac{du}{dz}\frac{d^2z}{dx^2}=0 \quad (XX).$$

Si l'on différentie (X), par rapport à y et à z, ou (Y), par rapport à x et à z, en observant que dans le premier cas, $\frac{dz}{dx}$ donne $\frac{d^2z}{dydx}$, et dans le second $\frac{dz}{dy}$ donne $\frac{d^2z}{dxdy}=\frac{d^2z}{dydx}$, on aura un résultat unique, qui sera

$$\frac{d^2u}{dxdy}+\frac{d^2u}{dzdy}\frac{dz}{dx}+\frac{d^2u}{dzdx}\frac{dz}{dy}+\frac{du}{dz}\frac{d^2z}{dxdy}+\frac{d^2u}{dz^2}\frac{dz}{dx}\frac{dz}{dy}=0 \quad (XY).$$

Enfin l'équation (Y), différentiée, en regardant y et z comme seules variables, produira

$$\frac{d^2u}{dy^2}+2\frac{d^2u}{dydz}\frac{dz}{dy}+\frac{d^2u}{dz^2}\frac{dz^2}{dy^2}+\frac{du}{dz}\frac{d^2z}{dy^2}=0 \quad (YY),$$

Les coefficiens différentiels de la fonction z n'étant qu'au nombre de trois pour le second ordre, seront donc déterminés par les trois équations que nous venons d'obtenir.

Il faut observer que si l'on multiplie l'équation (XX) par dx^2, l'équation (XY) par $dxdy$, l'équation (YY) par dy^2, et qu'on ajoute les produits, en remplaçant les termes

$$\frac{dz}{dx}dx+\frac{dz}{dy}dy \text{ par } dz \quad (41),$$
$$\frac{d^2z}{dx^2}dx^2+2\frac{d^2z}{dxdy}dxdy+\frac{d^2z}{dy^2}dy^2 \text{ par } d^2z \quad (44),$$

on formera la même équation finale que celle qu'on aurait obtenue si l'on avait différentié l'équation

$$\frac{du}{dx}dx+\frac{du}{dy}dy+\frac{du}{dz}dz=0,$$

en y faisant varier à la fois les quantités x, y, z et dz, et en y regardant dx et dy comme constans, ce qui donnerait la différentielle seconde totale de u, dans l'hypothèse de z fonction de x et de y.

138. On étendra sans peine ces considérations à tel ordre de différentiation, ou à tel nombre de variables qu'on voudra; car tout se réduit à déterminer celles qui sont indépendantes, ce qu'on ne peut faire que par la nature de la question qui a conduit à l'équation ou aux équations proposées; et ensuite on différentiera, par rapport à chacune de ces variables en particulier, en traitant les autres comme des fonctions de celles-ci.

Si, par exemple, on avait les deux équations

$$u = 0, \qquad v = 0,$$

entre les cinq variables s, t, x, y et z, on verrait que trois de ces variables sont indépendantes. Supposant donc que y et z soient les deux variables subordonnées, ou des fonctions de s, t, x, données par les équations proposées, on différentiera successivement u et v par rapport à s, par rapport à t, par rapport à x; et l'on aura

$$\frac{du}{ds} + \frac{du}{dy}\frac{dy}{ds} + \frac{du}{dz}\frac{dz}{ds} = 0,$$
$$\frac{du}{dt} + \frac{du}{dy}\frac{dy}{dt} + \frac{du}{dz}\frac{dz}{dt} = 0,$$
$$\frac{du}{dx} + \frac{du}{dy}\frac{dy}{dx} + \frac{du}{dz}\frac{dz}{dx} = 0.$$

Si l'on multiplie respectivement ces équations par ds, dt, dx, qu'on les ajoute et qu'on mette dy au lieu de

$$\frac{dy}{ds}ds + \frac{dy}{dt}dt + \frac{dy}{dx}dx,$$

dz au lieu de

$$\frac{dz}{ds}ds+\frac{dz}{dt}dt+\frac{dz}{dx}dx,$$

il viendra

$$\frac{du}{ds}ds+\frac{du}{dt}dt+\frac{du}{dx}dx+\frac{du}{dy}dy+\frac{du}{dz}dz=du=0.$$

On tirera un résultat semblable de l'équation $v=0$; et il s'ensuit, qu'en différentiant les équations $u=0$ et $v=0$, par rapport à toutes les variables s, t, u, x, y et z, et en y substituant au lieu de dy et de dz, les expressions de ces différentielles, considérées comme appartenant à des fonctions de trois variables (45), il faudra égaler séparément à zéro le coefficient de la différentielle de chaque variable indépendante.

En regardant les coefficiens différentiels eux-mêmes comme de nouvelles fonctions des variables indépendantes, on ne saurait être arrêté dans la recherche des différentielles ultérieures; ainsi, après quelques remarques sur l'élimination des constantes et des fonctions, je terminerai ce qui regarde la formation des équations différentielles.

139. L'équation $u=0$, entre x, y et z, ayant deux différentielles premières, il est évident qu'on peut éliminer deux constantes entre ces trois équations, et le résultat exprimera la relation des variables x, y, z, et des coefficiens $\frac{dz}{dx}$, $\frac{dz}{dy}$, indépendamment des quantités éliminées.

Si l'on joint aux équations précédentes les trois du second ordre, on aura six équations, entre lesquelles on pourra éliminer cinq quantités, et ainsi de suite.

140. Ceci conduit à une remarque importante, c'est qu'on peut éliminer d'une équation à trois ou

à un plus grand nombre de variables, des fonctions dont la forme est absolument inconnue. Soit pour exemple l'équation $z=f(ax+by)$, dans laquelle la caractéristique f désigne une fonction dont la forme n'est déterminée en aucune manière; je vais en déduire une équation entre $\frac{dz}{dx}$ et $\frac{dz}{dy}$, indépendante de cette fonction, et qui conviendra également à $z=ax+by$, à $z=\sqrt{ax+by}$, à $z=\sin(ax+by)$ et en général à toutes les fonctions de la quantité $ax+by$, de quelque forme qu'elles soient. Je fais pour cela $ax+by=t$; l'équation proposée devient $z=f(t)$, et par conséquent on aura $dz=f'(t)\,dt$, en représentant $\frac{df(t)}{dt}$ par $f'(t)$; mais

$$dz=\frac{dz}{dx}dx+\frac{dz}{dy}dy,$$

$$dt=\frac{dt}{dx}dx+\frac{dt}{dy}dy,$$

d'où

$$\frac{dz}{dx}=f'(t)\,\frac{dt}{dx}, \quad \frac{dz}{dy}=f'(t)\,\frac{dt}{dy}.$$

Mettant donc pour $\frac{dt}{dx}$ et $\frac{dt}{dy}$ leurs valeurs a et b, puis éliminant $f'(t)$, il viendra

$$b\frac{dz}{dx}-a\frac{dz}{dy}=0.$$

Cette équation exprime un caractère au moyen duquel on pourra reconnaître si une quantité proposée est une fonction de $ax+by$ ou non; car, d'après sa formation, elle doit être satisfaite ou devenir identique, toutes les fois qu'on y substituera au lieu de $\frac{dz}{dx}$ et $\frac{dz}{dy}$

les valeurs qui résulteraient de la différentiation d'une fonction de $ax+by$. Je suppose qu'on ignore l'origine du polynome $a^2x^2+2abxy+b^2y^2$; en l'égalant à z, et en différentiant on trouvera

$$\frac{dz}{dx}=2a^2x+2aby, \quad \frac{dz}{dy}=2abx+2b^2y;$$

ces valeurs mises dans l'équation $b\frac{dz}{dx}-a\frac{dz}{dy}=0$, la rendent identique : on en conclura donc que le polynome représenté par z, est une fonction de $ax+by$, ce qui est d'ailleurs évident, puisque

$$a^2x^2+2abxy+b^2y^2=(ax+by)^2.$$

On voit en général que $u=0$ étant une équation entre x, y, z, et une fonction quelconque indéterminée représentée par $f(t)$, et dans laquelle on ne connaît que la composition de t en x, y et z, on pourra toujours éliminer $f(t)$ et $f'(t)$ à l'aide de l'équation $u=0$, et de ses différentielles relatives à x et à y.

En passant au second ordre, le nombre d'équations devenant plus grand, il est possible, dans beaucoup de cas, d'éliminer deux fonctions indéterminées; mais je n'entrerai point dans ces détails, non plus que dans ce qui regarde les équations qui renferment plus de trois variables.

Application du Calcul différentiel à la théorie des surfaces courbes.

141. Toute équation à trois variables représentant une surface, on prendra pour ordonnée de cette surface, la variable qui sera regardée comme déterminée par les deux autres. En désignant par x, y, z, ces trois variables que, dans tout ce qui va suivre, nous suppo-

serons rapportées à trois axes perpendiculaires entre eux, nous prendrons z pour l'ordonnée, x et y pour les abscisses d'un point quelconque, en sorte que z sera une fonction de x et de y.

De même que les lignes sont engendrées par le mouvement du point, les surfaces le sont par celui des lignes. Par exemple, les cylindres et les cônes dont on s'occupe dans les Élémens de Géométrie, ne sont que des cas particuliers des deux familles de *surfaces engendrées par une ligne droite, se mouvant parallèlement à elle-même, ou assujétie à passer constamment par un point donné.* Pour diriger le mouvement de cette droite, rien n'empêche de substituer au cercle d'où résultent les cônes et les cylindres, une courbe quelconque et située comme on voudra dans l'espace; mais, et ceci est bien remarquable, on peut, par l'emploi des différentielles partielles, écarter ce qui tient à la forme de cette courbe, et exprimer en général le caractère commun de toutes les surfaces d'une même famille.

En effet, si nous supposons d'abord que toutes les droites génératrices doivent être parallèles entre elles, il faudra que, dans leurs équations,

$$y = ax + \alpha, \quad z = bx + \beta \ (\textit{Trig.}\ 181)$$

les coefficiens a et b soient constans, et que les quantités α et β varient ensemble, de manière que l'une soit fonction de l'autre; car la première étant donnée, on trouvera la seconde, en cherchant le point où la courbe qui dirige le mouvement de la droite génératrice, est rencontrée par le plan projetant de cette droite sur le plan des xy : on aura donc

$$y = ax + \alpha, \quad z = bx + \varphi(\alpha),$$

φ étant une fonction dont la forme dépend de la courbe directrice ; mais la première de ces équations donnant

$$\alpha = y - ax,$$

il en résulte

$$z - bx = \varphi(y - ax).$$

Si l'on fait ici $b = 0$, on aura

$$z = \varphi(y - ax),$$

équation qui rentre dans celle du nº 140.

Eliminant la fonction φ dans le cas général, après avoir fait $dz = pdx + qdy$, on obtient

$$p + aq = b.$$

142. Quand les droites génératrices doivent toutes passer par un même point, dont les coordonnées sont α, β, γ, leurs équations sont

$$y - \beta = a(x - \alpha), \quad z - \gamma = b(x - \alpha),$$

et ce sont les coefficiens a et b qui varient ensemble à chaque nouvelle position que prend la droite génératrice ; il faut, en conséquence, poser $b = \varphi(a)$, ce qui donne

$$a = \frac{y - \beta}{x - \alpha} \quad \text{et} \quad \frac{z - \gamma}{x - \alpha} = \varphi\left(\frac{y - \beta}{x - \alpha}\right).$$

L'élimination de la fonction φ conduit à

$$z - \gamma = p(x - \alpha) + q(y - \beta).$$

143. On voit encore sans peine, que si une courbe plane quelconque tourne autour de l'axe des z, chacun de ses points décrira un cercle, ayant son centre sur cet axe, et pour rayon, l'ordonnée de la courbe génératrice rapportée à ce même axe, et de plus, que le rayon de ce cercle varie avec sa distance au plan des xy, c'est-à-dire, avec z. Si donc on pose pour son équation $x^2 + y^2 = a^2$, a devra être regardé comme une fonction de z, *et vice versâ*, d'où il suit

$$x^2+y^2=\varphi(z), \quad \text{ou} \quad z=\psi(x^2+y^2),$$

ψ désignant une fonction inverse de φ.

L'élimination de ψ conduit à l'équation

$$py-qx=0,$$

qui exprime le caractère des surfaces engendrées comme on vient de le voir, dont la sphère n'est qu'un cas particulier, et qu'on nomme *surfaces de révolution*. Pour les considérer sous le point de vue le plus général, il faudrait supposer dans une situation quelconque, l'axe autour duquel tourne la courbe génératrice.

Il n'est encore entré qu'une fonction arbitraire dans l'expression des familles de surfaces que nous venons d'examiner; il y en aurait eu un plus grand nombre, si l'on avait laissé plus de conditions à remplir dans le mouvement ou la nature des lignes génératrices; mais on ne peut qu'indiquer ici ce sujet. Cependant nous aurons bientôt l'occasion de faire connaître encore une classe de surfaces remarquables, ce sont toutes celles qui, comme les cylindres et les cônes, peuvent s'étendre sur un plan, sans déchirure ni duplicature, et que pour cette raison, on nomme *surfaces développables* (161).

Enfin, il faudrait aussi montrer le procédé à suivre, pour particulariser d'après une condition donnée, la forme des fonctions arbitraires, contenues dans les équations primitives des familles de surfaces; mais comme son principal usage se rapporte au Calcul intégral, je l'exposerai à la suite de l'intégration des équations différentielles partielles.

144. Considérons maintenant les diverses manières de passer d'un point à un autre sur une surface quelconque.

Lorsque x varie seul, et devient $x+h$, on passe du point M, *fig.* 31, au point m, situé sur la section QMm, faite par un plan parallèle à celui des xz, et mené par le point M; et l'ordonnée $m'm$ de cette section, a pour développement la série FIG. 31.

$$z+\frac{dz}{dx}\frac{h}{1}+\frac{d^2z}{dx^2}\frac{h^2}{1.2}+\frac{d^3z}{dx^3}\frac{h^3}{1.2.3}+\text{etc.}$$

Si c'est y qui se change en $y+k$, et que x demeure constant, on passera au point n situé sur la section PMn faite par un plan parallèle à celui des yz, mené encore par le point M, et le développement de l'ordonnée $n'n$ de cette section, sera

$$z+\frac{dz}{dy}\frac{k}{1}+\frac{d^2z}{dy^2}\frac{k^2}{1.2}+\frac{d^3z}{dy^3}\frac{k^3}{1.2.3}+\text{etc.}$$

En faisant varier x et y en même temps, on passera du point M à un point quelconque N, et cela de deux manières différentes, savoir, en substituant $y+k$ au lieu de y dans le premier développement ci-dessus, ou bien $x+h$ au lieu de x dans le second. Par l'une de ces opérations, on passe de l'ordonnée $m'm$ à l'ordonnée $N'N$, dans la section pmN, et par l'autre, on passe de $n'n$ à $N'N$, dans la section qnN. Il est évident que ces deux sections doivent se rencontrer au point N, sans quoi la surface proposée ne serait pas continue; il faut donc que les résultats rapportés dans les n°s 39 et 40 soient identiques : l'équation $\frac{d^2z}{dxdy}=\frac{d^2z}{dydx}$, à laquelle tient cette circonstance, n'est donc que l'expression de la loi de continuité.

Ayant à considérer particulièrement la série

$$z + \frac{dz}{dx}h + \frac{dz}{dy}k$$
$$+ \frac{1}{2}\left(\frac{d^2z}{dx^2}h^2 + 2\frac{d^2z}{dxdy}hk + \frac{d^2z}{dy^2}k^2\right)$$
$$+ \text{etc.},$$

qui exprime le développement de la valeur de z, correspondante à $x+h$ et à $y+k$, pour abréger, je la représenterai par

$$z + ph + qk + \tfrac{1}{2}(rh^2 + 2shk + tk^2) + \text{etc.},$$

en posant

$$\frac{dz}{dx} = p, \quad \frac{dz}{dy} = q, \quad \frac{d^2z}{dx^2} = r, \quad \frac{d^2z}{dxdy} = s, \quad \frac{d^2z}{dy^2} = t;$$

et je ferai observer que le rapport

$$\frac{k}{h} = \frac{N'm'}{M'm'} = \text{tang } N'M'm',$$

déterminant la direction de $M'N'$ par rapport aux axes des x et des y, fait connaître celle du plan $M'MNN'$, mené perpendiculairement au plan ABC, et contenant la section MN considérée sur la surface proposée.

145. Il suit des considérations précédentes, et de ce qui a été dit n° 136, que si $u=0$ représente l'équation d'une surface courbe, les équations différentielles

$$\frac{du}{dx} + \frac{du}{dz}\frac{dz}{dx} = 0 \quad \text{et} \quad \frac{du}{dy} + \frac{du}{dz}\frac{dz}{dy} = 0,$$

appartiendront respectivement aux deux sections QMm et PMn; la coordonnée y n'entrera dans la première que comme une constante arbitraire, qui détermine la position du plan coupant : il en sera de même de la coordonnée x dans la seconde. On ne doit pas confondre le dz de l'une de ces équations avec celui de l'autre, puisque ces deux différentielles ne sont que partielles (135).

La différentielle totale, ou l'ensemble des termes du premier ordre, ayant pour expression

$$dz = \frac{dz}{dx} dx + \frac{dz}{dy} dy = p dx + q dy,$$

$dz = p dx$ est la différentielle de l'ordonnée de la section parallèle au plan des xz; semblablement $dz = q dy$ est celle de l'ordonnée de la section parallèle au plan des yz.

Si l'on demandait la différentielle de l'ordonnée de la section faite par un plan quelconque $M'MNN'$ perpendiculaire à celui des xy, l'équation de ce plan, de même que celle de sa commune section $M'N'$, étant de la forme $y = \alpha x + \beta$ (*Trig.* 176), établirait une dépendance entre les coordonnées x et y; il ne serait plus permis de faire varier l'une sans l'autre, et z ne pourrait changer que d'une seule manière; il faudrait alors employer la différentielle totale $dz = p dx + q dy$, en observant que l'équation du plan coupant, donne $dy = \alpha dx$, d'où il suit

$$dz = (p + \alpha q) dx.$$

Cet exemple offre l'explication géométrique de ce qu'on lit dans le n° 46, relativement à l'emploi des différentielles totales. En supposant toujours une dépendance entre les deux variables, on fixe la direction dans laquelle on passe d'un point à un autre sur la surface proposée; car quand la section MN ne serait pas faite par un plan perpendiculaire à celui des xy, et qu'elle aurait en conséquence sur ce dernier, une courbe pour projection, la droite $M'N'$ pourrait être considérée comme la tangente de cette courbe au point M', et déterminerait la droite qui toucherait, au point M, la section MN faite dans la surface proposée.

146. La première remarque qui se présente, c'est que la limite du rapport

$$\frac{NN' - MM'}{M'N'},$$

donnant la tangente trigonométrique de l'angle que fait, avec sa projection $M'N'$, la droite qui touche au point M la section formée dans la surface par le plan $M'MNN'$ (58), mesure l'inclinaison de cette section par rapport au plan des xy, et indique par conséquent la *pente* de la surface, dans la direction MN. Or, pour passer à la limite, il faut substituer à

$$NN' - MM' \quad \text{et} \quad M'N' = \sqrt{\overline{M'm'}^2 + \overline{N'n'}^2},$$

les différentielles correspondantes

$$dz = dx(p + \alpha q), \quad \sqrt{dx^2 + dy^2} = dx\sqrt{1 + \alpha^2} \ (145),$$

d'où il résultera pour la limite cherchée,

$$\frac{p + \alpha q}{\sqrt{1 + \alpha^2}}.$$

Cela posé, on peut demander quelle doit être la position du plan coupant $M'MNN'$ pour que l'expression ci-dessus, qui varie avec l'angle $N'M'm'$, dont la tangente $= \alpha$, soit un *maximum*. Pour résoudre ce problème, il faut différentier cette même expression par rapport à α, et égaler le résultat à zéro (101); on trouvera

$$\frac{q - p\alpha}{(1 + \alpha^2)^{\frac{3}{2}}} = 0, \quad \text{d'où} \quad q - p\alpha = 0, \quad \alpha = \frac{q}{p};$$

et si l'on met pour α sa valeur $\frac{dy}{dx}$, on formera l'équation différentielle

$$q\mathrm{d}x - p\mathrm{d}y = 0,$$

qui, conjointement avec celle de la surface

$$\mathrm{d}z = p\mathrm{d}x + q\mathrm{d}y,$$

fera connaître la direction dans laquelle doivent se succéder les points consécutifs pour descendre du point M au plan des xy par les arcs les plus inclinés, ou la *ligne de plus grande pente* qui conduit de ce point au plan des xy. Cette ligne qui, généralement, sera courbe, se présente souvent dans les arts de construction.

147. Venons maintenant aux osculations des surfaces; concevons-en deux passant par un même point ayant pour coordonnées x, y, z, et qu'en changeant x en $x+h$, y en $y+k$, l'équation de la première surface donne

$$z + ph + qk + \tfrac{1}{2}(rh^2 + 2shk + tk^2) + \text{etc.},$$

et celle de la seconde

$$z + Ph + Qk + \tfrac{1}{2}(Rh^2 + 2Shk + Tk^2) + \text{etc.},$$

leur distance pour le second point que l'on considère, sera dans le sens de l'ordonnée z,

$$\begin{aligned}&(p-P)h + (q-Q)k\\ &+ \tfrac{1}{2}\{(r-R)h^2 + 2(s-S)hk + (t-T)k^2\}\\ &+ \text{etc.},\end{aligned}$$

série qu'on peut rendre convergente, en prenant h et k très petits, et qui diminuera de plus en plus de valeur, lorsqu'elle perdra les termes de sa première, de sa seconde, etc., lignes.

En raisonnant ici comme on l'a fait par rapport aux courbes dans le n° 75, on se convaincra qu'une troisième surface pour laquelle ces termes ne disparaîtraient pas, passerait nécessairement en dehors des deux autres, dans tous les points qui environnent leur point commun.

Lorsqu'on aura

$$p-P=0, \quad q-Q=0,$$

les deux premières surfaces proposées se toucheront, et leur contact sera du premier ordre ; il sera du second, si l'on a en même temps

$$r-R=0, \quad s-S=0, \quad t-T=0,$$

et ainsi de suite.

148. Si l'on suppose maintenant que l'équation de la seconde surface renferme un certain nombre de constantes indéterminées, on pourra disposer de ces constantes pour anéantir les premiers termes de la distance entre les deux surfaces, et établir ainsi entre elles, le contact de l'ordre le plus élevé possible, c'est-à-dire, une osculation.

En représentant par x', y', z', les coordonnées de la seconde surface, la première condition à établir, c'est qu'en changeant dans son équation, que je représenterai par $V'=0$, x' et y' en x et y, on en tire

$$z'=z,$$

afin que les deux surfaces aient un point commun. Remplaçant ensuite les lettres

$$p,\ q,\ r,\ s,\ t, \text{ etc.}, \quad P,\ Q,\ R,\ S,\ T, \text{ etc.},$$

par les coefficiens différentiels qu'elles désignent, les conditions posées dans le n° précédent deviendront, pour un contact du premier ordre,

$$\frac{dz}{dx}=\frac{dz'}{dx'}, \quad \frac{dz}{dy}=\frac{dz'}{dy'};$$

pour un contact du second,

$$\frac{d^2z}{dx^2}=\frac{d^2z'}{dx'^2},\quad \frac{d^2z}{dxdy}=\frac{d^2z'}{dx'dy'},\quad \frac{d^2z}{dy^2}=\frac{d^2z'}{dy'^2},$$

et ainsi de suite, ce qui établit que les différentielles partielles du premier ordre, puis celles du second ordre, etc., de l'équation $V'=0$, sont satisfaites quand on y change x', y', z' et leurs différentielles, en x, y, z et leurs différentielles.

149. Appliquons d'abord ce qui précède au plan, en prenant pour $V'=0$, l'équation

$$z'=Ax'+By'+D \quad (\textit{Trig. } 176);$$

comme il n'y a ici que trois constantes, on ne peut satisfaire qu'aux trois conditions du contact du premier ordre. La première donne

$$z'=z=Ax+By+D,$$

et les deux autres

$$\frac{dz'}{dx'}=A=\frac{dz}{dx},\quad \frac{dz'}{dy'}=B=\frac{dz}{dy}.$$

En vertu de celles-ci, il vient d'abord

$$z=\frac{dz}{dx}x+\frac{dz}{dy}y+D,$$

et retranchant cette équation de celle du plan, on obtient

$$z'-z=\frac{dz}{dx}(x'-x)+\frac{dz}{dy}(y'-y),$$

ou $$z'-z=p\,(x'-x)+q\,(y'-y):$$

telle est l'équation du plan tangent à la première surface, au point dont les coordonnées sont x, y et z.

On déterminerait encore ce plan par la condition qu'il doit contenir les tangentes de toutes les sections qu'on pourrait faire dans la surface, par le point

M; car pour ces tangentes, on a

$$dz=(p+\alpha q)\,dx \quad (145),$$

et, lorsqu'on fait $dy=\alpha dx$, l'équation du plan donne

$$dz'=Adx'+Bdy'=dx\,(A+\alpha B),$$

résultat qui sera identique avec l'autre, quel que soit α, si $A=p$, et $B=q$.

150. La droite perpendiculaire au plan tangent, menée par le point où il touche la surface proposée, s'appelle *normale*, et ses équations sont, d'après celle du plan tangent,

$$x'-x+p\,(z'-z)=0,$$
$$y'-y+q\,(z'-z)=0, \quad (\textit{Trig}.\ 182)\ (*).$$

La distance du point considéré sur la surface courbe, à un point quelconque pris sur la normale, sera

$$\sqrt{(x'-x)^2+(y'-y)^2+(z'-z)^2}=(z'-z)\sqrt{1+p^2+q^2},$$

d'après les équations ci-dessus; et si l'on fait $z'=0$, le résultat

$$-z\sqrt{1+p^2+q^2},$$

donnera la longueur de la partie de la normale comprise entre la surface proposée et le plan des xy.

151. Les conditions d'un contact du second ordre étant au nombre de six (148), ne peuvent pas toujours être remplies par la sphère, puisque son équation générale ne renferme que quatre constantes, savoir, les trois coordonnées du centre et le rayon (*Trig*. 184) : elle ne saurait donc avoir dans tous les sens la même courbure que la surface proposée. Pour mesurer cette

---

(*) Nous les retrouverons plus loin (157), par une considération de *maximum* et de *minimum*.

courbure, il faut employer deux cercles osculateurs différens, qu'Euler a déterminés le premier, mais auxquels Monge est ensuite parvenu par des considérations très élégantes, que je vais exposer.

On a vu, dans le n° 80, que les points de la développée, ou les centres de courbure d'une courbe, sont les limites des intersections des normales; étendons cette définition aux surfaces, en cherchant les limites des intersections de leurs normales consécutives, et pour cela reprenons les équations

$$x'-x+p(z'-z)=0 \ (a),$$
$$y'-y+q(z'-z)=0 \ (b),$$

trouvées dans le n° précéd. Les quantités x, y, z, p, q, relatives au point que l'on considère sur la surface proposée, sont constantes pour la même normale, mais elles changent de valeur lorsqu'on passe à une seconde normale; or, ce passage pouvant s'effectuer dans une infinité de directions, savoir, du point donné à chacun des points environnans, il faut faire varier en même temps x, y et z; et puisque l'on ne cherche que le point d'intersection de la première normale avec la seconde, on regardera comme constantes, les coordonnées x', y' et z', affectées à ce point.

En différentiant ainsi les équations (a) et (b), et posant

$$dp=rdx+sdy, \quad dq=sdx+tdy \ (144 \text{ et } 44),$$

on trouvera

$$-dx-p^2dx-pqdy+(z'-z)(rdx+sdy)=0 \ (c),$$
$$-dy-q^2dy-pqdx+(z'-z)(sdx+tdy)=0 \ (d).$$

Mais les équations (a) et (b) donnant les valeurs de $x'-x$ et de $y'-y$, lorsque celle de $z'-z$ sera connue, il faut, pour que la question proposée ait une solution, que les deux équations (c) et (d) s'accordent dans la détermination de cette dernière quantité, c'est-à-dire qu'on ait

$$\frac{dx + p^2dx + pqdy}{rdx + sdy} = \frac{dy + q^2dy + pqdx}{sdx + tdy};$$

ce qui établit une relation entre dx et dy, et montre que la seconde normale ne rencontre la première, qu'autant que le point d'où elle part est dans la direction marquée par la valeur de $\frac{dy}{dx}$. Or, en faisant

$$dy = mdx,$$

dans l'équation précédente, et ordonnant par rapport à m, on obtient le résultat

$$[(1+q^2)s - pqt]m^2 + [(1+q^2)r - (1+p^2)t]m \\ - [(1+p^2)s - pqr] = 0 \ldots\ldots\ldots\ldots\ldots\ldots\ldots (e),$$

qui donne pour m deux valeurs; il n'y a donc à chaque point d'une surface, que deux directions dans lesquelles deux normales consécutives se coupent, et soient par conséquent dans le même plan.

Un simple changement de coordonnées suffit pour mettre en évidence la relation que ces directions ont entre elles, sur la surface proposée. Il est visible d'abord qu'on peut faire coïncider le plan des xy, avec le plan tangent au point que l'on considère, et placer l'origine des coordonnées à ce point, sans, pour cela, déranger la position respective de la surface proposée, et de ses normales; mais alors $x=0$, $y=0$, $z=0$, et, dans l'équation du plan tangent, z' doit être nul quels que soient x' et y', ce qui exige que $p=0$, $q=0$, et réduit l'équation (e) à

$$sm^2+(r-t)m-s=0, \text{ ou } m^2+\frac{(r-t)}{s}m-1=0.$$

En nommant m' et m'' les racines de celle-ci, on a

$$m'm''+1=0;$$

et comme à présent toutes les droites qui touchent au point M, *fig.* 32, la surface proposée, se confondent avec leur projection sur le plan des xy, m' et m'' représenteront les tangentes des angles que font, avec l'axe des x, les droites indiquant les directions sur lesquelles on trouve les normales qui se coupent; ainsi, ces directions, seront perpendiculaires entre elles. FIG. 32.

152. On voit aussi qu'en menant par l'axe des z, qui coïncide à présent avec la normale MG, et par chacune des tangentes MN' et Mn', correspondantes aux valeurs m' et m'', des plans, ils couperont la surface proposée suivant deux courbes, dont les cercles osculateurs seront aussi ceux de la surface, puisqu'elles auront deux normales communes avec cette surface, tandis que les autres courbes ne sauraient en avoir qu'une.

C'est par les rayons de ces cercles qu'on mesure les courbures de la surface proposée; or, leur expression est évidemment celle de la distance

$$\sqrt{(x'-x)^2+(y'-y)^2+(z'-z)^2},$$

entre l'intersection des normales et le point que l'on considère sur cette surface. Par la substitution des valeurs de $x'-x$ et de $y'-y$, tirées des équations (a) et (b), on trouve

$$(z'-z)\sqrt{1+p^2+q^2},$$

où il n'y a plus qu'à substituer pour $z'-z$, sa valeur tirée de l'une des équations (c) et (d); mais on arrive à une valeur indépendante de m, en éliminant d'abord $\frac{dy}{dx}$ de ces deux équations, ce qui donne

$$\frac{-(1+p^2)+(z'-z)r}{pq-(z'-z)s}=\frac{pq-(z'-z)s}{-(1+q^2)+(z'-z)t},$$

et posant

$$(z'-z)\sqrt{1+p^2+q^2}=\delta,\quad \text{d'où}\quad z'-z=\frac{\delta}{\sqrt{1+p^2+q^2}},$$

puis substituant cette valeur de $z'-z$, dans l'équation précédente, faisant disparaître les dénominateurs et ordonnant par rapport à δ, il viendra

$$(rt-s^2)\delta^2-[(1+p^2)t-2pqs+(1+q^2)r]\delta\sqrt{1+p^2+q^2}$$
$$+(1+p^2+q^2)^2=0\ldots.(f),$$

équation dont les racines exprimeront les rayons des deux cercles osculateurs.

Les valeurs de m, données en fonction de x, y, z, changeant avec ces variables, pour chaque point de la surface proposée, il en résulte les équations différentielles

$$dy=m'dx,\quad dy=m''dx,$$

qui déterminent sur le plan des xy, deux courbes passant par le point M', *fig.* 31, et qui sont les projections de celles qu'il faut suivre sur la surface, pour rencontrer des normales qui se coupent.

FIG. 31.

Chaque point M de la surface proposée se trouve sur deux de ces courbes; celle qui répond à la plus petite des valeurs de δ, est la *ligne de plus grande courbure*, l'autre est la *ligne de moindre courbure*.

Quand les valeurs de δ ont le même signe, les deux courbures de la surface sont tournées dans le même sens, et en sens contraire, si ces valeurs sont de signes différens.

Enfin, si l'on élimine x, y, z et m, entre l'équation de la surface proposée, et les équations (b), (c), (d), (e), (151), on aura, par les coordonnées x', y', z', l'équation de la surface qui est le lieu de tous les centres de courbure de la proposée, et qui, en général, sera composée de deux nappes, dont l'une contiendra tous les centres de la plus grande courbure, et l'autre ceux de la plus petite (*).

Des points singuliers des surfaces courbes, et des maximums *et* minimums *des fonctions de plusieurs variables.*

153. Les surfaces courbes offrent, dans leur cours, non-seulement des points singuliers en nombre limité et distincts, mais ces points y forment aussi quelquefois des suites continues, qu'on pourrait nommer *lignes singulières;* les uns et les autres correspondent à des valeurs particulières des coefficiens différentiels de l'ordonnée de la surface, analogues à celles qui nous ont conduit à la détermination des points singuliers des courbes. Mais pour se faire une idée de la forme d'une surface, il ne suffit pas d'en chercher des points isolés; il faut, comme pour la construire, imaginer un ensemble de sections faites par des plans ou des surfaces assujéties à une loi constante et déterminée.

C'est ainsi qu'on peut reconnaître en quel point d'une surface, son ordonnée est un *maximum* ou un *minimum*, c'est-à-dire, plus grande ou plus petite que toutes celles qui l'entourent immédiatement dans quelque

(*) On trouvera dans le chap. v du Ier vol., du Traité in-4°, les formules pour déterminer par ces courbures, celle d'une section faite dans la surface, par un plan quelconque.

direction qu'on les prenne ; car il doit y avoir alors un *maximum* ou un *minimum* sur toutes les sections que forment, dans la surface proposée, les divers plans passant par cette ordonnée. Or, en posant pour l'une de ces sections

$$dy = \alpha dx,$$

le coefficient différentiel de z considéré comme l'ordonnée de cette section, sera exprimé par

$$\frac{dz}{\sqrt{dx^2 + dy^2}} = \frac{p + \alpha q}{\sqrt{1 + \alpha^2}} \quad (146),$$

et devra être nul ou infini (101), indépendamment d'aucune valeur de α, pour qu'il y ait *maximum* ou *minimum*, quelle que soit la situation du plan coupant.

Les conditions du premier cas seront donc

$$p = 0, \quad q = 0,$$

ou

$$\frac{dz}{dx} = 0, \quad \frac{dz}{dy} = 0,$$

et par leur moyen, on déterminera les abscisses du point cherché ; mais, comme dans les courbes, on ne pourra pas conclure de ces seules conditions, qu'il y ait *maximum* ou *minimum* : tout ce qui s'ensuit nécessairement, c'est que le plan tangent est parallèle à celui des xy, puisque son équation se réduit alors à $z' - z = 0$ (149).

Si la surface proposée est la sphère donnée par l'équation

$$x^2 + y^2 + z^2 = a^2,$$

on aura

$$= -\frac{x}{z}, \quad q = -\frac{y}{z},$$

d'où

$$x = 0, \quad y = 0,$$

et l'on verrait, par l'expression

$$z=\sqrt{a^2-x^2-y^2},$$

que toutes les valeurs de z qui répondent à des abscisses différentes de zéro, sont $<a$.

154. En n'ayant égard qu'à la marche des valeurs de l'ordonnée z, on rencontre aussi des *maximums* et des *minimums* qui rendent infinis les coefficiens différentiels p et q; en voici un exemple.

Si dans l'équation

$$z=b+(x^2+y^2)^{\frac{1}{3}},$$

on fait x et y nuls, on aura $z=b$, et dès qu'on prendra x et y différens de zéro, on rendra $z>b$. Cette valeur est donc bien un *minimum*; mais en supposant aussi x et y nuls dans les expressions

$$p=\frac{2x}{3(x^2+y^2)^{\frac{2}{3}}},\quad q=\frac{2y}{3(x^2+y^2)^{\frac{2}{3}}},$$

on trouve $\frac{0}{0}$. Pour en connaître la vraie valeur, il faut d'abord poser $y=mx$, ce qui les change en

$$p=\frac{2}{3x^{\frac{1}{3}}(1+m^2)^{\frac{2}{3}}},\quad q=\frac{2m}{3x^{\frac{1}{3}}(1+m^2)^{\frac{2}{3}}},$$

et montre qu'elles sont réellement infinies, lorsque $x=0$ et que m est assignable, d'où il résulte $y=0$.

154. A la vérité, si l'on recherche la forme de cette partie de la surface, on reconnaîtra sans peine que le point qui répond à $x=0$, $y=0$, est une espèce de bec ou de rebroussement, au-delà duquel la surface ne s'étend pas, et semblable à celui que produirait la courbe EM, *fig.* 15, en tournant autour de la ligne FIG. 15.

PM. On verra aussi que p et q se présentent sous la forme $\frac{0}{0}$, parce que la position du plan tangent à ce point est indéterminée, puisque tout plan qui passe par l'axe des z, touche et coupe la surface.

Il existe aussi dans les surfaces courbes, des suites de points, ou des lignes dans lesquelles elles retournent sur elles-mêmes, qui sont nommées *arêtes de rebroussement*, et dont on verra bientôt un exemple; d'autres lignes où les courbures changent de côté; celles-ci sont des *lignes d'inflexion*, qui peuvent se reconnaître par le changement de signe des rayons de courbure; mais tous ces détails sortant des limites que j'ai dû me prescrire, je vais passer à la recherche purement analytique des *maximums* et des *minimums* des fonctions de deux variables.

155. Il est évident que la différence

$$u'-u=\mathrm{f}(x+h,\ y+k)-\mathrm{f}(x,y),$$

entre deux valeurs successives d'une fonction, lorsque les accroissemens demeurent très petits, mais sont d'ailleurs quelconques, doit rester toujours positive si la première valeur de u est un *minimum*, ou négative dans le cas contraire.

Pour examiner les conséquences de cette condition, il faut en général développer la différence indiquée ci-dessus, suivant les puissances ascendantes des quantités h et k; mais en nous bornant ici au cas où les coefficiens différentiels ne deviennent pas infinis, nous pourrons faire usage de la série du n° 41, et pour abréger nous désignerons par

$$B,\ C,\ D,\ E,\ F,\ \text{etc.},$$

les fonctions

$$\frac{du}{dx}, \quad \frac{du}{dy}, \quad \frac{d^2u}{dx^2}, \quad \frac{d^2u}{dxdy}, \quad \frac{d^2u}{dy^2}, \text{ etc.}$$

Posant ensuite $k = \alpha h$, il viendra

$$\begin{aligned} u' - u = & \frac{h}{1}(B + C\alpha) \\ & + \frac{h^2}{1.2}(D + 2E\alpha + F\alpha^2), \\ & + \text{etc.}, \end{aligned}$$

série dans laquelle le terme affecté de la première puissance de h, pourra devenir supérieur à la somme de tous les autres; et comme il changerait de signe en même temps que h, il faudra qu'il s'évanouisse lors du *maximum* ou du *minimum*, ce qui fournit l'équation

$$B + C\alpha = 0,$$

qui, devant subsister dans toutes les relations de k avec h, doit se vérifier indépendamment de α : on aura donc

$$B = 0, \quad C = 0, \quad \text{ou} \quad \frac{du}{dx} = 0, \quad \frac{du}{dy} = 0,$$

ainsi qu'on l'a déduit des considérations géométriques (153).

Ces conditions étant remplies par les valeurs de x et de y déterminées en conséquence, il faut encore que les coefficiens D, E et F, ne s'évanouissent pas en même temps, et de plus, que le signe de la quantité qui forme la seconde ligne du développement ci-dessus, soit indépendant des valeurs de α. En donnant à cette ligne la forme

$$\frac{Fh^2}{1.2}\left(\frac{D}{F} + \frac{2E}{F}\alpha + \alpha^2\right) \ldots \ (a),$$

on voit que son signe restera le même si le polynome

$$\frac{D}{F}+\frac{2E}{F}\alpha+\alpha^2$$

n'en change pour aucune valeur de α; et c'est ce qui arrivera, si, étant égalé à zéro, il n'admet pour α que des valeurs imaginaires ou des valeurs égales : or, ces valeurs, exprimées en général par

$$\alpha=\frac{-E\pm\sqrt{E^2-FD}}{F},$$

seront imaginaires lorsque $E^2 < FD$, et égales si $E^2=FD$.

Sans ces conditions, il n'y aura ni *maximum* ni *minimum;* et comme elles exigent d'abord que F et D aient le même signe, lorsqu'elles seront remplies, celui de la quantité (a) ne dépendra plus que du signe du coefficient F; on aura donc *minimum* s'il est positif, et *maximum* s'il est négatif.

Euler, dans ses *Institutiones Calculi differentialis*, n'indique qu'une seule condition, savoir, que D et F soient de même signe; Lagrange montra le premier qu'elle n'était pas suffisante, et donna sur ce sujet une théorie à laquelle il ne manquait plus que l'examen du cas où $E^2=FD$, discuté depuis par M. Français (*).

Si les coefficiens du second ordre s'anéantissaient en même temps que ceux du premier, il n'y aurait *maximum* ou *minimum*, qu'autant que les coefficiens du troisième ordre disparaîtraient aussi, et que les termes du quatrième formeraient une quantité dont le signe ne dépendrait aucunement de α, c'est-à-dire, que le polynome en α, qui monterait alors au 4e degré, étant considéré comme une équation de ce degré, n'aurait que des racines imaginaires ou des racines égales.

(*) *Voyez* le Traité in-4°, IIIe vol., page 631.

156. Pour exemple analytique, j'ai choisi la question suivante, analogue à celle du n° 103. *Partager la quantité* a *en trois parties*, x, y, a—x—y, *telles que le produit* $x^m y^n (a-x-y)^p$ *soit un* maximum.

On a alors

$$u = x^m y^n (a-x-y)^p,$$

$$\frac{du}{dx} = x^{m-1} y^n (a-x-y)^{p-1} \{ma - mx - my - px\} = 0,$$

$$\frac{du}{dy} = x^m y^{n-1} (a-x-y)^{p-1} \{na - nx - ny - py\} = 0;$$

les facteurs $ma-mx-my-px$ et $na-nx-ny-py$, étant égalés à zéro, fournissent les équations

$$m(a-x-y) - px = 0, \quad n(a-x-y) - py = 0,$$

qui, par l'élimination de $a-x-y$, conduisent à

$$mpy - npx = 0, \quad \text{d'où} \quad y = \frac{nx}{m};$$

et l'on trouve ensuite

$$x = \frac{ma}{m+n+p}, \; y = \frac{na}{m+n+p}, \; a-x-y = \frac{pa}{m+n+p}.$$

Pour savoir si ces valeurs appartiennent en effet à un *maximum*, on les substituera dans les expressions générales de

$$\frac{d^2u}{dx^2}, \quad \frac{d^2u}{dxdy}, \quad \frac{d^2u}{dy^2};$$

en faisant, pour abréger, $m+n+p=q$, on trouvera

$$D = -(m+p)\left(\frac{ma}{q}\right)^{m-1}\left(\frac{na}{q}\right)^{n}\left(\frac{pa}{q}\right)^{p-1},$$

$$E = -\frac{mna}{q}\left(\frac{ma}{q}\right)^{m-1}\left(\frac{na}{q}\right)^{n-1}\left(\frac{pa}{q}\right)^{p-1},$$

$$F = -(n+p)\left(\frac{ma}{q}\right)^{m}\left(\frac{na}{q}\right)^{n-1}\left(\frac{pa}{q}\right)^{p-1}.$$

Les quantités D et F sont toutes deux négatives, et l'on s'assurera sans peine qu'elles remplissent la condition $E^2 < DF$, lorsque les exposans m, n, p, sont positifs; ainsi on a obtenu le *maximum* demandé.

157. Comme application géométrique, je prendrai la détermination de la plus courte distance entre une surface et un point donné.

Soient x, y, z, les coordonnées de la surface, qui sont les inconnues du problème, x', y', z', celles du point qui sont données; la distance entre le point et la surface sera exprimée par

$$u = \sqrt{(x'-x)^2 + (y'-y)^2 + (z'-z)^2},$$

qui devra être considéré comme une fonction des deux variables x et y, à cause de la dépendance établie entre celles-ci et l'ordonnée z, par l'équation de la surface proposée. En différentiant u dans cette hypothèse (136), faisant $\mathrm{d}z = p\mathrm{d}x + q\mathrm{d}y$, et supprimant les dénominateurs des valeurs de $\frac{\mathrm{d}u}{\mathrm{d}x}$ et de $\frac{\mathrm{d}u}{\mathrm{d}y}$, on trouvera

$$x'-x+(z'-z)p=0, \quad y'-y+(z'-z)q=0,$$

équations qui sont précisément celles de la normale à la surface proposée (150).

En effet, il est visible que cette ligne donne le *minimum* quand le point est du côté de la convexité de la surface; dans le cas contraire, elle donne tantôt le *minimum*, tantôt le *maximum*.

De l'application du Calcul différentiel aux courbes à double courbure, et des surfaces développables.

158. On sait (*Trig. appendice*) que deux équations primitives entre trois variables, se représentent par

une courbe à double courbure, tandis qu'une seule équation entre trois variables appartient à une surface. Lorsqu'on veut appliquer le Calcul différentiel aux courbes à double courbure, on peut les considérer comme les limites de polygones dont trois côtés consécutifs ne sauraient être dans le même plan. Le prolongement de l'un de ces côtés donne la tangente de même que dans les courbes planes.

On aura facilement les équations de la tangente MT, *fig.* 33, en observant que ses projections sont elles-mêmes tangentes à celles de la courbe XM; et comme il suffit de connaître deux projections de cette droite, je choisirai celle qui se trouve sur le plan des xy, et celle que contient le plan des xz. En désignant donc par x', y' et z', les coordonnées d'un point quelconque de la tangente, celles du point M étant toujours x, y et z, l'équation de la droite $T'M'$, tangente à la projection $X'M'$, sera FIG. 33.

$$y'-y=\frac{dy}{dx}(x'-x) \quad (68),$$

et celle de $T''M''$, tangente à $X''M''$, sera

$$z'-z=\frac{dz}{dx}(x'-x),$$

où il ne restera plus qu'à mettre pour y, z et leurs différentielles, les valeurs tirées des équations des projections de la courbe proposée.

159. Deux tangentes consécutives TM et tm, déterminent le plan qui passe par deux côtés consécutifs, et qu'on nomme *plan osculateur*. On peut trouver son équation en le regardant comme passant par trois points consécutifs de la courbe proposée : soit donc

$Ax'+By'+Cz'+D=0$ son équation (*Trig. append.*);

il faudra qu'on ait d'abord $Ax+By+Cz+D=0$, puisqu'il doit contenir le point dont les coordonnées sont x, y et z; et pour que les deux points suivans s'y trouvent aussi, il faudra de plus que la différentielle première et la différentielle seconde de son équation, aient lieu en même temps que celles des équations de la courbe proposée.

On pourrait prendre une des différentielles dx, dy, ou dz pour constante (133), mais il sera plus symétrique de les traiter toutes comme variables en même temps, et il viendra

$$Adx+Bdy+Cdz=0, \quad Ad^2x+Bd^2y+Cd^2z=0,$$

d'où l'on tirera

$$\frac{A}{C}=\frac{dyd^2z-dzd^2y}{dxd^2y-dyd^2x}, \quad \frac{B}{C}=\frac{dzd^2x-dxd^2z}{dxd^2y-dyd^2x};$$

puis retranchant l'équation

$$Ax+By+Cz+D=0,$$

de

$$Ax'+By'+Cz'+D=0,$$

mettant ensuite pour $\frac{A}{C}$ et $\frac{B}{C}$ leurs valeurs, et faisant disparaître les dénominateurs, on trouvera le résultat suivant, remarquable par sa forme,

$$(x'-x)(dyd^2z-dzd^2y)+(y'-y)(dzd^2x-dxd^2z)$$
$$+(z'-z)(dxd^2y-dyd^2x)=0.$$

En y substituant pour deux quelconques des trois coordonnés x, y, z, leurs valeurs tirées des équations de la courbe proposée, on aura l'équation du plan osculateur, particularisée par la coordonnée restante.

Ici s'offre l'occasion de vérifier ce qu'on lit à la fin du n° 132; car, si en regardant d'abord y et z comme des fonctions de x, on pose

$$dy = p dx, \quad d^2y = q dx^2, \quad d^2z = p' dx, \quad d^2z = q' dx^2,$$

et qu'ensuite on suppose les trois variables fonctions d'une quatrième t, on aura par le n° 131,

$$d^2y = q dx^2 + p d^2x, \quad d^2z = q' dx^2 + p' d^2x$$

valeurs dont la substitution dans l'équation du plan osculateur, faisant disparaître d^2x, conduit au même résultat que si l'on eût fait dx constant.

160. On observera en passant, que la différentielle de l'arc de la courbe a pour expression

$$\sqrt{dx^2 + dy^2 + dz^2},$$

puisque c'est celle de la distance des points M et m, dont les coordonnées respectives sont

$$x, \; y, \; z, \; x + dx, \; y + dy, \; z + dz.$$

161. La suite des tangentes d'une courbe à double courbure, ou, ce qui revient au même, la suite de ses plans osculateurs, lorsqu'on les mène par des points peu éloignés, forme un polyèdre composé de plans angulaires, accolés les uns aux autres par un côté commun, et qui peuvent se ramener au même plan ou se développer, en les faisant tourner autour de ce côté : c'est ce que représente la figure 34. Si, pour plus de simplicité, l'on n'y considère en premier lieu que les lignes tirées en plein, on verra bien comment les côtés du polygone $MM_1M_2M_3$ etc., prolongés dans le même sens, forment les angles FIG. 34.

$$TM_1T_1, \; T_1M_2T_2, \; T_2M_3T_3, \; T_3M_4T_4, \text{ etc.},$$

situés d'abord dans des plans différens, et qui se ramènent sur un seul, en tournant autour des lignes

$$M_1T_1, \quad M_2T_2, \quad M_3T_3, \quad \text{etc.}$$

Considérant ensuite leurs prolongemens dans le sens opposé, parties qui sont ponctuées, et qui croisent la direction des autres, en passant soit au-dessus, soit au-dessous, on en voit naître une seconde nappe du polyèdre, laquelle rencontre la première suivant les côtés du polygone, qui devient ainsi une ligne de rebroussement sur ce polyèdre.

Il est bon d'observer que chaque côté de ce polygone peut être envisagé comme l'intersection de deux faces contiguës du polyèdre, et chacun de ses angles, comme celle de trois faces consécutives du même polyèdre.

Cela posé, si l'on conçoit que les points pris sur la courbe proposée, pour former le polygone, se rapprochent de plus en plus, le polyèdre tendra sans cesse vers un corps continu, qui en sera la limite, comme les cylindres et les cônes sont celles des prismes et des pyramides, et sa ligne de rebroussement se changera dans la courbe proposée, qui est aussi nommée *l'arête de rebroussement* de la surface formée par ses tangentes. Telle est l'origine la plus simple des surfaces développables annoncées dans le n° 143.

Lorsqu'on a les équations de la courbe proposée, celle de la surface de ses tangentes s'obtient facilement; car, si dans les équations de la tangente

$$y'-y=\frac{dy}{dx}(x'-x),$$

$$z'-z=\frac{dz}{dx}(x'-x) \quad (158),$$

on change x, y, z, en α, β, γ, afin de pouvoir supprimer les accens affectés aux coordonnées courantes de cette droite, et qu'on représente par

$$\beta=\varphi(\alpha),\quad \frac{d\beta}{d\alpha}=\varphi'(\alpha),\quad \gamma=\psi(\alpha),\quad \frac{d\gamma}{d\alpha}=\psi'(\alpha),$$

les équations des projections de la courbe proposée, et leurs différentielles, en sorte que les équations de sa tangente deviennent

$$y-\varphi(\alpha)=\varphi'(\alpha)(x-\alpha)\quad(a),$$
$$z-\psi(\alpha)=\psi'(\alpha)(x-\alpha)\quad(b),$$

cette droite n'est plus particularisée que par la valeur de α. Si donc on élimine α, ce qui est toujours possible quand les fonctions φ et ψ sont connues, l'équation résultante en x, y et z, appartiendra à l'ensemble des tangentes de la courbe proposée, et sera par conséquent l'équation de la surface qu'elles forment.

Il est évident qu'on pourra reconnaître par cette équation, si la courbe donnée est plane ou à double courbure, puisque dans le premier cas, la surface dont on vient de parler sera un plan, et dans le second une surface courbe.

Quand les formes des fonctions φ et ψ ne sont pas données, l'élimination ne peut s'effectuer qu'en différentiant; et l'on parvient alors au caractère général des surfaces développables. Il faut d'abord observer que l'équation (a), établissant une relation entre x, y et α, fait voir que la dernière de ces quantités est une fonction des deux autres; je différentie donc sous ce point de vue, et successivement par rapport à x et par rapport à y, les équations (a) et (b), et pour abréger, je pose

$$dz=p\,dx+q\,dy,\quad \frac{d\alpha}{dx}=\alpha',\quad \frac{d\alpha}{dy}=\alpha'';$$

après les réductions, il vient

$$\begin{aligned}
0&=\varphi'(\alpha)+(x-\alpha)\,\alpha'\varphi''(\alpha),\\
1&=\phantom{\varphi'(\alpha)+{}}(x-\alpha)\,\alpha''\varphi''(\alpha),\\
p&=\psi'(\alpha)+(x-\alpha)\,\alpha'\psi''(\alpha),\\
q&=\phantom{\psi'(\alpha)+{}}(x-\alpha)\,\alpha''\psi''(\alpha);
\end{aligned}$$

mettant dans les valeurs de p et de q, celles de $(x-\alpha)\alpha'$ et de $(x-\alpha)\alpha''$, tirées des deux premières équations, p et q seront exprimés en α seulement, par des fonctions arbitraires de cette quantité : on aura donc

$$p=\varpi(q),$$

ϖ désignant une fonction dépendante de φ et de ψ et aussi arbitraire que celles-ci.

Maintenant, si l'on fait, comme dans le nº 151,

$$dp=rdx+sdy, \quad dq=sdx+tdy,$$

et qu'on différentie successivement par rapport à x et par rapport à y, l'équation $p=\varpi(q)$, on obtiendra

$$r=\varpi'(q)s, \quad s=\varpi'(q)t,$$

et éliminant la fonction ϖ', on aura enfin l'équation différentielle partielle du second ordre

$$rt-s^2=0, \quad \text{ou} \quad \frac{d^2z}{dx^2}\frac{d^2z}{dy^2}-\left(\frac{d^2z}{dxdy}\right)^2=0,$$

qui exprime le caractère général des surfaces développables, découvert par Euler.

Il faut d'abord remarquer que l'équation (f) du nº 162, se réduit au premier degré, lorsqu'on y fait $rt-s^2=0$, ce qui fait voir que les surfaces développables n'ont qu'une seule courbure, et qu'à proprement parler, l'une des deux valeurs de δ devient infinie dans ce cas. La ligne de courbure qui s'y rapporte, est précisément celle des tangentes génératrices qui passe par le point que l'on considère.

Le plan qui touche la courbe à ce point, passe par la même droite, à tous les points de laquelle s'étend le contact entre le plan et la surface proposée, ce qui est aisé à voir, puisque ce plan n'est autre que la limite des plans menés par deux tangentes consécutives.

Cette propriété, particulière aux surfaces développables et résultant de ce qu'elles sont composées de lignes droites qui se coupent deux à deux, les distingue de toutes les autres surfaces, sur lesquelles le contact avec un plan n'a lieu, en général, que dans un seul point.

162. Mener une normale à une courbe considérée dans l'espace, est un problème indéterminé, car il existe un nombre infini de droites qui, passant par le point donné, sont en même temps perpendiculaires à la tangente; l'ensemble de ces droites forme un plan perpendiculaire à cette tangente, et qui se nomme *plan normal*. En donnant aux équations de la tangente (158) la forme

$$x'-x=\frac{dx}{dz}(z'-z), \quad y'-y=\frac{dy}{dz}(z'-z),$$

on voit que l'équation du plan normal est

$$(x'-x)\frac{dx}{dz}+(y'-y)\frac{dy}{dz}+z'-z=0 \quad (\textit{Trig. append.}),$$

ou

$$(x'-x)\,dx+(y'-y)\,dy+(z'-z)\,dz=0 \quad (1).$$

Considérons maintenant le plan normal pour le point consécutif; il est évident qu'il coupera celui qu'on vient de déterminer, et que sur cette intersection, les coordonnées x', y', z', n'auront pas varié, quoique x soit devenu $x+dx$; on aura donc alors

$$(x'-x)d^2x+(y'-y)d^2y+(z'-z)d^2z-ds^2=0 \quad (2),$$

en posant pour abréger

$$dx^2+dy^2+dz^2=ds^2,$$

et le système des équations (1) et (2) exprimera la droite dont il s'agit. Si on le combine avec les équations de la courbe proposée, pour éliminer x, y et z, il restera une seule équation appartenante à la surface qui est limite des intersections successives des plans normaux, comme la développée des courbes planes est celle des intersections consécutives de leurs normales (80).

Cette surface est évidemment développable, car, ainsi que la surface des tangentes, elle est composée de lignes droites qui se coupent deux à deux; puisque, si l'on substitue un polygone à la courbe proposée, l'intersection du premier plan normal avec le second, et celle du second avec le troisième, seront toutes deux dans le second, et ainsi de proche en proche.

C'est ce que l'analyse prouve aussi; car si l'on change x en α comme dans le n° précéd., qu'on fasse $d\alpha$ constant et qu'on supprime les accens, les équations (1) et (2) deviendront

$$x-\alpha+[y-\varphi(\alpha)]\varphi'(\alpha)+[z-\psi(\alpha)]\psi'(\alpha)=0 \quad (1'),$$

$$\left.\begin{array}{r}[y'-\varphi(\alpha)]\,\varphi''(\alpha)+[z'-\psi(\alpha)]\,\psi''(\alpha)\\ -1-\varphi'(\alpha)^2-\psi'(\alpha)^2\end{array}\right\}=0 \quad (2'),$$

la seconde étant la différentielle de la première par rapport à α, montre qu'on peut différentier la première par rapport à x et y sans faire varier α, puisque les termes qui résulteraient de cette fonction, seraient nuls en vertu de cette seconde équation. La première donnera donc seulement

$$1+p\psi'(\alpha)=0, \quad \varphi'(\alpha)+q\psi'(\alpha)=0,$$

d'où il faut conclure comme dans le n° cité, que $p=\varpi(q)$ (*).

(*) Si, dans l'équation (1'), on change x en z, y en x, z en y, et qu'on fasse

$$\alpha+\varphi(\alpha)\,\varphi'(\alpha)+\psi(\alpha)\,\psi'(\alpha)=m,$$

on pourra poser

$$\varphi'(\alpha)=-\Phi(m), \quad \psi'(\alpha)=-\Psi(m),$$

163. Nous sommes maintenant en état de déterminer les courbures, ou *flexions*, d'une courbe à double courbure. La première, celle qui subsisterait encore quand on développerait la surface de ses tangentes ou de ses plans osculateurs, est celle du cercle qui est la limite de tous les cercles passant par trois points consécutifs de cette courbe, et contenu par conséquent dans le plan osculateur. Son centre, qui est évidemment l'intersection de ce plan avec les deux plans normaux consécutifs, sera donné en joignant l'équation du n° 159, au système des équations (1) et (2) du n° précédent.

Au moyen de ces équations, on déterminera les valeurs de

$$x'-x,\ y'-y,\ z'-z,$$

pour les substituer dans l'expression

$$\sqrt{(x'-x)^2+(y'-y)^2+(z'-z)^2},$$

---

et il viendra

$$z-m=x\Phi\ (m)+y\Psi\ (m)\quad (1''),$$
$$-1=x\Phi'(m)+y\Psi'(m)\quad (2'').$$

Ces équations, qui dérivent de celle du plan $z=Ax+By+m$, dans laquelle on a rendu deux des trois constantes fonctions de la troisième, appartiennent à la suite des intersections d'un plan assujéti à se mouvoir d'une manière quelconque dans l'espace; tel est l'énoncé le plus concis de la formation des surfaces développables.

En joignant aux équations (1'') et (2'') la différentielle de la seconde, prise seulement par rapport à m, afin de passer au point commun à deux intersections successives des plans générateurs, on aura pour ce point

$$0=x\Phi''(m)+y\Psi''(m)\quad (3'');$$

et si l'on élimine m entre les équations (1''), (2'') et (3''), on obtiendra l'arête de rebroussement de la surface développable (161).

La famille des surfaces développables ne renferme pas toutes celles qui sont engendrées par le mouvement d'une droite; il y a en outre les *surfaces gauches* ou *réglées* : *voyez* sur ce sujet, le Traité in-4°, T. I, pag. 606, et T. III, pag. 666.

qui sera celle du rayon cherché, que je représenterai par u.

Si l'on pose d'abord pour abréger

$$\begin{aligned} dxd^2y - dyd^2x &= Z, \\ dzd^2x - dxd^2z &= Y, \\ dyd^2z - dzd^2y &= X, \end{aligned}$$

en indiquant chacune de ces expressions par la lettre qui ne s'y trouve point, l'équation du plan osculateur (159) deviendra

$$X(x'-x)+Y(y'-y)+Z(z'-z)=0;$$

et en la combinant avec celle du premier plan normal, n° précéd., on en tirera d'abord les valeurs de $x'-x$ et de $y'-y$ en $z'-z$, qu'on mettra dans l'équation du second plan normal, qui donnera

$$z'-z=\frac{Xdy-Ydx}{D}ds^2,$$

où

$$\begin{aligned} D=&(Ydz-Zdy)d^2x+(Zdx-Xdz)d^2 \\ &+(Xdy-Ydx)d^2z, \end{aligned}$$

puis

$$\begin{aligned} x'-x&=\frac{(Ydz-Zdy)ds^2}{D}, \\ y'-y&=\frac{(Zdx-Xdz)ds^2}{D}; \end{aligned}$$

et substituant ces valeurs dans l'expression de u^2, on trouvera

$$u^2=\frac{[(Xdy-Ydx)^2+(Zdx-Xdz)^2+(Ydz-Zdy)^2]ds^4}{D^2}.$$

Cela fait, on s'assurera aisément que

$$Xdx+Ydy+Zdz=0,$$

et en ajoutant le quarré de cette expression au premier facteur du numérateur de u^2, on aura

$$u^2 = \frac{(X^2+Y^2+Z^2)\,ds^6}{D^2};$$

on verra aussi, en développant la valeur de D, qu'elle se réduit à $X^2+Y^2+Z^2$: on obtiendra donc pour dernier résultat

$$u^2 = \frac{ds^6}{X^2+Y^2+Z^2}.$$

L'intersection de deux plans normaux consécutifs, étant perpendiculaire au plan du cercle qui passe par les trois points pris sur la courbe proposée, en est l'axe, et chacun de ses points peut servir à décrire ce cercle, en prenant pour rayon la distance de ce point à ceux du cercle; mais parmi tous ces rayons, on distingue sous le nom de *rayon de courbure absolu*, celui qui est dans le plan même du cercle, et que nous venons de trouver.

Les valeurs de x', y' et z', feront connaître la position du centre de courbure; et en éliminant x, y et z, on obtiendrait les équations de la courbe formée par tous ces centres; mais cette courbe n'est point la développée de la proposée, lorsque celle-ci n'est pas plane (*).

164. La seconde courbure, ou la seconde flexion des courbes qui ne sont pas planes, est la courbure des surfaces développables formées par leurs tangentes, indiquée par les angles compris entre les plans osculateurs, comme leur première flexion l'est par les angles compris entre leurs tangentes. Or, les droites qui sont

(*) *Voyez* le Ier vol. du Traité in-4°.

les intersections des plans normaux, étant perpendiculaires aux plans osculateurs, comprennent entre elles le même angle que ces derniers; de plus, les droites, formant par leurs rencontres l'arête de rebroussement de la surface des plans normaux, il est visible que les tangentes de cette arête font entre elles des angles égaux à ceux des plans osculateurs correspondans, et que par conséquent la *seconde flexion de la courbe proposée est égale à la première flexion de l'arête de rebroussement des plans normaux.* Cette relation remarquée par M. Fourier, est réciproque entre les deux courbes, puisque les tangentes de la proposée comprennent évidemment entre elles des angles égaux à ceux que forment ses plans normaux, qui sont les plans osculateurs de l'arête de rebroussement de la surface développable qu'ils composent.

Ce serait ici le lieu de parler des points singuliers que peuvent présenter les courbes à double courbure; mais cette discussion me mènerait trop loin; je me contenterai de faire observer qu'elles sont susceptibles de deux sortes d'inflexions : celle qui se rapporte à leur première courbure, se manifeste comme dans les courbes planes, par le changement de signe de leur rayon de courbure absolu; la seconde, par celui du rayon de courbure de la surface de leurs tangentes, ou de l'arête de rebroussement de la surface de leurs plans normaux.

TRAITÉ ÉLÉMENTAIRE
DE
CALCUL DIFFÉRENTIEL
ET DE CALCUL INTÉGRAL.

SECONDE PARTIE.

CALCUL INTÉGRAL.

De l'intégration des fonctions rationnelles d'une seule variable.

165. LE Calcul intégral est l'inverse du Calcul différentiel; il a pour but de remonter des coefficiens différentiels aux fonctions dont ils dérivent. L'exposition des principes de ce Calcul présente des divisions analogues à celles qu'offre le Calcul différentiel. Il peut arriver que la composition des coefficiens différentiels de la fonction cherchée, soit donnée immédiatement par les variables indépendantes, ou qu'on ait seulement une équation entre quelques-uns de ces coefficiens et une ou plusieurs des variables : le premier cas étant le plus simple, c'est celui qu'il convient de traiter d'abord.

Lorsque le coefficient différentiel du premier ordre d'une fonction de x est donné en x, on a

$$\frac{dy}{dx}=X, \quad \text{ou} \quad dy=Xdx;$$

la fonction cherchée est donc celle dont la différentielle est Xdx, et on l'indique comme il suit :

$$y=\int Xdx,$$

la caractéristique $\int$ étant l'inverse de la caractéristique d (*). Pour procéder avec ordre, je m'occuperai successivement des différentes formes que peut avoir la fonction donnée X, et qui se classent ainsi qu'il suit : fonctions rationnelles,

$$Ax^m+Bx^n+Cx^p+\ldots=U,$$
$$\frac{Ax^m+Bx^n+Cx^p+\ldots}{A'x^{m'}+B'x^{n'}+C'x^{p'}+\ldots}=\frac{U}{V};$$

fonctions irrationnelles,

$$U.V^{\frac{m}{n}};$$

fonctions transcendantes,

$$f(U, lV), \quad f(U, \sin V), \text{ etc.}$$

166. On voit d'abord que pour effectuer l'intégra-

(*) La lettre $\int$ a été employée par ceux qui ont écrit les premiers sur le Calcul intégral, comme l'initiale du mot *somme*, parce que, suivant les idées de Leibnitz, les différentielles représentant les accroissemens infiniment petits des variables (6), il s'ensuit qu'une variable quelconque est la somme du nombre infini d'accroissemens qu'elle a reçus depuis son origine jusqu'au moment où on la considère ; et c'est pour cela qu'ils ont donné à la fonction que nous appelons *primitive*, le nom d'*Intégrale*, comme étant le résultat de l'agrégation de toutes les différentielles : ces dénominations étant bien entendues, on peut se servir indifféremment de l'une ou de l'autre.

tion, il faut renverser les règles qui ont servi à différentier ; or, par la première de ces règles, on a

$$\mathrm{d}(u+v-w)=\mathrm{d}u+\mathrm{d}v-\mathrm{d}w \quad (10),$$

et si l'on intègre le premier membre, en y supprimant la caractéristique d, on trouve

$$u+v-w=\int(\mathrm{d}u+\mathrm{d}v-\mathrm{d}w),$$

ce qui revient à

$$\int\mathrm{d}u+\int\mathrm{d}v-\int\mathrm{d}w=\int(\mathrm{d}u+\mathrm{d}v-\mathrm{d}w),$$

et il en résulte

$$\int(P\mathrm{d}x+Q\mathrm{d}x-R\mathrm{d}x)=\int P\mathrm{d}x+\int Q\mathrm{d}x-\int R\mathrm{d}x,$$

c'est-à-dire que *l'intégrale de la somme de plusieurs fonctions différentielles, est égale à la somme des intégrales de chacune de ces fonctions.*

Il suit aussi de ce que $\mathrm{d}.au=a\mathrm{d}u$ (11), que... $\int a\mathrm{d}u=a\int\mathrm{d}u$, d'où $\int aX\mathrm{d}x=a\int X\mathrm{d}x$, et qu'on peut faire sortir du signe $\int$ la constante a.

167. La différentielle de Ax^m+B étant $mAx^{m-1}\mathrm{d}x$, on en conclura que l'intégrale de $ax^n\mathrm{d}x$ est $\dfrac{ax^{n+1}}{n+1}+B$; car en comparant $ax^n\mathrm{d}x$ avec $mAx^{m-1}\mathrm{d}x$, on a

$$m-1=n, \quad \text{et} \quad mA=a \quad \text{ou} \quad A=\frac{a}{m}=\frac{a}{n+1}.$$

Il résulte de cet exemple, que lorsque

$$\mathrm{d}y=ax^n\mathrm{d}x, \quad y=\frac{ax^{n+1}}{n+1}+B,$$

c'est-à-dire, que *pour intégrer la différentielle monome* $ax^n\mathrm{d}x$, *il faut augmenter l'exposant de la variable d'une unité, puis diviser par le nouvel exposant et par* dx.

La constante B est demeurée arbitraire, comme on devait s'y attendre (7).

15..

168. Avant d'aller plus loin, il est à propos d'examiner un cas particulier, dans lequel la règle ci-dessus est en défaut; c'est celui où $n=-1$. Il vient alors

$$y=\frac{ax^0}{0}+B=\frac{a}{0}+B;$$

mais si l'on fait attention que

$$dy=ax^{-1}dx=\frac{adx}{x}=ad.lx\ (29),$$

on reconnaîtra bientôt que

$$y=alx+B,$$

et que l'exception que présente ici la règle du n° précédent, tient à l'impossibilité d'exprimer la transcendante lx en un nombre fini de termes algébriques.

Néanmoins, un simple changement de forme dans la constante B, suffit pour rattacher ce cas particulier à la formule générale; car si l'on écrit $-\frac{a}{n+1}+B$ au lieu de B, ce qui est permis, puisque cette constante est arbitraire, la formule générale est alors

$$y=\frac{ax^{n+1}-a}{n+1}+B,$$

et devient $\frac{0}{0}$ quand $n=-1$: mais si l'on y applique le procédé du n° 95, en prenant n pour variable, on obtiendra la vraie valeur

$$y=alx+B,$$

la même que ci-dessus.

169. Cela posé l'expression

$$dy=ax^m dx+bx^n dx-cx^p dx\ldots\ldots$$

qui représente une différentielle rationnelle et entière quelconque d'ailleurs, conduit à

$$y = \frac{ax^{m+1}}{m+1} + \frac{bx^{n+1}}{n+1} - \frac{cx^{p+1}}{p+1} \dots + B,$$

d'après les règles des nos 166 et 167.

Je n'ajoute qu'une constante arbitraire, car il est aisé de voir que si on en ajoutait une pour chaque monome, elles n'équivaudraient toutes ensemble qu'à une seule, qui serait égale à leur somme.

170. Si l'on se donnait $dy = (ax+b)^m dx$, on développerait la puissance indiquée, et l'on intégrerait chaque monome qui résulterait de cette opération ; mais il est bon d'observer qu'on peut arriver au résultat sans effectuer le développement. Il suffit de faire $ax+b=z$, ce qui donne $x = \frac{z-b}{a}$, $dx = \frac{dz}{a}$; substituant dans l'expression de dy, on trouve $dy = \frac{z^m dz}{a}$, et par conséquent $y = \frac{z^{m+1}}{a(m+1)} + B$. Mettant pour z sa valeur, on aura donc, lorsque

$$dy = (ax+b)^m dx, \quad y = \frac{(ax+b)^{m+1}}{a(m+1)} + B.$$

Si l'on avait $dy = (ax^n + b)^m x^{n-1} dx$, la transformation réussirait encore, car en posant $ax^n + b = z$, il en résulterait $nax^{n-1}dx = dz$, d'où

$$x^{n-1}dx = \frac{dz}{na}, \quad dy = \frac{z^m dz}{na} \quad \text{et} \quad y = \frac{z^{m+1}}{na(m+1)} + B,$$

ce qui donne, lorsque

$$dy = (ax^n + b)^m x^{n-1} dx, \quad y = \frac{(ax^n+b)^{m+1}}{na(m+1)} + B.$$

171. Je passe aux fonctions fractionnaires, et pour commencer par le cas le plus simple, je suppose qu'on

ait $dy = \frac{Ax^m dx}{(ax+b)^n}$. En faisant $ax+b=z$, on trouve

$$x=\frac{z-b}{a}, \quad dx=\frac{dz}{a},$$

et par conséquent

$$dy=\frac{A(z-b)^m dz}{a^{m+1}z^n};$$

développant la puissance $(z-b)^m$, multipliant le résultat par dz et divisant après par z^n, on aura une suite de monomes à intégrer.

Prenons pour exemple le cas où $m=3$ et $n=2$, il viendra

$$dy=\frac{A(z-b)^3 dz}{a^4 z^2}=\frac{A}{a^4}[zdz-3bdz+3b^2z^{-1}dz-b^3z^{-2}dz]:$$

en appliquant à chacun de ces monomes la règle générale (167), il en résultera

$$y=\frac{A}{a^4}\left[\frac{z^2}{2}-3bz+3b^2 lz+b^3z^{-1}\right]+B.$$

On remettra ensuite pour z sa valeur, et l'on aura enfin, lorsque

$$dy=\frac{Ax^3dx}{(ax+b)^2},$$

$$y=\frac{A}{a^4}[\tfrac{1}{2}(ax+b)^2-3b(ax+b)+3b^2 l(ax+b)+b^3(ax+b)^{-1}]+B.$$

On construirait sans peine la formule générale; et si l'on avait

$$dy=\frac{Ax^n dx+Bx^p dx+Cx^q dx\ldots\ldots\ldots}{(ax+b)^m},$$

on l'écrirait comme il suit,

$$dy=\frac{Ax^n dx}{(ax+b)^m}+\frac{Bx^p dx}{(ax+b)^m}+\frac{Cx^q dx}{(ax+b)^m}\ldots\ldots,$$

puis on opérerait sur chaque terme en particulier, comme je viens de le faire sur le premier.

172. Les différentielles fractionnaires et rationnelles sont en général de la forme

$$\frac{(Ax^m + Bx^n + Cx^p \ldots .)dx}{A'x^{m'} + B'x^{n'} + C'x^{p'} \ldots .},$$

que pour abréger je représenterai par $\frac{Udx}{V}$. Il faut d'abord observer que l'exposant de x dans le numérateur peut être supposé moindre que dans le dénominateur, car si cela n'était pas, en divisant U par V, et nommant Q le quotient de cette division et R le reste, il viendrait $\int\frac{Udx}{V} = \int Qdx + \int\frac{Rdx}{V}$; mais Q étant une fonction rationnelle et entière, $\int Qdx$ s'obtiendrait par l'application immédiate de la règle du n° 167, et il ne resterait plus à trouver que $\int\frac{Rdx}{V}$, formule dans laquelle la fonction R est par rapport à x d'un degré moins élevé que la fonction V. La forme la plus générale que puisse avoir la fraction $\frac{Udx}{V}$ sera donc

$$\frac{(Ax^{n-1} + Bx^{n-2} + Cx^{n-3} \ldots + T)\,dx}{x^n + A'x^{n-1} + B'x^{n-2} + C'x^{n-3} \ldots + T'}.$$

La méthode générale pour intégrer les différentielles exprimées par des fractions rationnelles, consiste à les décomposer en d'autres, dont les dénominateurs soient plus simples, qu'on désigne sous le nom de *fractions partielles*, et qu'on obtient comme il suit.

En égalant à zéro le dénominateur de la fraction proposée, on formera l'équation

$$x^n + A'x^{n-1} + B'x^{n-2} \ldots \ldots + T' = 0,$$

et concevant qu'on ait déterminé les diverses racines de cette équation, on les représentera par

$$a, \quad a', \quad a'', \quad a''', \text{ etc.},$$

en supposant qu'elles soient toutes inégales; par ce moyen, le premier membre de l'équation ci-dessus, ou le dénominateur de la fraction proposée, sera mis sous la forme d'un produit de n facteurs

$$x-a, \quad x-a', \quad x-a'', \quad x-a''', \text{ etc.}$$

Cela fait, on regardera la fraction proposée comme la somme des fractions

$$\frac{N\mathrm{d}x}{x-a}, \quad \frac{N'\mathrm{d}x}{x-a'}, \quad \frac{N''\mathrm{d}x}{x-a''}, \text{ etc.},$$

ayant pour dénominateurs les facteurs du dénominateur de la proposée, et pour numérateurs des constantes indéterminées.

Je suppose, pour fixer les idées, que la différentielle à intégrer soit celle-ci,

$$\frac{(Ax^2+Bx+C)\,\mathrm{d}x}{x^3+A'x^2+B'x+C'},$$

et qu'on ait trouvé

$$x^3+A'x^2+B'x+C'=(x-a)(x-a')(x-a'').$$

En réduisant au même dénominateur les fractions

$$\frac{N\mathrm{d}x}{x-a}, \quad \frac{N'\mathrm{d}x}{x-a'}, \quad \frac{N''\mathrm{d}x}{x-a''},$$

et en les ajoutant il viendra

$$\frac{N(x-a')(x-a'')+N'(x-a)(x-a'')+N''(x-a)(x-a')}{(x-a)(x-a')(x-a'')}\mathrm{d}x;$$

le dénominateur sera le même que celui de la proposée, et le numérateur sera nécessairement une fonction du degré inférieur à celui du numérateur, c'est-à-dire, du second degré. En développant, on a en effet

$$\{(N+N'+N'')x^2-[N(a'+a'')+N'(a+a'')+N''(a+a')]x \\ +Na'a''+N'aa''+N''aa'\}dx.$$

Cette fonction étant comparée avec le numérateur de la fraction proposée, donne les trois équations,

$$N+N'+N''=A,$$
$$-N(a'+a'')-N'(a+a'')-N''(a+a')=B,$$
$$Na'a''+N'aa''+N''aa'=C,$$

qui ne sont que du premier degré, par rapport aux indéterminées N, N' et N''.

Pour les résoudre, il suffit de multiplier la première par a^2, la seconde par a, et d'ajouter les produits avec la troisième ; on trouve de cette manière,

$$Aa^2+Ba+C=N[a^2-(a'+a'')a+a'a''] \\ =N(a-a')(a-a''),$$

d'après les lois de la composition des équations, et par conséquent,

$$N=\frac{Aa^2+Ba+C}{(a-a')(a-a'')},$$

où *le numérateur est ce que devient celui de la fraction proposée, quand on y change* x *en* a, *et le dénominateur, le produit des différences entre la racine* a *et toutes les autres.*

Suivant cette loi, on aura sans calcul,

$$N'=\frac{Aa'^2+Ba'+C}{(a'-a)(a'-a'')}, \quad N''=\frac{Aa''^2+Ba''+C}{(a''-a)(a''-a')},$$

et il ne serait pas difficile de s'assurer qu'elle convient au cas général ; mais nous y parviendrons bientôt encore plus facilement.

Cela posé, puisque

$$\frac{(Ax^2+Bx+C)\,\mathrm{d}x}{x^3+A'x^2+B'x+C'}=\frac{N\mathrm{d}x}{x-a}+\frac{N'\mathrm{d}x}{x-a'}+\frac{N''\mathrm{d}x}{x-a''},$$

on fera d'abord $x-a=z$, et l'on aura $\frac{N\mathrm{d}x}{x-a}=\frac{N\mathrm{d}z}{z}$, dont l'intégrale est $N\mathrm{l}z$, ou $N\mathrm{l}(x-a)$. On trouvera de même que

$$\int\frac{N'\mathrm{d}x}{x-a'}=N'\mathrm{l}(x-a'),\quad \int\frac{N''\mathrm{d}x}{x-a''}=N''\mathrm{l}(x-a'');$$

et l'on aura par conséquent

$$\int\frac{(Ax^2+Bx+C)\,\mathrm{d}x}{x^3+A'x^2+B'x+C'}$$
$$=N\mathrm{l}(x-a)+N'\mathrm{l}(x-a')+N''\mathrm{l}(x-a'')+\textit{const.}$$
$$=\mathrm{l}\left[(x-a)^{N}(x-a')^{N'}(x-a'')^{N''}\right]+\textit{const.}$$

173. L'intégration des fractions rationnelles n'a donc aucune difficulté, lorsqu'elles sont décomposées comme on vient de le voir, en fractions partielles, dont les dénominateurs sont des binomes du premier degré; mais cette forme n'est possible que pour les facteurs qui sont simples dans le dénominateur de la fraction proposée. En effet, la supposition de $a'=a$, dans l'exemple du n° précédent, rend infinies les valeurs de N, N' et N'', et cela tient à ce que, dans l'ensemble des fractions partielles

$$\frac{N}{x-a}+\frac{N'}{x-a}=\frac{N+N'}{x-a},$$

la somme des indéterminées $N+N'$ se comportant comme une seule, il ne s'en trouve plus un nombre suffisant.

On obvie à cet inconvénient, en substituant à ces deux fractions, qui n'en font plus qu'une seule, la suivante

$$\frac{(Nx+N')\,dx}{(x-a)^2};$$

et en la réduisant au même dénominateur avec la troisième fraction $\frac{N''dx}{x-a''}$, on obtient encore un nombre d'équations égal à celui des inconnues N, N' et N''.

L'intégration de la nouvelle fraction n'offre d'ailleurs aucune difficulté, puisqu'en faisant $x-a=z$, on retombe sur des monomes, comme dans le dernier exemple du n° 171, dont celui-ci n'est qu'un cas particulier.

En général, si le dénominateur V de la fraction proposée contenait le facteur $(x-a)^m$, il faudrait prendre pour ce facteur, une fraction partielle de la forme

$$\frac{(Nx^{m-1}+N_1x^{m-2}+N_2x^{m-3}\ldots+N_{m-1})dx}{(x-a)^m},$$

qu'on intégrerait en posant

$$x-a=z,\quad \text{d'où}\quad x=a+z,\quad dx=dz,$$

mais le résultat de cette substitution étant de la forme

$$\frac{(M+M_1z+M_2z^2\ldots+M_{m-1}z^{m-1})dz}{z^m},$$

revient à

$$\frac{Mdz}{z^m}+\frac{M_1dz}{z^{m-1}}+\frac{M_2dz}{z^{m-2}}\ldots+\frac{M_{m-1}dz}{z},$$

et montre qu'on peut substituer à la première fraction, les suivantes

$$\frac{Mdx}{(x-a)^m}+\frac{M_1dx}{(x-a)^{m-1}}+\frac{M_2dx}{(x-a)^{m-2}}\ldots+\frac{M_{m-1}dx}{x-a},$$

dont les numérateurs sont des constantes, et qui s'intègrent par le procédé du n° 171.

174. Cette dernière forme et celle qui répond aux facteurs inégaux (172), sont les plus simples dans lesquelles on puisse décomposer les fractions rationnelles à intégrer, et donnent lieu à une opération subsidiaire qui se divise en deux parties. La première, qui consiste à déterminer les facteurs du dénominateur V, dépend, comme nous l'avons déjà dit, de la résolution de l'équation $V=0$ (172); la seconde partie qui est la détermination des numérateurs des fractions partielles, s'effectue par plusieurs procédés, dont voici le plus élémentaire.

Ayant mis à part un facteur simple $x-a$ du dénominateur, on pose

$$V=(x-a)Q \quad \text{et} \quad \frac{U}{V}=\frac{N}{x-a}+\frac{P}{Q},$$

P étant une fonction de x, provenant de la réduction au même dénominateur de toutes les fractions autres que $\frac{N}{x-a}$, qui entrent dans la proposée; ce sera par conséquent une fonction entière par rapport à x. Mais en réduisant au même dénominateur, les deux membres de la dernière équation posée ci-dessus, on aura

$$U=NQ+(x-a)P, \quad \text{d'où} \quad P=\frac{U-NQ}{x-a};$$

et puisque P est une fonction entière de x, il faudra que $U-NQ$ soit divisible par $x-a$, ce qui ne peut avoir lieu, suivant le théorème fondamental de la composition des équations, à moins que le polynome $U-NQ$ ne s'évanouisse lorsqu'on y change x en a.

Si donc on désigne par u et par q ce que deviennent U et Q, après cette substitution qui ne change rien à N, puisque c'est une constante, on aura

$$u - Nq = 0, \quad \text{et} \quad N = \frac{u}{q},$$

expression dont la valeur sera toujours finie ; car son numérateur et son dénominateur ne sauraient devenir nuls, puisque la fraction étant réduite à sa plus simple expression, le facteur $x-a$ ne fera point partie de U, et n'entrera pas non plus dans Q, puisqu'il ne se trouve qu'une fois dans V : il sera donc toujours possible d'obtenir la fraction partielle, répondant à un facteur de cette sorte.

Si l'on met au lieu de U ce qu'il représente (172), et qu'on observe que

$$Q = (x-a')(x-a'')(x-a''') \text{ etc.},$$

on obtient

$$N = \frac{u}{q} = \frac{Aa^{n-1} + Ba^{n-2} + Ca^{n-3} \ldots + T}{(a-a')(a-a'')(a-a''') \text{ etc.}},$$

expression qui rentre dans la loi annoncée plus haut (172).

175. Voyons maintenant comment on peut trouver les numérateurs des fractions partielles qui répondent aux facteurs égaux. Soit $V = Q(x-a)^m$, posons

$$\frac{U}{V} = \frac{N}{(x-a)^m} + \frac{N_1}{(x-a)^{m-1}} + \frac{N_2}{(x-a)^{m-2}} \ldots + \frac{N_{m-1}}{x-a} + \frac{P}{Q}$$

(173), forme que la détermination des inconnues va justifier. En réduisant au même dénominateur, il viendra

$$U = Q[N + N_1(x-a) + N_2(x-a)^2 \ldots + N_{m-1}(x-a)^{m-1}] + P(x-a)^m,$$

$$P = \frac{U - Q[N + N_1(x-a) + N_2(x-a)^2 \ldots + N_{m-1}(x-a)^{m-1}]}{(x-a)^m};$$

et comme P doit être une fonction entière, il faudra que le numérateur de son expression soit divisible m fois de suite par $x-a$: ce numérateur s'évanouira donc lorsqu'on y changera x en a. On voit d'abord qu'il se réduit dans ce cas à $U-QN$; mais pour que $U-QN$ soit divisible par $x-a$, il faut, en conservant les mêmes dénominations que dans le n° précédent, qu'on ait $u-qN=0$ ou $N=\frac{u}{q}$.

Cette valeur changera la quantité $U-QN$ en $U-\frac{u}{q}Q$ qui se divisera par $x-a$; on aura, en effaçant en même temps ce facteur dans le dénominateur, et faisant pour abréger, $U-\frac{u}{q}Q=U_1(x-a)$,

$$P=\frac{U_1-Q[N_1+N_2(x-a)\ldots+N_{m-1}(x-a)^{m-2}]}{(x-a)^{m-1}}.$$

Maintenant pour obtenir N_1, on fera $x-a=0$, et en désignant par u_1, ce que devient U_1, par le changement de x en a, on aura $u_1-qN_1=0$, ou $N_1=\frac{u_1}{q}$.

Mettant ensuite au lieu de N_1 sa valeur dans U_1-QN_1, il en résultera la quantité $U_1-\frac{u_1}{q}Q$, qui, s'évanouissant lorsque $x-a=0$, sera divisible par $x-a$, et par conséquent P se réduira à

$$P=\frac{U_2-Q[N_2+N_3(x-a)\ldots+N_{m-1}(x-a)^{m-3}]}{(x-a)^{m-2}},$$

U_2 représentant le quotient de la division de $U_1-\frac{u_1}{q}Q$ par $x-a$. En continuant la même notation, on trouvera encore $u_2-qN_2=0$, d'où $N_2=\frac{u_2}{q}$; et ainsi des autres, sans tomber jamais sur des valeurs infinies.

176. Le Calcul différentiel facilite beaucoup les opérations précédentes. En effet, si l'on différentie successivement $n-1$ fois l'équation

$$U=Q[N+N_1(x-a)+N_2(x-a)^2 \ldots\ldots\ldots\ldots + N_{m-1}(x-a)^{m-1}]+P(x-a)^m,$$

et qu'on fasse ensuite $x-a=0$, dans cette équation et dans celle qu'on en aura déduites, il viendra

$$U=NQ,$$
$$dU=NdQ+N_1Qdx,$$
$$d^2U=Nd^2Q+2N_1dQdx+2N_2Qdx^2,$$
$$d^3U=Nd^3Q+3N_1d^2Qdx+6N_2dQdx^2+6N_3Qdx^3,$$
etc.,

équations qui déterminent chacune des inconnues N, N_1, N_2, etc., par celles qui la précèdent; bien entendu qu'après les différentiations, il faudra changer x en a.

Le moyen le plus simple pour obtenir la valeur de Q, dans ce cas, est de diviser V par $(x-a)^m$; cependant on peut y parvenir par la différentiation; car, puisqu'on a $V=Q(x-a)^m$, en différentiant un nombre m de fois chacun des membres de cette équation, et faisant ensuite $x-a=0$, on trouvera $d^mV=m(m-1)\ldots 2.1.Qdx^m$ (57), et par conséquent $Q=\dfrac{d^mV}{1.2\ldots mdx^m}$.

On parviendra à l'expression des différentielles de Q dans l'hypothèse de $x-a=0$, en prenant successivement celles de l'ordre $n+1$, $n+2$, etc., de l'équation $V=Q(x-a)^n$; car il est aisé de voir, d'après la remarque du n° 57, que dans ce cas $d^{m+1}V=d^{m+1}.Q(x-a)^m$, par exemple, se réduit à $(m+1)m\ldots 2.1.dQdx^{m+1}$. Il suit de là, qu'on pourra exprimer les indéterminées N_1, N_2, N_3, etc., à l'aide des différentielles du numérateur U et de celles du dénominateur V, de la fraction proposée.

177. Le fond du calcul ne changerait pas, quand même quelques-unes des racines a, a', a'', etc., ne seraient pas réelles; les imaginaires qui s'introduiraient alors dans les numérateurs des fractions partielles, disparaîtraient par des réductions au même dénominateur; mais il est peut-être plus simple d'éviter ces formes, en ne décomposant le dénominateur V qu'en facteurs réels, ce qui est toujours possible, parce que les facteurs imaginaires d'un polynome quelconque, se groupent deux à deux en facteurs réels du second degré (*Complément des Elémens d'Algèbre*).

Ces facteurs peuvent en général être représentés par

$$x^2 - 2\alpha x + \alpha^2 + \beta^2;$$

et pour obtenir les fractions partielles correspondantes, il ne faut que modifier très peu les procédés des n°s 174 et 175.

Dans le cas d'un facteur simple, on pose

$$\frac{U}{V} = \frac{Mx+N}{x^2 - 2\alpha x + \alpha^2 + \beta^2} + \frac{P}{Q},$$

d'où l'on tire

$$U = Q(Mx+N) + P(x^2 - 2\alpha x + \alpha^2 + \beta^2),$$

$$P = \frac{U - Q(Mx+N)}{x^2 - 2\alpha x + \alpha^2 + \beta^2};$$

et raisonnant comme dans le n° 174, puisque P doit toujours être une fonction entière de x, il faut que la quantité $U - Q(Mx+N)$, soit divisible par..... $x^2 - 2\alpha x + \alpha^2 + \beta^2$; elle doit donc renfermer au nombre de ses facteurs, ceux de ce dernier, et s'évanouir par conséquent dans les mêmes circonstances. Mais les facteurs de $x^2-2\alpha x+\alpha^2+\beta^2$ sont

$$x-\alpha-\beta\sqrt{-1},\quad x-\alpha+\beta\sqrt{-1};$$

si on les égale à zéro, on aura

$$x=\alpha+\beta\sqrt{-1},\quad x=\alpha-\beta\sqrt{-1},$$

valeurs qui, substituées successivement dans........ $U-Q(Mx+N)$, doivent faire évanouir cette quantité. Désignant donc par $u\pm u'\sqrt{-1}$, et par $q\pm q'\sqrt{-1}$, ce que deviennent U et Q, après cette substitution on aura

$$u\pm u'\sqrt{-1}-(q\pm q'\sqrt{-1})[M(\alpha\pm\beta\sqrt{-1})+N]=0\,(*),$$

équation double, à cause du signe $\pm$ dont sont affectés plusieurs de ses termes, et qui est équivalente à celles qu'on formerait, en égalant séparément à zéro la partie réelle et la partie imaginaire. D'après cette considération, on aura

$$u-q\alpha M+q'\beta M-qN=0,$$
$$u'-q\beta M-q'\alpha M-q'N=0;$$

équations qui donneront les valeurs de M et de N.

178. Si le facteur $x^2-2\alpha x+\alpha^2+\beta^2$, que, pour abréger, je représenterai par R, se trouve plusieurs fois dans le dénominateur V; et qu'on ait

$$V=Q(x^2-2\alpha x+\alpha^2+\beta^2)^m=QR^m,$$

on prendra dans ce cas (175),

$$\frac{Mx+N}{R^m}+\frac{M_1x+N_1}{R^{m-1}}+\frac{M_2x+N_2}{R^{m-2}}\ldots\ldots+\frac{P}{Q};$$

(*) En développant les puissances $(\alpha+\beta\sqrt{-1})^m$ et $(\alpha-\beta\sqrt{-1})^m$, on verra que les expressions telles que $Ax^m+Bx^n-Cx^p+$ etc., doivent en effet prendre la forme supposée.

réduisant au même dénominateur, et tirant la valeur de P, il viendra

$$P=\frac{U-Q[Mx+N+(M_1x+N_1)R+(M_2x+N_2)R^2+\ldots]}{R^m}.$$

En raisonnant dans ce cas comme dans les précédens, on conclura que le numérateur de cette expression doit s'évanouir par la supposition de $x=\alpha\pm\beta\sqrt{-1}$, qui rend aussi $R=0$; et gardant les mêmes dénominations que ci-dessus, on aura après cette opération

$$u\pm u'\sqrt{-1}-(q\pm q'\sqrt{-1})[M(\alpha\pm\beta\sqrt{-1})+N]=0,$$

ce qui donnera, pour déterminer M et N, les mêmes équations que dans le n° précédent. Ayant trouvé les valeurs de ces quantités, on les substituera dans le numérateur de P; et les termes $U-Q(Mx+N)$ devenant divisibles par R, ou $x^2-2\alpha x+\alpha^2+\beta^2$, l'expression entière le deviendra aussi. Nommant donc U_1, le quotient de $U-Q(Mx+N)$ par $x^2-2\alpha x+\alpha^2+\beta^2$, on aura

$$P=\frac{U_1-Q[M_1x+N_1+(M_2x+N_2)R+\ldots]}{R^{m-1}}.$$

En remettant, dans ce nouveau numérateur, pour x, les valeurs $\alpha\pm\beta\sqrt{-1}$, puis égalant le résultat à zéro, on déterminera M_1 et N_1, comme on a déterminé plus haut M et N, et l'on continuera d'opérer de la même manière, pour parvenir aux valeurs des lettres M_2, N_2, M_3, N_3, etc.

179. Ce cas est parfaitement analogue à celui qu'on a traité dans le n° 175; et le Calcul différentiel s'applique de la même manière, à l'un et à l'autre, au moyen de l'équation

$$U = Q[Mx + N + (M_1x + N_1)R + (M_2x + N_2)R^2 + \ldots\ldots] + PR^m,$$

et de ses différentielles, dans lesquelles, jusqu'à l'ordre $m-1$ inclusivement, celles du terme PR^m s'évanouissent lorsqu'on fait $R = 0$. On obtiendra de cette manière les équations

$$U = (Mx + N)Q$$
$$dU = (Mx + N)dQ + MQdx + (M_1x + N_1)QdR,$$
etc.,

chacune desquelles deviendra double, lorsqu'on mettra pour x les valeurs dont il est susceptible en vertu de l'équation $R = 0$, ou $x^2 - 2\alpha x + \alpha^2 + \beta^2 = 0$. En égalant séparément à zéro, la partie réelle et la partie imaginaire, on obtiendra un nombre suffisant d'équations, pour déterminer M, N, M_1, N_1, etc.

Il faut encore remarquer que de

$$V = QR^m,$$

on tirera

$$d^mV = Qd^m.R^m, \quad \text{d'où} \quad Q = \frac{d^mV}{d^m.R^m},$$

lorsqu'on supposera

$$R \text{ ou } x^2 - 2\alpha x + \alpha^2 + \beta^2 = 0.$$

On trouvera dQ, d^2Q, etc., dans la même hypothèse, en prenant les différentielles des ordres $m+1$, $m+2$, etc. de l'équation

$$V = QR^m,$$

et supprimant ensuite les termes que cette hypothèse rend nuls.

180. Pour intégrer la fraction

$$\frac{(Mx + N)dx}{x^2 - 2\alpha x + \alpha^2 + \beta^2},$$

on observera que

$$x^2-2ax+a^2+\beta^2=(x-a)^2+\beta^2,$$

on fera

$$x-a=z,$$

et il viendra

$$\frac{(Mx+N)dx}{(x-a)^2+\beta^2}=\frac{(Mz+Ma+N)dz}{z^2+\beta^2}=\frac{(Mz+N')dz}{z^2+\beta^2},$$

en posant

$$Ma+N=N'.$$

Mais

$$\frac{(Mz+N')\,dz}{z^2+\beta^2}=\frac{Mzdz}{z^2+\beta^2}+\frac{N'dz}{z^2+\beta^2};$$

la première partie du second membre de l'équation ci-dessus est intégrable; car, en faisant $z^2+\beta^2=u$, on a $zdz=\frac{du}{2}$, ce qui donne

$$\int\frac{Mzdz}{z^2+\beta^2}=\frac{M}{2}\int\frac{du}{u}=M.\frac{1}{2}lu=Ml\sqrt{z^2+\beta^2}.$$

Quant à la seconde partie, si l'on y fait $z=\beta u$, on la change en

$$\frac{N'dz}{z^2+\beta^2}=\frac{N'}{\beta}\,\frac{du}{u^2+1};$$

mais on a vu, n° 36, que $\frac{du}{1+u^2}$ est la différentielle de l'arc dont la tang $=u$: donc

$$\int\frac{N'}{\beta}\frac{du}{u^2+1}=\frac{N'}{\beta}\text{arc}\,(\text{tang}=u)+\text{const.}$$

$$=\frac{N'}{\beta}\text{arc}\left(\text{tang}=\frac{z}{\beta}\right)+\text{const.};$$

réunissant ces deux résultats, on obtiendra

$$\int \frac{(Mz+N')dz}{z^2+\beta^2} = M l \sqrt{z^2+\beta^2} + \frac{N'}{\beta} \operatorname{arc}\left(\operatorname{tang} = \frac{z}{\beta}\right) + const.$$

Il est bon de remarquer que l'arc dont la tangente est $\frac{z}{\beta}$ a pour sinus $\frac{z}{\sqrt{z^2+\beta^2}}$, pour cosinus $\frac{\beta}{\sqrt{z^2+\beta^2}}$ (*Trig.* 29); car cette considération offre le moyen de présenter l'intégrale proposée sous plusieurs formes, en désignant l'arc par son sinus ou par son cosinus.

Lorsqu'on remet pour z sa valeur, on trouve

$$\int \frac{(Mx+N)dx}{x^2-2\alpha x+\alpha^2+\beta^2} =$$

$$M l \sqrt{x^2-2\alpha x+\alpha^2+\beta^2} + \frac{M\alpha+N}{\beta} \operatorname{arc}\left(\operatorname{tang} = \frac{x-\alpha}{\beta}\right) + const.$$

Venons maintenant à la différentielle

$$\frac{(Mx+N)dx}{(x^2-2\alpha x+\alpha^2+\beta^2)^m},$$

on fera d'abord $x-\alpha=z$ et $M\alpha+N=N'$; par ce moyen on n'aura plus à trouver que $\int \frac{(Mz+N')dz}{(z^2+\beta^2)^m}$, qui peut s'écrire ainsi :

$$M\int \frac{zdz}{(z^2+\beta^2)^m} + N' \int \frac{dz}{(z^2+\beta^2)^m}.$$

La première partie est intégrable immédiatement; et cela se voit en faisant $z^2+\beta^2=u$, puisqu'on a

$$zdz = \frac{du}{2},$$

d'où l'on tire

$$M\int \frac{zdz}{(z^2+\beta^2)^m} = \frac{M}{2}\int \frac{du}{u^m} = \frac{Mu^{-m+1}}{2(1-m)}.$$

Quant à la seconde partie, elle est comprise dans une classe de formules, dont nous nous occuperons bientôt, et au moyen desquelles on ramène son intégration à celle de la formule $\frac{dz}{(z^2+\beta^2)^{n-1}}$ (200), où l'exposant du dénominateur est moindre d'une unité, et ainsi de proche en proche jusqu'à $\int \frac{dz}{z^2+\beta^2}$ déjà obtenue.

En rapprochant les résultats des n.os précédens, on remarquera sans doute, que les différentielles qui se présentent sous la forme de fractions rationnelles, peuvent toujours s'intégrer, soit algébriquement, soit par le moyen des logarithmes ou des arcs de cercle.

181. Je vais donner maintenant une application de ce qui précède. Soit la fraction

$$\frac{dx}{x^8+x^7-x^4-x^3}:$$

les facteurs de son dénominateur sont faciles à découvrir; car il peut se mettre sous la forme

$$x^3(x^5+x^4-x-1)=x^3(x+1)(x^4-1).$$

Le facteur x^4-1, se décompose en x^2-1 et x^2+1, ou $x-1$, $x+1$ et x^2+1 : on a donc

$$x^8+x^7-x^4-x^3=x^3(x-1)(x+1)^2(x^2+1);$$

et par conséquent la fraction proposée est décomposable comme il suit (172, 173) :

$$\frac{A dx}{x-1}+\frac{B dx}{(x+1)^2}+\frac{C dx}{x+1}$$
$$+\frac{D dx}{x^3}+\frac{E dx}{x^2}+\frac{F dx}{x}+\frac{(Gx+H) dx}{x^2+1}.$$

En réduisant au même dénominateur, et comparant le résultat avec $\frac{dx}{x^8+x^7-x^4-x^3}$, on déterminerait les numérateurs inconnus; mais je vais faire usage des autres procédés indiqués ci-dessus.

Pour cela, je considère séparément les quatre facteurs

$$x-1,\quad (x+1)^2,\quad x^3 \text{ et } x^2+1,$$

qui forment le dénominateur de la fraction proposée. Au premier répond une fraction de la forme $\frac{N}{x-1}$; les quantités $U=1$, et $Q=x^2(x+1)^2(x^2+1)$, lorsqu'on y fait $x=1$, donnent $u=1$, $q=8$: on a donc (174) $N=\frac{1}{8}$, et pour la première fraction partielle $\frac{1}{8}\cdot\frac{1}{x-1}$.

J'observerai qu'on aurait trouvé immédiatement la valeur de q, en différentiant le dénominateur...... $x^8+x^7-x^4-x^3$, et faisant ensuite $x=1$ (176).

Au facteur $(x+1)^2$ répondent deux fractions partielles de la forme

$$\frac{N}{(x+1)^2}+\frac{N_1}{x+1}\ (175);$$

ayant alors $Q=x^3(x-1)(x^2+1)$, je fais $x+1=0$, d'où $x=-1$, $q=4$, et $\frac{u}{q}=\frac{1}{4}$: ainsi la seconde fraction partielle est $\frac{1}{4}\,\frac{1}{(x+1)^2}$.

Mettant dans l'expression U_1, du n° cité, au lieu de N sa valeur $\frac{1}{4}$, j'ai

$$U_1=\frac{U-NQ}{x+1}=\frac{4-x^6+x^5-x^4+x^3}{4(x+1)}$$
$$=\frac{-x^5+2x^4-3x^3+4x^2-4x+4}{4},$$

d'où il vient $\frac{u_1}{q}=\frac{18}{16}=\frac{9}{8}$; on a donc pour la troisième fraction partielle $\frac{9}{8}\,\frac{1}{x+1}$.

Pour appliquer ici le Calcul différentiel, on formerait (176) l'équation

$$1=Q[N+N_1(x+1)]+P(x+1)^2,$$

qu'il suffirait de différentier une fois; et posant ensuite $x=-1$, il viendrait

$$1=NQ,$$
$$0=N\mathrm{d}Q+N_1Q\mathrm{d}x,$$

Q étant $x^6-x^5+x^4-x^3$, la première de ces équations donnerait $N=\frac{1}{4}$, et la seconde $N_1=\frac{9}{8}$.

Le facteur x^3 fournit les trois fractions partielles

$$\frac{N}{x^3}+\frac{N_1}{x^2}+\frac{N_2}{x},$$

qu'on détermine au moyen de l'équation

$$1=Q[N+N_1x+N_2x^2]+Px^3,$$

et de ses différentielles première et seconde. En observant que $Q=x^5+x^4-x-1$, et faisant $x=0$, dans Q, $\mathrm{d}Q$ et d^2Q, on obtient

$$N=-1,\quad N_1=1,\quad N_2=-1:$$

on a donc $-\frac{1}{x^3}+\frac{1}{x^2}-\frac{1}{x}$.

Il ne reste plus à trouver que la fraction partielle

correspondante au facteur x^2+1, et dont la forme est $\frac{Mx+N}{x^2+1}$. On pourrait la conclure en retranchant de la proposée toutes les précédentes; mais je vais y parvenir directement par les formules du nº 177. On a d'abord $Q=x^3(x-1)(x+1)^2=x^6+x^5-x^4-x^3$; puis le facteur x^2+1, étant égalé à zéro, donne

$x=\pm\sqrt{-1}$, $\alpha=0$, $\beta=1$, d'où l'on tire

$q\pm q'\sqrt{-1}=-2\pm2\sqrt{-1}$, $u=1$, et $u'=0$;

les équations qui déterminent M et N, deviennent

$$1+2M+2N=0,\quad 2M-2N=0;$$

et l'on trouve par conséquent $M=N=-\frac{1}{4}$.

Voilà donc la fraction proposée $\frac{dx}{x^8+x^7-x^4-x^3}$, décomposée dans les suivantes :

$$\begin{aligned}&\frac{1}{8}\frac{dx}{x-1}+\frac{1}{4}\frac{dx}{(x+1)^2}+\frac{9}{8}\frac{dx}{x+1}\\&-\frac{dx}{x^3}+\frac{dx}{x^2}-\frac{dx}{x}-\frac{1}{4}\frac{(x+1)dx}{x^2+1}.\end{aligned}$$

L'intégration de chacune de celles-ci ne présente aucune difficulté, et l'on obtiendra pour résultat

$$\left.\begin{aligned}&\frac{1}{8}\,\mathrm{l}\,(x-1)-\frac{1}{4}\frac{1}{x+1}\\&+\frac{9}{8}\,\mathrm{l}\,(x+1)+\frac{1}{2x^2}-\frac{1}{x}-\mathrm{l}x\\&-\frac{1}{8}\,\mathrm{l}\,(x^2+1)-\frac{1}{4}\,\mathrm{arc}\,(\mathrm{tang}=x)+const.\end{aligned}\right\}.$$

La réunion de tous les termes algébriques produira la fraction $\frac{2-2x-5x^2}{4x^2(1+x)}$, et celle des termes logarithmiques donnera

$$\tfrac{1}{8}l(x-1)+\tfrac{1}{8}l(x+1)+l(x+1)-\tfrac{1}{8}l(x^2+1)-lx$$
$$=\frac{1}{8}l\left(\frac{x^2-1}{x^2+1}\right)+l\left(\frac{x+1}{x}\right);$$

on aura donc

$$\int\frac{dx}{x^8+x^7-x^4-x^3}=\frac{2-2x-5x^2}{4x^2(1+x)}+\frac{1}{8}l\left(\frac{x^2-1}{x^2+1}\right)$$
$$+l\left(\frac{x+1}{x}\right)-\tfrac{1}{4}\,\text{arc}\,(\text{tang}=x)+const.$$

De l'intégration des fonctions irrationnelles.

182. Les fonctions irrationnelles doivent être regardées comme intégrées, toutes les fois que, par quelque transformation, on les a rendues rationnelles, ou du moins lorsqu'on les a ramenées à une suite de monomes irrationnels; car alors on peut y appliquer immédiatement les règles précédentes.

Soit pour exemple $\frac{(1+\sqrt{x}-\sqrt[3]{x^2})\,dx}{1+\sqrt[3]{x}}$: il est évident qu'en faisant $x=z^6$, toutes les extractions indiquées s'effectuent, et l'on a $\frac{6z^5dz\,(1+z^3-z^4)}{1+z^2}$; divisant par $1+z^2$, il vient

$$-6\left[z^7dz-z^6dz-z^5dz+z^4dz-z^2dz+dz-\frac{dz}{1+z^2}\right],$$

dont l'intégrale est

$$-6\left[\frac{z^8}{8}-\frac{z^7}{7}-\frac{z^6}{6}+\frac{z^5}{5}-\frac{z^3}{3}+z-\text{arc}(\text{tang}=z)\right]+const.,$$

et remettant pour z sa valeur $\sqrt[6]{x}$, on obtient

$$-\tfrac{6}{8}x\sqrt[6]{x^2}+\tfrac{6}{7}x\sqrt[6]{x}+x-\tfrac{6}{5}\sqrt[6]{x^5}+2\sqrt[6]{x^3}-6\sqrt[6]{x}$$
$$+6\text{arc}\,(\text{tang}=\sqrt[6]{x})+\textit{const.}$$

183. La première espèce de fonctions irrationnelles dont je vais m'occuper, est celle qui ne renferme que le radical $\sqrt{A+Bx+Cx^2}$, et qui ne saurait avoir que l'une ou l'autre des formes $Xdx\sqrt{A+Bx+Cx^2}$ et $\dfrac{Xdx}{\sqrt{A+Bx+Cx^2}}$, X étant une fonction rationnelle de x. Il faut d'abord remarquer que l'une de ces formes rentre dans l'autre; car l'on peut écrire la première ainsi qu'il suit,

$$Xdx\frac{\sqrt{A+Bx+Cx^2}\times\sqrt{A+Bx+Cx^2}}{\sqrt{A+Bx+Cx^2}}$$
$$=\frac{X(A+Bx+Cx^2)\,dx}{\sqrt{A+Bx+Cx^2}},$$

et le numérateur du résultat est alors une fonction rationnelle.

Avant d'indiquer les moyens de rendre rationnelle, par rapport à x, l'expression $\sqrt{A+Bx+Cx^2}$, je mettrai la quantité $A+Bx+Cx^2$, sous la forme

$$C\left(\frac{A}{C}+\frac{B}{C}x+x^2\right);$$

et faisant pour abréger

$$C=\gamma^2,\quad \frac{A}{C}=\alpha,\quad \frac{B}{C}=\beta,$$

il en résultera $\sqrt{A+Bx+Cx^2}=\gamma\sqrt{\alpha+\beta x+x^2}$.

Cela posé, si l'on prend

$$\sqrt{\alpha+\beta x+x^2}=z-x,$$

en élevant au quarré, il viendra $\alpha+\beta x=z^2-2xz$, ce qui donnera $x=\frac{z^2-\alpha}{\beta+2z}$, d'où

$$\sqrt{A+Bx+Cx^2}=\gamma(z-x)=\gamma\left(\frac{\alpha+\beta z+z^2}{\beta+2z}\right),$$

$$dx=\frac{2(\alpha+\beta z+z^2)dz}{(\beta+2z)^2}.$$

Par le moyen de ces valeurs, on changera la différentielle $\frac{Xdx}{\sqrt{A+Bx+Cx^2}}$ en une autre de la forme Zdz, Z étant une fonction rationnelle de z, et réelle tant que C sera positif; mais si C était négatif, γ deviendrait imaginaire, et la transformée pourrait le devenir aussi.

Dans ce cas, on aurait $\sqrt{A+Bx-Cx^2}$; et faisant

$$C=\gamma^2,\quad \frac{A}{C}=\alpha,\quad \frac{B}{C}=\beta,$$

il viendrait $\gamma\sqrt{\alpha+\beta x-x^2}$. La quantité $x^2-\beta x-\alpha$, peut toujours se décomposer en facteurs réels du premier degré; si on les représente par $x-a$ et $x-a'$, il est évident que

$$\alpha+\beta x-x^2=-(x^2-\beta x-\alpha)=(x-a)(a'-x).$$

Faisant ensuite $\sqrt{(x-a)(a'-x)}=(x-a)z$, élevant au quarré les deux membres de cette équation, elle deviendra divisible par $x-a$, et l'on aura.... $a'-x=(x-a)z^2$, d'où l'on tirera

$$x=\frac{az^2+a'}{z^2+1},\quad (x-a)z=\frac{(a'-a)z}{z^2+1},\quad dx=\frac{2(a-a')zdz}{(z^2+1)^2},$$

valeurs qui rendront encore rationnelle la différentielle proposée.

184. Je prends d'abord pour exemple la différentielle $\frac{dx}{\sqrt{A+Bx+Cx^2}}$; la première des transformations précédentes donnera $\frac{2dz}{\gamma(\beta+2z)}$, dont l'intégrale est $\frac{1}{\gamma}\,\text{l}(\beta+2z)+const.$ Remettant pour z sa valeur $x+\sqrt{\alpha+\beta x+x^2}$, et pour α, β et γ les quantités qu'ils représentent, il viendra

$$\frac{1}{\sqrt{C}}\,\text{l}\left[\frac{2}{\sqrt{C}}\left(\frac{B}{2\sqrt{C}}+x\sqrt{C}+\sqrt{A+Bx+Cx^2}\right)\right]+const.$$

résultat auquel on peut donner la forme

$$\frac{1}{\sqrt{C}}\,\text{l}\left[\frac{B}{2\sqrt{C}}+x\sqrt{C}+\sqrt{A+Bx+Cx^2}\right]+\frac{1}{\sqrt{C}}\,\text{l}\,\frac{2}{\sqrt{C}}+const.,$$

pour réunir ensuite, avec la constante arbitraire, le terme constant $\frac{1}{\sqrt{C}}\,\text{l}\,\frac{2}{\sqrt{C}}$.

185. Soit pour second exemple $\frac{dx}{\sqrt{A+Bx-Cx^2}}$; en faisant usage de la dernière transformation du n° 183, on aura $\frac{-2dz}{\gamma(z^2+1)}$, dont l'intégrale est

$$-\frac{2}{\gamma}\,\text{arc}\,(\text{tang}=z)+const.$$

Substituant au lieu de z, sa valeur $\frac{\sqrt{a'-x}}{\sqrt{x-a}}$, tirée de l'équation

$$a'-x=(x-a)z^2,$$

et mettant $\sqrt{C}$ pour γ, on obtiendra

$$\int \frac{dx}{\sqrt{A+Bx-Cx^2}} = -\frac{2}{\sqrt{C}}.\text{arc}\left(\text{tang} = \frac{\sqrt{a'-x}}{\sqrt{x-a}}\right) + const.,$$

a et a' étant les racines de l'équation

$$x^2 - \frac{B}{C}x - \frac{A}{C} = 0.$$

Si l'on prend $A = C = 1$, et $B = 0$, la différentielle proposée devient dans ce cas particulier $\frac{dx}{\sqrt{1-x^2}}$, et la formule précédente donne pour son intégrale $-2.\text{arc}\left(\text{tang} = \frac{\sqrt{1-x}}{\sqrt{1+x}}\right) + const.$, car a et a' étant alors les racines de $x^2 - 1 = 0$, il faut prendre $a = -1$ et $a' = 1$, pour ne pas tomber dans l'imaginaire.

Je vais montrer que ce résultat revient à l'arc dont le sinus $= x$, et dont on sait que $\frac{dx}{\sqrt{1-x^2}}$, exprime la différentielle (36). Pour cela, je rappellerai que

$$\text{tang}\, 2A = \frac{2\,\text{tang}\, A}{1 - \text{tang}\, A^2} \quad (\textit{Trig. } 27),$$

d'où il suit que l'arc double de celui qui est indiqué dans la formule précédente, a pour tangente $\frac{\sqrt{1-x^2}}{x}$, et que par conséquent il est le complément de l'arc dont $\frac{x}{\sqrt{1-x^2}}$ serait la tangente et x le sinus (*Trig.* 9). Nommant donc s ce dernier, on aura

$$\int \frac{dx}{\sqrt{1-x^2}} = s - \frac{\pi}{2} + const.,$$

et comprenant l'arc. $-\frac{\pi}{2}$ dans la constante arbitraire, il viendra $\int \frac{\mathrm{d}x}{\sqrt{1-x^2}} = s + const.$

En général, dans tous les cas où l'on obtient deux intégrales diverses en apparence, pour la même différentielle, la différence ne peut porter que sur la constante arbitraire; car si deux fonctions V et X sont telles que $\mathrm{d}X = \mathrm{d}V$, ou $\mathrm{d}X - \mathrm{d}V = \mathrm{d}(X-V) = 0$, il faut nécessairement que $X - V = const.$

186. On peut ramener immédiatement la différentielle $\frac{\mathrm{d}x}{\sqrt{A+Bx-Cx^2}} = \frac{\mathrm{d}x}{\gamma\sqrt{\alpha+\beta x-x^2}}$, à celle d'un arc de cercle; car en faisant d'abord $x - \frac{\beta}{2} = z$, on aura $\frac{\mathrm{d}z}{\gamma\sqrt{\alpha+\frac{1}{4}\beta^2-z^2}}$; posant ensuite $\alpha + \frac{1}{4}\beta^2 = g^2$ et $z = gu$, on trouvera $\frac{\mathrm{d}u}{\gamma\sqrt{1-u^2}}$, dont l'intégrale est $\frac{1}{\gamma}.\mathrm{arc}(\sin = u) + const.$

187. L'intégration de la formule $\frac{\mathrm{d}x}{\sqrt{1-x^2}}$ peut aussi s'effectuer par le moyen des logarithmes, et conduit alors à des expressions imaginaires du sinus et du cosinus, qui sont très remarquables.

En comparant cette formule avec $\frac{\mathrm{d}x}{\sqrt{A+Bx+Cx^2}}$, on trouve $A=1$, $B=0$, $C=-1$, et l'intégrale générale devient (184)

$$\frac{1}{\sqrt{-1}}\,\mathrm{l}\left(x\sqrt{-1}+\sqrt{1-x^2}\right) + const.$$

Si l'on représente par z l'arc dont $\frac{dx}{\sqrt{1-x^2}}$ est la différentielle, on aura donc

$$z = \frac{1}{\sqrt{-1}}\,\mathrm{l}\,(x\sqrt{-1}+\sqrt{1-x^2}) + const.$$

Mais si l'on veut que cet arc soit nul en même temps que x, il faut supprimer la constante arbitraire ; car, en faisant $x=0$, le second membre se réduit à cette constante, à cause que $\mathrm{l}\,1=0$ (*).

Cela posé, en observant que x étant le sinus de l'arc z, $\sqrt{1-x^2}$ en est le cosinus, l'équation ci-dessus deviendra

$$z\sqrt{-1} = \mathrm{l}\,(\cos z + \sqrt{-1}\sin z);$$

et si l'on suppose z négatif, comme

$$\sin(-z) = -\sin z, \quad \cos(-z) = \cos z,$$

(*) Il peut ne pas être inutile de montrer que cette intégrale s'obtient immédiatement en posant

$$\sqrt{1-x^2} = t - x\sqrt{-1},$$

d'où il suit

$$1 = t^2 - 2xt\sqrt{-1},$$

puis en différentiant, et divisant par 2

$$0 = (t - x\sqrt{-1})dt - tdx\sqrt{-1},$$

d'où l'on conclut

$$\frac{dx}{t-x\sqrt{-1}} = \frac{dt}{t\sqrt{-1}},$$

et par conséquent,

$$\int\frac{dx}{\sqrt{1-x^2}} = \int\frac{dx}{t-x\sqrt{-1}} = \int\frac{dt}{t\sqrt{-1}} = \frac{1}{\sqrt{-1}}\,\mathrm{l}t + const.$$

$$= \frac{1}{\sqrt{-1}}\,\mathrm{l}(\sqrt{1-x^2} + x\sqrt{-1}) + const.$$

on aura encore

$$-z\sqrt{-1}=\mathrm{l}\,(\cos z-\sqrt{-1}\sin z),$$

résultat qui se réunit au précédent, dans l'équation

$$\pm z\sqrt{-1}=\mathrm{l}\,(\cos z\pm\sqrt{-1}\sin z).$$

Prenant dans chaque membre, au lieu des logarithmes, les nombres correspondans, il viendra

$$e^{\pm z\sqrt{-1}}=\cos z\pm\sqrt{-1}\sin z,$$

équation qui peut se vérifier en y substituant au lieu de l'exponentielle, du cosinus et du sinus, leurs développemens tirés des nos 27 et 37.

Si l'on considère à part les équations

$$e^{z\sqrt{-1}}=\cos z+\sqrt{-1}\sin z,$$
$$e^{-z\sqrt{-1}}=\cos z-\sqrt{-1}\sin z,$$

pour les ajouter, on en tirera

$$\cos z=\frac{e^{z\sqrt{-1}}+e^{-z\sqrt{-1}}}{2};$$

et en retranchant la seconde de la première, il en résultera

$$\sin z=\frac{e^{z\sqrt{-1}}-e^{-z\sqrt{-1}}}{2\sqrt{-1}}.$$

Ces expressions ne sont au fond que de purs symboles algébriques, représentant, sous une forme abrégée, les séries du n° 37; mais quoiqu'on ne puisse leur assigner de valeur sous aucune forme finie, ils ne s'en prêtent pas moins au calcul avec la plus grande facilité, et manifestent toutes les propriétés dont jouissent les lignes trigonométriques qu'ils expriment.

En mettant nz au lieu de z, dans l'équation

$$e^{\pm z\sqrt{-1}}=\cos z\pm\sqrt{-1}\sin z,$$

elle devient

$$e^{\pm nz\sqrt{-1}}=\cos nz\pm\sqrt{-1}\sin nz;$$

mais on a aussi

$$e^{\pm nz\sqrt{-1}}=(e^{\pm z\sqrt{-1}})^n=(\cos z\pm\sqrt{-1}\sin z)^n:$$

donc

$$(\cos z\pm\sqrt{-1}\sin z)^n=\cos nz\pm\sqrt{-1}\sin nz.$$

Ces équations conduisent à des résultats très importans (*); ici je m'arrêterai sur l'usage qu'on en peut faire pour découvrir les facteurs de la fonction $x^n\mp a^n$, parce que cette recherche est nécessaire dans l'intégration de la formule $\frac{x^m dx}{x^n\mp a^n}$.

188. La fonction $x^n\mp a^n$ se transforme en $a^n(y^n\mp 1)$, lorsqu'on fait $x=ay$; et pour en connaître les facteurs, il suffit de résoudre l'équation

$$y^n\mp 1=0,$$

qui revient à

$$y^n=\pm 1.$$

L'expression

$$y=\cos z+\sqrt{-1}\sin z$$

satisfait à cette équation, par une détermination très simple de l'arc z; car l'on a

$$y^n=(\cos z+\sqrt{-1}\sin z)^n=\cos nz+\sqrt{-1}\sin nz;$$

et comme, en désignant par π la demi-circonférence, et par m un nombre entier quelconque, il vient

(*) *Voyez* la note *B*, à la fin de l'ouvrage.

$$\sin m\pi = 0, \qquad \cos m\pi = \pm 1,$$

selon que m est un nombre pair ou impair, on n'aura qu'à supposer $nz = m\pi$, pour obtenir $y^n = \pm 1$.

Afin de distinguer plus particulièrement le cas où le nombre m est pair, de celui où il est impair, on écrit pour le premier $2m$ au lieu de m, et pour le second $2m+1$, et l'on fait

$$nz = 2m\pi, \quad \text{et} \quad nz = (2m+1)\pi.$$

Dans la première hypothèse, il viendra

$$y = \cos\frac{2m\pi}{n} + \sqrt{-1}\sin\frac{2m\pi}{n}, \quad y^n = +1,$$

et dans la seconde,

$$y = \cos\frac{(2m+1)\pi}{n} + \sqrt{-1}\sin\frac{(2m+1)\pi}{n}, \quad y^n = -1.$$

189. Au moyen du nombre indéterminé m, on obtient par ce qui précède, toutes les valeurs dont y est susceptible; car la première expression, en y faisant

$m=0$, donne $y=1$;

$m=1$, $\quad y=\cos\frac{2\pi}{n}+\sqrt{-1}\sin\frac{2\pi}{n}$;

$m=2$, $\quad y=\cos\frac{4\pi}{n}+\sqrt{-1}\sin\frac{4\pi}{n}$;

. . . .

$m=n-2$, $\quad y=\cos\frac{(2n-4)\pi}{n}+\sqrt{-1}\sin\frac{(2n-4)\pi}{n}$;

$m=n-1$, $\quad y=\cos\frac{(2n-2)\pi}{n}+\sqrt{-1}\sin\frac{(2n-2)\pi}{n}$.

1°. Passé ce terme, on ne retrouve plus de nouvelles valeurs, mais seulement les précédentes, qui reviennent dans le même ordre. En effet, si l'on suppose $n=m$, il vient seulement $y=\cos 2\pi=1$, et l'on retombe sur la première valeur, qui se reproduira toutes les fois qu'on prendra pour m un multiple de n. Faisant ensuite $m=n+1$, il vient l'arc

$$\frac{(2n+2)\pi}{n}=2\pi+\frac{2\pi}{n},$$

dont le cosinus et le sinus sont les mêmes que ceux de l'arc $\frac{2\pi}{n}$ (*Trig.* 22), ce qui ramène à la deuxième valeur, et ainsi des autres.

2°. Le tableau ci-dessus semble ne présenter qu'une seule valeur réelle, la première, mais on en trouve une seconde lorsque n est paire, parce qu'on passe alors par $m=\frac{n}{2}$, qui donne $y=\cos\pi+\sqrt{-1}\sin\pi=-1$.

3°. Les valeurs imaginaires du même tableau se groupent deux à deux, savoir, la dernière avec la première, l'avant-dernière avec la seconde, et ainsi de suite, parce que

$$\frac{(2n-2)\pi}{n}=2\pi-\frac{2\pi}{n},\quad \frac{(2n-4)\pi}{n}=2\pi-\frac{4\pi}{n},\ \text{etc.},$$

et qu'en général

$$\cos(2\pi-a)=\cos a,\quad \sin(2\pi-a)=-\sin a\ \ (\textit{Trig. } 29).$$

Ainsi, quand n est un nombre impair, $n-1$ étant pair, toutes les racines imaginaires depuis $m=1$ jusqu'à $m=n-1$, se réunissent en $\frac{n-1}{2}$ couples de la forme

$$y=\cos\frac{2m\pi}{n}\pm\sqrt{-1}\sin\frac{2m\pi}{n},$$

où il suffit d'étendre les valeurs de m jusqu'à..... $\frac{n-1}{2}$.

Quand n est un nombre pair, il se forme seulement $\frac{n-2}{2}$ couples, parce que la racine qui répond à $\frac{n}{2}$ et qui est réelle, occupe le milieu de celles qui sont imaginaires.

On arrive à des conséquences semblables pour l'équation $y^n+1=0$, où

$$y=\cos\frac{(2m+1)\pi}{n}+\sqrt{-1}\sin\frac{(2m+1)\pi}{n},$$

formule suivant laquelle

$m=0$, donne $y=\cos\frac{\pi}{n}+\sqrt{-1}\sin\frac{\pi}{n}$;

$m=1$, $y=\cos\frac{3\pi}{n}+\sqrt{-1}\sin\frac{3\pi}{n}$;

. . . .

$m=n-2$, $y=\cos\frac{(2n-3)\pi}{n}+\sqrt{-1}\sin\frac{(2n-3)\pi}{n}$;

$m=n-1$, $y=\cos\frac{(2n-1)\pi}{n}+\sqrt{-1}\sin\frac{(2n-1)\pi}{n}$.

Au-delà de ce terme, on ne retrouve plus que les mêmes valeurs, comme dans le cas précédent, et par la même raison. Il ne peut y en avoir de réelle que si n est impaire, et alors elle répond à

$$m=\frac{n-1}{2} \text{ qui donne } y=\cos\pi+\sqrt{-1}\sin\pi=-1.$$

Comme elle occupe le milieu du tableau, les racines imaginaires qui en sont également éloignées, se réunissent en $\frac{n-1}{2}$ couples de la forme

$$y=\cos\frac{(2m+1)\pi}{n}\pm\sqrt{-1}\sin\frac{(2m+1)\pi}{n},$$

où il suffit de pousser les valeurs de m jusqu'à $m=\frac{n-1}{2}$. Il faut aller jusqu'à $m=\frac{n}{2}$ quand n est paire, parce qu'il n'y a plus que des racines imaginaires.

Si l'on trouvait quelque difficulté à comprendre ces énoncés, on les éclaircirait sur-le-champ, en donnant à n des valeurs particulières.

190. Il est facile de déduire de ce qui précède, les facteurs réels des quantités $y^n \mp 1$.

D'abord la formule

$$y=\cos\frac{2m\pi}{n}\pm\sqrt{-1}\sin\frac{2m\pi}{n}$$

donne pour facteurs du premier degré de la quantité y^n-1, les deux expressions imaginaires

$$\left(y-\cos\frac{2m\pi}{n}\right)-\sqrt{-1}\sin\frac{2m\pi}{n},$$
$$\left(y-\cos\frac{2m\pi}{n}\right)+\sqrt{-1}\sin\frac{2m\pi}{n};$$

et en les multipliant, on obtient l'expression

$$y^2-2y\cos\frac{2m\pi}{n}+1,$$

qui comprend tous les facteurs réels du second degré.

On trouve de même que les facteurs du second degré de la quantité y^n+1 sont

$$y^2-2y\cos\frac{(2m+1)\pi}{n}+1.$$

Il faut observer que ces formules comprennent aussi les facteurs réels du premier degré, mais ils s'y présentent comme doubles; car si l'on fait $m=n$ dans le premier, il devient

$$y^2-2y+1=(y-1)^2;$$

et si n était paire, en prenant $m=\frac{n}{2}$, on trouverait encore

$$y^2+2y+1=(y+1)^2,$$

résultat que donne aussi la seconde formule lorsque n est impaire, et qu'on y fait $m=\frac{n-1}{2}$.

191. Les fonctions de la forme $x^{2n}-2px^n+q$ peuvent être traitées comme celles qui ne renferment que deux termes. En les résolvant à la manière des équations du second degré, on en tirera les facteurs

$$x^n-(p\pm\sqrt{p^2-q}),$$

qui seront réels, tant que p^2 surpassera q; et en faisant alors

$$a^n=p+\sqrt{p^2-q}, \qquad a'^n=p-\sqrt{p^2-q},$$

il viendra des fonctions de la forme

$$x^n\mp a^n,$$

à décomposer en facteurs.

Lorsqu'on aura $p^2<q$, on fera $p=\alpha^n$, $q=\beta^{2n}$, $x=\beta y$, et il viendra

$$\beta^{2n}y^{2n}-2\alpha^n\beta^n y^n+\beta^{2n}=\beta^{2n}\left(y^{2n}-\frac{2\alpha^n}{\beta^n}y^n+1\right);$$

mais la condition $p^2<q$ ou $\alpha^{2n}<\beta^{2n}$ donnant $\alpha^n<\beta^n$, la quantité $\frac{\alpha^n}{\beta^n}$ sera une fraction, et pourra par conséquent être représentée par le cosinus d'un arc donné δ: la fonction proposée reviendra donc à

$$\beta^{2n}(y^{2n}-2y^n\cos\delta+1),$$

et il ne s'agira plus que de résoudre l'équation

$$y^{2n}-2y^n\cos\delta+1=0.$$

On en tire d'abord

$$y^n = \cos \delta \pm \sqrt{-1} \sin \delta;$$

puis prenant

$$y = \cos z \pm \sqrt{-1} \sin z,$$

il vient (187)

$$y^n = \cos nz \pm \sqrt{-1} \sin nz,$$

et en comparant avec l'autre valeur de y^n, on obtient

$$\cos nz = \cos \delta, \qquad \sin nz = \sin \delta.$$

On satisfait en général à ces relations, en supposant $nz = 2m\pi + \delta$, m étant un nombre entier quelconque, puisque

$$\cos(2m\pi + \delta) = \cos \delta, \qquad \sin(2m\pi + \delta) = \sin \delta:$$

on aura donc

$$z = \frac{2m\pi + \delta}{n}, \quad y = \cos \frac{2m\pi + \delta}{n} \pm \sqrt{-1} \sin \frac{2m\pi + \delta}{n};$$

et les facteurs du premier degré de la fonction

$$y^{2n} - 2y^n \cos \delta + 1,$$

seront par conséquent compris dans la formule

$$y - \left\{ \cos \frac{2m\pi + \delta}{n} \pm \sqrt{-1} \sin \frac{2m\pi + \delta}{n} \right\}.$$

Si l'on avait $x^{2n} + 2px^n + q = 0$, on ferait encore $\frac{\alpha^n}{\beta^n} = \cos \delta$; mais on prendrait

$$y^{2n} - 2y^n \cos(\pi - \delta) + 1,$$

puisque $\cos(\pi - \delta) = -\cos \delta$. Cela fait, il viendrait

$$\cos nz = \cos(\pi - \delta), \quad \sin nz = \sin(\pi - \delta);$$

et par conséquent

$$nz = 2m\pi + \pi - \delta = (2m+1)\pi - \delta \text{ (*)}.$$

De l'intégration des différentielles binomes.

192. Ces différentielles sont représentées par la formule

$$x^{m-1}dx\,(a+bx^n)^{\frac{p}{q}},$$

dont on ne diminue point la généralité, en supposant que m et n soient des nombres entiers.

Si l'on avait, par exemple, $x^{\frac{1}{3}}dx(a+bx^{\frac{1}{2}})^{\frac{p}{q}}$, on ferait $x = z^6$, d'où il résulterait $6z^7dz\,(a+bz^3)^{\frac{p}{q}}$. On peut aussi regarder n comme essentiellement positive, parce que dans le cas où l'on aurait $x^{m-1}dx\,(a+bx^{-n})^{\frac{p}{q}}$, on supposerait $x = \frac{1}{z}$, et il viendrait $-z^{-m-1}dz(a+bz^n)^{\frac{p}{q}}$.

La formule $x^{m-1}dx\,(ax^r+bx^n)^{\frac{p}{q}}$, revient encore à la précédente, en divisant par x^r, sous la parenthèse; car on obtient

$$x^{m+\frac{pr}{q}-1}dx(a+bx^{n-r})^{\frac{p}{q}}.$$

Pour chercher dans quels cas $x^{m-1}dx(a+bx^n)^{\frac{p}{q}}$ peut devenir rationnelle, on fait $a+bx^n = z^q$, en sorte que

(*) Les formules des nos 190 et 191, contiennent implicitement les théorèmes de *Cotes* et de *Moivre*, et remplacent avec avantage ces théorèmes, qui ne sont plus maintenant qu'un objet de pure curiosité; je n'ai pas cru par cette raison devoir les insérer ici : on les trouve dans le Traité in-4°, T. I, p. 125.

$(a+bx^n)^{\frac{p}{q}}=z^p$; puis on trouve

$$x^n=\frac{z^q-a}{b},\ x^m=\left(\frac{z^q-a}{b}\right)^{\frac{m}{n}},\ x^{m-1}dx=\frac{q}{nb}z^{q-1}\left(\frac{z^q-a}{b}\right)^{\frac{m}{n}-1}dz,$$

et la différentielle proposée devenant par là

$$\frac{q}{nb}z^{p+q-1}dz\left(\frac{z^q-a}{b}\right)^{\frac{m}{n}-1};$$

on voit alors qu'elle sera rationnelle toutes les fois que $\frac{m}{n}$ sera un nombre entier.

L'expression $x^8dx(a+bx^3)^{\frac{p}{q}}$ satisfait à cette condition, puisque $m=9$, $n=3$, $\frac{m}{n}=3$, et se transforme en

$$\frac{q}{3b}z^{p+q-1}dz\left(\frac{z^q-a}{b}\right)^2.$$

L'expression $x^{m-1}dx(a+bx^n)^{\frac{p}{q}}$ est susceptible d'une autre forme, en rendant négatif l'exposant de x dans la parenthèse, ou en divisant par x^n la quantité $a+bx^n$; il vient ainsi

$$\begin{aligned} x^{m-1}dx(a+bx^n)^{\frac{p}{q}} &= x^{m-1}dx\,[(ax^{-n}+b)x^n]^{\frac{p}{q}} \\ &= x^{m-1}dx\,(ax^{-n}+b)^{\frac{p}{q}}x^{\frac{np}{q}} \\ &= x^{m+\frac{np}{q}-1}dx(ax^{-n}+b)^{\frac{p}{q}}. \end{aligned}$$

Cela fait, si l'on change n en $-n$, a en b, b en a, m en $m+\frac{np}{q}$ dans la transformée en z, obtenue plus haut, on en déduira

$$-\frac{q}{na}z^{p+q-1}dz\left(\frac{z^q-b}{a}\right)^{-\frac{m}{n}-\frac{p}{q}-1},$$

expression qui sera rationnelle si $\frac{m}{n}+\frac{p}{q}$ est un nombre entier.

C'est à ce cas que se rapporte la différentielle

$$x^4dx(a+bx^3)^{\frac{1}{3}},$$

pour laquelle

$$\frac{m}{n}=\frac{5}{3},\quad \frac{p}{q}=\frac{1}{3},\quad \frac{m}{n}+\frac{p}{q}=\frac{6}{3}=2.$$

193. Puisqu'il n'est pas possible d'intégrer en général la formule $\int x^{m-1}dx\,(a+bx^n)^{\frac{p}{q}}$, l'idée qui se présente d'abord, est de chercher à la réduire aux cas les plus simples qu'elle peut renfermer.

On y parvient assez facilement, au moyen de *l'intégration par parties*, procédé fécond qui sert à ramener une intégrale à une autre. Il se tire de l'intégration des deux membres de l'équation

$$d.uv=udv+vdu \quad (11),$$

qui conduit à

$$uv=\int udv+\int vdu, \quad \text{d'où} \quad \int udv=uv-\int vdu.$$

On voit par là que si, dans la différentielle Xdx, la fonction X peut se décomposer en deux facteurs P et Q, et que l'on sache intégrer la différentielle Qdx, en nommant v son intégrale, et faisant $u=P$, on aura

$$\int PQdx=Pv-\int vdP,$$

ce qui ramène la difficulté à intégrer $\int vdP$.

194. Pour abréger un peu les résultats dans l'application de ce qui précède à la formule $x^{m-1}dx(a+bx^n)^{\frac{p}{q}}$, j'écrirai p au lieu de $\frac{p}{q}$; et il faudra supposer que p est un nombre fractionnaire quelconque : on aura alors la formule

$$x^{m-1}dx\,(a+bx^n)^p.$$

Parmi les diverses manières de décomposer cette différentielle en facteurs, je choisis celle qui tend à diminuer l'exposant de x hors de la parenthèse, et qui s'opère en écrivant ainsi,

$$\int x^{m-n}.x^{n-1}dx\,(a+bx^n)^p$$

la formule proposée. Par ce moyen, le facteur..... $x^{n-1}dx(a+bx^n)^p$ est intégrable, quel que soit p (170) : en représentant donc ce facteur par dv, on a

$$v=\frac{(a+bx^n)^{p+1}}{(p+1)nb},\quad \text{et}\quad u=x^{m-n},$$

d'où il résulte

$$\int x^{m-1}dx(a+bx^n)^p=$$
$$\frac{x^{m-n}(a+bx^n)^{p+1}}{(p+1)nb}-\frac{m-n}{(p+1)nb}\int x^{m-n-1}dx(a+bx^n)^{p+1};$$

or

$$\int x^{m-n-1}dx(a+bx^n)^{p+1}=$$
$$\int x^{m-n-1}dx(a+bx^n)^p(a+bx^n)=$$
$$a\int x^{m-n-1}dx(a+bx^n)^p+b\int x^{m-1}dx(a+bx^n)^p;$$

mettant cette dernière valeur dans l'équation précédente, et rassemblant les termes affectés de l'intégrale $\int x^{m-1}dx(a+bx^n)^p$, il vient

$$\left(1+\frac{m-n}{(p+1)n}\right)\int x^{m-1}dx(a+bx^n)^p=$$
$$\frac{x^{m-n}(a+bx^n)^{p+1}-a(m-n)\int x^{m-n-1}dx\,(a+bx^n)^p}{(p+1)nb};$$

d'où l'on tire (A) .... $\int x^{m-1}dx(a+bx^n)^p =$

$$\frac{x^{m-n}(a+bx^n)^{p+1}-a(m-n)\int x^{m-n-1}dx(a+bx^n)^p}{b(pn+m)};$$

Il est aisé de voir que puisqu'on peut ramener, par cette formule, l'intégration de $\int x^{m-1}dx(a+bx^n)^p$ à celle de $\int x^{m-n-1}dx(a+bx^n)^p$, on ramènera aussi cette dernière à celle de $\int x^{m-2n-1}dx(a+bx^n)^p$, en écrivant $m-n$ à la place de m dans l'équation (A); puis changeant encore m en $m-2n$ dans cette même équation, elle fera connaître $\int x^{m-2n-1}dx(a+bx^n)^p$, au moyen de $\int x^{m-3n-1}dx(a+bx^n)^p$, et ainsi de suite.

En général, si r désigne le nombre de réductions effectuées, on parviendra à $\int x^{m-rn-1}dx(a+bx^n)^p$, et la dernière formule sera

$$\int x^{m-(r-1)n-1}dx(a+bx^n)^p = \frac{x^{m-rn}(a+bx^n)^{p+1}-a(m-rn)\int x^{m-rn-1}dx(a+bx^n)^p}{b[pn+m-(r-1)n]}.$$

Il est évident, par cette dernière formule, que si m est un multiple de n, l'intégration de la formule $\int x^{m-1}dx(a+bx^n)^p$ s'effectuera algébriquement, puisque l'anéantissement du coefficient $m-rn$ qui aura nécessairement lieu, fera disparaître la dernière intégrale $\int x^{m-rn-1}dx(a+bx^n)^p$. Ce résultat s'accorde avec celui du n° 192.

195. On peut obtenir aussi une réduction par laquelle l'exposant de la parenthèse soit diminué de l'unité; pour cela, il suffit d'observer que

$$\int x^{m-1}dx(a+bx^n)^p = \int x^{m-1}dx(a+bx^n)^{p-1}(a+bx^n)$$
$$= a\int x^{m-1}dx(a+bx^n)^{p-1} + b\int x^{m+n-1}dx(a+bx^n)^{p-1},$$

et que la formule (A), en y changeant m en $m+n$, et p en $p-1$, donne

$$\int x^{m+n-1}dx(a+bx^n)^{p-1} = \frac{x^m(a+bx^n)^p - am\int x^{m-1}dx(a+bx^n)^{p-1}}{b(pn+m)}.$$

Substituant cette valeur dans l'équation précédente, on aura (*B*)................ $\int x^{m-1}dx(a+bx^n)^p =$

$$\frac{x^m(a+bx^n)^p + pna\int x^{m-1}dx(a+bx^n)^{p-1}}{pn+m}.$$

Avec la formule (*B*), on ôtera successivement du nombre p toutes les unités qu'il peut contenir; et par le moyen de cette formule et de la formule (*A*), on fera dépendre l'intégrale

$$\int x^{m-1}dx(a+bx^n)^p \quad \text{de} \quad \int x^{m-rn-1}dx(a+bx^n)^{p-s},$$

rn étant le plus grand multiple de n contenu dans $m-1$, et s le plus grand nombre entier contenu dans p.

L'intégrale $\int x^7dx(a+bx^3)^{\frac{5}{2}}$, par exemple, sera ramenée successivement, par la formule (*A*), à

$$\int x^4dx(a+bx^3)^{\frac{5}{2}}, \quad \int xdx(a+bx^3)^{\frac{5}{2}};$$

et la formule (*B*) fera dépendre $\int xdx(a+bx^3)^{\frac{5}{2}}$ de

$$\int xdx(a+bx^3)^{\frac{3}{2}} \quad \text{et celle-ci de} \quad \int xdx(a+bx^3)^{\frac{1}{2}}.$$

196. Il est évident que si m et p étaient négatifs, les formules (*A*) et (*B*) ne rempliraient pas le but pour lequel elles ont été construites : elles augmenteraient alors les exposans de x hors de la parenthèse, et celui de la parenthèse; mais en les renversant, on en trouve qui s'appliquent aux cas dont il s'agit.

On tire de (*A*)

$$\int x^{m-n-1}dx(a+bx^n)^p = \frac{x^{m-n}(a+bx^n)^{p+1} - b(m+np)\int x^{m-1}dx(a+bx^n)^p}{a(m-n)};$$

et mettant $-m+n$ au lieu de m, il vient (C)

$$\int x^{-m-1}dx(a+bx^n)^p = -\frac{x^{-m}(a+bx^n)^{p+1}+b(m-n-np)\int x^{-m+n-1}dx(a+bx^n)^p}{am};$$

formule qui diminue les exposans hors de la parenthèse.

Pour renverser la formule (B), on prend

$$\int x^{m-1}dx(a+bx^n)^{p-1} = -\frac{x^m(a+bx^n)^p-(m+np)\int x^{m-1}dx(a+bx^n)^p}{pna};$$

puis on écrit $-p+1$ au lieu de p, et il vient (D)

$$\int x^{m-1}dx(a+bx^n)^{-p} = \frac{x^m(a+bx^n)^{-p}-(m+n-np)\int x^{m-1}dx(a+bx^n)^{-p+1}}{(p-1)na},$$

formule qui atteint le but proposé.

Les formules (A), (B), (C), (D), deviennent illusoires, lorsque leur dénominateur s'évanouit. Cela arrive pour la formule (A), par exemple, quand $m=-np$: mais dans tous les cas de cette espèce, la différentielle proposée peut se ramener à un monome, ou bien à une fraction rationnelle (*).

197. Soit la formule $\int\frac{x^{m-1}dx}{\sqrt{1-x^2}}$, m étant un nombre entier positif; on trouve par la formule (A), en y faisant $a=1$, $b=-1$, $n=2$, $p=-\frac{1}{2}$,

$$\int\frac{x^{m-1}dx}{\sqrt{1-x^2}} = -\frac{x^{m-2}\sqrt{1-x^2}}{m-1}+\frac{m-2}{m-1}\int\frac{x^{m-3}dx}{\sqrt{1-x^2}};$$

(*) *Voyez* le Traité in-4°, T. II, page 41.

et mettant m au lieu de $m-1$, il vient

$$\int\frac{x^m dx}{\sqrt{1-x^2}}=-\frac{x^{m-1}\sqrt{1-x^2}}{m}+\frac{m-1}{m}\int\frac{x^{m-2}dx}{\sqrt{1-x^2}}.$$

En donnant successivement à m différentes valeurs, en commençant par les nombres impairs, on aura

$$\int\frac{xdx}{\sqrt{1-x^2}}=-\sqrt{1-x^2}+const.,$$
$$\int\frac{x^3dx}{\sqrt{1-x^2}}=-\frac{1}{3}x^2\sqrt{1-x^2}+\frac{2}{3}\int\frac{xdx}{\sqrt{1-x^2}},$$
$$\int\frac{x^5dx}{\sqrt{1-x^2}}=-\frac{1}{5}x^4\sqrt{1-x^2}+\frac{4}{5}\int\frac{x^3dx}{\sqrt{1-x^2}},$$
$$\int\frac{x^7dx}{\sqrt{1-x^2}}=-\frac{1}{7}x^6\sqrt{1-x^2}+\frac{6}{7}\int\frac{x^5dx}{\sqrt{1-x^2}},$$

etc.

On tirera de là

$$\int\frac{xdx}{\sqrt{1-x^2}}=-\sqrt{1-x^2}+const.,$$
$$\int\frac{x^3dx}{\sqrt{1-x^2}}=-\left(\frac{1}{3}x^2+\frac{1.2}{1.3}\right)\sqrt{1-x^2}+const.,$$
$$\int\frac{x^5dx}{\sqrt{1-x^2}}=-\left(\frac{1}{5}x^4+\frac{1.4}{3.5}x^2+\frac{1.2.4}{1.3.5}\right)\sqrt{1-x^2}+const.,$$
$$\int\frac{x^7dx}{\sqrt{1-x^2}}=-\left(\frac{1}{7}x^6+\frac{1.6}{5.7}x^4+\frac{1.4.6}{3.5.7}x^2+\frac{1.2.4.6}{1.3.5.7}\right)\sqrt{1-x^2}+const.$$

etc.;

la loi de ces valeurs est évidente.

Passant aux valeurs paires de m, et supposant $m=2$, $m=4$, $m=6$, etc., on trouve

$$\int\frac{x^2dx}{\sqrt{1-x^2}}=-\frac{1}{2}x\sqrt{1-x^2}+\frac{1}{2}\int\frac{dx}{\sqrt{1-x^2}},$$

$$\int\frac{x^4dx}{\sqrt{1-x^2}}=-\frac{1}{4}x^3\sqrt{1-x^2}+\frac{3}{4}\int\frac{x^2dx}{\sqrt{1-x^2}},$$

$$\int\frac{x^6dx}{\sqrt{1-x^2}}=-\frac{1}{6}x^5\sqrt{1-x^2}+\frac{5}{6}\int\frac{x^4dx}{\sqrt{1-x^2}},$$

etc.

Dans ce cas, toutes les intégrales proposées dépendront de

$$\int\frac{dx}{\sqrt{1-x^2}}=\text{arc}(\sin=x)+\textit{const.}\quad(36),$$

et en représentant par A l'arc indiqué, on aura

$$\int\frac{dx}{\sqrt{1-x^2}}=A+\textit{const.},$$

$$\int\frac{x^2dx}{\sqrt{1-x^2}}=-\frac{1}{2}x\sqrt{1-x^2}+\frac{1}{2}A+\textit{const.},$$

$$\int\frac{x^4dx}{\sqrt{1-x^2}}=-\left(\frac{1}{4}x^3+\frac{1.3}{2.4}x\right)\sqrt{1-x^2}+\frac{1.3}{2.4}A+\textit{const.},$$

$$\int\frac{x^6dx}{\sqrt{1-x^2}}=-\left(\frac{1}{6}x^5+\frac{1.5}{4.6}x^3+\frac{1.3.5}{2.4.6}x\right)\sqrt{1-x^2}+\frac{1.3.5}{2.4.6}A+\textit{const.},$$

etc.

198. Je vais chercher maintenant les formules qui répondent aux cas où m est négative. On a alors, par la formule (C) (196),

$$\int\frac{x^{-m-1}dx}{\sqrt{1-x^2}}=-\frac{x^{-m}\sqrt{1-x^2}}{m}+\frac{m-1}{m}\int\frac{x^{-m+1}dx}{\sqrt{1-x^2}};$$

en écrivant $-m$, au lieu de $-m-1$, il vient

$$\int\frac{dx}{x^m\sqrt{1-x^2}}=-\frac{\sqrt{1-x^2}}{(m-1)x^{m-1}}+\frac{m-2}{m-1}\int\frac{dx}{x^{m-2}\sqrt{1-x^2}}.$$

On ne peut pas supposer $m=1$, puisque cette valeur rend le dénominateur nul ; il faut donc chercher *à priori* l'intégrale de $\frac{dx}{x\sqrt{1-x^2}}$. On la trouvera facilement d'après ce qui a été dit n° 192 ; on fera $1-x^2=z^2$, d'où il résultera

$$x=\sqrt{1-z^2}, \qquad dx=\frac{-zdz}{\sqrt{1-z^2}},$$

et par conséquent

$$\frac{dx}{x\sqrt{1-x^2}}=\frac{-dz}{1-z^2},$$

équation dont le second membre a pour intégrale

$$-\tfrac{1}{2}l(1+z)+\tfrac{1}{2}l(1-z)=-\tfrac{1}{2}l\left(\frac{1+z}{1-z}\right);$$

remettant au lieu de z sa valeur, on aura

$$-\tfrac{1}{2}l\left(\frac{1+\sqrt{1-x^2}}{1-\sqrt{1-x^2}}\right);$$

multipliant par $1+\sqrt{1-x^2}$, les deux termes de la fraction comprise sous le signe l, on obtiendra

$$-\tfrac{1}{2}l\left[\frac{(1+\sqrt{1-x^2})^2}{x^2}\right]=-\tfrac{1}{2}l\left[\left(\frac{1+\sqrt{1-x^2}}{x}\right)^2\right]$$
$$=-l\left(\frac{1+\sqrt{1-x^2}}{x}\right):$$

on aura donc enfin

$$\int\frac{dx}{x\sqrt{1-x^2}}=-l\left(\frac{1+\sqrt{1-x^2}}{x}\right)+const.$$

Maintenant, si l'on suppose d'abord $m=3$, $m=5$, etc., il viendra

$$\int\frac{dx}{x^3\sqrt{1-x^2}}=-\frac{\sqrt{1-x^2}}{2x^2}+\frac{1}{2}\int\frac{dx}{x\sqrt{1-x^2}},$$

$$\int\frac{dx}{x^5\sqrt{1-x^2}}=-\frac{\sqrt{1-x^2}}{4x^4}+\frac{3}{4}\int\frac{dx}{x^3\sqrt{1-x^2}},$$

$$\int\frac{dx}{x^7\sqrt{1-x^2}}=-\frac{\sqrt{1-x^2}}{6x^6}+\frac{5}{6}\int\frac{dx}{x^5\sqrt{1-x^2}},$$

etc.

Faisant ensuite $m=2$, $m=4$, $m=6$, etc., on trouvera

$$\int\frac{dx}{x^2\sqrt{1-x^2}}=-\frac{\sqrt{1-x^2}}{x}+const.,$$

$$\int\frac{dx}{x^4\sqrt{1-x^2}}=-\frac{\sqrt{1-x^2}}{3x^3}+\frac{2}{3}\int\frac{dx}{x^2\sqrt{1-x^2}},$$

$$\int\frac{dx}{x^6\sqrt{1-x^2}}=-\frac{\sqrt{1-x^2}}{5x^5}+\frac{4}{5}\int\frac{dx}{x^4\sqrt{1-x^2}},$$

etc.

De ces deux suites d'équations, on tirera, comme dans le n° précédent, une classe de formules intégrées par logarithmes, et une autre classe qui sera algébrique.

199. La différentielle $x^{m-1}dx(ax^r+bx^n)^p$ se ramenant à la forme $x^{m+pr-1}dx(a+bx^{n-r})^p$ (192), est susceptible des mêmes réductions que celle-ci. J'en donnerai pour exemple l'expression $\frac{x^q dx}{\sqrt{2cx-x^2}}$ qui se présente dans la Mécanique. On a d'abord

$$\int\frac{x^q dx}{\sqrt{2cx-x^2}}=\int x^q dx(2cx-x^2)^{-\frac{1}{2}}$$
$$=\int x^{q-\frac{1}{2}}dx(2c-x)^{-\frac{1}{2}};$$

la formule (A) (194), en y faisant

$m=q+\frac{1}{2},\quad n=1,\quad p=-\frac{1}{2},\quad a=2c,\quad b=-1;$

donne

$$\int x^{q-\frac{1}{2}}\mathrm{d}x(2c-x)^{-\frac{1}{2}}=$$
$$-\frac{x^{q-\frac{1}{2}}(2c-x)^{\frac{1}{2}}}{q}+\frac{2c(q-\frac{1}{2})}{q}\int x^{q-\frac{3}{2}}\mathrm{d}x(2c-x)^{-\frac{1}{2}};$$

et si l'on observe que

$$x^{q-\frac{1}{2}}=x^{q}x^{-\frac{1}{2}},\quad x^{q-\frac{3}{2}}=x^{q-1}x^{-\frac{1}{2}},$$

puis qu'on fasse rentrer les puissances fractionnaires de x sous les parenthèses, qu'on changera ensuite en radicaux, on aura la formule

$$\int\frac{x^{q}\mathrm{d}x}{\sqrt{2cx-x^2}}=$$
$$-\frac{x^{q-1}\mathrm{d}x\sqrt{2cx-x^2}}{q}+\frac{(2q-1)c}{q}\int\frac{x^{q-1}\mathrm{d}x}{\sqrt{2cx-x^2}}.$$

200. Les deux exemples précédens se rapportent à la formule (A); on tire des résultats non moins utiles de la formule (D) (196), puisqu'elle sert à intégrer la différentielle

$$\frac{\mathrm{d}z}{(z^2+\beta^2)^m}=\mathrm{d}z\,(\beta^2+z^2)^{-m},$$

qui a été mise de côté dans les fractions rationnelles (180); car si l'on fait

$$x=z,\quad m=1,\quad n=2,\quad p=m,\quad a=\beta^2,\quad b=1,$$

la formule (D) devient

$$\int\mathrm{d}z(\beta^2+z^2)^{-m}=$$
$$\frac{z(\beta^2+z^2)^{-m+1}+(2m-3)\int\mathrm{d}z(\beta^2+z^2)^{-m+1}}{(2m-2)\beta^2},$$

d'où il résulte

$$\int\frac{dz}{(z^2+\beta^2)^m}=\left\{\frac{1}{(2m-2)\beta^2}\cdot\frac{z}{(z^2+\beta^2)^{m-1}}\right.$$
$$+\frac{2m-3}{(2m-2)\beta^2}\int\frac{dz}{(z^2+\beta^2)^{m-1}}.$$

La réduction indiquée dans cette formule, s'arrête à $\int\frac{dz}{z^2+\beta^2}$, car si l'on faisait $m=1$, le diviseur $2m-2$ devenant nul, le second membre serait infini. Il est aisé de voir que cette circonstance est du même genre que celle du n° 168, puisque si l'on pouvait passer de $m=1$, à $m=0$, on tomberait sur l'intégrale $\int dz=z$, et l'on aurait algébriquement l'intégrale $\int\frac{dz}{z^2+\beta^2}$, qui est nécessairement transcendante (180).

De l'intégration par les séries.

201. L'intégrale $\int X dx$ s'obtient facilement lorsqu'on a développé la fonction X en série parce qu'on n'a plus à intégrer que des monomes, auxquels s'applique immédiatement la règle du n° 167. En effet, soit $X=Ax^m+Bx^{m+n}+Cx^{m+2n}+Dx^{m+3n}+$ etc.; si l'on multiplie les deux membres de cette équation par dx, et qu'on intègre séparément chaque terme du second, il viendra

$$\int X dx=\frac{Ax^{m+1}}{m+1}+\frac{Bx^{m+n+1}}{m+n+1}+\frac{Cx^{m+2n+1}}{m+2n+1}+\text{etc.}+const.$$

Lorsqu'on rencontrera dans le développement de X un terme de la forme $\frac{A}{x}$, il en résultera dans l'intégrale, le terme Alx (168).

202. La fonction la plus simple qu'on puisse réduire

en série, est $\frac{1}{a+x}$, ayant pour développement

$$\frac{1}{a}-\frac{x}{a^2}+\frac{x^2}{a^3}-\frac{x^3}{a^4}+\text{etc.},$$

d'où

$$\int\frac{dx}{a+x}=\frac{x}{a}-\frac{x^2}{2a^2}+\frac{x^3}{3a^3}-\frac{x^4}{4a^4}+\text{etc.}+\textit{const.};$$

mais on sait d'ailleurs que $\int\frac{dx}{a+x}=\mathrm{l}(a+x)$: on aura donc

$$\mathrm{l}\,(a+x)=\frac{x}{a}-\frac{x^2}{2a^2}+\frac{x^3}{3a^3}-\frac{x^4}{4a^4}+\text{etc.}+\textit{const.}$$

Pour trouver ce qu'exprime la constante, il n'y a qu'à faire $x=0$; on aura dans cette supposition $\mathrm{l}a=\textit{const.}$, et par conséquent

$$\mathrm{l}(a+x)-\mathrm{l}a=\mathrm{l}\left(1+\frac{x}{a}\right)=\frac{x}{a}-\frac{x^2}{2a^2}+\frac{x^3}{3a^3}-\frac{x^4}{4a^4}+\text{etc.},$$

résultat conforme à celui du n° 29.

Soit la différentielle $\frac{a\,dx}{a^2+x^2}$, qui peut se mettre sous la forme $\frac{\frac{dx}{a}}{1+\frac{x^2}{a^2}}$, et qui appartient par conséquent à l'arc dont la tangente $=\frac{x}{a}$ (36) : en réduisant $\frac{a}{a^2+x^2}$ en série, il viendra

$$\frac{a}{a^2+x^2}=\frac{1}{a}-\frac{x^2}{a^3}+\frac{x^4}{a^5}-\frac{x^6}{a^7}+\text{etc.};$$

intégrant chaque terme en particulier, on aura

$$\int \frac{a\mathrm{d}x}{a^2+x^2} = \text{arc}\left(\text{tang} = \frac{x}{a}\right) + const. =$$
$$\frac{x}{a} - \frac{x^3}{3a^3} + \frac{x^5}{5a^5} - \frac{x^7}{7a^7} + \text{etc.} + const.$$

Si l'on veut tirer de cette équation la valeur du plus petit des arcs dont la tangente est $\frac{x}{a}$, il faudra supprimer la constante arbitraire, puisque l'arc cherché est nul, lorsque $x = 0$, et l'on aura

$$\text{arc}\left(\text{tang} = \frac{x}{a}\right) = \frac{x}{a} - \frac{x^3}{3a^3} + \frac{x^5}{5a^5} - \frac{x^7}{7a^7} + \text{etc.},$$

résultat conforme à celui du n° 38.

En opérant de même sur $\frac{x^m\mathrm{d}x}{a^n+x^n}$, on trouve

$$\int \frac{x^m\mathrm{d}x}{a^n+x^n} = \frac{x^{m+1}}{(m+1)a^n} - \frac{x^{m+n+1}}{(m+n+1)a^{2n}}$$
$$+ \frac{x^{m+2n+1}}{(m+2n+1)a^{3n}} - \text{etc.} + const.$$

203. Le but de l'intégration par les séries étant de se procurer des valeurs approchées des intégrales qu'on ne peut obtenir rigoureusement, il est important d'avoir plusieurs séries pour exprimer la même intégrale, afin de choisir celle que rend convergente la valeur particulière qu'on se propose de donner à x. Les séries qui procèdent, suivant les puissances positives de x, dont les exposans vont en croissant, ou *les séries ascendantes*, ne convergent, en général, que dans le cas où la variable x demeure très petite; tandis que celles qui procèdent par des puissances négatives de x, ou les *séries descendantes*, convergent d'autant plus que cette variable est plus grande.

Pour parvenir à une série de cette espèce, dans l'exemple ci-dessus, il faudrait changer l'ordre des termes du binome $a^n + x^n$, ou mettre x à la place de a dans le développement de $\frac{1}{a^n+x^n}$; on aurait

$$\frac{1}{x^n+a^n}=\frac{1}{x^n}-\frac{a^n}{x^{2n}}+\frac{a^{2n}}{x^{3n}}-\frac{a^{3n}}{x^{4n}}+\text{etc.},$$

et il viendrait, après avoir multiplié par $x^m dx$ et intégré,

$$\int\frac{x^m dx}{x^n+a^n}=-\frac{1}{(n-m-1)x^{n-m-1}}$$
$$+\frac{a^n}{(2n-m-1)x^{2n-m-1}}-\frac{a^{2n}}{(3n-m-1)x^{3n-m-1}}$$
$$+\text{etc.}+\mathit{const.}$$

Cette série deviendrait illusoire, si quelqu'un de ses dénominateurs, compris dans la forme $in-m-1$, s'évanouissait, ce qui arriverait si $m+1$ était un multiple de n; dans ce cas, la différentielle développée contiendrait un terme de la forme $a^{(i-1)n}\frac{dx}{x}$, dont l'intégrale serait $a^{(i-1)n}lx$.

Si l'on fait, dans le résultat ci-dessus, $m=0$, $n=2$ et $a=1$, il devient

$$\int\frac{dx}{1+x^2}=-\frac{1}{x}+\frac{1}{3x^3}-\frac{1}{5x^5}+\text{etc.}+\mathit{const.},$$

mais quoique l'expression $\frac{dx}{1+x^2}$, soit la différentielle de l'arc dont la tangente est x, il n'en faut pas conclure que la série précédente soit le développement de cet arc, puisqu'elle devient infinie lorsque $x=0$. La considération de la constante arbitraire levera cette difficulté, si l'on fait attention que pour connaître la vraie valeur d'une série, il faut toujours partir du cas où elle est convergente. Or, la série

$$-\frac{1}{x}+\frac{1}{3x^3}-\frac{1}{5x^5}+\text{etc.},$$

l'est d'autant plus, que x est plus grand, et elle s'évanouit lorsque x est infini; à cette limite, l'équation

$$\text{arc}(\text{tang}=x)=-\frac{1}{x}+\frac{1}{3x^3}-\frac{1}{5x^5}+\text{etc.}+\textit{const.},$$

se change en arc de $1^q=\frac{\pi}{2}=$ *const.*, et substituant cette valeur de la constante, on obtient

$$\text{arc}(\text{tang}=x)=\frac{\pi}{2}-\frac{1}{x}+\frac{1}{3x^3}-\frac{1}{5x^5}+\text{etc.}$$

On pourrait intégrer aussi la fraction rationnelle $\frac{Udx}{V}$ (172), en développant en série l'expression $\frac{U}{V}$; mais ce moyen ne conduirait qu'à des résultats fort compliqués et rarement convergens; d'ailleurs ces calculs sont à peu près inutiles, puisqu'on sait ramener cette différentielle aux logarithmes et aux arcs de cercles, dont on obtient les valeurs par les tables trigonométriques.

204. La formule $\int x^{m-1}dx\,(a+bx^n)^{\frac{p}{q}}$ est facile à intégrer par le développement de la quantité $(a+bx^n)^{\frac{p}{q}}$ en série, et il vient pour résultat

$$\int x^{m-1}dx\,(a+bx^n)^{\frac{p}{q}}=a^{\frac{p}{q}}\left\{\frac{x^m}{m}+\frac{pb}{qa}\,\frac{x^{m+n}}{m+n}\right.$$
$$\left.+\frac{p(p-q)b^2}{1.2q^2a^2}\,\frac{x^{m+2n}}{m+2n}+\frac{p(p-q)(p-2q)b^3}{1.2.3q^3a^3}\,\frac{x^{m+3n}}{m+3n}+\text{etc.}\right\}$$
$$+\textit{const.}$$

Si l'on voulait avoir une série descendante par rapport à x, il faudrait donner à la différentielle proposée la forme $x^{m+\frac{pn}{q}-1}dx\,(b+ax^{-n})^{\frac{p}{q}}$, et l'on trouverait, après avoir développé $(b+ax^{-n})^{\frac{p}{q}}$, multiplié le résultat par $x^{m+\frac{pn}{q}-1}dx$ et intégré,

$$\int x^{m-1}dx\,(a+bx^n)^{\frac{p}{q}} = b^{\frac{p}{q}}\left\{\frac{qx^{m+\frac{pn}{q}}}{mq+np}\right.$$
$$\left.+\frac{pa}{qb}\,\frac{qx^{m+\frac{(p-q)n}{q}}}{mq+(p-q)n}+\frac{p(p-q)a^2}{1.2.q^2b^2}\,\frac{qx^{m+\frac{(p-2q)n}{q}}}{mq+(p-2q)n}+\text{etc.}\right\}$$
$$+\,const.$$

Tant que les quantités a et b seront positives toutes deux, ou que q sera un nombre impair, on pourra se servir indifféremment de cette série ou de la précédente; mais lorsque q sera pair, la première formule deviendra imaginaire par le facteur $a^{\frac{p}{q}}$, si a^p est négatif, et la même chose arrivera à la seconde, si b^p est négatif.

205. Soit $\frac{1}{\sqrt{1-x^2}}$, expression qui est la différentielle de l'arc dont le sinus $= x$ (36); on aura

$$\frac{1}{\sqrt{1-x^2}} = 1+\frac{1}{2}x^2+\frac{1.3}{2.4}x^4+\frac{1.3.5}{2.4.6}x^6+\frac{1.3.5.7}{2.4.6.8}x^8+\text{etc.},$$

et de là

$$\int\frac{dx}{\sqrt{1-x^2}} = x+\frac{1}{2}\,\frac{x^3}{3}+\frac{1.3}{2.4}\,\frac{x^5}{5}+\frac{1.3.5}{2.4.6}\,\frac{x^7}{7}+\text{etc.}+const.$$

En supprimant la constante, la série s'anéantira, lorsque $x=0$; elle donnera par conséquent la valeur du plus petit des arcs dont le sinus $=x$, comme dans le n° 38.

Voici encore quelques résultats faciles à obtenir, d'après ce qui précède, mais qu'il est bon de connaître.

1°. $\frac{dx}{\sqrt{x-xx}}=\frac{dx}{\sqrt{x}.\sqrt{1-x}}$; faisant $\sqrt{x}=u$, on a $\frac{2du}{\sqrt{1-u^2}}$; mais par la série précédente, il vient

$$\int\frac{2du}{\sqrt{1-u^2}}=2\left(u+\frac{1}{2}\frac{u^3}{3}+\frac{1.3}{2.4}\frac{u^5}{5}+\frac{1.3.5}{2.4.6}\frac{u^7}{7}+\text{etc.}\right)+const.:$$

donc

$$\int\frac{dx}{\sqrt{x-xx}}=2\left(1+\frac{1}{2}\frac{x}{3}+\frac{1.3}{2.4}\frac{x^2}{5}+\frac{1.3.5}{2.4.6}\frac{x^3}{7}+\text{etc.}\right)\sqrt{x}+const.$$

2°. $dx\sqrt{2ax-x^2}=(2a)^{\frac{1}{2}}x^{\frac{1}{2}}dx\left(1-\frac{x}{2a}\right)^{\frac{1}{2}}$;

or,

$$\left(1-\frac{x}{2a}\right)^{\frac{1}{2}}=1-\frac{1}{2}\frac{x}{2a}-\frac{1.1}{2.4}\frac{x^2}{4a^2}-\frac{1.1.3}{2.4.6}\frac{x^3}{8a^3}-\text{etc.}:$$

donc

$$\int dx\sqrt{2ax-x^2}=\left(\frac{2}{3}x^{\frac{3}{2}}-\frac{1}{2}\frac{2x^{\frac{5}{2}}}{5.2a}-\frac{1.1}{2\ 4}\frac{2x^{\frac{7}{2}}}{7.4a^2}\right.$$
$$\left.-\frac{1.1.3}{2.4.6}\frac{2x^{\frac{9}{2}}}{9.8a^3}-\text{etc.}\right)\sqrt{2a}+const.,$$

ou $$\int dx\sqrt{2ax-x^2}=\left(\frac{1}{3}-\frac{1}{2}\frac{x}{5.2a}-\frac{1.1}{2.4}\frac{x^2}{7.4a^2}\right.$$
$$\left.-\frac{1.1.3}{2.4.6}\frac{x^3}{9.8a^3}-\text{etc.}\right)2x\sqrt{2ax}+const.$$

3°. $\int\frac{dx}{\sqrt{1+x^2}}$ donne, après la réduction de $\sqrt{1+x^2}$ en série, et l'intégration,

$$\int\frac{dx}{\sqrt{1+x^2}}=x-\frac{1}{2}\frac{x^3}{3}+\frac{1.3}{2.4}\frac{x^5}{5}-\frac{1.3.5}{2.4.6}\frac{x^7}{7}+\text{etc.}+const.$$

4°. $$\int\frac{dx}{\sqrt{x^2-1}}=lx-\frac{1}{1.2x^2}-\frac{1.3}{2.4.4x^4}-\frac{1.3.5}{2.4.6.6x^6}-\text{etc.}+const.$$

Cette série, qui renferme la transcendante lx, est d'autant plus convergente que x est plus grand; on peut en obtenir une autre entièrement algébrique, et d'autant plus convergente que x diffère moins de l'unité. Pour cela, il faut faire $x=1+u$, ce qui donne

$$\int\frac{dx}{\sqrt{x^2-1}}=\int\frac{du}{\sqrt{2u+u^2}}=\frac{1}{\sqrt{2}}\int u^{-\frac{1}{2}}du\left(1+\frac{u}{2}\right)^{-\frac{1}{2}};$$

développant $\left(1+\frac{u}{2}\right)^{-\frac{1}{2}}$, multipliant chaque terme par $u^{-\frac{1}{2}}du$, et intégrant, on trouve

$$\int\frac{du}{\sqrt{2u+u^2}}=$$

$$\frac{1}{\sqrt{2}}\left(2u^{\frac{1}{2}}-\frac{1}{2}\frac{2u^{\frac{3}{2}}}{3.2}+\frac{1.3}{2.4}\frac{2u^{\frac{5}{2}}}{5.4}-\frac{1.3.5}{2.4.6}\frac{2u^{\frac{7}{2}}}{7.8}+\text{etc.}\right)+const.,$$

$$=\left(1-\frac{1.u}{2.3.2}+\frac{1.3.u^2}{2.4.5.4}-\frac{1.3.5.u^3}{2.4.6.7.8}+\text{etc.}\right)\sqrt{2u}+const.,$$

et puisque $u=x-1$, les termes de cette série sont d'autant plus petits que $x-1$ est peu considérable.

206. L'utilité de la réduction des différentielles en

série, étant seulement de les transformer dans une suite de termes dont chacun soit intégrable en particulier, il n'est pas toujours nécessaire que les termes de ces séries soient des monomes.

Si l'on a, par exemple,

$$\frac{dx\sqrt{1-e^2x^2}}{\sqrt{1-x^2}},$$

et que e soit une quantité fort petite, on peut développer $\sqrt{1-e^2x^2}$ dans une série très convergente, parce que dans la différentielle proposée x^2 est toujours <1, à cause du radical $\sqrt{1-x^2}$; on trouve

$$\sqrt{1-e^2x^2}=1-\frac{1}{2}e^2x^2-\frac{1.1}{2.4}e^4x^4-\frac{1.1.3}{2.4.6}e^6x^6-\text{etc.}$$

et il vient à intégrer la suite

$$\int\frac{dx}{\sqrt{1-x^2}}\left(1-\frac{1}{2}e^2x^2-\frac{1.1}{2.4}e^4x^4-\frac{1.1.3}{2.4.6}e^6x^6-\text{etc.}\right)$$

dont chaque terme rentre dans la formule $\int\frac{x^m dx}{\sqrt{1-x^2}}$, traitée au n° 197. En substituant au lieu de

$$\int\frac{dx}{\sqrt{1-x^2}},\quad \int\frac{x^2dx}{\sqrt{1-x^2}},\quad \int\frac{x^4dx}{\sqrt{1-x^2}},\ \text{etc.}$$

les expressions données dans le n° cité, il en résultera

$$\int\frac{dx\sqrt{1-e^2x^2}}{\sqrt{1-x^2}}=A$$

$$+\frac{1}{2}e^2\left\{\frac{1}{2}x\sqrt{1-x^2}-\frac{1}{2}A\right\}$$

$$+\frac{1.1}{2.4}e^4\left\{\left(\frac{1}{4}x^3+\frac{1.3}{2.4}x\right)\sqrt{1-x^2}-\frac{1.3}{2.4}A\right\}$$

$$+\frac{1.1.3}{2.4.6}e^6\left\{\left(\frac{1}{6}x^5+\frac{1.3}{4.6}x^3+\frac{1.3.5}{2.4.6}x\right)\sqrt{1-x^2}-\frac{1.3.5}{2.4.6}A\right\}$$

$$+\text{etc.}\ldots\ldots\ldots\ldots\ldots\ldots\ldots\ldots + const.$$

On traiterait d'une manière analogue la différentielle

$$\frac{dx}{\sqrt{(1-x^2)(a+x)}} = \frac{dx}{\sqrt{1-x^2}} \cdot \frac{1}{\sqrt{a+x}}:$$

en réduisant en série la quantité

$$\frac{1}{\sqrt{a+x}} = (a+x)^{-\frac{1}{2}};$$

et pour la formule

$$\frac{dx}{\sqrt{(2cx-x^2)(b-x)}},$$

qui se rencontre dans la mécanique, le développement de

$$(b-x)^{-\frac{1}{2}} = b^{-\frac{1}{2}}\left(1-\frac{x}{b}\right)^{-\frac{1}{2}} =$$

$$b^{-\frac{1}{2}}\left\{1+\frac{1}{2}\frac{x}{b}+\frac{1.3}{2.4}\frac{x^2}{b^2}+\frac{1.3.5}{2.4.6}\frac{x^3}{b^3}+\text{etc.}\right\},$$

ramènerait à l'intégration de

$$\int\frac{x^q dx}{\sqrt{2cx-x^2}} \quad (199).$$

De l'intégration des fonctions logarithmiques et exponentielles.

207. Soit d'abord la différentielle $\int Pdx(lx)^n$, P étant une fonction algébrique de x; l'intégration par parties fournit le moyen de la simplifier en diminuant l'exposant de lx.

En effet, si dans l'expression générale $\int z^n Pdx$, on peut intégrer le facteur Pdx, et qu'on pose en conséquence

$$Pdx = dv, \quad u = z^n \quad \text{et} \quad dz = z'dx,$$

la formule $\int udv = uv - \int vdu$ (193) donnera

$$\int z^n Pdx = z^n v - n\int z^{n-1} vz'dx \quad (1),$$

résultat où la différentiation a diminué d'une unité l'exposant de z, si toutefois cet exposant est positif.

Le contraire aura lieu s'il est négatif; alors il faudra changer la manière d'opérer, et faire tomber l'intégration sur le facteur z^n, ce qui se peut en observant que l'équation

$dz = z'dx$ donnant $dz = \frac{dz}{z'}$, on a $\int \frac{Pdx}{z^n} =$

$$\int \frac{P}{z'} \frac{dz}{z^n} = -\frac{P}{(n-1)z'z^{n-1}} + \frac{1}{n-1}\int \frac{1}{z^{n-1}} d\frac{P}{z'} \quad (2).$$

208. Pour la différentielle $x^m dx (lx)^n$, on pose

$$x^m dx = dv, \quad \text{d'où} \quad v = \frac{x^{m+1}}{m+1},$$

et l'équation (1) conduit à

$$\int x^m dx (lx)^n = \frac{x^{m+1}(lx)^n}{m+1} - \frac{n}{m+1}\int x^m dx (lx)^{n-1}.$$

Si dans cette dernière on change successivement n en $n-1$, en $n-2$, etc., on trouvera

$$\int x^m dx (lx)^{n-1} = \frac{x^{m+1}(lx)^{n-1}}{m+1} - \frac{n-1}{m+1}\int x^m dx (lx)^{n-2},$$

$$\int x^m dx (lx)^{n-2} = \frac{x^{m+1}(lx)^{n-2}}{m+1} - \frac{n-2}{m+1}\int x^m dx (lx)^{n-3},$$

etc.

En poursuivant ces réductions, on ôtera de l'exposant n, s'il est fractionnaire, toutes les unités qu'il contient; et l'on peut aussi par leur secours construire la formule générale

$$\int x^m dx (lx)^n = \frac{x^{m+1}}{m+1}\left\{ \begin{array}{l} (lx)^n - \frac{n}{m+1}(lx)^{n-1} + \frac{n(n-1)}{(m+1)^2}(lx)^{n-2} \\ - \frac{n(n-1)(n-2)}{(m+1)^3}(lx)^{n-3} + \text{etc.} \end{array} \right\} + const.,$$

qui se terminera toutes les fois que n sera un nombre entier positif.

En prenant $n=1$ et $n=2$, on trouve

$$\int x^m dx\, lx = \frac{x^{m+1}}{m+1}\left\{lx - \frac{1}{m+1}\right\} + const.,$$

$$\int x^m dx\,(lx)^2 = \frac{x^{m+1}}{m+1}\left\{(lx)^2 - \frac{2}{m+1}lx + \frac{1.2}{(m+1)^2}\right\}$$
$$+ const.$$

Lorsque $m=-1$, la formule ci-dessus cesse d'être applicable; mais en faisant $lx=u$, on a

$$\int \frac{dx}{x}(lx)^n = \int u^n du = \frac{u^{n+1}}{n+1} + const.$$
$$= \frac{1}{n+1}(lx)^{n+1} + const.;$$

et la même transformation rendrait algébrique la différentielle $\frac{dx}{x}U$, dans laquelle U désignerait une fonction algébrique de lx.

Lorsque n est négatif ou fractionnaire, la série se prolonge à l'infini; en faisant $n=-\frac{1}{2}$, par exemple, il vient

$$\int \frac{x^m dx}{\sqrt{lx}} =$$
$$\frac{x^{m+1}}{m+1}\left\{\frac{1}{(lx)^{\frac{1}{2}}} + \frac{1}{2(m+1)(lx)^{\frac{3}{2}}} + \frac{1.3}{4(m+1)^2(lx)^{\frac{5}{2}}}\right.$$
$$\left. + \frac{1.3.5}{8(m+1)^3(lx)^{\frac{7}{2}}} + \text{etc.}\right\} + const.$$

209. Au lieu de se servir de la formule du n° précédent, dans laquelle l'exposant de lx augmente sans cesse, lorsque n est négatif, il faut employer la formule (2) du n° 207, d'après laquelle on trouve

$$\int \frac{x^m dx}{(lx)^n} = -\frac{x^{m+1}}{(n-1)(lx)^{n-1}} + \frac{m+1}{n-1}\int \frac{x^m dx}{(lx)^{n-1}};$$

et répétant cette réduction, en changeant n en $n-1$, en $n-2$, etc., on obtiendra

$$\int \frac{x^m dx}{(lx)^n} = \left\{ \begin{array}{l} -\dfrac{x^{m+1}}{(n-1)(lx)^{n-1}} - \dfrac{(m+1)x^{m+1}}{(n-1)(n-2)(lx)^{n-2}} \\ -\dfrac{(m+1)^2 x^{m+1}}{(n-1)(n-2)(n-3)(lx)^{n-3}} \cdots\cdots \\ \cdots\cdots + \dfrac{(m+1)^{n-1}}{(n-1)(n-2)\ldots 1}\displaystyle\int \frac{x^m dx}{lx} \end{array} \right\}$$

en supposant que n soit un nombre entier.

Quand $m=-1$, la formule précédente conduit à

$$\int \frac{dx}{x(lx)^n} = -\frac{1}{(n-1)(lx)^{n-1}} + const.,$$

résultat qui devient illusoire lorsque $n=1$; mais la différentielle $\frac{dx}{xlx}$ qui répond à ce cas, s'intègre immédiatement, en faisant $lx=u$, puisqu'elle se transforme en $\frac{du}{u}$, et l'on a pour son intégrale $l(lx)+const.$

210. L'intégrale $\int \frac{x^m dx}{lx}$, de laquelle dépend.... $\int \frac{x^m dx}{(lx)^n}$, quand n est un nombre entier, paraît devoir constituer une transcendante à part. On la ramène à une forme plus simple, en faisant $x^{m+1}=z$; car il vient alors $x^m dx = \frac{dz}{m+1}$, $lx = \frac{lz}{m+1}$, et par conséquent $\int \frac{x^m dx}{lx} = \int \frac{dz}{lz}$.

On trouvera plus bas le développement en série de

cette dernière, qui se rapporte aussi aux fonctions exponentielles, en posant $lz = u$, ce qui donne $z = e^u$, $dz = e^u du$ et $\int \frac{dz}{lz} = \int \frac{e^u du}{u}$.

211. Je vais m'occuper maintenant de l'intégration des fonctions exponentielles ; je ferai d'abord remarquer que l'équation $d.a^x = a^x dx la$ (27) donne

$$a^x dx = \frac{1}{la} d.a^x, \quad \text{d'où} \quad \int a^x dx = \frac{a^x}{la} + const.$$

On tire aussi de là $dx = \frac{d.a^x}{a^x la}$; par ce moyen, la différentielle $V dx$ devenant $\frac{V d.a^x}{a^x la}$, se change en $\frac{V du}{u la}$, lorsqu'on fait $a^x = u$, et est algébrique par rapport à u lorsque V est une fonction algébrique de a^x. On trouve ainsi que $\frac{a^x dx}{\sqrt{1 + a^{nx}}} = \frac{du}{la\sqrt{1 + u^n}}$.

212. Passons à la formule $\int a^x x^n dx$, de laquelle dépend $\int P a^x dx$, lorsque P est une fonction rationnelle et entière de x. L'équation (1) du n° 207, donne

$$\int a^x x^n dx = \frac{a^x x^n}{la} - \frac{n}{la} \int a^x x^{n-1} dx;$$

et en continuant cette réduction de $n-1$ à $n-2$, etc., on parvient, lorsque n est un nombre entier positif, à

$$\int a^x x^n dx = \frac{a^x}{la} \left\{ x^n - \frac{n}{la} x^{n-1} + \frac{n(n-1)}{(la)^2} x^{n-2} \right.$$
$$\left. - \frac{n(n-1)(n-2)}{(la)^3} x^{n-3} \pm \frac{n(n-1)\ldots 1}{(la)^n} \right\} + const.$$

213. Si l'exposant n est négatif, l'application de la formule (2) du n° 207, conduit à

$$\int\frac{a^x dx}{x^n}=-\frac{a^x}{(n-1)x^{n-1}}+\frac{la}{n-1}\int\frac{a^x dx}{x^{n-1}};$$

et quand l'exposant n est entier, on obtient

$$\int\frac{a^x dx}{x^n}=-\frac{a^x}{(n-1)x^{n-1}}-\frac{a^x la}{(n-1)(n-2)x^{n-2}}$$
$$-\frac{a^x(la)^2}{(n-1)(n-2)(n-3)x^{n-3}}\ldots-\frac{a^x(la)^{n-2}}{(n-1)(n-2)\ldots 1x}$$
$$+\frac{(la)^{n-1}}{(n-1)(n-2)\ldots 1}\int\frac{a^x dx}{x}.$$

On ne saurait pousser la réduction au-delà de $\int\frac{a^x dx}{x}$; car l'équation

$$\int\frac{a^x dx}{x^n}=-\frac{a^x}{(n-1)x^{n-1}}+\frac{la}{n-1}\int\frac{a^x dx}{x^{n-1}},$$

ne donne rien, lorsque $n=1$.

On retombe encore dans cet exemple sur la transcendante $\int\frac{a^x dx}{x}$, dont j'ai déjà parlé n° 210; et si l'on pouvait obtenir son expression, on aurait en même temps l'intégrale $\int a^x x^n dx$, pour tous les cas où n est un nombre entier.

Lorsque n est un nombre fractionnaire, les deux développemens dont on vient de faire usage, ne se terminent point. Si l'on avait, par exemple, $n=-\frac{1}{2}$, le premier donnerait la série

$$\int\frac{a^x dx}{\sqrt{x}}=\frac{a^x}{la\sqrt{x}}\left\{1+\frac{1}{2xla}+\frac{1.3}{4x^2(la)^2}+\frac{1.3.5}{8x^3(la)^3}+\text{etc.}\right\}+const.;$$

et en faisant $n=\frac{1}{2}$ dans le second, on aurait

$$\int \frac{a^x dx}{\sqrt{x}} = 2a^x \sqrt{x} \left\{ \frac{1}{1} - \frac{2x la}{1.3} + \frac{4x^2 (la)^2}{1.3.5} - \frac{8x^3 (la)^3}{1.3.5.7} + \text{etc.} \right\} + const.$$

214. En remplaçant a^x par son développement (27) dans la fonction $\int P a^x dx$, on obtiendra

$$\int P a^x dx = \int P dx + \frac{la}{1} \int P x dx + \frac{(la)^2}{1.2} \int P x^2 dx + \frac{(la)^3}{1.2.3} \int P x^3 dx + \frac{(la)^4}{1.2.3.4} \int P x^4 dx + \text{etc.},$$

ce qui fournira un nouveau développement de $\int P a^x dx$, toutes les fois qu'on pourra obtenir les fonctions

$$\int P dx, \quad \int P x dx, \ldots . \int P x^n dx, \text{ etc.}$$

Si $P = x^n$, il viendra

$$\int a^x x^n dx = \frac{x^{n+1}}{n+1} + \frac{x^{n+2} la}{1(n+2)} + \frac{x^{n+3} (la)^2}{1.2(n+3)} + \frac{x^{n+4} (la)^3}{1.2.3(n+4)} + \text{etc.} + const.,$$

et dans cette série, il faudra mettre lx au lieu de $\frac{x^{n+i}}{n+i}$ lorsque n sera un entier négatif, égal à $-i$.

L'application de ce moyen à l'intégrale $\int \frac{a^x dx}{x}$, donne le développement

$$\int \frac{a^x dx}{x} = lx + \frac{x la}{1.1} + \frac{x^2 (la)^2}{1.2.2} + \frac{x^3 (la)^3}{1.2.3.3} + \frac{x^4 (la)^4}{1.2.3.4.4} + \text{etc.} + const.,$$

que la supposition de $a^x = z$, d'où il résulte $x = \frac{lz}{la}$ et $lx = llz - lla$, transforme en

$$\int \frac{dz}{lz} = llz + \frac{lz}{1} + \frac{1}{2}\,\frac{(lz)^2}{1.2} + \frac{1}{3}\,\frac{(lz)^3}{1.2.3}$$
$$+ \frac{1}{4}\,\frac{(lz)^4}{1.2.3.4} + \text{etc.} + const.$$

215. Il y a encore un autre moyen d'intégrer une fonction exponentielle, telle par exemple que $\frac{e^x x dx}{(1+x)^2}$; c'est de chercher à la rapporter à la différentielle de la fonction $e^x P$, qui est $e^x(Pdx + dP)$, et dans laquelle P représente une fonction algébrique de x. C'est principalement la sagacité et l'habitude du calcul qui peuvent guider dans ce procédé. L'exemple proposé étant fort simple, il suffit de faire $1 + x = z$: on a alors

$$\frac{e^x x dx}{(1+x)^2} = \frac{e^{z-1}(z-1)dz}{z^2} = \frac{1}{e}\left\{e^z\left(\frac{1}{z}dz - \frac{dz}{z^2}\right)\right\};$$

et avec un peu d'attention, on voit bien que $-\frac{dz}{z^2}$ étant la différentielle de $\frac{1}{z}$, il faut prendre $P = \frac{1}{z}$, d'où il résulte l'intégrale $\frac{e^z}{ez} + const.$ Remettant au lieu de z sa valeur, on trouve $\int \frac{e^x x dx}{(1+x)^2} = \frac{e^x}{1+x} + const.$

De l'intégration des fonctions circulaires.

216. Au moyen de l'équation (1) du n° 207, et en observant que

$$d.\text{arc}(\sin = x) = \frac{dx}{\sqrt{1-x^2}} \quad (36),$$

on trouvera que

$$\int x^n dx \operatorname{arc}(\sin = x) =$$
$$\frac{x^{n+1}}{n+1}.\operatorname{arc}(\sin = x) - \frac{1}{n+1}\int \frac{x^{n+1}dx}{\sqrt{1-x^2}},$$

et $\int \frac{x^{n+1}dx}{\sqrt{1-x^2}}$ a été traitée dans les n°s 197 et 198.

Cet exemple suffit pour montrer que $\int Pz dx$, z désignant un arc de cercle et x l'une quelconque des lignes trigonométriques correspondantes à cet arc, pourra être ramenée à l'intégrale d'une différentielle algébrique, toutes les fois que P sera une fonction algébrique de cette variable, puisque les différentielles de l'arc sont aussi de pareilles fonctions (36).

En supposant toujours que x soit le sinus de l'arc z, on obtient par l'équation (1)

$$\int z^n dx = xz^n - n\int z^{n-1}\frac{xdx}{\sqrt{1-x^2}},$$
$$\int z^{n-1}\frac{xdx}{\sqrt{1-x^2}} = -z^{n-1}\sqrt{1-x^2} + (n-1)\int z^{n-2}dx,$$

et ainsi de suite, d'où l'on conclut

$$\int z^n dx =$$
$$z^n x + nz^{n-1}\sqrt{1-x^2} - n(n-1)z^{n-2}x$$
$$- n(n-1)(n-2)z^{n-3}\sqrt{1-x^2} + \text{etc.},$$

série qui s'arrête lorsque n est un nombre entier positif.

Si l'on avait $Pdx = dz$, l'intégrale $\int Pz^n dx$ se changerait en $\int z^n dz = \frac{z^{n+1}}{n+1} + const.$; et si l'on substituait à z^n une fonction algébrique quelconque de z, l'intégrale considérée par rapport à z rentrerait dans quelqu'une des formules traitées précédemment.

217. Les fonctions qu'on rencontre le plus souvent ne contiennent pas l'arc, mais seulement sa différentielle, et pour les intégrer il faut se rappeler que, par les n°s 33 et 34,

$$d.\sin nz = ndz\cos nz,\ \text{d'où} \int dz\cos nz = \frac{1}{n}\sin nz + const.;$$

$$d.\cos nz = -ndz\sin nz,\quad \int dz\sin nz = -\frac{1}{n}\cos nz + const.;$$

$$d.\text{tang}\,nz = \frac{ndz}{(\cos nz)^2},\quad \int\frac{dz}{(\cos nz)^2} = \frac{1}{n}\text{tang}\,nz + const.;$$

$$d.\cot nz = -\frac{ndz}{(\sin nz)^2},\quad \int\frac{dz}{(\sin nz)^2} = -\frac{1}{n}\cot nz + const.;$$

$$d.\text{séc}\,nz = \frac{ndz\sin nz}{(\cos nz)^2},\quad \int\frac{dz\sin nz}{(\cos nz)^2} = \frac{1}{n}\text{séc}\,nz + const.$$

$$= \frac{1}{n\cos nz} + const.;$$

$$d.\text{coséc}\,nz = -\frac{ndz\cos nz}{(\sin nz)^2},\quad \int\frac{dz\cos nz}{(\sin nz)^2} = -\frac{1}{n}\text{coséc}\,nz + const.$$

$$= -\frac{1}{n\sin nz} + const.$$

218. De ces intégrations, résulte d'abord celle de toutes les fonctions rationnelles et entières de sinus et de cosinus, parce que, au moyen des expressions de

$$\sin a\cos b,\quad \cos a\sin b,\quad \sin a\sin b,\quad \cos a\cos b,$$

rapportées dans le tableau des formules trigonométriques (*Trig*. 29), on peut les changer en simples sinus et cosinus.

Soit pour exemple

$$dx\sin(mx+n)\cos(px+q);$$

si l'on fait d'abord

$$a = mx+n,\quad b = px+q,$$

on trouve

$$\sin(mx+n)\cos(px+q) =$$
$$\tfrac{1}{2}\sin[(m+p)x+n+q] + \tfrac{1}{2}\sin[(m-p)x+n-q];$$

et posant

$$(m+p)x+n+q=z, \quad (m-p)x+n-q=z',$$

d'où

$$dx=\frac{dz}{m+p}, \quad dx=\frac{dz'}{m-p},$$

on n'aura plus à intégrer que la différentielle

$$\frac{1}{2(m+p)}dz\sin z+\frac{1}{2(m-p)}dz'\sin z',$$

qui donnera

$$-\frac{1}{2(m+p)}\cos z-\frac{1}{2(m-p)}\cos z'+const.$$

En remettant pour z et z' leurs valeurs, il viendra

$$-\frac{\cos[(m+p)x+n+q]}{2(m+p)}-\frac{\cos[(m-p)x+n-q]}{2(m-p)}+const.$$

Il n'y a pas plus de difficulté pour les sinus et cosinus élevés à des puissances entières et positives, parce que les formules trigonométriques citées convertissent ces puissances en sinus et cosinus d'arcs multiples.

C'est ainsi que la formule

$$\sin a^2=\tfrac{1}{2}-\tfrac{1}{2}\cos 2a,$$

changeant

$$[\sin(mx+n)]^2 \quad \text{en} \quad \tfrac{1}{2}-\tfrac{1}{2}\cos 2(mx+n),$$

conduit à l'intégration de

$$dx[\sin(mx+n)]^2;$$

car si l'on fait

$$2(mx+n)=z, \quad \text{d'où} \quad dx=\frac{dz}{2m},$$

on obtiendra la différentielle

$$\frac{dz}{2m}(\tfrac{1}{2}-\tfrac{1}{2}\cos z),$$

dont l'intégrale

$$\frac{z-\sin z}{4m}+const.=\frac{2(mx+n)-\sin 2(mx+n)}{4m}+const.$$

219. On s'élèverait aisément des expressions de $\sin a^2$ et de $\cos a^2$, à celles de $\sin a^3$ et de $\cos a^3$, et ainsi de proche en proche ; mais celles du n° 187 conduisent à des formules qui comprennent tous ces cas particuliers.

En effet, on a d'abord, par cet article,

$$\cos z^n=\frac{(e^{z\sqrt{-1}}+e^{-z\sqrt{-1}})^n}{2^n}, \text{ ou } 2^n\cos z^n=(e^{z\sqrt{-1}}+e^{-z\sqrt{-1}})^n;$$

et si l'on développe le second membre de cette équation, en considérant l'exposant n comme un nombre entier, il viendra

$$2^n\cos z^n=$$

$$e^{nz\sqrt{-1}}+\frac{n}{1}e^{(n-2)z\sqrt{-1}}+\frac{n(n-1)}{1.2}e^{(n-4)z\sqrt{-1}}\ldots\ldots\ldots\ldots$$
$$+\frac{n(n-1)(n-2)}{1.2.3}e^{(n-6)z\sqrt{-1}}\ldots+\frac{n}{1}e^{-(n-2)z\sqrt{-1}}+e^{-nz\sqrt{-1}};$$

mais lorsqu'on change z en mz, l'équation

$$e^{\pm z\sqrt{-1}}=\cos z\pm\sqrt{-1}\sin z,$$

donnant

$$e^{\pm mz\sqrt{-1}}=\cos mz\pm\sqrt{-1}\sin mz,$$

fournit le moyen d'exprimer en sinus et cosinus tous les termes du développement ci-dessus, qui peut ensuite s'écrire ainsi,

$$\cos nz+\frac{n}{1}\cos(n-2)z+\frac{n(n-1)}{1.2}\cos(n-4)z$$
$$+\frac{n(n-1)(n-2)}{1.2.3}\cos(n-6)z\ldots+\frac{n}{1}\cos-(n-2)z+\cos-nz$$
$$+\sqrt{-1}\Big\{\sin nz+\frac{n}{1}\sin(n-2)z+\frac{n(n-1)}{1.2}\sin(n-4)z$$
$$+\frac{n(n-1)(n-2)}{1.2.3}\sin(n-6)z\ldots+\frac{n}{1}\sin-(n-2)z+\sin-nz\Big\},$$

et dans lequel les termes affectés de $\sqrt{-1}$ se détruisent comme on va le voir.

1°. Si n est impaire, le nombre de ces termes est pair, et tous ceux qui sont à égale distance des extrêmes ont le même coefficient, mais ils sont de signes contraires, parce que

$$\sin -mz = -\sin mz \ \ (\textit{Trig.}\ 26),$$

quelle que soit m; la première moitié est donc détruite par la seconde, et il ne reste que la partie réelle du développement. Si l'on éprouvait quelque difficulté à concevoir ce qui précède, il suffirait pour les lever, de faire le calcul en assignant à n une valeur particulière comme 3 ou 5.

Dans cette opération, on verra sans peine que la partie réelle qui forme la valeur de $2^n \cos z^n$, lorsque le nombre n est impair, peut être réduite à la moitié de ses termes, en observant que

$$\cos -mz = \cos mz \ \ (\textit{Trig.}\ 26),$$

d'où il suit que les termes placés à égale distance des extrêmes sont égaux; on peut donc se borner aux termes qui composent la première moitié de la formule, pourvu qu'on les double. De cette manière, on trouve

$$2^n \cos z^n = 2\cos nz + \frac{2n}{1}\cos(n-2)z + \frac{2n(n-1)}{1.2}\cos(n-4)z + \text{etc.},$$

ou, en divisant les deux membres par 2,

$$2^{n-1}\cos z^n = \cos nz + \frac{n}{1}\cos(n-2)z + \frac{n(n-1)}{1.2}\cos(n-4)z + \text{etc.},$$

en s'arrêtant au dernier arc positif, qui est........ $[n-(n-1)]z = z$.

2°. Quand l'exposant n est pair, chaque partie du développement a un nombre impair de termes; mais dans la partie imaginaire, celui du milieu, étant

$$\frac{n(n-1)(n-2)\ldots\left(n-\frac{n}{2}+1\right)}{1.2.3\ldots\frac{n}{2}}\sin(n-n)z,$$

s'évanouit : cette partie est donc encore nulle.

Quant au terme du milieu de la partie réelle, comme il est affecté de

$$\cos(n-n)z = \cos 0 = 1,$$

il se réduit à son coefficient, le même que ci-dessus, et à cause qu'il est unique dans la formule, il faut en prendre la moitié, si l'on veut le soumettre au facteur commun 2, supprimé dans le cas précédent; en sorte qu'on peut encore se servir de la même formule que dans ce cas, pourvu qu'on ait soin de ne prendre que la moitié du coefficient du cosinus de l'arc nul qui se présente alors.

Avec cette attention, il sera facile de former les valeurs de la table ci-dessous :

$$\begin{aligned}
\cos z &= \cos z,\\
2\cos z^2 &= \cos 2z + 1,\\
4\cos z^3 &= \cos 3z + 3\cos z,\\
8\cos z^4 &= \cos 4z + 4\cos 2z + 3,\\
16\cos z^5 &= \cos 5z + 5\cos 3z + 10\cos z,\\
32\cos z^6 &= \cos 6z + 6\cos 4z + 15\cos 2z + 10,\\
64\cos z^7 &= \cos 7z + 7\cos 5z + 21\cos 3z + 35\cos z,
\end{aligned}$$

etc.

220. L'expression du sinus (187) donne l'équation

$$\sin z^n = \frac{(e^{z\sqrt{-1}} - e^{-z\sqrt{-1}})^n}{2^n(\sqrt{-1})^n},$$

et par conséquent

$$2^n(\sqrt{-1})^n \sin z^n = (e^{z\sqrt{-1}} - e^{-z\sqrt{-1}})^n =$$
$$e^{nz\sqrt{-1}} - \frac{n}{1}e^{(n-2)z\sqrt{-1}} + \frac{n(n-1)}{1.2}e^{(n-4)z\sqrt{-1}}$$
$$-\frac{n(n-1)(n-2)}{1.2.3}e^{(n-6)z\sqrt{-1}} \ldots \pm \frac{n}{1}e^{-(n-2)z\sqrt{-1}} \mp e^{-nz\sqrt{-1}},$$

où les termes du dernier membre sont alternativement positifs et négatifs. Lorsqu'on remplace les exponentielles par leurs valeurs en sinus et cosinus (n° précéd.), il vient

$$2^n(\sqrt{-1})^n \sin z^n =$$
$$\cos nz - \frac{n}{1}\cos(n-2)z + \frac{n(n-1)}{1.2}\cos(n-4)z$$
$$-\frac{n(n-1)(n-2)}{1.2.3}\cos(n-6)z \ldots \pm \frac{n}{1}\cos-(n-2)z \mp \cos -nz$$
$$+\sqrt{-1}\left\{\sin nz - \frac{n}{1}\sin(n-2)z + \frac{n(n-1)}{1.2}\sin(n-4)z\right.$$
$$\left.-\frac{n(n-1)(n-2)}{1.2.3}\sin(n-6)z \ldots \pm \frac{n}{1}\sin-(n-2)z \mp \sin -nz\right\},$$

où il faut encore distinguer deux cas.

1°. Lorsque n est impaire, le nombre des termes de chaque partie du développement étant pair, et ceux de la partie réelle ayant, quand ils sont à égale distance des extrêmes, le même coefficient avec des signes contraires se détruisent, puisque $\cos -mz = \cos mz$. Cette partie réelle est donc nulle. Il n'en est pas de même de la partie imaginaire; les termes placés à égale distance des extrêmes s'ajoutent, parce que ceux de la dernière moitié changent de signe à cause de

$$\sin - mz = - \sin mz.$$

Dans ce cas, l'équation ci-dessus étant ainsi réduite à son premier membre et à la partie imaginaire du second, devient divisible par $\sqrt{-1}$, et les quotiens

$$2^n(\sqrt{-1})^{n-1}\sin z^n =$$

$$\sin nz - \frac{n}{1}\sin(n-2)z + \frac{n(n-1)}{1.2}\sin(n-4)z$$

$$-\frac{n(n-1)(n-2)}{1.2.3}\sin(n-6)z \ldots \pm \frac{n}{1}\sin-(n-2)z \mp \sin - nz,$$

sont tous deux réels, puisque, $n-1$ étant un nombre pair,

$$(\sqrt{-1})^{n-1} = \mp 1,$$

selon que $n-1$ est divisible seulement par 2 ou par 4.

Ici, comme dans le numéro précédent, les termes placés à égale distance des extrêmes ayant la même valeur, on peut encore se borner à doubler ceux de la première moitié, en s'arrêtant au dernier des arcs positifs.

2°. Quand n est paire, les termes placés à égale distance des extrêmes ayant le même signe, c'est la partie imaginaire qui s'anéantit ainsi que dans le n° précédent, la partie réelle subsiste comme dans cet article, avec un terme moyen; observant donc alors que. . . . . $(\sqrt{-1})^n = \mp 1$, et supprimant un facteur 2 dans chaque membre, on peut poser

$$\mp 2^{n-1}\sin z^n =$$

$$\cos nz - \frac{n}{1}\cos(n-2)z + \frac{n(n-1)}{1.2}\cos(n-4)z - \text{etc.},$$

pourvu qu'on ait soin de s'arrêter au dernier des arcs positifs, et de ne prendre que la moitié du dernier coefficient, si l'on arrive à un arc nul.

Par cette formule, et changeant tous les signes lorsque celui du premier membre est —, on trouvera sans peine les valeurs contenues dans la table suivante :

$$\begin{aligned}
\sin z &= \sin z,\\
2\sin z^2 &= -\cos 2z + 1,\\
4\sin z^3 &= -\sin 3z + 3\sin z,\\
8\sin z^4 &= \cos 4z - 4\cos 2z + 3,\\
16\sin z^5 &= \sin 5z - 5\sin 2z + 10\sin z,\\
32\sin z^6 &= -\cos 6z + 6\cos 4z - 15\cos 2z + 10,\\
64\sin z^7 &= -\sin 7z + 7\sin 5z - 21\sin 3z + 35\sin z,
\end{aligned}$$

etc. (*).

(*) Dans les formules ci-dessus, je me suis borné à considérer l'exposant n comme entier, ce cas étant le seul nécessaire pour le plus grand nombre des applications ; on était à l'égard des autres, dans une erreur que M. Poisson a relevée le premier ; et peut être reste-t-il encore sur ce sujet quelques difficultes à éclaircir (*voyez* le IIIe vol. du Traité in-4o., pag. 605 et 616).

Comme ce n'est que par rapport à leur usage dans l'intégration que j'ai placé ici ces mêmes formules, je n'ai pas cru devoir parler dans le texte de celles qui servent à exprimer, par les puissances du sinus et du cosinus de l'arc simple, le sinus et le cosinus d'un arc multiple quelconque ; néanmoins comme ces dernières formules sont remarquables, je vais en indiquer ici la construction.

On a, par le no 187,

$$\cos nz + \sqrt{-1}\sin nz = (\cos z + \sqrt{-1}\sin z)^n,$$
$$\cos nz - \sqrt{-1}\sin nz = (\cos z - \sqrt{-1}\sin z)^n;$$

en prenant la somme de ces équations, on en conclut

$$\cos nz = \frac{(\cos z + \sqrt{-1}\sin z)^n + (\cos z - \sqrt{-1}\sin z)^n}{2},$$

et si l'on retranche la deuxième de la première, il vient

$$\sin nz = \frac{(\cos z + \sqrt{-1}\sin z)^n - (\cos z - \sqrt{-1}\sin z)^n}{2\sqrt{-1}},$$

expressions qui, quoiqu'affectées d'imaginaires, n'en sont pas moins réelles, parce que ces signes disparaissent tous par le déve-

221. Maintenant, soit à intégrer la différentielle $\int dz \cos z^4$; on tirera d'abord des formules du n° 219,

$$\cos z^4 = \tfrac{1}{8}\cos 4z + \tfrac{1}{2}\cos 2z + \tfrac{3}{8},$$

et l'on aura

$$\int dz \cos z^4 = \tfrac{1}{8}\int dz \cos 4z + \tfrac{1}{2}\int dz \cos 2z + \tfrac{3}{8}\int dz$$
$$= \frac{1}{32}\sin 4z + \frac{1}{4}\sin 2z + \frac{3z}{8} + const.$$

Cet exemple montre assez comment il faudrait opérer sur tous ceux qui pourraient s'offrir.

222. Les formules

$$\sin z = \frac{e^{z\sqrt{-1}} - e^{-z\sqrt{-1}}}{2\sqrt{-1}},$$
$$\cos z = \frac{e^{z\sqrt{-1}} + e^{-z\sqrt{-1}}}{2} \quad (187),$$

---

loppement des puissances indiquées. En effet, on a

$$(\cos z + \sqrt{-1}\sin z)^n = \cos z^n + \frac{n}{1}\sqrt{-1}\cos z^{n-1}\sin z$$
$$- \frac{n(n-1)}{1.2}\cos z^{n-2}\sin z^2 - \text{etc.},$$

$$(\cos z - \sqrt{-1}\sin z)^n = \cos z^n - \frac{n}{1}\sqrt{-1}\cos z^{n-1}\sin z$$
$$- \frac{n(n-1)}{1.2}\cos z^{n-2}\sin z^2 + \text{etc.},$$

et substituant ces séries dans les valeurs ci-dessus, on arrive à

$$\cos nz = \cos z^n - \frac{n(n-1)}{1.2}\cos z^{n-2}\sin z^2$$
$$+ \frac{n(n-1)(n-2)(n-3)}{1.2.3.4}\cos z^{n-4}\sin z^4 - \text{etc.},$$

$$\sin nz = \frac{n}{1}\cos z^{n-1}\sin z - \frac{n(n-1)(n-2)}{1.2.3}\cos z^{n-3}\sin z^3$$
$$+ \frac{n(n-1)(n-2)(n-3)(n-4)}{1.2.3.4.5}\cos z^{n-5}\sin z^5 - \text{etc.}$$

changeant les fonctions de sinus et de cosinus en exponentielles, ramènent l'intégration des unes à celle des autres.

On peut aussi changer la différentielle $dz \sin z^m \cos z^n$, en une autre qui soit comprise dans les différentielles binomes : il suffit de faire $\sin z = x$, d'où il résulte

$$\cos z = \sqrt{1-x^2}, \quad dz = \frac{dx}{\sqrt{1-x^2}} \ (36);$$

et l'on obtient ensuite

$$\int dz \sin z^m \cos z^n = \int x^m dx (1-x^2)^{\frac{n-1}{2}}.$$

Cette dernière expression s'intègre toutes les fois que les exposans m et n sont entiers ; car alors $\frac{n-1}{2}$ revient à $\pm i - \frac{1}{2}$, i étant un nombre entier, et l'emploi soit de la formule B (195), soit de la formule D (196), ramène à l'intégrale

$$\int x^m dx (1-x)^{-\frac{1}{2}} = \int \frac{x^m dx}{\sqrt{1-x^2}},$$

traitée dans les n°s 197 et 198.

Dans tous les autres cas, on réduira l'intégrale proposée, à celle de la différentielle analogue la plus simple.

Il est visible qu'on peut transformer de la même manière les différentielles contenant les autres lignes trigonométriques.

223. Avant d'aller plus loin, il est à propos de remarquer que si l'un des exposans m, n, est impair, l'intégrale $\int dz \sin z^m \cos z^n$, se ramène sur-le-champ aux fonctions algébriques entières, en observant que

$$\int dz \sin z^{2p+1} \cos z^q = \int dz \sin z . \cos z^q (\sin z^2)^p,$$

$$\int dz \sin z^p \cos z^{2q+1} = \int dz \cos z . \sin z^p (\cos z^2)^q,$$

que

$$(\sin z^2)^p = (1 - \cos z^2)^p, \quad (\cos z^2)^q = (1 - \sin z^2)^q,$$

et que

$$dz \sin z = -d.\cos z, \quad dz \cos z = d.\sin z.$$

Par là on arrive à

$$-\int u^q du (1 - u^2)^p, \quad \int u^p du (1 - u^2)^q,$$

en faisant $\cos z = u$, ou $\sin z = u$; et ces intégrales s'obtiennent en développant les puissances entières de $1 - u^2$.

224. Les formules (A), (B), (C) et (D) des n°s 194, 195, 196, pourraient être facilement transformées par rapport à la différentielle $dz \sin z^m \cos z^n$ (222); mais on parvient immédiatement aux mêmes résultats, en décomposant en facteurs cette différentielle.

Si on la met d'abord sous la forme $dz \sin z \cos z^n . \sin z^{m-1}$, le premier facteur $dz \sin z \cos z^n$ pouvant, à cause que $dz \sin z = -d.\cos z$, s'intégrer, on trouve

$$\int dz \sin z^m \cos z^n = \int dz \sin z \cos z^n \sin z^{m-1} =$$

$$-\frac{1}{n+1} \cos z^{n+1} \sin z^{m-1} + \frac{m-1}{n+1} \int dz \cos z^{n+2} \sin z^{m-2};$$

et parce que $\cos z^{n+2} = \cos z^n . \cos z^2 = \cos z^n (1 - \sin z^2)$, on obtient

$$\int dz \cos z^{n+2} \sin z^{m-2} = \int dz \cos z^n \sin z^{m-2} - \int dz \cos z^n \sin z^m.$$

Substituant dans la première équation, et prenant la valeur de $\int dz \sin z^m \cos z^n$, il en résultera (A)

$$\int dz \sin z^m \cos z^n = -\frac{\sin z^{m-1} \cos z^{n+1}}{m+n} + \frac{m-1}{m+n} \int dz \sin z^{m-2} \cos z^n.$$

225. On peut construire de même la formule propre à diminuer l'exposant de $\cos z$; mais elle se déduit immédiatement de la précédente, en posant

$$z = 1^q - y, \text{ d'où } dz = -dy, \ \sin z = \cos y, \ \cos z = \sin y.$$

Par ce moyen, et en y changeant tous les signes, la formule (A) devient

$$\int dy \cos y^m \sin y^n = \frac{\cos y^{m-1} \sin y^{n+1}}{m+n} + \frac{m-1}{m+n} \int dy \cos y^{m-2} \sin y^n;$$

et maintenant, si l'on remplace y par z, qu'on change m en n et réciproquement, on aura la formule (B),

$$\int dz \sin z^m \cos z^n = \frac{\sin z^{m+1} \cos z^{n-1}}{m+n} + \frac{n-1}{m+n} \int dz \sin z^m \cos z^{n-2}.$$

226. Comme leurs analogues pour les différentielles binomes, ces formules doivent être renversées lorsque l'exposant qu'on se propose de réduire est négatif (196).

En prenant dans la formule (A) la valeur de l'intégrale du second membre, on obtient

$$\int dz \sin z^{m-2} \cos z^n = \frac{\sin z^{m-1} \cos z^{n+1}}{m-1} + \frac{m+n}{m-1} \int dz \sin z^m \cos z^n;$$

si l'on change ensuite m en $-m+2$, et qu'on passe les puissances négatives au dénominateur, il viendra la formule (C),

$$\int \frac{dz \cos z^n}{\sin z^m} = -\frac{\cos z^{n+1}}{(m-1)\sin z^{m-1}} + \frac{m-n-2}{m-1} \int \frac{dz \cos z^n}{\sin z^{m-2}}.$$

En opérant de même sur la formule (B), on en déduit la formule (D)

$$\int \frac{dz \sin z^m}{\cos z^n} = \frac{\sin z^{m+1}}{(n-1)\cos z^{n-1}} + \frac{n-m-2}{n-1} \int \frac{dz \sin z^m}{\cos z^{n-2}}.$$

227. Voyons maintenant l'usage de ces quatre formules.

Si l'on applique, par exemple, à $\int dz \sin z^4 \cos z^2$, la première, elle donnera d'abord

$$\int dz \sin z^4 \cos z^2 = -\frac{\sin z^3 \cos z^3}{6} + \frac{3}{6} \int dz \sin z^2 \cos z^2;$$

puis

$$\int dz \sin z^2 \cos z^2 = -\frac{\sin z \cos z^3}{4} + \frac{1}{4}\int dz \cos z^2;$$

employant ensuite la seconde, en y faisant $m=0$, $n=2$, on trouvera

$$\int dz \cos z^2 = \frac{\sin z \cos z}{2} + \frac{1}{2}\int dz = \frac{\sin z \cos z}{2} + \frac{z}{2};$$

enfin, remontant de ces valeurs à celle de l'intégrale proposée, il viendra

$$\int dz \sin z^4 \cos z^2 = -\frac{1}{6}\sin z^3 \cos z^3 - \frac{3.1}{6.4}\sin z \cos z^3$$
$$+\frac{3.1.1}{6.4.2}\sin z \cos z + \frac{3.1.1}{6.4.2} z + const.$$

D'après cet exemple, on voit que l'emploi répété de la première formule, épuise l'exposant m lorsqu'il est pair, et conduit à l'intégrale $\int dz \cos z^n$, qui se traite par les formules (B) ou (D), selon que n est positive ou négative.

Si m est impaire, on tombe alors sur l'intégrale $\int dz \sin z \cos z^n$ qui s'obtient immédiatement à cause que

$$dz \sin z = -d.\cos z \ (223).$$

La formule (B), en y faisant $m=0$, conduit évidemment à $\int dz = z$ lorsque n est paire, et dans le cas contraire à $\int dz \cos z = \sin z$; ainsi, l'intégrale $\int dz \sin z^m \cos z^n$ s'obtient donc sans difficulté, toutes les fois que les exposans m et n sont entiers et positifs.

Quand m est négative, la formule (B) étant employée d'abord, conduit, si n est paire, à $\int \frac{dz}{\sin z^m}$; et alors la formule (C) fait disparaître $\sin z$, si m est paire, et mène à $\int\frac{dz}{\sin z}$ si m est impaire. Ce dernier résultat n'étant point compris dans les formules précédentes, doit être considéré à part. Les formules (A) et (D) conduiraient de même de $\int\frac{dz\sin z^m}{\cos z^n}$ à $\int\frac{dz}{\cos z}$ si m était paire et n impaire; enfin, si m et n étaient toutes deux négatives et impaires, la formule (C) conduirait d'abord à

$$\int\frac{dz\cos z^{-n}}{\sin z}=\int\frac{dz\sin z^{-1}}{\cos z^n},$$

intégrale que la formule (D) ramènerait à

$$\int\frac{dz\sin z^{-1}}{\cos z}=\int\frac{dz}{\sin z\cos z},$$

nouveau résultat qu'il faut aussi traiter en particulier.

228. Je vais en conséquence m'occuper, dans cet article, de l'intégration des trois différentielles suivantes :

$$\frac{dz}{\sin z},\quad \frac{dz}{\cos z},\quad \frac{dz}{\sin z\cos z}.$$

La première devient successivement

$$\frac{dz}{\sin z}=\frac{dz\sin z}{\sin z^2}=\frac{dz\sin z}{1-\cos z^2}=\frac{-dx}{1-x^2},$$

en faisant $\cos z=x$; son intégrale est donc

$$\int\frac{dz}{\sin z}=-\tfrac{1}{2}l\frac{1+x}{1-x}=-\tfrac{1}{2}l\frac{1+\cos z}{1-\cos z}=l\frac{\sqrt{1-\cos z}}{\sqrt{1+\cos z}}+const.$$

Pour la seconde, on a

$$\frac{dz}{\cos z}=\frac{dz\cos z}{\cos z^2}=\frac{dz\cos z}{1-\sin z^2}=\frac{dx}{1-x^2},$$

en faisant $\sin z=x$; et par conséquent

$$\int \frac{dz}{\cos z} = \tfrac{1}{2} l \left(\frac{1+x}{1-x} \right) = \tfrac{1}{2} l \frac{1+\sin z}{1-\sin z} = l \frac{\sqrt{1+\sin z}}{\sqrt{1-\sin z}} + const.$$

On peut donner à ces intégrales une forme plus simple, au moyen des formules

$$\tan g \tfrac{1}{2}(A+B) . \tan g \tfrac{1}{2}(A-B) = \frac{\cos B - \cos A}{\cos B + \cos A},$$

$$\frac{\tan g \tfrac{1}{2}(A+B)}{\tan g \tfrac{1}{2}(A-B)} = \frac{\sin A + \sin B}{\sin A - \sin B} \quad (Trig.\ 27);$$

car, en prenant $\cos B = 1$, $\cos A = \cos z$, on aura $B = 0$, $A = z$; la première formule deviendra

$$(\tan g \tfrac{1}{2} z)^2 = \frac{1-\cos z}{1+\cos z},$$

et donnera par conséquent

$$\int \frac{dz}{\sin z} = l . \tan g \tfrac{1}{2} z + const.$$

Si l'on fait ensuite dans la seconde formule $\sin A = 1$ et $\sin B = \sin z$, il viendra $A = 1^q$ et $B = z$, d'où

$$\frac{1+\sin z}{1-\sin z} = \frac{\tan g (0^q,5 + \tfrac{1}{2} z)}{\tan g (0^q,5 - \tfrac{1}{2} z)};$$

mais

$$\tan g (0^q,5 - \tfrac{1}{2} z) = \cot (0^q,5 + \tfrac{1}{2} z) = \frac{1}{\tan g (0^q,5 + \tfrac{1}{2} z)};$$

donc $$\frac{1+\sin z}{1-\sin z} = [\tan g (0^q,5 + \tfrac{1}{2} z)]^2;$$

donc $$\int \frac{dz}{\cos z} = l . \tan g (0^q,5 + \tfrac{1}{2} z) + const.$$

Quant à la différentielle $\frac{dz}{\sin z \cos z}$, on peut, en divisant ses deux termes par $\cos z^2$, lui donner la forme

$$\frac{\frac{dz}{\cos z^2}}{\frac{\sin z}{\cos z}} = \frac{d.\tang z}{\tang z} \quad (34),$$

et il en résulte

$$\int \frac{dz}{\sin z \cos z} = 1.\tang z + const.$$

On voit donc que l'intégrale $\int dz \sin z^m \cos z^n$ s'obtient toutes les fois que les exposans m et n sont des nombres entiers, soit positifs, soit négatifs ; il n'en est pas de même quand ces exposans sont fractionnaires. Il faut avoir recours aux séries, excepté dans un petit nombre de cas où l'intégration se présente d'elle-même.

Méthode générale pour obtenir les valeurs approchées des intégrales.

229. Le développement des intégrales en série, ne conduit à une approximation que dans le cas où les séries qu'on obtient sont convergentes, ce qui n'arrive pas toujours ; c'est pourquoi les Analystes ont cherché les moyens de parvenir à des valeurs approchées des intégrales, quelles que soient les fonctions différentielles proposées. Le théorème de Taylor mène d'une manière très simple aux formules qu'Euler a construites pour cet objet ; mais avant d'y parvenir, je ferai connaître quelques dénominations relatives aux divers points de vue sous lesquels on envisage les intégrales.

La nécessité d'ajouter une constante arbitraire à une intégrale, pour lui donner toute la généralité qu'elle comporte, fait voir que ces fonctions sont doublement indéterminées, puisqu'il ne suffit pas pour assigner leurs valeurs d'en fixer une à la variable dont elles dépendent, mais qu'il faut encore déterminer leur constante qui est susceptible de toutes les valeurs possibles. On détermine ordinairement cette constante, en assujétissant l'intégrale à s'évanouir pour une valeur donnée de x. On en a déjà vu plusieurs exemples (187, 202, 203), et cela revient en général à ce qui suit.

Si $\int X dx = P + C$, P désignant la fonction variable déduite immédiatement du procédé de l'intégration, C la constante arbitraire, et que l'intégrale doive s'évanouir pour une valeur $x = a$ qui change P en A, on posera l'équation $A + C = 0$, de laquelle on tire

$$C = -A \quad \text{et} \quad \int X dx = P - A.$$

Sous cette forme, l'intégrale $\int X dx$ n'est plus que la différence entre la valeur que prend la fonction P lorsque $x = a$, et celle qu'elle acquiert pour toute autre valeur de la même variable. Si, par exemple, $x = b$ change P en B, il vient

$$\int X dx = B - A.$$

Il est à propos de remarquer que ce résultat s'obtient immédiatement, sans qu'il soit besoin de déterminer la constante; mais seulement en prenant la différence des résultats que donnent les substitutions des valeurs $x = a$ et $x = b$, qui changent respectivement en $A + C$ et en $B + C$ l'expression $P + C$.

La valeur $x = a$, pour laquelle l'intégrale s'évanouit, en est l'origine; et l'on dit alors que l'*intégrale doit commencer lorsque* x = a. La valeur à laquelle on s'arrête, répondant à $x = b$, on dit en conséquence que l'*intégrale est complète lorsque* x = b.

Les deux valeurs $x = a$ et $x = b$ sont désignées en commun sous le nom de *limites de l'intégrale.*

Toute intégrale qu'on énonce sans fixer son origine ou sans indiquer ses limites, se nomme *intégrale indéfinie*, et doit, pour être *complète*, renfermer une *constante arbitraire*.

Lorsqu'on assigne ces limites, l'intégrale est *définie*. Si elles sont $x=a$ et $x=b$, par exemple, on dit alors que l'*intégrale* $\int X\mathrm{d}x$ *doit être prise depuis* $\mathrm{x}=a$ *jusqu'à* $\mathrm{x}=\mathrm{b}$; *et cela s'effectue en calculant successivement ce que devient l'expression variable de l'intégrale lorsque* $\mathrm{x}=\mathrm{a}$, *puis lorsque* $\mathrm{x}=\mathrm{b}$, *et en retranchant le premier résultat du second.* Dans ce cas, il est inutile d'écrire à la suite de l'intégrale la constante arbitraire, puisqu'elle disparaîtrait par la soustraction.

Il est important de se familiariser avec ces expressions qui reviennent souvent, et que les considérations que je vais exposer rendront encore plus significatives.

230. La série de Taylor donnant, lorsque x devient $x+h$,

$$y'=y+\frac{\mathrm{d}y}{\mathrm{d}x}\frac{h}{1}+\frac{\mathrm{d}^2y}{\mathrm{d}x^2}\frac{h^2}{1.2}+\frac{\mathrm{d}^3y}{\mathrm{d}x^3}\frac{h^3}{1.2.3}+\text{etc.},$$

ne peut déterminer la valeur que prend dans cette circonstance une fonction dont on ne connaît que les coefficiens différentiels, même à partir du premier ordre, puisque la valeur primitive y reste indéterminée, et représente par conséquent la constante arbitraire; mais la différence entre cette valeur et celle qui répond à $x+h$, ne dépendant que de la série

$$\frac{\mathrm{d}y}{\mathrm{d}x}\frac{h}{1}+\frac{\mathrm{d}^2y}{\mathrm{d}x^2}\frac{h^2}{1.2}+\frac{\mathrm{d}^3y}{\mathrm{d}x^3}\frac{h^3}{1.2.3}+\text{etc.},$$

est entièrement connue.

Si l'on fait $\int X\mathrm{d}x=y$, on aura

$$\frac{dy}{dx}=X,\quad \frac{d^2y}{dx^2}=\frac{dX}{dx},\quad \frac{d^3y}{dx^3}=\frac{d^2X}{dx^2},\ \text{etc.},$$

les coefficiens différentiels seront tous déduits de la fonction donnée X, et il viendra

$$X\frac{h}{1}+\frac{dX}{dx}\,\frac{h^2}{1.2}+\frac{d^2X}{dx^2}\,\frac{h^3}{1.2.3}+\text{etc.}$$

Pour tirer de cette formule la valeur de $\int X dx$, depuis $x=a$ jusqu'à $x=b$, il suffira de prendre $h=b-a$, et de remplacer x par a, dans la fonction X et ses coefficiens différentiels, que je représenterai alors par A, A', A'', etc.; on trouvera, entre les limites $x=a$, $x=b$,

$$\int X dx=A\frac{(b-a)}{1}+A'\frac{(b-a)^2}{1.2}+A''\frac{(b-a)^3}{1.2.3}+\text{etc.}$$

La série précédente est, en général, d'autant plus convergente, que l'intervalle $b-a$ est plus petit; mais lorsqu'il a une valeur trop considérable, on le partage en un nombre de parties assez grand pour former des intervalles suffisamment petits, et l'on calcule à part la valeur de l'intégrale relative à chacun de ces intervalles. Je suppose que la différence $b-a$ soit divisée en n parties égales à α, et que les quantités A, A', A'', etc., se changent respectivement en A_1, A'_1, A''_1, etc., A_2, A'_2, A''_2, etc., lorsqu'on y met $a+\alpha$, $a+2\alpha$, etc., au lieu de a; on aura, entre a et $a+\alpha$,

$$\frac{A\alpha}{1}+\frac{A'\alpha^2}{1.2}+\frac{A''\alpha^3}{1.2.3}+\text{etc.},$$

entre $a+\alpha$ et $a+2\alpha$,

$$\frac{A_1\alpha}{1}+\frac{A'_1\alpha^2}{1.2}+\frac{A''_1\alpha^3}{1.2.3}+\text{etc.},$$

entre $a+2\alpha$ et $a+3\alpha$,

$$\frac{A_2\alpha}{1}+\frac{A'_2\alpha^2}{1.2}+\frac{A''_2\alpha^3}{1.2.3}+\text{etc.}$$

etc.;

et la somme de toutes ces séries, dont le nombre est n, composera la valeur totale de $\int Xdx$ entre les limites $x=a$, $x=b$, qui sera par conséquent... (I)

$$\int Xdx=\begin{cases}\frac{\alpha}{1}\;(A+A_1+A_2\ldots\ldots+A_{n-1})\\+\frac{\alpha^2}{1.2}\;(A'+A'_1+A'_2\ldots\ldots+A'_{n-1})\\+\frac{\alpha^3}{1.2.3}(A''+A''_1+A''_2\ldots\ldots+A''_{n-1})\\+\text{etc.}\end{cases}$$

231. C'est en passant de la valeur de y correspondante à x, à la valeur de y' correspondante à $x+h$, qu'on a construit la formule précédente, qui représente la différence de ces deux valeurs; mais on peut aussi obtenir cette différence en passant de x à $x-h$, au moyen de la formule

$$y_{,}=y-\frac{dy}{dx}\,\frac{h}{1}+\frac{d^2y}{dx^2}\,\frac{h^2}{1.2}-\frac{d^3y}{dx^3}\,\frac{h^3}{1.2.3}+\text{etc.},$$

dans laquelle $y_{,}$ répond à $x-h$, et qui donne

$$y-y_{,}=\frac{dy}{dx}\,\frac{h}{1}-\frac{d^2y}{dx^2}\,\frac{h^2}{1.2}+\frac{d^3y}{dx^3}\,\frac{h^3}{1.2.3}-\text{etc.}$$

Pour appliquer cette dernière à $\int Xdx$, il faut, dans X et dans ses coefficiens différentiels, changer x en b; et supposant qu'on en tire les quantités B, B', B'', etc., on trouvera entre les limites $x=a$, $x=b$,

$$\int X\mathrm{d}x = \frac{B(b-a)}{1} - \frac{B'(b-a)^2}{1.2} + \frac{B''(b-a)^3}{1.2.3} - \text{etc.}$$

Lorsqu'on partage l'espace $b-a$ en n parties égales à α, on obtient par la formule ci-dessus, entre les limites $a+\alpha$ et a,

$$\frac{A_1\alpha}{1} - \frac{A'_1\alpha^2}{1.2} + \frac{A''_1\alpha^3}{1.2.3} - \text{etc.};$$

entre $a+2\alpha$ et $a+\alpha$,

$$\frac{A_2\alpha}{1} - \frac{A'_2\alpha^2}{1.2} + \frac{A''_2\alpha^3}{1.2.3} - \text{etc.};$$

entre $a+3\alpha$ et $a+2\alpha$,

$$\frac{A_3\alpha}{1} - \frac{A'_3\alpha^2}{1.2} + \frac{A''_3\alpha^3}{1.2.3} - \text{etc.};$$

etc.,

séries pareillement en nombre n, et dont la somme donne, entre les limites $x=b$, $x=a$, ... (II)

$$\int X\mathrm{d}x = \begin{cases} \frac{\alpha}{1}\ (A_1 + A_2 + A_3 \ldots\ldots + A_n) \\ -\frac{\alpha^2}{1.2}\ (A'_1 + A'_2 + A'_3 \ldots\ldots + A'_n) \\ +\frac{\alpha^3}{1.2.3}(A''_1 + A''_2 + A''_3 \ldots\ldots + A''_n) \\ -\text{etc.} \end{cases}$$

232. Chacune de ces deux formules peut être appliquée en particulier ; mais leur comparaison fait découvrir les limites de l'approximation qu'elles donnent.

Pour établir cette comparaison, il faut d'abord observer que dans une série de la forme

$$M\alpha + N\alpha^2 + P\alpha^3 + \text{etc.},$$

dont aucun des coefficiens M, N, P, etc., ne devient infini, où l'on peut supposer α aussi petit qu'on voudra, et rendre par conséquent un terme quelconque supérieur à la somme de tous ceux qui le suivent (62), l'erreur que l'on commet alors, en se bornant à un nombre limité des premiers termes, est d'un signe contraire à celui du premier des termes qu'on néglige, c'est-à-dire, que le résultat péchera par défaut si ce terme est positif, et par excès s'il est négatif.

Il résulte de là, que si les valeurs de la fonction X vont en croissant de $x=a$ à $x=b$, et qu'on se borne dans chaque formule aux termes multipliés par α seulement, la première formule sera en défaut, et la seconde en excès; car si la série

$$A, A_1, A_2, \text{etc.},$$

est croissante, toutes les valeurs correspondantes

$$A', A'_1, A'_2, \text{etc.},$$

du coefficient différentiel $\frac{dX}{dx}$ seront positives (62); ainsi, les termes affectés de α^2 seront positifs dans la première formule, et négatifs dans la seconde : donc entre les limites $x=a$, $x=b$, on aura

$$\int X dx > \alpha(A + A_1 + A_2 \ldots\ldots + A_{n-1}),$$

et

$$< \alpha(A_1 + A_2 + A_3 \ldots\ldots + A_n).$$

De plus, la différence $\alpha(A_n - A)$ de ces deux limites deviendra d'autant moindre, qu'on prendra α plus petit, ce qui s'effectue en augmentant le nombre n, sans changer les quantités A et A_n qui répondent aux quantités a et b.

Il suit de là, que chacune des limites de $\int X dx$ pourra approcher aussi près qu'on le voudra de la vraie valeur de cette intégrale qui, par cette raison, peut être considérée comme une somme de différentielles, puisque les produits $A\alpha$, $A_1\alpha$, etc., ne sont que les valeurs de $X dx$ correspondantes à $x=a$, $=a+\alpha$, etc., et dans lesquelles α a pris la place de dx.

Cette conclusion, qui sera bientôt vérifiée par les considérations géométriques, suppose, comme on voit, que les fonctions X et $\frac{dX}{dx}$ ne changent pas de signe, et ne deviennent pas infinies entre les limites $x=a$, $x=b$, ce qu'on peut toujours obtenir en séparant les parties de l'intégrale, dans lesquelles l'une de ces circonstances aurait lieu.

Il est évident aussi, que l'ordre des limites de $\int X dx$ serait inverse, si les valeurs de X allaient en décroissant : la première ligne de la première formule serait en excès, et celle de la seconde en défaut.

233. Les mêmes remarques peuvent être étendues aux termes affectés des puissances de α supérieures à la première : il en résulte, comme ci-dessus, que quand deux lignes correspondantes dans chaque formule, ont des signes contraires, la somme de celles qui les précèdent, est en excès dans l'une des formules, et en défaut dans l'autre, et que, par conséquent, si l'on ignore, comme cela arrive presque toujours, la quantité de l'erreur, il sera convenable de prendre le milieu entre les deux résultats. Si l'on opère immédiatement sur les deux formules, il viendra. . . . . . (III)

$$\int X dx = \begin{cases} \frac{\alpha}{1}\,[A_1 + A_2 + A_3 \ldots + A_{n-1} + \frac{1}{2}(A + A_n)] \\ + \frac{\alpha^2}{1.2} \cdot \frac{1}{2}(A' - A'_n) \\ + \frac{\alpha^3}{1.2.3}\,[A''_1 + A''_2 + A''_3 \ldots + A''_{n-1} + \frac{1}{2}(A'' + A''_n)] \\ + \frac{\alpha^4}{1.2.3.4} \cdot \frac{1}{2}(A''' - A'''_n) \\ + \text{etc.} \end{cases}$$

234. Ce qu'on a vu dans le n° 232, fournit encore pour les intégrales, des limites plus simples, qui, néanmoins, peuvent être très utiles.

Si l'on désigne par M la plus grande valeur de X, par m la plus petite, dans l'intervalle de $x=a$ à $x=b$, qu'on substitue m au lieu de A, A_1, etc., dans la première des expressions des limites de $\int X\mathrm{d}x$, et M dans la seconde, on obtiendra

$$\int X\mathrm{d}x > n\alpha m \text{ et } < n\alpha M,$$

ou

$$> (b-a)m \text{ et } < (b-a)M,$$

puisque $n\alpha = b-a$ (230).

S'il s'agissait d'obtenir $\int XQ\mathrm{d}x$, et qu'on sût intégrer $\int Q\mathrm{d}x$, comme entre les limites de x, on aurait toujours

$$XQ\mathrm{d}x > mQ\mathrm{d}x, \quad XQ\mathrm{d}x < MQ\mathrm{d}x,$$

la même subordination existerait entre les intégrales, et il viendrait

$$\int XQ\mathrm{d}x > m\int Q\mathrm{d}x, \quad \int XQ\mathrm{d}x < M\int Q\mathrm{d}x,$$

où il n'y aurait plus qu'à mettre pour $\int Q\mathrm{d}x$, sa valeur entre les limites $x=a$ et $x=b$.

235. La considération des courbes conduit aussi d'une manière très simple aux principales conséquences établies dans les articles précédens.

$\int X\mathrm{d}x$ exprimant l'aire du segment d'une courbe dont
FIG. 35. l'ordonnée est X (65), si BCZ, *fig.* 35, représente cette courbe, que l'origine des abscisses soit en A, et que $X=PM$, l'expression $X\mathrm{d}x$ sera aussi bien la différentielle des segmens BMP, $DEMP$, que du segment $ACMP$ qui commence à l'origine; ainsi, l'ordonnée qui borne le segment de ce côté sera absolument indéterminée. L'ordonnée MP qui forme l'autre limite l'est pareillement, tant qu'on n'assigne aucune

valeur à l'abscisse AP; mais lorsqu'on aura fixé les abscisses de la première et de la dernière ordonnée, le segment sera tout-à-fait déterminé.

Si la fonction variable P de l'intégrale $\int X\mathrm{d}x = P + C$, s'évanouit d'elle-même au point B, cette fonction exprime immédiatement les aires BCA, BED, BMP; alors si l'on veut faire partir les segmens de l'ordonnée AC, il faut retrancher de ces aires, l'espace BCA: cet espace représente la constante, déterminée pour que la quantité $P + C$ s'évanouisse au point A; mais en considérant à la fois les deux limites d'un segment, il est inutile de s'occuper de la constante; car, soit que l'on compte les aires à partir du point B ou du point A, sur l'axe des abscisses, le segment $DEMP$, par exemple, s'obtiendra également par la différence des segmens BMP, BED, ou par celle des segmens $ACMP$ et $ACED$.

236. L'inspection de la figure 35 montre que l'aire du segment d'une courbe quelconque est toujours comprise entre la somme d'une suite de rectangles inscrits PR, $P'R'$, $P''R''$, etc., et celle d'une suite de rectangles circonscrits $P'S$, $P''S'$, $P'''S''$, etc., les premiers construits sur la plus petite ordonnée de chacun des trapèzes curvilignes PM', $P'M''$, $P''M'''$, etc., et les seconds sur la plus grande. En effet, le rectangle $MRQN$ est évidemment égal à la somme des rectangles

$$MRM'S,\quad M'R'M''S',\quad M''R''M'''S'',$$

qui forment la différence entre les polygones

$$PMRM'R'M''R''P''',\quad PSM'S'M''S''M'''P''',$$

l'un inscrit et l'autre circonscrit au segment .... $PMM'M''M'''P'''$; mais ce rectangle $MRQN$, a pour hauteur la différence MN, entre les deux ordonnées extrêmes PM et $P'''M'''$, qui ne change point, tant que l'intervalle PP''' demeure le même, tandis que la base $MR=PP'$, peut être rendue aussi petite qu'on voudra, en multipliant les ordonnées intermédiaires : il peut donc lui-même devenir aussi petit qu'on voudra.

Il suit de là, que le polygone inscrit et le polygone circonscrit, peuvent approcher du segment aussi près qu'on le voudra.

Cela posé, si l'on prend

$$AP=a,\ PP'=P'P''=P''P'''=\text{etc.}=\alpha,$$

on aura

$$PM=A,\ P'M'=A_1,\ P''M''=A_2,\ P'''M'''=A_3,\ \text{etc.},$$

la somme des rectangles inscrits sera

$$A\alpha+A_1\alpha+A_2\alpha\ldots+A_{n-1}\alpha \quad (1),$$

celle des rectangles circonscrits

$$A_1\alpha+A_2\alpha+A_3\alpha\ldots+A_n\alpha \quad (2),$$

et ces deux sommes pourront donner l'aire du segment $PMM'M''M'''P'''$, avec autant d'approximation qu'on le voudra; ce qui confirme la conclusion tirée, n° 232, du principe de la convergence des séries.

On voit encore par là, comment l'intégrale $\int X\mathrm{d}x$, peut être prise pour une somme d'élémens, puisque représentant l'aire d'un segment de courbe, elle est la limite de la somme des rectangles

$$A\alpha,\ A_1\alpha,\ A_2\alpha,\ \text{etc.},$$

qui sont les accroissemens des aires des polygones inscrit et circonscrit au segment.

Dans la figure 35, où les ordonnées vont toujours en croissant, les rectangles inscrits sont formés sur la première ordonnée de chaque trapèze curviligne, et les rectangles circonscrits sur la dernière; mais si elles passaient par un *maximum*, comme dans la figure 36, il n'en serait ainsi que dans la partie CM'', FIG. 36. antérieure à ce *maximum*, et le contraire aurait lieu dans la partie postérieure $M''Z$: alors la série (1), d'abord moindre que l'espace curviligne, deviendrait plus grande, et la série (2), d'abord plus grande que cet espace, deviendrait plus petite.

237. On approchera davantage de la vraie valeur du segment de la courbe proposée, en prenant, au lieu des rectangles inscrits et circonscrits, la somme des trapèzes terminés par les cordes des arcs MM', $M'M''$, $M''M'''$, etc.

Ces trapèzes ayant tous même hauteur, PP', et chaque ordonnée, excepté la première et la dernière, étant commune à deux trapèzes, leur somme sera précisément égale à la série

$$\alpha[A_1 + A_2 + A_3 \ldots + A_{n-1} + \tfrac{1}{2}(A + A_n)],$$

qui tient le milieu entre les séries (1) et (2) (*).

Enfin, il est évident, par la figure 37, que l'aire FIG. 37. curviligne $PMNQ$ est $<$ que le rectangle QE, et $>$ que le rectangle PF, construits l'un sur la plus grande, et l'autre sur la plus petite des ordonnées comprises entre les limites AP et AQ de ce segment.

238. L'emploi de la formule (III) du n° 233, peut présenter quelques difficultés. Elle ne saurait servir lorsque la fonction X devient infinie; et aux environs des valeurs de x qui amènent cette circon-

(*) On pourrait, aux polygones rectilignes, substituer un polygone formé d'arcs de courbes d'une nature plus simple que la proposée, et s'en approchant plus que ne peuvent faire des lignes droites; c'est à cela que reviennent au fond les formules (I) et (II). *Voyez* le Traité in-4°, tom. II, pag. 140.

stance, il ne suffit pas de diminuer l'intervalle α, ou de resserrer les ordonnées, pour compenser l'effet de leur rapide accroissement ; il faut encore avoir recours à des transformations convenables.

Soit, par exemple, $X=\frac{1}{\sqrt{1-x}}$; il est d'abord évident que lorsque x approche de l'unité, un très petit changement dans la valeur de cette variable en produit un très grand dans celle de X ; si donc on demandait l'intégrale $\int\frac{dx}{\sqrt{1-x}}$, depuis $x=0$ jusqu'à $x=1-\delta$, δ étant une petite quantité, il faudrait, vers la dernière limite, multiplier beaucoup les valeurs intermédiaire données à x. De plus, la même intégrale ne peut se calculer immédiatement jusqu'à $x=1$; car alors X devient infini, sans que pourtant la valeur de $\int X dx$ le soit, puisque

$$\int\frac{dx}{\sqrt{1-x}}=-2\sqrt{1-x}+const.$$

Cette difficulté tient à ce que, dans l'intégration, le facteur $(1-x)^{\frac{1}{2}}$ passe du dénominateur au numérateur ; et elle aura lieu en général, lorsque X sera de la forme $\frac{V}{(a-x)^{\frac{p}{q}}}$ et qu'on aura $p<q$. Pour la lever, on fera $a-x=z^q$, ce qui donnera

$$x=a-z^q,\ dx=-qz^{q-1}dz \text{ et } Xdx=-qVz^{q-p-1}dz,$$

quantité qui ne deviendra plus infinie quand $x=a$ ou $z=0$, si la fonction V reste finie dans cette circonstance; on calculera donc alors l'intégrale $\int Vz^{q-p-1}dz$, depuis $z=0$ jusqu'à $z=\delta$, δ étant une quantité assez petite, et l'on aura ainsi la partie de la valeur de $\int \frac{V\mathrm{d}x}{(a-x)^{\frac{p}{q}}}$ correspondante à l'intervalle compris entre $x=a$ et $x=a-\delta$.

On peut encore obtenir l'intégrale $\int \frac{V\mathrm{d}x}{(a-x)^{\frac{p}{q}}}$ depuis $x=a$ jusqu'à $x=a-\delta$, en faisant seulement $x=a-z$; parce que la petitesse de la variable z, renfermée entre les limites très étroites o et δ, permet de simplifier beaucoup le coefficient différentiel. Si l'on avait, par exemple, $\int \frac{x^2\mathrm{d}x}{\sqrt{a^4-x^4}}$, la différentielle à intégrer après la transformation indiquée, serait

$$\frac{-(a-z)^2\mathrm{d}z}{\sqrt{4a^3z-6a^2z^2+4az^3-z^4}}=\frac{-(a^2-2az+z^2)\mathrm{d}z}{\sqrt{z}.\sqrt{4a^3-6a^2z+4az^2-z^3}}.$$

En réduisant la fraction

$$\frac{a^2-2az+z^2}{\sqrt{4a^3-6a^2z+4az^2-z^3}}$$

en série ordonnée suivant les puissances de z, et en s'arrêtant au quarré de cette variable, on aurait enfin

$$-\int \frac{\mathrm{d}z\sqrt{a}}{2\sqrt{z}}\left(1-\frac{5z}{4a}-\frac{5z^2}{32a^2}\right)=-\frac{1}{2}\sqrt{az}\left(2-\frac{5z}{6a}-\frac{1}{16}\frac{z^2}{a^2}\right).$$

Ce résultat qui s'évanouit lorsque $z=0$, donnera, par la substitution de δ à z, la valeur de l'intégrale cherchée, depuis $x=a$ jusqu'à $x=a-\delta$. Le reste de cette intégrale pourra se calculer par le moyen de la série du n° 233.

En général, des transformations que l'habitude de l'analyse peut seule suggérer, rendent ces séries applicables dans un très grand nombre de cas qui paraissent d'abord se refuser à la méthode proposée.

239. L'intégrale $\int \frac{e^{-\frac{1}{x}}dx}{x}$, ne pouvant s'obtenir par la réduction de $e^{-\frac{1}{x}}$ en série, que pour le cas où x serait très grand, je vais montrer comment Euler en a calculé la valeur depuis $x=0$ jusqu'à $x=1$, au moyen de la formule du n° 233.

On peut d'abord changer

$$\int \frac{e^{-\frac{1}{x}}dx}{x} \text{ en} \int x \frac{e^{-\frac{1}{x}}dx}{x^2} = e^{-\frac{1}{x}}x - \int e^{-\frac{1}{x}}dx;$$

la partie $e^{-\frac{1}{x}}x$, s'évanouit lorsque $x=0$, et il en est de même de la seconde partie $\int e^{-\frac{1}{x}}dx$, ainsi qu'on va le voir. On a pour cette intégrale

$$X=e^{-\frac{1}{x}}, \quad \frac{dX}{dx}=e^{-\frac{1}{x}}\frac{1}{x^2}, \quad \frac{d^2X}{dx^2}=e^{-\frac{1}{x}}\left(\frac{1}{x^4}-\frac{2}{x^3}\right),$$

$$\frac{d^3X}{dx^3}=e^{-\frac{1}{x}}\left(\frac{1}{x^6}-\frac{6}{x^5}+\frac{6}{x^4}\right), \text{ etc.}$$

Si l'on fait $x=0$, ces expressions s'évanouiront (99), et par conséquent les quantités A, A', A'', etc., seront nulles; mettant ensuite α, 2α, 3α, etc., à la place de x, on obtiendra les valeurs de A_1, A'_1, etc., A_2, A'_2, etc., et, depuis 0 jusqu'à $x=n\alpha$, on aura

$$\int e^{-\frac{1}{x}}dx =$$

$$\frac{\alpha}{1}\left[e^{-\alpha}+e^{-\frac{1}{2\alpha}}\ldots+e^{-\frac{1}{(n-1)\alpha}}\right]+\frac{1}{2}\frac{\alpha e^{-\frac{1}{n\alpha}}}{1}$$

$$-\frac{1}{2}\frac{\alpha^2 e^{-\frac{1}{n\alpha}}}{1.2}\frac{1}{n^2\alpha^2}$$

$$+\frac{\alpha^3}{1.2.3}\left[e^{-\frac{1}{\alpha}}\left(\frac{1}{\alpha^4}-\frac{2}{\alpha^3}\right)+e^{-\frac{1}{2\alpha}}\left(\frac{1}{16\alpha^4}-\frac{2}{8\alpha^3}\right)+\ldots\ldots\right.$$

$$\left.+e^{-\frac{1}{(n-1)\alpha}}\left(\frac{1}{(n-1)^4\alpha^4}-\frac{2}{(n-1)^3\alpha^3}\right)\right]+\frac{1}{2}\frac{\alpha^3 e^{-\frac{1}{n\alpha}}}{1.2.3}\left(\frac{1}{n^4\alpha^4}-\frac{2}{n^3\alpha^3}\right)$$

$$-\frac{1}{2}\frac{\alpha^4 e^{-\frac{1}{n\alpha}}}{1.2.3.4}\left(\frac{1}{n^6\alpha^6}-\frac{6}{n^5\alpha^5}+\frac{6}{n^4\alpha^4}\right)$$

$+$ etc.

Lorsqu'on veut s'arrêter à la limite $x=1$, il faut faire $\alpha=\frac{1}{n}$, et il vient alors $\int e^{-\frac{1}{x}}dx =$

$$\frac{1}{n}\left[e^{-\frac{n}{1}}+e^{-\frac{n}{2}}+e^{-\frac{n}{3}}\ldots+e^{-\frac{n}{n-1}}\right]+\frac{1}{2ne}-\frac{1}{4n^2e}$$

$$+\frac{1}{6}\left[\frac{(n-2)}{1}e^{-\frac{n}{1}}+\frac{(n-4)}{16}e^{-\frac{n}{2}}+\frac{(n-6)}{81}e^{-\frac{n}{3}}\ldots\ldots\ldots\right.$$

$$\left.+\frac{n-2n+2}{(n-1)^4}e^{-\frac{n}{n-1}}\right]$$

$$-\frac{1}{12n^3e}-\frac{1}{48n^4e}+\text{etc.}$$

En se bornant aux termes qui sont écrits, et faisant $n=10$, on trouvera, suivant Euler, la valeur de

$\int e^{-\frac{1}{x}}dx$, à un millionième d'unité près, et on l'aura avec une exactitude vingt fois plus grande encore, si l'on prend $n=20$.

Les détails renfermés dans cet article et dans le précédent, suffisent pour montrer comment, avec le secours des transformations, et en calculant la valeur d'une intégrale en plusieurs parties, on parvient à en approcher, lorsque les séries qui l'expriment ne sont convergentes que pour un intervalle limité.

240. Le théorème de Taylor donne aussi deux développemens généraux de l'intégrale $\int X dx$. En désignant par C la valeur de cette intégrale, quand $x=0$, et représentant par A, A', A'', etc., ce que deviennent alors les quantités X, $\frac{dX}{dx}$, $\frac{d^2X}{dx^2}$, etc., on aura

$$\int X dx = C + A\frac{x}{1} + A'\frac{x^2}{1.2} + A''\frac{x^3}{1.2.3} + \text{etc.},$$

série dans laquelle C tient lieu de la constante arbitraire.

En partant de la valeur générale de $\int X dx$, que je représenterai par y, pour revenir à celle qui répond à $x=0$, et que C désigne, il est évident qu'il faut faire $h=-x$, dans la série de Taylor, ce qui donnera

$$C = y - \frac{dy}{dx}\frac{x}{1} + \frac{d^2y}{dx^2}\frac{x^2}{1.2} - \frac{d^3y}{dx^3}\frac{x^3}{1.2.3} + \text{etc.},$$

remettant dans cette équation, au lieu de y, $\frac{dy}{dx}$, $\frac{d^2y}{dx^2}$, etc. leurs valeurs, et prenant celle de $\int X dx$, on aura

$$\int X dx = C + X\frac{x}{1} - \frac{dX}{dx}\frac{x^2}{1.2} + \frac{d^2X}{dx^2}\frac{x^3}{1.2.3} - \text{etc.};$$

la quantité C est encore ici la constante arbitraire.

L'intégration par parties conduit aussi à ce développement. En effet, si l'on décompose la différentielle $X\mathrm{d}x$ dans les deux facteurs X et $\mathrm{d}x$, qu'on intègre le second, on aura $\int X\mathrm{d}x = Xx - \int x\mathrm{d}X$, puis

$$\int x\,\mathrm{d}X = \int \frac{\mathrm{d}X}{\mathrm{d}x}.x\mathrm{d}x = \frac{1}{2}x^2\frac{\mathrm{d}X}{\mathrm{d}x} - \frac{1}{2}\int x^2\frac{\mathrm{d}^2X}{\mathrm{d}x},$$

$$\int x^2\frac{\mathrm{d}^2X}{\mathrm{d}x} = \int\frac{\mathrm{d}^2X}{\mathrm{d}x^2}.x^2\mathrm{d}x = \frac{1}{3}x^3\frac{\mathrm{d}^2X}{\mathrm{d}x^2} - \frac{1}{3}\int x^3\frac{\mathrm{d}^3X}{\mathrm{d}x^2},$$

$$\int x^3\frac{\mathrm{d}^3X}{\mathrm{d}x^2} = \int\frac{\mathrm{d}^3X}{\mathrm{d}x^3}.x^3\mathrm{d}x = \frac{1}{4}x^4\frac{\mathrm{d}^3X}{\mathrm{d}x^3} - \frac{1}{4}\int x^4\frac{\mathrm{d}^4X}{\mathrm{d}x^3},$$

etc.;

mettant successivement pour $\int x\mathrm{d}X$, $\int x^2\frac{\mathrm{d}^2X}{\mathrm{d}x}$, etc. leurs valeurs, il en résultera

$$\int X\mathrm{d}x = X\frac{x}{1} - \frac{\mathrm{d}X}{\mathrm{d}x}\,\frac{x^2}{1.2} + \frac{\mathrm{d}^2X}{\mathrm{d}x^2}\,\frac{x^3}{1.2.3} - \text{etc.},$$

et pour que l'expression de l'intégrale soit complète, il faudra ajouter une constante à ce développement, qui par là deviendra semblable au précédent. Cette série a été donnée pour la première fois par Jean Bernoulli, et elle porte son nom, comme celle du n° 20 porte celui de Taylor; l'une est à l'égard du Calcul intégral, ce que l'autre est par rapport au Calcul différentiel.

241. Jusqu'à présent, je n'ai considéré que le coefficient différentiel du premier ordre; mais si l'on ne connaissait que le coefficient différentiel du second ordre, il faudrait alors deux intégrations successives pour remonter à la fonction primitive dont il tire son origine. Soit X le coefficient différentiel du second ordre de la fonction y; on aura $\frac{\mathrm{d}^2y}{\mathrm{d}x^2} = X$, et en multipliant les deux membres par $\mathrm{d}x$, il viendra $\frac{\mathrm{d}^2y}{\mathrm{d}x} = X\mathrm{d}x$; or, $\frac{\mathrm{d}^2y}{\mathrm{d}x}$

est la différentielle de $\frac{dy}{dx}$, prise en regardant dx comme constant : on aura donc $\frac{dy}{dx} = \int X dx$. Si P représente la fonction primitive de x, égale à $\int X dx$, et C la constante arbitraire, il viendra $\frac{dy}{dx} = P + C$; multipliant ensuite les deux membres par dx, on trouvera $dy = P dx + C dx$, et en intégrant, on obtiendra $y = \int P dx + Cx + C'$, C' étant une seconde constante arbitraire. Si l'on remet $\int X dx$, au lieu de P, il en résultera $y = \int dx \int X dx + Cx + C'$, expression où $\int dx \int X dx$ indique deux intégrations successives.

Je passe maintenant aux différentielles du troisième ordre. Soit X le coefficient différentiel de la fonction y, relatif à cet ordre ; on aura $\frac{d^3y}{dx^3} = X$, d'où $\frac{d^3y}{dx^2} = X dx$; mais $\frac{d^3y}{dx^2} = d\frac{d^2y}{dx^2}$: donc $\frac{d^2y}{dx^2} = \int X dx + C$, ce qui donne $\frac{d^2y}{dx} = dx \int X dx + C dx$. En intégrant une seconde fois, il viendra $\frac{dy}{dx} = \int dx \int X dx + Cx + C'$, d'où l'on conclura

$$dy = dx \int dx \int X dx + Cx dx + C' dx,$$

et par une troisième intégration, on aura enfin

$$y = \int dx \int dx \int X dx + \frac{C}{2} x^2 + C'x + C''.$$

Dans cette expression, on peut d'abord changer $\frac{C}{2}$ en C, puisque la constante C est arbitraire ; ensuite, il faut bien observer que chaque signe doit être regardé comme appliqué à tous ceux qui le suivent : c'est pourquoi, en faisant abstraction des constantes arbitraires, on indique encore plus simplement les intégrations successives, par la notation que voici.

Lorsque X désigne le coefficient différentiel du second ordre, on a $d^2y = Xdx^2$, et en prenant l'intégrale de chaque membre, on trouve $dy = \int Xdx^2$; puis en intégrant encore une fois, il vient $y = \int\int Xdx^2 = \int^2 Xdx^2$. On a de même, quand X est le coefficient différentiel du troisième ordre, $d^3y = Xdx^3$, puis en intégrant,

$$d^2y = \int Xdx^3,\ dy = \int\int Xdx^3,\ y = \int\int\int Xdx^3 = \int^3 Xdx^3,$$

et ainsi de suite pour les ordres supérieurs.

242. On peut ramener ces expressions à des intégrales simples, au moyen de l'intégration par parties; car, en mettant P au lieu de $\int Xdx$ dans $\int^2 Xdx^2 = \int dx \int Xdx$, il vient

$$\int dx \int Xdx = \int Pdx = Px - \int xdP = x\int Xdx - \int Xxdx,$$

d'où

$$\int^2 Xdx^2 = x\int Xdx - \int Xxdx.$$

Passant ensuite à $\int^3 Xdx^3 = \int dx \int^2 Xdx^2$, et mettant pour $\int^2 Xdx^2$ la valeur précédente, on obtient

$$\int^3 Xdx^3 = \int xdx \int Xdx - \int dx \int Xxdx;$$

observant alors que

$$\int xdx \int Xdx = \tfrac{1}{2}x^2\int Xdx - \tfrac{1}{2}\int Xx^2dx,$$
$$\int dx \int Xxdx = x\int Xxdx - \int Xx^2dx,$$

on trouve

$$\int^3 Xdx^3 = \tfrac{1}{2}(x^2\int Xdx - 2x\int Xxdx + \int Xx^2dx),$$

et continuant ainsi on forme le tableau,

$$\int Xdx = \int Xdx,$$

$$\int^2 Xdx^2 = \frac{1}{1}\left[x\int Xdx - \int Xxdx\right],$$

$$\int^3 Xdx^3 = \frac{1}{1.2}\left[x^2\int Xdx - 2x\int Xxdx + \int Xx^2dx\right],$$

$$\int^4 Xdx^4 = \frac{1}{1.2.3}\left[x^3\int Xdx - 3x^2\int Xxdx + 3x\int Xx^2dx - \int Xx^3dx\right],$$

etc.

Les coefficiens numériques de ces expressions sont les mêmes que ceux des puissances du binome $a-b$; et tandis que l'exposant de x hors du signe $\int$ diminue d'une unité à chaque terme, en allant vers la droite, son exposant sous ce signe augmente de la même quantité.

On restituera les constantes arbitraires que j'ai omises dans ces formules, en écrivant $\int Xdx + C$ pour $\int Xdx$, $\int Xxdx + C'$ pour $\int Xxdx$, $\int Xx^2dx + C''$ pour $\int Xx^2dx$, et ainsi des autres ; car les constantes C, C', C'', etc., étant affectées de diverses puissances de x, seront irréductibles entre elles.

243. Les différentielles que j'ai traitées jusqu'ici, sont prises en regardant dx comme constant, parce que ce sont les seules qui ne renferment qu'un coefficient différentiel. En effet, lorsqu'on fait varier en même temps dy et dx, on a (131) $d^2y = qdx^2 + pd^2x$; si donc on se proposait la différentielle $Udx^2 + Vd^2x$, il faudrait qu'on eût $V = p$ et $U = q$, d'où il résulte $U = \frac{dV}{dx}$; et cette condition étant remplie, on n'aurait plus qu'à intégrer $\int Vdx$.

Cette condition ne serait pas nécessaire, si l'on particularisait la relation qu'on suppose entre x et t ; car par son moyen on chasserait x, dx et d^2x, et l'on aurait d^2y en t et dt seuls.

Application du Calcul intégral à la quadrature des Courbes et à leur rectification, à la quadrature des Surfaces courbes et à l'évaluation des volumes qu'elles comprennent.

De la quadrature des Courbes.

244. Le problème général de la quadrature des courbes se réduit à l'intégration de la différentielle $X\mathrm{d}x$, en nommant X la fonction de x, qui exprime l'ordonnée y de la courbe proposée (65). Ce qui précède contient l'exposé des principales méthodes analytiques trouvées jusqu'à présent, pour effectuer cette intégration, soit rigoureusement, soit d'une manière approchée; il ne s'agit ici que de l'application de ces méthodes aux courbes les plus connues.

Celles dont l'équation est la plus simple, sont les paraboles des divers ordres, dans lesquelles $y^n = px^m$; on en tire $y = p^{\frac{1}{n}}x^{\frac{m}{n}}$, et par conséquent

$$\int X\mathrm{d}x = \int p^{\frac{1}{n}}x^{\frac{m}{n}}\mathrm{d}x = \frac{np^{\frac{1}{n}}}{m+n}x^{\frac{m+n}{n}} + const.$$

Toutes ces courbes, comme on voit, sont *quarrables*; c'est-à-dire, qu'on a l'expression finie et algébrique de la surface du segment compris entre leur arc, l'axe des abscisses et l'ordonnée. Il est facile, avec l'expression de ce segment, de calculer celle de tout autre espace contenu entre une portion de la courbe et des lignes droites formant, avec les abscisses et les ordonnées, des polygones dont la Géométrie élémentaire donne la mesure; on en verra plus bas des exemples (252 — 255).

Les courbes proposées passant par l'origine des abscisses, puisqu'on a en même temps $x=0$ et $y=0$, si l'on veut exprimer leur aire, à partir de ce point, il faut supprimer la constante arbitraire, parce que l'expression $\frac{np^{\frac{1}{n}}}{m+n}x^{\frac{m+n}{n}}$ s'anéantit d'elle-même quand on y fait

FIG. 38. $x=0$. Pour avoir ensuite l'aire *BCMP*, *fig*.38, comprise entre les ordonnées *BC* et *PM*, correspondantes aux abscisses $AB=a$ et $AP=x$, il suffira de retrancher de $\frac{np^{\frac{1}{n}}}{m+n}x^{\frac{m+n}{n}}$, qui exprime l'aire *ACMP*, la quantité $\frac{np^{\frac{1}{n}}}{m+n}a^{\frac{m+n}{n}}$ égale à l'aire *ACB*; et l'on aura ainsi

$$BCMP=\frac{np^{\frac{1}{n}}}{m+n}\left(x^{\frac{m+n}{n}}-a^{\frac{m+n}{n}}\right).$$

Quand l'exposant n est pair, l'expression $\frac{np^{\frac{1}{n}}}{m+n}x^{\frac{m+n}{n}}$ est susceptible du double signe $\pm$, et comme alors les mêmes abscisses *AP* appartiennent à deux branches de courbes *ACM* et *Acm*, on a deux segmens *ACMP* et *AcmP*; celui qui renferme les ordonnées positives a une valeur positive, et l'autre une valeur négative.

Lorsque les exposans m et n sont impairs l'un et l'autre, la quantité $x^{\frac{m+n}{n}}$ n'a qu'un seul signe et reste toujours positive, quel que soit le signe de x; mais il est aisé de voir que dans ce cas l'une des deux branches de la courbe proposée a ses abscisses et ses ordonnées négatives en même temps : il suit donc de là que les aires correspondantes à des abscisses et à des ordonnées négatives, doivent être regardées comme positives.

Si n seule est impaire, alors la quantité $x^{\frac{m+n}{n}}$ devient négative en même temps que x; mais dans ce cas les deux branches de la courbe proposée sont du même côté de la ligne des abscisses, et les ordonnées demeurent toujours positives.

En rapprochant ces remarques, on en conclura que *l'aire d'une courbe est positive quand l'abscisse et l'ordonnée sont de même signe, et négative lorsque le contraire a lieu.*

Tous les segmens paraboliques ont un rapport constant avec le rectangle $ADMP$, formé sur l'abscisse et sur l'ordonnée; car l'expression

$$\frac{n}{m+n}p^{\frac{1}{n}}x^{\frac{m+n}{n}}=\frac{n}{m+n}x.p^{\frac{1}{n}}x^{\frac{m}{n}},$$

équivaut à $\frac{n}{m+n}xy$, en vertu de l'équation $y=p^{\frac{1}{n}}x^{\frac{m}{n}}$.

Lorsque $n=m$, la parabole devient une ligne droite, puisqu'on a $y=p^{\frac{1}{n}}x$; le segment $ACMP$ se change dans le triangle AMP, dont la valeur est par la formule ci-dessus, comme par la Géométrie élémentaire, égale à $\frac{1}{2}xy$.

En faisant $n=2$ et $m=1$, on tombe sur le cas de la parabole ordinaire; et l'on trouve $\frac{2}{3}xy$ pour la valeur du segment $ACMP$.

245. Je vais chercher maintenant la valeur du segment des courbes représentées par l'équation $x^my^n=p$. Cette équation se tire de $y^n=px^m$, en y changeant $+m$ en

$-m$; on a $y=p^{\frac{1}{n}}x^{-\frac{m}{n}}$ et

$$\int X dx = \frac{np^{\frac{1}{n}}}{n-m} x^{\frac{n-m}{n}} + const.$$

Les courbes proposées sont les hyperboles des divers ordres, rapportées à leurs asymptotes, et sont composées de plusieurs branches telles que *UMV*,
FIG. 39. *fig.* 39, inscrites dans les angles que forment ces droites. En comptant les segmens de l'origine des abscisses, ils renferment l'espace indéfini qui se trouve entre la partie *CV* de la courbe et son asymptote *AY*; la valeur de cet espace est infinie ou finie, selon que m est plus grande ou moindre que n. En effet, pour avoir l'espace *BCMP*, pris depuis l'abscisse $AB=a$, jusqu'à l'abscisse $AP=b$, il faut (235) faire successivement $x=a$ et $x=b$ dans l'expression $\frac{np^{\frac{1}{n}}}{n-m} x^{\frac{n-m}{n}}$, et retrancher le premier résultat du second, on aura donc $BCMP = \frac{np^{\frac{1}{n}}}{n-m}\left(b^{\frac{n-m}{n}} - a^{\frac{n-m}{n}}\right)$. Si maintenant l'on suppose $a=0$, le point B tombera sur le point A, et l'espace *BCMP* se changera en *YAPMV*; or, la quantité $a^{\frac{n-m}{n}}$ sera infinie ou nulle, selon qu'on aura $m >$ ou $< n$: dans le premier cas,

$$YAPMV = \frac{np^{\frac{1}{n}}}{m-n}\left(\frac{1}{0} - b^{\frac{n-m}{n}}\right),$$

et dans le second

$$YAPMV = \frac{np^{\frac{1}{n}}}{n-m}\left(b^{\frac{n-m}{n}} - 0\right) = \frac{np^{\frac{1}{n}}}{n-m} b^{\frac{n-m}{n}}.$$

Laissant a d'une grandeur déterminée, et faisant b infini, on aura alors l'espace indéfini $XBCU$, qui sera infini si m est moindre que n, et qui sera égal à $\frac{np^{\frac{1}{n}}}{m-n} a^{\frac{n-m}{n}}$, si m surpasse n. Il résulte de là, que quand m et n sont inégaux, des deux espaces asymptotiques, l'un est infini et l'autre fini.

La raison de cette différence se trouve dans le plus ou moins de rapidité avec laquelle la courbe s'approche de son asymptote; et puisque $y = \frac{p^{\frac{1}{n}}}{x^{\frac{m}{n}}}$ et $x = \frac{p^{\frac{1}{m}}}{y^{\frac{n}{m}}}$, il est facile de voir que quand $m > n$, y décroît beaucoup plus vîte que x, que par conséquent la courbe s'approche beaucoup plus rapidement de l'axe des abscisses, que de celui des ordonnées, *et vice versâ*.

En mettant y au lieu de $p^{\frac{1}{n}} x^{-\frac{m}{n}}$, dans l'expression

$$\frac{np^{\frac{1}{n}}}{n-m} x^{\frac{n-m}{n}} = \frac{n}{n-m} x . p^{\frac{1}{n}} x^{-\frac{m}{n}},$$

elle deviendra $\frac{n}{n-m} xy$, et la valeur de l'aire $YAPMV$ sera $\frac{nxy}{n-m} + const.$ Il semblerait que le terme $\frac{nxy}{n-m}$ doit s'évanouir lorsqu'on fait $x = 0$; mais ce qui précède prouve la nécessité de ne rien prononcer à cet égard, avant d'avoir substitué pour y sa valeur en x.

246. Quand $n=m$, on a $xy=p^{\frac{1}{n}}$, ou $xy=p$, en changeant $p^{\frac{1}{n}}$ en p, ce qui est indifférent; la courbe dont il s'agit dans ce cas, est l'hyperbole ordinaire, et équilatère si l'angle des coordonnées est droit. L'expression générale de l'aire, trouvée au n° précédent, se présente alors sous une forme infinie, quel que soit x, et la différentielle de cette expression étant $\frac{pdx}{x}$, a pour intégrale, $plx+const.$ Les espaces asymptotiques sont infinis l'un et l'autre, car lx devient tel par la supposition de $x=0$ et par celle de x infini.

FIG. 40. Soit UMV, *fig.* 40, une des branches de l'hyperbole équilatère, dont le demi-axe transverse $AC=a$, et la puissance $\overline{BC}\times\overline{AB}=\overline{AB}^2=\frac{1}{2}a^2$ (*Trig.* 164); on aura $p=\frac{1}{2}a^2$, et comptant les aires à partir de l'ordonnée BC, correspondante au sommet C, on obtiendra $BCMP=\frac{1}{2}a^2 l.AP-\frac{1}{2}l.AB=\frac{1}{2}a^2 l.\frac{AP}{AB}$. Si l'on prend AB pour l'unité, il viendra, à cause de $l.1=0$, $BCMP=l.AP$. On aura de même $l.AP'=BCM'P'$, $l.AP''=BCM''P''$, etc., d'où il suit que si les abscisses AP, AP', AP'', etc., sont en progression par quotiens, les aires correspondantes $BCMP$, $BCM'P'$, $BCM''P''$, etc., seront en progression par différences.

247. L'hyperbole que je viens de considérer étant équilatère, n'a donné que les logarithmes népériens; mais en variant l'angle des asymptotes et prenant toujours $AB=1$, on peut obtenir une infinité d'autres
FIG. 41. systèmes de logarithmes. Soit UMV, *fig.* 41, une hyperbole quelconque; menant les ordonnées PM, parallèles à l'asymptote AY, on prouvera, par des

raisonnemens analogues à ceux du n° 65, que le parallélogramme $PMRP'$ est la différentielle de $BCMP$. Or, si l'on mène $P'Q$ perpendiculaire sur PM, on trouvera $P'Q = PP' . \sin P'PQ = PP' . \sin XAY$; désignant par ω l'angle des asymptotes, on aura $P'Q = dx \sin \omega$, et par conséquent $PMRP' = y dx \sin \omega$. Si l'on met pour y sa valeur $\frac{1}{x}$, il en résultera $\frac{dx}{x} \sin \omega$ pour la différentielle de l'aire $BCMP$; et par conséquent $BCMP = lx = l.AP$, en prenant $\sin \omega$ pour module (28).

Celui des logarithmes ordinaires étant 0,4342945 (30), on a $\sin \omega = 0,4342945$, d'où il suit que les asymptotes de l'hyperbole dont les aires donnent les logarithmes ordinaires, font entre elles un angle de $0^q,28801$.

248. Considérée analytiquement, la quadrature de l'hyperbole ordinaire présente une singularité qui ne peut être passée sous silence; c'est que les espaces asymptotiques $YApm$, *fig.* 40, correspondans aux abscisses négatives, ne sauraient être compris dans la même formule, que les espaces $YAPM$ qui répondent aux abscisses positives. En effet, la fonction lx qui exprime l'aire $YAPM$ (246), non-seulement devient infinie quand $x = 0$, mais passe à l'imaginaire quand x devient négatif, parce que l'équation $u = lx$, dérivant de $x = e^u$, n'admet point de valeur négative pour x. FIG. 40.

Cette difficulté, sur laquelle je ne saurais m'arrêter ici, tient au passage de l'ordonnée y par l'infini, qui paraît rompre quelquefois le lien de la continuité entre les aires (*). Chacune de ces aires s'exprime cependant très bien en particulier; car si l'on prend, sur le côté négatif de l'axe des abscisses, des parties $Ab = AB$, $Ap = AP$, on aura

(*) *V.* le Traité in-4°, T. I, p. 134; T. II, p. 161; T. III, p. 613.

$$bcmp = BCMP = \mathrm{l}\,\frac{AP}{AB} = \mathrm{l}\,\frac{Ap}{Ab}\ (246).$$

La même chose se conclut aussi du calcul, en observant que si l'on change x en $-x$, la différentielle de l'aire, devenant

$$\frac{-\mathrm{d}x}{-x} = \frac{\mathrm{d}x}{x},$$

a encore pour intégrale $\mathrm{l}x + const.$

FIG. 42. 249. En faisant $AC = a$, $AP = x$ et $PN = y$, *fig.* 42, l'équation du cercle ANE sera $y^2 = 2ax - x^2$, et le segment ANP aura pour expression $\int \mathrm{d}x\sqrt{2ax - x^2}$; qui se transforme en $-\int \mathrm{d}u\,(a^2 - u^2)^{\frac{1}{2}}$ lorsqu'on fait $x = a - u$. Or, la formule (B) (195) donne

$$-\int \mathrm{d}u\,(a^2 - u^2)^{\frac{1}{2}} = -\tfrac{1}{2}u(a^2 - u^2)^{\frac{1}{2}} - \tfrac{1}{2}a^2\int \mathrm{d}u\,(a^2 - u^2)^{-\frac{1}{2}}$$
$$= -\tfrac{1}{2}u\sqrt{a^2 - u^2} + \tfrac{1}{2}a^2\int \frac{-\mathrm{d}u}{\sqrt{a^2 - u^2}};$$

de plus

$$\int \frac{-\mathrm{d}u}{\sqrt{a^2 - u^2}} = \text{arc}\left(\cos = \frac{u}{a}\right)\ (36),$$

en mettant cette valeur et celle de u, il vient

$$\int \mathrm{d}x\sqrt{2ax - x^2} =$$
$$-\tfrac{1}{2}(a - x)\sqrt{2ax - x^2} + \tfrac{1}{2}a^2\,\text{arc}\left(\cos = \frac{a - x}{a}\right),$$

résultat qui s'évanouit quand $x = 0$.

Il est facile de reconnaître, dans la partie

$$\tfrac{1}{2}(a - x)\sqrt{2ax - x^2},$$

l'aire du triangle PCN, et de voir que

$$\tfrac{1}{2}a^2\,\text{arc}\left(\cos = \frac{a - x}{a}\right),\ \text{ou}\ \tfrac{1}{2}AC.\text{arc}\,AN,$$

est celle du secteur ACN.

Quand on y fait $x=2a$, l'expression de ANP devient $\frac{1}{2}a^2 \text{arc}(\cos=-1)=\frac{1}{2}a^2\pi$, π désignant la demi-circonférence du cercle dont le rayon est 1 ; et elle appartient alors au demi-cercle : on aura donc pour le cercle entier $a^2\pi=\frac{1}{2}a.2a\pi$, ainsi qu'on le prouve dans les Elémens de Géométrie.

Le développement de $\int dx\sqrt{2ax-x^2}$, trouvé dans le n° 205, donne des valeurs approchées de l'aire ANP.

Si l'équation du cercle était rapportée au centre, on trouverait de même

$$\int dx\sqrt{a^2-x^2}=\tfrac{1}{2}x\sqrt{a^2-x^2}+\tfrac{1}{2}a^2 \text{arc}(\sin=x).$$

250. L'ordonnée de l'ellipse étant $\frac{b}{a}\sqrt{2ax-x^2}$, le segment elliptique AMP sera égal à $\frac{b}{a}\int dx\sqrt{2ax-x^2}$; et comme il est nul en même temps que le segment circirculaire ANP, on aura $ANP:AMP::a:b$; car il est facile de conclure du n° 236, que quand deux différentielles sont dans un rapport constant, ce rapport est aussi celui des intégrales, si ces intégrales sont nulles en même temps.

D'après ce qui précède, l'aire du cercle décrit sur le grand axe d'une ellipse, pris pour diamètre, étant à l'aire de cette courbe, comme le grand axe est au petit, celle-ci est équivalente au cercle décrit sur un rayon moyen proportionnel entre les moitiés de ces axes. En effet, par le rapport ci-dessus, l'aire de l'ellipse est $\pi a^2\times\frac{b}{a}$ ou πab, et cette dernière quantité représente évidemment l'aire du cercle dont le rayon serait $\sqrt{ab}$.

251. L'hyperbole rapportée à son axe transverse a pour équation $y^2=\frac{b^2}{a^2}(2ax+x^2)$, et donne

$$AQR = \frac{b}{a}\int dx\sqrt{2ax + x^2}.$$

Cette intégrale peut s'obtenir par les logarithmes (183) ou se développer en série; mais au lieu de m'arrêter à calculer ces résultats, je m'occuperai des secteurs elliptiques et des secteurs hyperboliques, dont les expressions différentielles se présentent souvent.

252. Soit $ABab$, une ellipse dont le demi-grand axe $AC = a$, le demi-petit axe $BC = b$; faisant $CP = x$, il vient

$$PM = y = \frac{b}{a}\sqrt{a^2 - x^2}.$$

Il est évident que le secteur

$$ACM = CMP + AMP,$$

et que

$$d.ACM = d.CMP + d.AMP,$$

$$CMP = \frac{1}{2}CP \times PM = \frac{1}{2}\frac{bx}{a}\sqrt{a^2 - x^2},$$

$$d.CMP = \frac{1}{2}\frac{b}{a}\left(dx\sqrt{a^2 - x^2} - \frac{x^2dx}{\sqrt{a^2 - x^2}}\right),$$

$$d.AMP = -\frac{b}{a}dx\sqrt{a^2 - x^2}.$$

La dernière de ces différentielles est affectée du signe —, parce que l'aire AMP décroît lorsque x augmente; et elles donnent

$$d.ACM = -\frac{1}{2}\frac{b}{a}\frac{a^2dx}{\sqrt{a^2 - x^2}}.$$

Si l'on fait $\frac{b}{a} = 1$, le secteur elliptique ACM se changera dans le secteur ACN, appartenant au cercle $AEac$ décrit sur le grand axe Aa comme diamètre; on aura donc

$$d.ACN = -\frac{1}{2}\frac{a^2dx}{\sqrt{a^2-x^2}} = \frac{1}{2}a \times -\frac{adx}{\sqrt{a^2-x^2}};$$

mais $-\frac{adx}{\sqrt{a^2-x^2}}$ étant la différentielle de l'arc AN, il en résulte, ainsi que de la Géométrie élémentaire,

$$ACN = \frac{1}{2}a \times AN = \frac{1}{2}AC \times AN;$$

et puisque les secteurs ACN et ACM ont leur origine commune au point A, on en conclura (250) que le secteur elliptique

$$ACM = \frac{b}{a}ACN = \frac{1}{2}BC \times AN.$$

253. Dans l'hyperbole XAx décrite sur les mêmes axes que l'ellipse $ABab$, et dont l'équation est

$$y = \frac{b}{a}\sqrt{x^2-a^2},$$

le secteur $ACR = CQR - AQR$, ce qui donne

$$d.ACR = d.CQR - d.AQR;$$

et comme

$$CQR = \frac{1}{2}CQ \times QR = \frac{1}{2}\frac{bx}{a}\sqrt{x^2-a^2},$$

$$d.AQR = \frac{b}{a}dx\sqrt{x^2-a^2},$$

on aura

$$d.ACR = \frac{1}{2}\frac{b}{a}\frac{a^2dx}{\sqrt{x^2-a^2}};$$

d'où l'on voit que la différentielle du secteur hyperbolique est, aux signes près, la même que celle du secteur elliptique.

FIG. 41. 254. Le secteur hyperbolique ACM, *fig.* 41, est égal à l'espace asymptotique $BCMP$; car

$$ACM = BCMP + ABC - AMP,$$

et

$$ABC = \frac{AB \times BC \times \sin B}{2} = \frac{AP \times PM \times \sin B}{2} = AMP.$$

255. Ce qui précède suffit pour faire voir comment le calcul intégral s'applique à la quadrature des courbes; cependant je ne puis quitter ce sujet sans donner quelques-uns des résultats intéressans auxquels les Géomètres sont parvenus, par rapport aux courbes transcendantes.

Dans la Logarithmique, dont l'équation est $y = \mathrm{l}x$, on a $\int y\mathrm{d}x = \int \mathrm{d}x\mathrm{l}x = x\mathrm{l}x - x + const.$ (207). La partie variable de cette expression devient nulle lorsque $x=0$; car en faisant $x = \frac{1}{m}$, elle prend la forme $-\frac{\mathrm{l}m}{m} - \frac{1}{m}$, sous laquelle elle est nulle quand m est infinie (99): il est donc inutile, d'après cela, de lui ajouter une constante, lorsqu'on veut avoir les segmens à partir du
FIG. 43. point A, *fig.* 43.

En y faisant $x = AE = 1$, elle donne l'expression de l'espace asymptotique $cAEx$, qui est fini et égal à -1.

Si l'on prend les ordonnées à la place des abscisses, on aura $\int x\mathrm{d}y = \int \mathrm{d}x = x$, pour l'espace $cOMx$, appuyé sur l'axe des ordonnées AC, et dont l'expression est algébrique; je n'y ai point ajouté de constante, parce qu'elle s'évanouit en même temps que x. L'espace $cAEx$, qui répond à $x = AE = 1$, a, par cette formule, la même valeur que par la précédente, abstraction faite du signe.

J'ai supposé le module égal à l'unité; s'il était désigné par M, on aurait

$\int dx\,lx = xlx - \int M dx = xlx - Mx$ et $\int x dy = Mx$.

256. En discutant la courbe dont l'équation est

$$y = \frac{a^x}{x},$$

trouvera sans peine la forme indiquée dans la figure 44. FIG. 44.
L'axe CC' des y est asymptote des branches HF, $R'F'$, et AB' côté négatif de l'axe des x, l'est de la branche $M'K'$.

La quadrature de cette courbe dépend de l'intégrale $\int \frac{a^x dx}{x}$ dont le développement en série, obtenu dans le n° 214, semble ne pouvoir convenir à la partie de l'aire correspondante aux abscisses négatives, à cause de son premier terme lx qui devient imaginaire; cependant, si l'on appliquait à cette recherche le procédé du n° 233, on obtiendrait des résultats réels. Cette difficulté, du même genre que celle qui a été indiquée dans le n° 248, se lève en changeant le signe de x avant l'intégration; car

$$\int \frac{a^{-x} \times -dx}{-x} = \int \frac{a^{-x}dx}{x} =$$

$$lx - \frac{xla}{1.1} + \frac{x^2(la)^2}{1.2.2} - \frac{x^3(la)^3}{1.2.3.3} + \text{etc.} + const.,$$

comme si l'on avait changé x en $-x$ dans les seuls termes algébriques du développement cité.

Pour savoir ce que sont les trois espaces asymptotiques de la courbe proposée, il faut chercher les valeurs que prend l'intégrale $\int \frac{a^x dx}{x}$ entre les limites

$x = 0$ et $x = n$, $x = 0$ et $x = -n$,
$x = -n$ et $x = -$ infini,

n désignant une quantité finie quelconque. Dans le premier et dans le second cas, on trouve un résultat infini, puisqu'en faisant $x=0$, soit dans la série du n° 214, soit dans celle qui vient d'être rapportée, elles se réduisent à l.o; mais on ne saurait rien prononcer sur le troisième cas, parce que les termes du développement de $\int\frac{a^{-x}dx}{x}$ étant alternativement de signes contraires, il se peut que la différence entre la partie positive et la partie négative demeure finie, quoique chacune de ces parties soit infinie; et c'est ce qui arrive en effet, comme l'a prouvé Mascheroni, en déterminant la constante arbitraire, de manière que l'intégrale s'évanouisse lorsqu'on y suppose x infini, en sorte que l'espace asymptotique $B'P'M'K'$, compris entre les limites $x=-n$ et $x=-$infini, est d'une grandeur finie (*).

La transformée $\int\frac{dz}{lz}$ (214), obtenue en faisant $a^x=z$, présente les mêmes circonstances à cause du terme llz qui commence son développement, et qui devient imaginaire quand lz est négatif.

257. L'équation de la cycloïde étant

$$dx=\frac{ydy}{\sqrt{2ay-y^2}} \quad (114),$$

il vient

$$\int ydx=\int\frac{y^2dy}{\sqrt{2ay-y^2}},$$

expression qu'il serait facile d'intégrer par les arcs de cercle, au moyen de la formule du n° 199; mais on peut arriver à un résultat plus simple, en prenant la

(*) *Voyez* le Traité in-4°, tom. III, pag. 512.

différentielle du segment $ACQM$, *fig.* 45, dont l'ordonnée $QM = AC - PM = 2a - y$. FIG. 45.

Posant en conséquence $2a - y = z$, on aura

$$d.ACQM = zdx,$$

et l'on obtiendra

$$zdx = \frac{(2a-y)ydy}{\sqrt{2ay - y^2}} = dy\sqrt{2ay - y^2};$$

donc

$$ACQM = \int dy\sqrt{2ay - y^2} + const.$$

Or, cette intégrale exprimant l'aire d'un segment du cercle dont le diamètre est $2a$, et l'abscisse y (249), représente le segment qmn, qui s'évanouit quand $y = 0$, ainsi que le segment $ACQM$: donc $ACQM = qmn$. Au point K, où $y = 2a$, le segment ACK devient égal au demi-cercle $qmgq$. Enfin il est visible que l'espace $KMQ = ACK - ACQM = gmn$.

Le rectangle AK ayant sa hauteur $IK = gq$ et sa base $AI = qmg$, sera quadruple du demi-cercle $qmgq$; retranchant de ce rectangle l'espace $ACK = qmgq$, il restera $AMKI = 3qmgq$. Il suit de là, que l'espace $AKLA$, compris entre une branche de la cycloïde et son axe, est triple du cercle générateur.

258. Il me reste à parler des spirales ; je vais m'occuper d'abord de celles que représente l'équation $u = at^n$ (117), dans laquelle t est égal à l'arc ON, *fig.* 46, et $u = AM$. Les coordonnées étant polaires, la différentielle de l'aire sera $\frac{u^2dt}{2}$ (120); mettant pour u sa valeur, et intégrant, il viendra $\frac{a^2t^{2n+1}}{4n+2} + const.$; et quand n est positive, on doit négliger la constante lors- FIG. 46.

que l'on compte les aires en partant de la ligne AO, sur laquelle $t=0$: alors l'aire $ACM=\frac{a^2t^{2n+1}}{4n+2}$. Après une révolution du rayon vecteur, on aura l'espace.. ..... $ACMB=\frac{a^2(2\pi)^{2n+1}}{4n+2}$, π étant la demi-circonférence du cercle ON.

Dans la spirale d'Archimède (117), $a=\frac{1}{2\pi}$, $n=1$ et $ACM=\frac{t^3}{24\pi^2}$, résultat qui, lorsqu'on y fait $t=2\pi$, donne $ACMB=\frac{\pi}{3}$, c'est-à-dire le tiers du cercle ON, puisqu'il s'agit d'unités quarrées, et que l'aire de ce cercle est $\pi(1)^2$.

Dans la seconde révolution, le rayon vecteur AN repasse sur l'aire tracée dans la première, et ainsi de suite à chaque révolution; en sorte que l'aire terminée par la m^e révolution, répond à l'intégrale $\int\frac{u^2dt}{2}$, prise entre les limites $t=(m-1)2\pi$ et $t=m.2\pi$. Dans la spirale d'Archimède, on trouve ainsi..... $\frac{m^3-(m-1)^3}{3}\pi$.

Si l'on calcule l'aire terminée par la révolution suivante, c'est-à-dire la $(m+1)^e$, et qu'on en retranche celle qui la précède, on aura pour l'espace compris entre deux révolutions, ou *spires*,

$$\frac{(m+1)^3-2m^3+(m-1)^3}{3}\pi=2m\pi,$$

ce qui revient à 2π quand $m=1$, et montre que l'espace compris entre la m^e et la $(m+1)^e$ spires, est égal à m fois celui qui est renfermé entre la première et la seconde, ainsi que l'a trouvé Archimède.

Dans la spirale hyperbolique, où $n=-1$, on trouve

$$ACM=-\frac{a^2}{2t}.$$

L'aire de cette courbe qui fait autour du point A une infinité de révolutions, est infinie lorsque $t=0$: on se conduira donc ici comme pour les hyperboles, et l'aire comprise entre les deux rayons vecteurs correspondans à $t=b$ et à $t=c$, sera

$$\frac{a^2}{2}\left(\frac{1}{b}-\frac{1}{c}\right).$$

Dans la spirale logarithmique enfin, $t=\mathrm{l}u$ (128), $\mathrm{d}t=\frac{\mathrm{d}u}{u}$, et la différentielle $\frac{u^2\mathrm{d}t}{2}$, devenant $\frac{u\mathrm{d}u}{2}$, donne $ACM=\frac{u^2}{4}$. L'aire est nulle quand $u=0$, mais alors t est infini; car la courbe proposée fait, comme la précédente, une infinité de révolutions autour du pôle A.

259. La différentielle de l'arc d'une courbe rapportée à des coordonnées perpendiculaires entre elles, est exprimée par $\sqrt{\mathrm{d}x^2+\mathrm{d}y^2}$ (64); en y substituant, au lieu de $\mathrm{d}y^2$, sa valeur tirée de l'équation différentielle de la courbe proposée, elle prendra la forme $X\mathrm{d}x$, et son intégrale donnera la longueur de l'arc de cette courbe. Demander la longueur de l'arc d'une courbe, c'est demander sa *rectification*, parce que la solution de ce problème, lorsqu'elle s'obtient exactement, met en état d'assigner une ligne droite qui soit égale à l'arc dont il s'agit.

260. Je prends pour premier exemple les paraboles des divers degrés, représentées par l'équation $y=px^n$, n étant un nombre quelconque entier ou fractionnaire; il vient

$dy = npx^{n-1}dx$, $\sqrt{dx^2+dy^2} = dx\sqrt{1+n^2p^2x^{2n-2}}$:
l'arc parabolique sera donc exprimé par

$$\int(1+n^2p^2x^{2n-2})^{\frac{1}{2}}dx.$$

Cette intégrale s'obtiendra sous une forme finie et algébrique, lorsque l'exposant $2n-2$ sera égal à l'unité ou s'y trouvera contenu un nombre exact de fois (192).

Soit d'abord $2n-2=1$, il en résultera $n=\frac{3}{2}$, et

$$\int(1+n^2p^2x^{2n-2})^{\frac{1}{2}}dx = \frac{8}{27p^2}\left(1+\frac{9}{4}p^2x\right)^{\frac{3}{2}} + const.,$$

la courbe proposée sera donnée par l'équation $y=px^{\frac{3}{2}}$, ou $y^2=p^2x^3$, et sera par conséquent la même que la parabole du troisième ordre, qui est la développée de la parabole ordinaire (81). Si l'on compte les arcs à partir du point où $x=0$, on aura

$$\frac{8}{27p^2}\left[\left(1+\frac{9}{4}p^2x\right)^{\frac{3}{2}}-1\right].$$

En faisant $\frac{1}{2n-2}=i$, i désignant un nombre entier, on trouvera $n=\frac{2i+1}{2i}$, et l'équation $y^{2i}=p^{2i}x^{2i+1}$ fournira une infinité de paraboles rectifiables : à l'égard des autres, on ne peut obtenir leurs arcs que par approximation.

Pour la parabole ordinaire, dans laquelle $n=2$, on a $\int dx(1+4p^2x^2)^{\frac{1}{2}}$; par la formule (B) du n° 195, on trouve

$$\int dx(1+4p^2x^2)^{\frac{1}{2}} = \tfrac{1}{2}x(1+4p^2x^2)^{\frac{1}{2}} + \tfrac{1}{2}\int\frac{dx}{\sqrt{1+4p^2x^2}};$$

et comme

$$\int\frac{dx}{\sqrt{1+4p^2x^2}} = \frac{1}{2p}\,l(2px+\sqrt{1+4p^2x^2}) + const. (184),$$

il en résultera

$$\int dx(1+4p^2x^2)^{\frac{1}{2}}=\tfrac{1}{2}x(1+4p^2x^2)^{\frac{1}{2}}+\frac{1}{4p}\mathrm{l}(2px+\sqrt{1+4p^2x^2})+const.$$

Telle est la valeur d'un arc quelconque de la parabole ordinaire; on peut y supprimer la constante, en faisant commencer l'intégrale lorsque $x=0$.

L'arc des hyperboles données par l'équation $y=px^{-n}$, a pour expression $\int x^{-n-1}dx\,(x^{2n+2}+n^2p^2)^{\frac{1}{2}}$, et ne peut s'obtenir que par approximation.

261. La différentielle de l'arc de cercle est $\frac{a\,dx}{\sqrt{a^2-x^2}}$, lorsqu'on part de l'équation $y^2=a^2-x^2$ (64), et $\frac{a\,dx}{\sqrt{2ax-x^2}}$, quand on emploie l'équation...... $y^2=2ax-x^2$; sous l'une et l'autre de ces formes, son intégrale ne peut s'obtenir que par approximation, et j'en ai déjà donné plusieurs développemens (205).

262. Je passe à l'ellipse, et je prends pour équation de cette courbe $y^2=\frac{b^2}{a^2}(a^2-x^2)$; la différentielle de son arc sera $\frac{dx\sqrt{a^4-(a^2-b^2)x^2}}{a\sqrt{a^2-x^2}}$: faisant pour plus de simplicité le grand axe $a=1$, et le quarré de l'excentricité $a^2-b^2=1-b^2=e^2$, l'arc deviendra... $\int\frac{dx\sqrt{1-e^2x^2}}{\sqrt{1-x^2}}$. Déjà, dans le n° 206, j'ai rapporté une série qui donne la valeur approchée de cette intégrale, lorsque e est très petit, et qui conviendra aux ellipses peu aplaties.

En supposant $x=1$ dans cette série, et mettant

$\frac{\pi}{2}$ à la place de l'arc A qui est alors de 1^q, il vient

$$\frac{1}{2}\pi\left(1-\frac{1.1}{2.2}e^2-\frac{1.1.1.3}{2.2.4.4}e^4-\frac{1.1.1.3.3.5}{2.2.4.4.6.6}e^6-\text{etc.}\right),$$

développement très convergent lorsque e est une petite fraction.

263. La différentielle de l'arc elliptique s'exprime d'une manière très simple, au moyen de l'arc qui lui correspond dans le cercle décrit sur le grand axe comme
FIG. 42 diamètre. Soit $EN=\varphi$, *fig.* 42, on aura

$$CP=x=\sin\varphi,\quad \frac{dx}{\sqrt{1-x^2}}=d\varphi,$$

et par conséquent

$$d.BM=d\varphi\sqrt{1-e^2\sin\varphi^2}.$$

264. L'équation de l'hyperbole étant

$$y^2=\frac{b^2}{a^2}(x^2-a^2),$$

on a $\frac{dx\sqrt{(a^2+b^2)x^2-a^4}}{a\sqrt{x^2-a^2}}$ pour la différentielle de son arc; faisant $a=1$, $a^2+b^2=1+b^2=e^2$, cet arc se trouve exprimé par $\int\frac{dx\sqrt{e^2x^2-1}}{\sqrt{x^2-1}}$ et peut, dans le cas où e est très près de l'unité, se développer en série par un procédé analogue à celui du n° 206.

265. Il me reste à parler des courbes transcendantes. L'équation de la cycloïde étant

$$dx=\frac{ydy}{\sqrt{2ay-y^2}}\quad(114),$$

on en tire

$$\sqrt{dx^2+dy^2}=\frac{dy\sqrt{2a}}{\sqrt{2a-y}},$$

différentielle dont l'intégrale est

$$=-2\sqrt{2a(2a-y)}+const.$$

Il est évident que $\sqrt{2a(2a-y)}$ est l'expression de la corde mg, *fig.* 45, du cercle générateur; et comme la partie variable de l'intégrale s'évanouit au point K où $y=2a$, il s'ensuit qu'elle exprime l'arc MK: on a donc $MK=2mg$, $AK=2qg$, et par conséquent $AM=AK-MK=2(gq-mg)$, résultats qui s'accordent avec celui du n° 115. FIG. 45.

266. Pour donner un exemple de l'usage de la formule $\sqrt{u^2dt^2+du^2}$, qui exprime la différentielle de l'arc d'une courbe rapportée aux coordonnées polaires, (125), je prendrai les spirales dont l'équation est $u=at^n$, et j'aurai à intégrer la différentielle

$$dt\sqrt{a^2t^{2n}+n^2a^2t^{2n-2}}=at^{n-1}dt(t^2+n^2)^{\frac{1}{2}}.$$

Lorsque $n=1$, on a seulement $adt(t^2+1)^{\frac{1}{2}}$, différentielle de la même forme que celle de l'arc de la parabole ordinaire (260); d'où il suit que c'est à la rectification de cette courbe que se rapporte celle de la spirale d'Archimède.

Dans la spirale logarithmique on a $t=lu$, ce qui donne

$$\sqrt{u^2dt^2+du^2}=du\sqrt{2};$$

l'arc de cette courbe a donc pour expression....... $u\sqrt{2}+const.$, ou seulement $u\sqrt{2}$, en partant de l'origine des rayons vecteurs; et l'on voit que quoiqu'il se trouve, entre cette origine et un point quelconque de la courbe, une infinité de révolutions, elles ne composent cependant qu'une longueur finie, égale à la diagonale du quarré fait sur le rayon vecteur.

De la cubature des corps terminés par des surfaces courbes, de la quadrature de leurs aires, et de l'intégration des différentielles partielles.

267. Les surfaces courbes que les Géomètres ont considérées les premières, sont celles de révolution, parce que les différentielles de leurs aires et des volumes qu'elles comprennent, ont une expression plus simple que leurs analogues dans les surfaces courbes en général.

Soit u le volume du corps engendré par le segment FIG. 47. AMP, *fig.* 47, d'une courbe quelconque AZ, tournant autour de l'axe AB pris dans son plan; il est évident que ce volume, terminé par le plan circulaire décrit par l'ordonnée MP, est une fonction de l'abscisse $AP=x$. Si l'on prend une autre abscisse AP', que l'on mène une seconde ordonnée $M'P'$ et les droites MR et SM', parallèles à PP', on verra que le volume u s'accroît de celui que décrit le trapèze curviligne $PMM'P'$, en tournant autour de PP', et que ce dernier corps, compris entre les cylindres engendrés par les rectangles MP' et $M'P$, diffère d'autant moins de l'un et de l'autre, que les points M et M' sont plus rapprochés, en sorte que la limite des rapports de ces trois corps est l'unité; on peut donc, lorsqu'il s'agit de limites, prendre le cylindre décrit par MP', pour le corps engendré par $PMM'P'$. Ce cylindre ayant pour base le cercle décrit par le rayon $PM=y$, son volume sera $\pi y^2 \times PP'$, en nommant π le rapport de la circonférence au diamètre, et l'on trouvera, par le raisonnement du n° 65, que $\frac{du}{dx}=\pi y^2$, d'où $u=\pi\int y^2 dx$. Lors donc qu'on aura l'équation de la courbe AMZ, on substituera pour y sa valeur en x, et l'intégration fera connaître le volume d'un segment quelconque du corps engendré par cette courbe.

268. Pour trouver la différentielle de l'aire du même corps, il faut observer que son accroissement, ou l'aire décrite par l'arc MOM' qui s'approche sans cesse de sa corde MM', tend à se confondre avec l'aire du tronc de cône droit décrit par cette corde; et en passant aux limites, on peut prendre l'une pour l'autre. Mais l'aire du tronc de cône droit décrit par MM', aura pour expression

$$\begin{aligned}&\tfrac{1}{2}(2\pi MP+2\pi M'P')\,MM'\\&=\pi(MP+M'P')MM';\end{aligned}$$

et en la comparant à l'accroissement de l'abscisse PP', on obtiendra

$$\pi(MP+M'P')\frac{MM'}{PP'};$$

or, en passant aux limites, $M'P'$ se confond avec MP ou y, et $\frac{MM'}{PP'}=\sqrt{1+\frac{dy^2}{dx^2}}$ (64) : donc le coefficient différentiel de l'aire décrite par l'arc AM est égal à

$$2\pi y\sqrt{1+\frac{dy^2}{dx^2}},$$

et par conséquent $2\pi y\sqrt{dx^2+dy^2}$ est la différentielle de cette aire.

On parvient sur-le-champ à cette expression, ainsi qu'à celle du n° précédent, en regardant la courbe AMZ comme un polygone; car alors l'élément du volume est le cylindre décrit par le rectangle MP', celui de l'aire est le tronc de cône décrit par le côté MM'.

269. J'insisterai peu sur les applications, qui n'ont par elles-mêmes aucune difficulté. Si l'on prend l'équation à l'ellipse $y^2 = \frac{b^2}{a^2}(2ax - x^2)$, on trouvera que le volume d'un segment du corps qu'elle engendre, en tournant autour de l'axe désigné par $2a$, a pour expression

$$\int \frac{\pi b^2}{a^2}(2ax - x^2)dx = \frac{\pi b^2}{a^2}\left(ax^2 - \frac{x^3}{3}\right) + const. \text{ (243)},$$

et l'intégrale étant prise depuis $x = 0$ jusqu'à $x = 2a$, donne $\frac{4\pi ab^2}{3}$ pour le corps entier.

Quand $a = b$, ce corps devient une sphère, et son volume est $\frac{4\pi a^3}{3}$, ainsi qu'on le trouve par la Géométrie élémentaire.

Si l'ellipse était rapportée à son centre, ou qu'on employât l'équation $y^2 = \frac{b^2}{a^2}(a^2 - x^2)$, le segment serait

$$\int \frac{\pi b^2}{a^2}(a^2 - x^2)\,dx = \frac{\pi b^2}{3a^2}(3a^2x - x^3) + const.,$$

intégrale qu'il faudrait prendre depuis $x = -a$ jusqu'à $x = a$, pour obtenir le corps entier, et qui donnerait alors le même résultat que ci-dessus.

On aurait

$$\int \frac{2\pi b dx \sqrt{a^4 - (a^2 - b^2)x^2}}{a^2}$$

pour l'expression de l'aire. Lorsque $a > b$, cette intégrale se rapporte facilement à l'aire du segment circulaire dont l'abscisse est x et le rayon $\frac{a^2}{\sqrt{a^2-b^2}}$; elle devient logarithmique quant $a<b$, puisque le radical prend alors la forme $\sqrt{a^4+(b^2-a^2)x^2}$: enfin, si l'on suppose $a=b$, l'intégrale se réduit à

$$\int 2\pi a dx = 2\pi ax + const.,$$

et donne, en la prenant depuis $x=-a$ jusqu'à $x=a$, $4\pi a^2$ pour l'aire totale de la sphère.

270. Je considère maintenant les surfaces courbes en général, en les rapportant à trois plans perpendiculaires entre eux, au moyen des trois coordonnées $AP=x$, $PM'=y$, $M'M=z$, *fig.* 48. FIG. 48.

Le segment $APGMM'Q$, ayant sa base $APM'Q$ sur le plan des xy, et terminé par les deux plans $PM'MG$, $QM'MH$ respectivement parallèles à ceux des yz, et des xz, et par la surface courbe proposée, est nécessairement une fonction des deux variables indépendantes x et y; il peut s'étendre successivement dans le sens de chacune, ou varier par rapport à toutes deux simultanément. En effet, si l'on suppose que, y demeurant constant, x se change en $AP+Pp$, ce segment s'accroîtra de la tranche $PGMM'm'mgp$, et de la tranche $QHMM'n'nhq$, si l'on fait varier y seul de Qq; enfin, si x et y deviennent simultanément $AP+Pp$, $AQ+Qq$, le même segment ayant alors pour limites les plans $pN'Ng$, $qN'Nh$, différera de son état primitif par les deux tranches déjà énoncées, et par l'espèce de prisme tronqué $M'm'N'n'nMmN$, qui n'est autre que l'accroissement de la première tranche, lorsqu'on y fait varier y seul, ou celui de la seconde quand, dans cette dernière, on fait varier x seul.

Si l'on représente par u la fonction de x et de y qui exprime le volume du segment $APGMM'Q$, il est évident que dans l'expression du changement total de cette fonction (41), les termes où x a varié seul donneront l'expression de la première tranche, ceux où y a varié seul, celle de la deuxième tranche, et que les autres appartiendront au prisme tronqué $M'N$; on aura donc

$$M'N = \frac{d^2u}{dxdy}hk + \tfrac{1}{2}\frac{d^3u}{dx^2dy}h^2k + \tfrac{1}{2}\frac{d^3u}{dxdy^2}hk^2 + \text{etc.};$$

divisant les deux membres de cette équation par hk, et passant aux limites dans la supposition de h et de k égaux à zéro, celle du second membre sera $\frac{d^2u}{dxdy}$. Or le prisme tronqué $M'N$ tend sans cesse vers le parallélépipède formé sur la base $M'm'N'n'$ et l'ordonnée MM', et peut en approcher aussi près qu'on voudra; mais si, en prenant l'un pour l'autre, puisqu'il s'agit de limites, on substitue $\overline{M'm'} \times \overline{M'n'} \times \overline{M'M}$, au prisme $M'N$, qu'on fasse $M'm'$ ou $Pp = h$, $M'n'$ ou $Qq = k$, le rapport $\frac{M'N}{hk}$ se réduit à $M'M = z$: il résulte donc de là que... $\frac{d^2u}{dxdy} = z$, et que pour obtenir le segment $APGMM'Q$, il faut, par l'intégration, remonter du coefficient différentiel $\frac{d^2u}{dxdy}$ à la fonction u.

271. Quoique le coefficient différentiel $\frac{d^2u}{dxdy}$ soit relatif à deux variables, on peut néanmoins parvenir à la fonction dont il dérive, par les méthodes données pour l'intégration des fonctions d'une seule, parce que chacune de ces variables est regardée comme constante à son tour. En effet, à cause de $\frac{d^2u}{dxdy} = \frac{d\frac{du}{dx}}{dy}$

en aura $\frac{\mathrm{d}\frac{\mathrm{d}u}{\mathrm{d}x}}{\mathrm{d}y}\mathrm{d}y = z\mathrm{d}y$; et prenant l'intégrale de chaque membre, en ne considérant comme variable que y seul, il viendra $\frac{\mathrm{d}u}{\mathrm{d}x} = \int z\mathrm{d}y$, d'où l'on tirera

$$\frac{\mathrm{d}u}{\mathrm{d}x}\mathrm{d}x = \mathrm{d}x\int z\mathrm{d}y;$$

intégrant de nouveau, mais par rapport à x seulement, on trouvera $u = \int \mathrm{d}x \int z\mathrm{d}y$.

En ne considérant cette recherche que du côté purement analytique, il est évident que la constante qu'il faudra ajouter pour compléter la première intégrale, peut renfermer x d'une manière quelconque, que celle qu'on mettra à la suite de la seconde intégrale, doit être considérée comme une fonction quelconque de y; et cela, parce que toute fonction de x seul doit disparaître comme une constante lorsqu'on ne différentie que par rapport à y, et qu'il en est de même de toute fonction de y, lorsqu'on ne différentie que par rapport à x.

L'ordre des intégrations est indifférent (40). En s'occupant d'abord de la variable x, on aurait eu $\frac{\mathrm{d}^2u}{\mathrm{d}x\mathrm{d}y} = \frac{\mathrm{d}\frac{\mathrm{d}u}{\mathrm{d}y}}{\mathrm{d}x}$; et de là, on aurait tiré successivement

$$\frac{\mathrm{d}u}{\mathrm{d}y} = \int z\mathrm{d}x, \quad u = \int \mathrm{d}y \int z\mathrm{d}x.$$

Ce résultat et le précédent s'écrivent comme il suit :

$$u = \iint z\mathrm{d}y\mathrm{d}x, \quad \text{et} \quad u = \iint z\mathrm{d}x\mathrm{d}y,$$

en faisant passer les deux différentielles sous le dernier signe $\int$, ce qui est permis, lorsqu'on observe que chaque signe n'est relatif qu'à l'une des variables en particulier.

Pour éclaircir et confirmer ce qui précède, soit $z=\frac{1}{x^2+y^2}$; il viendra

$$u=\iint\frac{dxdy}{x^2+y^2}=\int dx\int\frac{dy}{x^2+y^2}=\int dy\int\frac{dx}{x^2+y^2}.$$

La première succession d'intégrales donne

$$\int\frac{dy}{x^2+y^2}=\frac{1}{x}\operatorname{arc}\left(\operatorname{tang}=\frac{y}{x}\right)+X',$$

résultat dans lequel X' représente une fonction arbitraire de x, ajoutée pour compléter l'intégrale; en intégrant de nouveau par rapport à x, et faisant $\int X'dx=X$, on trouve

$$\int dx\int\frac{dy}{x^2+y^2}=\int dx\left[\frac{1}{x}\operatorname{arc}\left(\operatorname{tang}=\frac{y}{x}\right)+X'\right]$$
$$=\int\frac{dx}{x}\operatorname{arc}\left(\operatorname{tang}=\frac{y}{x}\right)+X.$$

L'intégrale $\int\frac{dx}{x}\operatorname{arc}\left(\operatorname{tang}=\frac{y}{x}\right)$ s'obtient en série, en mettant au lieu de arc $\left(\operatorname{tang}=\frac{y}{x}\right)$ son développement $\frac{y}{x}-\frac{y^3}{3x^3}+\frac{y^5}{5x^5}-$ etc. (202); et comme il faut, après cette intégration, ajouter une fonction arbitraire de y, en la désignant par Y, on aura enfin

$$\iint\frac{dxdy}{x^2+y^2}=X+Y-\frac{y}{x}+\frac{y^3}{9x^3}-\frac{y^5}{25x^5}+\frac{y^7}{49x^7}-\text{etc.}$$

En opérant dans un ordre inverse, d'après la seconde succession d'intégrales, on trouvera

$$\int \frac{dx}{x^2+y^2} = \frac{1}{y} \text{ arc } \left(\text{tang} = \frac{x}{y}\right) + Y',$$

$$\int dy \int \frac{dx}{x^2+y^2} = \int dy \left[\frac{1}{y} \text{ arc} \left(\text{tang} = \frac{x}{y}\right) + Y'\right]$$

$$= \int \frac{dy}{y} \text{ arc} \left(\text{tang} = \frac{x}{y}\right) + Y.$$

Mais si l'on observe que

$$\text{arc} \left(\text{tang} = \frac{x}{y}\right) = \frac{\pi}{2} - \text{arc} \left(\text{tang} = \frac{y}{x}\right),$$

on aura, après la dernière intégration et l'addition d'une fonction arbitraire de x,

$$\iint \frac{dxdy}{x^2+y^2} = \frac{\pi}{2} \text{l}y - \int \frac{dy}{y} \text{ arc} \left(\text{tang} = \frac{y}{x}\right) + Y + X;$$

et comme on peut comprendre le terme $\frac{\pi}{2}\text{l}y$ dans la fonction arbitraire Y, ce résultat, qui se changera par là en

$$\iint \frac{dxdy}{x^2+y^2} = X + Y - \int \frac{dy}{y} \text{ arc} \left(\text{tang} = \frac{y}{x}\right),$$

sera le même que le précédent, ainsi qu'on peut s'en convaincre en mettant pour arc $\left(\text{tang} = \frac{y}{x}\right)$ son développement.

272. Lorsque l'on regarde $\iint z dxdy$ comme exprimant le volume d'un corps, il faut avoir égard aux limites entre lesquelles doit être prise chaque intégrale, et qui tiennent à la nature des surfaces par lesquelles le corps proposé est terminé latéralement.

Le cas le plus simple est celui où le corps est fermé par quatre plans, parallèles deux à deux aux plans coordonnés *CAD*, *BAD*. En supposant que les premiers répondent aux abscisses $x = a$, $x = a'$, et les seconds aux abscisses $y=b$, $y=b'$, on prendra l'intégrale $\int z dx$, depuis $x=a$ jusqu'à $x=a'$, en y regardant d'ailleurs y comme constant; et nommant P le résultat obtenu, il restera à prendre l'integrale $\int P dy$, depuis $y=b$ jusqu'à $y=b'$.

Lorsque le corps proposé est terminé latéralement par des surfaces courbes, les valeurs extrêmes de l'une des variables sont liées avec celles de l'autre, ainsi qu'on va le voir dans l'exemple suivant, où il s'agit de trouver le volume d'une sphère dont le centre est en A, et dont le rayon est égal à r.

On a $x^2+y^2+z^2=r^2$, et par conséquent

$$\int\int z dx dy = \int\int dx dy \sqrt{r^2-x^2-y^2};$$

on trouve d'abord, en supposant y constant,

$$\int z dx = \int dx \sqrt{r^2-x^2-y^2} = \frac{1}{2} x \sqrt{r^2-x^2-y^2}$$

$$+\frac{1}{2}(r^2-y^2) \operatorname{arc}\left(\sin = \frac{x}{\sqrt{r^2-y^2}}\right) \text{ (249).}$$

Cela posé, l'intégrale $\int z dx$ exprimant l'aire de la section faite dans la sphère, parallèlement au plan des xz, et à la distance $AQ=y$, doit être prise entre les limites de cette section, qui sont d'une part le plan CAD, et de l'autre le cercle $BFEC$, suivant lequel la sphère rencontre le plan BAC. A la première limite $x=0$, à la seconde $x=QF$; mais cette dernière est liée avec AQ, car en faisant $z=0$, on trouve $x^2+y^2=r^2$ pour l'équation du cercle $BFEC$, d'où il suit que... $QF=\sqrt{r^2-\overline{AQ}^2}$; et par conséquent, pour une valeur quelconque de y, les valeurs extrêmes de x sont 0 et $\sqrt{r^2-y^2}$.

Au moyen de ces valeurs, le résultat obtenu plus haut

se réduit à $\frac{\pi}{4}(r^2-y^2)$, puisque arc $(\sin=1)=\frac{\pi}{2}$, et l'intégrale $\int dy \int z dx$ devient

$$\frac{\pi}{4}\int dy\,(r^2-y^2)=\frac{\pi}{4}\left(r^2y-\frac{y^3}{3}\right).$$

Cette dernière doit être prise depuis la plus petite valeur de y, que je supposerai nulle, en fermant de ce côté le corps par le plan BAD, jusqu'à la plus grande, qui, dans le cas actuel, est $AC=r$: le volume du segment $ABCD$, qui est la huitième partie de la sphère, sera donc $\frac{\pi r^3}{6}$; et par conséquent le volume de la sphère entière sera $\frac{4\pi r^3}{3}$.

Il est à propos de remarquer qu'on peut obtenir immédiatement le volume de tout l'hémisphère supérieur au plan BAC, en prenant la première intégrale depuis $x=-\sqrt{r^2-y^2}$, jusqu'à $x=+\sqrt{r^2-y^2}$; car dans ce cas les valeurs extrêmes de x se terminent de part et d'autre à la circonférence du cercle $BFEC$, dont AC est le rayon, et on a la valeur complète de $\int z dx=\frac{\pi}{2}(r^2-y^2)$. Prenant ensuite l'intégrale

$$\frac{\pi}{2}\int dy\,(r^2-y^2)=\frac{\pi}{2}\left(r^2y-\frac{y^3}{3}\right),$$

dans toute l'étendue de la partie de l'axe des y comprise dans le cercle $BFEC$, c'est-à-dire, depuis l'extrémité de son diamètre, située derrière le plan BAD, où $y=-r$, jusqu'à l'autre, extrémité C, où $y=+r$, on trouve $\frac{2\pi r^3}{3}$; et en doublant on a, comme ci-dessus, $\frac{4\pi r^3}{3}$ pour la sphère entière.

273. En considérant les différentielles comme les accroissemens infiniment petits des variables on peut négliger la différence du prisme tronqué $M'N$, au prisme complet ayant pour hauteur MM', et le regarder alors comme formé de petits parallélépipèdes ayant pour base le rectangle $M'm'N'n'$, pour hauteur dz, et étant par conséquent exprimés par $dxdydz$. Pour obtenir la somme des parallélépipèdes contenus dans le prisme entier, il faut intégrer cette expression par rapport à z seulement, ce qui donnera

$$\int dxdydz = zdxdy,$$

comme on l'a trouvé ci-dessus.

On observera ensuite que la valeur complète de $dy\int zdx$ est l'expression de la somme des parallélépipèdes contenus dans la tranche $FHQqhf$, comprise entre deux plans parallèles au plan BAD des xz; mais $\int zdx$ étant l'aire de la section FHQ, il s'ensuit que la tranche infiniment mince $FHQqhf$ peut être regardée comme égale à $\overline{FHQ} \times \overline{Qq}$, c'est-à-dire, à l'aire de la courbe qui lui sert de base, multipliée par l'épaisseur Qq. On voit enfin que $\int dy\int zdx$ exprime la somme de toutes les tranches semblables comprises dans le volume cherché.

Il est évident qu'on représente toutes ces opérations, en considérant l'intégrale triple $\int\int\int dxdydz$, dont chaque signe se rapporte à l'une des variables x, y et z.

274. En général, s'il faut déterminer la portion du corps proposé, terminée latéralement par le cylindre élevé perpendiculairement au plan ABC; *fig.* 49, sur la courbe donnée $E'N'G'$, on prendra l'intégrale $\int zdx$, depuis $x = AP$ jusqu'à $x = Ap$, afin que l'expression $dy\int zdx$ devienne celle de la tranche $MM'N'nn'm'm$. Les lignes AP et Ap, respectivement égales à QM'

et QN', seront données en fonction de $AQ=y$, par l'équation de la courbe $E'N'G'$ dont elles sont les abscisses; en les représentant par $F(y)$ et $f(y)$, on devra prendre $\int z dx$, depuis $x=F(y)$, jusqu'à $x=f(y)$, ce qui, comme l'on voit, introduira de nouvelles fonctions de y que z ne renfermait pas, et pourra augmenter ou diminuer la difficulté de la seconde intégration. Pour obtenir ensuite, dans celle-ci, la valeur totale de l'espace cherché, ou la somme des tranches dont on a déjà l'expression générale, il faudra prendre $\int dy \int z dx$, depuis $y=AF$ jusqu'à $y=AH$, valeurs qui répondent aux limites E' et G', de la courbe $E'N'G'$ dans le sens des y.

Il pourrait arriver que le contour $E'N'G'$, au lieu d'être une courbe continue, fût l'assemblage de plusieurs portions de courbes différentes; l'application des principes précédens à ce cas est trop facile pour qu'il soit besoin de s'y arrêter.

275. On parvient à l'expression générale de la différentielle de l'aire d'une surface courbe, en imaginant cette surface partagée en zones, telles que $EGge$, *fig.* 48, FIG. 48.
par des plans parallèles à l'un des plans coordonnés, et en concevant que chacune de ces zones soit découpée en portions quadrangulaires $MmNn$, par des plans parallèles à un autre plan coordonné. A l'inspection de la figure on voit que l'aire $DGMH$, que je représenterai par s, s'accroît du quadrilatère curviligne $GMmg$, quand x augmente de Pp, et que ce quadrilatère s'accroît de $MmNn$, quand y vient ensuite à augmenter de Qq. Un raisonnement semblable à celui du n° 270, fera voir que la limite du rapport de $\frac{MmNn}{Pp \times Qq}$ est égale au coefficient différentiel $\frac{d^2s}{dxdy}$.

Pour parvenir à cette limite, on observe d'abord que les quatre plans

$$m'M \text{ et } N'n, \quad n'M \text{ et } N'm,$$

parallèles deux à deux aux plans des xz et des yz, qui déterminent le quadrilatère courbe $MmNn$, déter-
FIG. 50. minent aussi, sur le plan tangent au point M, *fig.* 50, un parallélogramme $MXYZ$, sur lequel toutes les lignes tirées du point M, seraient tangentes aux diverses sections que feraient dans le quadrilatère courbe, des plans menés par l'ordonnée MM', et auraient avec les arcs de ces sections, un rapport tendant sans cesse vers l'unité (63); on peut donc dans la limite cherchée, substituer au quadrilatère courbe $MmNn$, le parallélogramme $MXYZ$, dont l'aire, est à celle de sa projection $M'm'N'n'$, comme le rayon est au cosinus de l'angle compris entre le plan tangent et celui des xy (*). Or, la normale MG et l'ordonnée $M'M$ étant respectivement perpendiculaires à ces plans, l'angle qu'ils comprennent sera le supplément de GMM' et aura par conséquent pour cosinus

$$-\frac{M'M}{MG}=\frac{1}{\sqrt{1+p^2+q^2}} \quad (150),$$

ce qui donne

$$MXYZ=M'm'N'n'.\frac{MG}{MM'}=\mathrm{d}x\mathrm{d}y\sqrt{1+p^2+q^2};$$

on a donc

$$s=\iint \mathrm{d}x\mathrm{d}y\sqrt{1+p^2+q^2},$$

où il faut observer que $\mathrm{d}y\int \mathrm{d}x\sqrt{1+p^2+q^2}$ représente l'aire de la zone $FHhf$, *fig.* 48.

(*) Cette proposition est démontrée n° 60 du *Complément des Élémens de Géométrie*.

276. Si l'on prend encore la sphère pour exemple, son équation $x^2+y^2+z^2=r^2$, donnera

$$p=-\frac{x}{z},\ q=-\frac{y}{z},\ \sqrt{1+p^2+q^2}=\frac{r}{z},$$

et

$$\int dx\sqrt{1+p^2+q^2}=\int\frac{r\,dx}{\sqrt{r^2-x^2-y^2}};$$

posant ensuite $r^2-y^2=r'^2$, cette intégrale deviendra

$$r\int\frac{dx}{\sqrt{r'^2-x^2}}=r.\text{arc}\left(\sin=\frac{x}{r'}\right)\ (186),$$

qui, prise depuis $x=0$ jusqu'à $x=r'=\sqrt{r^2-y^2}$, est égale à $\frac{\pi}{2}$, et ne laisse pour la seconde intégration que

$$\frac{\pi r}{2}\int dy=\frac{\pi r}{2}y.$$

Il est aisé de voir que, comme on n'a pris le radical $\sqrt{r^2-x^2-y^2}$ qu'avec le signe $+$, on n'a dû obtenir que la portion d'aire supérieure au plan des xy, que de plus les limites assignées à x n'embrassent qu'une moitié de la partie supérieure de la zone perpendiculaire à l'axe des y, et qu'ainsi cette zone entière serait exprimée par $2\pi ry$, c'est-à-dire par la circonférence d'un grand cercle, multipliée par la portion du diamètre compris entre les plans qui terminent cette zone, résultat conforme à ce qu'on a vu dans la Géométrie élémentaire. Quant aux limites de y, il est évident qu'il faut prendre $-r$ et $+r$, lorsqu'on veut obtenir l'aire totale de la sphère.

277. L'application de l'Analyse à la Mécanique conduit souvent à des intégrales triples de la forme...... $\iiint V dxdydz$, dans lesquelles, la fonction V peut renfermer les trois variables x, y, z, considérées comme indépendantes les unes des autres, en sorte que

chaque signe d'intégration ne tombe que sur une d'elles en particulier (273). Il est aisé de voir que ces intégrales proviennent de la détermination d'une fonction u, dépendante de trois variables x, y, z, et dont on ne connaît que le coefficient différentiel $\frac{d^3u}{dxdydz}$, donné par l'équation $\frac{d^3u}{dxdydz}=V$; car l'on tire de là, en opérant comme dans le n° 271, 1°. en regardant x et y comme constans,

$$\frac{d^3u}{dxdydz}dz=d\frac{d^2u}{dxdy}=Vdz, \quad \frac{d^2u}{dxdy}=\int Vdz+T'',$$

T'' étant une fonction arbitraire de x et de y; 2°. en regardant x et z comme constans,

$$\frac{d^2u}{dxdy}dy=d\frac{du}{dx}=dy\int Vdz+T''dy, \quad \frac{du}{dx}=\int dy\int Vdz+T'+S',$$

T' désignant la fonction arbitraire de x et de y, résultante de $\int T''dy$, et S' une fonction arbitraire de x et de z; 3°. enfin, en regardant y et z comme constans,

$$\frac{du}{dx}dx=dx\int dy\int Vdz+T'dx+S'dx,$$

$$u=\int dx\int dy\int Vdz+T+S+R,$$

T et S représentant des fonctions arbitraires résultantes de $\int T'dx$ et de $\int S'dx$, et R étant une fonction arbitraire de y et de z : l'intégrale complète renferme donc trois fonctions arbitraires, savoir, une de x et de y, une de x et de z, et une de y et de z. En réunissant les différentielles sous le dernier signe d'intégration, $\int dz\int dy\int Vdx$ devient $\int\int\int Vdxdydz$, et a, sous cette dernière forme, la même signification que sous la précédente.

Cet exemple suffit pour montrer comment on reviendra du coefficient différentiel d'un ordre quelconque d'une fonction de plusieurs variables, à cette fonction elle-même. Les fonctions arbitraires introduites ici n'ont rapport, comme dans le n° 272, qu'au cas où les intégrales sont prises entre des limites pour lesquelles les variables x, y et z, sont indépendantes les unes des autres; mais le plus souvent, l'intégrale relative à z doit être prise depuis..... $z=F(x,y)$ jusqu'à $z=f(x,y)$, F et f étant des fonctions données, l'intégrale relative à y depuis $y=F_1(x)$ jusqu'à $y=f_1(x)$, et enfin l'intégrale relative à x, depuis $x=a$ jusqu'à $x=a'$.

De l'intégration des différentielles totales contenant plusieurs variables indépendantes.

278. Les fonctions contenant plusieurs variables indépendantes, ont deux sortes de différentielles, savoir, des différentielles partielles et des différentielles totales (46); et l'on a déjà vu dans les nos 271, 277, comment on pouvait remonter d'une différentielle partielle exprimée par les variables indépendantes, à la fonction primitive, et que ce problème est toujours possible, puisqu'il se rapporte immédiatement à l'intégration d'une différentielle à une seule variable. Il n'en est plus de même quand on prend au hasard une expression de la forme $M\mathrm{d}x+N\mathrm{d}y$, pour la différentielle totale d'une fonction de trois variables; parce que l'équation $\frac{\mathrm{d}^2u}{\mathrm{d}y\mathrm{d}x}=\frac{\mathrm{d}^2u}{\mathrm{d}x\mathrm{d}y}$ (40), établit entre les quantités M et N une relation sans laquelle elles ne peuvent dériver d'une même fonction primitive.

En effet, si l'on pose

$$\mathrm{d}u=M\mathrm{d}x+N\mathrm{d}y,$$

il en résulte

$$\frac{du}{dx}=M,\ \frac{du}{dy}=N,\ \frac{d^2u}{dydx}=\frac{dM}{dy},\ \frac{d^2u}{dxdy}=\frac{dN}{dx},$$

et par conséquent

$$\frac{dM}{dy}=\frac{dN}{dx}.$$

Il faudra donc que toute expression $Mdx+Ndy$, lorsqu'elle sera une différentielle complète, rende identique l'équation ci-dessus; et lorsque cette condition sera remplie, il sera facile de remonter à son intégrale, puisqu'alors on aura $M=\frac{du}{dx}$, $N=\frac{du}{dy}$, et que l'on en déduira la valeur des différentielles partielles.

En prenant celle de la différentielle relative à x, par exemple, il viendra $\frac{du}{dx}dx=Mdx$, et par conséquent $u=\int Mdx+Y$. On ajoute dans ce cas, comme dans celui du n° 271, une fonction arbitraire de y, puisque l'intégration n'a eu lieu que par rapport à l'une des variables; mais ici cette fonction se détermine, parce que la valeur de u doit satisfaire encore à l'équation $N=\frac{du}{dy}$.

L'équation $u=\int Mdx+Y$ donne

$$\frac{du}{dy}=\frac{d\int Mdx}{dy}+\frac{dY}{dy};$$

représentant $\int Mdx$ par v, on aura

$$\frac{du}{dy}=\frac{dv}{dy}+\frac{dY}{dy}=N,$$

d'où l'on tirera

$$\frac{dY}{dy}=N-\frac{dv}{dy},$$

et en intégrant,

$$Y=\int\left(N-\frac{dv}{dy}\right)dy;$$

on trouvera donc

$$u=\int Mdx+\int\left(N-\frac{dv}{dy}\right)dy:$$

telle est l'intégrale de la fonction proposée.

Ce résultat fait voir que la fonction $N-\frac{dv}{dy}$ ne doit renfermer que la seule variable y, sans quoi il ne serait pas vrai, comme on l'a supposé, que Mdx et Ndy fussent les différentielles partielles d'une même fonction u. Il suit de là, que la fonction $N-\frac{dv}{dy}$, ne contenant pas x, ne doit pas varier par rapport à cette quantité, et qu'ainsi

$$\frac{dN}{dx}-\frac{d^2v}{dxdy}=0;$$

mais on a

$$\frac{d^2v}{dxdy}=\frac{d^2v}{dydx}=\frac{d\frac{dv}{dx}}{dy}, \text{ et } \frac{dv}{dx}=M:$$

il vient donc

$$\frac{d^2v}{dxdy}=\frac{dM}{dy} \text{ et } \frac{dN}{dx}-\frac{dM}{dy}=0.$$

Cette condition, trouvée plus haut, est par conséquent la seule nécessaire pour assurer l'intégrabilité de la différentielle $Mdx+Ndy$; et quand elle n'est pas remplie, l'expression proposée, ne pouvant résulter de la différentiation d'une fonction primitive à deux variables, ne saurait être une *différentielle exacte*.

279. La fonction $\frac{y\mathrm{d}x - x\mathrm{d}y}{x^2+y^2}$ étant écrite ainsi,

$$\frac{y}{x^2+y^2}\mathrm{d}x - \frac{x}{x^2+y^2}\mathrm{d}y,$$

donne successivement

$$M = \frac{y}{x^2+y^2},\quad N = -\frac{x}{x^2+y^2},$$

$$\frac{\mathrm{d}M}{\mathrm{d}y} = \frac{x^2-y^2}{(x^2+y^2)^2} = \frac{\mathrm{d}N}{\mathrm{d}x},$$

$$\int M\mathrm{d}x = \int\frac{y\mathrm{d}x}{x^2+y^2} = \int\frac{\frac{\mathrm{d}x}{y}}{1+\frac{x^2}{y^2}}$$

$$= \text{arc}\left(\text{tang} = \frac{x}{y}\right) = v,$$

d'où $$u = \text{arc}\left(\text{tang} = \frac{x}{y}\right) + Y.$$

Différentiant et faisant tout varier, on trouvera

$$\mathrm{d}u = \frac{y\mathrm{d}x - x\mathrm{d}y}{x^2+y^2} + \mathrm{d}Y;$$

comparant avec la fonction proposée, on aura

$$\mathrm{d}Y = 0,\ \text{d'où}\ Y = const.,$$

et par conséquent

$$\int\frac{y\mathrm{d}x - x\mathrm{d}y}{x^2+y^2} = \text{arc}\left(\text{tang} = \frac{x}{y}\right) + const.\ (*).$$

Soit encore la fonction

(*) Je me suis arrêté sur cette intégration, parce qu'elle sert de base à une démonstration très élégante du principe de la composition des forces, donnée par M. Laplace dans sa *Mécanique céleste*.

$$\frac{dx}{x}+\frac{y^2dx}{x^3}-\frac{ydy}{x^2}+\frac{(ydx-xdy)\sqrt{x^2+y^2}}{x^3}+\frac{dy}{2y};$$

en la comparant avec la formule $Mdx+Ndy$, on a

$$M=\frac{x^2+y^2+y\sqrt{x^2+y^2}}{x^3},\ N=\frac{-y-\sqrt{x^2+y^2}}{x^2}+\frac{1}{2y},$$

puis on trouve

$$\frac{dM}{dy}=\frac{2y+\sqrt{x^2+y^2}}{x^3}+\frac{y^2}{x^3\sqrt{x^2+y^2}},$$

$$\frac{dN}{dx}=\frac{2y+2\sqrt{x^2+y^2}}{x^3}-\frac{x}{x^2\sqrt{x^2+y^2}};$$

ces valeurs étant réduites, donnent

$$\frac{dM}{dy}=\frac{2y}{x^3}+\frac{x^2+2y^2}{x^3\sqrt{x^2+y^2}}=\frac{dN}{dx},$$

et par conséquent la fonction proposée peut s'intégrer immédiatement. On obtient d'abord

$$\int Mdx=lx-\frac{y^2}{2x^2}+y\int\frac{dx}{x^3}\sqrt{x^2+y^2};$$

mais $$y\int\frac{dx}{x^3}\sqrt{x^2+y^2}=-\frac{y\sqrt{x^2+y^2}}{2x^2}+\tfrac{1}{2}l\frac{(-y+\sqrt{x^2+y^2})}{x}:$$

donc $$\int Mdx=lx-\frac{y^2}{2x^2}-\frac{y\sqrt{x^2+y^2}}{2x^2}+\tfrac{1}{2}l\frac{(-y+\sqrt{x^2+y^2})}{x}=v.$$

On trouve ensuite

$$N-\frac{\mathrm{d}\nu}{\mathrm{d}y}=-\frac{\sqrt{x^2+y^2}}{2x^2}+\frac{y^2}{2x^2\sqrt{x^2+y^2}}$$
$$+\frac{1}{2\sqrt{x^2+y^2}}+\frac{1}{2y}=\frac{1}{2y},$$

d'où il résulte $Y=\frac{1}{2}\mathrm{l}y+const.$, et enfin

$$u=\mathrm{l}x-\frac{y^2}{2x^2}-\frac{y\sqrt{x^2+y^2}}{2x^2}$$
$$+\frac{1}{2}\mathrm{l}\left(\frac{-y^2+y\sqrt{x^2+y^2}}{x}\right)+const.$$

280. Les différentielles contenant un nombre quelconque de variables, s'intègrent par une extension de la méthode précédente, qu'il suffira d'appliquer aux fonctions de trois variables. Soit

$$M\mathrm{d}x+N\mathrm{d}y+P\mathrm{d}z,$$

une différentielle de ce genre, M, N, P, désignant des fonctions de x, y et z; en y supposant alternativement $\mathrm{d}z$, $\mathrm{d}y$, $\mathrm{d}x$ nuls, c'est-à-dire en regardant tour à tour z, y et x comme constans, on doit successivement obtenir trois différentielles exactes entre deux variables, savoir,

$$M\mathrm{d}x+N\mathrm{d}y,\quad M\mathrm{d}x+P\mathrm{d}z,\quad N\mathrm{d}y+P\mathrm{d}z,$$

desquelles il résultera nécessairement,

$$\frac{\mathrm{d}M}{\mathrm{d}y}=\frac{\mathrm{d}N}{\mathrm{d}x},\quad \frac{\mathrm{d}M}{\mathrm{d}z}=\frac{\mathrm{d}P}{\mathrm{d}x},\quad \frac{\mathrm{d}N}{\mathrm{d}z}=\frac{\mathrm{d}P}{\mathrm{d}y}\ (278).$$

Lorsque ces équations de condition sont vérifiées, la différentielle proposée est exacte, et peut s'intégrer en commençant par opérer sur l'une quelconque des différentielles à deux variables qu'on en a déduites. Si, par exemple, on a fait à la première $M\mathrm{d}x+N\mathrm{d}y$, l'application du procédé du n° 278, et que le résultat soit représenté par ν, on aura

$$\int(M\mathrm{d}x+N\mathrm{d}y+P\mathrm{d}z)=v+Z,$$

Z étant une fonction de z seul, et provenant des termes de la fonction primitive cherchée, qui ne contiennent pas x et y. Cela posé, si l'on différentie l'équation ci-dessus, en y faisant tout varier, il viendra

$$M=\frac{\mathrm{d}v}{\mathrm{d}x},\quad N=\frac{\mathrm{d}v}{\mathrm{d}y},\quad P=\frac{\mathrm{d}v}{\mathrm{d}z}+\frac{\mathrm{d}Z}{\mathrm{d}z}.$$

La dernière de ces équations donne

$$\frac{\mathrm{d}Z}{\mathrm{d}z}=P-\frac{\mathrm{d}v}{\mathrm{d}z},$$

d'où

$$Z=\int\left(P-\frac{\mathrm{d}v}{\mathrm{d}z}\right)\mathrm{d}z+const.;$$

et pour en tirer la valeur de la fonction inconnue Z, il faut que le second membre de la première de ces équations ne contienne ni x, ni y : on doit donc avoir

$$\frac{\mathrm{d}P}{\mathrm{d}x}-\frac{\mathrm{d}^2v}{\mathrm{d}x\mathrm{d}z}=0,\quad \frac{\mathrm{d}P}{\mathrm{d}y}-\frac{\mathrm{d}^2v}{\mathrm{d}y\mathrm{d}z}=0,$$

ce qui revient à

$$\frac{\mathrm{d}P}{\mathrm{d}x}-\frac{\mathrm{d}M}{\mathrm{d}z}=0,\quad \frac{\mathrm{d}P}{\mathrm{d}y}-\frac{\mathrm{d}N}{\mathrm{d}z}=0,$$

en intervertissant l'ordre des deux différentiations indiquées sur v, et mettant pour $\frac{\mathrm{d}v}{\mathrm{d}x}$ et $\frac{\mathrm{d}v}{\mathrm{d}y}$ leurs valeurs M et N. Les deux conditions que je viens de trouver, jointes à

$$\frac{\mathrm{d}M}{\mathrm{d}y}=\frac{\mathrm{d}N}{\mathrm{d}x},$$

que suppose l'intégration de la différentielle....... $M\mathrm{d}x+N\mathrm{d}y$, étant les mêmes que celles qui se sont présentées au commencement de l'article, font voir que ces dernières sont suffisantes pour constater l'intégrabilité d'une fonction différentielle quelconque à trois variables; et lorsque ces conditions ne sont pas satisfaites, la proposée ne peut dériver d'aucune fonction primitive renfermant le même nombre de variables indépendantes.

En généralisant ce qui précède, il est visible qu'une différentielle exacte comprenant n variables, doit présenter $\frac{n(n-1)}{2}$ différentielles exactes à deux variables qui fournissent un pareil nombre d'équations de condition; et de là, on peut s'élever aux conditions que doivent remplir les différentielles des ordres supérieurs : mais elles s'offriront presque d'elles-mêmes, dans le *Calcul des variations* qui entre dans le plan de cet ouvrage, c'est pourquoi je ne m'y arrêterai pas ici (*).

281. Le procédé suivi pour obtenir, dans le n° 278, l'expression de $\frac{dv}{dy}$, équivalente à $\frac{d\int M dx}{dy}$, conduit à une formule très utile, qui apprend à différentier sous le signe $\int$ par rapport à une autre variable que celle à laquelle il se rapporte.

En effet, l'équation

$$\frac{d^2v}{dxdy}=\frac{dM}{dy},$$

revenant à

$$\frac{d\frac{dv}{dy}}{dx}=\frac{dM}{dy}, \text{ donne } \frac{d\frac{dv}{dy}}{dx}dx=\frac{dM}{dy}dx,$$

et chacun des membres de cette dernière étant intégré

(*) *Voyez* d'ailleurs le Traité in-4°, T. II, pag. 232.

par rapport à x, il vient

$$\frac{dv}{dy}=\int\frac{dM}{dy}dx \quad \text{ou} \quad \frac{d\int M dx}{dy}=\int\frac{dM}{dy}dx,$$

en remettant pour v sa valeur $\int M dx$ (*).

De l'intégration des équations différentielles à deux variables.

De la séparation des variables dans les équations différentielles du premier ordre.

282. Dans ce qui précède, j'ai supposé que les coefficiens différentiels étaient exprimés immédiatement par le moyen de la variable d'où dépend leur fonction primitive; mais le plus souvent on n'a qu'une équation différentielle qui renferme ces diverses quantités. Pour le premier ordre, l'équation différentielle, lorsqu'elle est du premier degré par rapport à dx et à dy, a nécessairement la forme $Mdx+Ndy=0$, et elle exprime, ainsi qu'on l'a fait voir n° 48, une re-

---

(*) Leibnitz, à qui ce théorème est dû, l'appelait *differentiatio de curvâ in curvam*, parce que dans la question qu'il se proposait de résoudre, il passait d'une courbe à une autre de même espèce, en faisant varier une constante.

On y parvient aussi en cherchant immédiatement la différentielle de $\int M dx$, par rapport à y; car il est évident que pour obtenir cette différentielle, il faut substituer $y+dy$ pour y dans la fonction $\int M dx$, qui devient alors

$$\int\left(M+\frac{dM}{dy}dy+\text{etc.}\right)dx=\int M dx+\int\frac{dM}{dy}dxdy+\text{etc.}$$
$$=\int M dx+dy\int\frac{dM}{dy}dx+\text{etc.},$$

puisque le signe $\int$ n'est relatif qu'à la variable x; on aura donc

$$\frac{d\int M dx}{dy}=\int\frac{dM}{dy}dx.$$

lation entre la variable x, la fonction y et son coefficient différentiel $\frac{dy}{dx}$.

Le moyen qui s'est offert le premier aux Analystes, pour découvrir l'équation primitive dont celle-ci tire son origine, a été de chercher à séparer les variables, c'est-à-dire, à ramener l'équation $Mdx + Ndy = 0$ à la forme $Xdx + Ydy = 0$, X étant une fonction de x seul, et Y une fonction de y seul. En effet, lorsqu'on est parvenu à ce point, les termes Xdx et Ydy s'intègrent par les méthodes enseignées précédemment; et on a $\int Xdx + \int Ydy = C$, C désignant une constante arbitraire.

Pour donner un exemple des cas où l'équation différentielle se présente immédiatement sous la forme ci-dessus, soit $x^m dx + y^n dy = 0$; on trouvera sur-le-champ $\frac{x^{m+1}}{m+1} + \frac{y^{n+1}}{n+1} = C$.

Si l'équation proposée était $ydx - xdy = 0$, la séparation serait facile à effectuer, car l'on voit qu'en divisant par xy, on trouverait $\frac{dx}{x} - \frac{dy}{y} = 0$; prenant séparément l'intégrale de chaque terme de cette dernière, on aurait $lx - ly = C$, ou $l\frac{x}{y} = C$; et puisque l'on peut regarder la constante arbitraire comme un logarithme, on en conclurait $l\frac{x}{y} = lc$. En passant aux nombres, il viendrait $\frac{x}{y} = c$, ou $x = cy$.

Après cet exemple, on reconnaît sans peine que la séparation des variables s'effectuera de la même manière dans les équations $Ydx - Xdy = 0$, $XY_1dx - YX_1dy = 0$;

car la première donne

$$\frac{dx}{X}-\frac{dy}{Y}=0,$$

et la seconde

$$\frac{Xdx}{X_1}-\frac{Ydy}{Y_1}=0.$$

En général, si, lorsqu'on prend la valeur de $\frac{dy}{dx}$ dans l'équation proposée, on trouve $\frac{dy}{dx}=XY$, il est facile d'en tirer

$$Xdx-\frac{dy}{Y}=0,$$

et par conséquent

$$\int Xdx-\int\frac{dy}{Y}=C.$$

283. Il y a encore un cas très étendu où l'on sépare facilement les variables, c'est lorsque M et N sont des fonctions homogènes de x et de y. On s'appuie pour cela sur ce que, *si dans une fonction algébrique des quantités* x, y, z, *etc., où la somme des exposans de chacune de ces lettres est la même pour tous les termes, et égale à* m, *on substitue* Px *à* y, Qx *à* z, *etc., le résultat sera divisible par* x^m. En effet, un terme quelconque de cette fonction étant de la forme $Ax^n y^p z^q$ etc., deviendra par la substitution indiquée, $AP^pQ^q\ldots\ldots x^{n+p+q+\text{etc.}}$; mais par l'hypothèse on a dans tous les termes... $n+p+q+\text{etc.}\ldots=m$, donc x^m sera facteur commun. Il suit de là, que si la fonction proposée était égalée à zéro, ou bien qu'elle fût une fraction ayant pour numérateur et pour dénominateur deux polynomes homogènes du même degré, la quantité x disparaîtrait entièrement du résultat.

D'après ce qui précède, il suffit de faire $y=xz$, pour séparer les variables dans l'équation $M\mathrm{d}x+N\mathrm{d}y=0$. En effet, les fonctions M et N prennent la forme Zx^m, Z_1x^m, Z et Z_1 ne renfermant que la nouvelle variable z; et, comme $\mathrm{d}y=z\mathrm{d}x+x\mathrm{d}z$, il vient, en divisant par x^m, $Z\mathrm{d}x+Z_1(z\mathrm{d}x+x\mathrm{d}z)=0$, résultat qu'on peut mettre sous la forme

$$\frac{\mathrm{d}x}{x}+\frac{Z_1\mathrm{d}z}{Z+zZ_1}=0,$$

et dont on tire

$$\int\frac{\mathrm{d}x}{x}+\int\frac{Z_1\mathrm{d}z}{Z+zZ_1}=C.$$

J'appliquerai d'abord cette transformation à l'équation

$$x\mathrm{d}x+y\mathrm{d}y=ny\mathrm{d}x,$$

qui devient

$$(x-ny)\,\mathrm{d}x+y\mathrm{d}y=0,$$

en passant tous les termes dans un membre; j'aurai

$$Z=1-nz,\ Z_1=z \text{ et } \int\frac{\mathrm{d}x}{x}+\int\frac{z\mathrm{d}z}{1-nz+z^2}=C,$$

ou $\mathrm{l}x+\int\frac{z\mathrm{d}z}{1-nz+z^2}=C$. L'intégrale $\int\frac{z\mathrm{d}z}{1-nz+z^2}$ peut se simplifier en observant que

$$\frac{z\mathrm{d}z}{1-nz+z^2}=\frac{1}{2}\,\frac{2z\mathrm{d}z-n\mathrm{d}z}{1-nz+z^2}+\frac{1}{2}\,\frac{n\mathrm{d}z}{1-nz+z^2};$$

car il vient alors

$$\mathrm{l}x+\frac{1}{2}\mathrm{l}(1-nz+z^2)+\frac{1}{2}\int\frac{n\mathrm{d}z}{1-nz+z^2}=C.$$

L'intégrale qui reste à obtenir dépendra des logarithmes si $\frac{n}{2}>1$, des arcs de cercle si $\frac{n}{2}<1$, et sera algébrique si $\frac{n}{2}=1$. Je ne rapporterai que le résultat relatif à ce dernier cas : $\int\frac{ndz}{1-nz+z^2}$ devient alors

$$\int\frac{2dz}{(1-z)^2}=\frac{2}{1-z},\quad l(1-nz+z^2)=l(1-z)^2,$$

et on a par conséquent $lx+l(1-z)+\frac{1.}{1-z}=C$, ou $l(x-y)+\frac{x}{x-y}=C$, en remettant pour z sa valeur $z=\frac{y}{x}$.

Le terme $\frac{x}{x-y}$ peut être changé en un logarithme, en observant que, par la définition des logarithmes népériens, une quantité quelconque u est le logarithme du nombre e^u ; et d'après cette remarque, on écrira l'équation précédente sous la forme

$$l(x-y)+le^{\frac{x}{x-y}}=lc,$$

dont on déduit successivement

$$l.(x-y)e^{\frac{x}{x-y}}=lc,\quad \text{et}\quad (x-y)e^{\frac{x}{x-y}}=c.$$

Il est à propos de faire attention à cette manière de passer des logarithmes aux nombres, parce qu'on l'emploie souvent.

Soit encore à intégrer l'équation

$$xdy-ydx=dx\sqrt{x^2+y^2}.$$

En faisant $y=xz$, et divisant par x tous ses termes, réunis dans un seul membre, on trouvera

$$dx\sqrt{1+z^2}-xdz=0,$$

ce qui donnera

$$\frac{dx}{x} - \frac{dz}{\sqrt{1+z^2}} = 0.$$

On obtiendra ensuite, par l'intégration de chaque terme en particulier,

$$lx - l(z + \sqrt{1+z^2}) = lc, \quad \text{ou} \quad \frac{x}{z+\sqrt{1+z^2}} = c;$$

et remettant pour z, sa valeur $\frac{y}{x}$, il viendra

$$\frac{x^2}{y+\sqrt{x^2+y^2}} = c, \quad \text{ou} \quad -y + \sqrt{x^2+y^2} = c,$$

en multipliant les deux termes du premier membre par $y - \sqrt{x^2+y^2}$: faisant disparaître le radical, on aura enfin $x^2 = c^2 + 2cy$.

284. L'équation

$$(a + mx + ny)\,dx + (b + px + qy)\,dy = 0,$$

peut facilement être rendue homogène. En substituant $t + \alpha$, à la place de x, et $u + \beta$ à celle de y, on a $dx = dt$, $dy = du$, et

$$(a + m\alpha + n\beta + mt + nu)dt + (b + p\alpha + q\beta + pt + qu)du = 0;$$

on fait disparaître les termes constans, en posant les équations $a + m\alpha + n\beta = 0$, $b + p\alpha + q\beta = 0$, au moyen desquelles on détermine les quantités α et β, et il reste alors l'équation différentielle

$$(mt + nu)\,dt + (pt + qu)\,du = 0,$$

homogène par rapport aux nouvelles variables u et t.

La transformation précédente est la même que celle dont on se sert pour changer l'origine des coordonnées sur un plan (*Trig.* 122) : elle ne donne aucun résultat quand $mq - np = 0$, cas auquel les valeurs de α et de β deviennent infinies; mais alors on a $q=\frac{np}{m}$, d'où

$$px+qy=\frac{p}{m}(mx+ny),$$

et, l'équation proposée se changeant en

$$adx+bdy+(mx+ny)\left(dx+\frac{p}{m}dy\right)=0,$$

il suffit de faire $mx+ny=z$, pour y séparer les variables.

En substituant cette valeur, ainsi que celle de dy, qui en résulte, et dégageant dx, on trouve

$$dx+\frac{(bm+pz)dz}{amn-bm^2+(mn-pm)z}=0,$$

équation dont l'intégrale renfermera des logarithmes, excepté dans le cas de $mn-pm=0$, où elle sera

$$x+\frac{2bmz+pz^2}{2(amn-bm^2)}=C.$$

La transformation employée dans ce dernier cas a changé l'équation proposée en une autre où l'une des variables n'entre que par sa différentielle; et il est facile de voir que, quelle que soit l'équation sur laquelle on ait produit cet effet, on pourra lui donner la forme..... $dx+Zdz=0$, Z étant une fonction de z seul, et qu'on en tirera $x+\int Zdz=C$.

285. La séparation des variables s'opère d'une manière très simple sur l'équation $dy+Pydx=Qdx$, dans laquelle P et Q désignent des fonctions quelconques de x. En y substituant Xz et $zdX+Xdz$, au lieu de y et de dy, elle devient

$$zdX+Xdz+PXzdx=Qdx;$$

la quantité X étant considérée comme une fonction indéterminée de x, il est permis d'en disposer pour partager l'équation précédente en deux autres où les variables puissent se séparer ; or, il est facile de voir que cette condition sera remplie si l'on fait $Xdz + PXzdx = 0$, ce qui donne $zdX = Qdx$. En divisant la première de ces équations par X, elle se réduit à $dz + Pzdx = 0$; on en tire $\frac{dz}{z} + Pdx = 0$, $lz + \int Pdx = lc$, et en passant aux nombres $z = ce^{-\int Pdx}$. Prenant ensuite la valeur de dX dans la seconde équation, après y avoir substitué celle de z que l'on vient de trouver, on aura

$$dX = \frac{1}{c} e^{\int Pdx} Qdx, \quad X = \frac{1}{c} \int e^{\int Pdx} Qdx + C,$$

et par conséquent

$$y = e^{-\int Pdx} \left(\int e^{\int Pdx} Qdx + C \right),$$

puisqu'on peut changer en C, le produit arbitraire cC, ce qui montre qu'on aurait pu faire $lc = 0$.

L'équation $dy + Pydx = Qdx$, remarquable parce que la variable y et sa différentielle ne s'y trouvent qu'au premier degré, s'appelle, à cause de cette circonstance, *équation linéaire* du premier ordre, dénomination que j'ai cru devoir changer dans celle d'*équation du premier degré et du premier ordre* (*).

286. Les premiers Analystes qui se sont occupés du Calcul intégral, classaient les équations différentielles par le nombre de leurs termes. Dans celles qui n'en

(*) Le mot *linéaire* est impropre; il est relatif à la Géométrie, et en l'appliquant aux équations, on a eu en vue la ligne droite, dans l'équation de laquelle l'ordonnée et l'abscisse ne se trouvent qu'au premier degré : on ne saurait donc regarder comme linéaires des équations telles que $dy + Pydx = Qdx$, qui appartiennent le plus souvent à des courbes transcendantes.

ont que deux et dont la forme est par conséquent $\beta u^g z^h dz = \alpha u^e z^f du$, les variables se séparent sur-le-champ, puisqu'on en tire $\beta z^{h-f} dz = \alpha u^{e-g} du$; mais il n'en est pas de même des équations à trois termes, comprises dans la formule

$$\gamma u^i z^k dz + \beta u^g z^h du = \alpha u^e z^f du.$$

On peut lui donner une forme plus simple en divisant tous ses termes par $\gamma u^i z^f$; elle deviendra

$$z^{k-f} dz + \frac{\beta}{\gamma} u^{g-i} z^{h-f} du = \frac{\alpha}{\gamma} u^{e-i} du;$$

supposant ensuite

$$z^{k-f} dz = \frac{dy}{k-f+1}, \quad u^{g-i} du = \frac{dx}{g-i+1},$$

on aura

$$z^{k-f+1} = y, \quad u^{g-i+1} = x,$$

d'où

$$dy + \frac{(k-f+1)\beta}{(g-i+1)\gamma} y^{\frac{h-f}{k-f+1}} dx = \frac{(k-f+1)\alpha}{(g-i+1)\gamma} x^{\frac{e-g}{g-i+1}} dx;$$

et, en faisant pour abréger,

$$\frac{(k-f+1)\beta}{(g-i+1)\gamma} = b, \quad \frac{(k-f+1)\alpha}{(g-i+1)\gamma} = a,$$
$$\frac{h-f}{k-f+1} = n, \quad \frac{e-g}{g-i+1} = m,$$

il en résultera l'équation $dy + by^n dx = ax^m dx$.

287. Le cas le plus simple, après celui qui rentre dans l'équation du premier degré, est celui où $n=2$. On tombe alors sur l'équation $dy + by^2 dx = ax^m dx$, traitée pour la première fois par Riccati, géomètre italien dont elle a conservé le nom.

Les variables se séparent immédiatement dans cette équation, quand $m=0$; elle devient $dy + by^2 dx = a dx$, et donne

$$dx=\frac{dy}{a-by^2}=\frac{1}{2\sqrt{a}}\left[\frac{dy}{\sqrt{a}+y\sqrt{b}}+\frac{dy}{\sqrt{a}-y\sqrt{b}}\right].$$

On trouve, en intégrant,

$$x=\frac{1}{2\sqrt{ab}}\,\mathrm{l}\left(\frac{\sqrt{a}+y\sqrt{b}}{\sqrt{a}-y\sqrt{b}}\right)+C.$$

Pour chercher à rendre la même équation homogène, on fait $y=z^k$; elle se change en

$$kz^{k-1}dz+bz^{2k}dx=ax^m dx,$$

et prendra la forme demandée, si $k-1=2k=m$, ce qui donne $k=-1$, et suppose qu'on ait $m=-2$; il vient alors

$$-\frac{dz}{z^2}+\frac{bdx}{z^2}=\frac{adx}{x^2}.$$

Je ne m'arrêterai point à l'intégration de cette dernière équation; mais je passerai à une transformation plus générale, celle qui résulte de $y=Ax^p+x^q z$. On trouve dans cette hypothèse

$$dy=(pAx^{p-1}+qx^{q-1}z)\,dx+x^q dz,$$
$$y^2dx=(A^2x^{2p}+2Ax^{p+q}z+x^{2q}z^2)dx,$$

et par conséquent

$$x^q dz+(qx^{q-1}+2bAx^{p+q}+bx^{2q}z)\,zdx$$
$$+(pAx^{p-1}+bA^2x^{2p})\,dx=ax^m dx.$$

Cette équation se réduira elle-même à trois termes, si on a les suivantes:

$$p-1=2p,\ pA+bA^2=0,\ q-1=p+q,\ q+2bA=0.$$

La première et la troisième s'accordent à donner $p=-1$, on tire de la seconde et de la quatrième $A=\frac{1}{b}$, $q=-2$, valeurs qui conduisent à $y=\frac{1}{bx}+\frac{z}{x^2}$,

$$x^{-2}dz+bx^{-4}z^2dx=ax^m dx,$$

où $$dz+bz^2\frac{dx}{x^2}=ax^{m+2}dx.$$

Ce moyen réduira l'équation proposée à l'homogénéité, si $m=-2$; et il montre de plus qu'on pourra séparer les variables si $m=-4$, puisqu'on aura dans ce cas

$$dz+(bz^2-a)\frac{dx}{x^2}=0, \text{ ou } \frac{dz}{bz^2-a}+\frac{dx}{x^2}=0.$$

Si dans l'équation $dz+bz^2\frac{dx}{x^2}=ax^{m+2}dx$, on fait $z=\frac{1}{y'}$, il viendra

$$-dy'+b\frac{dx}{x^2}=ay'^2x^{m+2}dx, \text{ ou } dy'+ay'^2x^{m+2}dx=b\frac{dx}{x^2};$$

posant ensuite $x^{m+2}dx=\frac{dx'}{m+3}$, on trouvera

$$x^{m+3}=x', \quad dx=\frac{1}{m+3}x'^{-\frac{m+2}{m+3}}dx',$$

$$dy'+\frac{a}{m+3}y'^2dx'=\frac{b}{m+3}x'^{-\frac{m+4}{m+3}}dx';$$

puis, faisant pour abréger

$$\frac{a}{m+3}=b', \quad \frac{b}{m+3}=a' \text{ et } -\frac{m+4}{m+3}=m',$$

on tombera sur l'équation

$$dy'+b'y'^2dx'=a'x'^{m'}dx',$$

semblable à la proposée, et par conséquent susceptible des mêmes transformations : la séparation des variables

y' et x' sera donc possible, après la substitution de $y'=\frac{1}{b'x'}+\frac{z'}{x'^2}$, si $m'=-4$.

Si cette condition n'avait pas lieu, on ferait encore dans la transformée en z',

$$z'=\frac{1}{y''},\quad x'^{m'+3}=x'',$$

$$\frac{a'}{m'+3}=b'',\quad \frac{b'}{m'+3}=a'',\quad -\frac{m'+4}{m'+3}=m'';$$

ces expressions, pareilles aux précédentes, conduiraient nécessairement à l'équation

$$dy''+b''y''^2dx''=a''x''^{m''}dx'',$$

encore semblable à la proposée, et susceptible de la séparation des variables, quand $m''=-4$.

En poursuivant de cette manière, on parviendrait à une équation séparable, si dans la suite des exposans

$$m,\quad m'=-\frac{m+4}{m+3},\quad m''=-\frac{m'+4}{m'+3},$$

$$m'''=-\frac{m''+4}{m''+3},\ \text{etc.},$$

il s'en trouvait un égal à -4. En supposant successivement que ce soit m, m', m'', m''', etc., on obtient, pour m, les nombres -4, $-\frac{8}{3}$, $-\frac{12}{5}$, $-\frac{16}{7}$, etc., compris dans la formule

$$m=-\frac{4i}{2i-1},$$

i désignant un nombre entier positif quelconque. Cette formule donne aussi la valeur $m=0$, remarquée dans le n° précédent : la valeur $m=-2$, répond à i infini.

Ces cas ne renferment pas encore tous ceux que

l'on sait déduire des transformations précédentes. Pour en trouver une nouvelle série, il suffit de commencer par faire dans la proposée $y = \frac{1}{y'}$, ce qui donnera

$$dy' + ay'^2x^m dx = b dx;$$

et posant

$$x^{m+1} = x', \quad \frac{a}{m+1} = b', \quad \frac{b}{m+1} = a', \quad -\frac{m}{m+1} = m',$$

il en résultera

$$dy' + b'y'^2 dx' = a'x'^{m'} dx'.$$

Cette nouvelle équation, étant semblable à la proposée, est aussi susceptible des mêmes opérations; c'est-à-dire qu'en y faisant

$$y' = \frac{1}{b'x'} + \frac{z'}{x'^2},$$

et continuant comme on l'a indiqué pour les premiers cas, on parviendrait à une transformée séparable, si le nombre m' était quelqu'un de ceux que comprend la formule $-\frac{4i}{2i-1}$, et par conséquent, si l'on avait

$$-\frac{m}{m+1} = -\frac{4i}{2i-1}.$$

On tire de là

$$m = -\frac{4i}{2i+1};$$

et donnant à i les valeurs 1, 2, 3, etc., il vient la suite des nombres

$$-\tfrac{4}{3}, \ -\tfrac{8}{5}, \ -\tfrac{12}{7}, \ -\tfrac{16}{9}, \ \text{etc.}$$

Il suit donc de tout ce qui précède, que l'équation de

25..

Riccati est séparable, quand l'exposant $m = -2$, et lorsqu'il rentre dans la forme $\frac{-4i}{2i \mp 1}$.

On pourrait multiplier davantage les exemples; mais toutes ces équations particulières, d'une forme bizarre le plus souvent, ne se rencontrant jamais dans les applications, n'offrent aucun intérêt: je passerai donc à une autre méthode, due à Euler.

Recherche du facteur propre à rendre intégrable une équation différentielle du premier ordre.

288. Il faut se rappeler qu'une équation différentielle n'est pas toujours le produit immédiat de la différentiation d'une équation à deux variables, mais qu'elle résulte en général de l'élimination d'une constante arbitraire, entre l'équation primitive dont elle tire son origine, et la différentielle immédiate de cette équation (53).

L'élimination s'effectue sur-le-champ, lorsque l'équation primitive est sous la forme $u = c$, u désignant une fonction quelconque de x et de y; car, en différentiant, on a $du = 0$. Si la fonction du n'a aucun facteur par lequel elle ait pu être divisée, elle conservera la forme de différentielle exacte à deux variables, et pourra par conséquent s'intégrer par le procédé du n° 278.

289. Lorsque l'équation primitive n'est pas sous la forme $u = c$, ou que la différentielle $du = 0$ renferme des facteurs qui disparaissent, l'équation du premier ordre qui en résulte n'est plus immédiatement intégrable. Si l'on avait, par exemple, $u = y - cx = 0$, on trouverait $du = dy - c dx = 0$, et éliminant c, il vien-

drait $xdy-ydx=0$, équation qui ne satisfait pas à la condition d'intégrabilité, puisqu'elle donne

$$M=-y,\ N=x,\ \frac{dM}{dy}=-1,\ \frac{dN}{dx}=1.$$

Mais si l'on dégage la constante c, on aura $\frac{y}{x}=c$, et en différentiant, $\frac{xdy-ydx}{x^2}=0$; sous cette forme

$$M=-\frac{y}{x^2},\quad N=\frac{1}{x},\quad \frac{dM}{dy}=-\frac{1}{x^2}=\frac{dN}{dx};$$

on voit donc que l'intégrabilité de l'équation...... $xdy-ydx=0$ tient à la restitution du facteur $\frac{1}{x^2}$, qui a disparu avec la différentiation et l'élimination de la constante arbitraire.

En général, toute équation différentielle à deux variables, et dans laquelle les différentielles ne passent pas le premier degré, est susceptible de devenir une différentielle exacte, par le moyen d'un facteur, si elle répond à une équation primitive. En effet, soient

$$Mdx+Ndy=0, \quad \text{et} \quad u=c,$$

l'équation différentielle proposée, et son équation primitive; la première doit donner pour $\frac{dy}{dx}$, la même valeur que

$$\frac{du}{dx}dx+\frac{du}{dy}dy=0,$$

différentielle immédiate de la seconde : il faut donc qu'on ait

$$-\frac{M}{N}=-\frac{\frac{du}{dx}}{\frac{du}{dy}},\ \text{d'où}\ \frac{\frac{du}{dy}}{N}=\frac{\frac{du}{dx}}{M};$$

et nommant z ces derniers quotiens, on en conclura

$$\frac{du}{dx}=Mz,\ \frac{du}{dy}=Nz,\ du=Mzdx+Nzdy.$$

On déterminerait ainsi le facteur z, si l'intégrale de l'équation proposée était connue, puisqu'il suffirait de résoudre cette intégrale par rapport à la constante arbitraire, afin de lui donner la forme $u=c$; et comme on verra bientôt que toutes les équations différentielles à deux variables admettent nécessairement une intégrale complète, au moins sous la forme d'une série, il s'ensuit qu'il existe, au moins sous cette forme, un facteur propre à rendre différentielle exacte l'une quelconque de ces équations.

290. Quand l'intégrale n'est pas connue, on n'a pour déterminer le facteur z, que la condition

$$\frac{d.Mz}{dy}=\frac{d.Nz}{dx},$$

à laquelle doit satisfaire $Mzdx+Nzdy=du$, comme différentielle exacte; et en développant cette condition, on trouve

$$M\frac{dz}{dy}+z\frac{dM}{dy}=N\frac{dz}{dx}+z\frac{dN}{dx},$$

ou $$M\frac{dz}{dy}-N\frac{dz}{dx}+\left(\frac{dM}{dy}-\frac{dN}{dx}\right)z=0\ldots(A).$$

Si l'on pouvait, en général, tirer de l'équation (A) une valeur de z, l'intégration des équations différentielles quelconques du premier ordre s'effectuerait par le procédé du n° 278; mais cette équation est presque toujours plus difficile à traiter que la proposée, puisque la fonction z qu'elle renferme dépend de deux variables, à deux coefficiens différentiels, et qu'elle est par conséquent de l'espèce de celles dont la formation a été indiquée n° 140. Je ne saurais pour le moment entreprendre sa résolution, qui, comme on le verra dans la suite, ramène au point dont on est parti ; mais je vais faire connaître quelques-unes des propriétés du facteur z.

Il est à remarquer que lorsqu'on connaît une valeur de z, on en déduit une infinité d'autres, en observant que si l'on multiplie les deux membres de l'équation $zM\mathrm{d}x + zN\mathrm{d}y = \mathrm{d}u$, par une fonction quelconque de u, que je désignerai par $\varphi(u)$, les deux membres du résultat

$$z\varphi(u)M\mathrm{d}x + z\varphi(u)N\mathrm{d}y = \varphi(u)\mathrm{d}u,$$

seront aussi des différentielles exactes; ainsi z étant un facteur propre à rendre intégrable l'équation..... $M\mathrm{d}x + N\mathrm{d}y = 0$, le produit $z\varphi(u)$ jouira de la même propriété.

Il suit de là, que si l'on parvenait à découvrir deux facteurs distincts, propres à rendre intégrable l'équation différentielle proposée, on aurait sur-le-champ son intégrale; car l'un de ces facteurs étant pris pour z, l'autre serait de la forme $z\varphi(u)$, et en posant $\frac{z\varphi(u)}{z} = c$, on aurait $\varphi(u) = c$, ce qui revient à... $u = const.$

291. Il y a des cas où le facteur z ne doit renfermer que l'une des variables x ou y, et alors il est aisé d'en obtenir l'expression au moyen de l'équation (A). Supposant en effet dans cette équation, $\frac{\mathrm{d}z}{\mathrm{d}y} = 0$, elle deviendra

$$-N\frac{\mathrm{d}z}{\mathrm{d}x} + z\left(\frac{\mathrm{d}M}{\mathrm{d}y} - \frac{\mathrm{d}N}{\mathrm{d}x}\right) = 0,$$

et l'on en tirera

$$\frac{dz}{z}=\frac{1}{N}\left(\frac{dM}{dy}-\frac{dN}{dx}\right)dx,$$

équation qui aura lieu si la quantité

$$\frac{1}{N}\left(\frac{dM}{dy}-\frac{dN}{dx}\right)$$

se réduit à une fonction de x. En représentant cette fonction par X, et en intégrant, on trouvera

$$lz=\int Xdx\,,\ \text{ou}\ z=e^{\int Xdx}.$$

Cette formule s'applique à l'équation

$$dy+Pydx=Qdx\,,$$

puisqu'il vient

$$M=Py-Q,\quad N=1,\quad \frac{1}{N}\left(\frac{dM}{dy}-\frac{dN}{dx}\right)=P,$$

et par conséquent $z=e^{\int Pdx}$. Multipliant ensuite l'équation $dy+Pydx-Qdx=0$ par $e^{\int Pdx}$, on trouve $e^{\int Pdx}dy+(Py-Q)\,e^{\int Pdx}dx=0$; intégrant le terme $e^{\int Pdx}dy$, par rapport à y, on obtient...... $u=ye^{\int Pdx}+X$, X étant une fonction de x, déterminée par l'équation

$$\frac{d.ye^{\int Pdx}}{dx}+\frac{dX}{dx}=(Py-Q)e^{\int Pdx},$$

de laquelle on tire

$$\frac{dX}{dx}=-e^{\int Pdx}Q,\quad X=-\int e^{\int Pdx}Qdx\,,$$

et par conséquent

$$ye^{\int Pdx}-\int e^{\int Pdx}Qdx=C,$$

ou, comme dans le n° 285,

$$y = e^{-\int P\mathrm{d}x}\left(\int e^{\int P\mathrm{d}x} Q\mathrm{d}x + C\right).$$

Je ne m'arrêterai point au cas où le facteur z ne devrait renfermer que la variable y; on voit aisément que son expression serait alors $z = e^{\int Y\mathrm{d}y}$, en faisant

$$Y = \frac{1}{M}\left(\frac{\mathrm{d}N}{\mathrm{d}x} - \frac{\mathrm{d}M}{\mathrm{d}y}\right),$$

et que ce cas n'aurait lieu qu'autant que Y serait absolument indépendant de x.

292. Il existe, entre une fonction homogène et ses coefficiens différentiels, des relations particulières qui facilitent beaucoup l'intégration.

Si V désigne une fonction homogène de x, y, etc., et qu'on y substitue tx, ty, etc., au lieu de x, y, etc., elle prendra nécessairement la forme $t^m V$, m étant la somme des exposans des variables dans chaque terme (283). Supposant ensuite que $t = 1 + g$, on aura $(1+g)^m V$ au lieu de V; dans la même hypothèse x, y, etc., se changeront respectivement en

$$x + gx,\ \ y + gy,\ \text{etc.},$$

et mettant gx pour h, gy pour k, dans la formule du n° 41, on parviendra à cette équation

$$\left.\begin{array}{l} V + \dfrac{\mathrm{d}V}{\mathrm{d}x} gx + \dfrac{\mathrm{d}V}{\mathrm{d}y} gy + \text{etc.} \\ + \dfrac{1}{2}\left\{\dfrac{\mathrm{d}^2V}{\mathrm{d}x^2} g^2x^2 + 2\dfrac{\mathrm{d}^2V}{\mathrm{d}x\mathrm{d}y} g^2xy + \dfrac{\mathrm{d}^2V}{\mathrm{d}y^2} g^2y^2 + \text{etc.}\right\} \\ + \text{etc.} \end{array}\right\} = (1+g)^m V.$$

En développant le second membre, et comparant ensemble les termes affectés de la même puissance de l'indéterminée g, on aura

$$\frac{dV}{dx}x+\frac{dV}{dy}y+\text{etc.}=mV,$$

$$\frac{d^2V}{dx^2}x^2+2\frac{d^2V}{dxdy}xy+\frac{d^2V}{dy^2}y^2+\text{etc.}=m(m-1)V,$$

etc.

295. Au moyen de ces relations, le facteur z se détermine assez facilement dans les équations différentielles homogènes. Voici comment M. Poisson y est parvenu, par un procédé plus exact que celui dont on avait fait d'abord usage.

Si $Mdx+Ndy=0$ est une équation homogène, et que la somme des exposans de x et de y dans M et dans N soit égale à m, en supposant que z soit aussi une fonction homogène du degré n, et faisant....... $Mzdx+Nzdy=du$, il résulte des théorèmes du n° précédent que

$$\frac{d(Mz)}{dx}x+\frac{d(Mz)}{dy}y=(m+n)Mz;$$

mais il faut pour que la différentielle proposée soit exacte, que

$$\frac{d(Mz)}{dy}=\frac{d(Nz)}{dx},$$

équation qui fournira le moyen de chasser $\frac{d(Mz)}{dy}$ de la précédente, qu'elle change en

$$\frac{d(Mz)}{dx}x+\frac{d(Nz)}{dx}y=(m+n)Mz.$$

Cela posé, il est visible que

$$\frac{d(Mzx)}{dx}=\frac{d(Mz)}{dx}x+Mz,\quad \frac{d(Nzy)}{dx}=\frac{d(Nz)}{dx}y;$$

l'équation posée plus haut peut donc s'écrire ainsi :

$$\frac{d(Mzx)}{dx}+\frac{d(Nzy)}{dx}=(m+n+1)Mz;$$

or, l'exposant n étant indéterminé, si l'on fait

$$m+n+1=0,$$

il en résultera

$$\frac{d(Mzx)}{dx}+\frac{d(Nzy)}{dx}=0,$$

d'où $\quad Mzx+Nzy=c$ et $z=\frac{c}{Mx+Ny}$:

il est d'ailleurs évident qu'on peut poser $c=1$, ainsi $\frac{1}{Mx+Ny}$ sera un des facteurs propres à rendre intégrable l'équation $Mdx+Ndy=0$ (*).

Des équations du premier ordre, dans lesquelles les différentielles passent le premier degré.

294. Par la génération des équations différentielles, dont j'ai donné plusieurs exemples, n° 53, on voit qu'il peut s'en présenter dans lesquelles les différentielles passent le premier degré. La formule générale de ces équations est

$$dy^n+Pdy^{n-1}dx+Qdy^{n-2}dx^2\ldots+Tdydx^{n-1}+Udx^n=0;$$

si on la divise par la plus haute puissance de dx, elle deviendra

$$\left(\frac{dy}{dx}\right)^n+P\left(\frac{dy}{dx}\right)^{n-1}+Q\left(\frac{dy}{dx}\right)^{n-2}\ldots+T\frac{dy}{dx}+U=0;$$

(*) On a supposé ici que le facteur z était une fonction homogène, mais on justifie cette hypothèse, en montrant que la différentielle $\frac{Mdx+Ndy}{Mx+Ny}$ est exacte toutes les fois que M et N sont des fonctions homogènes. *Voyez* le Traité in-4°, tom. II, pag. 266.

en la résolvant par rapport au coefficient différentiel $\frac{dy}{dx}$, et désignant par p, p', p'', etc., ses racines, on aura

$$\frac{dy}{dx}-p=0,\quad \frac{dy}{dx}-p'=0,\quad \frac{dy}{dx}-p''=0,\ \text{etc.},$$

résultats qui pourront tous se traiter par les méthodes précédentes, puisque les différentielles ne s'y trouvent qu'au premier degré. L'intégrale de chacun d'eux sera aussi l'intégrale de l'équation proposée, qui sera encore satisfaite par les valeurs tirées de l'équation formée du produit de toutes ces intégrales.

En effet, la proposée étant équivalente à

$$\left(\frac{dy}{dx}-p\right)\left(\frac{dy}{dx}-p'\right)\left(\frac{dy}{dx}-p''\right)\ldots=0,$$

sera vérifiée par toutes les équations qui annuleront un de ces facteurs. De plus, si l'on considère qu'une équation primitive de la forme

$$MNP\ldots=0,$$

n'a lieu que par l'anéantissement successif de chacun de ses facteurs, on en conclura que la différentielle immédiate de son premier membre, savoir,

$$dM.NP\ldots+dN.MP\ldots+\text{etc.}=0,$$

se réduit toujours à un seul terme; car si l'on prend, par exemple, $M=0$, il ne restera que $dM.NP\ldots=0$, ou seulement $dM=0$: l'équation $MNP\ldots=0$ vérifiera donc l'équation différentielle à laquelle satisferait l'équation $M=0$.

Les deux exemples suivans, quoique très simples, éclairciront toutes les difficultés que pourrait renfermer l'énoncé ci-dessus.

295. 1°. Soit $dy^2-adx^2=0$; cette équation se décompose en $dy+adx=0$, $dy-adx=0$, dont les intégrales sont $y+ax=ac$, $y-ax=c'$; et il est facile de voir que chacun de ces résultats satisfait à la proposée. L'équation $(y+ax-c)(y-ax-c')=0$ y satisfait aussi, car elle donne

$$(y+ax-c)(dy-adx)+(y-ax-c')(dy+adx)=0,$$

d'où

$$dy=\frac{[(y+ax-c)-(y-ax-c')]\,adx}{2y-(c+c')};$$

et mettant successivement, au lieu de y, ses valeurs $c-ax$, $c'+ax$, on trouve

$$dy=-adx, \quad dy=+adx.$$

L'intégrale $(y+ax-c)(y-ax+c')=0$ renfermant deux constantes arbitraires et irréductibles, paraîtrait plus générale que celles des autres équations du premier ordre qui ne comportent qu'une constante; mais il faut bien faire attention que chacun de ses facteurs doit être considéré isolément, et qu'on n'en tire pas d'autres lignes que celles qui résulteraient d'une intégrale renfermant une seule constante, dont cette équation est aussi susceptible. Cette dernière intégrale s'obtient en faisant $dy=mdx$ dans l'équation différentielle $dy^2-a^2dx^2=0$, qui se change en $m^2-a^2=0$, ce qui détermine la quantité m, dont il faudrait ensuite substituer la valeur dans l'intégrale de $dy=mdx$, qui est $y=mx+c$. Il suit de là que l'intégrale de la proposée est le résultat de l'élimination de m, entre les équations

$$y=mx+c, \quad m^2-a^2=0;$$

et si l'on effectue cette opération, il viendra

$$\left(\frac{y-c}{x}\right)^2-a^2=0.$$

Cette équation primitive étant du second degré, donne, pour chaque valeur particulière de la constante, deux lignes droites, inclinées dans des sens différens, par rapport à l'axe des x; c'est aussi tout ce que fournit l'autre intégrale $(y+ax-c)(y-ax-c')=0$, excepté que chaque facteur ne représente que les lignes inclinées dans le même sens; mais comme en donnant séparément à c et à c' toutes les valeurs possibles, ces quantités passeront nécessairement par les mêmes degrés de grandeur, si l'on assemble les droites correspondantes aux mêmes valeurs des constantes c et c', on retombera sur les solutions comprises dans l'intégrale $\left(\frac{y-c}{x}\right)^2-a^2=0$, bornée à la seule constante c.

Il est bon d'observer que toute équation ne renfermant que dy, dx et des quantités constantes, peut être intégrée en y faisant, comme ci-dessus, $dy=mdx$.

2°. Soit encore l'équation $dy^2-axdx^2=0$; on en tire $dy+dx\sqrt{ax}=0$, $dy-dx\sqrt{ax}=0$, et en intégrant on aura

$$y+\tfrac{2}{3}a^{\frac{1}{2}}x^{\frac{3}{2}}-c=0, \quad y-\tfrac{2}{3}a^{\frac{1}{2}}x^{\frac{3}{2}}-c'=0.$$

Ces équations, ainsi que leur produit, pourront être considérées séparément comme des intégrales de la proposée; mais ce cas diffère du précédent, en ce que les radicaux que contiennent les deux intégrales obtenues, forment entre elles un lien qui permet de les comprendre toutes deux dans une même équation, avec une seule constante. En effet, si l'on fait disparaître le radical dans l'équation

$$y+\tfrac{2}{3}\sqrt{ax^3}-c=0,$$

on obtient $(y-c)^2=\frac{4}{9}ax^3$. Ce résultat est encore l'intégrale de l'équation proposée, à laquelle il conduira immédiatement par l'élimination de c. Il appartient à une espèce de paraboles, dont chacune des équations irrationnelles ne présente qu'une branche; et le produit de ces équations ne répondrait qu'à des groupes de branches appartenantes à des courbes différentes, mais qui étant rassemblées deux à deux pour les mêmes valeurs des constantes, ne donneraient rien de plus que l'intégrale rationnelle.

296. Ce qui précède faisant dépendre l'intégration des équations où les différentielles passent le premier degré, de la résolution des équations algébriques, pour laquelle on est bientôt arrêté, voici quelques procédés qui dans certains cas peuvent éluder, au moins en partie, les difficultés que présente la résolution de l'équation différentielle proposée, par rapport à $\frac{dy}{dx}$.

Quand cette équation ne contient avec $\frac{dy}{dx}$, que l'une des deux variables, x, par exemple, et qu'il est plus facile de la résoudre par rapport à x que par rapport au coefficient $\frac{dy}{dx}$, que je représenterai pour abréger par p, on en tire d'abord $x=P$, P désignant une fonction quelconque de p; et comme l'équation

$\frac{dy}{dx}=p$, donne $dy=pdx$, d'où $y=px-\int xdp+C$,

si l'on met pour x sa valeur P, il viendra

$$y=Pp-\int Pdp+C.$$

Alors l'élimination de p, entre les deux équations

$$x = P, \quad y = Pp - \int P\mathrm{d}p + C,$$

conduisant à une équation primitive entre x, y, et la constante arbitraire C, donnera l'intégrale demandée.

Soit, par exemple, $x\mathrm{d}x + a\mathrm{d}y = b\sqrt{\mathrm{d}x^2 + \mathrm{d}y^2}$, ou $x + ap = b\sqrt{1+p^2}$, en écrivant p au lieu de $\frac{\mathrm{d}y}{\mathrm{d}x}$; cette dernière équation donne immédiatement

$$x = -ap + b\sqrt{1+p^2}, \quad P = -ap + b\sqrt{1+p^2},$$

et par conséquent

$$y = bp\sqrt{1+p^2} - \tfrac{1}{2}ap^2 - b\int \mathrm{d}p\sqrt{1+p^2} + C.$$

297. Quand les deux variables entrent en même temps dans l'équation proposée, mais que l'une d'elles, y, par exemple, n'y monte qu'au premier degré, si l'on prend alors la valeur de y en x et p, on en tirera

$$\mathrm{d}y = R\mathrm{d}x + S\mathrm{d}p,$$

d'où il suit

$$p\mathrm{d}x = R\mathrm{d}x + S\mathrm{d}p \text{ ou } (R-p)\mathrm{d}x + S\mathrm{d}p = 0;$$

et si l'on parvenait à intégrer cette dernière équation, on aurait, entre p, x et une constante arbitraire, une relation, au moyen de laquelle chassant p de l'équation proposée, on obtiendrait une équation primitive qui serait l'intégrale cherchée.

Cette opération devient très facile quand la variable x ne s'élève pas non plus au-delà du premier degré; l'équation proposée, étant alors de la forme

$$y = px + P,$$

où P désigne une fonction quelconque de p, on aura $\mathrm{d}y = p\mathrm{d}x + \left(x + \frac{\mathrm{d}P}{\mathrm{d}p}\right)\mathrm{d}p$; et puisque $\mathrm{d}y = p\mathrm{d}x$, il ressera l'équation $\left(x+\frac{dP}{dp}\right)dp=0$, qui se décomposera en deux facteurs $x+\frac{dP}{dp}=0$, $dp=0$. Eliminant p entre le premier et l'équation proposée, on aura une équation primitive qui satisfera à cette proposée, mais qui, ne contenant point de constante arbitraire, ne sera que particulière. Le second facteur s'intègre et donne $p=c$, ou $dy=cdx$ et $y=cx+c'$. Les constantes c et c' ne sont pas arbitraires toutes deux; car en faisant dans l'équation proposée $p=c$, on a $y=cx+C$, C étant ce que devient P dans la même circonstance, et l'on tire de là $c'=C$: l'intégrale demandée est donc $y=cx+C$, et s'obtient en changeant p en c.

Soit, pour exemple, l'équation

$$ydx-xdy=n\sqrt{dx^2+dy^2}$$

qui se met d'abord sous la forme

$$y=px+n\sqrt{1+p^2};$$

en la différentiant on trouve

$$dy=pdx+xdp+\frac{npdp}{\sqrt{1+p^2}},$$

et à cause que $dy=pdx$, il reste

$$xdp+\frac{npdp}{\sqrt{1+p^2}}=0.$$

Cette équation se décompose en deux facteurs

$$x+\frac{np}{\sqrt{1+p^2}}=0,\ \text{et}\ dp=0;$$

le second conduit à $p=c$, et l'intégrale demandée est

$$y=cx+n\sqrt{1+c^2}.$$

Le premier facteur donne

$$p=\pm\frac{x}{\sqrt{n^2-x^2}},\ \sqrt{1+p^2}=-\frac{np}{x}=\mp\frac{n}{\sqrt{n^2-x^2}};$$

substituant dans l'équation proposée, on a $y^2+x^2=n^2$, équation qui ne renferme point de constante arbitraire, qui n'est point comprise dans l'intégrale

$$y=cx+n\sqrt{1+c^2},$$

et telle néanmoins que les valeurs de y et de dy, qui s'en déduisent, satisfont à l'équation différentielle proposée, dont elle offre par conséquent une *solution particulière*. Je reviendrai dans la suite sur ce genre de solutions.

De l'intégration des équations différentielles du second ordre et des ordres supérieurs.

298. La difficulté d'intégrer les équations devient d'autant plus grande, que ces équations sont d'un ordre plus élevé : on n'y réussit que par rapport à un petit nombre d'équations très particulières; et cependant toute équation différentielle à deux variables, dans quelqu'ordre que ce soit, n'exprime point une relation absurde, lorsqu'elle ne donne pas une valeur imaginaire pour le coefficient différentiel de l'ordre le plus élevé. Cette proposition déjà annoncée dans le n° 289, se prouve aisément par le théorème de Taylor.

En effet, une équation différentielle quelconque de l'ordre n, étant résolue par rapport au coefficient différentiel de cet ordre, en donnera l'expression par ceux des ordres immédiatement inférieurs, et l'on aura en général

$$\frac{d^n y}{dx^n}=f\left(x,\ y,\ \frac{dy}{dx},\ \frac{d^2y}{dx^2},\ldots\frac{d^{n-1}y}{dx^{n-1}}\right),$$

d'où, par des différentiations successives, on tirera les expressions de

$$\frac{d^{n+1}y}{dx^{n+1}},\ \frac{d^{n+2}y}{dx^{n+2}},\ \text{etc.};$$

ensuite, on éliminera de chacune de celles-ci les coefficiens différentiels des ordres supérieurs à l'ordre $n-1$, au moyen des valeurs fournies par les expressions qui la précèdent, et l'on obtiendra tous les coefficiens différentiels, depuis l'ordre n inclusivement, en fonction des variables primitives et des $n-1$ premiers coefficiens différentiels.

Si dans ces fonctions, on peut supposer $x=0$, sans qu'elles cessent d'être réelles et finies, il faudra encore, pour achever de déterminer les coefficiens différentiels qu'elles expriment, prendre arbitrairement les valeurs correspondantes des quantités

$$y,\ \frac{dy}{dx},\ \frac{d^2y}{dx^2},\ldots\frac{d^{n-1}y}{dx^{n-1}},$$

que l'équation proposée ne fait pas connaître; et en les représentant par

$$A,\ A_1,\ A_2,\ldots A_{n-1},$$

on aura, pour une valeur quelconque de x,

$$y=A+A_1\frac{x}{1}+A_2\frac{x^2}{1.2}\ldots+A_{n-1}\frac{x^{n-1}}{1.2\ldots(n-1)}$$
$$+f(A,\ A_1,\ A_2,\ldots A_{n-1})\frac{x^n}{1.2\ldots n}+\text{etc.}\quad(22),$$

série où les coefficiens des n premiers termes sont des constantes arbitraires.

S'il arrivait que la supposition de $x=0$ rendît imaginaire ou infinie l'expression du coefficient différentiel

26..

de l'ordre n ou des suivans, on ferait alors $x=a$, a désignant une quelconque des valeurs qui ne produisent pas cet effet, et l'on aurait

$$y=A+A_1\frac{x-a}{1}+A_2\frac{(x-a)^2}{1.2}\dots+A_{n-1}\frac{(x-a)^{n-1}}{1.2\dots(n-1)}$$
$$+f(a, A, A_1, A_2, \dots A_{n-1})\frac{(x-a)^n}{1.2\dots n}+\text{etc.},$$

série où les quantités arbitraires A, A_1, A_2, ... A_{n-1}, sont les valeurs de y et de ses coefficiens différentiels, correspondantes à $x=a$.

De cette manière comme de l'autre, on voit que si la fonction désignée par f n'est pas constamment imaginaire pour toutes les valeurs de x, on tirera toujours de l'équation différentielle proposée un nombre infini de valeurs consécutives de y, par une série qui sera d'autant plus convergente, que les valeurs de x différeront moins de la quantité a : l'équation proposée ne tombera donc point dans le cas d'une impossibilité absolue, quoiqu'on manque de moyens pour l'intégrer. Cette propriété, qui est particulière aux équations différentielles à deux variables, se reconnaît aussi par des considérations géométriques, comme on le verra plus bas.

299. On conclut aussi de ce qui précède, que l'expression générale de y en x doit renfermer n constantes arbitraires.

La quantité a qu'introduit ici la variable indépendante x, ne doit pas compter dans le nombre des constantes arbitraires, amenées par l'intégration, comme on peut s'en assurer sur les intégrales complètes des équations du premier ordre, considérées dans leur forme générale $F(x, y, C)=0$. On ne peut dans ce cas déterminer la constante arbitraire C, qu'en assignant en même temps une valeur à x aussi bien qu'à y;

et en les représentant par a et b, on forme l'équation $F(a, b, C)=0$, de laquelle on tire la valeur de C en a et b; mais ce qu'il faut bien observer, c'est que la fonction de ces quantités, par laquelle on remplace ainsi la constante arbitraire, peut également être éliminée par la différentiation; car si l'on met l'intégrale proposée sous la forme

$$F_1(x, y)=C, \text{ on aura } C=F_1(a, b),$$

et ensuite l'équation

$$F_1(x, y)=F_1(a, b),$$

dont le second membre disparaît par la différentiation.

On détermine semblablement deux constantes C et C', dans une équation primitive de la forme...... $F(x, y, C, C_1)=0$, lorsque, pour une valeur donnée de x, on assigne celles de y et de $\frac{dy}{dx}$; car en joignant à l'équation ci-dessus sa différentielle première, que je représenterai par

$$F_1\left(x, y, \frac{dy}{dx}, C, C_1\right)=0,$$

et supposant qu'à $x=a$ réponde

$$y=b, \frac{dy}{dx}=c,$$

on forme les deux équations

$$F(a, b, C, C_1)=0, \quad F_1(a, b, c, C, C_1)=0,$$

au moyen desquelles on détermine C et C_1 en a, b, c, par des expressions qui se comportent dans les différentiations, et les éliminations comme les simples lettres C et C_1.

300. Ces considérations nous ramènent à la formation des équations différentielles, par l'élimination des

constantes, dont on a déjà vu, dans le n° 54, un exemple conduisant jusqu'au second ordre.

En partant de l'équation

$$y^2 = m(a^2 - x^2) \quad (U),$$

une première différentiation conduit à

$$y\mathrm{d}y = -mx\mathrm{d}x \quad (V),$$

résultat qui ne contient plus a; puis une seconde différentiation suivie de l'élimination de m, donne l'équation du second ordre

$$y\frac{\mathrm{d}y}{\mathrm{d}x} - x\frac{\mathrm{d}y^2}{\mathrm{d}x^2} - xy\frac{\mathrm{d}^2y}{\mathrm{d}x^2} = 0 \quad (Z),$$

qui ne renferme plus les constantes m et a.

Cette même équation peut encore s'obtenir en commençant par éliminer m, entre l'équation primitive et sa différentielle première, ce qui donnera

$$xy\mathrm{d}x + \mathrm{d}y(a^2 - x^2) = 0 \quad (V'),$$

puis différentiant celle-ci pour éliminer en dernier lieu la constante a. Enfin, on peut aussi différentier deux fois de suite l'équation (U), et éliminer à la fois, entre cette équation et ses différentielles première et seconde, les constantes m et a.

Quel que soit celui de ces trois procédés qu'on ait suivi, on arrive toujours à l'équation (Z); mais ce qu'il faut remarquer, c'est que chacune des équations (V) et (V'), y menant en particulier par la différentiation et l'élimination d'une constante, en est une intégrale. On les appelle en conséquence *intégrales premières* pour les distinguer de l'équation (U), qui est l'*intégrale seconde* ou l'*intégrale primitive*, à cause que (Z) n'est que du second ordre.

On voit par là qu'une équation différentielle du second ordre peut avoir deux intégrales premières, et qu'en éliminant de celles-ci le coefficient différentiel $\frac{dy}{dx}$, on obtiendrait, entre x, y et deux constantes arbitraires, une équation primitive qui devrait rentrer dans l'équation (U) : d'où il suit qu'il suffit de connaître les deux intégrales premières, pour trouver l'intégrale seconde.

Ces remarques s'étendent aux équations de tous les ordres. Pour le troisième, par exemple, l'équation primitive doit contenir trois constantes arbitraires (299), et l'on parvient à l'équation différentielle de cet ordre, en éliminant ces constantes entre les équations

$$U=0,\ dU=0,\ d^2U=0,\ d^3U=0;$$

mais si l'on ne chasse que deux constantes, on aura trois équations différentielles du second ordre, puisqu'on pourra conserver chacune des trois constantes à son tour. Les équations qu'on obtient ainsi, sont des *intégrales premières* de l'équation différentielle du troisième ordre, qui résultera nécessairement de l'élimination de la constante qu'elles renferment. Les *intégrales secondes* sont ici les équations du premier ordre que donne l'élimination de chacune des constantes, entre les équations $U=0$ et $dU=0$, et l'équation primitive $U=0$ est l'*intégrale troisième*. Sans pousser plus loin ces considérations, on doit en conclure qu'*une équation différentielle de l'ordre* n *a un nombre* n *d'intégrales premières ;* et comme ces intégrales sont de l'ordre $n-1$, elles ne renferment que les $n-1$ coefficiens

$$\frac{dy}{dx},\ \frac{d^2y}{dx^2},\ldots\ldots\ldots\frac{d^{n-1}y}{dx^{n-1}}:$$

si donc on peut les éliminer, on aura l'intégrale $n^{ième}$, ou l'équation primitive qui répond à l'équation différentielle proposée.

301. Pour généraliser la théorie précédente, Lagrange, par l'application de la série de Taylor, a déduit de l'équation différentielle même, cette multiplicité de leurs intégrales premières, qui vient d'être établie en partant de l'équation primitive.

En posant d'abord, comme dans le n° 240, $h=-x$, et désignant par A la valeur de y lorsque $x=0$, on trouve

$$A=y-\frac{dy}{dx}\frac{x}{1}+\frac{d^2y}{dx^2}\frac{x^2}{1.2}-\frac{d^3y}{dx^3}\frac{x^3}{1.2.3}+\text{etc.} \quad (a),$$

équation où l'on peut faire disparaître tous les coefficiens différentiels des ordres supérieurs à celui de l'équation différentielle proposée. Supposons, par exemple, celle-ci du second ordre et mise sous la forme

$$\frac{d^2y}{dx^2}=f\left(x,\,y,\,\frac{dy}{dx}\right) \quad (Z);$$

on en déduira les valeurs des coefficiens différentiels des ordres plus élevés, et par ce moyen l'équation (a), devenant

$$A=y-\frac{dy}{dx}\frac{x}{1}+f\left(x,\,y,\,\frac{dy}{dx}\right)\frac{x^2}{1.2}$$
$$-f_1\left(x,\,y,\,\frac{dy}{dx}\right)\frac{x^3}{1.2.3}+\text{etc.} \quad (1),$$

est ramenée au premier ordre, et devient une intégrale première de l'équation (Z), A désignant alors la constante arbitraire.

Cela posé, on peut écrire dans le second membre de l'équation (a), $\frac{dy}{dx}$ au lieu de y; il donnera la valeur de

$\frac{dy}{dx}$, correspondante à $x=0$; en désignant cette valeur par A_1, il viendra

$$A_1=\frac{dy}{dx}-\frac{d^2y}{dx^2}\frac{x}{1}+\frac{d^3y}{dx^3}\frac{x^2}{1.2}-\text{etc.},$$

et remplaçant encore $\frac{d^2y}{dx^2}$ et $\frac{d^3y}{dx^3}$, etc., par leurs valeurs tirées de l'équation (Z), on obtiendra

$$A_1=\frac{dy}{dx}-f\left(x, y, \frac{dy}{dx}\right)\frac{x}{1}$$
$$+f_1\left(x, y, \frac{dy}{dx}\right)\frac{x^2}{1.2}-\text{etc.} \quad (2),$$

qui sera encore une autre intégrale première de l'équation proposée. On ne pourra pas aller plus loin, puisqu'il n'y a d'arbitraire que les premières valeurs de y et de $\frac{dy}{dx}$.

Sans qu'il soit besoin d'entrer dans de nouveaux détails, on voit que si l'équation proposée était de l'ordre n, on tirerait de l'équation (a) des expressions de

$$y, \frac{dy}{dx}, \frac{d^2y}{dx^2}, \ldots\ldots \frac{d^{n-1}y}{dx^{n-1}},$$

correspondantes à $x=0$, qui seraient toutes arbitraires; et en y remplaçant les coefficiens différentiels de l'ordre n et des ordres supérieurs par leurs valeurs tirées de l'équation proposée, on formerait n équations de l'ordre $n-1$, qui en seraient les intégrales premières.

302. Nous commencerons l'intégration des équations différentielles des ordres supérieurs, par celles qui ne renferment point les variables primitives.

Dans le second ordre, ces équations ne contiennent que

$\frac{dy}{dx}$ et $\frac{d^2y}{dx^2}$; et lorsqu'on y fait pour abréger $\frac{dy}{dx}=p$, ce qui donne $\frac{d^2y}{dx^2}=\frac{dp}{dx}$, elles conduisent à $\frac{dp}{dx}=P$, P étant une fonction de p. On tire de là $dx=\frac{dp}{P}$, et par conséquent $x=C+\int\frac{dp}{P}$; mettant pour dx sa valeur dans l'équation $dy=pdx$, on trouve aussi... $y=C'+\int\frac{pdp}{P}$: il ne s'agit plus que d'éliminer p entre les deux équations $x=C+\int\frac{dp}{P}$ et $y=C'+\int\frac{pdp}{P}$, pour avoir l'intégrale en x et y, qui sera complète, car elle renfermera deux constantes arbitraires (299). L'élimination de p ne pourra se faire que lorsqu'on aura effectué les intégrations indiquées; mais, par les quadratures, on construira la courbe cherchée.

Soit pour exemple l'équation $\frac{(dx^2+dy^2)^{\frac{3}{2}}}{dxd^2y}=a$. En mettant pdx pour dy, et $dpdx$ pour d^2y, on changera cette équation en $\frac{(1+p^2)^{\frac{3}{2}}dx}{dp}=a$, et l'on en tirera

$$dx=\frac{adp}{(1+p^2)^{\frac{3}{2}}},\quad dy=pdx=\frac{apdp}{(1+p^2)^{\frac{3}{2}}}.$$

L'intégration donnera

$$x=C+\frac{ap}{\sqrt{1+p^2}},\quad y=C'-\frac{a}{\sqrt{1+p^2}};$$

éliminant p, il viendra

$$(x-C)^2+(y-C')^2=a^2,$$

résultat facile à prévoir, car l'équation différentielle proposée n'étant autre chose que l'expression générale du rayon de courbure, égalée à une constante $-a$ (81), exprime la propriété fondamentale du cercle.

303. On ramène de même à l'intégration des fonctions d'une seule variable, les équations d'un ordre quelconque, dans lesquelles un coefficient différentiel est exprimé par celui de l'ordre immédiatement inférieur.

Si l'on avait, par exemple, $\frac{d^3y}{dx^3}$ en fonction de $\frac{d^2y}{dx^2}$, on ferait $\frac{d^2y}{dx^2}=q$, d'où il résulterait $\frac{d^3y}{dx^3}=\frac{dq}{dx}$; et par conséquent l'équation proposée serait transformée en $\frac{dq}{dx}=Q$, Q représentant une fonction donnée de q. On conclurait de cette dernière équation

$$dx=\frac{dq}{Q},\quad x=\int\frac{dq}{Q}+C;$$

puis de $\frac{d^2y}{dx^2}=q$, on tirerait successivement

$$\frac{dy}{dx}=\int q dx=\int\frac{qdq}{Q}+C',$$

$$y=\int dx\int q dx=\int\frac{dq}{Q}\left(\int\frac{qdq}{Q}+C'\right)+C'';$$

l'intégrale demandée serait donc le résultat de l'élimination de q entre les deux équations

$$x=\int\frac{dq}{Q}+C,\quad y=\int\frac{dq}{Q}\left(\int\frac{qdq}{Q}+C'\right)+C'',$$

et il y aurait trois constantes arbitraires dans le résultat. On étendrait facilement ce procédé à un ordre quelconque.

304. On réduit encore très facilement à l'intégration des fonctions d'une seule variable, les équations d'un ordre quelconque, dans lesquelles un coefficient différentiel est donné par celui de l'ordre inférieur de deux unités. Si l'on avait, par exemple, $\frac{d^4y}{dx^4}$ en fonction de $\frac{d^2y}{dx^2}$, on représenterait $\frac{d^2y}{dx^2}$ par q, d'où il suivrait

$$\frac{d^3y}{dx^3}=\frac{dq}{dx}, \quad \frac{d^4y}{dx^4}=\frac{d^2q}{dx^2},$$

et la proposée serait transformée en

$$\frac{d^2q}{dx^2}=Q,$$

Q désignant une fonction donnée de q. En multipliant alors les deux membres par dq, il viendrait

$$\frac{dq}{dx}\cdot\frac{d^2q}{dx}=Qdq;$$

et comme $\frac{d^2q}{dx}=d\frac{dq}{dx}$, on tirerait de là

$$\frac{1}{2}\frac{dq^2}{dx^2}=\int Qdq+C, \text{ et } \frac{dq}{dx}=\sqrt{2\int Qdq+C},$$

$$dx=\frac{dq}{\sqrt{2\int Qdq+C}}, \quad x=\int\frac{dq}{\sqrt{2\int Qdq+C}}+C';$$

mais de $\frac{d^2y}{dx^2}=q$, on déduit successivement

$$\frac{dy}{dx}=\int qdx=\int\frac{qdq}{\sqrt{2\int Qdq+C}}+C'',$$

$$y=\int dx\int qdx=\int\frac{dq}{\sqrt{2\int Qdq+C}}\left(\int\frac{qdq}{\sqrt{2\int Qdq+C}}+C''\right)+C''':$$

l'intégrale serait par conséquent le résultat de l'élimination de q, entre les équations

$$x=\int\frac{\mathrm{d}q}{\sqrt{2\int Q\mathrm{d}q+C}}+C',$$

$$y=\int\frac{\mathrm{d}q}{\sqrt{2\int Q\mathrm{d}q+C}}\left(\int\frac{q\mathrm{d}q}{\sqrt{2\int Q\mathrm{d}q+C}}+C''\right)+C''',$$

contenant quatre constantes arbitraires. On traiterait de même les équations analogues, dans les ordres plus élevés.

305. L'équation $\frac{\mathrm{d}^2y}{\mathrm{d}x^2}=Y$, où Y désigne une fonction quelconque de y, est le cas le plus simple de la classe d'équations qui nous occupe; il vient alors

$$\frac{\mathrm{d}y}{\mathrm{d}x}\cdot\frac{\mathrm{d}^2y}{\mathrm{d}x}=Y\mathrm{d}y,$$

$$\frac{1}{2}\frac{\mathrm{d}y^2}{\mathrm{d}x^2}=\int Y\mathrm{d}y+C,\ \text{et}\ \frac{\mathrm{d}y}{\mathrm{d}x}=\sqrt{C+2\int Y\mathrm{d}y}.$$

Si l'on applique ce procédé à l'équation particulière

$$\mathrm{d}^2y\sqrt{ay}=\mathrm{d}x^2,$$

on aura

$$\frac{\mathrm{d}^2y}{\mathrm{d}x^2}=\frac{1}{\sqrt{ay}},\quad \frac{\mathrm{d}y}{\mathrm{d}x}\cdot\frac{\mathrm{d}^2y}{\mathrm{d}x}=\frac{\mathrm{d}y}{\sqrt{ay}},$$

et

$$\frac{1}{2}\frac{\mathrm{d}y^2}{\mathrm{d}x^2}=\frac{2}{a}\sqrt{ay}+C,$$

en intégrant. Changeant C en $\frac{2c}{\sqrt{a}}$, on tirerait de là

$$\frac{\mathrm{d}y^2}{\mathrm{d}x^2}=\frac{4}{\sqrt{a}}(\sqrt{y}+c),\quad \frac{2\mathrm{d}x}{\sqrt[4]{a}}=\frac{\mathrm{d}y}{\sqrt{c+\sqrt{y}}};$$

faisant ensuite $c+\sqrt{y}=z$, il viendrait

$$\frac{dx}{\sqrt[4]{a}}=\frac{(z-c)dz}{\sqrt{z}}=(z^{\frac{1}{2}}-cz^{-\frac{1}{2}})dz,$$

et enfin

$$\frac{x}{\sqrt[4]{a}}=\tfrac{2}{3}z^{\frac{3}{2}}-2cz^{\frac{1}{2}}+c'=\tfrac{2}{3}(\sqrt{y}-c)\sqrt{c+\sqrt{y}}+c'.$$

306. Les équations différentielles qui ne contiennent qu'une seule des variables primitives, s'abaissent au moins d'un ordre.

Cela est d'abord visible pour celles qui sont de la forme

$$f\left(x,\ \frac{dy}{dx},\ \frac{d^2y}{dx^2},\ldots.\frac{d^ny}{dx^n}\right)=0,$$

x désignant la variable indépendante ; car si l'on fait $\frac{dy}{dx}=p$, il vient

$$f\left(x,\ p,\ \frac{dp}{dx},\ldots.\frac{d^{n-1}p}{dx^{n-1}}\right)=0,$$

équation qui n'est plus que de l'ordre $n-1$, par rapport aux variables x et p. Quand on pourra l'intégrer et en tirer soit p en x, soit x en p, on aura y par les formules

$$y=\int p dx+C,\quad \text{ou}\quad y=px-\int x dp+C.$$

Soit, par exemple, l'équation différentielle

$$\frac{(dx^2+dy^2)^{\frac{3}{2}}}{dxd^2y}=X,$$

X désignant une fonction donnée de x seul ; cette équation se transforme en

$$\frac{(1+p^2)^{\frac{3}{2}}dx}{dp}=X,$$

ou

$$\frac{dx}{X}=\frac{dp}{(1+p^2)^{\frac{3}{2}}}.$$

En intégrant il vient

$$\int\frac{dx}{X}+C=\frac{p}{\sqrt{1+p^2}};$$

je représente $\int\frac{dx}{X}+C$ par V, et il en résulte

$$p=\frac{V}{\sqrt{1-V^2}},\quad y=\int p\,dx+C'=\int\frac{V\,dx}{\sqrt{1-V^2}}+C'.$$

307. Si la fonction y entrait dans l'équation proposée, au lieu de la variable indépendante x, on la ramènerait au cas précédent, en prenant dy constant, au lieu de dx (130).

On pourrait encore, si l'équation proposée n'était que du second ordre, chasser dx au moyen de sa valeur $\frac{dy}{p}$, tirée de l'équation $dy=p\,dx$; et l'on aurait ainsi

$$\frac{d^2y}{dx^2}=\frac{dp}{dx}=\frac{p\,dp}{dy}:$$

la transformée ne renfermerait alors que p, dp et dy. Si elle pouvait s'intégrer, et qu'elle donnât p en y, on trouverait x par la formule $x=\int\frac{dy}{p}$, et par la formule $x=\frac{y}{p}+\int\frac{y\,dp}{p^2}$, lorsqu'on aurait y en p.

L'équation $\frac{d^2y}{dx^2}=Y$, déjà traitée dans le n° 305, devient par le procédé ci-dessus,

$$\frac{p\,dp}{dy}=Y,\ \text{d'où}\ p^2=2\int Y\,dy+C,$$

$$p=\frac{dy}{dx}=\sqrt{2\int Ydy+C} \text{ et } x=\int\frac{dy}{\sqrt{2\int Ydy+C}}+C'.$$

308. Parmi les équations différentielles qui contiennent en même temps les deux variables primitives, il faut remarquer celles qui sont homogènes entre la fonction y et ses différentielles, considérées comme des facteurs algébriques : une transformation très simple, faisant disparaître la fonction primitive y, les ramène au cas précédent.

Il suffit de poser $y=e^u$, d'où il résulte

$$dy=e^u du,\quad d^2y=e^u(d^2u+du^2),$$
$$d^3y=e^u(d^3u+3dud^2u+du^3), \text{ etc.};$$

le facteur e^u, devenant alors commun à tous les termes de l'équation, disparaît, et il ne reste plus que les différentielles de u, avec x et dx.

Le cas le plus simple de ces équations est celui où y et ses différentielles ne passent pas le premier degré; il est représenté par la formule générale

$$d^ny+Pd^{n-1}ydx+Qd^{n-2}ydx^2\ldots\ldots+Uydx^n=0.$$

Prenons pour exemple celle du troisième ordre

$$d^3y+Pd^2ydx+Qdydx^2+Uydx^3=0;$$

les valeurs de y et de ses différentielles la réduiront à

$$\left.\begin{array}{r}d^3u+3dud^2u+du^3+P(d^2u+du^2)dx\\ +Qdudx^2+Udx^3\end{array}\right\}=0,$$

qui s'abaisse au second ordre en posant $du=tdx$, d'où il résulte

$$d^2t+(3t+P)dtdx+(t^3+Pt^2+Qt+U)dx^2=0.$$

La forme de cette équation donne lieu à une remarque importante, savoir, que si les quantités P, Q et U

étaient constantes, on pourrait supposer t constant; car en faisant $d^2t=0$, $dt=0$, il ne resterait pour déterminer t que l'équation

$$t^3+Pt^2+Qt+U=0,$$

dont les coefficiens seraient des constantes.

Désignant donc par m_1, m_2, m_3, les trois racines dont cette équation est susceptible en général, on pourrait prendre successivement

$$t=m_1, \quad t=m_2, \quad t=m_3;$$

et comme

$$du=tdx \quad \text{donne} \quad u=\int tdx+c, \quad y=e^{\int tdx+c},$$

on aurait pour y trois valeurs, que je désignerai par

$$y_1=e^{m_1x+c_1}, \quad y_2=e^{m_2x+c_2}, \quad y_3=e^{m_3x+c_3},$$

et qui reviennent à

$$y_1=C_1e^{m_1x}, \quad y_2=C_2e^{m_2x}, \quad y_3=C_3e^{m_3x},$$

en prenant pour constantes arbitraires les quantités

$$e^{c_1}, \quad e^{c_2}, \quad e^{c_3}.$$

309. Ce ne sont encore là que des valeurs particulières de la fonction y, puisqu'elles ne renferment qu'une constante; mais en les ajoutant, on forme l'intégrale primitive complète

$$y=C_1e^{m_1x}+C_2e^{m_2x}+C_3e^{m_3x}.$$

Non seulement il est facile de s'assurer que cette expression de y satisfait à l'équation différentielle proposée; mais on peut établir à ce sujet une proposition générale, quels que soient les coefficiens P, Q et U, savoir, que si y_1, y_2, y_3, sont trois valeurs de y qui satisfassent chacune en particulier à cette équation, leur somme $y_1+y_2+y_3$ étant prise pour l'expression de y, satisfera également, et que si les fonctions y_1, y_2, y_3, ne contenaient pas des constantes arbitraires comme ci-dessus, on pourrait prendre

$$y=C_1y_1+C_2y_2+C_3y_3;$$

car en différentiant trois fois cette expression, substituant dans l'équation proposée, les valeurs de y, dy, d^2y, d^3y, et rassemblant tous les termes où entre la même constante, il vient

$$\left.\begin{array}{l} C_1(d^3y_1+Pd^2y_1dx+Qdy_1dx^2+Uy_1dx^3) \\ +C_2(d^3y_2+Pd^2y_2dx+Qdy_2dx^2+Uy_2dx^3) \\ +C_3(d^3y_3+Pd^2y_3dx+Qdy_3dx^2+Uy_3dx^3) \end{array}\right\}=0,$$

résultat dans lequel la fonction qui multiplie chaque constante est nulle par elle-même, puisqu'on a supposé que les fonctions y_1, y_2, y_3, satisfaisaient séparément à l'équation

$$d^3y+Pd^2ydx+Qdydx^2+Uydx^3=0.$$

On voit aisément que cette démonstration peut s'appliquer à l'équation d'un ordre quelconque

$$d^ny+Pd^{n-1}ydx+Qd^{n-2}ydx^2\ldots\ldots+Uydx^n=0,$$

et que par conséquent si l'on trouve n valeurs particulières

$$y_1,\quad y_2,\quad y_3,\ldots.y_n,$$

qui y satisfassent, on pourra poser

$$y=C_1y_1+C_2y_2+C_3y_3\ldots\ldots+C_ny_n,$$

C_1, C_2, C_3, ... C_n, désignant des constantes arbitraires.

Il est également visible que si les coefficiens P, Q, ... U, sont constans, les valeurs de y s'obtiendront par la supposition de $y=e^{mx}$, m désignant une constante, ce qui donne

$$dy=e^{mx}mdx,\ d^2y=e^{mx}m^2dx^2, \ldots\ldots d^ny=e^{mx}m^ndx^n,$$

et rendant divisible par $e^{mx}dx^n$, l'équation proposée, la réduit alors à

$$m^n+Pm^{n-1}+Qm^{n-2}\ldots\ldots+U=0.$$

Si l'on désigne par m_1, m_2, ...m_n, les racines de celle-ci, on aura

$$y_1=e^{m_1x},\quad y_2=e^{m_2x}, \ldots\ldots y_n=e^{m_nx},$$

et par conséquent

$$y=C_1e^{m_1x}+C_2e^{m_2x}\ldots\ldots+C_ne^{m_nx}.$$

310. Lorsque parmi les valeurs de m, il s'en trouve d'imaginaires, l'expression ci-dessus, qui ne cesse pas pour cela de vérifier l'équation différentielle proposée, a besoin d'être transformée en une autre où il n'y ait que des quantités réelles, ce qui s'effectue au moyen des formules du n° 187.

Si m_1 et m_2, par exemple, désignent un groupe de racines imaginaires, elles seront de la forme

$$m_1=\alpha+\beta\sqrt{-1},\quad m_2=\alpha-\beta\sqrt{-1},$$

et fourniront dans l'expression générale de y, une partie

$$C_1e^{\alpha x+\beta x\sqrt{-1}}+C_2e^{\alpha x-\beta x\sqrt{-1}}$$
$$=e^{\alpha x}(C_1e^{\beta x\sqrt{-1}}+C_2e^{-\beta x\sqrt{-1}});$$

mais par l'article cité, on a

$$e^{\beta x\sqrt{-1}} = \cos\beta x + \sqrt{-1}\sin\beta x,$$
$$e^{-\beta x\sqrt{-1}} = \cos\beta x - \sqrt{-1}\sin\beta x;$$

ces valeurs, substituées dans l'expression précédente, la changent en

$$e^{\alpha x}\{(C_1+C_2)\cos\beta x + (C_1-C_2)\sqrt{-1}\sin\beta x\};$$

et, comme les constantes C_1 et C_2 disparaissent de l'équation différentielle, sans qu'il soit besoin de leur assigner aucune valeur, on peut leur en supposer une telle que les quantités C_1+C_2 et $(C_1-C_2)\sqrt{-1}$ soient réelles, et faire en conséquence

$$C_1+C_2=E_1, \quad (C_1-C_2)\sqrt{-1}=E_2,$$

d'où il résultera, pour l'expression cherchée,

$$e^{\alpha x}\{E_1\cos\beta x + E_2\sin\beta x\},$$

valeur entièrement réelle.

On peut changer cette dernière de forme, en y posant

$$E_1 = p\sin q, \quad E_2 = p\cos q,$$

p et q étant de nouvelles quantités arbitraires; elle deviendra

$$e^{\alpha x}\{p\sin q\cos\beta x + p\cos q\sin\beta x\}$$
$$= pe^{\alpha x}\sin(q+\beta x).$$

On traiterait de la même manière les autres groupes de termes imaginaires que pourrait renfermer l'expression générale de y.

311. Si quelques-unes des racines m_1, m_2, etc., deviennent égales, cette expression perd de sa généralité; quand, par exemple, $m_1 = m_2$, les deux premiers termes, prenant la forme

$$C_1 e^{m_1 x} + C_2 e^{m_1 x} = (C_1 + C_2) e^{m_1 x},$$

se réunissent en un seul dont le coefficient $C_1 + C_2$ ne compte plus que pour une seule constante.

Des divers procédés qu'on a donnés pour parer à cet inconvénient, celui qu'a proposé d'Alembert me paraît encore le plus ingénieux et le plus simple : voici en quoi il consiste (*).

Au lieu de supposer que les racines m_1 et m_2 soient égales, on fait d'abord

$$m_2 = m_1 + h,$$

ce qui donne

$$C_1 e^{m_1 x} + C_2 e^{m_2 x} = e^{m_1 x}(C_1 + C_2 e^{hx}) =$$
$$e^{m_1 x}\left[C_1 + C_2\left(1 + \frac{hx}{1} + \frac{h^2 x^2}{1.2} + \text{etc.}\right)\right],$$

en développant l'exponentielle e^{hx} (27); alors si l'on pose

$$C_1 + C_2 = E_1, \quad C_2 h = E_2,$$

il vient

$$e^{m_1 x}\left[E_1 + E_2 x + E_2 \frac{hx^2}{2} + \text{etc.}\right];$$

or, C_1 et C_2 étant arbitraires, E_1 et E_2 le seront pareillement; et l'expression $C_1 e^{m_1 x} + C_2 e^{m_2 x}$ satisfaisant à l'équation différentielle proposée, indépendamment d'aucune valeur de C_1 et de C_2 (309), il en sera de même du développement ci-dessus, et des constantes E_1 et E_2, et cela, quelque petite que soit la quantité h. Si donc on suppose $h = 0$, l'expression ci-dessus, réduite à

$$e^{m_1 x}(E_1 + E_2 x)$$

(*) *Voyez* d'ailleurs le Traité in-4°, T. III, pag. 695.

et contenant deux constantes arbitraires irréductibles, satisfera encore à la proposée; mais ce cas répond précisément à $m_1 = m_2$.

De là, on passe aisément au cas où $m_1 = m_2 = m_3$; car en ne supposant d'abord que l'équation $m_1 = m_2$, on aura

$$y = e^{m_1 x}(E_1 + E_2 x) + C_3 e^{m_3 x} \ldots\ldots + C_n e^{m_n x},$$

et faisant en conséquence $m_3 = m_1 + h$, il viendra

$$e^{m_1 x}(E_1 + E_2 x) + C_3 e^{m_3 x} = e^{m_1 x}(E_1 + E_2 x + C_3 e^{hx}),$$

que le développement de e^{hx}, changera en

$$e^{m_1 x}\left(E_1 + C_3 + (E_2 + C_3 h)x + C_3 \frac{h^2 x^2}{2} + C_3 \frac{h^3 x^3}{2.3} + \text{etc.}\right),$$

et faisant

$$E_1 + C_3 = F_1, \quad E_2 + C_3 h = F_2, \quad \tfrac{1}{2} C_3 h^2 = F_3,$$

on aura l'expression

$$e^{m_1 x}\left(F_1 + F_2 x + F_3 x^2 + F_3 \frac{hx^3}{3} + \text{etc.}\right),$$

satisfaisant encore à l'équation différentielle proposée, quelles que soient les constantes F_1, F_2, F_3, et quelque petite que soit h: en posant donc $h = 0$, il en résultera, pour le cas où $m_1 = m_2 = m_3$, l'expression

$$e^{m_1 x}(F_1 + F_2 x + F_3 x^2),$$

qui remplacera complètement la partie........... $C_1 e^{m_1 x} + C_2 e^{m_2 x} + C_3 e^{m_3 x}$, et ainsi de suite, en quelque nombre que soient les valeurs égales de m.

312. L'équation différentielle proposée, peut rarement s'intégrer lorsque les coefficiens sont variables; le cas suivant

$$\left.\begin{array}{l}(a+bx)^n d^n y + P(a+bx)^{n-1} d^{n-1} y dx \\ + Q(a+bx)^{n-2} d^{n-2} y dx^2 \ldots\ldots + U y dx^n\end{array}\right\} = 0,$$

où P, Q, ... U, désignent des constantes, est un des plus remarquables. Si l'on fait $a+bx=t$, d'où il suit $dx=\frac{dt}{b}$, l'équation ci-dessus se change en

$$t^n d^n y + \frac{P}{b} t^{n-1} d^{n-1} y dt + \frac{Q}{b^2} t^{n-2} d^{n-2} y dt^2 \ldots + \frac{U}{b^n} y dt^n = 0,$$

à laquelle on satisfait en posant $y=t^m$, m étant un exposant indéterminé, car dt étant constant ainsi que dx, la substitution de y et de ses différentielles rend l'équation ci-dessus divisible par $t^m dt^n$, et l'on a seulement

$$\left.\begin{array}{l}m(m-1)\ldots(m-n+1) + \frac{P}{b} m(m-1)\ldots(m-n+2) \\ + \frac{Q}{b^2} m(m-1)\ldots(m-n+3)\ldots + \frac{U}{b^n}\end{array}\right\} = 0,$$

qui détermine m, au moyen des constantes n, b, P, Q, ... U.

313. Il est facile d'appliquer ce qui précède à l'équation du second ordre

$$d^2 y + P dy dx + U y dx^2 = 0,$$

et d'en tirer les résultats suivans, qu'il est utile de connaître.

1°. Si y_1 et y_2 sont deux valeurs qui satisfassent à cette équation, son intégrale complète est

$$y = C_1 y_1 + C_2 y_2 \quad (309).$$

2°. Quand P et U sont constans, on a

$$y = C_1 e^{m_1 x} + C_2 e^{m_2 x},$$

m_1 et m_2 étant les racines de l'équation

$$m^2+Pm+U=0.$$

3°. Si ces racines sont imaginaires, il vient

$$y=pe^{\alpha x}\sin(q+\beta x)\quad (310).$$

4°. Si elles sont égales

$$y=e^{m_1 x}(E_1+E_2 x)\quad (311).$$

5°. Enfin l'équation

$$(a+bx)^2 d^2y+(a+bx)Pdydx+Uydx^2=0,$$

se change en

$$t^2d^2y+\frac{P}{b}tdydt+\frac{U}{b^2}dt^2=0,$$

lorsqu'on fait $a+bx=t$, et dépend de

$$m(m-1)+\frac{P}{b}m+\frac{U}{b^2}=0\quad (312),$$

ce qui revient à

$$m^2+\left(\frac{P}{b}-1\right)m+\frac{U}{b^2}=0;$$

ainsi son intégrale est

$$y=C_1t^{m_1}+C_2t^{m_2}=C_1(a+bx)^{m_1}+C_2(a+bx)^{m_2},$$

m_1 et m_2 étant les deux valeurs de m.

314. L'équation

$$d^ny+Pd^{n-1}ydx+Qd^{n-2}ydx^2\ldots+Uydx^n=0\quad (1),$$

n'est qu'un cas particulier de l'équation différentielle de l'ordre n et du premier degré; car celle-ci, pour être générale, doit contenir un terme indépendant de y, et avoir par conséquent la forme

$$d^ny+Pd^{n-1}ydx+Qd^{n-2}ydx^2\ldots+Uydx^n=Vdx^n\quad (2);$$

mais l'intégration de cette dernière se ramène facilement à celle de la première : on l'a déjà vu pour le premier ordre, dans le n° 285, et dans un ordre quelconque, *il suffit de connaître un nombre* n *de valeurs particulières de* y, *satisfaisant à l'équation* (1), *pour parvenir à l'intégrale complète de l'équation* (2).

Lagrange qui a découvert cet important théorème, l'a prouvé en étendant à l'équation (2), par la variation des quantites C_1, $C_2, \ldots . C_n$, l'expression générale de y relative à l'équation (1).

Pour fixer les idées, je prends l'équation proposée du troisième ordre seulement : il vient $y = C_1 y_1 + C_2 y_2 + C_3 y_3$, expression dans laquelle il faut déterminer C_1, C_2 et C_3, de manière qu'elle satisfasse à

$$d^3y + Pd^2y dx + Q dy dx^2 + U y dx^3 = V dx^3.$$

Si l'on forme successivement les valeurs de dy, d^2y et d^3y, en traitant C_1, C_2, C_3, comme variables, on trouvera d'abord

$$dy = C_1 dy_1 + C_2 dy_2 + C_3 dy_3 + y_1 dC_1 + y_2 dC_2 + y_3 dC_3;$$

mais comme on a trois quantités à déterminer, et que la question proposée n'offre qu'une condition, on en peut choisir deux autres à volonté, et faire en conséquence

$$y_1 dC_1 + y_2 dC_2 + y_3 dC_3 = 0,$$

ce qui donnera

$$dy = C_1 dy_1 + C_2 dy_2 + C_3 dy_3,$$

comme si les quantités C_1, C_2 et C_3 n'avaient pas varié. En différentiant cette valeur, il viendra

$$d^2y = C_1 d^2y_1 + C_2 d^2y_2 + C_3 d^2y_3 + dy_1 dC_1 + dy_2 dC_2 + dy_3 dC_3;$$

posant encore

$$dy_1 dC_1 + dy_2 dC_2 + dy_3 dC_3 = 0,$$

il restera

$$d^2y = C_1 d^2y_1 + C_2 d^2y_2 + C_3 d^2y_3,$$

d'où l'on tirera

$$\begin{aligned}d^3y = C_1 d^3y_1 + C_2 d^3y_2 + C_3 d^3y_3 \\ + d^2y_1 dC_1 + d^2y_2 dC_2 + d^2y_3 dC_3.\end{aligned}$$

Par la substitution des valeurs de y, dy, d^2y et d^3y, l'équation proposée deviendra

$$\left.\begin{aligned}&C_1(d^3y_1 + Pd^2y_1dx + Qdy_1dx^2 + Uy_1dx^3)\\ +&C_2(d^3y_2 + Pd^2y_2dx + Qdy_2dx^2 + Uy_2dx^3)\\ +&C_3(d^3y_3 + Pd^2y_3dx + Qdy_3dx^2 + Uy_3dx^3)\\ +&d^2y_1dC_1 + d^2y_2dC_2 + d^2y_3dC_3\end{aligned}\right\} = Vdx^3,$$

et se réduira à

$$d^2y_1dC_1 + d^2y_2dC_2 + d^2y_3dC_3 = Vdx^3,$$

puisque les fonctions y_1, y_2 et y_3, satisfont à l'équation

$$d^3y + Pd^2ydx + Qdydx^2 + Uydx^3 = 0:$$

il existera donc entre les différentielles dC_1, dC_2 et dC_3, les trois équations

$$\left.\begin{aligned}y_1dC_1 + y_2dC_2 + y_3dC_3 &= 0\\ dy_1dC_1 + dy_2dC_2 + dy_3dC_3 &= 0\\ d^2y_1dC_1 + d^2y_2dC_2 + d^2y_3dC_3 &= Vdx^3\end{aligned}\right\},$$

dont on tirera les valeurs de chacune de ces différentielles, exprimées en x en dx, lorsque les fonctions y_1, y_2, y_3 seront connues. Les résultats ayant la forme

$$dC_1 = X_1dx,\quad dC_2 = X_2dx,\quad dC_3 = X_3dx,$$

on en déduira

$$C_1 = \int X_1dx + c_1,\quad C_2 = \int X_2dx + c_2,\quad C_3 = \int X_3dx + c_3;$$

et par conséquent

$$y = y_1\left(\int X_1dx + c_1\right) + y_2\left(\int X_2dx + c_2\right) + y_3\left(\int X_3dx + c_3\right),$$

sera l'intégrale complète de l'équation proposée.

Si l'on ne connaissait que deux valeurs particulières

de y, la proposée ne pourrait s'intégrer qu'avec le secours d'une équation du second ordre, réductible au premier. En effet, on aurait alors

$$y = C_1 y_1 + C_2 y_2, \quad dy = C_1 dy_1 + C_2 dy_2,$$

en faisant

$$y_1 dC_1 + y_2 dC_2 = 0;$$

mais puisqu'on ne pourrait disposer que d'une seule des quantités C_1 et C_2, il faudrait employer le développement complet de d^2y, qui serait

$$d^2y = C_1 d^2y_1 + C_2 d^2y_2 + dy_1 dC_1 + dy_2 dC_2,$$

et qui donnerait

$$d^3y = C_1 d^3y_1 + C_2 d^3y_2 + 2d^2y_1 dC_1 + 2d^2y_2 dC_2 \\ + dy_1 d^2C_1 + dy_2 d^2C_2.$$

Substituant dans la proposée, et réduisant de la même manière que ci-dessus, on obtiendrait

$$\left.\begin{aligned} dy_1 d^2C_1 + dy_2 d^2C_2 + 2d^2y_1 dC_1 \quad + 2d^2y_2 dC_2 \\ + P dy_1 dC_1 dx + P dy_2 dC_2 dx \end{aligned}\right\} = V dx^3,$$

équation de laquelle on chassera dC_2 et d^2C_2, en tirant leurs valeurs de l'équation $y_1 dC_1 + y_2 dC_2 = 0$, et de sa différentielle; la résultante ne contenant que d^2C_1, dC_1, et des fonctions de x, se ramènera au premier ordre (306).

Enfin, lorsqu'on n'aura qu'une seule valeur de y, on tombera sur une équation auxiliaire du troisième ordre, réductible au second; c'est ce dont il est facile de se convaincre, en mettant dans la proposée,

$$C_1 y_1, \quad C_1 dy_1 + y_1 dC_1, \quad C_1 d^2y_1 + 2dy_1 dC_1 + y_1 d^2C_1, \\ C_1 d^3y_1 + 3d^2y_1 dC_1 + 3dy_1 d^2C_1 + y_1 d^3C_1,$$

au lieu de

$$y, \quad dy, \quad d^2y \text{ et } d^3y:$$

l'équation produite par ces substitutions sera réduite à

$$\left.\begin{array}{r} y_1 d^3C_1 + 3dy_1 d^2C_1 \quad + 3d^2y_1 dC_1 \\ + Py_1 d^2C_1 dx + 2Pdy_1 dC_1 dx \\ + Qy_1 dC_1 dx^2 \end{array}\right\} = Vdx^3.$$

Si dans les calculs précédens l'on suppose $V = 0$, ils montreront comment, avec deux, ou seulement une valeur particulière de la fonction y, on peut parvenir à son expression générale, dans l'équation

$$d^3y + Pd^2ydx + Qdydx^2 + Uydx^3 = 0,$$

et de là résulte ce théorème général, pour toutes les équations différentielles du premier degré :

Si l'on a un nombre n *de valeurs particulières de* y, *pour l'équation* (1), *on en déduira immédiatement l'expression générale de cette fonction pour les équations* (1) *et* (2); *et l'on parviendra à la même expression, dans le cas où l'on ne connaîtrait que* n — 1 *valeurs particulières, en intégrant une équation du premier degré et du premier ordre.*

315. Je prendrai pour exemple l'équation du second ordre

$$d^2y + Pdydx + Uydx^2 = Vdx^2.$$

En désignant d'abord par y_1, y_2, les valeurs particulières de y qui satisfont à l'équation

$$d^2y + Pdydx + Uydx^2 = 0,$$

l'intégrale complète de la proposée sera

$$y = C_1y_1 + C_2y_2,$$

C_1 et C_2 étant déterminés par les équations

$$\begin{array}{l} y_1dC_1 + \ y_2dC_2 = 0, \\ dy_1dC_1 + dy_2dC_2 = Vdx^2 \quad (\text{n° précéd.}). \end{array}$$

Maintenant, si l'on suppose que les coefficiens P

et U soient constans, V demeurant une fonction quelconque de x, on aura

$$y_1=e^{m_1x},\quad y_2=e^{m_2x}\quad (313),$$

et par conséquent

$$e^{m_1x}dC_1+e^{m_2x}dC_2=0,$$
$$e^{m_1x}m_1dC_1+e^{m_2x}m_2dC_2=Vdx,$$

d'où l'on déduira

$$dC_1=\frac{Ve^{-m_1x}dx}{m_1-m_2},\quad dC_2=\frac{Ve^{-m_2x}dx}{m_2-m_1},$$

puis

$$C_1=E_1+\frac{\int Ve^{-m_1x}dx}{m_1-m_2},\quad C_2=E_2+\frac{\int Ve^{-m_2x}dx}{m_2-m_1};$$

et enfin

$$y=\frac{e^{m_1x}(E_1+\int Ve^{-m_1x}dx)-e^{m_2x}(E_2+\int Ve^{-m_2x}dx)}{m_1-m_2},$$

en donnant aux constantes arbitraires E_1, E_2, le diviseur commun m_1-m_2, ce qui revient à

$$y=\frac{e^{m_1x}\int Ve^{-m_1x}dx-e^{m_2x}\int Ve^{-m_2x}dx}{m_1-m_2},$$

en concevant que chaque intégrale comprenne implicitement sa constante arbitraire.

316. Cette formule est soumise aux circonstances qui naissent de la nature des valeurs de m_1 et m_2 (310, 311).

On pourrait en restreindre l'emploi au cas où les quantités m_1, m_2, sont réelles et inégales, et former immédiatement des expressions de y, pour chacun des deux autres, en employant les valeurs de y_1 et y_2 particulières à ce cas. Par exemple, lorsque m_1 et m_2

sont imaginaires, on tirera de la valeur complète

$$y = e^{\alpha x}(E_1 \cos \beta x + E_2 \sin \beta x),$$

rapportée dans le n° 310, les valeurs particulières

$$y_1 = e^{\alpha x} \cos \beta x, \quad y_2 = e^{\alpha x} \sin \beta x,$$

avec lesquelles il serait facile d'obtenir l'intégrale complète de l'équation proposée; mais il est peut-être plus simple d'opérer sur la formule trouvée dans le n° précédent, la transformation propre à en faire disparaître les imaginaires, c'est-à-dire d'y changer

$$m_1 \text{ en } \alpha + \beta\sqrt{-1}, \quad m_2 \text{ en } \alpha - \beta\sqrt{-1},$$

et de remplacer ensuite les exponentielles imaginaires, par leur expression en sinus et cosinus. Par ces substitutions, on a d'abord

$$y = \frac{1}{2\beta\sqrt{-1}}\left\{e^{\alpha x + \beta x\sqrt{-1}} \int V e^{-\alpha x - \beta x\sqrt{-1}} dx \right.$$
$$\left. - e^{\alpha x - \beta x\sqrt{-1}} \int V e^{-\alpha x + \beta x\sqrt{-1}} dx\right\} =$$
$$\frac{e^{\alpha x}}{2\beta\sqrt{-1}}\left\{(\cos\beta x + \sqrt{-1}\sin\beta x)\int V e^{-\alpha x}(\cos\beta x - \sqrt{-1}\sin\beta x)dx\right.$$
$$\left. -(\cos\beta x - \sqrt{-1}\sin\beta x)\int V e^{-\alpha x}(\cos\beta x + \sqrt{-1}\sin\beta x)dx\right\}$$

puis en effectuant les multiplications indiquées, séparant les intégrales en monomes, et réduisant, le facteur $2\sqrt{-1}$ devient commun aux deux termes de la fraction, et l'on arrive à l'expression réelle

$$y = \frac{e^{\alpha x}}{\beta}\left\{\sin \beta x \int V e^{-\alpha x} dx \cos \beta x \right.$$
$$\left. - \cos \beta x \int V e^{-\alpha x} dx \sin \beta x\right\}.$$

Si V était nul, il faudrait mettre une constante arbitraire à la place de chaque intégrale, et l'on aurait seulement

$$y=\frac{e^{\alpha x}}{\beta}\{E_1 \sin \beta x - E_2 \cos \beta x\},$$

ce qui rentre dans le résultat du n° 310.

On rencontre fréquemment, dans les applications de l'Analyse à la Physique céleste, l'équation

$$\frac{d^2y}{dx^2}+a^2y=V,$$

pour laquelle

$$m=\pm a\sqrt{-1} \quad (313),$$

d'où

$$\alpha=0, \quad \beta=a,$$

et

$$y=p\cos ax+q\sin ax \\ +\frac{\sin ax\int V dx \cos ax - \cos ax \int V dx \sin ax}{a},$$

en restituant les constantes arbitraires. La fonction V a ordinairement la forme

$$A+B\cos\beta x+C\cos\gamma x+\text{etc.};$$

A, B, C, etc. étant des coefficiens constans, β, γ, etc. désignant des nombres entiers; et les intégrations indiquées s'effectuent par le procédé du n° 218.

317. L'égalité des racines m_1 et m_2 réduisant à $\frac{0}{0}$ l'expression

$$y=\frac{e^{m_1x}\int Ve^{-m_1x}dx - e^{m_2x}\int Ve^{-m_2x}dx}{m_1-m_2},$$

il suffit, pour en obtenir la vraie valeur, de différentier par rapport à m_1, son numérateur et son dénominateur, en observant pour les intégrales la règle du n° 281, et il vient

$$y=e^{m_1x}(x\int Ve^{-m_1x}dx-\int Ve^{-m_1x}xdx).$$

Cette dernière expression comprend celle du n° 311; car lorsque $V=0$, les intégrales se réduisant à leur constante arbitraire, il vient seulement

$$y=e^{m_1x}(E_1x-E_2).$$

318. Si l'on a un nombre m d'équations différentielles renfermant un nombre $m+1$ de variables, une seule de ces variables sera indépendante, et les m autres en seront des fonctions. Quand ces dernières et leurs coefficiens différentiels ne s'élèveront pas au-delà de la première puissance, dans les équations proposées, qui seront alors du premier degré, on pourra, par la méthode indiquée au n° 133, parvenir à une équation différentielle du premier degré entre l'une des fonctions à déterminer et la variable que l'on regarde comme indépendante; mais on peut quelquefois éviter les calculs de l'élimination, en intégrant conjointement les équations proposées.

Lorsqu'elles ne sont que du premier ordre et qu'elles ne renferment que trois variables, ces équations peuvent être représentées par

$$\begin{gathered} M\mathrm{d}u+N\mathrm{d}x+(Pu+Qx)\,\mathrm{d}t=R\mathrm{d}t, \\ M'\mathrm{d}u+N'\mathrm{d}x+(P'u+Q'x)\,\mathrm{d}t=R'\mathrm{d}t; \end{gathered}$$

mais si l'on en chasse alternativement $\mathrm{d}u$ et $\mathrm{d}x$, et qu'on dégage de son coefficient celle de ces différentielles que l'on conserve, les équations résultantes prendront la forme

$$\begin{gathered} \mathrm{d}u+(Pu+Qx)\,\mathrm{d}t=T\mathrm{d}t, \\ \mathrm{d}x+(P'u+Q'x)\,\mathrm{d}t=T'\mathrm{d}t, \end{gathered}$$

P, Q, T, P', etc., représentant de nouvelles fonctions de t, dérivées des premières par la suite des opérations indiquées. C'est sous cette dernière forme que d'Alembert a traité les équations différentielles simultanées, par une méthode très ingénieuse, que je vais exposer comme l'a présentée M. Ampère.

En multipliant la seconde équation par un facteur θ, et ajoutant le produit à la première, il vient

$$du+\theta dx+[(P+P'\theta)u+(Q+Q'\theta)x]dt=(T+T'\theta)dt;$$

faisant ensuite $u+\theta x=z$, on aura

$$du+\theta dx=dz-xd\theta, \quad u=z-\theta x,$$

et par ces valeurs, la transformée ci-dessus deviendra

$$\left.\begin{array}{r}dz+(P+P'\theta)zdt\\ -x\{d\theta+[(P+P'\theta)\theta-(Q+Q'\theta)]dt\}\end{array}\right\}=(T+T'\theta)dt;$$

enfin égalant à zéro le multiplicateur de x, on partagera l'équation ci-dessus en deux autres

$$dz+(P+P'\theta)zdt=(T+T'\theta)dt \quad (a),$$
$$d\theta+[(P+P'\theta)\theta-(Q+Q'\theta)]dt=0 \quad (b),$$

dont la dernière ne renferme plus que les deux variables θ et t. Lorsqu'on pourra trouver une valeur de θ satisfaisant à celle-ci, on réduira, par son moyen, la première à ne contenir que les deux variables z et t; et n'étant d'ailleurs que du premier degré, elle s'intégrera complètement par la formule du n° 285.

Quand les coefficiens P, P', Q et Q' sont constans, on peut faire

$$d\theta=0, \quad (P+P'\theta)\theta-(Q+Q'\theta)=0;$$

θ est alors déterminé par une équation du second degré, dont je désignerai les racines par θ_1 et θ_2.

Dans la même hypothèse, l'équation (a), en y faisant pour abréger

$$P+P'\theta=m, \quad T+T'\theta=V,$$

a pour intégrale l'équation

$$z = e^{-mt}\left(\int e^{mt} V dt + C\right),$$

d'où l'on tire les deux suivantes,

$$u + \theta_1 x = e^{-m_1 t}\left(\int e^{m_1 t} V_1 dt + C_1\right),$$
$$u + \theta_2 x = e^{-m_2 t}\left(\int e^{m_2 t} V_2 dt + C_2\right),$$

lorsqu'on y met successivement les deux valeurs de θ : le problème est donc complètement résolu, puisqu'on a, entre les variables u, x et t, deux équations primitives renfermant chacune une constante arbitraire.

319. Passons au système d'équations à quatre variables, auquel on peut toujours donner la forme

$$du + (Pu + Qx + Ry)\,dt = Tdt,$$
$$dx + (P'u + Q'x + R'y)\,dt = T'dt,$$
$$dy + (P''u + Q''x + R''y)\,dt = T''dt.$$

Si l'on multiplie la seconde par θ, la troisième par θ', qu'on ajoute les produits à la première, et que l'on fasse

$$u + \theta x + \theta' y = z,$$

d'où il suit

$$du + \theta dx + \theta' dy = dz - xd\theta - yd\theta',$$
$$u = z - \theta x - \theta' y,$$

et qu'après la substitution de ces valeurs, on rassemble, pour les égaler à zéro, les termes affectés de x et de y, l'équation ci-dessus se partagera dans les trois suivantes,

$$dz + (P + P'\theta + P''\theta')zdt = (T + T'\theta + T''\theta')dt \qquad (a),$$
$$d\theta + [(P + P'\theta + P''\theta')\theta - (Q + Q'\theta + Q''\theta')]dt = 0 \quad (b),$$
$$d\theta' + [(P + P'\theta + P''\theta')\theta' - (R + R'\theta + R''\theta')]dt = 0 \quad (b');$$

et lorsqu'on pourra trouver les valeurs de θ et θ' qui satisfont aux équations (b) et (b'), l'équation (a) réduite aux variables z et t, s'intégrera encore comme dans le n° précédent.

En se bornant au cas où les coefficiens des fonctions u, x et y sont des constantes, on peut supposer $d\theta=0$, $d\theta'=0$; il en résultera

$$(P+P'\theta+P''\theta')\theta-(Q+Q'\theta+Q''\theta')=0,$$
$$(P+P'\theta+P''\theta')\theta'-(R+R'\theta+R''\theta')=0;$$

et si l'on fait $P+P'\theta+P''\theta'=m$, les équations ci-dessus, devenant

$$(m-Q')\theta-Q''\theta'=Q,$$
$$(m-R'')\theta'-R'\theta=R,$$

donneront pour θ et θ', des valeurs qui, substituées dans l'expression de m, conduiront à une équation finale, où cette inconnue montera au troisième degré. Chacune de ses valeurs en fournissant une pour les facteurs θ, θ', si l'on distingue celles-ci par des indices inférieurs, et qu'on fasse $T+T'\theta+T''\theta'=V$, on aura les trois systèmes de quantités,

$$\theta_1,\ \theta'_1,\ m_1,\ V_1,\quad \theta_2,\ \theta'_2,\ m_2,\ V_2,\quad \theta_3,\ \theta'_3,\ m_3,\ V_3,$$

dont la substitution dans $z=e^{-mt}\left\{\int e^{mt}V\mathrm{d}t+C\right\}$, intégrale de l'équation (a), donnera les trois équations primitives

$$u+\theta_1x+\theta'_1y=e^{-m_1t}\left(\int e^{m_1t}V_1\mathrm{d}t+C_1\right),$$
$$u+\theta_2x+\theta'_2y=e^{-m_2t}\left(\int e^{m_2t}V_2\mathrm{d}t+C_2\right),$$
$$u+\theta_3x+\theta'_3y=e^{-m_3t}\left(\int e^{m_3t}V_3\mathrm{d}t+C_3\right).$$

On peut maintenant étendre ce procédé à tel nombre d'équations que l'on voudra. Pour en compléter l'exposition, il faudrait examiner les cas où les valeurs de θ, θ' deviennent imaginaires ou bien égales entre elles ; mais ces détails qui tiendraient trop de place, sont faciles à suppléer, par ce qu'on a vu dans les n°s 310, 311.

320. D'Alembert applique aussi son procédé aux équations du premier degré d'un ordre quelconque,

et pour cela il les ramène au premier ordre, de la manière suivante.

Ayant, par exemple, deux équations de la forme

$$\mathrm{d}^2u + (A\,\mathrm{d}u + B\,\mathrm{d}x)\,\mathrm{d}t + (Cu + Dx)\,\mathrm{d}t^2 = T\,\mathrm{d}t^2,$$
$$\mathrm{d}^2x + (A'\mathrm{d}u + B'\mathrm{d}x)\,\mathrm{d}t + (C'u + D'x)\,\mathrm{d}t^2 = T'\mathrm{d}t^2,$$

il fait $\mathrm{d}u = p\mathrm{d}t$, $\mathrm{d}x = q\mathrm{d}t$; et il a par conséquent entre les cinq variables p, q, t, u et x, les quatre équations du premier ordre

$$\mathrm{d}p + (Ap + Bq + Cu + Dx)\,\mathrm{d}t = T\,\mathrm{d}t,$$
$$\mathrm{d}q + (A'p + B'q + C'u + D'x)\,\mathrm{d}t = T'\mathrm{d}t,$$
$$\mathrm{d}u - p\mathrm{d}t = 0,$$
$$\mathrm{d}x - q\mathrm{d}t = 0,$$

qui peuvent se traiter par la méthode du n° précédent.

Il s'est servi du même artifice pour les équations qui ne contiennent que deux variables ; mais le procédé du n° 314 est plus simple et plus élégant.

Des solutions particulières des équations différentielles du premier ordre.

321. Dans le n° 297 il s'est présenté pour une équation différentielle, une *solution particulière* qui ne dérivait pas de l'intégrale complète, et l'on peut quelquefois tomber sur des équations primitives, sans constantes arbitraires, et vérifiant une équation différentielle dont on ne connaît pas l'intégrale complète : ces deux circonstances font naître les questions suivantes : *d'où viennent les solutions particulières?* et *comment distinguer si une équation primitive qui satisfait à une équation différentielle proposée, dérive ou non de son intégrale?* c'est ce dont je vais m'occuper.

La relation qui existe entre une équation différentielle et son intégrale, est telle que cette dernière équivaut à un nombre infini d'équations primitives, qu'on obtiendrait en donnant successivement à la constante arbitraire toutes les valeurs possibles, et dont chacune satisferait à l'équation différentielle (53). On désigne ces diverses équations primitives sous le nom d'*intégrales particulières*, puisque ce sont des cas particuliers de l'intégrale complète. Les *solutions particulières*, dont le nombre est toujours limité, sont des équations primitives essentiellement différentes des intégrales particulières. Ces solutions sont de deux sortes; les unes ne sont autre chose que des facteurs de l'équation différentielle proposée, dans lesquels dx et dy n'entrent point, qui par conséquent étant égalés à zéro, donnent des équations primitives établissant, entre x et y, des relations qui rendent la proposée identique. En cherchant les diviseurs communs des fonctions M et N, on trouvera les solutions de cette espèce, dont est susceptible l'équation

$$M\mathrm{d}x + N\mathrm{d}y = 0.$$

La seconde espèce de solutions particulières dont l'équation $y\mathrm{d}x - x\mathrm{d}y = n\sqrt{\mathrm{d}x^2 + \mathrm{d}y^2}$ (297) a fourni un exemple, est liée intimement à l'équation différentielle dont elle dérive, quoiqu'elle ne puisse rentrer dans aucun des cas de l'intégrale complète, quelque valeur que l'on donne à la constante arbitraire, ainsi qu'il est facile de le voir, en comparant les équations $y = cx + n\sqrt{1 + c^2}$ et $x^2 + y^2 = n^2$.

Voici la théorie que Lagrange, en 1774, donna de ces dernières solutions, regardées avant lui comme formant un paradoxe dans le Calcul intégral (*).

(*) Il les appela *intégrales particulières*, et donna le nom de solutions particulières aux différens cas de l'intégrale complète. M. Laplace, qui s'est occupé avec succès du même sujet

322. Les solutions particulières, sans être comprises implicitement dans l'intégrale complète, peuvent néanmoins s'en déduire, en cessant de regarder la constante arbitraire comme invariable. En effet, soit $U=0$, une équation primitive renfermant les variables x, y, et une constante c; l'équation différentielle correspondante, que je designerai par $V=0$, sera le résultat de l'élimination de cette constante, entre les équations $U=0$, $\frac{dU}{dx}dx+\frac{dU}{dy}dy=0$ (53); mais si l'on suppose que c soit une fonction quelconque de x, on donnera à l'équation $U=0$ une extension telle qu'elle pourra représenter une équation quelconque à deux variables, et par conséquent aussi toutes les solutions particulières de l'équation $V=0$. Cela posé, la valeur que l'équation $U=0$ donne pour y, et sa différentielle que je représenterai par $dy=pdx$, vérifiant indépendamment de c, l'équation $V=0$, on pourrait supposer c variable, pourvu que la loi de sa variation fût telle, qu'on eût toujours $dy=pdx$. Or, quoiqu'en regardant c comme variable aussi bien que x, il vienne en général $dy=pdx+qdc$, p et q étant des fonctions de x et de c, on aura néanmoins $dy=pdx$ seulement, si $q=0$: déterminant donc c par cette dernière équation, et substituant dans $U=0$ la valeur qu'on trouvera, le résultat satisfera encore à l'équation différentielle $V=0$.

Dans ce qui précède, y a été regardé comme une fonction de x et de c; en considérant à sòn tour x comme une fonction de y et de c, on aura $dx=mdy$,

---

avant Lagrange, emploie ces dénominations dans un sens inverse, et je l'ai suivi. Il m'a semblé que les équations primitives, qui résolvent les équations différentielles sans être comprises dans leur intégrale complète, ne s'obtenant point par les procédés de l'intégration, ne devaient par porter un nom qui rappelle ces procédés.

et raisonnant comme ci-dessus, on trouvera que, si la valeur de dx, prise en faisant varier c, est $dx = m dy + n dc$, l'équation résultante de l'élimination de c, entre $n = 0$ et $U = 0$, satisfera aussi à l'équation différentielle $V = 0$.

On peut comprendre ces deux procédés dans un seul, en faisant évanouir les dénominateurs dans l'équation $\frac{dU}{dx} dx + \frac{dU}{dy} dy + \frac{dU}{dc} dc = 0$, différentielle de $U = 0$, prise en faisant varier c en même temps que x et y. Elle aura alors la forme

$$M dx + N dy + P dc = 0;$$

on en tirera

$$dy = -\frac{M}{N} dx - \frac{P}{N} dc, \qquad dx = -\frac{N}{M} dy - \frac{P}{M} dc,$$

et si les fonctions entières M, N sont algébriques, ou quoique transcendantes, ne peuvent pas devenir infinies par quelque valeur de c, le coefficient de dc ne disparaîtra que par la supposition de $P = 0$, qui donnera ainsi tout ce qu'on peut tirer des opérations indiquées ci-dessus.

Les équations auxquelles ces procédés conduisent, ne sont pas nécessairement des solutions particulières de l'équation $V = 0$; mais pour ne pas se tromper sur cela, il faut examiner les diverses circonstances que peut offrir l'équation $P = 0$.

Il est d'abord évident, que si cette équation donne à c une valeur constante, elle ne conduira qu'à une intégrale particulière; mais si cette valeur est variable, on ne devra pas en conclure tout de suite que le résultat de l'élimination de c entre $P = 0$ et $U = 0$, sera nécessairement une solution particulière; car il pourra encore arriver que l'équation résultante ne soit qu'un cas particulier de $U = 0$. Pour le reconnaître, il faut éliminer une des variables entre cette nouvelle équation et $U=0$. Si l'autre variable peut disparaître en déterminant c par des constantes seulement, on n'a obtenu qu'une intégrale particulière; et si l'on trouvait $c=\frac{0}{0}$, il en faudrait conclure que l'équation $P=0$ est un facteur de $U=0$, indépendant de la constante c, et par conséquent étranger à l'équation différentielle $V=0$.

Quand c n'est qu'au premier degré dans U, il n'entre point dans P, qui ne contient alors que les variables x et y; l'équation $P=0$ satisfait elle-même à $V=0$, parce que $U=0$ étant de la forme $Q+cP=0$, $V=0$ revient à $PdQ-QdP=0$; mais il est aisé de voir que $P=0$, n'est qu'une intégrale particulière correspondante à $c=$ infini.

323. J'appliquerai d'abord cette théorie à l'équation $ydx-xdy=n\sqrt{dx^2+dy^2}$, ayant pour intégrale complète $y-cx=n\sqrt{1+c^2}$ (297). En faisant varier c en même temps que x et y, et réduisant tous les termes au même dénominateur, on a

$$cdx\sqrt{1+c^2}-dy\sqrt{1+c^2}+(x\sqrt{1+c^2}+nc)dc=0;$$

égalant à zéro le coefficient de dc, il vient

$$x\sqrt{1+c^2}+nc=0,$$

d'où l'on tire $c=\frac{x}{\sqrt{n^2-x^2}}$, valeur qui change l'équation $y-cx=n\sqrt{1+c^2}$ en $x^2+y^2=n^2$ et donne la solution particulière obtenue dans le n° cité.

Toutes les équations de la forme $y=px+P$ (297), dans laquelle se trouve comprise la précédente, ont aussi une solution particulière analogue. Leur intégrale complète, représentée par $y=cx+C$, C étant composé en c, comme P l'est en p, donne

$$c\mathrm{d}x-\mathrm{d}y+\left(x+\frac{\mathrm{d}C}{\mathrm{d}c}\right)\mathrm{d}c=0;$$

et posant $x+\frac{\mathrm{d}C}{\mathrm{d}c}=0$, on en tire la valeur de c, d'où dépend la solution particulière. Cette solution particulière s'est montrée lorsqu'on a intégré l'équation... $y=px+P$; car en la différentiant on est parvenu à une équation composée des deux facteurs

$$x+\frac{\mathrm{d}P}{\mathrm{d}p}=0,\quad \mathrm{d}p=0,$$

et le résultat de l'élimination de p entre

$$y=px+P \text{ et } x+\frac{\mathrm{d}P}{\mathrm{d}p}=0,$$

serait le même que celui de l'élimination de c, entre

$$y=cx+C, \text{ et } x+\frac{\mathrm{d}C}{\mathrm{d}c}=0.$$

Les équations $y=px+P$ ont été remarquées d'abord par Clairaut, tant à cause de la propriété qu'elles ont de s'intégrer facilement, après une nouvelle différentiation, que par rapport à la solution particulière que cette différentiation manifeste sur-le-champ.

Soit encore l'équation

$$x\mathrm{d}x+y\mathrm{d}y=\mathrm{d}y\sqrt{x^2+y^2-a^2},$$

dont l'intégrale est

$$\sqrt{x^2+y^2-a^2}=y+c, \text{ ou } x^2-2cy-c^2-a^2=0,$$

en faisant disparaître le radical. On trouve

$$x\mathrm{d}x-c\mathrm{d}y-(y+c)\,\mathrm{d}c=0,$$

d'où il suit

$$y+c=0,$$

et par conséquent

$$\sqrt{x^2+y^2-a^2}=0 \quad \text{ou} \quad x^2+y^2-a^2=0,$$

équation qui ne peut résulter de la proposée, par aucune valeur constante de c, et qui est donc une solution particulière.

Soit enfin l'équation primitive

$$(x^2+y^2-a^2)(y^2-2cy)+(x^2-a^2)c^2=0.$$

En la traitant comme les précédentes, on trouve

$$c=\frac{(x^2+y^2-a^2)y}{x^2-a^2},$$

valeur qui, bien que variable, ne conduit pas à une solution particulière; car si on la substitue dans l'équation proposée, celle-ci, devenant

$$\frac{y^4(x^2+y^2-a^2)}{x^2-a^2}=0,$$

donne

$$y=0 \quad \text{ou} \quad x^2+y^2-a^2=0,$$

équations qu'on tire immédiatement de la proposée, en y faisant $c=0$: ce ne sont donc point des solutions mais des intégrales particulières de l'équation différentielle produite par l'élimination de la constante arbitraire c.

324. Une propriété des solutions particulières qui se présente facilement sur le second exemple, et qui est générale, c'est que l'*équation différentielle peut être préparée de sorte que la solution particulière en devienne un facteur.* En effet, si l'on pose

$$\sqrt{x^2+y^2-a^2}=u,$$

on aura

$$xdx+ydy=udu,$$

et l'équation proposée deviendra

$$udu - udy = 0.$$

Si l'on prenait $u = x^2 + y^2 - a^2$, le radical resterait en évidence dans la transformée, qui deviendrait

$$du - 2dy\sqrt{u} = 0;$$

en la différentiant on arriverait à

$$d^2u - 2d^2y\sqrt{u} - \frac{dydu}{\sqrt{u}} = 0,$$

et faisant disparaître le diviseur, il en résulterait

$$d^2u\sqrt{u} - 2ud^2y - dydu = 0,$$

équation qui serait encore vérifiée par la supposition de $u = 0$. Ces transformations pouvant être continuées autant qu'on veut, il s'ensuit qu'il y a des manières de préparer toutes les différentielles de la proposée, pour que la solution particulière y satisfasse aussi, ce qui n'aurait pas lieu sans cela; car si, quand on fait varier la constante c et qu'on pose $\frac{dy}{dc} = 0$, on a, pour la solution particulière, comme pour l'intégrale complète, $dy = pdx$, la valeur de d^2y, devient pour la première

$$\frac{dp}{dx}dx + \frac{dp}{dc}\frac{dc}{dx}dx,$$

tandis qu'elle est seulement $\frac{dp}{dx}dx$ pour la seconde; ce n'est pas non plus au même facteur que ces deux valeurs satisfont en général : on voit même que l'équation

$$d^2u\sqrt{u} - 2ud^2y - dydu = 0,$$

serait vérifiée par la solution particulière, indépendamment des différentielles du second ordre.

Le développement et les démonstrations des circonstances que je viens d'indiquer me mèneraient trop loin; on les trouvera dans un Mémoire où M. Poisson a éclairci avec succès plusieurs difficultés qui restaient encore sur la théorie des solutions particulières des divers genres d'équations différentielles (*).

325. Pour reconnaître par ce qui précède si une équation primitive qui ne contient pas de constante arbitraire, et qui satisfait à une équation différentielle donnée, en est une intégrale particulière, ou seulement une solution particulière, il faut en avoir l'intégrale complète; cette circonstance qui n'a pas toujours lieu, conduit naturellement à la question suivante :

Etant donnée une valeur $y=X$, *qui satisfait à une équation différentielle, déterminer si elle est ou non comprise dans l'intégrale complète, et en déduire, s'il est possible, celle-ci.*

En supposant qu'on tire de cette dernière $y=V$, et qu'elle comprenne $y=X$, la fonction V sera nécessairement composée avec la variable x et la constante arbitraire C, de manière à se changer en X, par une détermination convenable de C. Si l'on désigne par C' cette valeur de C, et qu'on observe que la supposition de $C=C'$ donne $V=X$, ou que la différence $V-X$ s'évanouit quand $C-C'=0$, on en conclura que, du moins par son développement, l'expression de $V-X$ doit pouvoir être mise sous la forme

$$V-X=V'(C-C')^{\mu}+V''(C-C')^{\nu}+\text{etc.},$$

les exposans μ, ν, etc. étant tous positifs, et les quantités V', V'', etc. indépendantes de $C-C'$. On peut prendre $(C-C')^{\mu}=h$; la quantité h demeurera arbi-

(*) *Journal de l'Ecole Polytechnique*, 13me *cahier; voyez* aussi le Traité in-4°, tom. II, pag. 388.

traire aussi bien que la quantité C; et changeant aussi $\frac{\nu}{\mu}$ en μ, μ étant alors >1, il viendra

$$V-X=V'h+V''h^{\mu}+\text{etc.},$$

d'où

$$V=X+V'h+V''h^{\mu}+\text{etc.},$$

expression qu'on pourra regarder comme le développement de la valeur complète de y.

Cela posé, si l'on représente par $dy=pdx$, l'équation différentielle proposée, résolue par rapport à dy, cette nouvelle équation, à laquelle satisfait, par hypothèse, l'équation $y=X$, devra être vérifiée indépendamment de h, par la valeur complète de y. En désignant d'abord celle-ci par $X+k$, il faudra, pour la substituer dans $dy=pdx$, chercher ce que devient p, lorsqu'on y change y en $X+k$. Soit

$$P+P'k^{m}+P''k^{n}+\text{etc.},$$

le développement de cette valeur de p, les exposans m, n, etc., que je suppose rangés dans l'ordre de leur grandeur, seront nécessairement positifs; car p ne devient pas infini quand $k=0$, puisque l'équation $y=X$, qui ne donne pas dy infini, rend identique l'équation $dy=pdx$, en sorte que $dX=Pdx$.

Lorsqu'on fait $y=X+k$, on a pour résultat

$$dX+dk=(P+P'k^{m}+P''k^{n}+\text{etc.})\,dx,$$

que l'équation $dX=Pdx$ réduit à

$$dk=(P'k^{m}+P''k^{n}+\text{etc.})\,dx;$$

et remettant pour k le développement

$$V'h+V''h^{\mu}+\text{etc.},$$

il vient

$$h\mathrm{d}V' + h^{\mu}\mathrm{d}V'' + \text{etc.} = \left\{ \begin{array}{l} P'h^m\mathrm{d}x(V' + V''h^{\mu-1} + \text{etc.})^m \\ + P''h^n\mathrm{d}x(V' + V''h^{\mu-1} + \text{etc.})^n \\ + \text{etc.} \end{array} \right\} (A),$$

équation d'après laquelle il faut déterminer V', V'', etc., indépendamment de h. En ne prenant d'abord que les termes où cette quantité a le plus petit exposant, on forme l'équation

$$h\mathrm{d}V' = P'V'^m h^m \mathrm{d}x,$$

qui ne peut avoir lieu, quelle que soit h, que quand $m=1$; dans ce cas h disparaît et il vient

$$\mathrm{d}V' = P'V'\mathrm{d}x, \quad V' = e^{\int P'\mathrm{d}x}.$$

Quand $m>1$, on ne peut plus comparer le premier terme $P'V'^m h^m\mathrm{d}x$ du second membre au terme $h\mathrm{d}V'$ du premier; mais on fait disparaître celui-ci en posant $\mathrm{d}V'=0$, ce qui donne $V'=const.$, ou plus simplement, $V'=1$; puis on suppose $\mu=m$, et l'on a $\mathrm{d}V''=P'\mathrm{d}x$, d'où il résulte $V''=\int P'\mathrm{d}x$; et en poursuivant de cette manière on trouve tous les autres termes de la série.

Quand $m<1$, il n'est plus possible de satisfaire à l'équation (A) en aucune manière, puisqu'on ne saurait comparer le terme $P'V'^m h^m\mathrm{d}x$ ni au terme $h\mathrm{d}V'$, ni à aucun de ceux qui le suivent, et dont les exposans surpassent tous l'unité; l'équation $y=X$ ne pouvant alors admettre une constante arbitraire, n'est pas une intégrale particulière, mais une solution particulière.

326. Ceci fournit un procédé pour découvrir immédiatement les solutions particulières des équations différentielles du premier ordre, sans connaître leur intégrale complète. En effet, le développement de p,

quand on y change y en $y+k$, serait en général, par le théorème de Taylor,

$$p+\frac{dp}{dy}\frac{k}{1}+\frac{d^2p}{dy^2}\frac{k^2}{1.2}+\text{etc.},$$

et lorsqu'il prend la forme

$$P+P'k^m+\text{etc.},$$

m étant <1, le coefficient différentiel $\frac{dp}{dy}$ devient infini (89); il faut donc que la différentiation par laquelle on passe de p à ce coefficient, amène un diviseur qui s'évanouisse. Il résulte de là, que si l'on représente $\frac{dp}{dy}$ par $\frac{K}{L}$, toute solution particulière donnera $L=0$, et sera par conséquent un facteur de L; et réciproquement, tout facteur de L qui ne le sera pas en même temps de K, et qui étant égalé à zéro, vérifiera l'équation différentielle proposée, en sera une solution particulière.

On évite la résolution par rapport à dy, de l'équation différentielle proposée, en remarquant que si $Z=0$ désigne cette équation, Z étant fonction de x, y, et p, lorsqu'on écrit pdx au lieu de dy, on a

$$\frac{dZ}{dx}dx+\frac{dZ}{dy}dy+\frac{dZ}{dp}dp=0,$$

d'où

$$\frac{dp}{dy}=-\frac{\frac{dZ}{dy}}{\frac{dZ}{dp}},$$

et que si l'on a préparé l'équation $Z=0$ de manière qu'elle ne contienne ni fractions ni radicaux, il suffira pour rendre $\frac{dp}{dy}$ infini, d'égaler à zéro un facteur de $\frac{dZ}{dp}$.

On n'obtiendrait ainsi que les solutions particulières dans lesquelles entre y; mais on parviendrait à celles qui ne renferment que x, et qui sont de la forme $x = const.$, en regardant dans la proposée, x comme fonction de y.

327. Je vais chercher par cette méthode, d'abord les solutions particulières de l'équation

$$xdx + ydy = dy\sqrt{x^2 + y^2 - a^2}$$

du n° 323. Cette équation devient, après l'évanouissement du radical,

$$x^2dx^2 + 2xydxdy + (a^2 - x^2)\,dy^2 = 0,$$

ou

$$x^2 + 2xyp + (a^2 - x^2)p^2 = 0,$$

et la différentiation donne

$$\frac{dZ}{dp} = 2xy + 2p(a^2 - x^2):$$

la solution particulière cherchée doit donc être telle, qu'à l'aide de la valeur que sa différentielle fournit pour p, elle vérifie en même temps les deux équations

$$x^2 + 2xyp + (a^2 - x^2)p^2 = 0,$$
$$xy + (a^2 - x^2)\,p = 0.$$

Il suit de là que, sans le secours de sa différentielle, elle vérifiera l'équation résultante de l'élimination de p entre les deux précédentes. Cela posé, l'équation

$$xy + (a^2 - x^2)\,p = 0,$$

multipliée par p et retranchée de la proposée, conduit à

$$x^2+xyp=0, \quad \text{d'où} \quad p=-\frac{x}{y},$$

et substituant cette valeur de p dans la première, on trouve l'équation

$$x^2+y^2-a^2=0,$$

qu'on sait être une solution particulière de la proposée.

L'équation plus générale $y=px+P$, étant traitée de la même manière, conduit à $\frac{dZ}{dp}=x+\frac{dP}{dp}$; c'est donc à l'équation

$$x+\frac{dP}{dp}=0,$$

que doivent satisfaire les solutions particulières; et elles résulteront de l'élimination de p entre celle-ci et l'équation différentielle proposée.

Enfin, pour donner un exemple des solutions particulières de la forme $y=const.$, je prendrai l'équation

$$\frac{dy}{dx}=b(y-a)^m,$$

de laquelle on tire immédiatement

$$\frac{dp}{dy}=mb(y-a)^{m-1}.$$

Cette expression ne peut devenir infinie que quand l'exposant $m-1$ est négatif, et qu'on a en même temps $y=a$, valeur qui ne satisfait à la proposée que lorsque m est positive; il faut donc que l'exposant m soit une fraction positive. Dans ce cas $y=a$ est une solution particulière, tandis que l'intégrale complète est

$$\frac{(y-a)^{1-m}}{1-m}-bx=const.$$

328. En général, parmi les fonctions algébriques, il n'y a que les radicaux qui acquièrent un dénominateur par la différentiation, et qui puissent par conséquent donner $\frac{dp}{dy}=\frac{1}{0}$, lorsque p a une valeur finie ; c'est donc dans les radicaux qu'il faut chercher les solutions particulières, en égalant à zéro les fonctions qu'ils affectent, et en s'assurant que les équations résultantes satisfont à la proposé. Par ce procédé, l'équation

$$xdx+ydy=dy\sqrt{x^2+y^2-a^2},$$

donne immédiatement $x^2+y^2-a^2=0$; et l'équation

$$ydx-xdy=n\sqrt{dx^2+dy^2},$$

de laquelle on tire

$$\frac{dy}{dx}=\frac{-xy}{n^2-x^2}\pm\frac{n\sqrt{x^2+y^2-n^2}}{n^2-x^2},$$

conduit à $x^2+y^2-n^2=0$, comme on l'a déjà trouvé de plusieurs manières.

Des méthodes pour résoudre par approximation les équations différentielles.

329. Après avoir épuisé les moyens connus pour intégrer une équation différentielle, il faut chercher à la résoudre par approximation, c'est-à-dire, à en tirer la valeur de y en x, au moyen d'une série. On a déjà vu dans le n° 298, comment celle de Taylor pouvait s'appliquer à cet usage ; on peut aussi prendre pour y une série à coefficiens indéterminés, ordonnée suivant les puissances de x ; mais il faut le plus souvent des artifices particuliers pour déterminer les exposans, lorsqu'ils ne suivent pas la progression des nombres

entiers. Quand la forme de cette série est connue, on parvient à trouver ses coefficiens, en la substituant ainsi que ses différentielles, au lieu de y, dy, d^2y, etc., dans l'équation proposée.

Si l'on avait, par exemple, l'équation

$$dy + ydx = mx^n dx,$$

on supposerait

$$y = Ax^\alpha + Bx^{\alpha+1} + Cx^{\alpha+2} + \text{etc.};$$

mettant cette valeur, ainsi que celle de dy, qui en résulte, dans l'équation proposée, et observant d'assembler les termes de manière qu'on puisse former un nombre suffisant d'équations pour déterminer les exposans et les coefficiens, sans tomber dans des contradictions, on aurait

$$\left.\begin{array}{l} \alpha Ax^{\alpha-1} + (\alpha+1)Bx^\alpha + (\alpha+2)Cx^{\alpha+1} + (\alpha+3)Dx^{\alpha+2} + \text{etc.} \\ -mx^n \quad + \qquad Ax^\alpha + \qquad Bx^{\alpha+1} + \qquad Cx^{\alpha+2} + \text{etc.} \end{array}\right\} = 0,$$

équation qu'on rendrait identique en faisant $n = \alpha - 1$,

ou $\alpha = n+1$, et $A = \frac{m}{\alpha}$, $B = \frac{-m}{\alpha(\alpha+1)}$, $C = \frac{m}{\alpha(\alpha+1)(\alpha+2)}$,

$$D = \frac{-m}{\alpha(\alpha+1)(\alpha+2)(\alpha+3)}, \text{ etc.},$$

et d'où il résulterait

$$y = m\left[\frac{x^{n+1}}{n+1} - \frac{x^{n+2}}{(n+1)(n+2)} + \frac{x^{n+3}}{(n+1)(n+2)(n+3)} - \text{etc.}\right].$$

Cette valeur de y est incomplète, puisqu'elle ne renferme point de constante arbitraire; et il en sera de même pour tous les cas où la constante ne peut être isolée de la variable x, dans le développement de l'intégrale;

29..

mais, d'après ce qu'on a vu dans le n° 299, on arriverait à un résultat aussi général que l'intégrale complète, si l'on pouvait lui donner une forme telle qu'en y faisant $x=a$, il en résulte $y=b$; or, c'est ce qui s'effectue en posant $x=a+t$, $y=b+u$, et prenant pour représenter u, une série dont tous les termes s'évanouissent quand $t=0$.

L'équation $dy+ydx=mx^n dx$ devient par cette transformation $du+(b+u)dt=m(a+t)^n dt$, et faisant

$$u=At^\alpha+Bt^{\alpha+1}+Ct^{\alpha+2}+\text{etc.},$$

on trouvera

$$\left.\begin{array}{l}\alpha At^{\alpha-1}+(\alpha+1)Bt^\alpha+(\alpha+2)Ct^{\alpha+1}+\text{etc.}\\ +b \quad + \quad At^\alpha+ \quad Bt^{\alpha+1}+\text{etc.}\\ -ma^n-m\frac{n}{1}a^{n-1}t-m\frac{n(n-1)}{1.2}a^{n-2}t^2-\text{etc.}\end{array}\right\}=0;$$

il faudra supposer dans cette équation $\alpha-1=0$, ou $\alpha=1$, et il viendra

$$A=ma^n-b,\ B=\frac{mna^{n-1}-ma^n+b}{2},$$

$$C=\frac{mn(n-1)a^{n-2}-mna^{n-1}+ma^n-b}{2.3},\ \text{etc.}$$

330. L'emploi des séries à coefficiens indéterminés, dans les équations du premier degré et du second ordre, présente quelquefois des circonstances qu'il est à propos de connaître, et dont l'équation très simple

$$d^2y+ax^nydx^2=0,$$

offre un exemple remarquable.

Si l'on y suppose

$$y=Ax^\alpha+Bx^{\alpha+\delta}+Cx^{\alpha+2\delta}+\text{etc.},$$

on aura

$$d^2y=\{\alpha(\alpha-1)Ax^{\alpha-2}$$
$$+(\alpha+\delta)(\alpha+\delta-1)Bx^{\alpha+\delta-2}$$
$$+(\alpha+2\delta)(\alpha+2\delta-1)Cx^{\alpha+2\delta-2}+\text{etc.}\}dx^2,$$

$$ax^n y dx^2=\{aAx^{\alpha+n}$$
$$+aBx^{\alpha+\delta+n}$$
$$+aCx^{\alpha+2\delta+n}+\text{etc.}\}dx^2.$$

On voit d'abord qu'il ne sera possible de faire correspondre les termes

$$\alpha(\alpha-1)Ax^{\alpha-2},\quad aAx^{\alpha+n},$$

par lesquels commencent respectivement les expressions précédentes, que dans le cas particulier où $n=-2$; mais il suffira de poser

$$\alpha=0,\quad \text{ou}\quad \alpha=1,$$

pour faire disparaître le premier terme de la valeur de d^2y; et le second, dont l'exposant est $\alpha+\delta-2$, pourra être comparé avec $aAx^{\alpha+n}$: il résultera de là

$$\delta-2=n,\quad \text{d'où}\quad \delta=n+2.$$

A partir de ces termes, les deux séries se correspondront exactement, et pour déterminer les coefficiens, on aura les équations

$$(\alpha+\delta)(\alpha+\delta-1)B+aA=0,$$
$$(\alpha+2\delta)(\alpha+2\delta-1)C+aB=0,$$
$$\text{etc.},$$

dans lesquelles A demeure arbitraire.

Si l'on y met successivement les deux valeurs de α avec celle de δ, on obtiendra pour y les deux développemens

$$A-\frac{aAx^{n+2}}{(n+1)(n+2)}+\frac{a^2Ax^{2n+4}}{(n+1)(n+2)(2n+3)(2n+4)}$$
$$-\frac{a^3Ax^{3n+6}}{(n+1)(n+2)(2n+3)(2n+4)(3n+5)(3n+6)}+\text{etc.},$$
$$Ax-\frac{aAx^{n+3}}{(n+2)(n+3)}+\frac{a^2Ax^{2n+5}}{(n+2)(n+3)(2n+4)(2n+5)}$$
$$-\frac{a^3Ax^{3n+7}}{(n+2)(n+3)(2n+4)(2n+5)(3n+6)(3n+7)}+\text{etc.}$$

Ils ne sont encore que particuliers, puisqu'ils ne contiennent que la constante arbitraire A; mais en écrivant dans le dernier A_1 à la place de A, et prenant ensuite leur somme, on aura, à cause de la forme particulière de l'exemple proposé (309), l'expression générale de y.

331. En terminant ici ce qui regarde l'intégration approchée des équations différentielles, je dois dire que les méthodes exposées ci-dessus, ne donnant que bien rarement des séries convergentes, et seulement pour des valeurs très limitées de la variable indépendante, ne sont guères en usage. Dans les problèmes physico-mathématiques auxquels s'appliquent les approximations du Calcul intégral, il ne s'agit le plus souvent que de déterminer les petites corrections qu'il faut faire à une première valeur approchée, connue d'ailleurs, et considérée comme un état moyen. La vraie valeur cherchée ne s'en écartant que par des fonctions dont on peut négliger d'abord le quarré et les puissances supérieures, on réduit au premier degré les équations différentielles qui déterminent ces fonctions, et l'on y applique ensuite des procédés qui sont encore trop variés pour pouvoir entrer dans les élémens, aussi les trouve-t-on toujours développés dans les divers traités spéciaux où l'on s'en est servi.

Résolution de quelques problèmes géométriques, dépendans des équations différentielles.

332. La mise en équation des problèmes géométriques, dépendans des équations différentielles, ne reposant que sur les propriétés des tangentes, des normales, des rayons de courbure, ne présente pas plus de difficultés que les autres traductions analytiques, lorsqu'on connaît les expressions des lignes qu'il faut considérer; aussi n'en donnerai-je que quelques exemples.

J'observerai d'abord que l'intégration des équations différentielles du premier ordre s'appelle aussi *Méthode inverse des tangentes*, parce que toute équation différentielle de cet ordre, donnant l'expression de $\frac{dy}{dx}$ en x et en y, fait connaître la relation qui existe entre les coordonnées et la soutangente, ou la tangente, ou la normale, etc. dans la courbe qu'elle représente. En effet, si l'on tire de l'équation proposée $\frac{dy}{dx}=p$, la soutangente aura pour expression $\frac{y}{p}$, la tangente $\frac{y\sqrt{1+p^2}}{p}$, etc. (66). On inventa le Calcul différentiel pour mener des tangentes aux courbes, c'est-à-dire, pour résoudre le *Problème direct des tangentes* : on s'occupa ensuite du Calcul intégral, pour parvenir aux équations primitives des courbes par les propriétés de leurs tangentes; mais les progrès et les nombreuses applications de ce Calcul, ont fait abandonner la dénomination de *Méthode inverse des tangentes*, qui ne convenait qu'à un seul de ses usages.

Dans les premiers temps on chercha à déterminer par les aires, ou même par les arcs de quelques courbes connues, l'ordonnée de la courbe demandée; depuis, on a laissé ces constructions de côté, parce que, quelqu'élégantes qu'elles fussent dans la théorie, elles étaient toujours moins commodes et sur-tout moins exactes, dans la pratique, que les formules approximatives qui ont pris leur place.

Une équation différentielle ne peut se construire en général que lorsqu'on en a séparé les variables, parce qu'alors l'expression de l'une d'elles ne dépend plus que de la quadrature d'une courbe dont l'équation primitive est connue.

333. Je prends, pour exemple, la construction des courbes dans lesquelles la soutangente est égale à une fonction donnée de l'abscisse x; l'équation différentielle de cette courbe sera $\frac{y\mathrm{d}x}{\mathrm{d}y}=X$, X désignant la fonction donnée. Les variables se séparent sur-le-champ, dans cette équation, qui n'a que deux termes; et il vient $\frac{\mathrm{d}y}{y}=\frac{\mathrm{d}x}{X}$. Multipliant alors les deux membres par une quantité constante m, on a $\frac{m\mathrm{d}y}{y}=\frac{m\mathrm{d}x}{X}$; et désignant par $\mathrm{L}y$ le logarithme de y, pris dans le système dont le module est m, l'intégration donne

$$\mathrm{L}y=\int\frac{m\mathrm{d}x}{X}=\frac{1}{m}\int\frac{m^2\mathrm{d}x}{X}.$$

FIG. 51. En construisant d'abord la courbe DN, *fig.* 51, telle que l'ordonnée correspondante à l'abscisse AP, soit $PN=\frac{m^2}{X}$, l'aire $ADNP$ donnera la valeur de $\int\frac{m^2\mathrm{d}x}{X}$. On réduira cette aire à un rectangle FQ, dont l'un des côtés soit m, l'autre côté, AQ, exprimera $\frac{1}{m}\int\frac{m^2\mathrm{d}x}{X}$; décrivant ensuite, sur le module m, la logarithmique ER, dont les ordonnées soient perpendiculaires à l'axe AC, et élevant par le point Q la perpendiculaire RQ, on aura $\mathrm{L}.RQ=AQ$ (112) ou $\mathrm{L}.RQ=\frac{1}{m}\int\frac{m^2\mathrm{d}x}{X}$: RQ sera donc égale à l'ordonnée PM de la courbe cherchée.

Il faut bien remarquer que cette construction n'exige pas que l'on ait l'expression analytique de la fonction X; on pourrait prendre à sa place l'ordonnée d'une courbe quelconque rapportée à l'axe AB, et effectuer sur cette ordonnée et sur la ligne arbitraire m, les opérations graphiques indiquées par les formules ci-dessus. On voit aussi que la ligne m n'a été introduite que pour rendre ces formules homogènes, et peut être supposée égale à l'unité.

334. Je vais encore rapporter la solution d'un problème célèbre dans les premiers temps où l'on s'est occupé du Calcul intégral, du *problème des trajectoires*. Il a pour objet de *déterminer la courbe qui coupe toutes celles d'une espèce donnée, sous un angle donné*. On entend ici par courbes d'une espèce donnée, les diverses courbes particulières qu'on obtient en assignant successivement à l'une des constantes d'une équation primitive toutes les valeurs possibles. Si, par exemple, on fait varier le paramètre d'une parabole, il en résultera une suite de paraboles rapportées au même axe, ayant même sommet, et dont les extrêmes seront d'une part l'axe, et de l'autre la ligne qui lui est perpendiculaire et qui passe par le sommet : la courbe qui coupera toutes celles-ci sous un angle donné, en sera la trajectoire (*).

(*) On donne aussi en Mécanique le nom de *trajectoire*, à la courbe décrite par un corps sollicité par des forces quelconques;

FIG. 52. Soient $D_{,}N_{,}$, DN, $D'N'$, etc., *fig.* 52, les courbes coupées et MZ la courbe coupante, ou la trajectoire cherchée ; si par l'un quelconque M de ses points on lui mène une tangente Mt, et qu'on tire aussi celle de la courbe coupée qui passe par ce point, l'angle TMt, d'après l'énoncé de la question, doit être égal à l'angle donné. Je désigne par x', y', les coordonnées des courbes coupées, par x, y, celles de la courbe coupante, et par a la tangente trigonométrique de l'angle constant TMt, qui est égal à la différence des angles MTP, MtP, dont les tangentes respectives ont pour expression $\frac{dy'}{dx'}$ et $\frac{dy}{dx}$ (66) ; la relation

$$\tang TMt = \tang(MtP - MTP),$$

donne ensuite
$$a = \frac{\frac{dy}{dx} - \frac{dy'}{dx'}}{1 + \frac{dy}{dx}\frac{dy'}{dx'}} \quad (\textit{Trig.}\ 26).$$

Je supposerai ici que l'on connaisse l'équation primitive des courbes coupées ; on en tirera par la différentiation $dy' = p\,dx'$, et l'équation ci-dessus deviendra

$$a\left(1 + p\frac{dy}{dx}\right) + p - \frac{dy}{dx} = 0 \ldots\ldots\ldots \quad (A).$$

Il faudra écrire partout x, y, au lieu de x' et de y', parce qu'au point M, la courbe coupée et la courbe coupante ont les mêmes coordonnées. Cela fait, si l'on élimine, entre l'équation (A) et l'équation primitive des

---

mais il ne saurait être question de cette espèce de trajectoire dans un ouvrage consacré uniquement à l'Analyse et à la Géométrie.

courbes coupées, la constante dont les différentes valeurs particularisent chacune de ces courbes, on aura un résultat qui embrassera toutes leurs intersections successives avec la trajectoire, et en sera par conséquent l'équation.

. Soit, pour exemple, les paraboles ayant même axe et même sommet, et dont l'équation est $y'^n = \alpha x'^m$; il viendra $p = \frac{m\alpha x'^{m-1}}{ny'^{n-1}}$. On pourra chasser immédiatement de cette expression, au moyen de l'équation proposée, le paramètre α qui particularise chaque parabole d'un même degré; substituant le résultat dans l'équation (A), après avoir changé x' et y' en x et en y, et divisant ensuite par $x^{m-1}y^{n-1}$, on trouvera

$$a(nx\mathrm{d}x + my\mathrm{d}y) + my\mathrm{d}x - nx\mathrm{d}y = 0.$$

Cette équation étant homogène, peut se traiter par le procédé du n° 283. Lorsqu'on a $m = n = 1$, elle devient intégrable en la divisant par $x^2 + y^2$, puisque

$$\frac{x\mathrm{d}x + y\mathrm{d}y}{x^2 + y^2} = \mathrm{d}.\mathrm{l}\sqrt{x^2 + y^2},$$

et que $\frac{y\mathrm{d}x - x\mathrm{d}y}{x^2 + y^2} = \mathrm{d}.\mathrm{arc}\left(\mathrm{tang} = \frac{x}{y}\right)$ (279); on a

donc $$a\mathrm{l}\sqrt{x^2 + y^2} + \mathrm{arc}\left(\mathrm{tang} = \frac{x}{y}\right) = C,$$

ou $$a\mathrm{l}\frac{\sqrt{x^2 + y^2}}{c} = \mathrm{arc}\left(\mathrm{tang} = \frac{x}{y}\right),$$

en changeant la constante arbitraire. Si l'on fait

$$\sqrt{x^2 + y^2} = u, \ \mathrm{arc}\left(\mathrm{tang} = \frac{x}{y}\right) = t,$$

on retombera sur l'équation des spirales logarithmiques,

qui ont la propriété de couper leur rayon vecteur sous un angle constant (128); et en effet, dans le cas actuel les courbes coupées ne sont autre chose que toutes les lignes droites menées par l'origine des coordonnées, et dont l'équation est $y'=ax'$.

Si l'on voulait que l'angle TMt fût droit, il faudrait supposer a infini, et par conséquent ne tenir compte que des termes qu'il multiplie; l'équation ci-dessus se réduirait à $nx\mathrm{d}x+my\mathrm{d}y=0$, dont l'intégrale $nx^2+my^2=c$, montre que la courbe qui coupe à angles droits toutes les paraboles proposées, est une ellipse décrite sur le même axe que ces courbes, ayant pour centre leur sommet commun. Les trajectoires, pour lesquelles l'angle TMt est droit, s'appellent *trajectoires orthogonales;* leur équation générale est $1+p\frac{\mathrm{d}y}{\mathrm{d}x}=0$; et s'obtient en faisant a infini dans l'équation (A).

335. Les considérations géométriques, comme on l'a annoncé dans le n° 298, établissent aussi la possibilité des équations différentielles à deux variables. En effet, quand il s'agit d'une équation du premier ordre, on n'en tire que la valeur du coefficient $\frac{\mathrm{d}y}{\mathrm{d}x}$ qui exprime la tangente trigonométrique de l'angle que fait avec la ligne des abscisses, la tangente de la courbe relative à cette équation; prenant donc arbitrairement les coordonnées $AP=a$, $PM=b$, d'un premier point M,
FIG. 53. *fig.* 53, on mènera la ligne MT, faisant avec MQ, parallèle à AB, un angle $M'MQ$, dont la tangente soit égale à la valeur correspondante de $\frac{\mathrm{d}y}{\mathrm{d}x}$; cette droite touchera au point M, la courbe cherchée. En regardant la courbe et sa tangente, comme confondues

ensemble, dans les environs du point de contact, la droite TM déterminera, pour un point P', infiniment proche de P, l'ordonnée $P'M'$ avec laquelle on calculera, par l'équation différentielle proposée, la tangente de l'angle $M''M'Q'$ formé au point M', par la tangente $T'M'$ consécutive à TM. La continuation de ce procédé donnera un polygone qui, à mesure qu'on en multipliera les côtés, différera d'autant moins de la courbe à laquelle appartient l'équation proposée. Il résulte aussi de cette construction, qu'une équation différentielle du premier ordre représente une infinité de courbes, puisqu'on peut prendre le premier point M où on voudra.

Dans les équations du second ordre, qui ne donnent que le coefficient $\frac{d^2y}{dx^2}$, on substitue les paraboles osculatrices aux tangentes. Ayant pris arbitrairement un premier point dont l'abscisse et l'ordonnée soient $x=a$, $y=b$, on forme l'équation

$$y-b=A(x-a)+B(x-a)^2,$$

qui appartient à une parabole passant par ce point. En la différentiant deux fois de suite et faisant $x=a$, on en tire

$$\frac{dy}{dx}=A,\quad \frac{d^2y}{dx^2}=2B;$$

le coefficient A demeure arbitraire; mais B est déterminé en mettant dans l'équation proposée, a, b et A, au lieu de x, y, $\frac{dy}{dx}$: on construit donc en premier lieu, une parabole MN, *fig.* 54, qui passe par le point M, et dont la tangente à ce point fasse avec l'abscisse un angle dont la tangente trigonométrique soit donnée. On calcule la valeur de l'ordonnée $P'M'$ de cette courbe et celle de $\frac{dy}{dx}$, correspondantes à un FIG. 54.

point P', pris très près du point P, sur l'axe des abscisses ; puis mettant ces valeurs dans l'équation différentielle proposée, on en déduit une nouvelle valeur de $\frac{d^2y}{dx^2}$. En représentant celle-ci par $2B_1$, et par b_1 et A_1 celles de $P'M'$ et de $\frac{dy}{dx}$, on forme l'équation

$$y-b_1=A_1(x-a_1)+B_1(x-a_1)^2,$$

de la seconde parabole osculatrice avec laquelle on en déterminerait une troisième, et ainsi de suite.

On modifierait aisément ce procédé pour y remplacer la parabole osculatrice par le cercle osculateur, ou pour l'étendre à tous les ordres.

336. Le problème suivant va montrer comment les considérations géométriques conduisent à la théorie des solutions particulières, que j'ai exposée dans le n° 322. *Trouver une courbe telle, que toutes les perpendiculaires abaissées d'un point donné, sur les tangentes de cette courbe, soient égales.* Pour parvenir à l'équation différentielle, il faut se rappeler qu'en nommant x et y les coordonnées d'une courbe, et x' et y' celles de sa tangente, l'équation de cette droite est $y'-y=\frac{dy}{dx}(x'-x)$ (68) ; prenant pour origine des coordonnées le point connu, duquel doivent être abaissées toutes les perpendiculaires, chacune d'elles aura pour équation $y'=-\frac{dx}{dy}x'$ (*Trig.* 86), et sa longueur sera exprimée par $\sqrt{x'^2+y'^2}$. En mettant pour x' et pour y' les coordonnées du point où elle rencontre la tangente qui lui correspond, et dont les valeurs s'obtiennent par les deux équations cidessus (*Trig.* 87), on aura, en vertu de ces équations,

$$x'=\frac{(x\mathrm{d}y-y\mathrm{d}x)\mathrm{d}y}{\mathrm{d}x^2+\mathrm{d}y^2},\quad y'=-\frac{(x\mathrm{d}y-y\mathrm{d}x)\mathrm{d}x}{\mathrm{d}x^2+\mathrm{d}y^2},$$

et $$\sqrt{x'^2+y'^2}=\frac{x\mathrm{d}y-y\mathrm{d}x}{\sqrt{\mathrm{d}x^2+\mathrm{d}y^2}}=n;$$

l'équation différentielle de la courbe cherchée sera donc

$$x\mathrm{d}y-y\mathrm{d}x=n\sqrt{\mathrm{d}x^2+\mathrm{d}y^2}.$$

Cela posé, il est facile de voir que le cercle, dont le rayon $=n$, et dont le centre est l'origine des coordonnées, satisfait à la question. Ce cercle ayant pour équation $y^2+x^2=n^2$, est précisément la solution particulière trouvée n° 297; mais toute ligne droite, située, par rapport à l'origine des coordonnées, de manière que sa plus courte distance à ce point, soit égale à n, résout également le problème proposé, et comme il y a une infinité de lignes droites qui peuvent remplir cette condition, c'est dans l'équation qui les comprend toutes que réside l'intégrale complète de l'équation différentielle trouvée ci-dessus, et qui est en effet

$$y-cx=n\sqrt{1+c^2}\quad(297).$$

Une circonstance digne de remarque et qui s'aperçoit sur-le-champ, c'est que toutes les lignes droites dont on vient de parler, seront nécessairement touchées par le cercle qui représente la solution particulière, puisqu'il a pour rayon la perpendiculaire abaissée sur chacune d'elles.

La même relation a lieu entre les diverses courbes que représente l'intégrale complète d'une équation différentielle du premier ordre, et celle qui résulte d'une solution particulière de cette équation; la dernière touche toutes les autres. En effet, l'équation différentielle ne détermine que la direction de la tangente, et toute courbe qui, dans un point quelconque, aura la même tangente que l'une des courbes déduites de l'intégrale complète, y satisfera nécessairement : or, c'est ce qui arrive à la courbe qui touche toutes celles-ci.

Il suit de là, que la développée d'une courbe n'est autre chose que la solution particulière de l'équation différentielle qui représente toutes les normales de cette courbe (80), et que celle-ci, c'est-à-dire la développante, est pareillement la solution particulière de l'équation différentielle commune à tous ses cercles osculateurs, mais avec la différence que les contacts sont du second ordre.

La liaison établie dans le n° 322, entre les intégrales complètes et les solutions particulières, se déduit aussi des considérations géométriques; car chaque point du cercle de l'exemple précédent, peut être regardé comme l'intersection de deux tangentes consécutives, c'est-à-dire comme l'intersection de deux droites fournies par deux valeurs consécutives données à la constante c; l'abscisse et l'ordonnée de cette intersection dépendent des valeurs de c, qui par conséquent est à son tour fonction de ces quantités, ou de x et de y. Il est évident que pour former l'équation d'une ligne consécutive à celle que représente l'équation

$$y-cx=n\sqrt{1+c^2},$$

il faut différentier celle-ci en faisant varier c; et puisqu'on ne cherche que l'intersection de ces deux lignes, point où leurs coordonnées sont communes, on doit regarder x et y comme constans : l'intersection cherchée sera donc déterminée par les deux équations

$$y-cx=n\sqrt{1+c^2},$$

$$-x=\frac{nc}{\sqrt{1+c^2}},$$

si l'on assigne à c une valeur particulière. Mais si l'on élimine c, le résultat, ne désignant plus aucune intersection en particulier, embrassera tous les points résultans des rencontres des droites fournies par toutes les valeurs de c, et combinées deux à deux consécutivement, c'est-à-dire, le cercle qui est la solution particulière, et qui se déduit encore ici de la variation attribuée à la constante arbitraire de l'intégrale complète. Les mêmes remarques se vérifient sur les développées, lorsque l'on considère ces courbes comme produites par les intersections des normales consécutives de la développante (80).

De l'intégration des équations différentielles contenant trois ou un plus grand nombre de variables.

Des équations différentielles totales.

337. Les fonctions qui dépendent de deux ou d'un plus grand nombre de variables, diffèrent de celles d'une seule, en ce qu'elles ont pour chaque ordre plusieurs coefficiens différentiels. Si z, par exemple, est une fonction de deux variables, il aura, pour le premier ordre, deux coefficiens différentiels, savoir, $\frac{dz}{dx}$, $\frac{dz}{dy}$, l'un pris en faisant varier x seul, et l'autre en faisant varier y seul. Dans le second ordre, le nombre de coefficiens différentiels s'élève à trois, et s'accroît ainsi successivement d'ordre en ordre (44). Pour remonter des coefficiens différentiels d'une fonction de deux ou d'un plus grand nombre de variables à cette fonction, il se présente plusieurs cas : 1°. on peut avoir tous ses coefficiens différentiels d'un même ordre, exprimés par les variables indépendantes, ce qui donne

explicitement les différentielles totales des fonctions cherchées, que l'on en déduit par les procédés exposés dans les nos 278—280 ; 2°. la fonction elle-même peut entrer avec les variables indépendantes, dans les expressions des coefficiens différentiels, et alors il en résulte une équation différentielle totale, de la forme

$$Pdx + Qdy + Rdz = 0;$$

3°. enfin, on peut n'avoir qu'une relation entre ces coefficiens, la fonction dont ils dérivent et les variables indépendantes.

Je m'occuperai d'abord du second cas qui s'intégrerait par le procédé du n° 280, si le premier membre de l'équation proposée était une différentielle exacte à trois variables.

338. Ici, comme dans le n° 289, on peut s'assurer que si l'équation $Pdx + Qdy + Rdz = 0$, dérive d'une équation primitive $u = c$, et qu'elle ne soit pas une différentielle exacte, elle est nécessairement susceptible de le devenir par le moyen d'un facteur convenable. En effet, l'équation différentielle proposée doit alors s'accorder avec

$$\frac{du}{dx}dx + \frac{du}{dy}dy + \frac{du}{dz}dz = 0,$$

c'est-à-dire que les valeurs de dz, tirées de l'une et de l'autre, doivent être identiques, indépendamment de dx et de dy (136); or, ces valeurs étant respectivement

$$dz = -\frac{P}{R}dx - \frac{Q}{R}dy, \quad dz = -\frac{\frac{du}{dx}}{\frac{du}{dz}}dx - \frac{\frac{du}{dy}}{\frac{du}{dz}}dy,$$

il s'ensuit que

$$\frac{\frac{du}{dx}}{\frac{du}{dz}}=\frac{P}{R},\ \frac{\frac{du}{dy}}{\frac{du}{dz}}=\frac{Q}{R},\quad \text{d'où}\quad \frac{\frac{du}{dx}}{P}=\frac{\frac{du}{dy}}{Q}=\frac{\frac{du}{dz}}{R};$$

et nommant μ les quotiens indiqués, il viendra

$$du=\mu P dx+\mu Q dy+\mu R dz.$$

Cela posé, pour que cette différentielle soit exacte, il faut encore qu'elle vérifie les conditions

$$\frac{d.\mu P}{dy}=\frac{d.\mu Q}{dx},\quad \frac{d.\mu R}{dx}=\frac{d.\mu P}{dz},\quad \frac{d.\mu Q}{dz}=\frac{d.\mu R}{dy},$$

dont le développement fournit les équations

$$\left.\begin{array}{l}\mu\left(\frac{dP}{dy}-\frac{dQ}{dx}\right)+P\frac{d\mu}{dy}-Q\frac{d\mu}{dx}=0\\ \mu\left(\frac{dR}{dx}-\frac{dP}{dz}\right)+R\frac{d\mu}{dx}-P\frac{d\mu}{dz}=0\\ \mu\left(\frac{dQ}{dz}-\frac{dR}{dy}\right)+Q\frac{d\mu}{dz}-R\frac{d\mu}{dy}=0\end{array}\right\}(A).$$

On aperçoit bientôt que la fonction μ disparaît quand on multiplie la première de ces équations par R, la seconde par Q, la troisième par P, et qu'on ajoute les produits; car la somme étant divisible par μ se réduit à

$$R\left(\frac{dP}{dy}-\frac{dQ}{dx}\right)+Q\left(\frac{dR}{dx}-\frac{dP}{dz}\right)+P\left(\frac{dQ}{dz}-\frac{dR}{dy}\right)=0\ (B),$$

équation de condition qui doit d'abord être satisfaite par la proposée, pour que celle-ci puisse devenir différentielle exacte, au moyen d'un facteur, et qu'elle puisse par conséquent dériver d'une équation primitive à trois variables, ou ce qui est la même chose, être vérifiée par une fonction de deux.

Cette dernière considération mène aussi à l'équation

(B), par l'application immédiate du théorème du n°. 278; car si l'on avait l'expression primitive de z en x et en y, et qu'on la substituât dans celle de dz tirée de l'équation

$$Pdx + Qdy + Rdz = o,$$

il en résulterait nécessairement une différentielle exacte à deux variables, et de la forme

$$dz = pdx + qdy, \quad \text{où} \quad \frac{dp}{dy} = \frac{dq}{dx}.$$

Mais dans le cas actuel, où

$$p = -\frac{P}{R}, \quad q = -\frac{Q}{R},$$

P, Q, R renfermant z, il faut dans les différentiations indiquées, le faire varier aussi, et substituer en conséquence p et q à la place de $\frac{dz}{dx}$ et de $\frac{dz}{dy}$; il viendra d'abord l'équation

$$\frac{dp}{dy} + q\frac{dp}{dz} = \frac{dq}{dx} + p\frac{dq}{dz},$$

ou

$$\frac{dp}{dy} - \frac{dq}{dx} + q\frac{dp}{dz} - p\frac{dq}{dz} = o \quad (C).$$

Si l'on substitue $-\frac{P}{R}$, $-\frac{Q}{R}$, à la place de p et de q, on aura, après les réductions,

$$P\frac{dR}{dy} - R\frac{dP}{dy} + R\frac{dQ}{dx} - Q\frac{dR}{dx} + Q\frac{dP}{dz} - P\frac{dQ}{dz} = o,$$

c'est-à-dire l'équation (B) du n° précédent.

Pendant long-temps on appelait *équations absurdes*, et l'on regardait comme insignifiantes, celles qui ne satisfaisaient pas à l'équation (B); mais Monge a fait voir que toutes les équations différentielles à trois variables avaient une signification réelle, et que tandis que celles dont l'intégrale était exprimée par une seule équation entre trois variables appartenaient à des surfaces courbes, chacune des autres représentait une infinité de courbes à double courbure, jouissant d'une propriété commune. Je m'occuperai d'abord des premières.

339. Quand l'équation (B) est satisfaite, deux quelconques des équations (A) suffisent pour déterminer le facteur μ; mais on y parvient aussi lorsqu'on sait trouver le facteur qui rend intégrable la différentielle

$$Pdx + Qdy,$$

en y regardant z comme constante.

Soit μ ce facteur, et

$$\int(\mu Pdx + \mu Qdy) = U;$$

on aura pour l'intégrale cherchée

$$U + Z = 0,$$

où Z désigne une fonction de z seul. Si maintenant on différentie cette intégrale, en y faisant tout varier, et en observant que

$$\frac{dU}{dx} = \mu P, \quad \frac{dU}{dy} = \mu Q,$$

on aura l'équation

$$\mu Pdx + \mu Qdy + \left(\frac{dU}{dz} + \frac{dZ}{dz}\right)dz = 0,$$

dont la comparaison avec la proposée donnera

$$\mu R = \frac{dU}{dz} + \frac{dZ}{dz}, \quad \text{ou} \quad \frac{dZ}{dz} = \mu R - \frac{dU}{dz}.$$

Cela posé, pour que la détermination de Z, puisse avoir lieu suivant l'hypothèse établie, il faut que le second membre de cette dernière équation se réduise à une fonction de z et de Z, au moins après qu'on en aura chassé y, par sa valeur prise dans l'équation $U+Z=0$; et alors

$$\frac{\mathrm{d}.\left(\mu R-\frac{\mathrm{d}U}{\mathrm{d}z}\right)}{\mathrm{d}x}=0,$$

en supposant que y est une fonction de x et de Z, déterminée par l'équation $U+Z=0$. Sous ce dernier point de vue, on a

$$\frac{\mathrm{d}\left(\mu R-\frac{\mathrm{d}U}{\mathrm{d}z}\right)}{\mathrm{d}x}+\frac{\mathrm{d}\left(\mu R-\frac{\mathrm{d}U}{\mathrm{d}z}\right)}{\mathrm{d}y}\frac{\mathrm{d}y}{\mathrm{d}x}=0,$$

ou, en développant,

$$\mu\frac{\mathrm{d}R}{\mathrm{d}x}+R\frac{\mathrm{d}\mu}{\mathrm{d}x}-\frac{\mathrm{d}^2U}{\mathrm{d}x\mathrm{d}z}+\left(\mu\frac{\mathrm{d}R}{\mathrm{d}y}+R\frac{\mathrm{d}\mu}{\mathrm{d}y}-\frac{\mathrm{d}^2U}{\mathrm{d}z\mathrm{d}y}\right)\frac{\mathrm{d}y}{\mathrm{d}x}=0;$$

mais l'équation différentielle proposée, étant mise sous la forme

$$\mathrm{d}y=-\frac{P}{Q}\mathrm{d}x-\frac{R}{Q}\mathrm{d}z,$$

donne

$$\frac{\mathrm{d}y}{\mathrm{d}x}=-\frac{P}{Q};$$

on a aussi

$$\frac{\mathrm{d}^2U}{\mathrm{d}x\mathrm{d}z}=\frac{\mathrm{d}.\mu P}{\mathrm{d}z}=\mu\frac{\mathrm{d}P}{\mathrm{d}z}+P\frac{\mathrm{d}\mu}{\mathrm{d}z},$$

$$\frac{\mathrm{d}^2U}{\mathrm{d}y\mathrm{d}z}=\frac{\mathrm{d}.\mu Q}{\mathrm{d}z}=\mu\frac{\mathrm{d}Q}{\mathrm{d}z}+Q\frac{\mathrm{d}\mu}{\mathrm{d}z};$$

de plus, le facteur μ rendant exacte la différentielle $\mu P\mathrm{d}x+\mu Q\mathrm{d}y$, satisfait à l'équation

$$P\frac{d\mu}{dy}-Q\frac{d\mu}{dx}+\mu\left(\frac{dP}{dy}-\frac{dQ}{dx}\right)=0 \quad (290)$$

Si l'on prend dans cette dernière la valeur de $\frac{d\mu}{dx}$, pour la substituer, ainsi que celles de

$$\frac{d^2U}{dxdz},\ \frac{d^2U}{dydz},\ \frac{dy}{dx},$$

dans l'équation de condition trouvée plus haut, le résultat, étant réduit avec soin, sera précisément l'équation (B), ce qui prouve que l'intégration de l'équation différentielle proposée à trois variables, ne dépend que de celle des équations à deux variables.

340. Lorsque les différentielles dx, dy et dz montent au-delà du premier degré dans l'équation proposée, elle ne peut s'intégrer par ce qui précède, que quand elle satisfait à une nouvelle condition que je vais faire connaître. Soit pour exemple l'équation

$$Pdx^2+Qdy^2+Rdz^2+2Sdxdy+2Tdxdz+2Vdydz=0;$$

elle ne saurait résulter de la différentiation d'une équation primitive entre les variables x, y et z, à moins qu'elle ne puisse se ramener à la forme $P'dx+Q'dy+R'dz=0$. En effet, quelle que soit l'intégrale, on peut toujours en déduire, par la différentiation $dz=pdx+qdy$, p et q désignant des fonctions quelconques de x, y et z; il faut donc qu'en résolvant la proposée par rapport à dz, les différentielles dx et dy sortent toutes deux du radical: or, c'est ce qui n'arrive pas toujours; car on a

$$dz=\frac{1}{R}\{-Tdx-Vdy$$
$$\pm\sqrt{(T^2-PR)dx^2+2(TV-RS)dxdy+(V^2-QR)dy^2}\},$$

et si la quantité qui est sous le radical, n'est pas un

quarré parfait, ou du moins si l'on n'a pas

$$(TV-RS)^2=(T^2-PR)(V^2-QR),$$

les différentielles dx et dy resteront engagées sous ce radical. En général, quel que soit le degré de l'équation proposée, par rapport à dz, dx, dy, il faut qu'étant ordonnée suivant les puissances de dz, elle puisse se décomposer en facteurs de la forme

$$dz-pdx-qdy=0.$$

Des équations différentielles totales qui ne satisfont pas aux conditions d'intégrabilité.

341. J'ai fait voir dans le n° 338, qu'une équation différentielle du premier ordre à trois variables, de la forme $Pdx+Qdy+Rdz=0$, ne pouvait être satisfaite par une fonction de deux variables, qu'autant que l'équation

$$P\frac{dR}{dy}-R\frac{dP}{dy}+R\frac{dQ}{dx}-Q\frac{dR}{dx}+Q\frac{dP}{dz}-P\frac{dQ}{dz}=0,$$

était identique par elle-même; mais en établissant une dépendance quelconque entre x, y, z, on changera l'équation proposée, dans une autre qui ne contiendra plus que deux de ces variables, et déterminera par conséquent l'une de celles-ci en fonction de l'autre.

Si l'on avait, par exemple, l'équation

$$\frac{dz}{z-c}=\frac{xdx+ydy}{x(x-a)+y(y-b)},$$

qui ne peut remplir la condition énoncée ci-dessus, tant que a et b ne sont pas nuls, et qu'on y fît $y=\varphi(x)$, φ désignant une fonction quelconque, elle se changerait en

$$\frac{dz}{z-c}=\frac{[x+\varphi(x)\varphi'(x)]dx}{x(x-a)+\varphi(x)[\varphi(x)-b]},$$

et donnerait autant de relations différentes entre z et x, que l'on assignerait de formes particulières à la fonction φ. Si l'on prend, par exemple, $\varphi(x)=x$, on aura

$$\frac{dz}{z-c}=\frac{2xdx}{x(x-a)+x(x-b)}=\frac{2dx}{2x-a-b},$$

d'où l'on tirera $z-c=C(2x-a-b)$, C étant une constante arbitraire; et la proposée sera satisfaite par le système des équations

$$\left.\begin{array}{r}y=x\\ z-c=C(2x-a-b)\end{array}\right\}.$$

Newton, dans son Traité des Fluxions (*), avait déjà indiqué cette manière de résoudre les équations différentielles qui contenaient plus de deux variables; mais elle a l'inconvénient d'exiger une intégration pour chaque résultat qu'on veut obtenir, et Monge a remarqué, en 1784, qu'on pouvait, par l'introduction d'une fonction arbitraire, parvenir à un système général d'équations qui en donnât une infinité de particuliers, satisfaisant tous à la proposée.

342. Le procédé que l'on doit suivre pour intégrer l'équation

$$Pdx+Qdy+Rdz=0,$$

par une seule équation primitive, lorsque la chose est possible (339), conduit aussi à la solution la plus générale que l'on puisse obtenir pour cette équation, dans le cas contraire. En effet, si on l'intègre d'abord, en regar-

(*) *Newtoni Opuscula*, tom. I, pag. 83, édition de 1744.

dant une des variables qu'elle renferme comme constante, z, par exemple, que l'on représente par $U=C$, l'équation primitive qui répond à $Pdx+Qdy=0$, que l'on différentie cette équation primitive, en faisant varier à la fois x, y, z et C, et que l'on compare le résultat à la proposée, on arrivera à l'équation

$$\frac{dC}{dz}=\frac{dU}{dz}-\mu R,$$

μ étant le facteur qui rend $Pdx+Qdy$ une différentielle exacte. A la vérité, le second membre ne se réduira plus à une fonction de z seul, comme cela arrive dans le cas où la condition d'intégrabilité est remplie, et ne pourra donner C, comme l'exige cette condition; mais il est évident qu'en supposant toujours que C soit une fonction de z, l'équation proposée sera satisfaite par l'équation primitive $U=C$, si l'on a en même temps

$$\frac{dC}{dz}=\frac{dU}{dz}-\mu R:$$

faisant donc $C=\varphi(z)$, le système des équations

$$\left.\begin{array}{r} U=\varphi(z) \\ \frac{dU}{dz}-\mu R=\varphi'(z) \end{array}\right\}$$

satisfera à la proposée, quelle que soit la forme de la fonction φ, et pourra se particulariser d'une infinité de manières, en prenant φ arbitrairement.

En appliquant ceci à l'équation

$$\frac{dz}{z-c}=\frac{xdx+ydy}{x(x-a)+y(y-b)},$$

que j'ai prise pour exemple dans le n° précédent, on aura

$$Pdx + Qdy = \frac{xdx + ydy}{x(x-a) + y(y-b)},\ R = -\frac{1}{z-c};$$

et faisant

$$\mu = x(x-a) + y(y-b),$$

on trouvera $U = x^2 + y^2$: on obtiendra par conséquent les équations

$$\left.\begin{array}{r} x^2 + y^2 = \varphi(z) \\ \dfrac{x(x-a)+y(y-b)}{z-c} = \varphi'(z) \end{array}\right\}.$$

Intégration des équations différentielles partielles du premier ordre.

343. Je vais passer au troisième cas de la recherche des fonctions de deux ou d'un plus grand nombre de variables. Dans ce cas, on n'a pour déterminer la fonction inconnue que quelques-uns de ses coefficiens différentiels d'un certain ordre, ou une seule équation entre eux. Il constitue ce que l'on appelle *Calcul intégral aux différences partielles*, et qu'on devrait nommer, d'après les remarques du n° 43, *Calcul intégral aux différentielles partielles*; car, les coefficiens différentiels, considérés isolément, ne font connaître que les différentielles partielles, et non pas les différences qui sont l'objet d'un calcul à part, qu'on trouvera dans l'*Appendice* qui termine cet ouvrage. Le coefficient $\frac{d^{m+n}z}{dx^m dy^n}$, étant multiplié par $dx^m dy^n$, devient $\frac{d^{m+n}z}{dx^m dy^n} dx^m dy^n$, et exprime alors la différentielle $m^{ième}$, par rapport à x, de la différentielle $n^{ième}$ de z, par rapport à y, *et vice versâ.*

344. La plus simple des équations différentielles par-

tielles, est celle qui ne renferme que l'un des coefficiens du premier ordre et les variables indépendantes. Soit, par exemple, $\frac{dz}{dx}=R$, R ne contenant point z; en multipliant par dx, on obtiendra $\frac{dz}{dx}dx=Rdx$, ou $dz=Rdx$, et en intégrant par rapport à x seulement, il viendra

$$z=\int Rdx+C.$$

Dans ce résultat, C n'indique pas une simple constante arbitraire, mais une fonction absolument indéterminée, de toutes les variables autres que x, que pourrait contenir la fonction z. Si, par exemple, z dépendait en même temps de x et de y, on aurait $z=\int Rdx+\varphi(y)$, en désignant par φ une fonction arbitraire composée d'une manière quelconque de la variable y mêlée avec des constantes. Quand z sera une fonction de trois variables u, x et y, on aura alors $z=\int Rdx+\varphi(u,y)$, et $\varphi(u, y)$ représentera une fonction arbitraire dans laquelle les variables u et y pourront être combinées d'une manière quelconque, soit entre elles, soit avec des constantes. En général, pour un nombre quelconque de variables indépendantes s, t, u, x, y, etc., l'intégrale de $\frac{dz}{dx}=R$, sera $z=\int Rdx+\varphi(s, t, u, y, \text{etc.})$, parce qu'il est évident que la fonction $\varphi(s, t, u, y, \text{etc.})$, quelle qu'elle soit, ne variant point quand x varie, on a toujours $\frac{dz}{dx}=R$.

Je viens de supposer que z n'entre pas dans R; s'il s'y trouvait, il faudrait intégrer, par quelques-unes des méthodes précédentes, en ne regardant comme variables que x et z seulement, l'équation

$$\frac{dz}{dx}dx - Rdx = 0 \quad \text{ou} \quad dz - Rdx = 0;$$

et désignant son intégrale par $V = const.$, on aurait

$$V = \varphi(s, t, u, y, \text{etc.}),$$

pour l'équation primitive de laquelle dépend la fonction z. En effet, si l'on différentie cette équation en ne faisant varier que x et z, le résultat sera de la forme

$$Pdz + Qdx = 0,$$

et tel que $-\frac{Q}{P} = R$, ce qui donne $\frac{dz}{dx} = R$.

345. Si, pour abréger, on pose

$$dz = pdx + qdy \quad (1),$$

l'équation

$$Pp + Qq = R \quad (2),$$

dans laquelle P, Q, R, contiennent à la fois x, y et z, est la plus générale qu'il soit possible d'avoir entre les coefficiens du premier ordre p et q, lorsqu'ils ne passent pas le premier degré. En prenant la valeur de p dans cette équation pour la substituer dans (1), la question sera ramenée à intégrer l'équation

$$Pdz - Rdx = q(Pdy - Qdx) \quad (3),$$

où le coefficient q est encore indéterminé. Il se présente ici deux cas : 1°. la composition de P, Q et R, peut être telle, que la fonction $Pdz - Rdx$ ne renferme que les variables z et x dont elle contient les différentielles, tandis que la fonction $Pdy - Qdx$ ne renferme que x, y; 2°. l'une ou l'autre de ces fonctions, ou même toutes deux, peuvent renfermer les trois variables x, y et z.

Dans le premier cas, il existe un facteur μ, qui

rend $Pdy - Qdx$ différentielle exacte (289), et un facteur μ' qui opère la même chose sur $Pdz - Rdx$; désignant ces différentielles par M et N, on aura

$$Pdy - Qdx = \frac{1}{\mu} dM, \quad Pdz - Rdx = \frac{1}{\mu'} dN,$$

et l'équation (3) deviendra $dN = \frac{q\mu'}{\mu} dM$. Elle ne peut être intégrable à moins que $\frac{q\mu'}{\mu}$ ne soit une fonction quelconque de M; posant donc $\frac{q\mu'}{\mu} = \varphi'(M)$, on a $dN = \varphi'(M)\, dM$, et en intégrant, il vient $N = \varphi(M)$, résultat dans lequel φ désigne toujours une fonction arbitraire, ce qui s'accorde avec ce qu'on a vu sur la formation des équations différentielles partielles (140).

Pour donner un exemple de ce cas, je prends l'équation

$$px + qy = nz;$$

on en tire

$$P = x, \quad Q = y, \quad R = nz,$$
$$Pdy - Qdx = xdy - ydx,$$
$$Pdz - Rdx = xdz - nzdx;$$

on trouve par l'intégration des équations

$$xdy - ydx = 0, \quad xdz - nzdx = 0,$$

que les facteurs μ et μ' sont respectivement $\frac{1}{x^2}$, $\frac{1}{x^{n+1}}$; et que par conséquent $M = \frac{y}{x}$, $N = \frac{z}{x^n}$: il s'ensuit donc

$$\frac{z}{x^n} = \varphi\left(\frac{y}{x}\right), \text{ ou } z = x^n \varphi\left(\frac{y}{x}\right),$$

c'est-à-dire, que z est une fonction homogène en x et y, du degré n. En effet, l'équation $px + qy = nz$, n'est autre chose que le théorème des fonctions homogènes donné n° 292, et dont ce qui précède fournit encore une démonstration pour le cas de deux variables.

346. Quand les variables x, y et z sont mêlées indistinctement dans les fonctions $P\mathrm{d}y-Q\mathrm{d}x$, $P\mathrm{d}z-R\mathrm{d}x$, il n'est plus possible de les rendre intégrables chacune en particulier, par le moyen de facteurs, parce qu'on ne saurait intégrer isolément les équations

$$P\mathrm{d}y-Q\mathrm{d}x=0,\quad P\mathrm{d}z-R\mathrm{d}x=0;$$

car il faut bien remarquer que z ne doit pas être supposé constant dans la première, ni x dans la seconde; mais on peut encore transformer l'équation (3) en une autre qui soit une différentielle exacte de la forme..... $\mathrm{d}N=\varphi'(M)\,\mathrm{d}M$, pourvu qu'on regarde les fonctions M et N comme contenant à la fois les trois variables x, y, z.

Dans cet état de choses, l'équation

$$\mathrm{d}N=\varphi'(M)\,\mathrm{d}M,$$

se développe en

$$\frac{\mathrm{d}N}{\mathrm{d}x}\mathrm{d}x+\frac{\mathrm{d}N}{\mathrm{d}y}\mathrm{d}y+\frac{\mathrm{d}N}{\mathrm{d}z}\mathrm{d}z=\varphi'(M)\left(\frac{\mathrm{d}M}{\mathrm{d}x}\mathrm{d}x+\frac{\mathrm{d}M}{\mathrm{d}y}\mathrm{d}y+\frac{\mathrm{d}M}{\mathrm{d}z}\mathrm{d}z\right),$$

qui doit s'accorder avec l'équation (3). Tirant de l'une et de l'autre, la valeur de $\mathrm{d}z$, et égalant les coefficiens des différentielles $\mathrm{d}y$ et $\mathrm{d}x$ (338), on trouve

$$-q=\frac{\frac{\mathrm{d}N}{\mathrm{d}y}-\varphi'(M)\frac{\mathrm{d}M}{\mathrm{d}y}}{\frac{\mathrm{d}N}{\mathrm{d}z}-\varphi'(M)\frac{\mathrm{d}M}{\mathrm{d}z}},\quad \frac{qQ-R}{P}=\frac{\frac{\mathrm{d}N}{\mathrm{d}x}-\varphi'(M)\frac{\mathrm{d}M}{\mathrm{d}x}}{\frac{\mathrm{d}N}{\mathrm{d}z}-\varphi'(M)\frac{\mathrm{d}M}{\mathrm{d}z}}.$$

La première de ces équations laisse arbitraire la

fonction $\varphi'(M)$, puisque q est indéterminé ; mais avec sa valeur, on change la seconde équation en

$$-Q\left(\frac{dN}{dy}-\varphi'(M)\frac{dM}{dy}\right)-R\left(\frac{dN}{dz}-\varphi'(M)\frac{dM}{dz}\right)$$
$$=P\left(\frac{dN}{dx}-\varphi'(M)\frac{dM}{dx}\right);$$

et comme on a deux fonctions inconnues M et N, on pourra partager cette dernière équation en deux autres, en égalant séparément à zéro, la partie qui est multipliée par $\varphi'(M)$. On aura de cette manière

$$P\frac{dM}{dx}+Q\frac{dM}{dy}+R\frac{dM}{dz}=0,$$
$$P\frac{dN}{dx}+Q\frac{dN}{dy}+R\frac{dN}{dz}=0:$$

telles sont les conditions qui doivent déterminer les fonctions M et N; or, en comparant les premiers membres de ces équations avec les différentielles exactes

$$\frac{dM}{dx}dx+\frac{dM}{dy}dy+\frac{dM}{dz}dz,$$
$$\frac{dN}{dx}dx+\frac{dN}{dy}dy+\frac{dN}{dz}dz,$$

on verra sans peine qu'on rend les uns identiques avec les autres, lorsqu'on fait

$$\frac{Q}{P}=\frac{dy}{dx},\quad \frac{R}{P}=\frac{dz}{dx},$$

d'où

$$Pdy-Qdx=0,\quad Pdz-Rdx=0 \quad (4);$$

ces dernières équations ont donc la propriété de rendre nulles les différentielles totales dM et dN, et par conséquent de s'accorder avec les équations

$$M=a, \quad N=b,$$

a et b étant des constantes arbitraires.

Ceci ramène la détermination des fonctions M et N à intégrer conjointement les équations (4), et à donner à leurs équations primitives la forme ci-dessus : alors $N=\varphi(M)$ sera l'intégrale de l'équation différentielle partielle proposée. Ce théorème, remarqué d'abord par Monge, a été ensuite étendu et démontré par Lagrange, qui l'avait aussi découvert de son côté.

Pour obtenir les intégrales des équations (4), on éliminera d'abord, par le procédé du n° 134, l'une quelconque des variables x, y, z avec ses différentielles; l'équation résultante, étant du second ordre, si on peut l'intégrer deux fois, on aura, entre deux constantes arbitraires a et b, une équation primitive, dont on combinera la différentielle première avec les équations (4), pour en chasser $\frac{dy}{dx}$ ou $\frac{dz}{dx}$, afin d'obtenir une seconde équation primitive : celle-ci combinée avec la première, donnera pour les constantes a, b, des valeurs qui seront respectivement les fonctions M et N (*).

(*) Ce procédé montre la possibilité générale de la solution du problème proposé, mais l'application en est le plus souvent impraticable, à cause de la difficulté d'intégrer les équations différentielles ordinaires; c'est pourquoi on cherche à faire, sur les équations (4), des combinaisons qui mènent à des différentielles exactes, et l'on y réussit souvent en employant des facteurs; car il en existe toujours de convenables pour cela. En effet, si dans l'équation

$$P\frac{dM}{dx}+Q\frac{dM}{dy}+R\frac{dM}{dz}=0,$$

qui doit être identique lorsque $M=a$, $N=b$, sont les intégrales

347. On facilite beaucoup, dans un grand nombre de cas, l'intégration des équations différentielles partielles du premier ordre, à trois variables, en les partageant en deux autres par l'introduction d'une quantité indéterminée, ainsi qu'on va le voir dans l'exemple suivant.

Soit l'équation $f(p, x) = F(q, y)$; si l'on fait $f(p, x) = \omega$, on aura en même temps $F(q, y) = \omega$, et l'on déduira de ces deux équations

$$p = f_{,}(\omega, x), \quad q = F_{,}(\omega, y),$$

$f_{,}$ et $F_{,}$ étant des fonctions déduites de celles que désignent f et F. L'équation $dz = pdx + qdy$ deviendra

$$dz = dxf_{,}(\omega, x) + dyF_{,}(\omega, y);$$

mais si l'on représente les intégrales

$$\int dxf_{,}(\omega, x), \quad \int dyF_{,}(\omega, y),$$

prises en n'ayant égard qu'aux variables x et y, par P et Q, ces dernières quantités étant aussi des fonctions de ω, il viendra

$$dxf_{,}(\omega, x) = \frac{dP}{dx}dx = dP - \frac{dP}{d\omega}d\omega,$$

---

des équations (4), on prend la valeur de $\frac{dM}{dx}$, pour la substituer dans la différentielle exacte

$$\frac{dM}{dx}dx + \frac{dM}{dy}dy + \frac{dM}{dz}dz = 0,$$

on obtient

$$\frac{dM}{dy}(Pdy - Qdx) + \frac{dM}{dz}(Pdz - Rdx) = 0,$$

résultat formé des équations (4), multipliées respectivement par les facteurs

$$\frac{dM}{dy}, \quad \frac{dM}{dz}:$$

on trouverait un semblable résultat en N.

$$\mathrm{d}y\mathrm{F}_{,}(\omega,\ y)=\frac{\mathrm{d}Q}{\mathrm{d}y}\mathrm{d}y=\mathrm{d}Q-\frac{\mathrm{d}Q}{\mathrm{d}\omega}\mathrm{d}\omega,$$

et par conséquent

$$\mathrm{d}z=\mathrm{d}P+\mathrm{d}Q-\left(\frac{\mathrm{d}P}{\mathrm{d}\omega}+\frac{\mathrm{d}Q}{\mathrm{d}\omega}\right)\mathrm{d}\omega.$$

Cette dernière équation ne peut devenir différentielle exacte, que par la supposition de

$$\frac{\mathrm{d}P}{\mathrm{d}\omega}+\frac{\mathrm{d}Q}{\mathrm{d}\omega}=\varphi'(\omega),$$

d'où il suit

$$\int\left(\frac{\mathrm{d}P}{\mathrm{d}\omega}+\frac{\mathrm{d}Q}{\mathrm{d}\omega}\right)\mathrm{d}\omega=\varphi(\omega):$$

on aura donc

$$z+\varphi(\omega)=P+Q,\quad \varphi'(\omega)=\frac{\mathrm{d}P}{\mathrm{d}\omega}+\frac{\mathrm{d}Q}{\mathrm{d}\omega},$$

équations entre lesquelles il faudra éliminer ω, lorsque la fonction arbitraire $\varphi(\omega)$ sera déterminée.

Il suffit souvent de substituer dans l'équation

$$\mathrm{d}z=p\mathrm{d}x+q\mathrm{d}y,$$

la valeur de p ou de q, tirée immédiatement de la proposée, et d'intégrer ensuite le résultat par parties. Lorsqu'on a, par exemple, $p=\mathrm{f}(q)$ (161), il vient

$$\mathrm{d}z=\mathrm{d}x\mathrm{f}(q)+q\mathrm{d}y;$$

on trouve

$$z=x\mathrm{f}(q)+qy-\int[x\mathrm{f}'(q)+y]\,\mathrm{d}q;$$

et comme l'intégration indiquée ne peut s'effectuer qu'en posant $x\mathrm{f}'(q)+y=\varphi'(q)$, il en résulte

$$z+\varphi(q)=x\mathrm{f}(q)+qy,\quad \varphi'(q)=x\mathrm{f}'(q)+y\ (*).$$

(*) Monge a lié, par des considérations très ingénieuses, l'intégration des équations différentielles partielles avec la génération des surfaces (voyez sa *Géométrie analytique*). L'analogie des deux

De l'intégration des équations différentielles partielles des ordres supérieurs au premier.

348. Au second ordre, les coefficiens différentiels sont au nombre de trois pour une fonction de deux variables, et une équation différentielle partielle du même ordre exprime en général une relation entre les variables indépendantes, la fonction cherchée, et ses coefficiens différentiels, tant du second ordre que du premier. Dans un ordre quelconque, cette relation peut embrasser, avec les variables, tous les coefficiens différentiels depuis le premier ordre jusqu'à celui de l'équation inclusivement. J'en rapporterai d'abord quelques-unes qui s'abaissent à des ordres inférieurs.

1°. Toute équation à trois variables qui sera de la

---

sujets se montre aussi par les formes d'intégrales sur lesquelles nous sommes tombés dans ce qui précède. L'équation $N=\varphi(M)$ (346) se rapporte au mode de génération indiqué dans le n° 141; $M=a$, $N=\varphi(a)=b$, sont les équations des lignes dont se composent les surfaces correspondantes à l'équation différentielle partielle proposée, et qui se succèdent suivant la loi exprimée par la forme de la fonction φ.

La seconde forme d'intégrale obtenue dans le n° précédent, répond au mode assigné dans le n° 162, pour la génération des surfaces développables, auxquelles se rapporte le second exemple... $p=\mathrm{f}(q)$. L'intégrale étant alors exprimée par deux équations de la forme

$$V=0,\quad \frac{\mathrm{d}V}{\mathrm{d}\alpha}=0,$$

représente les intersections successives d'une suite de surfaces tirées de l'équation $V=0$, par la variation de la quantité α, et appartient par conséquent à la limite de toutes ces intersections : cette limite est donc formée de lignes, dont la nature est donnée par les deux équations qui composent l'intégrale, lorsqu'on a particularisé la fonction arbitraire. Monge nomme ces lignes *caractéristiques*, et appelle *surfaces enveloppes*, celles qui résultent du système d'équations considéré en dernier lieu.

forme

$$f\left\{x, y, \frac{d^n z}{dy^n}, \frac{d^{n+1} z}{dx dy^n}, \frac{d^{n+2} z}{dx^2 dy^n}, \ldots . \frac{d^{n+m} z}{dx^m dy^n}\right\}=0,$$

s'abaisse sur-le-champ, de l'ordre $m+n$ à l'ordre m, en faisant $\frac{d^n z}{dy^n}=v$, parce qu'elle se change en

$$f\left\{x, y, v, \frac{dv}{dx}, \frac{d^2 v}{dx^2}, \ldots . \frac{d^m v}{dx^m}\right\}=0,$$

On y doit supposer alors y constant, puisque tous les coefficiens différentiels de v qui s'y trouvent sont relatifs à x, et elle peut par conséquent se traiter comme n'étant qu'entre les deux variables x et v; mais il est évident que pour donner à l'expression de v toute la généralité dont elle est susceptible, il sera nécessaire de remplacer les m constantes arbitraires qu'elle doit renfermer, par autant de fonctions arbitraires de la variable y prise d'abord pour constante. Ayant obtenu v, on remonte à z, par le moyen de l'équation $\frac{d^n z}{dy^n}=v$, dans laquelle on doit alors regarder x comme constant, et qui, devenant par là une équation de l'ordre n entre deux variables seulement, pourra se traiter ainsi que les équations de ce genre, en observant néanmoins de changer en fonctions arbitraires de x, les n constantes arbitraires introduites par cette nouvelle intégration.

2°. Les équations de la forme

$$f\left(x, y, z, \frac{dz}{dx}, \frac{d^2 z}{dx^2}, \ldots . \frac{d^n z}{dx^n}\right)=0,$$

$$f\left(x, y, z, \frac{dz}{dy}, \frac{d^2 z}{dy^2}, \ldots . \frac{d^n z}{dy^n}\right)=0,$$

peuvent toujours être traitées immédiatement, comme s'il n'y entrait que deux variables, savoir, x et z dans la première, y et z dans la seconde; et après l'intégration, on substituera aux constantes, dans l'une des fonctions de y, et dans l'autre des fonctions de x.

Les équations du second ordre,

$$\frac{d^2z}{dxdy}+P\frac{dz}{dx}=Q,\quad \frac{d^2z}{dxdy}+P\frac{dz}{dy}=Q,$$

dans lesquelles P et Q ne contiennent que x et y, se rapportent à la première forme. En faisant $\frac{dz}{dx}=v$, la première devient $\frac{dv}{dy}+Pv=Q$, équation du premier degré et du premier ordre, par rapport aux variables v et y, et dont l'intégrale est

$$v=e^{-\int Pdy}(\int e^{\int Pdy}Qdy+C) \quad (285).$$

Si l'on met pour v sa valeur $\frac{dz}{dx}$, et qu'on change C en $\varphi(x)$, on aura

$$\frac{dz}{dx}=e^{-\int Pdy}[\int e^{\int Pdy}Qdy+\varphi(x)];$$

en intégrant cette fois, par rapport à z et à y seuls, on trouvera

$$z=\int dxe^{-\int Pdy}[\int e^{\int Pdy}Qdy+\varphi(x)]+\psi(y):$$

en traitant de même la seconde équation, on arriverait à

$$z=\int dye^{-\int Pdx}[\int e^{\int Pdx}Qdx+\varphi(y)]+\psi(x).$$

Lorsqu'on aura $P=0$, les résultats ci-dessus se réduiront à

$$z=\int dx\int Qdy+\int dx\varphi(x)+\psi(y),$$

dans un cas, et dans l'autre à

$$z=\int dy\int Qdx+\int dy\varphi(y)+\psi(x);$$

mais comme la fonction φ est arbitraire, on écrira

simplement

$$z = \int dx \int Q dy + \varphi(x) + \psi(y),$$
$$z = \int dy \int Q dx + \varphi(y) + \psi(x).$$

J'observerai que ces derniers cas ne dépendent que de l'intégration des fonctions d'une seule variable, et ont été traités sous ce point vue, dans le n° 271.

On a des exemples de la seconde forme générale dans les deux équations

$$\frac{d^2z}{dx^2} + P\frac{dz}{dx} = Q, \quad \frac{d^2z}{dy^2} + P\frac{dz}{dy} = Q,$$

lorsqu'on suppose que P et Q renferment x, y et z. La première doit être traitée comme une équation du second ordre, entre les variables x et z; les constantes arbitraires dues à son intégration seront des fonctions de y : on opérera de la même manière sur la deuxième, par rapport aux variables y et z, et on changera les constantes arbitraires en fonctions de x. Pour ne donner que le cas le plus simple, je réduirai les équations proposées à

$$\frac{d^2z}{dx^2} = Q, \quad \frac{d^2z}{dy^2} = Q,$$

et je supposerai que Q ne contienne que x et y; les formules du n° 241 donneront immédiatement

$$z = \int dx \int Q dx + Cx + C', \quad z = \int dy \int Q dy + Cy + C',$$

d'où l'on conclura

$$z = \int dx \int Q dx + x\varphi(y) + \psi(y), \quad z = \int dy \int Q dy + y\varphi(x) + \psi(x).$$

349. En passant aux équations du second ordre à trois variables, qui renferment tous les coefficiens différentiels de cet ordre, mais au premier degré seulement, pour simplifier les calculs, je ferai usage des dénominations suivantes :

$$\mathrm{d}z = p\mathrm{d}x + q\mathrm{d}y,$$
$$\mathrm{d}p = r\mathrm{d}x + s\mathrm{d}y, \quad \mathrm{d}q = s\mathrm{d}x + t\mathrm{d}y,$$
$$\mathrm{d}^2z = \mathrm{d}p\mathrm{d}x + \mathrm{d}q\mathrm{d}y = r\mathrm{d}x^2 + 2s\mathrm{d}x\mathrm{d}y + t\mathrm{d}y^2,$$

déjà employées dans le n° 144.

L'équation différentielle partielle de cet ordre et à trois variables, considérée dans le cas général, ne peut donner que l'expression de l'un des coefficiens r, s, t, en fonction des deux autres et des quantités p, q, x, y, z, ce qui ne suffit pas pour déterminer les différentielles $\mathrm{d}p$ et $\mathrm{d}q$. On peut aussi, au moyen de ces différentielles, éliminer de l'équation proposée, deux des trois coefficiens r, s, t, et le résultat sera la relation que cette équation suppose entre $\mathrm{d}p$ et $\mathrm{d}q$; c'est ce procédé que Monge a suivi.

Je l'appliquerai à l'équation

$$Rr + Ss + Tt = V,$$

où je supposerai que les quantités R, S, T et V, renferment, d'une manière quelconque, x, y, z, p et q. En y substituant les valeurs de r et de t, tirées des équations

$$\mathrm{d}p = r\mathrm{d}x + s\mathrm{d}y, \quad \mathrm{d}q = s\mathrm{d}x + t\mathrm{d}y,$$

et qui sont

$$r = \frac{\mathrm{d}p - s\mathrm{d}y}{\mathrm{d}x}, \quad t = \frac{\mathrm{d}q - s\mathrm{d}x}{\mathrm{d}y},$$

on trouve

$$R\mathrm{d}p\mathrm{d}y + T\mathrm{d}q\mathrm{d}x - V\mathrm{d}x\mathrm{d}y = s(R\mathrm{d}y^2 - S\mathrm{d}x\mathrm{d}y + T\mathrm{d}x^2),$$

équation dont il semble qu'il faudrait intégrer séparément les deux membres, à cause du coefficient différentiel indéterminé s, qui multiplie le second; mais ici, comme dans le n° 346, il suffit de parvenir à deux équations primitives $M = a$, $N = b$, qui satisfassent en même temps aux équations

$$Rdpdy + Tdqdx - Vdxdy = 0,$$
$$Rdy^2 - Sdxdy + Tdx^2 = 0:$$

l'intégrale de la proposée sera encore $N = \varphi(M)$.

Pour le démontrer, je transforme d'abord les équations précédentes en d'autres où les différentielles ne montent qu'au premier degré, et pour cela je fais $dy = mdx$. La seconde de ces équations devenant, après la substitution,

$$Rm^2 - Sm + T = 0 \ldots\ldots (A),$$

détermine la quantité m; mettant ensuite pour dy sa valeur dans $Rdpdy + Tdqdx - Vdxdy = 0$, on aura pour chacune des valeurs dont m est susceptible, un système d'équations de la forme

$$\left.\begin{aligned} dy - mdx &= 0 \\ Rmdp + Tdq - Vmdx &= 0 \end{aligned}\right\} (1),$$

auquel il faudra joindre l'équation

$$dz = pdx + qdy,$$

qui exprime la relation qu'ont avec la fonction z, les coefficiens p et q.

Cela posé, si les équations $M = a$, $N = b$ satisfont aux équations (1), et que dans les différentielles

$$\frac{dM}{dx}dx + \frac{dM}{dy}dy + \frac{dM}{dz}dz + \frac{dM}{dp}dp + \frac{dM}{dq}dq = 0,$$
$$\frac{dN}{dx}dx + \frac{dN}{dy}dy + \frac{dN}{dz}dz + \frac{dN}{dp}dp + \frac{dN}{dq}dq = 0,$$

on mette, au lieu de dz sa valeur $pdx + qdy$, et au lieu de dy et de dq, celles que donnent les équations (1), les résultantes

$$\left(\frac{dM}{dx}+m\frac{dM}{dy}+(p+qm)\frac{dM}{dz}+\frac{Vm}{T}\frac{dM}{dq}\right)dx$$
$$+\left(\frac{dM}{dp}-\frac{Rm}{T}\frac{dM}{dq}\right)dp=0,$$

$$\left(\frac{dN}{dx}+m\frac{dN}{dy}+(p+qm)\frac{dN}{dz}+\frac{Vm}{T}\frac{dN}{dq}\right)dx$$
$$+\left(\frac{dN}{dp}-\frac{Rm}{T}\frac{dN}{dq}\right)dp=0,$$

devront être identiques, et se partager par conséquent dans les suivantes :

$$\frac{dM}{dx}+m\frac{dM}{dy}+(p+qm)\frac{dM}{dz}+\frac{Vm}{T}\frac{dM}{dq}=0,$$
$$\frac{dM}{dp}-\frac{Rm}{T}\frac{dM}{dq}=0,$$
$$\frac{dN}{dx}+m\frac{dN}{dy}+(p+qm)\frac{dN}{dz}+\frac{Vm}{T}\frac{dN}{dq}=0,$$
$$\frac{dN}{dp}-\frac{Rm}{T}\frac{dN}{dq}=0.$$

L'équation $N=\varphi(M)$ étant différentiée, donne

$$dN=\varphi'(M)\,dM,$$

ou

$$\frac{dN}{dx}dx+\frac{dN}{dy}dy+\frac{dN}{dz}dz+\frac{dN}{dp}dp+\frac{dN}{dq}dq=$$
$$\varphi'(M)\left\{\frac{dM}{dx}dx+\frac{dM}{dy}dy+\frac{dM}{dz}dz+\frac{dM}{dp}dp+\frac{dM}{dq}dq\right\};$$

si l'on substitue dans cette dernière les valeurs de

$$\frac{dM}{dx},\ \frac{dM}{dp},\ \frac{dN}{dx},\ \frac{dN}{dp},$$

prises dans les quatre précédentes, et qu'on change dz en $pdx+qdy$, on obtiendra

$$\left(\frac{dN}{dy}+q\frac{dN}{dz}\right)(dy-mdx)$$
$$+\frac{1}{T}\frac{dN}{dq}(Rmdp+Tdq-Vmdx)=$$
$$\varphi'(M)\left\{\left(\frac{dM}{dy}+q\frac{dM}{dz}\right)(dy-mdx)\right.$$
$$\left.+\frac{1}{T}\frac{dM}{dq}(Rmdp+Tdq-Vmdx)\right\},$$

ce qui revient à

$$Rmdp+Tdq-Vmdx=\omega(dy-mdx),$$

en faisant

$$\omega=-\frac{\frac{dN}{dy}+q\frac{dN}{dz}-\varphi'(M)\left(\frac{dM}{dy}+q\frac{dM}{dz}\right)}{\frac{1}{T}\left(\frac{dN}{dq}-\varphi'(M)\frac{dM}{dq}\right)}.$$

Si l'on remet $rdx+sdy$ et $sdx+tdy$, pour dp et dq, et que l'on égale à zéro ce qui multiplie chacune des différentielles indépendantes dx et dy, on obtiendra

$$Rmr+Ts-Vm=-\omega m,\quad Rms+Tt=\omega;$$

puis en tirant de ces équations les valeurs des coefficiens différentiels r et t, pour les substituer dans la proposée, elle deviendra, après les réductions,

$$s(Rm^2-Sm+T)=0,$$

et, en vertu de l'équation (A), elle sera satisfaite indépendamment des quantités ω et s.

Le théorème démontré ci-dessus, ainsi que ses analogues dans les ordres supérieurs, n'a pas la même généralité que celui du n° 546; car il faut bien remarquer que les équations (1) peuvent renfermer à la fois les cinq variables x, y, z, p et q, et qu'en y joignant même l'équation $dz=pdx+qdy$, on ne saurait parvenir, par l'élimination, qu'à une résultante contenant trois variables, laquelle par conséquent ne pourrait dériver d'une seule équation primitive, que sous certaines conditions (338). On se tromperait néanmoins si l'on concluait de là que quand les conditions dont on vient de parler ne sont pas remplies, l'équation différentielle partielle proposée ne peut elle-même dériver d'une seule équation primitive; mais pour parvenir à son intégrale, il faut avoir recours à d'autres procédés, et le plus souvent on n'arrive qu'à un développement en série, comme on le verra plus loin (351, 352).

350. Soit, pour exemple, l'équation

$$Ar+Bs+Ct=V,$$

dans laquelle A, B et C sont constans, et V est une fonction de x et de y. L'équation (A) devient pour ce cas $Am^2-Bm+C=0$; ses racines, que je désignerai par m' et m'', étant constantes, fournissent deux systèmes d'équations (1) qui donnent, par l'intégration,

$$\left.\begin{array}{r} y-m'x=a \\ Am'p+Cq-m'\int V\mathrm{d}x=b \end{array}\right\},$$
$$\left.\begin{array}{r} y-m''x=a' \\ Am''p+Cq-m''\int V\mathrm{d}x=b' \end{array}\right\},$$

et où l'intégrale $\int V\mathrm{d}x$ ne dépend que d'une seule variable, parce qu'on peut chasser y de V, au moyen de sa valeur prise dans la première équation de chaque système : on a donc en même temps les deux intégrales premières de la proposée,

$$Am'p+Cq-m'\int V\mathrm{d}x=\varphi(y-m'x),$$
$$Am''p+Cq-m''\int V\mathrm{d}x=\psi(y-m''x);$$

et en intégrant l'une quelconque de ces équations, on arrive à l'intégrale seconde.

Si l'on prend la première, par exemple, elle donne

$$p = -\frac{C}{Am'}q + \frac{1}{A}\int V\mathrm{d}x + \varphi(y - m'x);$$

on peut, pour simplifier, mettre m'' au lieu de $\frac{C}{Am'}$, puisqu'en vertu de l'équation (A), $m'm'' = \frac{C}{A}$; et en substituant dans $\mathrm{d}z = p\mathrm{d}x + q\mathrm{d}y$, on trouvera

$$\mathrm{d}z - \frac{\mathrm{d}x}{A}\int V\mathrm{d}x - \mathrm{d}x\varphi(y - m'x) = q(\mathrm{d}y - m''\mathrm{d}x):$$

les équations à intégrer (346) seront donc

$$\mathrm{d}y - m''\mathrm{d}x = 0, \quad \mathrm{d}z - \frac{\mathrm{d}x}{A}\int V\mathrm{d}x - \mathrm{d}x\varphi(y - m'x) = 0.$$

On tire de l'une, $y - m''x = a'$, ce qui change l'autre en

$$\mathrm{d}z - \frac{\mathrm{d}x}{A}\int V\mathrm{d}x - \mathrm{d}x\varphi[a' + (m'' - m')x] = 0,$$

dont l'intégrale est

$$z - \frac{1}{A}\int\mathrm{d}x\int V\mathrm{d}x - \frac{1}{m'' - m'}\varphi[a' + (m'' - m')x] = b',$$

et devient

$$z - \frac{1}{A}\int\mathrm{d}x\int V\mathrm{d}x - \varphi(y - m'x) = b',$$

lorsqu'on remet pour a' sa valeur, en observant que φ est une fonction arbitraire, dont les coefficiens différentiels sont arbitraires aussi, et dans laquelle on peut comprendre telle quantité constante qu'on voudra. Il faut aussi remarquer que pour obtenir $\int\mathrm{d}x\int V\mathrm{d}x$, on doit intégrer une première fois par rapport à x, en substituant au lieu de y sa valeur, tirée de l'équation $y - m'x = a$, comme il a été dit plus haut; mais lorsqu'on sera parvenu au résultat, on remettra au lieu de a sa valeur $y - m'x$, et avant d'effectuer la seconde intégration, on changera y en $a'+m''x$, ainsi que l'exige l'équation $y-m''x=a'$, trouvée en dernier lieu. En général, quand on aura plusieurs de ces intégrations successives à effectuer, on ne pourra jamais employer à leur simplification que les équations qui doivent avoir lieu en même temps. Avec ces attentions, l'intégrale seconde de l'équation proposée, $Ar+Bs+Ct=V$, sera

$$z-\frac{1}{A}\int dx\int V dx=\varphi(y-m'x)+\psi(y-m''x).$$

Si l'on avait $A=1$, $B=0$, $C=-c^2$ et $V=0$, ce qui changerait l'équation proposée en

$$r-c^2t=0, \quad \text{ou} \quad \frac{d^2z}{dx^2}=c^2\frac{d^2z}{dy^2} \text{ (*)},$$

l'intégrale deviendrait

$$z=\varphi(y-cx)+\psi(y+cx).$$

351. Non-seulement la méthode précédente n'embrasse pas tous les cas de l'équation du premier degré et du second ordre

$$Ar+Bs+Ct+Dp+Eq+Fz=U,$$

lors même qu'on y suppose constans les coefficiens du premier membre, mais elle échoue sur l'équation très simple

$$r=q, \quad \text{ou} \quad \frac{d^2z}{dx^2}=\frac{dz}{dy},$$

qu'elle fait dépendre de l'intégration des équations simultanées

$$dy=0, \quad dp-q dx=0 \quad (349);$$

car, la seconde, qui renferme trois variables, p, q et x, ne saurait devenir une différentielle exacte (338).

(*) Cette équation est celle des cordes vibrantes.

Il ne faut pourtant pas conclure de là que l'équation différentielle partielle proposée ne puisse pas être intégrée, et même d'une manière très générale. Si d'abord l'on y fait $z = Ae^{mx+ny}$, les lettres A, m et n désignant des constantes indéterminées, A et l'exponentielle disparaîtront, et il ne restera que l'équation à deux inconnues

$$m^2 = n,$$

à laquelle on pourra satisfaire d'une infinité de manières. Si l'on se donne m, on en déduira l'expression

$$z = Ae^{mx+m^2y},$$

qui vérifie l'équation proposée quelles que soient les valeurs de A et de m; si donc on prend pour ces quantités une suite infinie de valeurs

$$A_1,\ m_1,\quad A_2,\ m_2,\quad A_3,\ m_3,\ \text{etc.},$$

on trouvera autant d'expressions, dont la somme satisfera encore à la proposée (309), en sorte qu'on aura

$$z = Ae^{mx+m^2y} + A_1e^{m_1x+m_1{}^2y} + A_1e^{mx+m_2{}^2y} + \text{etc.},$$

expression à laquelle on pourra donner autant de termes qu'on voudra.

Si l'on avait pris m pour inconnue, il en serait résulté

$$m = \pm\sqrt{n} \quad \text{et} \quad z = Ae^{\pm x\sqrt{n}+ny},$$

d'où l'on aurait pu déduire pour z deux séries différentes en apparence, savoir,

$$z = Ae^{x\sqrt{n}+ny} + A_1e^{x\sqrt{n_1}+n_1y} + \text{etc.},$$
$$z = Ae^{-x\sqrt{n}+ny} + A_1e^{-x\sqrt{n_1}+n_1y} + \text{etc.};$$

mais ces résultats ne sont pas plus généraux que le

premier, puisqu'on peut donner à m des valeurs négatives aussi bien que des valeurs positives.

352. M. Laplace avait cru d'abord que l'équation proposée ne pouvait admettre de fonctions arbitraires dans son intégrale; M. Paoli a le premier reconnu le contraire, lorsque cette intégrale était développée en série, suivant les puissances de y. En effet, si l'on pose

$$z = P + Qy + Ry^2 + Sy^3 + \text{etc.},$$

P, Q, R, S désignant des fonctions de x, on aura

$$\frac{d^2z}{dx^2} = \frac{d^2P}{dx^2} + \frac{d^2Q}{dx^2}y + \frac{d^2R}{dx^2}y^2 + \text{etc.},$$

$$\frac{dz}{dy} = Q + 2Ry + 3Sy^2 + \text{etc.},$$

d'où l'on conclura

$$Q = \frac{d^2P}{dx^2}, \quad R = \frac{1}{2}\frac{d^2Q}{dx^2} = \frac{1}{2}\frac{d^4P}{dx^4}, \quad \text{etc.};$$

et comme rien ne détermine P, on peut le supposer égal à une fonction arbitraire de x: on aura ainsi

$$z = \varphi(x) + \varphi''(x)\frac{y}{1} + \varphi^{\text{iv}}(x)\frac{y^2}{1.2} + \text{etc.},$$

où

$$\varphi''(x) = \frac{d^2\varphi(x)}{dx^2}, \quad \varphi^{\text{iv}}(x) = \frac{d^4\varphi(x)}{dx^4}, \quad \text{etc.}$$

Si l'on développait l'intégrale suivant les puissances de x, en posant

$$z = P + Qx + Rx^2 + Sx^3 + \text{etc.},$$

P, Q, R, S, etc. désignant alors des fonctions de x, les deux premiers coefficiens P, Q, resteraient indéterminés, et l'on pourrait par conséquent introduire dans l'expression de z, deux fonctions arbitraires; mais

M. Poisson a montré que ce second résultat n'était pas plus général que le premier, et que la même circonstance s'offrait dans toute équation qui ne contenait pas en même temps les deux coefficiens différentiels de son ordre, pris par rapport à x seul et à y seul (*).

353. Ce qui précède suffit pour prouver qu'on ne doit pas établir une analogie complète entre les fonctions arbitraires qui entrent dans les intégrales des équations différentielles partielles, et les constantes des intégrales complètes des équations différentielles ordinaires (298). Le nombre des premières n'est pas toujours égal à l'exposant de l'ordre de l'équation différentielle partielle proposée.

Cette remarque peut se faire directement sur l'élimination des fonctions arbitraires, entre les équations primitives et leurs différentielles partielles (140); car soit $u=0$, une équation contenant avec les variables x, y, z, deux fonctions arbitraires $\varphi(s)$, $\psi(t)$ des quantités s et t données en x, y, z; si l'on passe aux différentielles premières et secondes, suivant ce qui a été prescrit dans le n° 137, on trouvera cinq nouvelles équations, savoir,

$$\frac{du}{dx}=0, \quad \frac{du}{dy}=0,$$
$$\frac{d^2u}{dx^2}=0, \quad \frac{d^2u}{dxdy}=0, \quad \frac{d^2u}{dy^2}=0,$$

et l'on aura introduit les quatre fonctions

$$\frac{d\varphi(s)}{ds}=\varphi'(s), \quad \frac{d\psi(t)}{dt}=\psi'(t),$$
$$\frac{d^2\varphi(s)}{ds^2}=\varphi''(s), \quad \frac{d^2\psi(t)}{dt^2}=\psi''(t):$$

(*) *Voyez* le Traité in-4°, tom. II, pag. 639.

on aura donc à éliminer six fonctions inconnues, c'est-à-dire autant qu'on a d'équations, ce qui ne pourra se faire que dans le cas où, par la forme particulière de l'équation $u=0$, deux de ces fonctions disparaîtront en même temps.

354. Les fonctions arbitraires qui entrent dans les intégrales des équations différentielles partielles, se déterminent, en supposant que la fonction z prenne des formes particulières, lorsqu'on assigne des relations entre les variables y et x. Voici deux exemples de cette détermination dans les cas les plus simples.

1°. Si l'on a $1=M\varphi(V)$, M et V désignant des fonctions données en x, y et z, et qu'on veuille déterminer la fonction représentée par la caractéristique φ, de manière qu'en posant $F(x, y, z)=0$, on ait en même temps $f(x, y, z)=0$, les caractéristiques F et f désignant des fonctions connues, on fera $V=t$, et l'on combinera les trois équations

$$V=t, \quad F(x, y, z)=0, \quad f(x, y, z)=0,$$

pour en tirer des valeurs de x, y et z, en t; substituant ces valeurs dans M, qui deviendra une fonction de t, que je désigne par T, on aura

$$1=T\varphi(t), \quad \text{ou} \quad \varphi(t)=\frac{1}{T},$$

et la fonction φ sera par conséquent déterminée, si l'on remet dans cette dernière équation pour t et T, leur valeur en x, y et z.

2°. Soit

$$1=M\varphi(V)+N\psi(V);$$

comme il y a deux fonctions à déterminer, il faut qu'il y ait deux conditions : on doit supposer que

$$F(x, y, z)=0 \text{ donne } f(x, y, z)=0,$$

que $F'(x, y, z)=0$ donne $f'(x, y, z)=0$.

Faisant toujours $V=t$, et tirant des trois équations

$$V=t, \quad F(x, y, z)=0, \quad f(x, y, z)=0,$$

les valeurs de x, y, z en t, on changera les quantités M, N en fonctions de t. Soient T et θ ces fonctions; on aura

$$1=T\varphi(t)+\theta\psi(t)\ldots\ldots(1);$$

combinant ensuite les équations

$$V=t, \quad F'(x, y, z)=0, \quad f'(x, y, z)=0,$$

pour obtenir les valeurs de x, y, z en t, on changera par ces valeurs les quantités M et N en fonctions de t, que je désignerai par T' et θ', et il viendra

$$1=T'\varphi(t)+\theta'\psi(t)\ldots.(2).$$

Au moyen des équations (1) et (2) on déterminera les fonctions φ et ψ en t; puis on remettra à la place de t sa valeur V (*).

De la méthode des variations.

Recherche de la variation d'une fonction quelconque.

355. Toutes les applications du Calcul différentiel, présentées précédemment, supposent que la dépendance des variables demeure constamment la même dans le cours de la question; mais il y a divers genres de pro-

(*) La détermination des fonctions arbitraires revient à faire passer par des courbes données, les surfaces qui représentent les équations proposées; et ces courbes peuvent être continues ou discontinues, ainsi que les fonctions elles-mêmes. Si les fonctions φ et ψ dépendaient de quantités différentes, on ne pourrait plus procéder comme ci-dessus. *Voyez* le Traité in-4°, T. III, pag. 228.

blèmes pour lesquels il faut concevoir que cette dépendance change : en voici un exemple. Quand V désigne une fonction contenant x, y et les coefficiens différentiels de y, l'intégrale $\int V\mathrm{d}x$ est susceptible, entre les mêmes valeurs de x, d'une infinité de valeurs qui dépendent de la relation établie entre x et y; en sorte qu'on peut demander quelle est, parmi toutes les relations possibles, celle qui fait prendre à l'intégrale $\int V\mathrm{d}x$, entre les limites données, la plus grande ou la plus petite valeur. L'intégrale $\int V\mathrm{d}x$, lorsqu'on ne particularise pas la relation de y à x, exprimant la mesure d'une propriété commune à toutes les courbes, on demande alors pour quelle courbe cette propriété est un *maximum* ou un *minimum*. Il est visible que si
FIG. 55. CE, *fig.* 55, représente cette courbe, il faudra que pour toute autre $\gamma\epsilon$, l'intégrale $\int V\mathrm{d}x$ ait une valeur plus petite dans le premier cas, et plus grande dans le second. Pour satisfaire à cette condition, la première chose à chercher est la différence qu'un changement quelconque dans la relation de y à x, ou dans la nature de la courbe qui représente cette relation, produit sur l'intégrale $\int V\mathrm{d}x$. Ce changement s'exprime en faisant varier y indépendamment de x; car lorsque l'on considère deux courbes CE et $\gamma\epsilon$, la même abscisse AP répond à deux ordonnées PM et $P\mu$, et leur différence $M\mu$ doit être distinguée des différences $M'R$ et $\mu'\rho$, qui ont lieu entre deux ordonnées consécutives prises sur la même courbe.

Lagrange, dont les premières recherches ont produit le Calcul des variations, en a fait aussi à la mécanique une application de la plus haute importance, dont on saisira facilement le but, si l'on observe qu'on peut considérer les coordonnées des différens points d'un corps qui se meut, soit pour comparer au même instant deux points de ce corps, soit pour comparer deux positions consécutives du même point. Dans l'un de ces cas, il n'y a entre les coordonnées, de dépendance que celle qui résulte des surfaces qui terminent le corps; dans l'autre, les coordonnées changent suivant les conditions du mouvement établi, et avec une variable nouvelle qui est la mesure du temps : voilà donc encore deux manières de faire varier les mêmes quantités, qu'il est à propos de marquer par des signes distincts. Celle de ces manières qui succède à l'autre, constitue le *Calcul des Variations*, dont on ne peut embrasser les divers usages qu'en le regardant comme *ayant pour but de différentier sous un nouveau point de vue, des quantités qui ont déjà été différentiées sous un autre* : on établit ensuite dans le second mode de différentiation, l'hypothèse convenable à la nature des questions qu'on se propose de résoudre (*).

356. C'est par la caractéristique δ que Lagrange désigne la nouvelle différentiation, et cet usage a été adopté. Pour ne pas sortir des limites de mon sujet, je me bornerai à développer les principes de l'application du calcul des variations aux questions géométriques.

Dans ces questions, la caractéristique d s'emploie pour le passage d'un point à un autre sur la même courbe, et la caractéristique δ est appliquée au changement de courbe : ainsi $M'R$ étant représenté par dy, $M\mu$ sera δy; et il suit de là que

$$P'M'=y+dy, \quad P\mu=y+\delta y.$$

En passant du point M' au point μ', et en prenant $M'R$ pour dy (60), puis tirant μr parallèle à MM', $\mu' r$

(*) *Voyez* la *Mécanique analytique*, 2e édit., pag. 80 du T. I.

sera le changement de dy d'une courbe à l'autre, et l'on aura en conséquence

$$P\mu' = P\mu + \rho r + \mu' r = y + \delta y + \mathrm{d}y + \delta\mathrm{d}y$$
$$= y + \mathrm{d}y + \delta(y + \mathrm{d}y);$$

mais le point μ' étant consécutif au point μ, sur la courbe $\gamma\varepsilon$, on aura aussi

$$P'\mu' = y + \delta y + \mathrm{d}(y + \delta y) = y + \delta y + \mathrm{d}y + \mathrm{d}\delta y,$$

et la comparaison de ces deux expressions donnera

$$\delta\mathrm{d}y = \mathrm{d}\delta y.$$

La même chose peut aussi se prouver sans la considération des courbes, en représentant par $\varphi(x)$ l'état primitif de y, et par une autre fonction $\psi(x)$ son état après la variation (*). Alors $\delta y = \psi(x) - \varphi(x)$ sera une

(*) Afin de donner une origine commune aux fonctions φ et ψ, Euler, qui s'empressa d'adopter et d'éclaircir le calcul des variations, regardait la valeur primitive de y, ou $\varphi(x)$, comme déduite d'une autre fonction, contenant, avec la variable x, une nouvelle variable t, et se changeant en $\varphi(x)$ lorsque $t = 0$. (*Novi. Comm. Acad. Petrop.* T. VXI, pag. 35). Par ce moyen $y + \delta y$ devient $y + \frac{\mathrm{d}y}{\mathrm{d}t}\mathrm{d}t$, et $\frac{\mathrm{d}y}{\mathrm{d}t}$ étant pris dans l'hypothèse $t = 0$, représente, tant qu'on ne particularise point la composition de y en t, une fonction arbitraire de x. La valeur générale de y serait exprimée par la série

$$y + \frac{\mathrm{d}y}{\mathrm{d}t}\frac{\mathrm{d}t}{1} + \frac{\mathrm{d}^2 y}{\mathrm{d}t^2}\frac{\mathrm{d}t^2}{1.2} + \text{etc.},$$

la variable t étant supposée égale à zéro dans y et ses coefficiens différentiels; et en prenant les coefficiens différentiels de cette série par rapport à x, on formerait toutes les quantités qu'il faut substituer pour obtenir l'état varié de l'intégrale $\int V\mathrm{d}x$, ordonné suivant les puissances de $\mathrm{d}t$. C'est sous cette forme que Lagrange, dans la nouvelle édition de ses *Leçons sur le Calcul des Fonctions*, présente celui des variations, à l'égard duquel il entre dans beaucoup de détails très intéressans. (*Voyez* le Traité in-4°, tom. II, pag. 723.)

certaine fonction de x, et par conséquent une fonction de y, à cause de la liaison primitive de ces variables; désignant donc par π cette dernière fonction, on aura

$$\delta y = \pi(y).$$

D'après cette loi, et faisant pour abréger $y + \mathrm{d}y = y'$, on aura pareillement

$$\delta y' = \pi(y');$$

d'où l'on conclura

$$\delta y' - \delta y = \pi(y') - \pi(y) = \mathrm{d}.\pi(y) = \mathrm{d}\delta y;$$

mais comme

$$\mathrm{d}y = y' - y,$$

il viendra, en prenant les variations,

$$\delta \mathrm{d}y = \delta y' - \delta y = \pi(y') - \pi(y),$$

ce qui donne encore

$$\delta \mathrm{d}y = \mathrm{d}\delta y.$$

Il suit de là que $\delta \mathrm{d}^2 y = \mathrm{d}\delta \mathrm{d}y = \mathrm{d}^2 \delta y$; et continuant ainsi, on obtiendra ce théorème fondamental

$$\delta \mathrm{d}^n y = \mathrm{d}^n \delta y,$$

en vertu duquel *on peut transporter la caractéristique* δ *après la caractéristique* d.

Pour donner plus de symétrie au calcul, ainsi que pour embrasser des circonstances relatives aux limites des intégrales, et dont on verra plus loin quelques exemples, on fait varier x aussi bien que y; mais le théorème ci-dessus ne cesse pas d'avoir lieu pour cela, parce que la loi de la variation étant constante, quoiqu'arbitraire, δx est une fonction de x, de laquelle se tire $\delta x'$, en y changeant x en x' : il en résulte $\delta \mathrm{d}x = \mathrm{d}\delta x$, et pareillement $\delta \mathrm{d}V = \mathrm{d}\delta V$, pour toute fonction V dépendante de x.

357. Il existe un théorème analogue par rapport au signe $\int$. En effet, si l'on représente $\int U$ par U_1, il viendra

$$dU_1 = U, \text{ puis } \delta dU_1 = \delta U;$$

transposant la caractéristique δ après la caractéristique d, et passant ensuite aux intégrales, on trouvera successivement

$$d\delta U_1 = \delta U, \quad \delta U_1 = \int \delta U;$$

puis remettant pour U_1 sa valeur, on aura enfin

$$\delta \int U = \int \delta U.$$

358. Cela posé, on voit que pour obtenir la variation d'une fonction quelconque U, contenant x, y et leurs différentielles des ordres quelconques, il faut supposer que x et y se changent respectivement en $x+\delta x$, $y+\delta y$, et regarder δx et δy comme des fonctions arbitraires l'une de x, l'autre de y. En se bornant aux termes où les variations ne passent pas le premier degré, l'opération reviendra à différentier par le procédé ordinaire la fonction U, tant par rapport à x et à y, que par rapport à leurs différentielles considérées comme des variables distinctes, mais en marquant par la caractéristique δ la dernière différentiation. Il est visible en effet que, dans cette hypothèse, les différentielles de

$$x, \quad y, \quad dx, \quad dy, \quad \text{etc.},$$

sont

$$\delta x, \ \delta y, \ \delta dx, \ \delta dy, \quad \text{etc.}$$

Si donc la différentielle ordinaire de U est

$$\begin{aligned} dU = M dx + N d^2x + P d^3x + Q d^4x + \text{etc.} \\ + m dy + n d^2y + p d^3y + q d^4y + \text{etc.}, \end{aligned}$$

il suffira d'y changer le dernier d en δ, et il viendra

$$\delta U = M\delta x + N\delta dx + P\delta d^2x + Q\delta d^3x + \text{etc.}$$
$$+ m\delta y + n\delta dy + p\delta d^2y + q\delta d^3y + \text{etc.}$$

Si la fonction U est sous la forme Vdx, V ne contenant alors que

$$x,\ y,\ \frac{dy}{dx} = p,\ \frac{dp}{dx} = q,\ \text{etc.},$$

on aura

$$dV = Mdx + Ndy + Pdp + Qdq + Rdr + \text{etc.},$$

et la variation de V sera

$$\delta V = M\delta x + N\delta y + P\delta p + Q\delta q + R\delta r + \text{etc.},$$

en observant que les quantités p, q, r, etc., doivent y être regardées comme renfermant deux variables indépendantes, x et y (n° précéd.), et que par conséquent on peut prendre leur variation dans deux hypothèses différentes, savoir, en ne faisant varier qu'une de ces quantités, ou en les faisant varier toutes les deux. J'opérerai ici sous ce dernier point de vue, parce que, comme je l'ai déjà dit, il est plus général, et que d'ailleurs on en tire les résultats qui conviennent au premier, en supprimant les termes relatifs à celle des variables que l'on veut traiter comme constante. En différentiant par la caractéristique δ, les fractions

$$\left.\begin{aligned} p &= \frac{dy}{dx} \\ q &= \frac{dp}{dx} \\ r &= \frac{dq}{dx} \\ &\text{etc.} \end{aligned}\right\} \text{ on trouve } \left\{\begin{aligned} \delta p &= \frac{dx\delta dy - dy\delta dx}{dx^2} = \frac{d\delta y - pd\delta x}{dx}, \\ \delta q &= \frac{dx\delta dp - dp\delta dx}{dx^2} = \frac{d\delta p - qd\delta x}{dx}, \\ \delta r &= \frac{dx\delta dq - dq\delta dx}{dx^2} = \frac{d\delta q - rd\delta x}{dx}, \\ &\text{etc.,} \end{aligned}\right.$$

et à l'aide de ces formules on obtient la variation d'une

expression quelconque, renfermant x, y et leurs différentielles, de quelque ordre que ce soit.

359. Lorsqu'il s'agit d'une formule intégrale $\int U$, dans laquelle U est, comme ci-dessus, une fonction de x, y et de leurs différentielles, on a $\delta\int U=\int\delta U$ (357), et par le n° précédent,

$$\begin{aligned}\int\delta U=&\int(M\delta x+N\delta \mathrm{d}x+P\delta \mathrm{d}^2x+Q\delta \mathrm{d}^3x+\text{etc.})\\ &+\int(m\delta y+n\delta \mathrm{d}y+p\delta \mathrm{d}^2y+q\delta \mathrm{d}^3y+\text{etc.}).\end{aligned}$$

Cette expression n'est pas réduite à la forme la plus simple qu'elle puisse avoir : il faut faire en sorte qu'il ne reste sous le signe $\int$ aucun terme contenant à la fois les caractéristiques d et δ appliquées l'une sur l'autre; et c'est à quoi on parvient, en transposant d'abord la caractéristique δ après la caractéristique d, et en intégrant ensuite par parties, comme on le voit ci-dessous,

$$\begin{aligned}&\int M\delta x=\int M\delta x,\\ &\int N\delta \mathrm{d}x=\int N\mathrm{d}\delta x=N\delta x-\int \mathrm{d}N\delta x,\\ &\int P\delta \mathrm{d}^2x=\int P\mathrm{d}^2\delta x=P\mathrm{d}\delta x-\int \mathrm{d}P\mathrm{d}\delta x=P\mathrm{d}\delta x-\mathrm{d}P\delta x+\int \mathrm{d}^2P\delta\\ &\int Q\delta \mathrm{d}^3x=\int Q\mathrm{d}^3\delta x=Q\mathrm{d}^2\delta x-\int \mathrm{d}Q\mathrm{d}^2\delta x=Q\mathrm{d}^2\delta x-\mathrm{d}Q\mathrm{d}\delta x+\int \mathrm{d}^2Q\\ &\qquad\qquad\qquad\qquad\qquad\qquad=Q\mathrm{d}^2\delta x-\mathrm{d}Q\mathrm{d}\delta x+\mathrm{d}^2Q\delta x-\int \mathrm{d}^3Q\\ &\text{etc.}\qquad\qquad\qquad\qquad\qquad\text{etc.}\end{aligned}$$

On aura pareillement

$$\begin{aligned}&\int m\delta y=\int m\delta y,\\ &\int n\delta \mathrm{d}y=\int n\mathrm{d}\delta y=n\delta y-\int \mathrm{d}n\delta y,\\ &\int p\delta \mathrm{d}^2y=\int p\mathrm{d}^2\delta y=p\mathrm{d}\delta y-\mathrm{d}p\delta y+\int \mathrm{d}^2p\delta y,\\ &\int q\delta \mathrm{d}^3y=\int q\mathrm{d}^3\delta y=q\mathrm{d}^2\delta y-\mathrm{d}q\mathrm{d}\delta y+\mathrm{d}^2q\delta y-\int \mathrm{d}^3q\delta y,\\ &\text{etc.},\end{aligned}$$

et en substituant, il viendra

$$\int\delta U=(N-\mathrm{d}P+\mathrm{d}^2Q-\text{etc.})\delta x+(P-\mathrm{d}Q+\text{etc.})\mathrm{d}\delta x$$
$$+(Q-\text{etc.})\mathrm{d}^2\delta x+\text{etc.}$$
$$+(n-\mathrm{d}p+\mathrm{d}^2q-\text{etc.})\delta y+(p-\mathrm{d}q+\text{etc.})\mathrm{d}\delta y$$
$$+(q-\text{etc.})\mathrm{d}^2\delta y+\text{etc.}$$
$$+\int(M-\mathrm{d}N+\mathrm{d}^2P-\mathrm{d}^3Q+\text{etc.})\,\delta x$$
$$+\int(m-\mathrm{d}n+\mathrm{d}^2p-\mathrm{d}^3q+\text{etc.})\,\delta y.$$

Ce résultat est composé de deux parties semblables, l'une produite par la variation de x, et l'autre par celle de y; et il est aisé de voir qu'on l'étendrait à une fonction d'un nombre quelconque de variables, en y ajoutant pour chacune, des termes pareils à ceux qu'a fournis la variable x ou la variable y.

360. Lorsque l'expression $\int U$ est mise sous la forme $\int V\mathrm{d}x$, c'est-à-dire qu'il n'entre dans V que les variables x, y et les coefficiens différentiels de y, le calcul du développement de la variation paraît un peu plus compliqué, mais il mène à des conséquences assez remarquables. Il faut d'abord observer que

$$\delta\int V\mathrm{d}x=\int\delta(V\mathrm{d}x)=\int V\mathrm{d}\delta x+\int\mathrm{d}x\delta V,$$
$$\int V\mathrm{d}\delta x=V\delta x-\int\mathrm{d}V\delta x,$$

et que par conséquent

$$\delta\int V\mathrm{d}x=V\delta x+\int(\mathrm{d}x\delta V-\mathrm{d}V\delta x).$$

La quantité $\mathrm{d}x\delta V-\mathrm{d}V\delta x$ se forme en écrivant pour δV et $\mathrm{d}V$, les valeurs rapportées dans le n° 358, et il vient

$$\mathrm{d}x\delta V-\mathrm{d}V\delta x=N(\mathrm{d}x\delta y-\mathrm{d}y\delta x)+P(\mathrm{d}x\delta p-\mathrm{d}p\delta x)$$
$$+Q(\mathrm{d}x\delta q-\mathrm{d}q\delta x)+\text{etc.};$$

puis mettant $p\mathrm{d}x$ pour $\mathrm{d}y$ dans ce qui multiplie N, et la valeur de δp (358) dans ce qui multiplie P, on trouvera

$\mathrm{d}x\delta y - \mathrm{d}y\delta x = \mathrm{d}x(\delta y - p\delta x)$,
$\mathrm{d}x\delta p - \mathrm{d}p\delta x = \mathrm{d}\delta y - p\mathrm{d}\delta x - \mathrm{d}p\delta x = \mathrm{d}(\delta y - p\delta x)$,
d'où il suit

$$\mathrm{d}x\delta p - \mathrm{d}p\delta x = \mathrm{d}\left(\frac{\mathrm{d}x\delta y - \mathrm{d}y\delta x}{\mathrm{d}x}\right).$$

Si l'on change y en p et p en q, on obtiendra de même

$$\mathrm{d}x\delta q - \mathrm{d}q\delta x = \mathrm{d}\left(\frac{\mathrm{d}x\delta p - \mathrm{d}p\delta x}{\mathrm{d}x}\right),$$

et ainsi de suite : faisant donc

$$\delta y - p\delta x = \omega,$$

il en résultera

$$\mathrm{d}x\delta y - \mathrm{d}y\delta x = \omega\mathrm{d}x, \quad \mathrm{d}x\delta p - \mathrm{d}p\delta x = \mathrm{d}\omega,$$
$$\mathrm{d}x\delta q - \mathrm{d}q\delta x = \mathrm{d}\frac{\mathrm{d}\omega}{\mathrm{d}x}, \text{ etc.,}$$

et par conséquent

$$\int(\mathrm{d}x\delta V - \mathrm{d}V\delta x) = \int N\omega\mathrm{d}x + \int P\mathrm{d}\omega + \int Q\mathrm{d}\frac{\mathrm{d}\omega}{\mathrm{d}x} + \text{etc.}$$

En intégrant par parties, dans le second membre de cette équation, chacun des termes où il y a des différentiations indiquées sur la quantité ω, on aura

$$\int P\mathrm{d}\omega = P\omega - \int\frac{\mathrm{d}P}{\mathrm{d}x}.\omega\mathrm{d}x,$$
$$\int Q\mathrm{d}\frac{\mathrm{d}\omega}{\mathrm{d}x} = Q\frac{\mathrm{d}\omega}{\mathrm{d}x} - \int\frac{\mathrm{d}Q}{\mathrm{d}x}\mathrm{d}\omega$$
$$= Q\frac{\mathrm{d}\omega}{\mathrm{d}x} - \frac{\mathrm{d}Q}{\mathrm{d}x}\omega + \int\frac{1}{\mathrm{d}x}\mathrm{d}\frac{\mathrm{d}Q}{\mathrm{d}x}.\omega\mathrm{d}x,$$
etc.

Avec ces expressions, on obtient

$$\delta\int V\mathrm{d}x = V\delta x + \left\{P - \frac{\mathrm{d}Q}{\mathrm{d}x} + \text{etc.}\right\}\omega$$
$$+ \left\{Q - \text{etc.}\right\}\frac{\mathrm{d}\omega}{\mathrm{d}x}$$
$$+ \text{etc.}$$
$$+ \int\left\{N - \frac{\mathrm{d}P}{\mathrm{d}x} + \frac{1}{\mathrm{d}x}\mathrm{d}\frac{\mathrm{d}Q}{\mathrm{d}x} - \text{etc.}\right\}\omega\mathrm{d}x.$$

On étendrait sans peine ce résultat à un plus grand nombre de variables dépendantes de x, en ajoutant pour chacune des termes pareils à ceux qu'on a trouvés en ne considérant que y; mais ce qu'il importe d'observer, c'est que si l'on remet pour ω sa valeur $\delta y - p\delta x$, la partie affectée du signe $\int$ prend la forme

$$\int\left\{N - \frac{\mathrm{d}P}{\mathrm{d}x} + \frac{1}{\mathrm{d}x}\mathrm{d}\frac{\mathrm{d}Q}{\mathrm{d}x} - \text{etc.}\right\}\mathrm{d}x\delta y$$
$$-\int\left\{N - \frac{\mathrm{d}P}{\mathrm{d}x} + \frac{1}{\mathrm{d}x}\mathrm{d}\frac{\mathrm{d}Q}{\mathrm{d}x} - \text{etc.}\right\}p\mathrm{d}x\delta x,$$

et l'on voit que dans ce cas le coefficient de δy et celui de δx, ont une relation qu'on n'aperçoit point dans le n° précédent, en sorte que si l'on égalait à zéro l'un de ces coefficiens, l'autre s'évanouirait aussi.

361. Une remarque non moins digne d'attention, c'est que si, dans le développement de $\delta\int U$ (359), on avait

$$M - \mathrm{d}N + \mathrm{d}^2P - \mathrm{d}^3Q + \text{etc.} = 0,$$
$$m - \mathrm{d}n + \mathrm{d}^2p - \mathrm{d}^3q + \text{etc.} = 0,$$

la variation $\int\delta U$ serait entièrement délivrée du signe $\int$; mais ces équations sont précisément celles qui doivent avoir lieu pour que la fonction U soit intégrable par elle-même. Cette proposition, annoncée dans le 280, se prouve *à priori*, en appliquant à la recherche de ces conditions la méthode même des variations.

En effet, soit U la différentielle d'une fonction U_1; on aura $U = \mathrm{d}U_1$, et par conséquent

$$\delta U = \delta \mathrm{d} U_1 = \mathrm{d}\delta U_1,$$

d'où il suit que si U est une différentielle exacte, δU en doit être pareillement une; et par conséquent lorsqu'on a fait sortir du signe $\int$, dans l'expression de $\int \delta U$, tous les termes qui peuvent s'intégrer, il faut que l'ensemble de ceux qui restent soit nul par lui-même, sans qu'on ait besoin de supposer aucune relation entre x, y, δx et δy.

Le développement de $\delta \int V \mathrm{d}x$ ne fournissant que la seule condition

$$N - \frac{\mathrm{d}P}{\mathrm{d}x} + \frac{1}{\mathrm{d}x}\mathrm{d}\frac{\mathrm{d}Q}{\mathrm{d}x} - \text{etc.} = 0,$$

montre que celle qui se rapporte à la variable x, devient inutile quand la fonction U est ramenée à la forme $V\mathrm{d}x$, V ne contenant que x, y et des coefficiens différentiels de y.

362. Ces remarques ne se bornent pas à l'expression de $\int U$: elles s'étendent également à celles de $\int\int U$, $\int\int\int U$, etc., quel que soit le nombre des signes d'intégration; et en cherchant la variation de ces dernières formules, comme on a fait à l'égard de $\int U$, on trouve les équations de condition, qui doivent avoir lieu pour que la quantité U soit la différentielle exacte d'une fonction U_1 d'un ordre immédiatement inférieur, d'une fonction U_2 d'un ordre inférieur de deux unités, et ainsi de suite. Soit

$$\left.\begin{aligned}\delta U = M\delta x + N\mathrm{d}\delta x + P\mathrm{d}^2\delta x + Q\mathrm{d}^3\delta x + \text{etc.}\\ + m\delta y + n\mathrm{d}\delta y + p\mathrm{d}^2\delta y + q\mathrm{d}^3\delta y + \text{etc.}\end{aligned}\right\};$$

on aura, par ce qui précède,

$$\begin{aligned}\delta\int U=&(N-\mathrm{d}P+\mathrm{d}^2Q-\text{etc.})\delta x+(P-\mathrm{d}Q+\text{etc.})\mathrm{d}\delta x\\&\qquad+(Q-\text{etc.})\mathrm{d}^2\delta x+\text{etc.}\\&+(n-\mathrm{d}p+\mathrm{d}^2q-\text{etc.})\delta y+(p-\mathrm{d}q+\text{etc.})\mathrm{d}\delta y\\&\qquad+(q-\text{etc.})\mathrm{d}^2\delta y+\text{etc.}\\&+\int(M-\mathrm{d}N+\mathrm{d}^2P-\mathrm{d}^3Q+\text{etc.})\,\delta x\\&+\int(m-\mathrm{d}n+\mathrm{d}^2p-\mathrm{d}^3q+\text{etc.})\,\delta y;\end{aligned}$$

mais $\delta\int U=\delta U_1$, et à cause que $U_1=\mathrm{d}U_2$, il viendra

$$\delta U_2=\delta\int U_1=\int\delta U_1=\int\delta\int U:$$

on obtiendra donc δU_2 en intégrant de nouveau $\delta\int U$, et en faisant sortir de dessous le premier signe d'intégration, tout ce qu'il sera possible d'intégrer. On trouvera ainsi

$$\begin{aligned}\delta U_2=&\int(N-\mathrm{d}P+\mathrm{d}^2Q-\text{etc.})\delta x+\int(P-\mathrm{d}Q+\text{etc.})\mathrm{d}\delta x\\&\qquad+\int(Q-\text{etc.})\mathrm{d}^2\delta x+\text{etc.}\\&+\int(n-\mathrm{d}p+\mathrm{d}^2q-\text{etc.})\delta y+\int(p-\mathrm{d}q+\text{etc.})\mathrm{d}\delta y\\&\qquad+\int(q-\text{etc.})\mathrm{d}^2\delta y+\text{etc.}\\&+\int\int(M-\mathrm{d}N+\mathrm{d}^2P-\mathrm{d}^3Q+\text{etc.})\delta x\\&+\int\int(m-\mathrm{d}n+\mathrm{d}^2p-\mathrm{d}^3q+\text{etc.})\delta y;\end{aligned}$$

et intégrant par parties les termes qui contiennent des différentielles de δx ou de δy, on aura

$$\begin{aligned}\delta U_2=&(P-2\mathrm{d}Q+3\mathrm{d}^2R-\text{etc.})\delta x+(Q-2\mathrm{d}R+\text{etc.})\mathrm{d}\delta x\\&\qquad+(R-\text{etc.})\mathrm{d}^2\delta x+\text{etc.}\\&+(p-2\mathrm{d}q+3\mathrm{d}^2r-\text{etc.})\delta y+(q-2\mathrm{d}r+\text{etc.})\mathrm{d}\delta y\\&\qquad+(r-\text{etc.})\mathrm{d}^2\delta y+\text{etc.}\\&+\int(N-2\mathrm{d}P+3\mathrm{d}^2Q-4\mathrm{d}^3R+\text{etc.})\,\delta x\\&+\int(n-2\mathrm{d}p+3\mathrm{d}^2q-4\mathrm{d}^3r+\text{etc.})\,\delta y\\&+\int\int(M-\mathrm{d}N+\mathrm{d}^2P-\mathrm{d}^3Q+\mathrm{d}^4R-\text{etc.})\,\delta x\\&+\int\int(m-\mathrm{d}n+\mathrm{d}^2p-\mathrm{d}^3q+\mathrm{d}^4r-\text{etc.})\,\delta y.\end{aligned}$$

Telle est la variation demandée, qui ne sera délivrée des deux signes $\int$ que quand les équations

$$\begin{aligned}
&N - 2\mathrm{d}P + 3\mathrm{d}^2Q - 4\mathrm{d}^3R + \text{etc.} &= 0,\\
&n - 2\mathrm{d}p + 3\mathrm{d}^2q - 4\mathrm{d}^3r + \text{etc.} &= 0,\\
&M - \mathrm{d}N + \mathrm{d}^2P - \mathrm{d}^3Q + \mathrm{d}^4R - \text{etc.} &= 0,\\
&m - \mathrm{d}n + \mathrm{d}^2p - \mathrm{d}^3q + \mathrm{d}^4r - \text{etc.} &= 0,
\end{aligned}$$

seront identiques; alors δU_2, étant intégré une seule fois, par rapport aux variations, donnera U_2, ou l'intégrale seconde de la proposée.

Soit, pour exemple,

$$U = x\mathrm{d}^2y + 2\mathrm{d}x\mathrm{d}y + y\mathrm{d}^2x;$$

on a

$$\begin{aligned}
\delta U = {} & \mathrm{d}^2y\delta x + 2\mathrm{d}y\mathrm{d}\delta x + y\mathrm{d}^2\delta x\\
& + \mathrm{d}^2x\delta y + 2\mathrm{d}x\mathrm{d}\delta y + x\mathrm{d}^2\delta y,\\
M = {} & \mathrm{d}^2y, \quad N = 2\mathrm{d}y, \quad P = y,\\
m = {} & \mathrm{d}^2x, \quad n = 2\mathrm{d}x, \quad p = x;
\end{aligned}$$

et les équations de condition ci-dessus deviendront

$$\begin{aligned}
&2\mathrm{d}y - 2\mathrm{d}y = 0,\\
&2\mathrm{d}x - 2\mathrm{d}x = 0,\\
&\mathrm{d}^2y - 2\mathrm{d}^2y + \mathrm{d}^2y = 0,\\
&\mathrm{d}^2x - 2\mathrm{d}^2x + \mathrm{d}^2x = 0:
\end{aligned}$$

la fonction proposée est donc immédiatement intégrable. La partie $y\delta x + x\delta y$, délivrée du signe $\int$, donne, en l'intégrant par rapport aux variations, $U_2 = xy$.

La marche des calculs précédens montre que la première intégration d'une fonction différentielle de m variables, exige m conditions, quand ces variables sont considérées comme indépendantes, et que pour un nombre n d'intégrations successives, il y aurait mn équations de condition. Il y en aurait seulement $m - 1$ pour la première intégration, et $n(m-1)$ pour toutes ensemble, si la fonction proposée était sous la forme $\int^n V\mathrm{d}x^n$, V ne contenant que des coefficiens différentiels.

Des maximums *et des* minimums *des formules intégrales indéterminées.*

363. On peut appeler *intégrales indéterminées*, les expressions telles que $\int y\mathrm{d}x$, $\int\sqrt{\mathrm{d}x^2+\mathrm{d}y^2}$, lorsqu'on n'assigne aucune forme à la fonction y; mais pour être susceptibles de *maximum* ou de *minimum*, ces intégrales doivent être *définies* (229), puisque ce n'est qu'entre des limites données qu'elles auront une valeur fixe, quand y sera déterminé en x.

Les principes exposés dans le n° 155, à l'égard des fonctions dont la forme est donnée, s'appliquent aussi, avec le secours du calcul des variations, aux intégrales indéterminées. En effet, d'après la marche tracée dans le n° 45, le résultat de la substitution de

$$x+\delta x,\quad y+\delta y,\quad \mathrm{d}x+\delta\mathrm{d}x,\quad \mathrm{d}y+\delta\mathrm{d}y,\ \text{etc.},$$

à la place des quantités

$$x,\quad y,\quad \mathrm{d}x,\quad \mathrm{d}y,\ \text{etc.},$$

dans une fonction quelconque u de ces quantités, pourra s'ordonner suivant les puissances des variations,

$$\delta x,\quad \delta y,\quad \delta\mathrm{d}x,\quad \delta\mathrm{d}y,\ \text{etc.};$$

et δu contiendra tous les termes de ce développement, dans lesquels les variations ne montent qu'au premier degré. Ces termes, changeant de signe en même temps que les variations, doivent, suivant la théorie rappelée ci-dessus, s'anéantir lors du *maximum* et du *minimum*, quelles que soient les variations δx et δy; il faut donc que $\delta u=0$. Lorsque $u=\int U$, il vient $\delta u=\int\delta U$ (357); au *maximum* et au *minimum* de $\int U$, on a donc $\int\delta U=0$, en observant que c'est entre les limites assignées à $\int U$, que $\int\delta U$ doit s'évanouir.

Il résulte aussi de la même théorie, que la condition

$\delta u = 0$, n'entraîne pas nécessairement l'existence du *maximum* ou du *minimum*, parce qu'il faut en outre que les termes où les variations s'éleveraient au second degré, conservent toujours le même signe ; la discussion de ces dernières conditions est trop compliquée et trop délicate pour trouver place ici.

364. Le développement de $\int \delta U$ est composé de deux parties bien distinctes (359), puisque l'une est délivrée du signe $\int$, et l'autre y demeure soumise ; on peut représenter la première par

$$\alpha \delta x + \beta \delta y + \alpha_1 \mathrm{d}\delta x + \beta_1 \mathrm{d}\delta y + \text{etc.},$$

et la seconde par

$$\int \{ \chi \delta x + \psi \delta y \}.$$

Ces parties ne sauraient être comparées entre elles, puisque la dernière n'est point intégrable, tant que δx et δy conservent l'indépendance qu'exige la nature du problème; et dans cet état on ne peut la faire évanouir qu'en posant séparément les équations

$$\chi = 0, \quad \psi = 0,$$

dont le nombre est généralement égal à celui des variations indépendantes; mais lorsqu'il n'y a que deux variables, et que U peut prendre la forme $V\mathrm{d}x$, le développement de la variation de $\int V\mathrm{d}x$, dans le n° 360, fait voir que $\chi = -\psi p$, et que par conséquent $\chi \mathrm{d}x + \psi \mathrm{d}y = 0$, condition d'ailleurs facile à vérifier en particulier sur chaque exemple. Il s'ensuit que les équations $\chi = 0$ et $\psi = 0$ rentrent l'une dans l'autre, et qu'il n'y a, entre x et y, qu'une seule relation qu'on aurait également obtenue en posant $\delta x = 0$, c'est-à-dire en ne faisant point varier x; mais cette hypothèse restreindrait beaucoup, comme on va le voir, les propriétés de la partie délivrée du signe $\int$, dans la variation.

Il suit de ce qui précède, que les équations indiquées dans le n° 361, comme exprimant les conditions qui rendent intégrables les formules $\int U$ et $\int V\mathrm{d}x$, et qui sont alors identiques, quand elles cessent de l'être, déterminent la relation de y à x, par laquelle les intégrales proposées deviennent un *maximum* ou un *minimum*. On reconnaît aisément que ces équations peuvent s'élever jusqu'à l'ordre dont l'exposant est double de celui de la plus haute différentielle contenue, soit dans U, soit dans V.

365. Par l'évanouissement de la partie affectée du signe $\int$, il vient

$$\int\delta U = \alpha\delta x + \beta\delta y + \alpha_1 \mathrm{d}\delta x + \beta_1 \mathrm{d}\delta y + \text{etc.},$$

et faisant, pour abréger, $\int\delta U = \varphi$, la valeur complète de cette intégrale s'obtiendra en prenant la différence de celles que reçoit la quantité φ, à chacune des deux limites (229); en sorte que si φ' représente cette valeur pour la première limite, et φ'' pour la dernière, on aura $\int\delta U = \varphi'' - \varphi'$, d'où il résultera encore, pour le *maximum* et le *minimum* de l'intégrale $\int U$, la condition

$$\varphi'' - \varphi' = 0;$$

mais il faut bien remarquer que cette équation ne contient plus que des quantités qui se rapportent aux limites de l'intégrale $\int U$, et qu'alors les variations δx, δy, $\delta \mathrm{d}x$, $\delta \mathrm{d}y$, etc. peuvent être nulles, ou seulement liées entre elles par des relations données, selon que ces limites seront fixes ou variables. L'explication géométrique de ces diverses circonstances, les éclaircira suffisamment.

La première a lieu lorsque la courbe qui rend *maximum* ou *minimum*, l'intégrale proposée, doit être prise entre toutes les courbes assujéties à passer par deux points dont les coordonnées sont déterminées, ainsi que tout ce qui s'y rapporte, et que l'intégrale doit commencer à l'un de ces points, et finir à l'autre. Si x' et y' désignent les coordonnées du premier, x'' et y'' celles du second, ces quantités, appartenant à toutes les courbes qu'on pourra considérer dans la question dont il s'agit, n'éprouveront aucune variation : quand donc on changera x et y en x' et en y', puis en x'' et en y'', il faudra faire

$$\delta x' = 0, \quad \delta y' = 0, \quad \delta x'' = 0, \quad \delta y'' = 0.$$

Alors les termes affectés de ces variations disparaîtront d'eux-mêmes de l'équation $\varphi'' - \varphi' = 0$, qui sera par conséquent vérifiée si elle ne contient que ces termes ; et la courbe déduite de l'équation $\chi = 0$, résoudra complètement le problème, pourvu qu'on l'assujétisse à passer par les deux points donnés ; ce qui s'effectuera en général, par la détermination des constantes arbitraires comprises dans l'intégrale de l'équation citée, qui sera alors du second ordre.

Si l'équation $\varphi'' - \varphi' = 0$ contenait de plus les termes affectés de $\delta dx'$, $\delta dy'$, $\delta dx''$, $\delta dy''$, et qu'outre la condition précédente, les tangentes de la courbe cherchée dussent avoir, aux limites de l'intégrale, une inclinaison donnée, ces termes disparaîtraient aussi d'eux-mêmes, parce que les différentielles dx et dy n'éprouvant aucun changement aux limites, les variations $\delta dx'$, $\delta dy'$, $\delta dx''$, $\delta dy''$, seraient zéro, et feraient évanouir les produits où elles entrent : mais pour assujétir la courbe cherchée à cette condition, par rapport aux tangentes de ses points extrêmes, il faudrait que son équation contînt deux constantes arbitraires de plus que dans le cas précédemment examiné, et que par conséquent l'équation différentielle $\chi=0$ fût du quatrième ordre. En voilà assez pour montrer comment doit se vérifier l'équation $\varphi''-\varphi'=0$, lorsque les coordonnées des limites et leurs coefficiens différentiels ont des valeurs fixes : je passe aux cas où les limites doivent être regardées comme variables.

366. On peut demander que la courbe douée du *maximum* ou du *minimum* de la propriété proposée, soit prise, non parmi toutes les courbes qui passent par deux points donnés, mais parmi toutes celles qui seraient menées entre deux courbes données AA' et BB', *fig.* 56, sans déterminer les points où ces dernières sont coupées par celle qu'on cherche. Il est visible qu'en passant alors de la courbe AB, à une autre $A'B'$, les extrémités A et B se meuvent ; les abscisses qui répondent au commencement et à la fin de l'intégrale, après qu'elle a varié, ne sont plus celles qui convenaient à son état primitif, et les ordonnées qui s'y rapportent ont changé suivant la loi établie par les courbes AA' et BB'. Dans cette circonstance, les variations des ordonnées et celles de leurs abscisses doivent avoir les mêmes relations que les différentielles relatives aux courbes AA', BB', relations exprimées par les équations de ces courbes, qui sont données : il est donc nécessaire de les introduire dans l'équation $\varphi''-\varphi'=0$; et pour la vérifier ensuite, il faudra égaler séparément à zéro les coefficiens des variations qui resteront indépendantes. FIG. 56.

A mesure que la fonction $\int U$ contiendra des différentielles d'un ordre plus élevé, le nombre de termes de l'équation $\varphi''-\varphi'=0$, augmentant, on pourra ajouter de nouvelles conditions aux limites ; supposer, par exemple, que la courbe AB doit être prise parmi toutes celles qui touchent à la fois les deux courbes AA' et BB'. Par cette dernière condition, non-seulement les coordonnées x et y doivent avoir, aux limites de l'intégrale, les relations exprimées par les équations de ces courbes ; mais il en doit être de même de leurs différentielles : ainsi les variations $\delta dx'$, $\delta dy'$, $\delta dx''$, $\delta dy''$, ne sont plus indépendantes, et doivent coïncider avec les différentielles secondes relatives aux courbes proposées. On pourra, par ces relations, éliminer quelques-unes des variations $\delta dx'$, $\delta dy'$, $\delta dx''$, $\delta dy''$, de l'équation $\varphi''-\varphi'=0$; et ensuite on la vérifiera en égalant séparément à zéro, les coefficiens des variations restantes, qui seront entièrement arbitraires.

Les équations qu'on se procurera par ce moyen, établissant des relations entre les coordonnées des points extrêmes de la courbe proposée, porteront nécessairement sur les constantes introduites par l'intégration de l'équation $\chi=0$, et serviront à les déterminer.

367. Les applications éclairciront ce qui précède ; mais on doit déjà remarquer que, puisqu'il y a des circonstances où il faut avoir égard aux variations des limites des intégrales, si les coordonnées x', y', x'', y'', de ces limites, entraient dans l'expression de U, il serait nécessaire de les y faire varier, aussi bien que x et y, et d'augmenter par conséquent δU des termes

$$\begin{gathered}A'\delta x' + B'\delta y' + A''\delta x'' + B''\delta y'' \\ + A'_1 d\delta x' + B'_1 d\delta y' + A''_1 d\delta x'' + B''_1 d\delta y'' + \text{etc.};\end{gathered}$$

et comme les variations $\delta x'$, $\delta y'$, $\delta x''$, $\delta y''$, sont indépendantes des coordonnées indéterminées x et y, elles passeraient hors du signe $\int$, tandis que les fonctions A', A'', etc., A'_1, A''_1, etc., y resteraient soumises ;

il faudrait donc introduire dans la première partie de la variation $\int\delta U$, les termes

$$\begin{aligned}&\delta x'\int A' + \delta y'\int B' + \delta x''\int A'' + \delta y''\int B''\\ &+ d\delta x'\int A'_1 + d\delta y'\int B'_1 + d\delta x''\int A''_1 + d\delta y''\int B''_1 + \text{etc.},\end{aligned}$$

en ayant soin de prendre ces intégrales entre les mêmes limites que la proposée.

On ne voit pas tout de suite ce que deviendraient les termes précédens, si l'une des limites était en même temps l'origine des coordonnées. On évite cette difficulté, en faisant d'abord

$$x = X - x', \quad y = Y - y',$$

et en concevant que l'origine des coordonnées X, Y, soit fixe, mais que les quantités x' et y' soient variables; il vient alors

$$\delta x = \delta X - \delta x', \quad \delta y = \delta Y - \delta y'.$$

Quant aux différentielles dx, dy, etc., elles ne dépendent point des quantités x' et y', et ne prennent par conséquent aucune variation; l'expression de δU, devient donc seulement

$$\begin{aligned}&M(\delta X - \delta x') + N\delta dX + \text{etc.}\\ &+ m(\delta Y - \delta y') + n\delta dY + \text{etc.}\end{aligned}$$

Il est permis de faire ensuite x', y', égaux à zéro, pourvu qu'on laisse subsister les variations $\delta x'$, $\delta y'$, qui peuvent être considérées comme le premier degré de grandeur de ces quantités; alors X et Y redeviennent x et y, et le changement de l'expression de $\int\delta U$ se réduit aux termes $-\delta x'\int M - \delta y'\int m$, dont il faut prendre les intégrales dans les limites primitives.

368. Soit proposé de déterminer y en x, pour que l'intégrale $\int\sqrt{dx^2 + dy^2}$, prise entre deux limites données, soit un *minimum*, ce qui revient à *trouver la*

plus courte ligne qu'on puisse mener entre deux points, sur un plan. On a

$$\delta U = \delta\sqrt{dx^2+dy^2} = \frac{dx\delta dx + dy\delta dy}{\sqrt{dx^2+dy^2}},$$

et
$$\int\delta U = \int\frac{dx}{ds}\,d\delta x + \int\frac{dy}{ds}\,d\delta y,$$

en faisant $\sqrt{dx^2+dy^2} = ds$, et en transposant la caractéristique δ. Intégrant ensuite par parties, on trouve

$$\int\delta U = \frac{dx}{ds}\delta x + \frac{dy}{ds}\delta y - \int\left(d\frac{dx}{ds}\delta x + d\frac{dy}{ds}\delta y\right),$$

et la partie affectée du signe $\int$ donne (364)

$$d\frac{dx}{ds} = 0, \text{ d'où } \frac{dx}{ds} = C, \ \frac{dy}{dx} = C', \ y = C'x + C''.$$

Ce résultat, ainsi qu'on devait s'y attendre, désigne la ligne droite, et les constantes qu'il renferme serviront à remplir les conditions relatives aux points entre lesquels elle doit être menée.

La partie qui est délivrée du signe $\int$, ou φ (365), ne contenant que les variations des coordonnées des points extrêmes, s'évanouit quand ils sont fixes, et les constantes C' et C'', se déterminent alors en assujétissant la droite proposée à passer par ces points. Quand ils ne sont pas fixes, mais qu'ils doivent seulement se trouver sur des courbes données, il faut que les quantités x' et y', x'' et y'', qui sont inconnues, satisfassent, ainsi que leurs variations, à l'équation $\varphi''-\varphi'=0$, qui devient

$$\frac{dx''}{ds''}\delta x'' + \frac{dy''}{ds''}\delta y'' - \frac{dx'}{ds'}\delta x' - \frac{dy'}{ds'}\delta y' = 0,$$

et aux équations des courbes données, dont je représenterai les différentielles par

$$dy = m dx, \quad dy = n dx;$$

on aura donc (366),

$$\delta y' = m' \delta x', \quad \delta y'' = n'' \delta x'',$$

$$\left(\frac{dx''}{ds''} + n'' \frac{dy''}{ds''}\right) \delta x'' - \left(\frac{dx'}{ds'} + m' \frac{dy'}{ds'}\right) \delta x' = 0.$$

A cause de l'indépendance des variations $\delta x''$ et $\delta x'$, cette équation se partage dans les suivantes :

$$dx'' + n'' dy'' = 0, \quad \text{ou} \quad \frac{dy''}{dx''} = -\frac{1}{n''},$$

$$dx' + m' dy' = 0, \quad \text{ou} \quad \frac{dy'}{dx'} = -\frac{1}{m'},$$

qui expriment que la droite proposée doit rencontrer à angle droit, chacune des courbes données.

D'après l'équation $y = C'x + C''$, on a $dy = C' dx$ pour tous les points de la droite, et les équations précédentes deviennent en conséquence

$$1 + C'n'' = 0, \quad 1 + C'm' = 0;$$

mais la constante C' dépend des coordonnées des points extrêmes, puisque l'équation de la droite menée par ces points étant

$$y - y' = \frac{y' - y''}{x' - x''}(x - x'), \text{ donne } C' = \frac{y' - y''}{x' - x''}:$$

et substituant cette valeur de C', il en résulte les équations

$$x' - x'' + n''(y' - y'') = 0, \quad x' - x'' + m'(y' - y'') = 0,$$

dont la combinaison avec celles des courbes données, détermine les points par où passe la plus courte distance de ces courbes, et complète la solution du problème proposé.

On arriverait aux mêmes équations, en supposant

d'abord que les points extrêmes soient fixes, circonstance dans laquelle on a, entre y et x, l'équation

$$y-y'=\frac{y'-y''}{x'-x''}(x-x').$$

En effet, par cette relation, l'intégrale $\int\sqrt{dx^2+dy^2}$ devient, entre les abscisses x' et x'',

$$(x'-x'')\sqrt{1+\left(\frac{y'-y''}{x'-x''}\right)^2}=\sqrt{(x'-x'')^2+(y'-y'')^2};$$

et la seule application du Calcul différentiel suffit pour déterminer le *minimum* de cette expression, en ayant égard à la dépendance qu'établissent entre x' et y', x'' et y'', les équations des courbes données.

C'est ainsi qu'on pouvait achever, sans le secours de l'équation $\varphi''-\varphi'=0$, que les méthodes de Bernoulli et d'Euler ne donnaient pas, la solution des problèmes semblables au précédent, toutes les fois que l'on savait obtenir l'intégrale proposée; mais en considérant que cette intégrale est une fonction implicite des quantités qui se rapportent à ses limites, M. Poisson, au moyen de la différentiation sous le signe $\int$ (281), a cherché immédiatement, par rapport à ces quantités, les conditions du *maximum* absolu de l'intégrale proposée, et est parvenu à l'équation $\varphi''-\varphi'=0$, telle qu'elle résulte de la méthode des variations.

369. Le problème du n° précédent étant transporté dans l'espace, conduit à déterminer z et y, en fonctions de x, dans l'expression $\int\sqrt{dx^2+dy^2+dz^2}$. En faisant $\sqrt{dx^2+dy^2+dz^2}=ds$, il vient

$$\int\delta\sqrt{dx^2+dy^2+dz^2}=\int\frac{dx}{ds}d\delta x+\int\frac{dy}{ds}d\delta y+\int\frac{dz}{ds}d\delta z=$$
$$\frac{dx}{ds}\delta x+\frac{dy}{ds}\delta y+\frac{dz}{ds}\delta z-\int\left(d\frac{dx}{ds}\delta x+d\frac{dy}{ds}\delta y+d\frac{dz}{ds}\delta z\right).$$

La partie affectée du signe $\int$, fournit les trois équations

$$d\frac{dx}{ds}=0,\quad d\frac{dy}{ds}=0,\quad d\frac{dz}{ds}=0,$$

dont toutes les combinaisons 2 à 2 s'accordent à donner

$$\frac{dz}{dx}=const.,\quad \frac{dz}{dy}=const.,$$

et montrent que la ligne cherchée est droite.

Si cette droite doit être menée entre un point fixe, et une surface courbe dont l'équation différentielle soit

$$dz=pdx+qdy,$$

il faudra qu'à la dernière limite $\delta z''=p''\delta x''+q''\delta y''$. La première étant fixe, rendra $\varphi'=0$, et la valeur de $\delta z''$ changera $\varphi''=0$ en

$$(dx''+p''dz'')\delta x''+(dy''+q''dz'')\delta y''=0;$$

égalant à zéro les coefficiens des variations indépendantes, il viendra

$$dx''+p''dz''=0,\quad dy''+q''dz''=0,$$

d'où l'on verra, par le n° 150, que la droite cherchée est normale à la surface donnée.

Si la plus courte ligne cherchée doit être toute entière sur une surface courbe donnée, il faudra que les variations δx, δy, δz, sous le signe $\int$, satisfassent à l'équation différentielle de cette surface, que je représenterai par $dz=pdx+qdy$; on fera donc

$$\delta z=p\delta x+q\delta y$$

dans $\int\delta U$, qui deviendra, par cette substitution,

$$\left(\frac{dx}{ds}+p\frac{dz}{ds}\right)\delta x+\left(\frac{dy}{ds}+q\frac{dz}{ds}\right)\delta y$$
$$-\int\left\{\left(d\frac{dx}{ds}+pd\frac{dz}{ds}\right)\delta x+\left(d\frac{dy}{ds}+qd\frac{dz}{ds}\right)\delta y\right\}.$$

De la partie affectée du signe $\int$, on tire les équations

$$\mathrm{d}\frac{\mathrm{d}x}{\mathrm{d}s}+p\mathrm{d}\frac{\mathrm{d}z}{\mathrm{d}s}=0,\quad \mathrm{d}\frac{\mathrm{d}y}{\mathrm{d}s}+q\mathrm{d}\frac{\mathrm{d}z}{\mathrm{d}s}=0,$$

dont une seule suffit (360), conjointement avec celle de la surface donnée, pour déterminer la nature de la ligne la plus courte qu'on puisse mener sur cette surface, entre deux de ses points.

En supposant que cette ligne doive être menée entre un point fixe et une courbe prise sur la même surface, on aura d'abord $\varphi'=0$; et désignant par $\mathrm{d}y=n\mathrm{d}x$, l'équation différentielle de la projection sur le plan des xy, de la courbe donnée, il viendra $\delta y''=n''\delta x''$; puis l'équation $\varphi''=0$, se changeant en

$$\mathrm{d}x''+p''\mathrm{d}z''+(\mathrm{d}y''+q''\mathrm{d}z'')n''=0,$$

exprimera que les deux courbes dont il s'agit se coupent à angle droit.

370. Je vais encore chercher la relation de x à y, propre à rendre *minimum* l'expression $\int\frac{\sqrt{\mathrm{d}x^2+\mathrm{d}y^2}}{\sqrt{2(y-Y)}}$, dans laquelle je considérerai Y comme une fonction des coordonnées x' et y', x'' et y'', relatives aux limites (*).

Pour résoudre la question dans toute sa généralité, il faut faire varier Y, aussi bien que y (367). Soit

$$\sqrt{2(y-Y)}=u,\quad \sqrt{\mathrm{d}x^2+\mathrm{d}y^2}=\mathrm{d}s,$$

il viendra

$$\delta u=\frac{\delta y-\delta Y}{u},\quad \delta\mathrm{d}s=\frac{\mathrm{d}x}{\mathrm{d}s}\mathrm{d}\delta x+\frac{\mathrm{d}y}{\mathrm{d}s}\mathrm{d}\delta y,$$

(*) Ce problème est celui de la Brachystochrone, courbe le long de laquelle un corps descend dans le moins de temps possible, d'un point à un autre.

et $\int\delta\frac{ds}{u}=-\int\frac{ds}{u^3}(\delta y-\delta Y)+\int\frac{dx}{uds}d\delta x+\int\frac{dy}{uds}d\delta y$

$$=\delta Y\int\frac{ds}{u^3}+\frac{dx}{uds}\delta x+\frac{dy}{uds}\delta y$$
$$-\int\left\{d\frac{dx}{uds}\delta x+\left(\frac{ds}{u^3}+d\frac{dy}{uds}\right)\delta y\right\}.$$

On tire des termes affectés du signe $\int$, les équations

$$d\frac{dx}{uds}=0,\quad \frac{ds}{u^3}+d\frac{dy}{uds}=0;$$

la première qui est la plus simple, donne

$$\frac{dx}{uds}=C,\quad \text{d'où}\quad \frac{dx}{\sqrt{dx^2+dy^2}}=C\sqrt{2(y-Y)}.$$

Ce résultat indique une cycloïde (114); car si l'on y fait $y-Y=z$, on en déduira

$$dx=\frac{dz\sqrt{2C^2}.\sqrt{z}}{\sqrt{1-2C^2z}}=\frac{zdz}{\sqrt{\frac{1}{2C^2}z-z^2}}.$$

Lorsque $\delta Y=0$, la quantité φ donne, pour les limites, les équations

$$dx''\delta x''+dy''\delta y''=0,\quad dx'\delta x'+dy'\delta y'=0,$$

d'après lesquelles on reconnaîtra, comme dans le n° 368, que, si la courbe cherchée est menée entre deux autres, elle doit les rencontrer à angle droit.

Quand δY n'est pas nul, il faut calculer la valeur de $\int\frac{ds}{u^3}$, entre les limites de l'intégrale proposée; or, l'équation

$$\frac{ds}{u^3}+d\frac{dy}{uds}=0,$$

fournie par le coefficient de δy sous le signe $\int$, donne

$$\int \frac{ds}{u^3} = -\frac{dy}{uds} + const.,$$

et en observant que δY, ne dépendant point des variables indéterminées x et y, ne doit pas changer d'une limite à l'autre, l'équation $\varphi'' - \varphi' = 0$, devient

$$\left.\begin{array}{l} -\frac{dy''}{u''ds''}\delta Y + \frac{dx''}{u''ds''}\delta x'' + \frac{dy''}{u''ds''}\delta y'' \\ +\frac{dy'}{u'ds'}\delta Y - \frac{dx'}{u'ds'}\delta x' - \frac{dy'}{u'ds'}\delta y' \end{array}\right\} = 0.$$

Si l'on prend seulement $Y = y'$, d'où il suit $\delta Y = \delta y'$, on aura, en réduisant et séparant les variations relatives à chaque limite,

$$\frac{dx''}{u''ds''}\delta x'' + \frac{dy''}{u''ds''}\delta y'' = 0, \quad \frac{dx'}{u'ds'}\delta x' + \frac{dy''}{u''ds''}\delta y' = 0;$$

puis faisant ensuite, comme dans le n° 368,

$$\delta y'' = n''\delta x'', \quad \delta y' = m'\delta x',$$

et se rappelant que $\frac{dx}{uds} = C$, les équations ci-dessus prendront la forme

$$C + \frac{dy''}{u''ds''}n'' = 0, \quad C + \frac{dy''}{u''ds''}m' = 0,$$

d'après laquelle $n'' = m'$. Ce résultat fait voir qu'aux points où la courbe cherchée rencontre les courbes données, celles-ci doivent avoir leurs tangentes parallèles. De plus, l'équation relative à la dernière limite, revenant à

$$dx''\delta x'' + dy''\delta y'' = 0,$$

montre encore que la courbe cherchée doit couper à angle droit, la seconde courbe donnée.

371. Les problèmes précédens se rapportent à des

maximums ou à des *minimums* absolus ; mais la question de *trouver parmi toutes les relations que peuvent avoir entre elles les variables* x, y, *et qui donnent une même valeur à l'intégrale indéterminée* $\int U_1$, *prise depuis* $x=x'$ *jusqu'à* $x=x''$, *celle qui rend la formule* $\int U$ *un* maximum *ou un* minimum, *dans les mêmes circonstances*, appartient aux *maximums* et aux *minimums relatifs*. Elle se résout en égalant à zéro la variation de la fonction $\int U + a\int U_1$, a étant un coefficient constant indéterminé. Ce n'est pas ici le lieu de démontrer en détail cette règle ; on conçoit d'ailleurs que si la fonction ci-dessus est un *maximum* ou un *minimum*, et que l'on fasse $\int U_1 = A$, l'intégrale $\int U$ aura toujours la plus grande ou la plus petite des valeurs qu'elle pourrait prendre dans cette hypothèse. Le coefficient indéterminé a sert à remplir la condition $\int U_1 = A$.

Si, par exemple, on demandait *la courbe qui, sous un périmètre donné, renferme le plus grand ou le plus petit espace*, on aurait

$$\int U + a\int U_1 = \int\left\{y\mathrm{d}x + a\sqrt{\mathrm{d}x^2+\mathrm{d}y^2}\right\};$$

en faisant $\sqrt{\mathrm{d}x^2+\mathrm{d}y^2} = \mathrm{d}s$, la partie de la variation affectée du signe $\int$, serait

$$-\int\left\{\left(\mathrm{d}y + a\mathrm{d}\frac{\mathrm{d}x}{\mathrm{d}s}\right)\delta x - \left(\mathrm{d}x - a\mathrm{d}\frac{\mathrm{d}y}{\mathrm{d}s}\right)\delta y\right\},$$

et donnerait, pour déterminer la courbe cherchée, l'équation

$$\mathrm{d}x - a\mathrm{d}\frac{\mathrm{d}y}{\mathrm{d}s} = 0,$$

dont l'intégrale, qui est

$$x - a\frac{\mathrm{d}y}{\mathrm{d}s} = C, \quad \text{ou} \quad \mathrm{d}y = \frac{(x-C)\mathrm{d}x}{\sqrt{a^2-(x-C)^2}},$$

désigne évidemment un cercle dont le rayon est a.

Ce rayon se détermine d'après la valeur assignée au périmètre $\int\sqrt{dx^2+dy^2}$; la constante C et celle qu'introduirait l'intégration qui reste à effectuer, peuvent servir à faire passer le cercle par des limites fixes et données. Il est doué du *maximum* d'aire, lorsqu'il tourne sa concavité vers l'axe des abscisses et du *minimum*, si le contraire a lieu. Tel est le cas le plus simple du *problème des isopérimètres*, ainsi nommé, parce que l'on n'y considéra d'abord que des courbes de même périmètre.

APPENDICE

AU

TRAITÉ ÉLÉMENTAIRE

DE

CALCUL DIFFÉRENTIEL ET INTÉGRAL.

Des Différences et des Séries.

Du calcul direct des Différences.

372. DANS le calcul différentiel, on n'a fait varier les fonctions que pour considérer la forme des termes de leur développement, ou les limites des rapports de leurs accroissemens à ceux des variables dont elles dépendent, mais sans avoir aucun égard aux valeurs de ces accroissemens. Cette recherche ne portait que sur de nouvelles fonctions dérivées de la première, et non pas sur les valeurs numériques de ses accroissemens; mais l'examen de ces valeurs a montré que, dans un grand nombre de cas, elles suivent des lois plus simples que celle de la fonction elle-même, ou au moins qu'elles forment souvent des suites décroissantes qui se prêtent plus aisément aux approximations, et auxquelles par conséquent il peut être utile de ramener

les quantités primitives. C'est sous ce point de vue qu'on s'est d'abord occupé du *Calcul aux différences* proprement dit.

On lui a donné le nom de *Calcul aux différences finies*, pour le distinguer du *Calcul aux différences infiniment petites;* mais la dénomination de *Calcul différentiel*, exclusivement affectée à ce dernier, et motivée comme on l'a vu (5), prévenant toute équivoque, il n'est pas nécessaire d'ajouter l'épithète *finies* aux *différences*, qui ne sauraient être confondues avec les *différentielles*.

Le but du Calcul direct aux différences est donc de déterminer les accroissemens en eux-mêmes, en les déduisant, non-seulement de l'expression analytique des fonctions, mais aussi de leurs valeurs numériques ou particulières, lorsque l'expression analytique manque ou serait trop compliquée.

373. En examinant la marche des séries formées par les quarrés et les cubes de la suite naturelle des nombres, on tombe déjà sur des propriétés remarquables et utiles des différences, ainsi que le montrera l'explication des tableaux ci-dessous.

Quarrés.	Differ. 1re.	Differ. 2e.
1		
4	3	
9	5	2
16	7	2
25	9	2
36	11	2
49	13	2
etc.	etc.	etc.

Cubes.	Différ. 1re.	Différ. 2e.	Différ. 3e.
1			
8	7		
27	19	12	
64	37	18	6
125	61	24	6
216	91	30	6
343	127	36	6
etc.	etc.	etc.	etc.

Je n'ai point fait entrer dans ces tableaux la suite naturelle des nombres 1, 2, 3, 4, etc., parce que la différence de l'un à l'autre est toujours égale à l'unité; mais à côté des quarrés j'ai placé, dans une seconde colonne, la différence entre chacun de ceux-ci et celui qui le précède; puis dans une troisième colonne, la différence entre chacun des nombres de la seconde et celui qui le précède. Ces dernières sont nommées *différences secondes,* comme étant les différences des *différences premières.*

Celles-ci, formant une progression par différences, présentent déjà une loi plus simple que les nombres de la première colonne, et les autres, étant constantes, offrent encore une nouvelle simplification. Une conséquence assez importante de l'enchaînement de ces différences, c'est qu'on peut, au moyen des seuls nombres 1, 3, 2, placés respectivement à la tête des trois colonnes du premier tableau, former, par de simples additions, la colonne des quarrés; car en ajoutant 2 à 3, on aura 5, puis 2 à 5, on aura 7, et l'on formera ainsi la seconde colonne : ajoutant ensuite 3 avec 1, on aura 4, 5 avec 4, on aura 9, et ainsi des autres quarrés.

La première colonne du second tableau contient les cubes; la deuxième, leurs différences premières; la troisième, leurs différences secondes, qui ne forment plus qu'une progression par différences; et enfin, dans la quatrième colonne, sont les différences des différences secondes, ou les *différences troisièmes*, qui sont constantes.

Ici, au moyen des quatre nombres 1, 7, 12 et 6 placés respectivement en tête des diverses colonnes du tableau, *on pourra former toutes ces colonnes, en commençant par celle de la droite, et en ajoutant chacun des nombres d'une même colonne avec celui qui se trouve sur une ligne plus haut, dans la colonne à gauche.*

Cette règle, qui n'est encore établie que sur une simple induction, et pour deux séries de nombres seulement, sera bientôt démontrée et étendue à un nombre infini de fonctions, pour lesquelles on obtient ainsi des déterminations rigoureuses.

D'un autre côté, que dans une table de logarithmes on prenne les différences entre les termes consécutifs, on trouvera des nombres qui marcheront fort inégalement, si l'on opère dans le commencement de la table où la fonction varie beaucoup; mais en passant aux différences secondes, troisièmes, etc., on arrivera à des nombres qui deviendront fort petits, et finiront par rester les mêmes dans un intervalle plus ou moins grand. Les logarithmes suivront donc sensiblement, pendant cet intervalle, une loi analogue à celle que nous avons fait remarquer ci-dessus, par rapport aux quarrés et aux cubes, et dont on peut faire usage pour simplifier la construction de cette table.

374. Quand on a vu le parti qu'on peut tirer de la

considération des différences successives, poussées jusqu'à l'ordre où elles sont constantes, soit rigoureusement, soit à très peu près, il paraît tout simple de chercher l'expression générale de leurs relations. Pour cela, soit

$$u,\quad u_1,\quad u_2,\quad u_3,\ldots\ldots u_n,$$

une série de valeurs consécutives que reçoit une quantité, en vertu des variations qu'elle éprouve par elle-même, ou par l'effet de celles qui arrivent à une autre dont elle dépend; les chiffres inférieurs sont ici des *indices* qui font connaître le rang qu'occupe chaque valeur dans la série, en marquant le nombre de celles qui la précèdent, en sorte que la première, u, est censée répondre à l'indice 0. On fait ensuite

$$\left.\begin{array}{l} u_1-u\quad=\Delta u \\ u_2-u_1\quad=\Delta u_1 \\ u_3-u_2\quad=\Delta u_2 \\ \ldots\ldots\ldots\ldots\ldots\ldots \\ u_n-u_{n-1}=\Delta u_{n-1} \end{array}\right\}\ldots\ldots\ldots\ldots\ldots\ldots (1),$$

en se servant de la caractéristique Δ, pour désigner l'opération de prendre la différence entre deux valeurs consécutives d'une même quantité.

Lorsque cette quantité varie par des degrés égaux, les différences Δu, Δu_1, Δu_2, etc. sont toutes égales; mais si le contraire a lieu, on fait, par analogie,

$$\left.\begin{array}{l} \Delta u_1-\Delta u\quad=\Delta\Delta u\quad=\Delta^2 u \\ \Delta u_2-\Delta u_1\quad=\Delta\Delta u_1\quad=\Delta^2 u_1 \\ \ldots\ldots\ldots\ldots\ldots\ldots\ldots\ldots \\ \Delta u_n-\Delta u_{n-1}=\Delta\Delta u_{n-1}=\Delta^2 u_{n-1} \\ \text{etc.} \end{array}\right\}\ldots\ldots\ldots\ldots (2).$$

$$\left.\begin{array}{l} \Delta^2u_1 - \Delta^2u = \Delta\Delta^2u = \Delta^3u \\ \Delta^2u_2 - \Delta^2u_1 = \Delta\Delta^2u_1 = \Delta^3u_1 \\ \dots\dots\dots\dots\dots\dots\dots\dots \\ \Delta^2u_n - \Delta^2u_{n-1} = \Delta\Delta^2u_{n-1} = \Delta^3u_{n-1} \\ \text{etc.} \end{array}\right\} \dots\dots\dots (3),$$

En poursuivant de cette manière, on tire des valeurs u, u_1, u_2, ... u_n, une suite de différences dont le nombre des ordres est, au plus, égal à celui de ces valeurs, diminué de l'unité.

375. Il est visible que, suivant la notation ci-dessus, la différence d'une expression quelconque s'indiquera en plaçant devant chacun de ses termes la caractéristique Δ, en sorte que

$$\begin{aligned} \Delta(u+v-w) &= u_1+v_1-w_1-(u+v-w) \\ &= \Delta u+\Delta v-\Delta w, \end{aligned}$$

de même que

$$d(u+v-w)=du+dv-dw \quad (10).$$

On a aussi

$$\Delta(au) \quad \text{ou} \quad \Delta.au=a(u_1-u)=a\Delta u,$$

de même que $d.au=adu$; et les constantes isolées des variables disparaissent quand on prend la différence d'une fonction (7).

376. Au moyen de ces règles et des équations (1), on obtient pour les valeurs u_1, u_2, u_3, ... u_n, des expressions qui ne dépendent que de la valeur primordiale u et de ses différences Δu, Δ^2u, etc.; car, puisque

$$\Delta u_1=\Delta(u+\Delta u)=\Delta u+\Delta^2u,$$

il en résulte

$$\begin{aligned} u_2=u_1+\Delta u_1 &= u+\Delta u+\Delta(u+\Delta u) \\ &= u+2\Delta u+\Delta^2u, \end{aligned}$$

et de même

$$\begin{aligned}u_3 &= u_2 + \Delta u_2\\ &= u + 2\Delta u + \Delta^2 u + \Delta(u + 2\Delta u + \Delta^2 u)\\ &= u + 3\Delta u + 3\Delta^2 u + \Delta^3 u.\end{aligned}$$

La forme de ces expressions, dont les coefficiens numériques sont les mêmes que ceux du quarré et du cube du binome, conduit par analogie à

$$u_n = u + \frac{n}{1}\Delta u + \frac{n(n-1)}{1.2}\Delta^2 u + \frac{n(n-1)(n-2)}{1.2.3}\Delta^3 u + \text{etc.};$$

ce qu'on peut vérifier aisément au moyen de l'équation

$$u_{n+1} = u_n + \Delta u_n,$$

dont le développement montre que la loi ayant lieu pour l'ordre n, a nécessairement lieu pour l'ordre $n+1$.

377. On peut aussi exprimer immédiatement la différence d'un ordre quelconque par les termes de la série primitive, qui ont concouru à former cette différence.

Ayant d'abord

$$\Delta u = u_1 - u, \text{ et } \Delta^2 u = \Delta u_1 - \Delta u,$$

on observera que Δu_1 doit être composée avec u_1 et u_2, comme Δu l'est avec u et u_1, c'est-à-dire qu'il suffit d'augmenter de l'unité les indices, pour passer à..... $\Delta u_1 = u_2 - u_1$, et l'on obtiendra

$$\begin{aligned}\Delta^2 u &= u_2 - u_1 - (u_1 - u)\\ &= u_2 - 2u_1 + u;\end{aligned}$$

puis augmentant de l'unité les indices, dans ce dernier résultat, pour former $\Delta^2 u_1$, il viendra

$$\begin{aligned}\Delta^3 u = \Delta^2 u_1 - \Delta^2 u &= u_3 - 2u_2 + u_1\\ &\quad - (u_2 - 2u_1 + u)\\ &= u_3 - 3u_2 + 3u_1 - u,\end{aligned}$$

et par analogie

$$\Delta^n u = u_n - \frac{n}{1}u_{n-1} + \frac{n(n-1)}{1.2}u_{n-2} - \frac{n(n-1)(n-2)}{1.2.3}u_{n-3} + \text{etc.};$$

loi qui se vérifierait par le développement de l'équation $\Delta^{n+1}u = \Delta^n u_1 - \Delta^n u$.

Ce résultat et le précédent reviennent à

$$u_n = (1 + \Delta u)^n, \quad \Delta^n u = (u - 1)^n,$$

pourvu que l'on change dans le développement de l'un, les exposans des puissances de Δu en exposans de la caractéristique Δ, et dans celui de l'autre, les exposans de u en indices; on peut même poser tout de suite

$$u_n = (1 + \Delta)^n u,$$

et il n'y aura rien à changer dans le développement.

378. Lorsqu'une fonction est donnée, rien n'est plus facile que d'en obtenir les différences successives; je prendrai pour exemple la fonction x^m Faisant $u = x^m$, et supposant que x augmente de la quantité h, on aura $u_1 = (x + h)^m$, et par conséquent

$$\Delta u = (x+h)^m - x^m = mx^{m-1}h + \frac{m(m-1)}{1.2}x^{m-2}h^2$$
$$+ \frac{m(m-1)(m-2)}{1.2.3}x^{m-3}h^3 + \text{etc.}$$

Pour passer aux différences ultérieures $\Delta^2 u$, $\Delta^3 u$, etc., il faut faire varier x de nouveau, ce qui présente deux hypothèses; l'une consiste à supposer que la quantité x prenne toujours des accroissemens égaux, et l'autre que ces accroissemens soient eux-mêmes variables : je ne m'occuperai ici que de la première. En substituant $x+h$ au lieu de x dans Δu, on aura

$$\Delta u_1 = mh(x+h)^{m-1} + \frac{m(m-1)}{1.2}h^2(x+h)^{m-2} + \text{etc.}$$

Il est visible que si l'on développe l'expression de Δu_1, et que l'on en retranche celle de Δu, le résultat ordonné par rapport aux puissances de h, sera de la forme

$$\Delta^2 u = m(m-1)x^{m-2}h^2 + M_3 x^{m-3}h^3 + M_4 x^{m-4}h^4 + \text{etc.},$$

M_3, M_4, etc., désignant des coefficiens dépendans de l'exposant m.

Par une nouvelle substitution de $x+h$ dans cette dernière équation, on parviendrait à $\Delta^2 u_1$, et en observant que $\Delta^3 u = \Delta^2 u_1 - \Delta^2 u$, on obtiendrait

$$\Delta^3 u = m(m-1)(m-2)x^{m-3}h^3 + M'_4 x^{m-4}h^4 + \text{etc.}$$

La loi des premiers termes de chacun de ces développemens est évidente, et l'on voit que l'expression de $\Delta^n u$ doit commencer par

$$m(m-1)(m-2)\ldots\ldots(m-n+1)x^{m-n}h^n.$$

On voit aussi que, quand l'exposant m est entier et positif, le nombre des termes du développement de $\Delta^n u$, ordonné suivant les puissances de x, diminue de l'unité lorsque n augmente de cette quantité, et que quand $n=m$, il vient

$$\Delta^m u = m(m-1)(m-2)\ldots 1 \,.\, h^m.$$

Cette différence étant constante, il s'ensuit que celles des ordres supérieurs sont nulles.

On parvient facilement au terme général de $\Delta^n u$ en formant l'expression de cette différence par le moyen des valeurs de u, u_1, u_2, u_3, etc., sans passer par celles de Δu, $\Delta^2 u$, $\Delta^3 u$, etc. (377). Il est évident que dans l'hypothèse présente les valeurs

$$u_1, \qquad u_2, \qquad u_3, \ldots\ldots u_n,$$

répondent à

$$x+h,\quad x+2h,\quad x+3h,\ldots\ldots x+nh,$$

et l'on a par conséquent

$$u_1=(x+h)^m,\quad u_2=(x+2h)^m,\ldots\ldots u_n=(x+nh)^m;$$

on tirera de là

$$\Delta^n u=[x+nh]^m-\frac{n}{1}[x+(n-1)h]^m+\frac{n(n-1)}{1.2}[x+(n-2)h]^m-\frac{n(n-1)(n-2)}{1.2.3}[x+(n-3)h]^m+\text{etc.}$$

Si l'on désigne par i l'exposant de h dans le terme général du développement de l'équation ci-dessus, l'expression de ce terme sera

$$\frac{m(m-1)(m-2)\ldots\ldots(m-i+1)}{1.2.3\ldots\ldots i}x^{m-i}h^i\times\left\{n^i-\frac{n}{1}(n-1)^i+\frac{n(n-1)}{1.2}(n-2)^i-\text{etc.}\right\};$$

mais comme on vient de voir que le développement de $\Delta^n u$ ne pouvait contenir des puissances de h dont l'exposant fût moindre que n, il s'ensuit que la fonction

$$n^i-\frac{n}{1}(n-1)^i+\frac{n(n-1)}{1.2}(n-2)^i-\text{etc.},$$

composée de $n+1$ termes, est nulle tant que $i<n$. D'un autre côté, le coefficient

$$\frac{m(m-1)(m-2)\ldots\ldots(m-i+1)}{1.2.3\ldots\ldots i}$$

s'évanouissant lorsque $i=m+1$, il en résulte que la

plus haute puissance de h, dans le développement de $\Delta^n u$, ne peut être que h^m.

379. D'après la propriété du monome x^m, toute fonction rationnelle et entière de x a toujours des différences constantes, savoir, celles dont l'ordre est marqué par l'exposant de la plus haute puissance de x, qui soit dans la fonction proposée. En effet, cette fonction étant de la forme $Ax^\alpha + Bx^\beta + Cx^\gamma +$ etc., on aura

$$\Delta^n (Ax^\alpha + Bx^\beta + Cx^\gamma + \text{etc.}) = A\Delta^n . x^\alpha + B\Delta^n . x^\beta + C\Delta^n . x^\gamma + \text{etc.}\ (*)\ (375);$$

et si α désigne le plus haut exposant de x, il viendra pour le cas où $n = \alpha$,

$$\Delta^\alpha . x^\alpha = 1.2....\alpha h^\alpha, \quad \Delta^\alpha . x^\beta = 0, \quad \Delta^\alpha . x^\gamma = 0, \text{ etc.},$$

en sorte que

$$\Delta^\alpha (Ax^\alpha + Bx^\beta + Cx^\gamma + \text{etc.}) = 1.2.3......\alpha A h^\alpha.$$

Il sera facile, soit par ce procédé, soit par la considération des valeurs successives, de former les différences de toute fonction rationnelle et entière de x, pour en calculer ensuite les valeurs numériques par la règle énoncée dans le n° 373.

380. C'est sur-tout par rapport aux fonctions transcendantes, dont le calcul approximatif est laborieux, que l'on gagne beaucoup à se servir des différences, ainsi que le fera voir l'exemple suivant, tiré des logarithmes.

Soit $u = lx$, on aura, par la formule du n° 29,

(*) Il ne faut pas confondre $\Delta^n . x^\alpha$ avec $\Delta^n x^\alpha$, car la première de ces expressions est la différence de l'ordre n de la fonction x^α, tandis que $\Delta^n x^\alpha = (\Delta^n x)^\alpha$.

$$\Delta u = \quad M\left\{\frac{h}{x} - \frac{1}{2}\frac{h^2}{x^2} + \frac{1}{3}\frac{h^3}{x^3} - \text{etc.}\right\},$$

$$\Delta^2 u = -M\left\{\frac{h^2}{x^2} - \frac{2h^3}{x^3} + \text{etc.}\right\},$$

$$\Delta^3 u = \quad M\left\{\frac{2h^3}{x^3} - \text{etc.}\right\},$$

etc.

On poussera ces suites, selon la grandeur du nombre x, jusqu'à ce que la dernière différence soit assez petite pour être négligée sans erreur sensible.

Si l'on avait, par exemple, $x = 10000$, et $h = 1$, on trouverait pour les logarithmes ordinaires,

$$\Delta u = \quad 0{,}00004\ 34272\ 76863,$$
$$\Delta^2 u = -0{,}00000\ 00043\ 42076,$$
$$\Delta^3 u = \quad 0{,}00000\ 00000\ 00868;$$

et il est évident que si l'on ne voulait avoir les derniers résultats qu'avec dix chiffres seulement, on pourrait, sans craindre d'erreur sensible, négliger long-temps les différences du quatrième ordre; car il faudrait qu'elles fussent répétées un grand nombre de fois, pour influer sur la différence troisième; on formera donc successivement, suivant la règle du n° 373, les colonnes des différences troisièmes, secondes, premières, et enfin les logarithmes des nombres

10001, 10002, 10003, etc.,

en partant de celui de 10000 qui est égal à

4,00000 00000 00000.

Il faudrait faire le calcul avec 15 décimales, afin de reconnaître quand l'accumulation des quantités négligées pourrait commencer à influer sur le dernier chiffre qu'on se propose de conserver, ce dont on s'assure au moyen de quelques logarithmes calculés rigoureusement à des intervalles éloignés; car lorsque par la suite des additions successives, on parvient à ces logarithmes, il faut que la méthode des différences les donne tels qu'ils ont été déduits *à priori*, au moins dans les dix premiers chiffres, si c'est à ce nombre que l'on veut s'arrêter. Lorsque le dernier de ces chiffres cesserait d'être exact, ce qui n'aurait pas encore lieu pour le nombre 10050, on calculerait de nouveau *à priori* les différences Δu, $\Delta^2 u$, $\Delta^3 u$, et l'on se servirait des nouvelles valeurs comme des précédentes, pour obtenir les logarithmes des nombres entiers qui suivent celui auquel on a dû s'arrêter.

Application du Calcul des différences à l'interpolation des suites.

381. L'un des principaux usages du calcul des différences, a pour objet l'*interpolation des suites*, opération qui consiste à insérer entre les termes d'une suite, de nouveaux termes assujétis à la même loi que les premiers. Pour cela on regarde les différens termes de cette suite comme des valeurs particulières que reçoit la fonction qui exprime le terme général, lorsqu'on assigne également des valeurs particulières à la variable d'où dépend ce terme, et qui dépend elle-même du rang qu'il occupe dans la suite proposée. Quand l'expression de ce terme est donnée, on en tire autant de valeurs qu'on veut; mais il n'en est pas ainsi lorsqu'on ne connaît qu'un certain nombre des premiers termes de la suite, ce qui est le cas ordinaire auquel on applique l'interpolation.

Il faudrait alors déduire l'expression analytique d'une fonction, de celle d'un nombre limité de valeurs numériques, ce qui ne se peut quand la forme de la fonction est inconnue; car on doit observer que ce problème revient à former l'équation d'une courbe passant par les points dont les valeurs de la variable indépendante représentent les abscisses, et celles de la fonction les ordonnées, et qu'en quelque nombre que soient ces points ils ne sauraient particulariser la courbe, si elle n'est pas donnée d'espèce (*Trig.* 168). Mais comme on ne cherche à interpoler une suite que dans des espaces très resserrés, on conçoit que l'expression de son terme général est développée suivant les puissances ascendantes de sa variable, et qu'il est permis de se borner à un petit nombre des premières puissances de cette variable; par ce moyen, la forme de la fonction qui est alors rationnelle, se trouve déterminée.

Ainsi, sachant qu'aux valeurs

$$x,\ x_1,\ x_2,\ x_3,\ \text{etc.},$$

d'une variable quelconque, répondent les valeurs

$$u,\ u_1,\ u_2,\ u_3,\ \text{etc.},$$

d'une fonction de cette variable, on suppose que l'on ait pour toute autre valeur x',

$$u' = \alpha + \beta x' + \gamma x'^2 + \delta x'^3 + \text{etc.},$$

et l'on détermine les coefficiens α, β, γ, etc., par la condition que u' devienne successivement u, u_1, u_2, etc. lorsqu'on change x' en x, x_1, x_2, etc.

Cette détermination présente deux cas : le premier, dans lequel les valeurs x, x_1, x_2, x_3, etc. sont *équi-différentes*, se résout immédiatement par l'expression de u_n du n° 376.

En effet, quand on arrête la série

$$u'=\alpha+\beta x'+\gamma x'^2+\text{etc.},$$

à l'un de ses termes, que je désignerai par $\mu x'^m$, et qu'on prend les valeurs de x' dans la progression x, $x+h$, $x+2h$, etc., la fonction u a, dans l'ordre m, des différences constantes (379), et par conséquent à la valeur $x+nh$ de la variable x', répond

$$u_n=u+\frac{n}{1}\Delta u+\frac{n(n-1)}{1.2}\Delta^2 u.\ldots\ldots$$
$$\ldots\ldots+\frac{n(n-1)\ldots(n-m+1)}{1.2\ldots.m}\Delta^m u.$$

Dans cette formule, les quantités

$$u,\quad \Delta u,\quad \Delta^2 u,\quad \text{etc.}\quad (373)$$

sont des nombres; si l'on y fait $x+nh=x'$, d'où il suit $n=\frac{x'-x}{h}$, elle se transformera en une fonction rationnelle et entière de x', du même degré que l'expression de u', et puisqu'elle se change en u, u_1, u_2, etc., lorsqu'on y met 0, 1, 2, etc., pour n, elle prendra les mêmes valeurs quand x' deviendra x, $x+h$, $x+2h$, etc. : elle sera donc la fonction demandée.

On peut la simplifier en faisant $x'=x+h'$, ce qui donne

$$n=\frac{h'}{h},\quad \text{et}\quad u_n=u'=$$

$$u+\frac{h'}{h}\Delta u+\frac{h'(h'-h)}{h.2h}\Delta^2 u+\frac{h'(h'-h)(h'-2h)}{h.2h.3h}\Delta^3 u+\text{etc.}$$

Enfin, si l'on représente $u'-u$ par $\Delta' u$, il viendra

$$\Delta' u=\frac{h'}{h}\Delta u+\frac{h'(h'-h)}{h.2h}\Delta^2 u+\frac{h'(h'-h)(h'-2h)}{h.2h.3h}\Delta^3 u+\text{etc.}$$

382. Je passe maintenant aux applications.

Soit d'abord la suite

$$3,\quad 7,\quad 19,\quad 39,\quad 67,\quad \text{etc.},$$

correspondante aux indices

$$0,\quad 1,\quad 2,\quad 3,\quad 4,\quad \text{etc.};$$

on a pour ce cas,

$$u=3,\ \Delta u=4,\ \Delta^2 u=8,\ \Delta^3 u=0,\ h=1;$$

l'expression de $\Delta' u$ se réduit à ses deux premiers termes, et l'on obtient par son moyen

$$\Delta' u=4h'+4h'(h'-1)=4h'^2:$$

ainsi pour l'indice h', il viendra $u'=3+4h'^2$. En prenant $h'=\frac{5}{2}$, par exemple, on trouverait que le terme correspondant à cet indice est 28.

Soit encore la suite

$$1,\quad 4,\quad 2,\quad 3,\quad 9,\quad 16,\quad \text{etc.};$$

en prenant les indices comme à l'ordinaire, savoir,

$$0,\quad 1,\quad 2,\quad 3,\quad 4,\quad 5,\quad \text{etc.},$$

et formant les différences, on trouvera

$$u=1,\ \Delta u=3,\ \Delta^2 u=-5,\ \Delta^3 u=8,$$
$$\Delta^4 u=-6,\ \Delta^5 u=0,\ h=1,$$

d'où l'on tirera

$$u'=1+3\frac{h'}{h}-5\frac{h'(h'-1)}{1.2}+8\frac{h'(h'-1)(h'-2)}{1.2.3}$$
$$-6\frac{h'(h'-1)(h'-2)(h'-3)}{1.2.3.4}:$$

En réduisant cette expression, et l'ordonnant par rapport aux puissances de h', on aura

$$u' = \frac{12 + 116h' - 111h'^2 + 34h'^3 - 3h'^4}{12}.$$

Il est important de remarquer que l'expression de u', dans cet exemple et dans le précédent, étant rigoureuse, et convenant à toutes les valeurs de h', offre le terme général de la suite proposée, puisqu'elle en donne tous les termes particuliers en y faisant successivement $h'=0$, $h'=1$, $h'=2$, etc.; et quoique je n'aie rapporté que les premiers termes de cette suite, on peut la continuer aussi loin qu'on voudra, suivant la loi observée dans ces termes. Il en sera toujours de même quand la série proposée aura des différences constantes, parce qu'elle ne peut résulter alors que des valeurs successives d'une fonction algébrique rationnelle et entière.

383. Les cas auxquels on applique le plus fréquemment la formule

$$\Delta' u = \frac{h'}{h}\Delta u + \frac{h'(h'-h)}{h.2h}\Delta^2 u + \frac{h'(h'-h)(h'-2h)}{h.2h.3h}\Delta^3 u + \text{etc.}$$

sont ceux dans lesquels les différences Δu, $\Delta^2 u$, $\Delta^3 u$, etc. vont en décroissant, parce qu'alors elle est convergente. En voici un exemple tiré des tables de logarithmes. Je suppose qu'on veuille obtenir le logarithme ordinaire de 3,1415926536, par le moyen d'une table contenant les logarithmes depuis 1 jusqu'à 1000, avec dix décimales; on regardera alors les logarithmes contenus dans la table comme des valeurs particulières de la fonction u, les nombres comme les indices auxquels répondent ces valeurs; et l'on formera le tableau suivant :

$u=0,4969296481$				
	13809057			
$u_1=0,4983105538$		-43769		
	13765288		$+277$	
$u_2=0,4996870826$		-43492		-3
	13721796		$+274$	
$u_3=0,5010592622$		-43218		
	13678578			
$u_4=0,5024271200$				

dont la première colonne renferme les logarithmes de

$$3,14,\quad 3,15,\quad 3,16,\quad 3,17,\quad 3,18,$$

la seconde leurs différences premières, la troisième leurs différences secondes, la quatrième leurs différences troisièmes, et la cinquième leurs différences quatrièmes qui se réduisent à trois unités du dernier ordre. On aura par ce moyen

$$\Delta u=+0,0013809057,\quad \Delta^2 u=-0,0000043769,$$
$$\Delta^3 u=+0,0000000277,\quad \Delta^4 u=-0,0000000003,$$

et comme $h=0,01$, $h'=0,0015926536$, on obtiendra

$$\frac{h'}{h}=0,15926536,\qquad \frac{h'-h}{2h}=\frac{h'}{2h}-\tfrac{1}{2}=-0,42036732,$$
$$\frac{h'-2h}{3h}=\frac{h'}{3h}-\tfrac{2}{3}=-0,61357821,$$
$$\frac{h'-3h}{4h}=\frac{h'}{4h}-\tfrac{3}{4}=-0,71018366:$$

avec ces valeurs il sera très facile de mettre en nombres la formule

$$u'=u+\frac{h'}{h}\Delta u+\frac{h'(h'-h)}{h.2h}\Delta^2 u+\frac{h'(h'-h)(h'-2h)}{h.2h.3h}\Delta^3 u$$
$$+\frac{h'(h'-h)(h'-2h)(h'-3h)}{h.2h.3h.4h}\Delta^4 u,$$

qui donnera $u'=0,4971498726$.

Il existe des moyens plus faciles pour obtenir les logarithmes des nombres exprimés par beaucoup de chiffres, mais le précédent est très propre à servir d'exemple pour la méthode d'interpolation. On doit reconnaître déjà que cette méthode s'étend à beaucoup d'autres cas; elle est sur-tout d'un très grand usage dans les calculs astronomiques.

384. Lorsque les valeurs x, x_1, x_2, x_3, etc., ne sont pas équidifférentes, on emploie immédiatement la formule

$$u' = \alpha + \beta x' + \gamma x'^2 + \delta x'^3 + \text{etc.},$$

dans laquelle la substitution des valeurs particulières x, x_1, x_2, x_3, etc., fournit les équations

$$\begin{aligned} u &= \alpha + \beta x + \gamma x^2 + \delta x^3 + \text{etc.}, \\ u_1 &= \alpha + \beta x_1 + \gamma x^2_1 + \delta x^3_1 + \text{etc.}, \\ u_2 &= \alpha + \beta x_2 + \gamma x^2_2 + \delta x^3_2 + \text{etc.}, \\ u_3 &= \alpha + \beta x_3 + \gamma x^2_3 + \delta x^3_3 + \text{etc.}, \\ &\text{etc.}, \end{aligned}$$

dont le nombre doit être égal à celui des coefficiens indéterminés α, β, γ, etc.; et voici comment on obtient l'expression de ces coefficiens.

En retranchant successivement la première équation de la seconde, celle-ci de la troisième, etc., on parvient à des résultats respectivement divisibles par $x_1 - x$, $x_2 - x_1$, $x_3 - x_2$, etc., et d'où l'on tire

$$\begin{aligned} \frac{u_1 - u}{x_1 - x} &= \beta + \gamma(x_1 + x) + \delta(x^2_1 + x_1 x + x^2) + \text{etc.}, \\ \frac{u_2 - u_1}{x_2 - x_1} &= \beta + \gamma(x_2 + x_1) + \delta(x^2_2 + x_2 x_1 + x^2_1) + \text{etc.}, \\ \frac{u_3 - u_2}{x_3 - x_2} &= \beta + \gamma(x_3 + x_2) + \delta(x^2_3 + x_3 x_2 + x^2_2) + \text{etc.}, \end{aligned}$$

etc.

Posant, pour abréger,

$$\frac{u_1 - u}{x_1 - x} = U, \quad \frac{u_2 - u_1}{x_2 - x_1} = U_1, \quad \frac{u_3 - u_2}{x_3 - x_2} = U_2, \text{ etc. ;}$$

on aura les équations

$$\begin{aligned}
U &= \beta + \gamma(x_1 + x) + \delta(x^2_1 + x_1x + x^2) + \text{etc.},\\
U_1 &= \beta + \gamma(x_2 + x_1) + \delta(x^2_2 + x_2x_1 + x^2_1) + \text{etc.},\\
U_2 &= \beta + \gamma(x_3 + x_2) + \delta(x^2_3 + x_3x_2 + x^2_2) + \text{etc.},\\
&\text{etc.;}
\end{aligned}$$

retranchant encore U de U_1, U_1 de U_2, et ainsi de suite, et désignant par U', U'_1, etc., les quantités

$$\frac{U_1 - U}{x_2 - x}, \quad \frac{U_2 - U_1}{x_3 - x_1}, \text{ etc.,}$$

on trouvera

$$\begin{aligned}
U' &= \gamma + \delta(x_2 + x_1 + x) + \text{etc.},\\
U'_1 &= \gamma + \delta(x_3 + x_2 + x_1) + \text{etc.},
\end{aligned}$$

d'où l'on tirera

$$U'_1 - U' = \delta(x_3 - x) + \text{etc.}$$

Maintenant si l'on fait

$$\frac{U'_1 - U'}{x_3 - x} = U'',$$

on aura $U'' = \delta + \text{etc.}$, et si pour fixer les idées on ne suppose que quatre termes à l'expression de u', l'opération sera terminée à l'équation ci-dessus. Prenant la valeur qu'elle donne pour δ, et remontant à celles de γ, β, α, par le moyen des expressions U', U et u, il viendra

$$\begin{aligned}
\delta &= U'',\\
\gamma &= U' - U''(x_2 + x_1 + x),\\
\beta &= U - U'(x_1 + x) + U''(x_2x_1 + x_2x + x_1x),\\
\alpha &= u - Ux + U'x_1x - U''x_2x_1x.
\end{aligned}$$

Substituant ces valeurs dans l'expression de u', on aura

$$\left.\begin{array}{l} u'=u+U(x'-x)+U'[x'^2-(x_1+x)x'+x_1x] \\ \quad +U''[x'^3-(x_2+x_1+x)x'^2+(x_2x_1+x_2x+x_1x)x'-x_2x_1x] \end{array}\right\}.$$

Il est facile de voir que les coefficiens de U, U' et U'', sont décomposables en facteurs simples, et que l'on peut mettre u' sous la forme

$$u'=u+U(x'-x)+U'(x'-x)(x'-x_1) \\ +U''(x'-x)(x'-x_1)(x'-x_2).$$

En poursuivant d'après cette méthode, on obtiendrait une formule analogue à la précédente; et quel que fût le nombre des valeurs x, x_1, x_2,... de l'abscisse x', on aurait en général,

$$u'=u+U(x'-x)+U'(x'-x)(x'-x_1)+U''(x'-x)(x'-x_1)(x'-x_2) \\ +U'''(x'-x)(x'-x_1)(x'-x_2)(x'-x_3)+\text{etc.},$$

en faisant

$$\frac{u_1-u}{x_1-x}=U,\quad \frac{u_2-u_1}{x_2-x_1}=U_1,\quad \frac{u_3-u_2}{x_3-x_2}=U_2,\quad \frac{u_4-u_3}{x_4-x_3}=U_3,\ \text{etc.},$$

$$\frac{U_1-U}{x_2-x}=U',\ \frac{U_2-U_1}{x_3-x_1}=U'_1,\ \frac{U_3-U_2}{x_4-x_2}=U'_2,\ \text{etc.},$$

$$\frac{U'_1-U'}{x_3-x}=U'',\ \frac{U'_2-U'_1}{x_4-x_1}=U''_1,\ \text{etc.},$$

$$\frac{U''_1-U''}{x_4-x}=U''',\ \text{etc.},$$

etc.

Quand les valeurs x, x_1, x_2, x_3, etc., sont équidifférentes, on a

$$x_1-x=x_2-x_1=x_3-x_2,\ \text{etc.},$$

d'où il suit évidemment

$$x_1=x+h,\quad x_2=x+2h,\quad x_3=x+3h,\ \text{etc.},$$

$$U=\frac{\Delta u}{h},\qquad U_1=\frac{\Delta u_1}{h},\qquad U_2=\frac{\Delta u_2}{h},\ U_3=\frac{\Delta u_3}{h},\ \text{etc.},$$

$$U'=\frac{\Delta^2 u}{1.2h^2},\quad U'_1=\frac{\Delta^2 u_1}{1.2h^2},\ U'_2=\frac{\Delta^2 u_2}{1.2h^2},\ \text{etc.},$$

$$U''=\frac{\Delta^3 u}{1.2.3h^3},\ U''_1=\frac{\Delta^3 u_1}{1.2.3h^3},\ \text{etc.},$$

$$U'''=\frac{\Delta^4 u}{1.2.3.4h^4},\ \text{etc.},$$

etc.,

faisant $x'=x+h'$, il en résulte

$$x'-x=h',\quad x'-x_1=h'-h,\quad x'-x_2=h'-2h,$$
$$x'-x_3=h'-3h,\ \text{etc.},$$

et l'on voit ainsi que l'expression précédente de u', qui devient alors

$$u'=u+\frac{h'}{h}\Delta u+\frac{h'(h'-h)}{h.2h}\Delta^2 u$$
$$+\frac{h'(h'-h)(h'-2h)}{h.2h.3h}\Delta^3 u+\text{etc.},$$

rentre dans celle du n° 381, obtenue par une voie bien différente.

385. Lagrange a présenté l'expression de u' sous une forme nouvelle, en observant que puisque les équations

$$u\ =\alpha+\beta x\ +\gamma x^2\ +\delta x^3\ +\text{etc.},$$
$$u_1=\alpha+\beta x_1+\gamma x^2_1+\delta x^3_1+\text{etc.},$$
$$u_2=\alpha+\beta x_2+\gamma x^2_2+\delta x^3_2+\text{etc.},$$
etc.

sont du premier degré seulement, par rapport à chacune des quantités α, β, γ, etc., u, u_1, u_2, etc., et que u' doit être exprimé en x', de manière qu'en y faisant successivement $x'=x$, $x'=x_1$, $x'=x_2$, etc., il vienne $u'=u$, $u'=u_1$, $u'=u_2$, on peut écrire

$$u'=Xu+X_1u_1+X_2u_2+\text{etc.},$$

pourvu que X, X_1, X_2, etc. soient des fonctions telles que par la supposition de $x'=x$, on ait en même temps

$$X=1,\quad X_1=0,\quad X_2=0,\quad \text{etc.},$$

que par celle de $x'=x_1$, on ait

$$X=0,\quad X_1=1,\quad X_2=0,\quad \text{etc.},$$

que par celle de $x'=x_2$, on ait

$$X=0,\quad X_1=0,\quad X_2=1,\quad \text{etc.},$$

et ainsi de suite, conditions qui seront remplies si l'on prend

$$X=\frac{(x'-x_1)(x'-x_2)(x'-x_3)\ldots}{(x-x_1)(x-x_2)(x-x_3)\ldots},$$
$$X_1=\frac{(x'-x)(x'-x_2)(x'-x_3)\ldots}{(x_1-x)(x_1-x_2)(x_1-x_3)\ldots},$$
$$X_2=\frac{(x'-x)(x'-x_1)(x'-x_3)\ldots}{(x_2-x)(x_2-x_1)(x_2-x_3)\ldots}.$$

La loi qu'il faut observer dans la formation de ces quantités est on ne peut pas plus simple; leur numérateur contient, ainsi que leur dénominateur, autant de facteurs qu'il y a de quantités x, x_1, x_2, etc. moins une; et si l'on y fait les hypothèses indiquées ci-dessus, non seulement on se convaincra qu'elles satisfont à la question proposée, mais on verra de plus comment il a été possible de prévoir qu'elles y satisferaient: on a donc cette nouvelle formule d'interpolation,

$$u' = \left.\begin{array}{l} \dfrac{(x'-x_1)(x'-x_2)(x'-x_3)\ldots}{(x-x_1)(x-x_2)(x-x_3)\ldots}u \\ + \dfrac{(x'-x)(x'-x_2)(x'-x_3)\ldots}{(x_1-x)(x_1-x_2)(x_1-x_3)\ldots}u_1 \\ + \dfrac{(x'-x)(x'-x_1)(x'-x_3)\ldots}{(x_2-x)(x_2-x_1)(x_2-x_3)\ldots}u_2 \\ + \text{etc.} \end{array}\right\},$$

très commode dans la pratique, parce qu'on en peut calculer chaque terme par le moyen des logarithmes. Il ne serait pas difficile de la ramener à celle du n° précédent, et même à celle du n° 381; c'est pourquoi je ne m'y arrêterai pas.

386. Ici il est aisé de voir, d'une manière évidente, que le problème de l'interpolation est indéterminé, quand des considérations particulières ne fixent pas la forme de la fonction qui doit représenter le terme général des nombres donnés.

En effet, les seules conditions auxquelles soient assujéties les inconnues X, X_1, X_2, etc., peuvent être remplies par des fonctions bien différentes de celles que Lagrange a choisies.

On trouve d'abord l'expression très simple

$$\sin m(x'-x_1)\sin n(x'-x_2)\sin p(x'-x_3)\text{ etc.},$$

qui jouit de la propriété de s'évanouir, lorsque

$$x'=x_1,\quad x'=x_2,\quad x'=x_3,\ \text{etc.},$$

quels que soient les nombres m, n, p, etc.; on pourra donc poser l'équation

$$X=\frac{\sin m(x'-x_1)\sin n(x'-x_2)\sin p(x'-x_3)\text{ etc.}}{\sin m(x-x_1)\sin n(x-x_2)\sin p(x-x_3)\text{ etc.}},$$

dont le second membre se réduit à l'unité lorsque $x'=x$; et sur ce modèle, on formera aisément les valeurs de X_1, X_2, etc., dans chacune desquelles on pourra prendre pour les coefficiens m, n, p, etc., tels nombres qu'on voudra.

Si de pareilles expressions s'accordent avec celles du n° précédent pour les valeurs de x' comprises dans la série x, x_1, x_2, etc., elles en diffèrent beaucoup dans les intervalles, dès que les arcs ne sont plus assez petits pour être sensiblement proportionnels à leurs sinus : on peut d'ailleurs substituer les tangentes au sinus, et les conditions précédentes seront encore remplies.

387. Les formules d'interpolation s'appliquent d'une manière très utile dans la détermination approchée de l'intégrale $\int X dx$, ou de la quadrature des courbes. La première idée qui s'est présentée sur ce sujet, a été de substituer à la courbe proposée une courbe parabolique, assujétie à passer par un nombre donné de points de la première : il est évident que plus ces points seront multipliés et resserrés, plus l'exactitude croîtra.

En prenant d'abord la formule

$$u'=\alpha+\beta x'+\gamma x'^2+\text{etc.},$$

pour représenter l'ordonnée de la courbe parabolique, l'aire de cette courbe sera exprimée par

$$\int u' dx'=\frac{\alpha x'}{1}+\frac{\beta x'^2}{2}+\frac{\gamma x'^3}{3}+\text{etc.}+\textit{const.};$$

quant aux coefficiens α, β, γ, etc., ils se concluront sans peine du développement de l'expression de u', dont on voudra faire usage.

Si l'on emploie celle du n° 381, qu'on y fasse $\frac{h'}{h}=x'$, elle deviendra

$$u'=u+\frac{x'\Delta u}{1}+\frac{x'(x'-1)\Delta^2 u}{1.2}+\frac{x'(x'-1)(x'-2)\Delta^3 u}{1.2.3}+\text{etc.},$$

et il faudra la pousser jusqu'au même nombre de termes que la précédente, c'est-à-dire celui des points par lesquels doit être déterminée la courbe parabolique.

Supposons que ce nombre soit 3 : on ne prendra que les trois premiers termes de la formule ci-dessus ; et en l'ordonnant suivant les puissances de x', il viendra

$$\alpha = u, \quad \beta = \Delta u - \tfrac{1}{2}\Delta^2 u, \quad \gamma = \tfrac{1}{2}\Delta^2 u,$$

quantités qui ne dépendront que des trois ordonnées consécutives u, u_1, u_2, répondant aux valeurs

$$h' = 0, \quad h' = h, \quad h' = 2h, \quad \text{ou} \quad x' = 0, \quad x' = 1, \quad x' = 2,$$

et si l'on prend la première et la dernière pour les limites de $\int u' dx'$, sa valeur sera

$$\begin{aligned} &2u + 2(\Delta u - \tfrac{1}{2}\Delta^2 u) + \tfrac{4}{3}\Delta^2 u \\ &= 2(u + \Delta u + \tfrac{1}{6}\Delta^2 u). \end{aligned}$$

Dans ce cas, u' serait l'ordonnée d'une parabole QR, FIG. 57. *fig.* 57, passant par trois points de la courbe proposée DE, et $\int u' dx'$, l'aire du segment de cette parabole, compris entre la première ordonnée PM et la troisième P_2M_2.

En général, cette parabole QR sera alternativement intérieure et extérieure à la proposée, *et vice versâ;* en sorte que l'aire de son segment différera dans une partie par défaut et dans l'autre par excès, de l'aire du segment correspondant de la courbe proposée DE ; et alors il pourra s'opérer dans le résultat total, une compensation plus ou moins approchée entre ces différences.

La formule précédente devient plus symétrique quand on remplace les différences Δu et $\Delta^2 u$ par leurs valeurs

$$u_1 - u \text{ et } u_2 - 2u_1 + u \quad (377);$$

on obtient, après les réductions

$$\frac{1}{3}(u+4u_1+u_2).$$

Si l'on conçoit de même qu'il passe une nouvelle parabole par les points M_2, M_3, M_4, et ainsi de suite, et que l'on réunisse les aires de chacun de leurs segmens, on pourra embrasser une portion aussi grande que l'on voudra de la courbe proposée; et si la dernière ordonnée est représentée par u_m, m étant un nombre pair, on aura

$$\begin{aligned} &\tfrac{1}{3}(u+4u_1+u_2)+\tfrac{1}{3}(u_2+4u_3+u_4)\ldots\\ &\ldots\ldots\ldots\ldots+\tfrac{1}{3}(u_{m-2}+4u_{m-1}+u_m)\\ &=\tfrac{1}{3}(u+u_m)+\tfrac{2}{3}(u_2+u_4\ldots\ldots+u_{m-2})\\ &\qquad+\tfrac{4}{3}(u_1+u_3\ldots\ldots+u_{m-1}). \end{aligned}$$

Ce résultat d'une forme assez élégante, ne comprenant que des lignes qu'on peut mesurer sur la figure, peut servir à évaluer des aires renfermées par des courbes dont on n'a pas l'équation, avantage que n'offre point la méthode du n° 233. Au reste, dans l'une et l'autre méthode, il faut calculer à part les portions comprises entre deux points singuliers, et multiplier davantage les ordonnées, dans celles où la variation de courbure est le plus considérable.

De l'analogie des différences avec les puissances.

388. Le Calcul différentiel et celui des différences, quoiqu'étant bien distincts, comme on le verra dans la suite, ont néanmoins de grands rapports entre eux, et peuvent s'appliquer l'un à l'autre. Lorsque l'on considère le premier sous le point de vue où l'a présenté Leibnitz, ou par la théorie des limites, il devient un cas particulier du second; on a dû le remarquer au commencement de cet Ouvrage, et pour le confirmer encore, je déduirai la série de Taylor, de l'équation

$$u_n = u + \frac{n}{1}\Delta u + \frac{n(n-1)}{1.2}\Delta^2 u + \frac{n(n-1)(n-2)}{1.2.3}\Delta^3 u + \text{etc.} \quad (376).$$

En donnant à cette équation la forme

$$u_n = u + \frac{n\alpha}{1}\frac{\Delta u}{\alpha} + \frac{n(n-1)\alpha^2}{1.2}\frac{\Delta^2 u}{\alpha^2} + \frac{n(n-1)(n-2)\alpha^3}{1.2.3}\frac{\Delta^3 u}{\alpha^3} + \text{etc.},$$

et supposant que α soit l'accroissement que reçoit x lorsque la fonction u devient $u+\Delta u$, la valeur u_n sera celle que prend u, quand x se change en $x+n\alpha$. Faisant ensuite $n\alpha = h$, on aura $\alpha = \frac{h}{n}$, d'où l'on voit que α diminue à mesure que n augmente; et en observant que

$$n(n-1)\alpha^2 = n^2\alpha^2\left(1-\frac{1}{n}\right),$$
$$n(n-1)(n-2)\alpha^3 = n^3\alpha^3\left(1-\frac{1}{n}\right)\left(1-\frac{2}{n}\right),$$
etc.,

on trouvera que ces expressions, relativement à l'augmentation de n, ont pour limites,

$$n^2\alpha^2,\quad n^3\alpha^3,\ \text{etc},$$

tandis que les rapports

$$\frac{\Delta u}{\alpha},\quad \frac{\Delta^2 u}{\alpha^2},\quad \frac{\Delta^3 u}{\alpha^3},\ \text{etc.},$$

ont pour limites, dans la même circonstance, où α diminue,

$$\frac{du}{dx},\quad \frac{d^2u}{dx^2},\quad \frac{d^3u}{dx^3},\ \text{etc.}:$$

on aura donc

$$u+\frac{du}{dx}h+\frac{d^2u}{dx^2}\frac{h^2}{1.2}+\frac{d^3u}{dx^3}\frac{h^3}{1.2.3}+\text{etc.},$$

pour le développement de la fonction u, quand x est devenu $x+h$. C'est à peu près ainsi que Taylor est arrivé au théorème ci-dessus qui porte son nom.

Lorsqu'une fois on est parvenu au théorème de Taylor, la théorie analytique du Calcul différentiel n'offre plus aucune difficulté; ainsi ce qui précède suffit pour montrer comment il résulte du Calcul des différences.

389. A l'aide du théorème de Taylor, le développement des différences d'un ordre quelconque pour une fonction quelconque s'obtient sans difficulté. On a premièrement

$$\Delta u=\frac{du}{dx}\frac{h}{1}+\frac{d^2u}{dx^2}\frac{h^2}{1.2}+\frac{d^3u}{dx^3}\frac{h^3}{1.2.3}+\text{etc.};$$

et comme Δu_1 est ce que devient Δu, lorsque x se change en $x+h$, il s'ensuit

$$\Delta u_1=\Delta u+\frac{d\Delta u}{dx}\frac{h}{1}+\frac{d^2\Delta u}{dx^2}\frac{h^2}{1.2}+\frac{d^3\Delta u}{dx^3}\frac{h^3}{1.2.3}+\text{etc.};$$

d'où

$$\Delta^2 u=\frac{d\Delta u}{dx}\frac{h}{1}+\frac{d^2\Delta u}{dx^2}\frac{h^2}{1.2}+\frac{d^3\Delta u}{dx^2}\frac{h^3}{1.2.3}+\text{etc.};$$

on trouvera de même

$$\Delta^3 u=\frac{d\Delta^2 u}{dx}\frac{h}{1}+\frac{d^2\Delta^2 u}{dx^3}\frac{h^2}{1.2}+\text{etc.},$$

$$\Delta^4 u=\frac{d\Delta^3 u}{dx}\frac{h}{1}+\text{etc.},$$

etc.

En effectuant les développemens successifs indiqués ci-dessus, il viendra

$$\Delta^2 u = \frac{d^2u}{dx^2}\frac{h^2}{1} + \frac{d^3u}{dx^3}\frac{h^3}{2} + \frac{d^4u}{dx^4}\frac{h^4}{2.3} + \text{etc.}$$
$$+ \frac{d^3u}{dx^3}\frac{h^3}{2} + \frac{d^4u}{dx^4}\frac{h^4}{2.2} + \text{etc.}$$
$$+ \frac{d^4u}{dx^4}\frac{h^4}{2.3} + \text{etc.}$$

Il serait facile de trouver la loi que suivent les termes de cette expression, mais on y parvient d'une manière plus générale, au moyen de l'analogie qui existe entre la différentiation des quantités et leur élévation aux puissances, analogie dont le n° 377 renferme les premières traces.

390. On a vu (27) que

$$e^x = 1 + \frac{x}{1} + \frac{x^2}{1.2} + \frac{x^3}{1.2.3} + \text{etc.},$$

et il suit de cette formule que

$$e^{\frac{du}{dx}h} = 1 + \frac{du}{dx}\frac{h}{1} + \frac{du^2}{dx^2}\frac{h^2}{1.2} + \frac{du^3}{dx^3}\frac{h^3}{1.2.3} + \text{etc.};$$

$$e^{\frac{du}{dx}h} - 1 = \frac{du}{dx}\frac{h}{1} + \frac{du^2}{dx^2}\frac{h^2}{1.2} + \frac{du^3}{dx^3}\frac{h^3}{1.2.3} + \text{etc.}$$

Si maintenant on transporte les exposans des puissances de du à la caractéristique d, le second membre de l'équation précédente deviendra

$$\frac{du}{dx}\frac{h}{1} + \frac{d^2u}{dx^2}\frac{h^2}{1.2} + \frac{d^3u}{dx^3}\frac{h^3}{1.2.3} + \text{etc.},$$

et sera la même chose que Δu; on aura donc

$$\Delta u = e^{\frac{du}{dx}h} - 1,$$

pourvu que dans le développement du second membre

on transporte à la caractéristique d les exposans des puissances de du.

D'après ce résultat, Lagrange a remarqué le premier qu'on avait en général

$$\Delta^n u = \left(e^{\frac{du}{dx}h} - 1\right)^n,$$

en observant toujours de transporter à la caractéristique d les exposans des puissances de du.

Depuis, on a simplifié cette manière d'écrire en posant

$$\Delta u = \left(e^{\frac{d}{dx}h} - 1\right) u, \quad \Delta^n u = \left(e^{\frac{d}{dx}h} - 1\right)^n u;$$

car il n'y a plus rien à changer dans le développement; mais il faut bien se rappeler que la lettre d exprimant une caractéristique et non pas une quantité, les équations ci-dessus ne deviennent effectives que par le développement de leur second membre. Voici comment M. Laplace a démontré ce beau résultat.

Il est évident par ce qui a été dit dans le n° précédent, que, quelle que soit l'expression de $\Delta^n u$, on doit avoir

$$\Delta^n u = \frac{d^n u}{dx^n} h^n + A' \frac{d^{n+1} u}{dx^{n+1}} h^{n+1} + A'' \frac{d^{n+2} u}{dx^{n+2}} h^{n+2} + \text{etc.},$$

A', A'', etc. désignant des coefficiens qui ne dépendent que de n. Cette équation devant subsister pour toutes les formes que peut prendre la fonction u, conviendra nécessairement au cas où $u = e^x$: mais alors

$$\frac{du}{dx} = \frac{d^2 u}{dx^2} = \frac{d^3 u}{dx^3} = \text{etc.} = e^x,$$

$$\Delta u = e^{x+h} - e^x = e^x(e^h - 1),\ \Delta^2 u = (e^h - 1)(e^{x+h} - e^x) = e^x(e^h - 1)^2,$$
$$\Delta^3 u = e^x(e^h - 1)^3, \ldots\ldots\ldots \Delta^n u = e^x(e^h - 1)^n.$$

Substituant cette valeur de $\Delta^n u$, dans le premier membre de l'équation posée plus haut, et celles de

$\frac{du}{dx}$, $\frac{d^2u}{dx^2}$, etc., dans le second, il viendra

$$(e^h - 1)^n = h^n + A'h^{n+1} + A''h^{n+2} + \text{etc.},$$

d'où il suit que les coefficiens A', A'', etc., doivent être les mêmes que ceux du développement de $(e^h - 1)^n$, puisque l'accroissement h doit demeurer indéterminé. Il ne peut d'ailleurs exister aucune difficulté à l'égard des coefficiens différentiels de u, qui se déduisent tous des puissances de du par le changement indiqué dans les exposans.

La même relation entre les puissances et les différences se retrouve dans les fonctions d'un nombre quelconque de variables, et se prouve d'une manière analogue.

391. De $\Delta u = e^{\frac{du}{dx}h} - 1$ on tire $e^{\frac{du}{dx}h} = 1 + \Delta u$; et si l'on prend les logarithmes de part et d'autre, il viendra

$$\frac{du}{dx}h = \mathrm{l}(1 + \Delta u).$$

Lagrange a encore reconnu que cette équation serait vraie, si dans le développement de $\mathrm{l}(1 + \Delta u)$, on transportait à la caractéristique Δ, les exposans des puissances de Δu; on aurait par ce moyen

$$\frac{du}{dx}h = \Delta u - \tfrac{1}{2}\Delta^2 u + \tfrac{1}{3}\Delta^3 u - \tfrac{1}{4}\Delta^4 u + \text{etc.} \qquad (29).$$

Au lieu de m'arrêter à démontrer ce cas particulier, je vais prouver qu'en général

$$\frac{d^n u}{dx^n}h^n = \{\mathrm{l}(1 + \Delta u)\}^n,$$

en changeant Δu^2, Δu^3, etc. en $\Delta^2 u$, $\Delta^3 u$, etc., ou bien

$$\frac{d^n u}{dx^n} h^n = \{l(1+\Delta)\}^n u,$$

sans rien changer dans le développement.

Il est visible que la question revient à déterminer les coefficiens différentiels $\frac{du}{dx}$, $\frac{d^2u}{dx^2}$, etc., en fonction des différences successives de u, et que pour cela on a des équations de la forme

$$\Delta^n u = \frac{d^n u}{dx^n} h^n + A' \frac{d^{n+1} u}{dx^{n+1}} h^{n+1} + A'' \frac{d^{n+2} u}{dx^{n+2}} h^{n+2} + \text{etc.},$$

$$\Delta^{n+1} u = \frac{d^{n+1} u}{dx^{n+1}} h^{n+1} + A'_1 \frac{d^{n+2} u}{dx^{n+2}} h^{n+2} + \text{etc.},$$

$$\Delta^{n+2} u = \frac{d^{n+2} u}{dx^{n+2}} h^{n+2} + \text{etc.},$$

etc.,

dans lesquelles les coefficiens différentiels ne montent qu'au premier degré ; on peut donc faire

$$\frac{d^n u}{dx^n} h^n = \Delta^n u + B' \Delta^{n+1} u + B'' \Delta^{n+2} u + B''' \Delta^{n+3} u + \text{etc.}$$

On obtiendrait facilement la valeur des coefficiens inconnus B', B'', B''', etc., par l'élimination successive de

$$\frac{d^{n+1} u}{dx^{n+1}} h^{n+1}, \quad \frac{d^{n+2} u}{dx^{n+2}} h^{n+2}, \text{ etc. ;}$$

mais puisque l'équation hypothétique doit avoir lieu, quel que soit u, elle subsistera encore lorsqu'on y fera $u = e^x$, ce qui donnera

$$\frac{d^i u}{dx^i} = e^x, \text{ et } \Delta^i u = e^x (e^h - 1)^i,$$

quelque valeur qu'ait le nombre entier i ; et l'on trouvera par conséquent

$$h^n = (e^h - 1)^n + B' (e^h - 1)^{n+1} + B'' (e^h - 1)^{n+2} + \text{etc.}$$

Pour mettre en évidence l'identité des deux membres de cette équation, il suffit d'observer que

$$h^n = \{\mathrm{l}(1+e^h-1)\}^n,$$

parce que le développement de $\mathrm{l}(1+e^h-1)$, ordonné suivant les puissances de e^h-1, et qui est

$$e^h-1-\tfrac{1}{2}(e^h-1)^2+\tfrac{1}{3}(e^h-1)^3-\tfrac{1}{4}(e^h-1)^4+\text{etc.},$$

étant élevé à la puissance n, deviendra comparable à la série

$$(e^h-1)^n+B'(e^h-1)^{n+1}+B''(e^h-1)^{n+2}+\text{etc.},$$

dont les coefficiens numériques B', B'', etc. seront par conséquent déterminés. Si l'on écrit Δu, à la place de e^h-1, et $\frac{d^n u}{dx^n}h^n$ à celle de h^n, on aura l'équation

$\frac{d^n u}{dx^n}h^n = \{\mathrm{l}(1+\Delta)\}^n u$, posée précédemment.

En faisant pour abréger $e^h-1=\alpha$, et développant $(\alpha-\frac{1}{2}\alpha^2+\frac{1}{3}\alpha^3-\frac{1}{4}\alpha^4+\text{etc.})^n$, suivant les puissances de α, par la méthode du n° 54, on obtiendra les valeurs de B', B'', etc.

392. La formule du n° 381, se déduit aussi du théorème de Taylor, qui devient une formule d'interpolation, lorsqu'on y remplace les coefficiens différentiels par leur expression en différences, tirée du n° précédent.

En effet, l'équation

$$\frac{d^i u}{dx^i}h^i = \Delta^i u + A'\Delta^{i+1}u + A''\Delta^{i+2}u + A'''\Delta^{i+3}u + \text{etc.}$$

donne

$$\frac{d^i u}{dx^i} = \frac{1}{h^i}(\Delta^i u + A'\Delta^{i+1}u + A''\Delta^{i+2}u + \text{etc.}).$$

Si l'on tirait successivement de cette équation les valeurs de $\frac{du}{dx}$, $\frac{d^2u}{dx^2}$, $\frac{d^3u}{dx^3}$, etc., pour les substituer dans la série

$$u+\frac{du}{dx}\,\frac{h'}{1}+\frac{d^2u}{dx^2}\,\frac{h'^2}{1.2}+\frac{d^3u}{dx^3}\,\frac{h'^3}{1.2.3}+\text{etc.},$$

qui exprime ce que devient u lorsque x devient $x+h'$, on aurait un résultat de la forme

$$u+\frac{h'}{h}\Delta u+\left(B'\frac{h'}{h}+B''\frac{h'^2}{h^2}\right)\Delta^2u$$
$$+\left(B'_1\frac{h'}{h}+B''_1\frac{h'^2}{h^2}+B'''_1\frac{h'^3}{h^3}\right)\Delta^3u+\text{etc.};$$

B', B'', B'_1, B''_1, B'''_1, etc. étant, ainsi que A', A'', etc., des coefficiens numériques indépendans de h; et désignant par $\Delta' u$ l'accroissement que reçoit la fonction u dans le passage de x à $x+h'$, il viendrait

$$u+\Delta'u=u+\frac{h'}{h}\Delta u+\left(B'\frac{h'}{h}+B''\frac{h'^2}{h^2}\right)\Delta^2u+\text{etc.}$$

Cette équation devant avoir lieu, quel que soit u, subsiste encore dans le cas où $u=e^x$, et se change alors en

$$e^{h'}=1+\frac{h'}{h}(e^h-1)+\left(B'\frac{h'}{h}+B''\frac{h'^2}{h^2}\right)(e^h-1)^2+\text{etc.},$$

dont on ramène, par le développement, le premier membre à la même forme que le second, en observant que $e^{h'}=[1+(e^h-1)]^{\frac{h'}{h}}$; et comme en remettant dans le second, u, Δu, Δ^2u, etc., à la place des quantités 1, e^h-1, $(e^h-1)^2$, etc., on retombe sur le développement de $u+\Delta'u$, on doit en conclure que

$$u+\Delta'u=(1+\Delta)^{\frac{h'}{h}}u.$$

Ce résultat, aussi simple qu'élégant, a été présenté par Lagrange, comme une conséquence de l'analogie que les différences ont avec les puissances. En effet, il suit de l'équation $e^{\frac{du}{dx}h}=1+\Delta u$ (391) que..... $e^{\frac{du}{dx}h'}=(1+\Delta u)^{\frac{h'}{h}}$, ce qui donne sur-le-champ.... $1+\Delta' u=(1+\Delta u)^{\frac{h'}{h}}$, puisque $e^{\frac{du}{dx}h'}=1+\Delta' u$.

En développant le second membre de cette dernière équation, et transportant à la caractéristique Δ, dans le second membre, les exposans des puissances de Δu, on trouvera, comme ci-dessus,

$$\Delta' u=\frac{h'}{h}\Delta u+\frac{h'(h'-h)}{h.2h}\Delta^2 u + \frac{h'(h'-h)(h'-2h)}{h.2h.3h}\Delta^3 u+\text{etc.} \quad (*).$$

Du Calcul inverse des différences, par rapport aux fonctions explicites d'une seule variable.

393. Le Calcul inverse des différences est, à l'égard du Calcul direct, ce qu'est le Calcul intégral, par rapport au Calcul différentiel : il a pour objet de remonter des différences aux fonctions primitives. Je

(*) Ces curieuses analogies des puissances avec les différences et les différentielles, sont développées avec beaucoup d'étendue dans le 3e volume du Traité in-4°. J'y ai indiqué plusieurs Mémoires insérés sur ce sujet, dans les *Transactions philosophiques*, et quelques remarques de M. Herschel, dans l'Appendice qu'il a mis à la suite de la traduction qu'il a bien voulu faire, conjointement avec MM. Babbage et Peacok, de la 2e édition du présent Traité élémentaire.

m'occuperai d'abord des différences qui sont exprimées immédiatement par la variable indépendante, c'est-à-dire où l'on a pour déterminer u_x, une équation de la forme

$$\Delta^r u_x = \mathrm{f}(x),$$

l'accroissement de x étant constant et donné : je le représenterai à l'ordinaire par h.

Soit premièrement $r=1$, d'où $\Delta u_x = \mathrm{f}(x)$; pour indiquer l'opération qui doit faire revenir de Δu_x à u_x, on emploie la caractéristique Σ, et l'on écrit en conséquence

$$\Sigma\Delta u_x = u_x = \Sigma \mathrm{f}(x),$$

les caractéristiques Δ et Σ indiquant des opérations contraires, qui se détruisent lorsqu'on les effectue l'une après l'autre sur la même fonction.

L'opération indiquée par le signe Σ s'appelle aussi *intégration ;* car $\Sigma \mathrm{f}(x)$ désigne une véritable somme. En effet, si l'on ajoute les équations (1) du nº 374, il viendra

$$u_n = u + \Delta u + \Delta u_1 + \Delta u_2 \ldots\ldots + \Delta u_{n-1};$$

et si l'on représente par u la valeur de u_x correspondante à $x=a$, on aura pour une valeur quelconque $x=a+nh$,

$$\Sigma \mathrm{f}(x) = u + \mathrm{f}(a) + \mathrm{f}(a+h) + \mathrm{f}(a+2h)$$
$$\ldots\ldots\ldots\ldots\ldots + \mathrm{f}[a+(n-1)h].$$

Cette expression, qui augmenterait de $\mathrm{f}(a+nh)$ ou $\mathrm{f}(x)$, si l'on ajoutait h à la dernière valeur attribuée à x, et qui a par conséquent pour différence $\mathrm{f}(x)$, se compose ainsi de la somme de toutes les valeurs que prend $\mathrm{f}(x)$ depuis $x=a$ inclusivement, jusqu'à..... $x=a+(n-1)h$, plus de la première valeur de u

qui est indéterminée, et qui tient ici la place de la constante arbitraire que le passage de u_x à Δu_x a pu faire disparaître.

Pour revenir de $\Delta^r u_x = \mathrm{f}(x)$ à u_x, il est évident qu'il faut effectuer autant d'intégrations qu'il y a eu de différentiations, ce qu'on indiquerait ainsi

$$\Sigma^r \Delta^r u_x = u_x = \Sigma^r \mathrm{f}(x).$$

A chacune de ces opérations, il faudrait ajouter une nouvelle constante, ce qu'on peut voir aussi en observant que l'équation $\Delta^r u_x = \mathrm{f}(x)$, ne donnant les différences de la fonction qu'à commencer de l'ordre r, laisse indéterminées les r quantités

$$u, \quad \Delta u, \quad \Delta^2 u, \ldots \Delta^{r-1} u,$$

et par conséquent les r premiers termes de l'expression

$$u_n = u + \frac{n}{1} \Delta u + \frac{n(n-1)}{1.2} \Delta^2 u + \text{etc.} \quad (376),$$

au moyen de laquelle on passe de la valeur u relative à $x = a$, à celle qui se rapporte à $x = a + nh$.

394. On voit donc qu'ici, comme pour les différentielles, l'intégration introduit un nombre de constantes arbitraires égal à l'exposant de l'ordre; mais il y a cette différence, que les quantités qui disparaissent quand on passe aux différentielles, sont absolument constantes, au lieu que pour se détruire quand on prend les différences, il suffit qu'une quantité demeure la même lorsqu'on passe de x à $x + h$: et il en existe de telles; car il est visible que l'expression

$$\varphi\left(\sin \frac{2\pi x}{h}, \ \cos \frac{2\pi x}{h}\right),$$

qui devient alors

$$\varphi\left[\sin\left(\frac{2\pi x}{h}+2\pi\right),\quad \cos\left(\frac{2\pi x}{h}+2\pi\right)\right],$$

jouit de cette propriété quelle que soit la forme de la fonction φ.

On fait entrer en même temps le sinus et le cosinus dans la fonction, pour qu'elle ne redevienne la même que dans le seul passage de x à $x+h$, ce qui n'aurait pas lieu pour une fonction qui ne contiendrait que l'un ou l'autre, puisque

$$\sin\frac{2\pi x}{h}=\sin\frac{2\pi\left(\frac{1}{2}h-x\right)}{h}=\sin\left(\pi-\frac{2\pi x}{h}\right).$$
$$\cos\frac{2\pi x}{h}=\cos\frac{2\pi\,(h-x)}{h}=\cos\left(2\pi-\frac{2\pi x}{h}\right);$$

nous donnerons dans la suite la construction géométrique de ces fonctions.

395. Il est à propos de remarquer qu'en prenant l'intégrale de chaque membre de l'équation

$$\Delta u+\Delta v-\Delta w=\Delta(u+v-w)\quad (375),$$

il vient

$$\Sigma(\Delta u+\Delta v-\Delta w)=u+v-w$$
$$=\Sigma\Delta u+\Sigma\Delta v-\Sigma\Delta w,$$

ce qui ramène l'intégration des différences polynomes à celle des différences monomes.

De même l'équation

$$a\Delta u=\Delta.au \quad\text{donne}\quad \Sigma.a\Delta u=au=a\Sigma\Delta u,$$

par où l'on voit que les constantes passent, comme on veut, sous le signe Σ ou hors de ce signe.

396. Lorsque $f(x)$ est rationnelle et entière, l'expression de v_n, en se terminant, en donne l'intégrale exacte. En effet, si m désigne l'ordre auquel les diffé-

rences de cette fonction sont constantes (379), comme de $\Delta^r u_x = \mathrm{f}(x)$, il suit $\Delta^m \mathrm{f}(x) = \Delta^{r+m} u_x$, et que cette dernière différence est constante, on a sur-le-champ

$$u_n = u + \frac{n}{1}\Delta u + \frac{n(n-1)}{1.2}\Delta^2 u \ldots\ldots$$
$$\ldots\ldots + \frac{n(n-1)\ldots(n-r-m+1)}{1.2.3\ldots(r+m)}\Delta^{r+m} u,$$

u, Δu, $\Delta^2 u$, etc. répondant à $x = a$; et si l'on fait $a + nh = x$, u_n deviendra u_x.

En posant pour abréger $\mathrm{f}(x) = v_x$, il viendra

$$\Delta^r u = v, \quad \Delta^{r+1} u = \Delta v, \ldots\ldots \Delta^{r+m} u = \Delta^m v;$$

u et ses différences jusqu'à l'ordre $r - 1$ inclusivement demeurent arbitraires, ainsi qu'on l'a déjà vu.

Soit pour exemple

$$\Delta u_x = x^3 - 5x^2 + 6x - 1,$$

l'accroissement de x étant 1; on aura $r = 1$, $m = 3$, $h = 1$, et si l'on suppose $a = 0$, on trouvera

$$v = -1, \quad \Delta v = 2, \quad \Delta^2 v = -4,$$
$$\Delta^3 v = 6, \quad \Delta^4 v = 0 \ (379),$$

d'où

$$\Sigma(x^3 - 5x^2 + 6x - 1) =$$
$$u_x = u - 1.\frac{x}{1} + 2.\frac{x(x-1)}{1.2} - 4.\frac{x(x-1)(x-2)}{1.2.3} + 6.\frac{x(x-1)(x-2)(x-3)}{1.2.3.4}$$
$$= \frac{3x^4 - 26x^3 + 69x^2 - 58x}{12} + const.$$

La formule générale de cet article comprend aussi le cas dans lequel la valeur donnée pour Δu_x serait constante : on aurait alors $\Delta^2 u$ ou $\Delta v = 0$.

On voit aussi immédiatement que

$$a=\frac{ax+ah-ax}{h}=\frac{\Delta . ax}{h},$$

donne, en intégrant le premier et le dernier membres,

$$\Sigma a=\frac{ax}{h}+const.,$$

ce qui revient à

$$\Sigma a=a\Sigma 1=a\Sigma x^{\circ}.$$

397. Quoique la formule précédente suffise pour toutes les fonctions rationnelles et entières, il est à propos de faire connaître quelques autres expressions qui ont aussi des avantages qui leur sont propres; et pour commencer par celles qui sont les plus simples, je m'occuperai d'abord des produits composés de facteurs équidifférens.

Soit

$$u=x(x+h)(x+2h)\ldots.[x+(m-1)h];$$

si l'on en prend la différence, on obtiendra

$$\begin{aligned}\Delta u&=(x+h)(x+2h)(x+3h)\ldots(x+mh)\\&-x(x+h)(x+2h)\ldots\ldots..[x+(m-1)h]\\&=(x+h)(x+2h)\ldots\ldots\ldots.[x+(m-1)h]mh;\end{aligned}$$

et comme $\Sigma\frac{\Delta u}{mh}=\frac{\Sigma\Delta u}{mh}=\frac{u}{mh}$, on aura

$$\begin{aligned}&\Sigma(x+h)(x+2h)\ldots.[x+(m-1)h]\\&=\frac{x(x+h)(x+2h)\ldots.[x+(m-1)h]}{mh}+const.\end{aligned}$$

Si l'on écrit maintenant $x-h$ au lieu de x, et $m+1$ au lieu de m, il viendra

$$\begin{aligned}&\Sigma x(x+h)(x+2h)\ldots.[x+(m-1)h]\\&=\frac{(x-h)x(x+h)(x+2h)\ldots.[x+(m-1)h]}{(m+1)h}\end{aligned}$$

On voit ici que dans l'intégrale le nombre des facteurs surpasse de l'unité celui des facteurs de la différence, et que le diviseur est $m+1$, ce qui est bien analogue à la formule $\int x^m dx = \frac{x^{m+1}}{m+1}$ (167).

On intègre aussi la fraction

$$u = \frac{1}{x(x+h)(x+2h)\ldots[x+(m-1)h]},$$

parce qu'en prenant la différence, on trouve

$$\Delta u = \left\{ \begin{array}{l} \dfrac{1}{(x+h)(x+2h)(x+3h)\ldots\ldots(x+mh)} \\ -\dfrac{1}{x(x+h)(x+2h)\ldots\ldots[x+(m-1)h]} \end{array} \right.$$

$$= \frac{-mh}{x(x+h)(x+2h)\ldots(x+mh)};$$

repassant aux intégrales et mettant pour u sa valeur, il vient

$$\Sigma \frac{-1}{x(x+h)(x+2h)\ldots(x+mh)} = \frac{u}{mh}$$

$$= \frac{1}{mhx(x+h)(x+2h)\ldots[x+(m-1)h]};$$

et si l'on écrit $m-1$ au lieu de m pour ramener à m le nombre des facteurs du dénominateur de la quantité affectée du signe Σ, on obtiendra

$$\Sigma \frac{1}{x(x+h)(x+2h)\ldots[x+(m-1)h]}$$

$$= \frac{-1}{(m-1)hx(x+h)(x+2h)\ldots\ldots[x+(m-2)h]}.$$

398. Les formules ci-dessus peuvent servir aussi à l'intégration des fonctions de la forme

$$Ax^\alpha + Bx^6 + Cx^\gamma + \text{etc.},$$

parce que ces fonctions se transforment en produits de facteurs dont les différences sont constantes. Pour le faire voir, je choisis cet exemple très simple : x^3, et je fais

$$x^3=(x+h)(x+2h)(x+3h)+A(x+h)(x+2h)+B(x+h)+C,$$

en supposant que h désigne l'accroissement de x. Si l'on développe, et qu'on ordonne suivant les puissances de x, on aura

$$\begin{aligned}x^3=x^3&+6hx^2+11h^2x+6h^3\\&+Ax^2+3Ahx+2Ah^2\\&+\quad Bx\quad+Bh\\&+C;\end{aligned}$$

et comparant entre eux les termes affectés de la même puissance de x, on formera les équations

$$\begin{aligned}&6h+A=0,\\&11h^2+3Ah+B=0,\\&6h^3+2Ah^2+Bh+C=0,\end{aligned}$$

desquelles on tirera

$$A=-6h,\quad B=7h^2,\quad C=-h^3,$$

et

$$x^3=(x+h)(x+2h)(x+3h)-6h(x+h)(x+2h)+7h^2(x+h)-h^3,$$

ce qui donnera, en vertu du n° précédent,

$$\Sigma x^3=\frac{1}{4h}x(x+h)(x+2h)(x+3h)-2x(x+h)(x+2h)+\frac{7}{2}hx(x+h)-h^2x+const.,$$

puisque $\Sigma-h^3=-h^3\Sigma 1=-h^2x$ (396).

399. Lorsque $u=x^{m+1}$ et que m est un nombre entier, il vient

$$\Delta u=\frac{(m+1)}{1}x^m h+\frac{(m+1)m}{1.2}x^{m-1}h^2+\frac{(m+1)m(m-1)}{1.2.3}x^{m-2}h^3$$
$$+\frac{(m+1)m(m-1)(m-2)}{1.2.3.4}x^{m-3}h^4\ldots+h^{m+1}x^0.$$

En intégrant terme à terme chaque membre de cette équation, remettant dans le premier x^{m+1}, au lieu de u, et passant hors du signe Σ les facteurs constans, on obtiendra

$$x^{m+1}=\frac{m+1}{1}h\Sigma x^m+\frac{(m+1)m}{1.2}h^2\Sigma x^{m-1}$$
$$+\frac{(m+1)m(m-1)}{1.2.3}h^3\Sigma x^{m-2}\ldots+h^{m+1}\Sigma x^0.$$

Cette équation ferait connaître l'intégrale Σx^m, si l'on avait Σx^{m-1}, Σx^{m-2}, ... Σx^0, puisqu'on en tirerait

$$\Sigma x^m=\frac{x^{m+1}}{(m+1)h}-$$
$$\left\{\frac{m}{1.2}h\Sigma x^{m-1}+\frac{m(m-1)}{1.2.3}h^2\Sigma x^{m-2}\ldots+\frac{1}{m+1}h^m\Sigma x^0\right\}.$$

Si l'on écrit successivement dans cette dernière $m-1$, $m-2$, $m-3$, etc. pour m, on formera des expressions de Σx^{m-1}, Σx^{m-2}, Σx^{m-3}, etc., qui ne dépendront que des intégrales des puissances de x qui leur seront respectivement inférieures. On peut aussi former ces valeurs en remontant; et si l'on prend d'abord $m=0$, il vient $\Sigma x^0=\frac{x}{h}$, comme dans le n° 396, parce que la formule générale ne doit renfermer qu'un nombre m de termes affectés du signe Σ.

Faisant ensuite $m=1$, $m=2$, $m=3$, etc., et substituant successivement pour Σx^0, Σx^1, Σx^2, etc., les valeurs auxquelles on parviendra, on formera cette table :

$$\Sigma x^0 = \frac{x}{h},$$

$$\Sigma x = \frac{1}{2}\frac{x^2}{h} - \frac{1}{2}x,$$

$$\Sigma x^2 = \frac{1}{3}\frac{x^3}{h} - \frac{1}{2}x^2 + \frac{1}{2.3}xh,$$

$$\Sigma x^3 = \frac{1}{4}\frac{x^4}{h} - \frac{1}{2}x^3 + \frac{1}{2.2}x^2h,$$

$$\Sigma x^4 = \frac{1}{5}\frac{x^5}{h} - \frac{1}{2}x^4 + \frac{1}{3}x^3h - \frac{1}{5.6}xh^3,$$

$$\Sigma x^5 = \frac{1}{6}\frac{x^6}{h} - \frac{1}{2}x^5 + \frac{5}{2.6}x^4h - \frac{1}{2.6}x^2h^3,$$

etc.,

où, pour abréger, on a omis la constante arbitraire que comporte chaque résultat.

Au lieu de pousser plus loin cette induction, on peut supposer en général

$$\Sigma x^m = Ax^{m+1} + Bx^m + Cx^{m-1} + Dx^{m-2} + \text{etc.};$$

en prenant la différence première de chaque membre, on trouvera

$$\begin{aligned} x^m = {} & A\frac{(m+1)}{1}x^m h \\ & + A\frac{(m+1)m}{1.2}x^{m-1}h^2 + A\frac{(m+1)m(m-1)}{1.2.3}x^{m-2}h^3 + \text{etc.} \\ & + B\frac{m}{1}x^{m-1}h + B\frac{m(m-1)}{1.2}x^{m-2}h^2 + \text{etc.} \\ & + C\frac{(m-1)}{1}x^{m-2}h + \text{etc.} \\ & + \text{etc.}, \end{aligned}$$

et comparant entre eux les termes affectés d'une même puissance de x, on obtiendra entre les coefficiens A, B, C, D, etc., les relations suivantes,

$$A=\frac{1}{(m+1)h},$$

$$B=-A\frac{(m+1)h}{2}=-\tfrac{1}{2},$$

$$C=-A\frac{(m+1)mh^2}{2.3}-B\frac{mh}{2},$$

$$D=-A\frac{(m+1)m(m-1)h^3}{2.3.4}-B\frac{m(m-1)h^2}{2.3}-C\frac{(m-1)}{2}h,$$

etc.,

avec lesquelles on déduira facilement les uns des autres les coefficiens de l'expression de Σx^m, quel que soit l'exposant m. En calculant immédiatement les douze premiers termes, on trouvera

$$\Sigma x^m=\frac{x^{m+1}}{(m+1)h}-\frac{1}{2}x^m$$

$$+\frac{1}{2.3}\frac{mh}{2}x^{m-1}-\frac{1}{6.5}\frac{m(m-1)(m-2)h^3}{2.3.4}x^{m-3}$$

$$+\frac{1}{6.7}\frac{m(m-1)(m-2)(m-3)(m-4)h^5}{2.3.4.5.6}x^{m-5}$$

$$-\frac{3}{10.9}\frac{m(m-1)\ldots\ldots(m-6)h^7}{2.3\ldots\ldots8}x^{m-7}$$

$$+\frac{5}{6.11}\frac{m(m-1)\ldots\ldots(m-8)h^9}{2.3\ldots\ldots10}x^{m-9}$$

$$-\frac{691}{210.13}\frac{m(m-1)\ldots\ldots(m-10)h^{11}}{2.3\ldots\ldots12}x^{m-11}$$

$$+\frac{35}{2.15}\frac{m(m-1)\ldots\ldots(m-12)h^{13}}{2.3\ldots\ldots14}x^{m-13}$$

$$-\frac{3617}{30.17}\frac{m(m-1)\ldots\ldots(m-14)h^{15}}{2.3\ldots\ldots16}x^{m-15}$$

$$+\frac{43867}{42.19}\frac{m(m-1)\ldots\ldots(m-16)h^{17}}{2.3\ldots\ldots18}x^{m-17}$$

$$-\frac{1222277}{110.21}\frac{m(m-1)\ldots\ldots(m-18)h^{19}}{2.3\ldots\ldots20}x^{m-19}$$

$$+\text{etc.}\qquad\qquad+\textit{const.},$$

formule dans laquelle les coefficiens exprimés en nombres méritent attention, parce qu'ils reviennent souvent dans la théorie des suites.

Je ferai observer, avant de finir cet article, que si l'on multiplie Σx^m par h, et qu'on passe cet accroissement sous le signe Σ, on aura l'équation

$$\Sigma x^m h = \frac{x^{m+1}}{m+1} - \frac{1}{2} x^m h + \frac{1}{2} \frac{mh^2}{2.3} x^{m-1} - \text{etc.} + const.,$$

dont le second membre a pour limite $\frac{x^{m+1}}{m+1} + const.$ lorsque h s'évanouit, cas auquel $\Sigma x^m h$ se change en $\int x^m dx$, d'après ce qu'on a vu dans le n° 236.

400. Ce qui précède fournit le moyen d'intégrer toutes les fonctions algébriques, rationnelles et entières, dans le cas où la variable indépendante reçoit un accroissement constant. Soit pour exemple la fonction

$$Ax^3 + Bx^2 + Cx + D;$$

en observant que

$$\Sigma(Ax^3+Bx^2+Cx+D) = A\Sigma x^3 + B\Sigma x^2 + C\Sigma x + D\Sigma x^0,$$

et mettant pour Σx^3, Σx^2, Σx et Σx^0, leurs valeurs, on trouvera

$$\Sigma(Ax^3 + Bx^2 + Cx + D) =$$
$$\frac{A}{4h} x^4 - \frac{3Ah - 2B}{6h} x^3 + \frac{Ah^2 - 2Bh + 2C}{4h} x^2$$
$$+ \frac{Bh^2 - 3Ch + 6D}{6h} x + const.$$

401. A l'égard de l'intégration des fonctions transcendantes, je me bornerai aux fonctions exponentielles et circulaires. On a pour les premières

$$\Delta . a^x = a^x (a^h - 1),$$

d'où il résulte

$$a^x = \Sigma a^x (a^h - 1),$$

et

$$\Sigma a^x = \frac{a^x}{a^h - 1}.$$

402. Pour les fonctions circulaires, on a 1°. l'équation

$$\cos A - \cos B = -2 \sin \tfrac{1}{2}(A - B) \sin \tfrac{1}{2}(A + B),$$

qui donne

$$\Delta \cos x = \cos(x + h) - \cos x = -2 \sin \tfrac{1}{2} h \sin (x + \tfrac{1}{2} h),$$

d'où l'on tire

$$\sin (x + \tfrac{1}{2} h) = -\frac{\Delta \cos x}{2 \sin \frac{1}{2} h}, \text{ et } \sin x = -\frac{\Delta \cos (x - \frac{1}{2} h)}{2 \sin \frac{1}{2} h},$$

en écrivant $x - \frac{1}{2} h$, au lieu de x; prenant ensuite l'intégrale de chaque membre de la dernière équation, on obtient

$$\Sigma \sin x = -\frac{\cos (x - \frac{1}{2} h)}{2 \sin \frac{1}{2} h} + const.$$

2°. L'équation

$$\sin A - \sin B = 2 \sin \tfrac{1}{2}(A - B) \cos \tfrac{1}{2}(A + B),$$

donne

$$\Delta \sin x = \sin (x + h) - \sin x = 2 \sin \tfrac{1}{2} h \cos (x + \tfrac{1}{2} h),$$

d'où il suit

$$\cos (x + \tfrac{1}{2} h) = \frac{\Delta \sin x}{2 \sin \frac{1}{2} h}, \quad \cos x = \frac{\Delta \sin (x - \frac{1}{2} h)}{2 \sin \frac{1}{2} h},$$

$$\Sigma \cos x = \frac{\sin (x - \frac{1}{2} h)}{2 \sin \frac{1}{2} h} + const.$$

3°. La conversion des puissances de sinus, de cosinus et de leurs produits, en fonction de sinus et de cosinus d'arcs multiples, ramènera aux deux formules précédentes, l'intégration de la fonction générale $\sin x^m \cos x^n$, lorsque les exposans m et n seront des nombres entiers positifs.

En effet, cette fonction sera changée en une suite de termes de la forme $A\sin qx$, ou $A\cos qx$, dont les intégrales se déduiront de celles de $A\sin x$ et $A\cos x$ en écrivant qx et qh, au lieu de x et de h; et il est facile de voir que l'on aura en général

$$\Sigma \sin(p+qx) = -\frac{\cos(p+qx-\frac{1}{2}qh)}{2\sin\frac{1}{2}qh} + const.,$$

$$\Sigma \cos(p+qx) = \frac{\sin(p+qx-\frac{1}{2}qh)}{2\sin\frac{1}{2}qh} + const.$$

403. L'utilité dont est l'expression de Σu, pour la sommation des séries, a porté les Analystes à s'en occuper beaucoup, et ils sont parvenus à lui donner plusieurs formes très élégantes : Euler la fit dépendre des coefficiens différentiels de u et de l'intégrale $\int u dx$. On arrive à ce résultat en partant de la formule

$$\Delta z = \frac{dz}{dx}\frac{h}{1} + \frac{d^2z}{dx^2}\frac{h^2}{1.2} + \frac{d^3z}{dx^3}\frac{h^3}{1.2.3} + \text{etc.},$$

qui donne

$$z = \frac{h}{1}\Sigma\frac{dz}{dx} + \frac{h^2}{1.2}\Sigma\frac{d^2z}{dx^2} + \frac{h^3}{1.2.3}\Sigma\frac{d^3z}{dx^3} + \text{etc.}$$

Si l'on fait $\frac{dz}{dx} = u$, il viendra $z = \int u dx$ et

$$\int u dx = h\Sigma u + \alpha h^2 \Sigma\frac{du}{dx} + \beta h^3 \Sigma\frac{d^2u}{dx^2} + \text{etc.},$$

en représentant par α, β, γ, etc. les coefficiens numériques; on tirera de là

$$\Sigma u = \frac{1}{h}\int u dx - \alpha h \Sigma\frac{du}{dx} - \beta h^2 \Sigma\frac{d^2u}{dx^2} - \text{etc.}$$

Si maintenant on prend les coefficiens différentiels de chaque membre, en observant que $\frac{d.\Sigma u}{dx} = \Sigma \frac{du}{dx}$, ce qu'il est fort aisé de vérifier (*), on obtiendra la suite d'équations,

$$\Sigma \frac{du}{dx} = \frac{1}{h} u - \alpha h \Sigma \frac{d^2u}{dx^2} - \beta h^2 \Sigma \frac{d^3u}{dx^3} - \text{etc.},$$
$$\Sigma \frac{d^2u}{dx^2} = \frac{1}{h} \frac{du}{dx} - \alpha h \Sigma \frac{d^3u}{dx^3} - \beta h^2 \Sigma \frac{d^4u}{dx^4} - \text{etc.},$$
$$\Sigma \frac{d^3u}{dx^3} = \frac{1}{h} \frac{d^2u}{dx^2} - \alpha h \Sigma \frac{d^4u}{dx^4} - \beta h^2 \Sigma \frac{d^5u}{dx^5} - \text{etc.},$$
etc.,

dont on se servira pour éliminer successivement de la valeur de Σu, les fonctions

$$\Sigma \frac{du}{dx}, \quad \Sigma \frac{d^2u}{dx^2}, \quad \Sigma \frac{d^3u}{dx^3}, \quad \text{etc.};$$

et il est aisé de voir que le résultat sera nécessairement de la forme

$$\Sigma u = \frac{1}{h} \int u dx + Au + Bh \frac{du}{dx} + Ch^2 \frac{d^2u}{dx^2} + \text{etc.}$$

La détermination des coefficiens A, B, C, etc., s'opère ici comme dans le n° 390, par la considération de la fonction particulière e^x, pour laquelle on trouve

(*) On a d'abord $d\Delta u = \Delta du$, puisque

$$d\Delta u = d[f(x+h) - f(x)] = [f'(x+h) - f'(x)]dx,$$
$$\Delta du = \Delta f'(x)dx = [f'(x+h) - f'(x)]dx;$$

et ensuite, si l'on pose $\Sigma u = U$, ce qui donne $u = \Delta U$, il vient

$$du = d\Delta U = \Delta dU,$$

d'où

$$\Sigma du = \Sigma \Delta dU = dU = d\Sigma u.$$

$$\Sigma e^x = \frac{e^x}{e^h - 1}, \quad \int e^x dx = e^x, \quad \frac{d^m . e^x}{dx^m} = e^x,$$

d'où il suit

$$\frac{1}{e^h - 1} = \frac{1}{h} + A + Bh + Ch^2 + \text{etc.},$$

ce qui montre que les coefficiens A, B, C, etc. ne sont autre chose que ceux qui multiplient les puissances de h dans le développement de la fonction $\frac{1}{e^h - 1}$, réduite en série ascendante par rapport à cette lettre.

404. On obtiendra de la même manière, et sans plus de difficulté, les intégrales $\Sigma\Sigma u$, ou $\Sigma^2 u$, $\Sigma\Sigma^2 u$, ou $\Sigma^3 u$, et en général $\Sigma^m u$; car la formule

$$\Delta^m z = \frac{d^m z}{dx^m} h^m + \alpha \frac{d^{m+1} z}{dx^{m+1}} h^{m+1} + \beta \frac{d^{m+2} z}{dx^{m+2}} h^{m+2} + \text{etc.},$$

conduit à

$$z = h^m \Sigma^m \frac{d^m z}{dx^m} + \alpha h^{m+1} \Sigma^m \frac{d^{m+1} z}{dx^{m+1}} + \beta h^{m+2} \Sigma^m \frac{d^{m+2} z}{dx^{m+2}} + \text{etc.};$$

faisant ensuite $\frac{d^m z}{dx^m} = u$, on aura $z = \int^m u dx^m$, et par conséquent

$$\Sigma^m u = \frac{1}{h^m} \int^m u dx^m - \alpha h \Sigma^m \frac{du}{dx} - \beta h^2 \Sigma^m \frac{d^2 u}{dx^2} - \text{etc.},$$

prenant les coefficiens différentiels de chaque membre de cette dernière équation, on formera les suivantes :

$$\Sigma^m \frac{du}{dx} = \frac{1}{h^m} \int^{m-1} u dx^{m-1} - \alpha h \Sigma^m \frac{d^2 u}{dx^2} - \beta h^2 \Sigma^m \frac{d^3 u}{dx^3} - \text{etc.},$$

$$\Sigma^m \frac{d^2 u}{dx^2} = \frac{1}{h^m} \int^{m-2} u dx^{m-2} - \alpha h \Sigma^m \frac{d^3 u}{dx^3} - \beta h^2 \Sigma^m \frac{d^4 u}{dx^4} - \text{etc.},$$

etc.,

à l'aide desquelles on chassera $\Sigma^m \frac{du}{dx}$, $\Sigma^m \frac{d^2u}{dx^2}$, etc., de l'expression de $\Sigma^m u$. L'équation finale pourra être représentée par

$$\Sigma^m u = \frac{1}{h^m} \int^m u dx^m + \frac{A}{h^{m-1}} \int^{m-1} u dx^{m-1}$$
$$+ \frac{B}{h^{m-2}} \int^{m-2} u dx^{m-2} \ldots + \frac{M}{h} \int u dx$$
$$+ Nu + Ph \frac{du}{dx} + Qh^2 \frac{d^2u}{dx^2} + \text{etc.},$$

et lorsqu'on fera $u = e^x$, elle deviendra

$$\frac{1}{(e^h - 1)^m} = \frac{1}{h^m} + \frac{A}{h^{m-1}} + \frac{B}{h^{m-2}} \ldots + \frac{M}{h}$$
$$+ N + Ph + Qh^2 + \text{etc.};$$

les coefficiens A, B, ... M, N, etc. sont donc encore ici ceux qui multiplient les puissances de h dans le développement de $\frac{1}{(e^h - 1)^m}$; et de là résulte, entre les intégrales et les puissances négatives, une analogie qui n'est que la continuation de celle que les différences ont avec les puissances positives, en sorte que l'on doit regarder les intégrales comme les différences d'un ordre dont l'exposant est négatif. Il est visible, en effet, que d'après ce qu'on vient de voir, on peut poser

$$\Sigma^m u = \frac{1}{\left(e^{\frac{du}{dx}h} - 1\right)^m} = \left(e^{\frac{du}{dx}} - 1\right)^{-m},$$

pourvu qu'après le développement on change les puissances $\frac{du^p}{dx^p}$ en $\frac{d^p u}{dx^p}$, en observant que dans.........
$\frac{d^{-p}u}{dx^{-p}} = d^{-p} u dx^p$, d^{-p} équivaut à $\int^p$, ou bien encore écrire

$$\Sigma^m u = \left(e^{\frac{d}{dx}h} - 1\right)^{-m} u,$$

expressions qui se déduisent de celles de $\Delta^m u$ (390), en affectant l'exposant m du signe —.

405. L'intégration par parties se pratique sur les différences aussi bien que sur les différentielles. Soient P et Q deux fonctions quelconques de x; on fera

$$\Sigma PQ = Q\Sigma P + z,$$

z étant une fonction inconnue de la même variable; et prenant la différence de chaque membre de cette équation, on aura

$$PQ = (Q + \Delta Q)\Sigma(P + \Delta P) - Q\Sigma P + \Delta z;$$

développant et réduisant, en observant que $Q\Sigma\Delta P = PQ$, il viendra

$$o = \Delta Q\Sigma(P + \Delta P) + \Delta z, \text{ ou } \Delta z = -\Delta Q\Sigma(P + \Delta P),$$

et par conséquent

$$z = -\Sigma\Delta Q\Sigma(P + \Delta P),$$

puis

$$\Sigma PQ = Q\Sigma P - \Sigma\Delta Q\Sigma(P + \Delta P) \ldots\ldots\ldots (A),$$

formule qui devient

$$\Sigma PQ = Q\Sigma P - \Sigma\Delta Q\Sigma P_1 \quad (1),$$

lorsqu'on écrit P_1 pour $P + \Delta P$.

Si dans la formule (A) on change Q en ΔQ, P en ΣP_1, et qu'on observe que

$$\Sigma P_1 + \Delta\Sigma P_1 = \Sigma(P_1 + \Delta P_1) = \Sigma P_2,$$

on en déduira

$$\Sigma\Delta Q\Sigma P_1 = \Delta Q\Sigma^2 P_1 - \Sigma\Delta^2 Q\Sigma^2 P_2;$$

et la formule (1) deviendra

$$\Sigma PQ = Q\Sigma P - \Delta Q\Sigma^2 P_1 + \Sigma\Delta^2 Q\Sigma^2 P_2 \quad (2).$$

Changeant ensuite dans l'équation (A) Q en $\Delta^2 Q$, P en $\Sigma^2 P_2$, puis remarquant que

$$\Sigma^2 P_2 + \Delta\Sigma^2 P_2 = \Sigma^2 P_3,$$

on trouvera

$$\Sigma\Delta^2 Q\Sigma^2 P_2 = \Delta^2 Q\Sigma^3 P_2 - \Sigma\Delta^3 Q\Sigma^3 P_3,$$

et la formule (2) deviendra

$$\Sigma PQ = Q\Sigma P - \Delta Q\Sigma^2 P_1 + \Delta^2 Q\Sigma^3 P_2 - \Sigma\Delta^3 Q\Sigma^3 P_3,$$

qui montre la loi de cette expression élégante, donnée pour la première fois par Taylor, dans les *Transactions philosophiques* :

$$\Sigma PQ = Q\Sigma P - \Delta Q\Sigma^2 P_1 + \Delta^2 Q\Sigma^3 P_2 - \Delta^3 Q\Sigma^4 P_3 + \Delta^4 Q\Sigma^5 P_4 - \text{etc.}$$

Si l'on y met pour P_1, P_2, P_3, etc., leurs valeurs en P, et qu'on effectue les intégrations qui deviennent possibles, elle se change en

$$\Sigma PQ = Q\Sigma P - \Delta Q(\Sigma^2 P + \Sigma P) + \Delta^2 Q(\Sigma^3 P + 2\Sigma^2 P + \Sigma P) - \Delta^3 Q(\Sigma^4 P + 3\Sigma^3 P + 3\Sigma^2 P + \Sigma P) + \text{etc.}$$

C'est sous cette forme que Condorcet l'a présentée dans son *Essai sur l'application de l'Analyse à la probabilité des décisions*, pag. 163.

Elle s'arrête toutes les fois que la fonction Q mène à des différences constantes dans un ordre quelconque; et si la fonction P est susceptible d'un nombre suffisant d'intégrations successives, on parvient à l'intégrale exacte de la fonction PQ.

Application du calcul des différences à la sommation des suites.

406. Dans une suite quelconque

$$u, u_1, u_2, \ldots u_{n-1}, u_n,$$

le terme général u_n peut être regardé comme la différence de la fonction qui exprime la somme des termes qui le précèdent ; en sorte que si l'on fait

$$u + u_1 + u_2 \ldots + u_{n-1} = S_{n-1},$$

on aura

$$\Delta S_{n-1} = u_n \quad \text{et} \quad S_{n-1} = \Sigma u_n \quad (393).$$

Il suit de là, que la somme entière, en y comprenant le terme général, sera

$$S_n = \Sigma u_n + u_n.$$

On voit aussi que S_n résultant de S_{n-1} par le changement de n en $n+1$, l'expression de S_n peut se déduire de la même manière de celle de Σu_n.

Si donc $f(x)$ désigne le terme général d'une série quelconque, dans laquelle la différence de la variable indépendante soit h, la somme de cette série que je représenterai par $Sf(x)$, sera

$$Sf(x) = \Sigma f(x) + f(x),$$

ou bien s'obtiendra en mettant $x+h$ au lieu de x, dans $\Sigma f(x)$; et il ne faut pas manquer d'ajouter au résultat une constante arbitraire.

Lorsqu'on ne demande la somme de la suite que pour des valeurs entières de l'indice, la constante arbitraire étant alors une véritable constante (394), se détermine comme celle des intégrales aux différentielles. Si l'on fait commencer la suite au terme correspondant à l'indice $x = a$, et que l'on ait en général

$$Sf(x) = F(x) + const.,$$

il faut que

$$F(a) + const. = f(a), \text{ d'où } const. = f(a) - F(a),$$

et

$$Sf(x) = F(x) - F(a) + f(a).$$

Si l'on arrête la suite au terme correspondant à l'indice $x = a + nh$, il viendra

$$f(a) + f(a+h) + f(a+2h) \ldots + f(a+nh) = F(a+nh) - F(a) + f(a),$$

ce qui se réduit à

$$f(a+h) + f(a+2h) \ldots + f(a+nh) = F(a+nh) - F(a),$$

et montre, comme on devait s'y attendre, que le terme $f(a)$ ne fait pas partie de la somme $Sf(x)$, prise entre les limites $x = a$ et $x = a + nh$, mais que si l'on veut englober ce terme, il faut prendre la somme depuis $x = a - h$ jusqu'à $x = a + nh$.

407. Venons maintenant aux applications. On déduira des formules du n° 397,

$$Sx(x+h)(x+2h)\ldots[x+(m-1)h] = \frac{x(x+h)(x+2h)\ldots(x+mh)}{(m+1)h} + const.,$$

$$S\frac{1}{x(x+h)(x+2h)\ldots[x+(m-1)h]} = \frac{-1}{(m-1)h(x+h)(x+2h)\ldots[x+(m-1)h]} + const.,$$

expressions au moyen desquelles on obtiendra les

sommes des séries directes et inverses des nombres figurés (*).

Pour les premières dont les termes généraux sont

$$\frac{x}{1},\quad \frac{x(x+1)}{1.2},\quad \frac{x(x+1)(x+2)}{1.2.3},\ \text{etc.},$$

il faut faire $h=1$, et successivement $m=1$, $m=2$, etc., il vient

$$S\frac{x}{1}=\frac{x(x+1)}{1.2}+const.,$$

$$S\frac{x(x+1)}{1.2}=\frac{x(x+1)(x+2)}{1.2.3}+const.,$$

$$S\frac{x(x+1)(x+2)}{1.2.3}=\frac{x(x+1)(x+2)(x+3)}{1.2.3.4}+const.,$$

etc.,

où l'on peut supprimer les constantes, parce que toutes les expressions s'évanouissent quand $x=0$.

Passant aux séries inverses, dont les termes généraux sont

$$\frac{1}{x},\quad \frac{1.2}{x(x+1)},\quad \frac{1.2.3}{x(x+1)(x+2)},\ \text{etc.},$$

on trouve la seconde formule en défaut pour la première suite, à cause du diviseur $1-1$, mais on a pour les autres suites,

$$1.2S\frac{1}{x(x+1)}=-\frac{2}{x+1}+const.,$$

$$1.2.3S\frac{1}{x(x+1)(x+2)}=-\frac{3}{(x+1)(x+2)}+const.,$$

etc.

(*) *Voyez* pour ces séries le *Compl. des Élém. d'Algèbre.* Il est bon de remarquer qu'elles sont identiques avec les coefficiens des puissances de z, dans le développement de $(1+z)^{-x}$.

En déterminant les constantes pour que les sommes partent du premier terme, qui est l'unité dans chaque série, on trouve les expressions

$$\frac{2}{1}-\frac{2}{x+1},\quad \frac{3}{2}-\frac{3}{(x+1)(x+2)},\ \text{etc.},$$

qui, se réduisant à $\frac{2}{1}$, $\frac{3}{2}$, etc., lorsque x est infini, donnent les limites des séries

$$1+\frac{1}{3}+\frac{1}{6}+\frac{1}{10}\ldots+\frac{1.2}{x(x+1)}+\text{etc.},$$

$$1+\frac{1}{4}+\frac{1}{10}+\frac{1}{20}\ldots+\frac{1.2.3}{x(x+1)(x+2)}+\text{etc.}$$

408. En mettant $x+h$ au lieu de x, dans l'expression de Σx^m (399), on obtiendra de même Sx^m, c'est-à-dire la somme des séries

$$1,\ 2^m,\ 3^m,\ldots\ldots,x^m.$$

Si l'on développe en particulier Sx^2, et qu'on fasse $h=1$, il viendra, après les réductions

$$Sx^2=\frac{2x^3+3x^2+x}{6}+\mathit{const.},$$

pour la somme de la suite des quarrés $1, 4, 9, \ldots x^2$.

409. On conclura des numéros 401, 402, que

$$Sa^x=\frac{a^{x+h}}{a^h-1}+\mathit{const.},$$

$$S\sin x=-\frac{\cos(x+\frac{1}{2}h)}{2\sin\frac{1}{2}h}+\mathit{const.},$$

$$S\cos x=\frac{\sin(x+\frac{1}{2}h)}{2\sin\frac{1}{2}h}+\mathit{const.}$$

Pour obtenir, par exemple, la somme de la série

$$\sin a,\quad \sin(a+h),\ldots\sin(a+nh),$$

il faudra prendre $S\sin x$, depuis $x=a-h$ jusqu'à $x=a+nh$ (406), et il viendra

$$\frac{\cos(a-\frac{1}{2}h)-\cos(a+nh+\frac{1}{2}h)}{2\sin\frac{1}{2}h}=\frac{\sin(a+\frac{1}{2}nh)\sin\frac{1}{2}(n+1)h}{\sin\frac{1}{2}h}.$$

L'expression générale de Σu du n° 403, donne aussi pour Su une formule générale dont on trouvera plus loin une application remarquable.

De l'intégration des équations aux différences à deux variables.

410. Jusqu'ici j'ai supposé que la différence de la fonction cherchée était donnée explicitement par la variable indépendante ; je vais maintenant m'occuper des cas où l'on a seulement une équation contenant la fonction cherchée, ses différences, la variable indépendante et son accroissement. Si la fonction cherchée y dépend de la variable x, dont l'accroissement, considéré comme constant, est désigné à l'ordinaire par h, l'équation proposée sera comprise dans la formule générale

$$F(x, y, \Delta y, \Delta^2 y, \text{etc.})=0.$$

Il est à propos d'observer que l'on peut en faire disparaître les différences Δy, $\Delta^2 y$, etc., en les remplaçant par les valeurs consécutives de y, puisqu'on a

$$\Delta y=y_1-y, \quad \Delta^2 y=y_2-2y_1+y, \text{ etc.} \quad (376);$$

et le résultat prendra la forme

$$F(x, y, y_1, y_2, \text{etc.})=0,$$

dans laquelle on voit que toute équation aux différences fait connaître la valeur de la fonction cherchée, par le moyen d'un certain nombre de valeurs antécédentes.

Si l'équation était du premier ordre, par exemple, on aurait y_1, par le moyen de y; si elle était du second, on en tirerait y_2, exprimé par y_1 et par y, et ainsi de suite.

Il est facile de s'apercevoir qu'une équation quelconque aux différences, équivaut à une série, dans laquelle on obtient chaque terme par le moyen de sa relation avec ceux qui le précèdent et avec l'indice qui marque le rang qu'il occupe. En effet, lorsqu'on a, par exemple, $y_2=f(x, y, y_1)$, on en déduit $y_3=f(x+h, y_1, y_2)$, $y_4=f(x+2h, y_2, y_3)$, etc., et l'on forme ainsi la série

$$y, y_1, y_2, y_3, y_4, \text{ etc.},$$

au moyen de ses deux premiers termes.

Ce cas particulier suffit pour montrer que *dans la série résultante d'une équation quelconque aux différences, il y aura toujours autant de termes arbitraires qu'il y a d'unités dans l'exposant de l'ordre de cette équation.*

411. On peut changer toute équation aux différences en une équation différentielle d'un ordre indéfini, en substituant, au lieu de Δy, $\Delta^2 y$, etc., leurs développemens d'après le n° 390, et il n'est pas moins évident que l'on convertirait aussi toute équation différentielle en une équation aux différences d'un ordre indéfini, en remplaçant les coefficiens différentiels par leurs développemens tirés de la formule du n° 391.

Il ne paraît pas que ces transformations, qui ont l'inconvénient d'introduire un nombre infini de termes, puissent être, en général, fort utiles pour l'intégration des équations; mais elle sont très propres à faire sentir la différence qui existe entre le Calcul différentiel et le Calcul aux différences. Elles prouvent que, par la nature de ce dernier, les différences de la variable indépendante doivent avoir nécessairement une valeur déterminée; car si l'on avait une équation entre

$$x,\ y,\ \Delta x,\ \Delta y,\ \Delta^2 y,\ \text{etc.},$$

dans laquelle Δx demeurât indéterminée, qu'on la développât suivant les puissances de Δx, Δy, $\Delta^2 y$, etc., ce qui lui donnerait la forme

$$\left.\begin{array}{l} A\Delta x + B\Delta y \\ + C\Delta x^2 + D\Delta x\Delta y + E\Delta y^2 + F\Delta^2 y \\ + \text{etc.} \end{array}\right\} = 0,$$

on y pourrait substituer, au lieu de Δy, $\Delta^2 y$, etc., leurs développemens, et comme Δx y resterait encore indéterminé, il faudrait que les coefficiens des diverses puissances de cet accroissement s'évanouissent d'eux-mêmes. On obtiendrait ainsi, entre les variables x, y, et leurs différentielles, un nombre infini d'équations qui devraient s'accorder entre elles, pour que la proposée signifiât quelque chose; et dans ce cas elle ne serait équivalente qu'à la première de ces équations, dont les autres deviendraient les différentielles successives.

En ne supposant l'équation aux différences que du premier ordre, ce qui la réduit à

$$A\Delta x + B\Delta y + C\Delta x^2 + D\Delta x\Delta y + E\Delta y^2 + \text{etc.} = 0,$$

et prenant

$$\Delta y = \frac{dy}{dx}\frac{\Delta x}{1} + \frac{d^2y}{dx^2}\frac{\Delta x^2}{1.2} + \frac{d^3y}{dx^3}\frac{\Delta x^3}{1.2.3} + \text{etc.},$$

il vient

$$\left.\begin{array}{l} \left.\begin{array}{l} B\dfrac{dy}{dx} \\ + A \end{array}\right\} \Delta x + \left.\begin{array}{l} E\dfrac{dy^2}{dx^2} \\ + D\dfrac{dy}{dx} \\ + C \\ + \dfrac{B}{1.2}\dfrac{d^2y}{dx^2} \end{array}\right\} \Delta x^2 + \text{etc.} \end{array}\right\} = 0,$$

d'où l'on tire,

$$B\frac{dy}{dx}+A=0,\quad E\frac{dy^2}{dx^2}+D\frac{dy}{dx}+C+\frac{B}{1.2}\frac{d^2y}{dx^2}=0,\ \text{etc.},$$

et si cette suite d'équations ne peut avoir lieu, la proposée ne pourra se vérifier qu'en assignant à Δx une valeur particulière.

412. Ces préliminaires posés, j'entre en matière par l'intégration de l'équation générale du premier degré et du premier ordre. Je suppose que la différence de la variable x, ou Δx, étant 1, on ait l'équation $\Delta y+Py=Q$, analogue à l'équation différentielle traitée dans le n° 285; un procédé semblable à celui du n° cité conduit à l'intégrale de la première.

Si l'on fait $y=uz$, il viendra

$$\Delta y=u\Delta z+z\Delta u+\Delta u\Delta z,$$

ce qui changera l'équation proposée en

$$u\Delta z+z\Delta u+\Delta u\Delta z+Puz=Q;$$

et posant séparément

$$z\Delta u+Puz=0,\quad \text{ou}\quad \Delta u+Pu=0,$$

il restera $u\Delta z+\Delta u\Delta z=Q$, d'où l'on tirera

$$\Delta z=\frac{Q}{u+\Delta u}\quad \text{et}\quad z=\Sigma\frac{Q}{u+\Delta u}:$$

la question se réduit donc à intégrer l'équation

$$\Delta u+Pu=0,$$

dans laquelle on peut séparer les variables, en lui donnant la forme $\frac{\Delta u}{u}=-P$, puisque P est supposé ne contenir que x. Soit $u=e^t$, il en résultera

$$\Delta u = e^t(e^{\Delta t} - 1) \text{ et } \frac{\Delta u}{u} = e^{\Delta t} - 1 = -P,$$

d'où l'on tirera

$$e^{\Delta t} = 1 - P, \quad \Delta t = \mathrm{l}(1-P) \text{ et } t = \Sigma \mathrm{l}(1-P).$$

Mais la somme des logarithmes de la fonction $1-P$, répond au produit continuel des valeurs successives que reçoit $1-P$ entre les limites de l'intégrale, c'est-à-dire à

$$(1-P_{x-1})(1-P_{x-2})(1-P_{x-3})\ldots(1-P_0) \text{ (406)};$$

si l'on désigne ce produit par $[1-P_{x-1}]^x$, l'exposant x marquant le nombre des facteurs, on aura

$$t = \mathrm{l}[1-P_{x-1}]^x,$$

d'où l'on conclura

$$u = e^t = [1-P_{x-1}]^x;$$

et si l'on fait attention que $u + \Delta u = u_1$, on obtiendra

$$u + \Delta u = [1-P_x]^{x+1} \text{ et } z = \Sigma \frac{Q}{[1-P_x]^{x+1}},$$

ce qui donnera enfin

$$y = [1-P_{x-1}]^x \Sigma \frac{Q}{[1-P_x]^{x+1}},$$

la constante arbitraire étant comprise dans l'intégrale indiquée.

C'est à peu près ainsi que Lagrange, qui le premier fit voir l'analogie que les équations aux différences du premier degré, ont avec les équations différentielles du même degré, a intégré, en 1761, l'équation traitée ci-dessus; il applique ensuite son résultat à l'équation

$y_1 = Ry + Q$, qui revient à $y + \Delta y = Ry + Q$. En comparant cette dernière avec $\Delta y + Py = Q$, il vient $P = 1 - R$, $1 - P = R$, et l'on a par conséquent

$$y = [R_{x-1}]^{x} \Sigma \frac{Q}{[R_x]^{x+1}}.$$

Quoique le développement du produit $[1 - P_{x-1}]^{x}$, semble supposer que la différence de x soit égale à l'unité, on peut néanmoins conserver l'expression précédente, lorsque $\Delta x = h$, en concevant qu'elle répond à

$$(1 - P_{x-h})(1 - P_{x-2h})(1 - P_{x-3h}) \text{ etc.},$$

ou bien transformer l'équation proposée en une autre, en faisant $x = hx'$, ce qui donnerait $\Delta x = h\Delta x'$ et $\Delta x' = 1$.

Lorsque le coefficient R est constant, on a

$$y = R^x \Sigma \frac{Q}{R^{x+1}};$$

et s'il en est de même de Q, l'intégration indiquée s'effectue facilement : on obtient dans ce cas

$$\Sigma \frac{Q}{R^{x+1}} = Q\Sigma R^{-x-1} = \frac{QR^{-x-1}}{R^{-1} - 1} = \frac{Q}{R^x(1-R)} \quad (401),$$

et
$$y = R^x \left\{ \frac{Q}{R^x(1-R)} + const. \right\}.$$

En général, on obtiendra la valeur de y, délivrée du signe d'intégration toutes les fois que Q sera une fonction rationnelle et entière de x.

413. Dans les recherches citées n° précédent, Lagrange applique aux équations du premier degré et d'un ordre quelconque aux différences, la méthode que d'Alembert a donnée pour les équations différen-

tielles du premier degré et dont j'ai fait connaître l'esprit, n° 320; mais il est revenu sur ce sujet en 1775, par la méthode déjà exposée, d'après lui, pour les équations différentielles du premier degré.

Premièrement, la valeur complète de y_x satisfaisant à l'équation

$$y_{x+n}+P_x y_{x+n-1}+Q_x y_{x+n-2}\ldots+U_x y_x=0 \quad (A),$$

d'un ordre quelconque et du premier degré par rapport à la fonction y_x, s'obtient comme celle de y dans le n° 309, lorsqu'on en connaît un nombre n de valeurs particulières; car il est clair que si

$$y'_x, \quad y''_x, \quad y'''_x, \ldots$$

sont des fonctions de x, qui satisfassent séparément à l'équation (A), l'expression

$$y_x=C'y'_x+C''y''_x+C'''y'''_x+\text{etc.},$$

y satisfera pareillement, sans détermination des constantes C', C'', C''', etc.; et quand le nombre de ses termes supposés absolument irréductibles entre eux sera n, elle sera l'intégrale complète de cette équation, puisqu'elle renfermera n constantes arbitraires.

Secondement, l'équation

$$y_{x+n}+P_x y_{x+n-1}+Q_x y_{x+n-2}\ldots+U_x y_x=V_x \quad (B),$$

qui a de plus que la précédente, un second membre dépendant de x seul, s'y ramène de même que dans le n° 314, en regardant les constantes C', C'', C''', etc., comme des fonctions de x. Dans cette hypothèse, l'expression

$$y_x=C'_x y'_x+C''_x y''_x+C'''_x y'''_x+\text{etc.},$$

conduit d'abord à

$$y_{x+1}=C'_{x+1}y'_{x+1}+C''_{x+1}y''_{x+1}+C'''_{x+1}y'''_{x+1}+\text{etc.},$$

résultat qui se transforme en

$$\begin{aligned}y_{x+1} = C'_x y'_{x+1} + C''_x y''_{x+1} + C'''_x y'''_{x+1} + \text{etc.}\\ + y'_{x+1}\Delta C'_x + y''_{x+1}\Delta C''_x + y'''_{x+1}\Delta C'''_x + \text{etc.},\end{aligned}$$

en mettant pour C'_{x+1}, C''_{x+1}, etc. leurs valeurs

$$C'_x + \Delta C'_x, \quad C''_x + \Delta C''_x, \text{ etc.},$$

et se réduit à

$$y_{x+1} = C'_x y'_{x+1} + C''_x y''_{x+1} + C'''_x y'''_{x+1} + \text{etc.},$$

lorsqu'on fait

$$y'_{x+1}\Delta C'_x + y''_{x+1}\Delta C''_x + y'''_{x+1}\Delta C'''_x + \text{etc.} = 0 \quad (1),$$

de même que si les quantités C'_x, C''_x, C'''_x, etc. fussent demeurées constantes. En faisant de nouveau varier x, on obtiendra

$$\begin{aligned}y_{x+2} &= C'_{x+1} y'_{x+2} + C''_{x+1} y''_{x+2} + C'''_{x+1} y'''_{x+2} + \text{etc.}\\ &= C'_x y'_{x+2} + C''_x y''_{x+2} + C'''_x y'''_{x+2} + \text{etc.}\\ &+ y'_{x+2}\Delta C'_x + y''_{x+2}\Delta C''_x + y'''_{x+2}\Delta C'''_x + \text{etc.},\end{aligned}$$

résultat que l'on réduit à

$$y_{x+2} = C'_x y'_{x+2} + C''_x y''_{x+2} + C'''_x y'''_{x+2} + \text{etc.},$$

par la supposition de

$$y'_{x+2}\Delta C'_x + y''_{x+2}\Delta C''_x + y'''_{x+2}\Delta C'''_x + \text{etc.} = 0 \quad (2).$$

Faisant varier x une troisième fois, on parvient à

$$y_{x+3} = C'_x y'_{x+3} + C''_x y''_{x+3} + C'''_x y'''_{x+3} + \text{etc.},$$

en posant

$$y'_{x+3}\Delta C'_x + y''_{x+3}\Delta C''_x + y'''_{x+3}\Delta C'''_x + \text{etc.} = 0 \quad (3),$$

et l'on continue ainsi jusqu'aux équations

$$y_{x+n-1} = C'_x y'_{x+n-1} + C''_x y''_{x+n-1} + C'''_x y'''_{x+n-1} + \text{etc.},$$

$$y'_{x+n-1}\Delta C'_x + y''_{x+n-1}\Delta C''_x + y'''_{x+n-1}\Delta C'''_x + \text{etc.} = 0 \, (n-$$

Maintenant, si dans la valeur de y_{x+n-1}, on change x en $x+1$, on trouvera

$$y_{x+n} = C'_x y'_{x+n} + C''_x y''_{x+n} + C'''_x y'''_{x+n} + \text{etc.}$$
$$+ y'_{x+n}\Delta C'_x + y''_{x+n}\Delta C''_x + y'''_{x+n}\Delta C'''_x + \text{etc.};$$

mettant dans l'équation (B) les valeurs de

$$y_x,\ y_{x+1},\ldots. y_{x+n-1},\ y_{x+n},$$

en observant que, par l'hypothèse et d'après l'équation (A),

$$y'_{x+n} + P_x y'_{x+n-1} + Q_x y'_{x+n-2} \ldots. + U_x y'_x = 0,$$
$$y''_{x+n} + P_x y''_{x+n-1} + Q_x y''_{x+n-2} \ldots. + U_x y''_x = 0,$$
$$y'''_{x+n} + P_x y'''_{x+n-1} + Q_x y'''_{x+n-2} \ldots. + U_x y'''_x = 0,$$

etc.,

il restera

$$y'_{x+n}\Delta C'_x + y''_{x+n}\Delta C''_x + y'''_{x+n}\Delta C'''_x + \text{etc.} = V_x \quad (n).$$

On conçoit facilement qu'avec le secours des équations (1), (2),....$(n-1)$, (n), on déterminera en fonctions de x, les différences $\Delta C'_x$, $\Delta C''_x$, $\Delta C'''_x$, etc., ce qui réduira la recherche des quantités C', C'', C''', etc., à l'intégration des fonctions d'une seule variable.

414. On ne sait pas intégrer en général l'équation (A); mais lorsque ses coefficiens, au lieu d'être des fonctions de x, sont des constantes, que l'on a seulement

$$y_{x+n} + Py_{x+n-1} + Qy_{x+n-2} + Ry_{x+n-3} \ldots + Uy_x = 0 \ldots (A'),$$

on y satisfait en faisant $y_x = m^x$, d'où il résulte

$$y_{x+1} = m^{x+1},\quad y_{x+2} = m^{x+2},\ldots. y_{x+n} = m^{x+n};$$

car elle devient

$$m^n + Pm^{n-1} + Qm^{n-2} + Rm^{n-3} \ldots + U = 0 \ldots \ (A''),$$

et se vérifie si l'on prend pour l'indéterminée m les racines de cette dernière. Si donc l'on désigne par m', m'', m''', etc. ces diverses racines, on aura (n° précéd.)

$$y_x = C'm'^x + C''m''^x + C'''m'''^x + \ldots\ldots$$

Cette expression présente par rapport aux quantités m', m'', m''', etc., les mêmes circonstances que l'intégrale de l'équation différentielle

$$d^n y + P dx d^{n-1} y + Q dx^2 d^{n-2} y \ldots + U y dx^n = 0.$$

Il peut arriver que parmi les racines de l'équation (A'') il s'en trouve d'imaginaires, ou d'égales entre elles. Dans le premier cas, on revient aux quantités réelles par des transformations analogues à celle du n° 310. Dans le second cas, pour rendre complète l'intégrale qui a cessé de l'être, on a recours à l'artifice employé dans le n° 311.

415. L'équation (A'), qui peut être considérée comme exprimant la nature d'une série dont un terme quelconque, représenté par y_{x+n}, dépend des n termes qui le précèdent, se rapporte aux *séries récurrentes* (*Compl. des Élém. d'Alg.*) dont le terme général est y_x et dont l'échelle de relation est

$$-P, \quad -Q, \ldots\ldots\ldots -U:$$

l'intégration de cette équation répond donc à la recherche du terme général de la suite proposée; mais en n'ayant égard qu'à la loi de sa formation, les n premiers termes de cette suite sont nécessairement arbitraires; et si on les suppose donnés, en les désignant par

$$y_0,\ y_1,\ y_2,\ y_3, \ldots\ldots y_{n-1},$$

on pourra former les équations

$$\begin{array}{lllll}
y_0 & = C' & + C'' & + C''' & + \text{etc.}, \\
y_1 & = C'm' & + C''m'' & + C'''m''' & + \text{etc.}, \\
y_2 & = C'm'^2 & + C''m''^2 & + C'''m'''^2 & + \text{etc.}, \\
y_3 & = C'm'^3 & + C''m''^3 & + C'''m'''^3 & + \text{etc.}, \\
\ldots & \ldots & \ldots & \ldots & \ldots \\
y_{n-1} & = C'm'^{n-1} & + C''m''^{n-1} & + C'''m'''^{n-1} & + \text{etc.};
\end{array}$$

au moyen desquelles on déterminera les constantes C', C'', C''',....... dont le nombre est aussi égal à n. La résolution de ces équations, qui ne sont d'ailleurs que du premier degré, peut être simplifiée par des artifices dont l'exposition ne saurait entrer dans un Traité élémentaire : je me bornerai à faire observer ici que cette recherche se lie avec celle des lois des phénomènes d'après les observations.

416. Les constantes arbitraires qui complètent les intégrales aux différences, étant des fonctions arbitraires (394), ne peuvent être déterminées en assujétissant ces intégrales à satisfaire à un nombre limité de valeurs données, car il est visible que toute fonction arbitraire comprend implicitement un nombre infini de valeurs arbitraires. Soit pour exemple l'équation

$$y_x = X\varphi(\sin 2\pi x, \quad \cos 2\pi x),$$

de laquelle on doive tirer un certain nombre de valeurs

$$y_0 = a, \quad y_1 = a', \quad y_2 = a'', \text{ etc.}$$

Si ces valeurs répondent à

$$x = 0, \quad x = 1, \quad x = 2, \text{ etc.},$$

on ne pourra satisfaire en général qu'à la première des conditions imposées ; car dès qu'on aura assigné pour $\varphi(\sin 2\pi x,\ \cos 2\pi x)$, une première valeur déterminée, de laquelle il résulte $y_0 = a$, cette valeur devant se retrouver la même pour les indices $x=1$, $x=2$, etc., il s'ensuit que les valeurs de y_x, relatives à ces indices, sont aussi déterminées : il faut donc que les quantités données a', a'', etc. correspondent à des indices intermédiaires.

Si, au lieu d'assigner un nombre limité de valeurs isolées, indépendantes les unes des autres, on suppose que dans l'intervalle compris entre $x=0$, et $x=1$, l'expression y_x doive fournir les mêmes valeurs qu'une équation donnée $y_x=\mathrm{f}(x)$, la question sera déterminée. En effet, s'il s'agissait de trouver la valeur de y qui correspond à un indice égal à un nombre entier quelconque m, plus une fraction n, soit commensurable, soit incommensurable, on calculerait la valeur de y_n, d'après l'équation $y_x=\mathrm{f}(x)$: comparant le résultat avec celui que donne alors l'équation

$$y_n=X_n\varphi(\sin 2\pi n,\ \cos 2\pi n),$$

on aurait, pour ce cas, la valeur de

$$\varphi(\sin 2\pi n,\ \cos 2\pi n),$$

qui doit être la même que celle de

$$\varphi[\sin 2\pi(m+n),\ \cos 2\pi(m+n)];$$

m étant un nombre entier; et l'équation

$$y_x=X\varphi(\sin 2\pi x,\ \cos 2\pi x),$$

devenant par là

$$y_{m+n}=X_{m+n}\varphi(\sin 2\pi n,\ \cos 2\pi n),$$

serait tout-à-fait déterminée.

La seule condition à laquelle soit assujétie l'équation $y_x=\mathrm{f}(x)$, c'est qu'on en tire pour y_0 et pour y_1 les mêmes valeurs que de l'équation

$$y_x=X\varphi(\sin 2\pi x,\ \cos 2\pi x).$$

417. Les considérations géométriques éclaircissent bien ce qui précède. Voici d'abord comment on peut représenter par le cours d'une ligne, l'équation très simple $\Delta y = 0$. Si l'on construit sur la droite AR, *fig.* 58, menée à une distance quelconque de l'axe des abscisses OX, parallèlement à cet axe, et divisée en parties AA', $A'A''$, $A''A'''$, etc., égales à Δx, des courbes telles que FIG. 58.

$$ABA'B'A''B''A'''S,\ ACA'C'A''C''A'''T,\ ADA'D'A''D''A'''U, \text{etc.},$$

passant par les points A, A', A'', A''', etc., et composées, entre ces points de parties égales et semblables, ces courbes satisferont à l'équation $\Delta y = 0$. Cela est d'abord évident pour les points A, A', A'', A''', etc., et l'on voit ensuite que, prenant $AP = x$, $AP' = x + \Delta x$, les arcs

$$AL \text{ et } A'L',\quad AM \text{ et } A'M',\quad AN \text{ et } A'N', \text{ etc.},$$

étant égaux et semblables, les ordonnées

$$LP \text{ et } L'P',\quad MP \text{ et } M'P',\quad NP \text{ et } N'P', \text{ etc.},$$

seront aussi respectivement égales; et l'on aura par conséquent pour chaque courbe $\Delta y = 0$.

La condition $\Delta y = 0$, n'entraînant point la continuité dans les résultats, les courbes AS, AT, AU, etc. ne seront point assujéties à cette loi. Le polygone $EFE'F'E''F''E'''V$, composé de parties semblables EFE', $E'F'E''$, etc., donne également $\Delta y = 0$, aux intervalles marqués par Δx; il en serait de même d'une suite d'arcs égaux et semblables d'une courbe quelconque, assemblés d'une manière discontinue, comme le sont les arcs GH, $G'H'$, $G''H''$, etc.

Il est visible que l'équation $y = \varphi\left(\sin\frac{2\pi x}{\Delta x}, \cos\frac{2\pi x}{\Delta x}\right)$

donne lieu à des lignes qui satisfont aux conditions ci-dessus.

418. Passons maintenant à l'équation générale du premier ordre $\Delta y = \mathrm{F}(x, y)$. Ayant choisi arbitrairement, ou déterminé, suivant les conditions de la question, le premier point B, *fig.* 59, de la courbe cherchée, comme l'équation proposée n'apprend rien sur tous les points correspondans à la portion d'abscisses $AA' = \Delta x$, et qu'elle donne seulement l'ordonnée $A'B' = y_1$, on pourra faire passer par les points B et B', une portion d'une courbe quelconque. Cela fait, pour obtenir la portion correspondante à l'abscisse $A'A''$, on prendra en arrière d'un point quelconque P' de cette abscisse, une distance $PP' = AA' = \Delta x$, et élevant l'ordonnée PM, on mènera MD' parallèle à PP'; tirant ensuite de l'équation $\Delta y = \mathrm{F}(x, y)$, la valeur de Δy pour l'abscisse AP, cette valeur donnera la droite $D'M'$, qui, jointe à $P'D' = PM$, fera connaître le point M'. On trouvera de même tous les points de l'arc $B'B''$; cet arc employé à son tour comme l'arc BB', donnera ceux du troisième arc $B''B'''$, et ainsi de suite.

FIG. 59.

Il est évident que l'on pourrait, par le même procédé, continuer la courbe en arrière du point A, et que dans tous les cas elle satisfera à l'équation proposée, puisque les différences $\Delta y = D'M'$ auront des valeurs conclues de cette équation : je laisse au lecteur à faire l'application de ce procédé aux équations du second ordre et des ordres supérieurs.

419. On n'a considéré ici les équations aux différences que dans l'hypothèse de $\Delta x = const.$; mais lorsqu'on suppose cette dernière différence variable, le sujet prend beaucoup d'étendue, ainsi qu'on s'en pourra convaincre par la question suivante.

Soit φ(x) une fonction inconnue de x, *telle, que si l'on y change* x *en* f(x), *puis en* F(x), f *et* F *désignant des fonctions données, les expressions correspondantes* φ[f(x)], φ[F(x)], *aient entre elles une relation donnée.*

M. Laplace, a, par un procédé fort simple, ramené ce genre de problèmes à des équations aux différences où la variable indépendante ne reçoit que des accroissemens constans. Pour cela, il pose $f(x)=u_z$, ... $F(x)=u_{z+1}$, u_z représentant une fonction inconnue de la variable z; et si l'on peut résoudre, par rapport à x, la première de ces équations, on en tirera $x=f_{,}(u_z)$, valeur qui transformera $F(x)=u_{z+1}$ en $u_{z+1}=F[f_{,}(u_z)]$ équation aux différences où la variable z croit seulement de l'unité. Lorsqu'on saura intégrer cette équation, on aura l'expression de u_z en fonction de z, on obtiendra aussi x en fonction de z, les fonctions $\varphi[F(x)]$ et $\varphi[f(x)]$ deviendront respectivement $\varphi(u_{z+1})$, $\varphi(u_z)$, et l'on pourra les représenter par y_{z+1}, y_z, ce qui changera en une équation aux différences de la forme

$$f(y_z,\ y_{z+1},\ z)=0,$$

la relation donnée entre les deux états par lesquels doit passer la fonction φ.

Je prendrai pour exemple l'équation

$$\varphi(x)^2=\varphi(2x)+2,$$

pour laquelle $x=u_z$, $2x=u_{z+1}$. De là, on conclut aisément $u_{z+1}=2u_z$, équation dont l'intégrale est $u_z=C.2^z$ (412).

Posant ensuite $\varphi(x)=y_z$, $\varphi(2x)=y_{z+1}$, l'équation proposée devient

$$y_{z+1}=y^2_z-2,$$

et s'intègre en y faisant d'abord

$$z=1, \quad y_1=a+\frac{1}{a},$$

ce qui conduit à

$$y_2=a^2 \quad +\frac{1}{a^2},$$

$$y_3=a^4 \quad +\frac{1}{a^4},$$

$$y_4=a^8 \quad +\frac{1}{a^8},$$

$$\ldots\ldots\ldots\ldots\ldots\ldots$$

$$y_z=a^{2^{z-1}}+\frac{1}{a^{2^{z-1}}}.$$

La dernière de ces valeurs est l'intégrale complète, puisqu'elle renferme une quantité arbitraire a; et l'équation $C.2^z=x$, donnant $2^{z-1}=\frac{x}{2C}$, on aura

$$y_z=\varphi(x)=a^{\frac{x}{2C}}+a^{-\frac{x}{2C}},$$

résultat qui revient à

$$\varphi(x)=b^x+b^{-x},$$

si l'on pose $b=a^{\frac{1}{2C}}$.

Il faut remarquer que les constantes a et C, sont des fonctions qui ne changent pas quand z devient $z+1$ (394), et par conséquent lorsque x devient $2x$.

420. Combinant toujours chaque nouveau point de vue sous lequel les grandeurs peuvent être envisagées, avec les précédens, les Analystes considèrent encore des relations entre les différences et les coefficiens différentiels des fonctions inconnues; et de là naît le *Calcul aux différences mêlées*.

Les équations

$$\frac{dy}{dx}+a\Delta y+by=0,$$

$$\frac{d\Delta y}{dx}+a\frac{dy}{dx}+b\Delta y+cy=0,$$

dans lesquelles a, b, c désignent des constantes, et où $\Delta x=1$, sont les plus simples de ce genre. On satisfait à toutes deux en posant $y=Ce^{mx}$; la première se change en

$$m+a(e^m-1)+b=0,$$

et la seconde en

$$m(e^m-1)+am+b(e^m-1)+c=0.$$

La discussion de ces transformées et l'examen de la nature et de l'étendue des intégrales qui en résultent, sortent des limites que j'ai dû me prescrire; je n'ai voulu seulement que marquer la place de ces nouvelles recherches (*).

Application du Calcul intégral à la Théorie des suites.

421. L'intégration des différentielles à une seule variable ayant conduit à des séries, on en a conclu qu'on pouvait représenter une série par une intégrale; et comme on a des méthodes pour calculer, au moins par approximation, la valeur d'une intégrale entre des

(*) On trouvera plus de détail dans le Traité in-4°, tom. III, chap. 8. J'observerai seulement que le Calcul aux différences mêlées, indiqué d'abord par Condorcet, traité ensuite par MM. Laplace, Paoli et Poisson, répond à des questions de géométrie, résolues antérieurement par Euler, que tout récemment M. Babbage s'est occupé de ces questions et de celles qui sont comprises dans l'énoncé du n° précédent, qu'il regarde comme devant constituer une nouvelle branche d'analyse qu'il nomme *Calcul des fonctions*. (Voyez les *Transact. phil.*, années 1815-16-17.)

limites données (233) on a cherché à remonter d'une série à l'intégrale dont elle est un des développemens. C'est par ces considérations qu'Euler a créé, pour la sommation des séries et la recherche de leur terme général, des méthodes très ingénieuses dont voici quelques exemples.

Soit d'abord

$$\frac{\alpha+\beta}{a+b}x+\frac{2\alpha+\beta}{2a+b}x^2\ldots+\frac{n\alpha+\beta}{na+b}x^n+\text{etc.},$$

la série proposée; on multipliera par px^r les deux membres de l'équation

$$s=\frac{\alpha+\beta}{a+b}x+\frac{2\alpha+\beta}{2a+b}x^2\ldots+\frac{n\alpha+\beta}{na+b}x^n,$$

et passant ensuite aux différentielles, on aura

$$p\mathrm{d}(sx^r)=\frac{p(1+r)(\alpha+\beta)x^r\mathrm{d}x}{a+b}\ldots\ldots\ldots$$
$$+\frac{p(n+r)(n\alpha+\beta)x^{n+r-1}\mathrm{d}x}{na+b}.$$

Le facteur $na+b$ disparaîtra du dénominateur du terme général, et par conséquent de tous les autres, si, quelle que soit n, l'on a $p(n+r)=na+b$; on fera donc $np=na$, $rp=b$, d'où

$$p=a,\quad r=\frac{b}{a},$$

ce qui donnera cette équation

$$\frac{a\mathrm{d}(sx^{\frac{b}{a}})}{\mathrm{d}x}=(\alpha+\beta)x^{\frac{b}{a}}+(2\alpha+\beta)x^{1+\frac{b}{a}}\ldots\ldots\ldots\ldots$$
$$+(n\alpha+\beta)x^{n-1+\frac{b}{a}},$$

dont le second membre ne renferme plus de dénominateurs. De nouvelles opérations, semblables à la précédente, feraient disparaître les facteurs qui resteraient, si le dénominateur en contenait plus d'un.

En multipliant la même équation par $px^r dx$, et prenant ensuite l'intégrale de chaque terme, il viendra

$$pa\int x^r d(sx^{\frac{b}{a}}) = \frac{pa(\alpha+\beta)}{a+b+ra} x^{1+\frac{b}{a}+r} \ldots + \frac{pa(n\alpha+\beta)}{na+b+ra} x^{n+\frac{b}{a}+r};$$

le facteur $n\alpha+\beta$ du numérateur disparaîtra si l'on fait

$$npa\alpha = na, \quad \beta pa = b + ra,$$

d'où il suit

$$p = \frac{1}{\alpha}, \quad r = \frac{\beta}{\alpha} - \frac{b}{a},$$

$$\frac{a}{\alpha}\int x^{\frac{\beta}{\alpha}-\frac{b}{a}} d(sx^{\frac{b}{a}}) = x^{\frac{\beta}{\alpha}+1} + x^{\frac{\beta}{\alpha}+2} \ldots\ldots\ldots + x^{\frac{\beta}{\alpha}+n}$$

$$= x^{\frac{\beta}{\alpha}+1}\left\{1 + x + x^2 \ldots\ldots + x^{n-1}\right\},$$

et par conséquent

$$\frac{a}{\alpha}\int x^{\frac{\beta}{\alpha}-\frac{b}{a}} d(sx^{\frac{b}{a}}) = x^{\frac{\beta}{\alpha}+1}\left(\frac{1-x^n}{1-x}\right).$$

On tire de là

$$s = \frac{\alpha\int x^{\frac{b}{a}-\frac{\beta}{\alpha}} d\left[x^{\frac{\beta+\alpha}{\alpha}}\left(\frac{1-x^n}{1-x}\right)\right]}{ax^{\frac{b}{a}}}.$$

422. Dans la série que j'ai considérée ci-dessus, le nombre des facteurs, soit du numérateur, soit du dénominateur, était le même pour chaque terme; mais il est une classe de séries qu'Euler désigne sous le nom d'*hypergéométriques*, dans laquelle ce nombre aug-

mente d'un terme à l'autre : la série

$$s=\frac{\alpha+\beta}{a+b}x+\frac{(\alpha+\beta)(2\alpha+\beta)}{(a+b)(2a+b)}x^2\ldots\ldots\ldots\ldots$$
$$+\frac{(\alpha+\beta)\ldots\ldots\ldots(n\alpha+\beta)}{(a+b)\ldots\ldots\ldots(na+b)}x^n$$

est de cette classe. On va voir que leur sommation se ramène à l'intégration d'une équation différentielle.

En multipliant les deux membres de l'équation ci-dessus par px^r, et prenant leurs différentielles, on obtiendra

$$\frac{p\mathrm{d}(sx^r)}{\mathrm{d}x}=\frac{p(1+r)(\alpha+\beta)}{(a+b)}x^r\ldots\ldots\ldots\ldots$$
$$+\frac{p(n+r)(\alpha+\beta)\ldots(n\alpha+\beta)}{(a+b)\ldots(na+b)}x^{n+r-1}.$$

On fera disparaître le facteur $na+b$ du dénominateur, en posant

$$np+rp=na+b,$$

d'où

$$np=na,\quad rp=b,$$
$$p=a,\quad r=\frac{b}{a},$$

$$\frac{a\mathrm{d}(sx^{\frac{b}{a}})}{\mathrm{d}x}=(\alpha+\beta)x^{\frac{b}{a}}+\frac{(\alpha+\beta)(2\alpha+\beta)}{a+b}x^{1+\frac{b}{a}}$$
$$+\frac{(\alpha+\beta)\ldots\ldots\ldots(n\alpha+\beta)}{(a+b)\ldots[(n-1)a+b]}x^{n-1+\frac{b}{a}}.$$

En multipliant ce résultat par px^r, et prenant l'intégrale de chacun des membres, on trouvera l'équation

$$pa\int x^r\mathrm{d}(sx^{\frac{b}{a}})=\frac{pa(\alpha+\beta)}{a+b+ra}x^{1+\frac{b}{a}+r}\ldots\ldots\ldots\ldots\ldots$$
$$+\frac{pa(\alpha+\beta)\ldots\ldots\ldots\ldots\ldots\ldots(n\alpha+\beta)}{(na+b+ra)(a+b)\ldots[(n-1)a+b]}x^{n+\frac{b}{a}+r},$$

et le facteur $n\alpha+\beta$ disparaîtra du numérateur, si

$$np a\alpha + pa\beta = na + b + ra,$$

ou si

$$p=\frac{1}{\alpha}, \quad r=\frac{\beta}{\alpha}-\frac{b}{a}.$$

Mettant ensuite à part, dans le second membre, le facteur commun $x^{\frac{\beta}{\alpha}+1}$, il viendra

$$\frac{a}{\alpha}\int x^{\frac{\beta}{\alpha}-\frac{b}{a}}\mathrm{d}(sx^{\frac{b}{a}})=x^{\frac{\beta}{\alpha}+1}\left\{1+\frac{(\alpha+\beta)x}{a+b}\ldots\ldots\ldots\right.$$
$$\left.+\frac{(\alpha+\beta)\ldots\ldots[(n-1)\alpha+\beta]\,x^{n-1}}{(a+b)\ldots\ldots[(n-1)a+b]}\right\}.$$

La série comprise entre les accolades du second membre de ce résultat, n'est autre chose que la proposée dont on a ôté le dernier terme, et à laquelle on a ajouté l'unité; on conclura donc de ce qui précède,

$$\frac{a}{\alpha}\int x^{\frac{\beta}{\alpha}-\frac{b}{a}}\mathrm{d}(sx^{\frac{b}{a}})=x^{\frac{\beta}{\alpha}+1}\left\{1+s\right.$$
$$\left.-\frac{(\alpha+\beta)\ldots\ldots(n\alpha+\beta)}{(a+b)\ldots\ldots(na+b)}x^{n}\right\}.$$

En différentiant cette équation, on la délivrera de l'intégration indiquée dans le premier membre, et l'on obtiendra l'équation d'où dépend la somme cherchée.

Cet exemple montre comment on opérerait sur d'autres cas plus compliqués, de la classe des séries dont il fait partie, en observant que chaque intégration offre le moyen de faire disparaître un facteur du numérateur, et chaque différentiation un facteur du dénominateur.

423. Si l'on faisait abstraction du dernier terme, on aurait, au lieu de la somme particulière, la limite de la série considérée à l'infini, ou la fonction *génératrice* de cette série; car il est visible que les procédés ci-dessus sont inverses de ceux par lesquels on détermine les séries qui satisfont à des équations différentielles données.

S'il s'agissait, par exemple, de trouver la limite de la série

$$s = 1x - 1.2x^2 + 1.2.3x^3 - \text{etc.},$$

on pourrait appliquer à cette recherche la première transformation du n° précédent, en faisant

$$\alpha = 1, \quad \beta = 0, \quad a = 0, \quad b = 1;$$

mais on y parviendra directement en multipliant par x les deux membres de l'équation posée plus haut, et en les différentiant ensuite. On obtiendra de cette manière

$$sx = 1x^2 - 1.2x^3 + 1.2.3x^4 - \text{etc.},$$

$$\frac{\mathrm{d}(sx)}{\mathrm{d}x} = 1.2x - 1.2.3x^2 + 1.2.3.4x^3 - \text{etc.},$$

et multipliant la dernière équation par x, il viendra l'équation

$$x\frac{\mathrm{d}(sx)}{\mathrm{d}x} = 1.2x^2 - 1.2.3x^3 + 1.2.3.4x^4 - \text{etc.},$$

dont le second membre est évidemment égal à $x - s$; ainsi on aura

$$x - s = \frac{x\mathrm{d}(sx)}{\mathrm{d}x},$$

ou

$$\mathrm{d}s + \frac{s(x+1)}{x^2}\mathrm{d}x = \frac{\mathrm{d}x}{x}.$$

L'intégrale de cette dernière est

$$s = \frac{e^{\frac{1}{x}}}{x} \int e^{-\frac{1}{x}} \mathrm{d}x \quad (324).$$

Pour que l'expression ci-dessus réponde à la série proposée, il faut que l'intégrale s'évanouisse lorsque $x=0$; et si on la prend jusqu'à $x=1$, on aura la quantité correspondante à la série divergente

$$1 - 1.2 + 1.2.3 - 1.2.3.4 + \text{etc.}$$

424. Les intégrales définies fournissent aussi le moyen de représenter des portions de la série

$$u + \frac{\mathrm{d}u}{\mathrm{d}x}\frac{h}{1} + \frac{\mathrm{d}^2u}{\mathrm{d}x^2}\frac{h^2}{1.2} + \text{etc.},$$

en partant d'un terme quelconque. Voici comment d'Alembert y parvient, et démontre en même temps le théorème de Taylor (*Recherches sur différens points importans du système du monde*, tome I, page 50):

Soit u' ce que devient la fonction u, lorsqu'on y change x en $x+h$; en posant

$$u' = u + P,$$

et différentiant par rapport à h, qui n'entre pas dans u, il vient

$$\frac{\mathrm{d}u'}{\mathrm{d}h} = \frac{\mathrm{d}P}{\mathrm{d}h}, \quad \text{d'où} \quad P = \int \frac{\mathrm{d}u'}{\mathrm{d}h}\mathrm{d}h,$$

$$u' = u + \int \frac{\mathrm{d}u'}{\mathrm{d}h}\mathrm{d}h.$$

Soit

$$\frac{\mathrm{d}u'}{\mathrm{d}h} = \frac{\mathrm{d}u}{\mathrm{d}x} + Q;$$

en différentiant de nouveau par rapport à h, on a

$$\frac{d^2u'}{dh^2}=\frac{dQ}{dh},\quad \text{d'où}\quad Q=\int\frac{d^2u'}{dh^2}dh,$$

$$\frac{du'}{dh}=\frac{du}{dx}+\int\frac{d^2u'}{dh^2}dh,\quad \int\frac{du'}{dh}dh=\frac{du}{dx}\frac{h}{1}+\iint\frac{d^2u'}{dh^2}dh^2,$$

$$u'=u+\frac{du}{dx}\frac{h}{1}+\iint\frac{d^2u'}{dh^2}dh^2.$$

Faisant encore

$$\frac{d^2u'}{dh^2}=\frac{d^2u}{dx^2}+R,$$

on trouve

$$\frac{d^3u'}{dh^3}=\frac{dR}{dh},\quad \text{d'où}\quad R=\int\frac{d^3u'}{dh^3}dh,$$

$$\frac{d^2u'}{dh^2}=\frac{d^2u}{dx^2}+\int\frac{d^3u'}{dh^3}dh,$$

$$u'=u+\frac{du}{dx}\frac{h}{1}+\frac{d^2u}{dx^2}\frac{h^2}{1.2}+\iiint\frac{d^3u'}{dh^3}dh^3.$$

En continuant ainsi, on arriverait à

$$u'=u+\frac{du}{dx}\frac{h}{1}+\frac{d^2u}{dx^2}\frac{h^2}{1.2}\cdots\cdots\cdots\cdots$$
$$+\frac{d^{n-1}u}{dx^{n-1}}\frac{h^{n-1}}{1.2\ldots(n-1)}+\int^n\frac{d^nu'}{dh^n}dh^n,$$

les intégrales étant prises de manière à s'évanouir lorsque $h=0$.

425. Soit, pour abréger, $\frac{d^nu'}{dh^n}=H$; on aura (242),

$$\int^n H dh^n=$$
$$\frac{1}{1.2\ldots(n-1)}\left\{h^{n-1}\int Hdh-\frac{(n-1)h^{n-2}}{1}\int Hhdh\right.$$
$$\left.+\frac{(n-1)(n-2)h^{n-3}}{1.2}\int Hh^2dh-\text{etc.}\right\};$$

et il est facile de voir qu'on pourra substituer à la série

ci-dessus, l'expression

$$\frac{1}{1.2\ldots(n-1)}\int H(t-h)^{n-1}\mathrm{d}h,$$

prise depuis $h=0$, pourvu qu'on change après l'intégration t en h; car si l'on développe cette expression, qu'on passe hors du signe $\int$ les puissances de t qui multiplient les différens termes, et qu'on fasse ensuite $t=h$, on retombera sur la série proposée.

Il suit de là que

$$u'=u+\frac{\mathrm{d}u}{\mathrm{d}x}\frac{h}{1}+\frac{\mathrm{d}^2u}{\mathrm{d}x^2}\frac{h^2}{1.2}\ldots\ldots\ldots\ldots\ldots\ldots$$
$$+\frac{\mathrm{d}^{n-1}u}{\mathrm{d}x^{n-1}}\frac{h^{n-1}}{1.2\ldots(n-1)}+\frac{1}{1.2\ldots(n-1)}\int\frac{\mathrm{d}^nu'}{\mathrm{d}h^n}(t-h)^{n-1}\mathrm{d}h,$$

pourvu qu'on prenne l'intégrale de manière qu'elle s'évanouisse lorsque $h=0$, et qu'on change ensuite t en h.

On peut, dans cette formule, changer $\frac{\mathrm{d}^nu'}{\mathrm{d}h^n}$ en $\frac{\mathrm{d}^nu'}{\mathrm{d}x^n}$ (89); et si l'on fait, sous le signe intégral, $t-h=zt$, ou $h=t(1-z)$, on aura

$$\mathrm{d}h=-t\mathrm{d}z,\quad \int\frac{\mathrm{d}^nu'}{\mathrm{d}x^n}(t-h)^{n-1}\mathrm{d}h=-\int\frac{\mathrm{d}^nu'}{\mathrm{d}x^n}t^nz^{n-1}\mathrm{d}z.$$

Les limites de l'intégrale seront alors $z=1$, $z=0$; on la rendra positive, en renversant l'ordre de ces limites, c'est-à-dire, en la prenant depuis $z=0$ jusqu'à $z=1$: enfin, sortant t^n du signe $\int$, et écrivant h au lieu de t, le dernier terme de la formule ci-dessus deviendra

$$\frac{h^n}{1.2\ldots(n-1)}\int\frac{\mathrm{d}^nu'}{\mathrm{d}x^n}z^{n-1}\mathrm{d}z.$$

C'est Lagrange qui a donné ce dernier théorème, mais d'une autre manière, dans la *Théorie des fonctions analytiques*, 2e édit., nos 35 et suivans.

Il s'en sert pour prouver qu'on peut toujours rendre la somme de tous les termes de la série de Taylor, à partir d'un terme donné, plus petite que le précédent. Si M et m désignent la plus grande et la plus petite des valeurs que prend $\frac{d^n u'}{dx^n}$ dans l'intervalle de x à $x+h$, on s'assurera facilement que

$$\int \frac{d^n u'}{dx^n} z^{n-1} dz < \int M z^{n-1} dz \text{ et } > \int m z^{n-1} dz,$$

si le coefficient différentiel $\frac{d^n u'}{dx^n}$ ne change point de signe ou ne devient point infini dans cet intervalle (234). Dans les limites données, ces deux dernières intégrales sont $\frac{M}{n}$ et $\frac{m}{n}$; et en prenant h d'une petitesse convenable, on rendra la quantité $\frac{h^n}{1.2\ldots n} M$ aussi petite qu'on voudra, vis-à-vis de $\frac{h^{n-1}}{1.2\ldots(n-1)} \frac{d^{n-1}u}{dx^{n-1}}$.

426. C'est de cette manière que les intégrales définies servent à évaluer des quantités qu'on obtiendrait difficilement par d'autres moyens; elles prennent souvent des valeurs remarquables.

On voit à la simple inspection des cas particuliers de l'intégrale $\int \frac{x^{m-1}dx}{\sqrt{1-x^2}}$, rapportés dans le n° 197, que ces expressions se réduisent à un seul terme lorsqu'on les prend entre les limites $x=0$ et $x=1$; et l'arc A devenant égal au quart de la circonférence, on a les deux suites

$$\int\frac{dx}{\sqrt{1-x^2}}=\frac{\pi}{2},\qquad \int\frac{x\,dx}{\sqrt{1-x^2}}=1,$$

$$\int\frac{x^2dx}{\sqrt{1-x^2}}=\frac{1.\pi}{2.2},\qquad \int\frac{x^3dx}{\sqrt{1-x^2}}=\frac{2}{3},$$

$$\int\frac{x^4dx}{\sqrt{1-x^2}}=\frac{1.3\pi}{2.4.2},\qquad \int\frac{x^5dx}{\sqrt{1-x^2}}=\frac{2.4}{3.5},$$

$$\int\frac{x^6dx}{\sqrt{1-x^2}}=\frac{1.3.5\pi}{2.4.6.2},\qquad \int\frac{x^7dx}{\sqrt{1-x^2}}=\frac{2.4.6}{3.5.7},$$

$$\int\frac{x^8dx}{\sqrt{1-x^2}}=\frac{1.3.5.7\pi}{2.4.6.8.2},\qquad \int\frac{x^9dx}{\sqrt{1-x^2}}=\frac{2.4.6.8}{3.5.7.9},$$

etc.,

desquelles on conclut, en général,

$$\int\frac{x^{2r}dx}{\sqrt{1-x^2}}=\frac{1.3.5\ldots\ldots\ldots(2r-1)}{2.4.6\ldots\ldots\ldots\ldots 2r}\frac{\pi}{2},$$

$$\int\frac{x^{2r+1}dx}{\sqrt{1-x^2}}=\frac{2.4.6\ldots\ldots\ldots\ldots 2r}{3.5.7\ldots\ldots\ldots(2r+1)}.$$

Le produit de ces résultats donne d'abord

$$\left(\int\frac{x^{2r}dx}{\sqrt{1-x^2}}\right)\left(\int\frac{x^{2r+1}dx}{\sqrt{1-x^2}}\right)=\frac{1}{2r+1}\frac{\pi}{2}.$$

En divisant, au contraire, le second par le premier, on trouve

$$\frac{\int\frac{x^{2r+1}dx}{\sqrt{1-x^2}}}{\int\frac{x^{2r}dx}{\sqrt{1-x^2}}}=\frac{2}{\pi}\frac{2.2.4.4\ldots\ldots\ldots 2r.2r}{1.3.3.5.5\ldots(2r-1)(2r-1)(2r+1)}.$$

Pour savoir ce que devient le premier membre de cette équation lorsqu'on pousse le nombre des facteurs du second jusqu'à l'infini, ou lorsqu'on fait r infini, je prends $x^{2r}=z$; les limites de z sont les mêmes que celles de x; mais on a

$$x=z^{\frac{1}{2r}},\quad dx=\frac{1}{2r}z^{\frac{1}{2r}-1}dz,$$

$$\int\frac{x^{2r+1}dx}{\sqrt{1-x^2}}=\frac{1}{2r}\int\frac{z^{\frac{2}{2r}}dz}{\sqrt{1-z^{\frac{1}{r}}}},$$

$$\int\frac{x^{2r}dx}{\sqrt{1-x^2}}=\frac{1}{2r}\int\frac{z^{\frac{1}{2r}}dz}{\sqrt{1-z^{\frac{1}{r}}}}.$$

Le rapport des différentielles étant $z^{\frac{1}{2r}}$, approche d'autant plus de z^0 ou de 1, que le nombre r augmente; et en passant à la limite, on peut regarder ce rapport comme égal à 1; il en sera alors de même de celui des intégrales, puisqu'elles commencent et finissent en même temps : on conclura donc de là

$$1=\frac{2}{\pi}\cdot\frac{2.2.4.4.6.6.8.8.10.10.\text{etc.}}{1.3.3.5.5.7.7.9.\ 9.11.\text{etc.}},$$

et par conséquent

$$\frac{\pi}{2}=\frac{2.2.4.4.6.6.8.8.10.10.12.\text{etc.}}{1.3.3.5.5.7.7.9.\ 9.11.11.\text{etc.}}.$$

Cette expression remarquable du quart de la circonférence du cercle est due à Wallis.

427. Une transformation de l'équation

$$\left(\int\frac{x^{2r}dx}{\sqrt{1-x^2}}\right)\left(\int\frac{x^{2r+1}dx}{\sqrt{1-x^2}}\right)=\frac{1}{2r+1}\,\frac{\pi}{2},$$

conduit à la valeur de l'intégrale $\int e^{-t^2}dt$, prise entre les limites $t=0$, $t=$ infini, qui se présente dans plusieurs recherches très curieuses.

Si l'on fait $x=e^{-qt^2}$, l'équation précédente se change en

$$4q^2\left\{\int\frac{tdte^{-qt^2}.e^{-2qrt^2}}{\sqrt{1-e^{-2qt^2}}}\right\}\left\{\int\frac{tdte^{-qt^2}.e^{-q(2r+1)t^2}}{\sqrt{1-e^{-2qt^2}}}\right\}$$
$$=\frac{1}{2r+1}\frac{\pi}{2};$$

posant ensuite $q(2r+1)=1$, et mettant dans le second membre la valeur de $2r+1$, tous les deux deviennent divisibles par q; puis divisant sous les radicaux par $2q$, on obtient

$$2\left\{\int\frac{tdt.e^{-t^2}}{\sqrt{\frac{1-e^{-2qt^2}}{2q}}}\right\}\left\{\int\frac{tdt.e^{-t^2(1+q)}}{\sqrt{\frac{1-e^{-2qt^2}}{2q}}}\right\}=\frac{\pi}{2};$$

et comme la limite de $\frac{1-e^{-2qt^2}}{2q}$, lorsqu'on y fait $q=0$, est t^2, l'équation précédente se réduit alors à

$$2\{\int e^{-t^2}dt\}^2=\frac{\pi}{2},\quad \text{d'où}\quad \int e^{-t^2}dt=\pm\frac{1}{2}\sqrt{\pi}.$$

Mais t est infini quand $x=0$, et nul quand $x=1$; les limites de cette dernière intégrale sont donc l'infini et 0; et comme la fonction e^{-t^2} est toujours positive, il s'ensuit que le signe supérieur répond aux limites 0 et l'infini positif, et que l'intégrale se double quand on la prend depuis $t=-$ infini jusqu'à $t=+$ infini : sa valeur est donc alors $\sqrt{\pi}$.

428. M. Laplace, considérant encore l'expression $\int e^{-t^{m+1}}t^n dt$, la met sous la forme $\int t^{n-m}e^{-t^{m+1}}t^m dt$, pour l'intégrer par parties, ce qui donne

$$\int e^{-t^{m+1}}t^n dt=-\frac{e^{-t^{m+1}}}{m+1}\left\{t^{n-m}-(n-m)\int e^{-t^{m+1}}t^{n-m-1}dt\right\}.$$

Tant que l'exposant $n-m$ est positif, la partie délivrée du signe $\int$ s'évanouit entre les limites $t=0$ et $t=$ infini, et il reste

$$\int e^{-t^{m+1}}t^n dt=\frac{n-m}{m+1}\int e^{-t^{m+1}}t^{n-m-1}dt,$$

la seconde intégrale étant prise entre les mêmes limites que la première.

Si l'on fait $m=1$, on aura

$$\int e^{-t^2}t^n dt=\frac{n-1}{2}\int e^{-t^2}t^{n-2}dt,$$

et en répétant cette réduction, on obtiendra

$$\int e^{-t^2}t^n dt=\frac{(n-1)(n-3)\ldots\ldots(n-2r+1)}{2^r}\int e^{-t^2}t^{n-2r}dt,$$

résultat qui s'évanouit par son coefficient quand.... $n=2r-1$, et qui, lorsque $n=2r$, donne

$$\int e^{-t^2}t^{2r}dt=\frac{(2r-1)(2r-3)\ldots\ldots1}{2^r}\cdot\frac{1}{2}\sqrt{\pi}.$$

Il est d'ailleurs à propos d'observer aussi qu'en posant $e^{-t^{m+1}}=x$, on a

$$\int e^{-t^{m+1}}t^n dt=-\frac{1}{m+1}\int dx\left(l\frac{1}{x}\right)^{\frac{n-m}{m+1}};$$

les limites de x sont alors 1 et 0, et si l'on en change l'ordre, il faudra supprimer le signe $-$.

En posant $m=1$, $n=0$, on aura

$$\int e^{-t^2}dt=\frac{1}{2}\int dx\left(l\frac{1}{x}\right)^{-\frac{1}{2}}=\frac{1}{2}\sqrt{\pi}.$$

429. Je vais encore rapporter l'évaluation de l'intégrale $\int e^{-a^2x^2}dx\cos rx$, entre les limites $x=0$ et $x=$ infini, due à M. Laplace, et remarquable par le procédé employé pour l'obtenir.

En posant

$$\int e^{-a^2x^2}dx\cos rx = y,$$

et différentiant par rapport à r (281), on en tire

$$\frac{dy}{dr} = -\int e^{-a^2x^2}x dx\sin rx;$$

puis en intégrant par parties, relativement au facteur $e^{-a^2x^2}xdx$, on trouve

$$\frac{dy}{dr} = \frac{e^{-a^2x^2}}{2a^2}\sin rx - \frac{r}{2a^2}\int e^{-a^2x^2}dx\cos rx,$$

ce qui revient à

$$\frac{dy}{dr} = -\frac{r}{2a^2}y, \quad \text{ou} \quad \frac{dy}{dr} + \frac{r}{2a^2}y = 0,$$

lorsqu'on suppose x infini dans la partie délivrée du signe $\int$.

L'équation ci-dessus, entre les variables y et r, a pour intégrale

$$y = Ce^{-\frac{r^2}{4a^2}} \quad (285),$$

C étant une constante arbitraire qu'on détermine par la valeur que prend y lorsque $r = 0$, savoir,

$$\int e^{-a^2x^2}dx = \frac{\sqrt{\pi}}{2a} \quad (427).$$

Par ce moyen, on trouve

$$\int e^{-a^2x^2}dx\cos rx = \frac{e^{-\frac{r^2}{4a^2}}\sqrt{\pi}}{2a}.$$

Ici se montre un nouvel artifice d'analyse, qui consiste à former, entre les intégrales et quelques-unes des constantes qu'elles contiennent, des équations différentielles que l'on puisse intégrer. Ce procédé, et des transformations très variées et très ingénieuses, ont considérablement multiplié, dans les recherches de

MM. Laplace, Legendre, Poisson, Georges Bidone et Cauchy, les déterminations des intégrales définies, dont Euler avait déjà montré de beaux et nombreux exemples; mais il reste encore à désirer une méthode uniforme qui réunisse en un seul corps toutes ces recherches, au progrès desquelles paraît attaché maintenant celui de plusieurs branches importantes de la physique mathématique.

430. La continuité qui existe entre les diverses valeurs que prend une intégrale, en raison de celles qu'on assigne aux quantités dont elle dépend, a donné lieu d'appliquer les intégrales définies à l'interpolation des suites (387).

Lorsqu'on fait $m=0$, dans le développement de $\int x^m dx\,(lx)^n$ (208), et qu'on prend cette intégrale entre les limites $x=0$ et $x=1$, pour lesquelles la partie délivrée du signe $\int$, composée de termes de la forme $x(lx)^r$, s'anéantit, parce que r est positif comme n (95), il ne reste que le dernier terme, et l'on a

$$\int dx\,(lx)^n = \pm 1.2.3\ldots\ldots\ldots n,$$

$+$ quand n est pair et $-$ dans le cas contraire. On évite cette distinction en donnant le signe $-$ à lx, ce qui change l'équation ci-dessus en

$$\int dx\,(-lx)^n = \int dx\left(l\frac{1}{x}\right)^n = 1.2.3\ldots n,$$

résultat qui s'obtient tout de suite, en observant que

$$\int dx\left(l\frac{1}{x}\right)^n = x\left(l\frac{1}{x}\right)^n + n\int dx\left(l\frac{1}{x}\right)^{n-1},$$

et qu'entre les limites $x=0$, $x=1$, on a seulement

$$\int dx\left(l\frac{1}{x}\right)^n = n\int dx\left(l\frac{1}{x}\right)^{n-1}.$$

On pourra donc regarder l'intégrale $\int dx\left(\mathrm{l}\frac{1}{x}\right)^n$ comme exprimant le terme général de la série des produits

1, 1, 1.2,...1.2.3,.......1.2.3.......n, etc.,

correspondans aux indices

0, 1, 2, 3, n, etc.;

et en effet elle en a toutes les propriétés connues pour les valeurs entières de n. En donnant donc à cet exposant des valeurs fractionnaires ou même irrationnelles, on introduirait dans la série des termes intermédiaires assujétis à la même loi que les autres.

Le cas où $n=\frac{1}{2}$ est des plus remarquables; car

$$\int dx\left(\mathrm{l}\frac{1}{x}\right)^{\frac{1}{2}}=\frac{1}{2}\int dx\left(\mathrm{l}\frac{1}{x}\right)^{-\frac{1}{2}}=\frac{1}{2}\sqrt{\pi}\quad(428).$$

Vandermonde et M. Kramp avaient proposé, il y a longtemps, d'introduire dans l'analyse la fonction qui représente le terme général de la série ci-dessus, comme exprimant un nouveau genre de quantités transcendantes, douées de propriétés remarquables par leur analogie avec celles des puissances; et depuis, M. Legendre, s'attachant à leur expression en intégrales définies, en a déduit beaucoup de relations très utiles, et en a calculé des tables numériques fort étendues (*).

431. L'expression de $\frac{\pi}{2}$ trouvée dans le n° 426, entre dans une formule donnée par Stirling, pour calculer la somme d'une suite de logarithmes appartenant à des nombres en progression par différences, et à laquelle on peut parvenir comme il suit :

Par le n° 406, on a $S\mathrm{l}x=\Sigma\mathrm{l}x+\mathrm{l}x$; mettant dans

(*) *Voyez* le Traité in-4°, tom. III, pag. 411, 481.

cette équation pour $\Sigma \mathrm{l}x$ ce que devient l'expression de Σu du n° 403, lorsqu'on fait $u = \mathrm{l}x$ et $h = 1$, et en observant que $\int dx\mathrm{l}x = x\mathrm{l}x - x$ (208), on obtiendra

$$S\mathrm{l}x = x\mathrm{l}x - x + (1 + A)\,\mathrm{l}x + \frac{B}{x} - \frac{C}{x^2} + \frac{2D}{x^3} - \text{etc.} + \textit{const.},$$

puis calculant le développement de la fonction $\frac{1}{e^h - 1}$, suivant les puissances de h, on trouvera

$$A = -\frac{1}{2},\quad B = \frac{1}{12},\quad C = 0,\quad D = -\frac{1}{720},\ \text{etc.}$$

On ne saurait déterminer la constante en faisant $x = 1$, parce que la suite des coefficiens A, B, etc., finit par être divergente : on a recours à l'expression de π du n° 426. En passant aux logarithmes, et s'arrêtant au nombre pair $2x$ dans le numérateur, on obtient

$$\pi - \mathrm{l}2 = \left\{\begin{array}{l} 2\mathrm{l}2 + 2\mathrm{l}4 + 2\mathrm{l}6 + 2\mathrm{l}8 + 2\mathrm{l}10 \ldots + 2\mathrm{l}(2x-2) + \mathrm{l}2x \\ -\mathrm{l}1 - 2\mathrm{l}3 - 2\mathrm{l}5 - 2\mathrm{l}7 - 2\mathrm{l}9 \ldots - 2\mathrm{l}(2x-3) - 2\mathrm{l}(2x-1); \end{array}\right.$$

et en prenant les limites dans la supposition de x infini, on trouvera, par le moyen de l'expression précédente de $S\mathrm{l}x$,

$$\mathrm{l}1 + \mathrm{l}2 + \mathrm{l}3 + \mathrm{l}4 \ldots + \mathrm{l}x = \textit{const.} + (x + \tfrac{1}{2})\,\mathrm{l}x - x,$$

$$\mathrm{l}1 + \mathrm{l}2 + \mathrm{l}3 + \mathrm{l}4 \ldots + \mathrm{l}2x = \textit{const.} + (2x + \tfrac{1}{2})\mathrm{l}2x - 2x,$$

$$\mathrm{l}2 + \mathrm{l}4 + \mathrm{l}6 \ldots + \mathrm{l}2x = S\mathrm{l}x + x\mathrm{l}2 = \textit{const.} + (x + \tfrac{1}{2})\mathrm{l}x + x\mathrm{l}2 - x.$$

Retranchant la troisième série de la seconde, il vient

$$\mathrm{l}1 + \mathrm{l}3 + \mathrm{l}5 + \mathrm{l}7 \ldots + \mathrm{l}(2x-1) = x\mathrm{l}x + (x + \tfrac{1}{2})\mathrm{l}2 - x,$$

d'où l'on conclut

$$\left.\begin{array}{l} 2\mathrm{l}2 + 2\mathrm{l}4 + 2\mathrm{l}6 \ldots + 2\mathrm{l}(2x-2) + \mathrm{l}2x \\ -2\mathrm{l}1 - 2\mathrm{l}3 - 2\mathrm{l}5 \ldots - 2\mathrm{l}(2x-3) - 2\mathrm{l}(2x-1) \end{array}\right\}$$

$$= \left\{\begin{array}{l} 2\,\textit{const.} + 2(x + \tfrac{1}{2})\,\mathrm{l}x + 2x\mathrm{l}2 - 2x - \mathrm{l}2x \\ -2x\mathrm{l}x - 2(x + \tfrac{1}{2})\,\mathrm{l}2 + 2x; \end{array}\right.$$

et comme le premier membre de cette équation est égal à $l\pi - l2$, on obtient, après la réduction du second,

$$l\pi - l2 = 2\,const. - 2l2,$$

d'où $\quad const. = \frac{1}{2}(l\pi + l2) = \frac{1}{2}\,l2\pi = l\sqrt{2\pi},$

résultat bien remarquable, et d'après lequel on a

$$Slx = \tfrac{1}{2}\,l2\pi + xlx - x + \tfrac{1}{2}\,lx + \frac{1}{12x} - \frac{1}{360x^3} + \text{etc.}$$

On rendra cette équation propre à un système quelconque de logarithmes, en multipliant par le module les termes dans lesquels il n'entre point de logarithmes.

432. Euler, en s'occupant de la formule ci-dessus, s'en est servi pour trouver la somme des logarithmes des 1000 premiers nombres des tables, c'est-à-dire la valeur de

$$l1 + l2 + l3 \ldots\ldots + l1000.$$

La caractéristique l désignant des logarithmes ordinaires, le module sera, pour abréger, représenté par M; et comme $x = 1000$, il viendra

$$\begin{array}{rrl}
xlx & = & 3000{,}0000000000000 \\
+\ \frac{1}{2}\,lx & = & 1{,}5000000000000 \\
+\ \frac{1}{2}\,l2\pi & = & 0{,}3990899341790 \\
-\ Mx & = - & 434{,}2944819032518 \\
+\ \dfrac{M}{12x} & = + & 0{,}0000361912068 \\
-\ \dfrac{M}{360x^3} & = - & 0{,}0000000000012,
\end{array}$$

résultat .... $2567{,}6046442221328$;

mais suivant la notation du n° 412,

$$l1 + l2 + l3 \ldots\ldots + l1000 = l1.2.3\ldots1000 = l[1000]^{1000}:$$

on aura donc

$$l[1000]^{1000} = 2567,604644221328.$$

On apprend par là que le nombre $[1000]^{1000}$, dont le calcul est presque impraticable, doit avoir 2568 chiffres, et que les sept premiers chiffres sur la gauche sont 4023872, en sorte qu'il est compris entre les nombres qui résultent de 4023872 et de 4023873, suivis chacun de 2561 zéros. Cette connaissance suffit dans beaucoup de recherches où l'on ne demande que les rapports des produits des grands nombres; et dans ce cas, la valeur approchée de ces rapports devient précieuse par l'impossibilité où l'on est d'effectuer les calculs nécessaires pour arriver à la valeur exacte. La longueur de ces calculs présente alors un obstacle aussi insurmontable que la difficulté d'exprimer rigoureusement une fonction transcendante. M. Laplace a beaucoup étendu cette recherche, dont les applications sont très fréquentes dans le calcul des probabilités.

433. Les intégrales définies, donnant, comme on vient de le voir, des sommes de séries, ont été employées avec succès, par MM. Laplace, Parseval, Fourier, Poisson et Cauchy, pour exprimer les intégrales des équations différentielles partielles, telles que celles du n° 351, qui ne peut pas s'intégrer en termes finis.

M. Laplace a reconnu que la série

$$z = \varphi(x) + \varphi''(x)\frac{y}{1} + \varphi^{\text{IV}}(x)\frac{y^2}{1.2} + \text{etc.},$$

obtenue dans le n° 352, n'était que le développement

de l'intégrale

$$\int e^{-t^2}dt\,\varphi\left(x+2t\sqrt{y}\right),$$

prise par rapport à t, entre les limites $t=-$infini et $t=+$infini, la fonction φ étant arbitraire. C'est ce dont il est facile de s'assurer comme il suit.

On a premièrement, par le théorème de Taylor,

$$\int e^{-t^2}dt\varphi\left(x+2t\sqrt{y}\right)=$$

$$\varphi(x)\int e^{-t^2}dt+\frac{y^{\frac{1}{2}}}{1}\varphi'(x)\int e^{-t^2}.2tdt$$

$$+\frac{y^{\frac{2}{2}}}{1.2}\varphi''(x)\int e^{-t^2}.4t^2dt+\frac{y^{\frac{3}{2}}}{1.2.3}\varphi'''(x)\int e^{-t^2}.8t^3dt$$

$$+\frac{y^{\frac{4}{2}}}{1.2.3.4}\varphi^{\text{IV}}(x)\int e^{-t^2}.16t^4dt+\text{etc.}$$

Secondement, les intégrales qui restent dans ce développement s'évanouissent pour tous les exposans impairs, et dans le cas contraire, sont égales à

$$\frac{1.3.5\ldots.(2r-1)}{2^r}\sqrt{\pi}\quad(428),$$

à cause qu'elles sont prises entre les limites $-$ infini et $+$ infini. En substituant ces valeurs, et renfermant dans la fonction arbitraire $\varphi(x)$ le facteur constant $\sqrt{\pi}$, on a précisément la série proposée ; ainsi l'équation

$$\frac{d^2z}{dx^2}=\frac{dz}{dy},$$

a donc pour intégrale

$$z=\int e^{-t^2}dt\,\varphi\left(x+2t\sqrt{y}\right).$$

Cette intégrale se vérifie aisément. On trouve par la différentiation sous le signe (281)

$$\frac{d^2z}{dx^2} = \int e^{-t^2} dt\varphi''(x + 2t\sqrt{y}),$$

$$\frac{dz}{dy} = \frac{1}{\sqrt{y}} \int e^{-t^2} tdt\varphi'(x+2t\sqrt{y})$$

$$= -\frac{1}{2\sqrt{y}} e^{-t^2}\varphi'(x+2t\sqrt{y}) + \int e^{-t^2} dt\varphi''(x+2t\sqrt{y});$$

en intégrant par parties, relativement au facteur... $e^{-t^2}tdt$; et si l'on suppose la fonction $\varphi'(x + 2t\sqrt{y})$ telle que son produit par e^{-t^2} demeure nul lorsque $t =$ infini, $\frac{dz}{dy}$ prendra la même valeur que $\frac{d^2z}{dx^2}$.

FIN.

NOTES.

NOTE A, *indiquée au* n° 59, pag. 80.

I. Considéré dans les procédés qui le constituent, le Calcul différentiel est plus simple que les parties supérieures de l'Algèbre. Sa difficulté ne tient guère qu'à celle d'apercevoir d'abord quel est son but, et de concevoir le sens de quelques nouveaux termes dont il a nécessité l'introduction.

C'est un problème de Géométrie (celui de *Pappus*) résolu seulement dans quelques cas particuliers, par les Anciens, qui a conduit Descartes à inventer l'application de l'Algèbre à l'expression des lignes courbes; c'est aussi un problème (celui des tangentes) qui a fait découvrir le Calcul différentiel.

Dès le temps d'Euclide, on a pu remarquer que les tangentes jouissaient des propriétés des sécantes, en modifiant ces propriétés comme l'exige la réunion des deux points d'intersection en un seul, qui est alors le point de contact. (*Voyez* le n° 128 des *Élémens de Géométrie.*) C'est aussi sur ce principe que reposent, soit explicitement, soit implicitement, toutes les méthodes qu'on a fondées sur le Calcul, pour mener les tangentes aux courbes. Parmi ces méthodes, je choisis celle de Barrow, qui n'est pas encore le Calcul différentiel, mais qui s'en rapproche le plus.

Soit, par exemple, la parabole ordinaire donnée par l'équation $y^2=px$; en prenant sur cette courbe deux points M et M', *fig.* 1, pour mener une sécante, posant FIG. 1.

$$AP=x,\quad PP'=h,\quad AP'=x+h,$$
$$PM=y,\quad M'Q=k,\quad P'M'=y+k,$$

comparant les triangles semblables $M'QM$ et MPS, on aura

$$M'Q:MQ::PM:PS,\quad \text{d'où}\quad PS=y\frac{h}{k};$$

et puisque le point M' appartient à la courbe, on a aussi

$$(y+k)^2=p(x+h);$$

développant cette équation, pour en retrancher membre à membre, $y^2=px$, il restera

$$2yk+k^2=ph,\quad \text{qui revient à}\quad \frac{2y+k}{p}=\frac{h}{k}:$$

donc $PS = y\frac{2y+k}{p}$. Mais si l'on fait coïncider le point M' avec le point M, h et k s'évanouissent, PS devient PT, et la valeur de la première de ces lignes se réduit à $\frac{2y^2}{p} = \frac{2px}{p} = 2x$.

Une première remarque s'offre ici, c'est que malgré l'évanouissement des quantités h et k, la fraction qui exprimait leur rapport continue d'exister, ou d'avoir une valeur appréciable, puisqu'elle se réduit à $\frac{2y}{p}$, valeur dont la quantité $\frac{2y+k}{p}$ approche à mesure que k diminue, et dont elle peut différer d'aussi peu qu'on voudra en prenant k assez petit.

Cette fraction $\frac{2y}{p}$ est donc la limite de $\frac{2y+k}{p}$, ou celle du rapport $\frac{MQ}{M'Q}$, comme $\frac{PT}{PM}$ l'est de $\frac{PS}{PM}$.

II. A cet exemple tiré de la Géometrie, joignons-en un autre tiré de la Mécanique.

Les corps tombent vers la surface de la terre, en vertu d'une force qui agit constamment, et en conséquence de laquelle leurs mouvemens s'accélèrent, c'est-à-dire que ces corps parcourent des espaces de plus en plus grands dans des intervalles de temps égaux, lorsqu'on prend ces intervalles de plus en plus loin de l'origine du mouvement.

Ainsi, représentant l'espace qu'ils parcourent dans la 1re seconde par 1, dans la 2e on aura 3, dans la 3e 5, et ainsi de suite : ce sont là des données d'expérience qui ont fait découvrir à Galilée que la force dont il s'agit, ou la pesanteur, est constante, c'est-à-dire qu'elle engendre toujours la même vitesse dans le même temps. *Par vitesse, il faut entendre l'espace que le corps parcourrait dans l'unité de temps, si la force avait cessé d'agir sur lui au commencement de cette unité.* Cela posé, voyons comment on peut calculer les effets d'une pareille force.

Au lieu de supposer qu'elle agit constamment, concevons que ses actions, toujours égales, soient instantanées comme celle de l'impulsion, et qu'elles se répètent à des intervalles marqués par une fraction $\frac{1}{m}$ de la seconde prise pour unité de temps. Un corps recevra donc pendant l'unité de temps un nombre m de ces actions dont les effets, s'ajoutant entre eux, lui imprimeront, au bout de ce temps, une vitesse totale que je représenterai par p. La vitesse qui résulterait d'une seule action serait donc $\frac{p}{m}$, toujours pour l'unité de temps. Ainsi, pendant la fraction $\frac{1}{m}$, le corps ne parcourrait que l'espace $\frac{p}{m^2}$. En considérant les intervalles consécutifs indiqués ci-dessous

$$0,\ \frac{1}{m},\ \frac{2}{m},\ \frac{3}{m},\ldots\ldots\frac{n-1}{m},\ \frac{n}{m},$$

on aura 1°. pour les vitesses résultantes des actions exercées par la force, au commencement de chacun de ces intervalles,

$$\frac{p}{m},\ \frac{2p}{m},\ \frac{3p}{m},\ \frac{4p}{m},\ldots\ldots\frac{np}{m};$$

2°. pour les espaces parcourus à la fin des mêmes intervalles

$$\frac{p}{m^2},\ \frac{2p}{m^2},\ \frac{3p}{m^2},\ \frac{4p}{m^2},\ldots\ldots\frac{np}{m^2};$$

la somme de tous ces espaces dont le nombre est n, sera par la formule relative aux progressions par différences (*Élém. d'Alg.* 229),

$$\left(\frac{p}{m^2}+\frac{np}{m^2}\right)\frac{n}{2}=\frac{p}{2}\left(\frac{n}{m^2}+\frac{n^2}{m^2}\right).$$

Maintenant, si l'on observe qu'un nombre quelconque de secondes, désigné par t, contient un nombre mt d'intervalles égaux à $\frac{1''}{m}$, et qu'on fasse $n=mt$, l'expression précédente deviendra

$$\frac{p}{2}\left(\frac{mt}{m^2}+\frac{m^2t^2}{m^2}\right)=\frac{pt}{2}\left(\frac{1}{m}+t\right).$$

Or, on voit que plus le nombre m augmente, plus les actions de la force se rapprochent, moins la quantité $\left(\frac{1}{m}+t\right)$ diffère de t, et que même elle subsiste lorsqu'on annulle la fraction $\frac{1}{m}$, ce qui anéantit l'intervalle supposé entre les actions successives de la force. Cet état de choses est la limite vers laquelle tend sans cesse la suite des mouvemens considérés plus haut, et par conséquent, dans l'action continue de la force, l'espace parcouru est égal à $\frac{1}{2}pt^2$.

Maintenant, si l'on fait successivement $t=0, =1, =2$, etc., on aura les espaces

$$0,\ (\tfrac{1}{2}p),\ 4(\tfrac{1}{2}p),\ 9(\tfrac{1}{2}p),\ \text{etc.},$$

dont les différences sont

$$(\tfrac{1}{2}p),\ 3(\tfrac{1}{2}p),\ 5(\tfrac{1}{2}p),\ \text{etc.},$$

c'est-à-dire, 1 fois, 3 fois, 5 fois, etc. l'espace parcouru pendant la 1re seconde.

Dans l'exemple de pure Géométrie, on a supposé d'abord des points distincts, une intersection au lieu d'un contact; mais en passant à la limite, on a établi la coïncidence des points, et l'intersection s'est changée en contact.

Dans l'exemple de Mécanique, au lieu d'un mouvement accéléré à chaque instant indivisible, on a considéré une suite de mouvemens uniformes ou égaux pendant un certain intervalle de temps, et dont la rapidité croissait seulement dans le passage de l'un à l'autre; mais en prenant la limite, on a anéanti l'intervalle supposé entre les actions de la force, on a changé une suite d'actions isolées en une action continue, et l'ensemble des mouvemens uniformes supposés est devenu le mouvement uniformément accéléré, tel qu'il a lieu dans la nature.

Ces deux exemples suffisent pour montrer l'importance de la considération des états successifs par lesquels passent des quantités variables, comme les ordonnées de courbes, les espaces parcourus par l'effet des forces qui changent, et de chercher, non les changemens en eux-mêmes, mais les limites vers lesquels tendent leurs rapports.

III. Cette considération, qui est aujourd'hui la meilleure base que l'on puisse donner au Calcul différentiel, se retrouve implicitement dans la Géométrie élémentaire, toutes les fois qu'il faut comparer les lignes courbes aux lignes droites, les aires circulaires à celles des polygones, les corps ronds aux polyèdres; car on ne mesure *immédiatement* que des lignes droites, des polygones et des polyèdres.

Fig. 60. En effet, si l'on désigne par ω l'angle AOH, *fig.* 60, qui est la moitié de l'angle au centre du polygone quelconque ABC circonscrit au cercle, dont le rayon $OH = r$, et qu'on prenne l'unité pour le rayon des tables trigonométriques, on aura

$$1 : \text{tang}\,\omega :: r : AH, \quad \text{d'où} \quad AH = r\,\text{tang}\,\omega,$$

et

$$AB = 2r\,\text{tang}\,\omega.$$

Mais le côté AB est contenu autant de fois dans le contour du polygone régulier, que l'arc qui mesure l'angle AOB est contenu dans la circonférence. Soit donc 2π celle qui est décrite du rayon des tables, et à laquelle se rapporte l'arc ω; le nombre des côtés du polygone sera $\frac{2\pi}{2\omega}$, ainsi son contour sera

$$\frac{2\pi}{2\omega}.2r\,\text{tang}\,\omega = 2\pi r.\frac{\text{tang}\,\omega}{\omega}.$$

Or, plus le nombre des côtés du polygone augmentera, plus l'angle ω diminuera, et plus le rapport $\frac{\tang \omega}{\omega}$ approchera de l'unité qui est sa limite (33). Si l'on passe à cette limite, le polygone se changera en cercle, et sa circonférence deviendra $2\pi r$, comme le donne la Géometrie élémentaire.

Rien n'est plus aisé maintenant que d'obtenir la surface du cercle: Celle du polygone ABC étant égale à son contour $2\pi r \frac{\tang \omega}{\omega}$, multiplié par $\frac{1}{2}$OH ou $\frac{1}{2}r$, revient à $\pi r^2 \frac{\tang \omega}{\omega}$, et en passant à la limite on a πr^2, comme par la Géométrie élémentaire.

On appliquerait bien aisément ces calculs aux corps ronds; mais nous ne nous y arrêterons point : nous nous bornerons seulement à faire observer qu'ici la *limite* se montre, non pas comme un mode arbitraire d'exposition, mais bien comme tenant au fond des choses.

La considération des limites n'est pas non plus étrangère aux Elémens d'Algèbre. J'en ai donné un exemple sur la fraction $\frac{a(a^2-b^2)}{b(a-b)}$, dont les deux termes s'évanouissent quand $a=b$, et dont la valeur est alors $2a$, et j'en ai fait usage pour expliquer un cas singulier du problème des deux lumières. (*Elém. d'Alg.*, 70, 120).

En effet, c'est toujours à cette considération qu'il faut avoir recours pour expliquer les difficultés qui peuvent naître des indications de quantités infinies ou infiniment petites, dont les mathématiques n'ont pas besoin de supposer l'existence actuelle, et qui d'ailleurs n'offrent aucune prise à l'esprit. Il n'est donc pas étonnant que lorsqu'on analyse avec soin les diverses considérations proposées pour l'établissement des principes du Calcul différentiel, on y retrouve toujours des idées de limites.

IV. Quelquefois on a employé des locutions vicieuses : c'est ainsi qu'on a désigné long-temps la méthode des limites, sous le nom de *méthode des premières et dernières raisons;* mais ce langage n'est pas exact. Quand plus haut, nous avons considéré le rapport $\frac{2y+k}{p}$ des lignes $\frac{MQ}{M'Q}$ (page 626), nous n'avons pas dû dire que la limite $\frac{2y}{p}$ était la dernière raison de ces lignes; car lorsque $\frac{2y+k}{p}$ se change en $\frac{2y}{p}$, par l'anéantissement de k, les deux points M' et M coïncident, les lignes $M'Q$ et MQ n'existant plus, n'ont plus de rapport. C'est donc comme existant à part, c'est comme quantité *sui generis*, qu'il faut envisager $\frac{2y}{p}$; et ce qui lie cette fraction aux quantités h et k, ou MQ et $M'Q$, c'est seulement qu'on peut l'en faire dériver, comme exprimant, non pas leur rapport, mais sa limite. C'est ce que Newton lui-même a très bien exprimé dans ce passage de son livre des *Principes*.

« Les dernières raisons qu'ont entre elles les quantités qui s'évanouissent, ne sont pas, dans le vrai, les raisons des dernières quantités, mais les limites dont les raisons des quantités qui décroissent à l'infini approchent sans cesse, et de manière à n'en différer qu'aussi peu qu'on voudra (*). »

Si l'on supposait que le point M' d'abord réuni au point M s'en éloignât, alors les lignes MQ et $M'Q$ naîtraient au lieu de s'évanouir, et c'est dans ce sens qu'on nommait $\frac{2y}{p}$ leur première raison.

V. Il me semble que pour bien voir la naissance des limites, dans le passage des lignes droites aux courbes, il suffit de remarquer que la différence caractéristique entre une courbe et un polygone, consiste en ce que l'on peut toujours inscrire dans la courbe, un angle aussi approchant de deux droits qu'on voudra, ce qui ne peut se faire dans un polygone, où l'angle à la circonférence est le plus grand de tous ceux qui peuvent être placés entre deux côtés consécutifs.

Il suit immédiatement de cette condition, que *dans une courbe quelconque, la limite du rapport de l'arc à sa corde est l'unité;*
FIG. 61. car si l'on prend de chaque côté du point A, *fig.* 61, des cordes de plus en plus petites $AB = AC$, $AB' = AC'$, etc., qu'on tire les droites BC, $B'C'$, etc., qu'on abaisse sur ces droites les perpendiculaires AD, AD', etc., les triangles rectangles BAD, $B'AD'$, etc., donneront

$$\frac{BC}{AB+AC}=\frac{BD}{AB}=\sin\tfrac{1}{2}BAC,\ \frac{B'C'}{AB'+AC'}=\frac{B'D'}{AB'}=\sin\tfrac{1}{2}B'AC', \text{etc.};$$

mais les angles $\frac{1}{2}BAC$, $\frac{1}{2}B'AC'$, etc., tendant sans cesse à devenir droits, leurs sinus approchent de plus en plus d'être égaux à l'unité:

(*) *Ultimæ rationes illæ quibuscum quantitates evanescunt, revera non sunt rationes quantitatum ultimarum, sed limites ad quos quantitatum sine limite decrescentium rationes semper appropinquant; et quas propiùs assequi possunt quam pro data quavis data differentia* (*Philosophiæ naturalis principia mathematica*, lib. I, sect. 1, lem. XI, scholium).

il en est de même des rapports des lignes brisées aux droites qui joignent leurs extrémités, assemblages de lignes qui s'approchent aussi de plus en plus de l'arc et de sa corde.

On peut encore rattacher à cette condition la propriété qu'a le rapport de l'ordonnée à la soutangente, d'être la limite de celui des accroissemens de l'ordonnée et de l'abscisse. En effet, trois points $M_{,}$, M, M', *fig.* 62, sur une courbe quelconque détermineront deux rapports $\frac{MQ_{,}}{M_{,}Q_{,}}$ et $\frac{M'Q}{MQ}$, respectivement égaux aux tangentes des angles $MM_{,}Q_{,}$, $M'MQ$, que les cordes $M_{,}M$ et MM' forment avec l'axe des abscisses $P_{,}P'$; et désignant ces angles par A et B, on aura FIG. 62.

$$\frac{MQ_{,}}{M_{,}Q_{,}}-\frac{M'Q}{MQ}=\text{tang}\,A-\text{tang}\,B.$$

Cela posé, on sait que

$$\text{tang}\,(A-B)=\frac{\text{tang}\,A-\text{tang}\,B}{1+\text{tang}\,A\,\text{tang}\,B}\ (\textit{Trig. } 27),$$

d'où

$$\text{tang}\,A-\text{tang}\,B=(1+\text{tang}\,A\,\text{tang}\,B)\,\text{tang}\,(A-B),$$

et si l'on prolonge $M_{,}M$ au-delà du point M, on formera l'angle RMM' qui sera la différence des angles $MM_{,}Q_{,}$ et $M'MQ$, ou $A-B$, et en même temps le supplément de l'angle $M_{,}MM'$. Plus ce dernier approchera de deux droits, plus le premier diminuera, et avec lui la différence $\text{tang}\,A-\text{tang}\,B$ des rapports $\frac{MQ_{,}}{M_{,}Q_{,}}$, $\frac{M'Q}{MQ}$; mais l'un de ces rapports étant moindre que $\frac{PM}{PT}$, tandis que l'autre est plus grand, ils se rapprocheront d'autant plus de l'intermédiaire, qu'ils différeront moins l'un de l'autre; et pouvant en approcher d'aussi près qu'on voudra, il sera leur limite commune.

NOTE B, *sur le* n° 187, page 258.

I. L'équation

$$z\sqrt{-1}=1\,(\cos z+\sqrt{-1}\sin z)$$

devenant

$$2m\pi\sqrt{-1}=1.1,$$

lorsque l'on prend $z=2m\pi$, fait reconnaître que l'unité a une infinité de logarithmes différens. On ne trouve zéro qu'en posant $m=0$; mais pour toute autre valeur entière, soit positive, soit négative de m, on obtient une expression imaginaire qui doit être regardée comme un logarithme de l'unité.

Cette proposition qui semble un paradoxe, quand on n'assigne aux logarithmes qu'une origine arithmétique, en les déduisant de la comparaison des progressions (*Élém. d'Alg.* 254), devient naturelle quand on les tire de l'équation $y=e^x$. En effet, si l'on désigne par α l'exposant numérique de la puissance à laquelle il faut élever e, pour produire la valeur assignée à y, et qu'on fasse $x=\alpha+z$, il vient

$$e^{\alpha+z}=y, \text{ qui se réduit à } e^z=1,$$

à cause de $e^\alpha=y$. Mais l'équation $e^z=1$ étant développée par la formule du n° 27, conduit à

$$\frac{z}{1}+\frac{z^2}{1.2}+\frac{z^3}{1.2.3}+\text{etc.}=0,$$

polynome qui se décompose dans les facteurs

$$z=0 \text{ ou } 1+\frac{z}{2}+\frac{z^2}{2.3}+\text{etc.}=0;$$

le premier est la *détermination arithmétique* du logarithme de l'unité, et le second contient les *déterminations algébriques* : ceci est à la théorie des logarithmes, ce qu'est la considération des racines imaginaires de l'unité à la théorie des puissances (*Élém. d'Alg.* 159).

Les valeurs $z=2m\pi\sqrt{-1}$, sont les racines du second facteur de l'équation $e^z=1$, et celles de l'équation $y=e^x$ sont $\alpha+2m\pi\sqrt{-1}$, en sorte que $\log.y=\alpha+2m\pi\sqrt{-1}$.

II. Pour les déterminer, Euler, qui les a découvertes le premier, a employé un artifice d'analyse très ingénieux, et qui repose sur la proposition démontrée dans le n° 188, d'après laquelle les racines de l'équation

$$y^n-1=0, \quad \text{sont} \quad y=\cos\frac{2m\pi}{n}+\sqrt{-1}\sin\frac{2m\pi}{n}.$$

Il faut d'abord observer que

$$\left(1+\frac{z}{n}\right)^n=1+\frac{z}{1}+\frac{n-1}{1.2}\frac{z^2}{n}+\frac{(n-1)(n-2)}{1.2.3}\frac{z^3}{n^2}+\text{etc.},$$

$$=1+\frac{z}{1}+\frac{1-\frac{1}{n}}{1.2}z^2+\frac{\left(1-\frac{1}{n}\right)\left(1-\frac{2}{n}\right)}{1.2.3}z^3+\text{etc.},$$

a pour limite, lorsque n devient infinie,

$$1+\frac{z}{1}+\frac{z^2}{1.2}+\frac{z^3}{1.2.3}+\text{etc.}=e^z.$$

Cela posé, l'équation $e^z-1=0$ pourra être remplacée par la limite de $\left(1+\frac{z}{n}\right)^n-1=0$; et substituant $1+\frac{z}{n}$ à y, on aura, par ce qui précède,

$$1+\frac{z}{n}=\cos\frac{2m\pi}{n}+\sqrt{-1}\sin\frac{2m\pi}{n};$$

puis prenant les limites relatives à la supposition de n infinie, suivant laquelle $\cos\frac{2m\pi}{n}$ et $\sin\frac{2m\pi}{n}$ deviennent respectivement 1 et $\frac{2m\pi}{n}$, en concevant toutes fois que m demeure finie, on aura, comme ci-dessus,

$$z=2m\pi\sqrt{-1}.$$

III. Au moyen de cette expression imaginaire, on explique plusieurs difficultés qu'offre l'application des logarithmes aux nombres négatifs, entre autres celle-ci : puisque $(-a)^2=(+a)^2=a^2$; on doit en conclure que $\text{l}(-a)^2=\text{l}a^2$,

$$2\text{l}-a=2\text{l}+a,\quad \text{d'où}\quad \text{l}-a=\text{l}+a;$$

mais la dernière de ces conséquences ne s'accorde point avec l'équation $y=e^x$: jamais aucune valeur réelle de x ne saurait rendre y négatif; ainsi les nombres négatifs ne peuvent avoir des logarithmes réels.

Cela est confirmé aussi par l'équation

$$z\sqrt{-1}=\text{l}(\cos z+\sqrt{-1}\sin z),$$

dans laquelle il faut faire $z=(2m+1)\pi$ pour obtenir $\cos z=-1$, d'où il résulte

$$\text{l}-1=(2m+1)\pi\sqrt{-1},$$

et en désignant par α le logarithme réel de $+a$, il vient

$$\text{l}-a=\alpha+\text{l}-1=\alpha+(2m+1)\pi\sqrt{-1},$$

formule qui ne donne aucune valeur réelle, puisque m doit toujours être un nombre entier (188).

Cependant il est vrai, que les expressions $2\text{l}+a$ et $2\text{l}-a$ font partie de celles de $\text{l}a^2$, mais sans pour cela être égales entre elles. En effet, α étant le logarithme réel de a, celui de a^2 sera 2α, et tous les logarithmes (tant réels qu'imaginaires) de a^2 seront compris dans l'expression $2\alpha+2m\pi\sqrt{-1}$, m pouvant être pair ou impair. Dans le prenier cas $2m$ sera un nombre doublement pair, et par conséquent l'expression ci-dessus s'accordera avec

$$2l+a=2\alpha+2.2m\sqrt{-1}:$$

dans le second cas, le nombre $2m$ étant simplement pair, l'expression de la^2, s'accordera avec

$$2l-a=2\alpha+2(2m+1)\sqrt{-1};$$

mais les expressions

$$2\alpha+2.2m\pi\sqrt{-1},\quad 2\alpha+2(2m+1)\pi\sqrt{-1},$$

ne sauraient s'accorder entre elles, puisque les nombres indiqués sont doublement pairs dans la première, et simplement pairs dans la seconde.

FIN DES NOTES.

ERRATA.

Page 15, ligne dernière, $u^1 = v$, *lisez* $u^r = v^1$ (*cette faute n'est pas dans tous les exemplaires*)

Page 25, ligne 18, $\frac{3}{4}$ *en exposant*, *lisez* $-\frac{1}{4}$

79, 22, toute, *lisez* toutes

94, 17, *après* $y - \frac{x\,dy}{dx}$, *ajoutez :* c'est ce que donne l'équation de la tangente. En ayant égard à la figure, on trouverait $\frac{x\,dy}{dx} - y$; cette quantité n'est que la précédente, prise avec un signe contraire, différence que le calcul redresse par le signe que porte $\frac{dy}{dx}$ dans les cas particuliers.

Page 178, ligne 19, $dt = 0$, *lisez* $dt^2 = 0$, *ibid.* $d^2t = 0$, *lisez* $d^3t = 0$

196, 13, *sous le radical*, $\overline{N'n'}^2$, *lisez* $\overline{m'N'}^2$

206, 2 *en remontant*, $= -\frac{x}{z}$, *lisez* $p = -\frac{x}{z}$

215, 2, $d^2z = p'dx$, *lisez* $dz = p'dx$

386, 2 *en remontant*, *ajoutez ce qui suit.* On arrive directement à la forme générale de m, en rapportant à cette quantité les valeurs de m', m'', etc.; car en mettant la valeur de m' dans celle de m'', puis le résultat dans la valeur de m''', et ainsi de suite, on trouve

$$m' = -\frac{m+4}{m+3},\ m'' = -\frac{3m+8}{2m+5},\ m''' = -\frac{5m+12}{3m+7}, \text{ etc.},$$

et de là on conclut que

$$m^{(i)} = -\frac{(2i-1)m + 4i}{im + 2i + 1}.$$

Cette valeur se vérifie par la relation

$$m^{(i+1)} = -\frac{m^{(i)} + 4}{m^{(i)} + 3} = -\frac{[2(i+1)-1]m + 4(i+1)}{(i+1)m + 2(i+1) + 1},$$

qui fait voir que la loi ayant lieu pour un nombre quelconque i, aura lieu pour le suivant $i+1$.

L'équation proposée étant intégrable quand l'exposant de x dans le second membre est nul, si l'on fait $m^{(i)} = 0$, on trouvera

$$m = -\frac{4i}{2i-1}.$$

Si l'on fait $m^{(i)} = -4$, on obtiendra

$$m = -\frac{4i+4}{2i+1} = -\frac{4(i+1)}{2(i+1)-1},$$

ce qui indique une transformée de plus que dans le cas précédent, et revient à faire $m^{(i+1)} = 0$.

De l'Imprimerie de HUZARD-COURCIER, rue du Jardinet, n° 12.

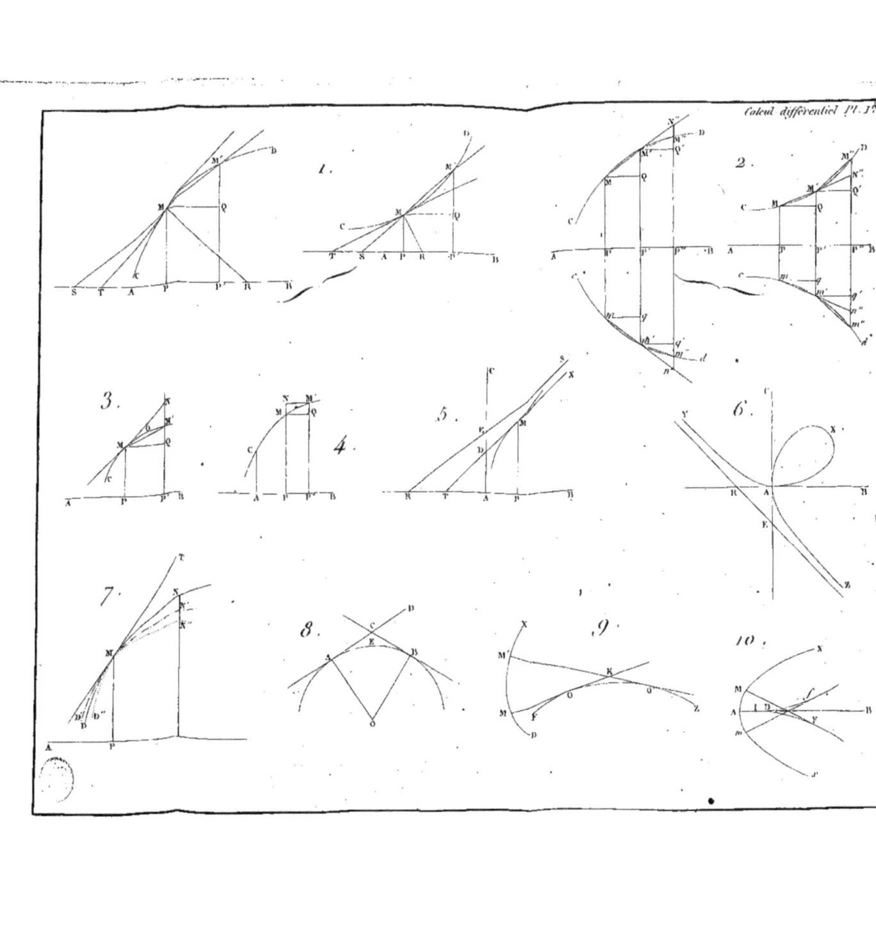
Calcul différentiel Pl. Ire
1.
2.
3.
4.
5.
6.
7.
8.
9.
10.

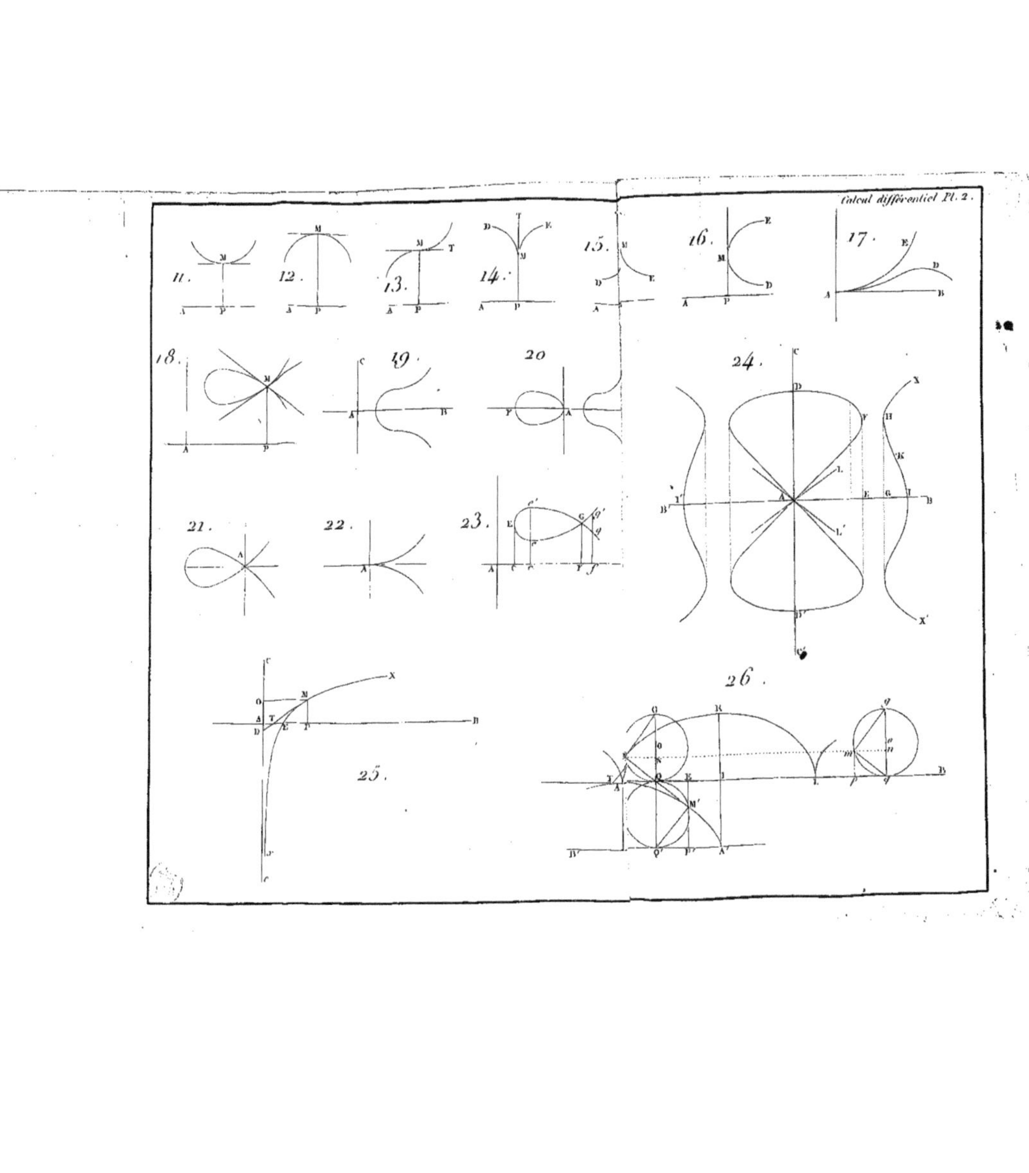
Calcul différentiel Pl. 2.
11.
12.
13.
14.
15.
16.
17.
18.
19.
20
21.
22.
23.
24.
25.
26.

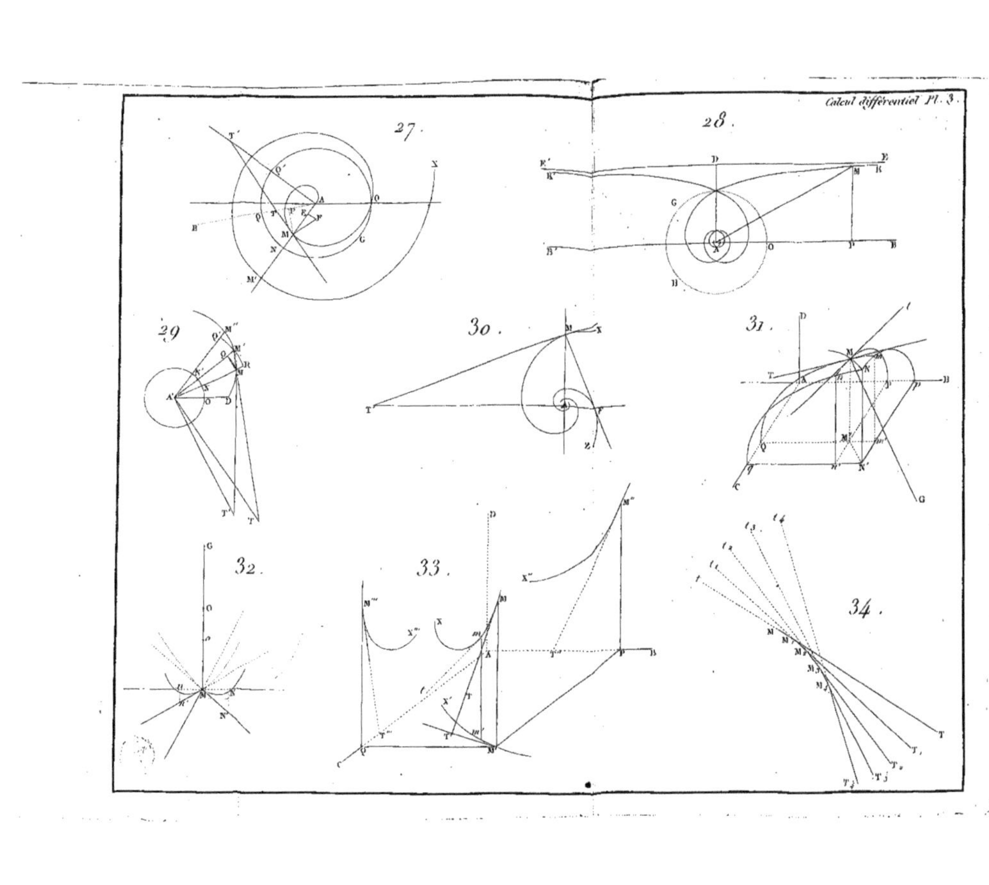
Calcul différentiel Pl. 3.
27.
28.
29
30.
31.
32.
33.
34.

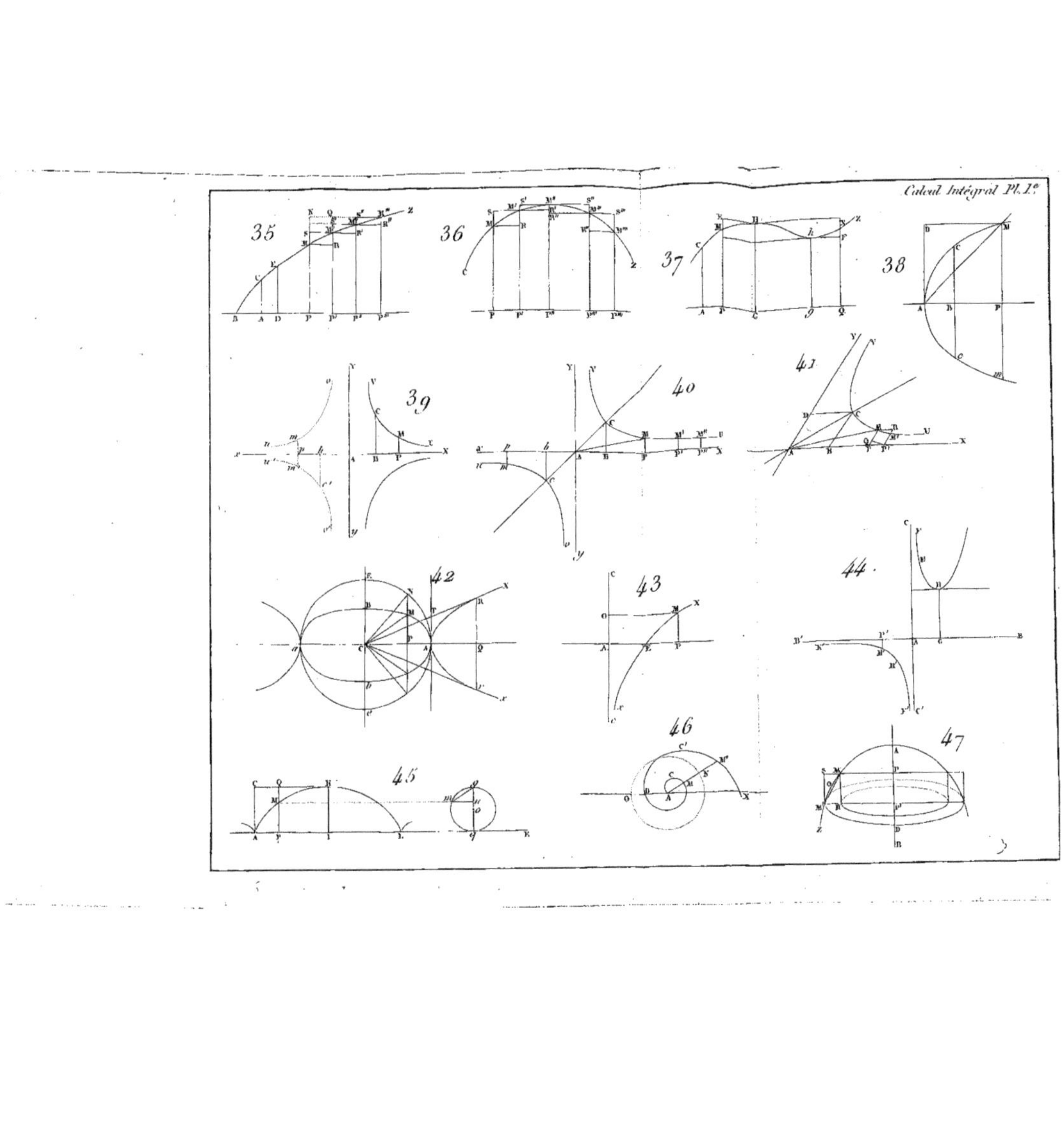
Calcul Intégral Pl. Ire
35
36
37
38
39
40
41
42
43
44
45
46
47

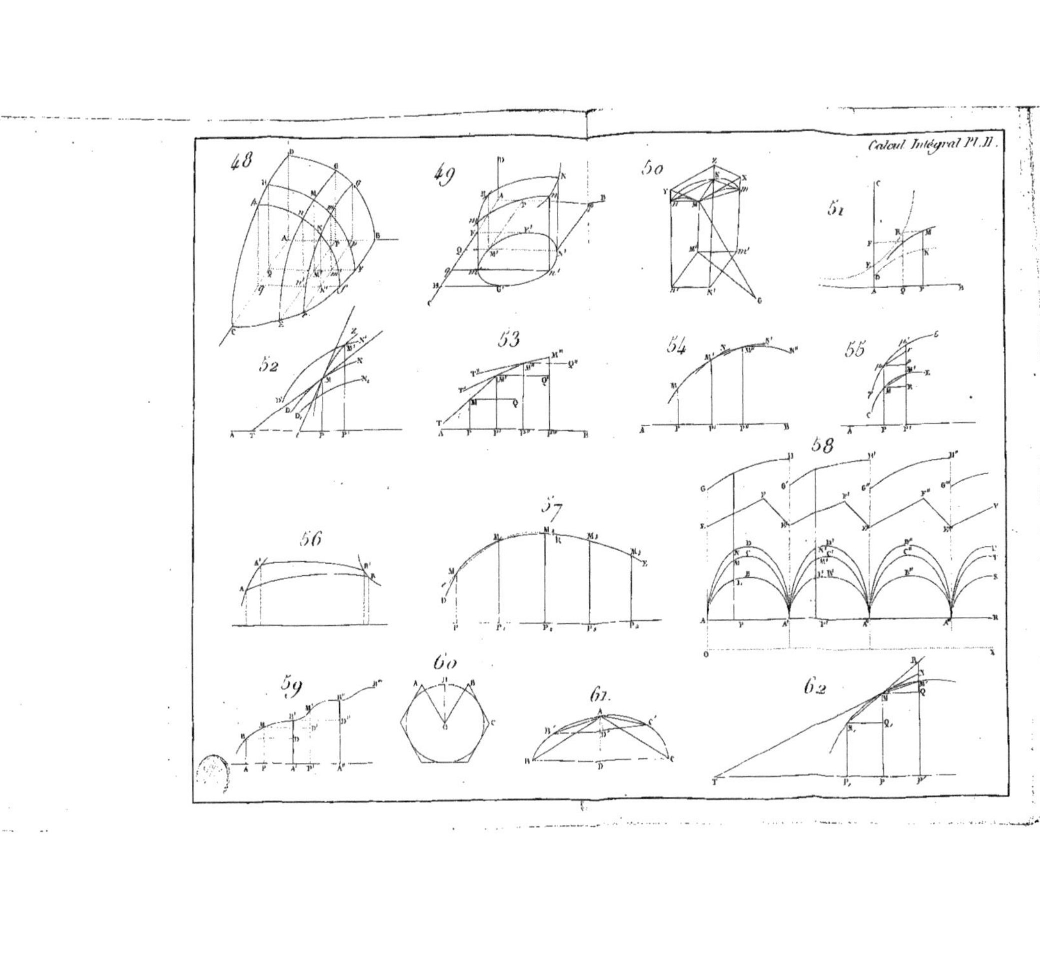
Calcul Intégral Pl. II.
48
49
50
51
52
53
54
55
56
57
58
59
60
61.
62

www.ingramcontent.com/pod-product-compliance
Ingram Content Group UK Ltd.
Pitfield, Milton Keynes, MK11 3LW, UK
UKHW021054270726
13967UKWH00012B/935